**Seminar und Schule**

Band 1 Neufassung

Werner Altmann · Franz-Josef Gaßner
Sebastian Gruber

# Seminar und Schule

Neufassung

Band 1: Mathematik

bearbeitet von:
Werner Altmann · Günter Fleischmann · Franz-Josef Gaßner
Ernst Geisreiter · Jakob Greifenstein · Sebastian Gruber
Bruno Kahabka · Karl-Heinz Kolbinger · Gertrud Langhammer
Albert Schnitzer · Christian Schmieder · Hedwig Volk

R. Oldenbourg Verlag München

© 1978 R. Oldenbourg Verlag GmbH, München

Das Werk ist urheberrechtlich geschützt. Die dadurch begründeten Rechte, insbesondere die der Übersetzung, des Nachdrucks, der Funksendung, der Wiedergabe auf photomechanischem oder ähnlichem Wege sowie der Speicherung und Auswertung in Datenverarbeitungsanlagen bleiben, auch bei auszugsweiser Verwertung, vorbehalten. Die in den §§ 53 und 54 Urh.G. vorgesehenen Ausnahmen werden hiervon nicht betroffen. Werden mit schriftlicher Einwilligung des Verlages einzelne Vervielfältigungsstücke für gewerbliche Zwecke hergestellt, ist an den Verlag die nach § 54 Abs. 2 Urh.G. zu zahlende Vergütung zu entrichten, über deren Höhe der Verlag Auskunft gibt.

1. Auflage 1978                3   2   1   0            81   80   79   78

Druck: Graph. Anstalt E. Wartelsteiner, Garching-Hochbrück
Bindearbeiten: R. Oldenbourg Graphische Betriebe GmbH, München

ISBN 3-486-**15851-1**

# Vorwort

Fast jedes Jahr erscheinen auf dem Büchermarkt neue Werke zum Mathematikunterricht der Grund- bzw. Hauptschule, und so ist man geneigt, das vorliegende Buch unter die zahllosen Veröffentlichungen dieser Art einzureihen. Damit würde man jedoch dem Anliegen der Verfasser nicht gerecht.

Was will die Reihe "Seminar und Schule"?

1. Sie will dem Lehramtsanwärter das jeweilige Jahresprogramm aus dem Teil B (Didaktik der Unterrichtsfächer) in seinen wesentlichen Inhalten zusammenstellen. Das erleichtert den Weg in die Unterrichtspraxis und macht die Vorbereitung auf die II. Lehramtsprüfung effektvoller.

2. Sie will dem Lehrer, der seine Ausbildung bereits abgeschlossen hat, Anregungen, Hilfen, Modelle anbieten wie neue Lernziele bzw. Lerninhalte im Unterricht zu realisieren sind.

Drei Bände sind in der Reihe "Seminar und Schule" bereits erschienen: Band I ist dem Mathematikunterricht, Band II den Sachfächern und Band III dem Unterricht im Fachbereich Deutsch und Englisch gewidmet. Da aber auch im Bereich der Didaktik der Grundsatz gilt, Stillstand ist gleich Rückstand, haben sich die Herausgeber entschlossen, den ersten Band in einer erweiterten und verbesserten Auflage zu veröffentlichen.

Die Neuauflage des ersten Bandes von "Seminar und Schule" berücksichtigt die Veränderungen, die die Mathematiklehrpläne der Hauptschule erfahren haben. Dabei bieten die Verfasser dem Lehrer wertvolle Interpretationen der Lernziele bzw. Lerninhalte und vor allem eine Fülle von Anregungen bzw. methodischer Hinweise für die zu wählenden Unterrichtsverfahren.

Im Bereich der Grundschule bringt die Neuauflage in einem umfassenden Beitrag detaillierte Hinweise zur methodischen Gestaltung der Lehraufgaben aller vier Schülerjahrgänge aus dem Bereich der "Mengenlehre". Mit diesem Beitrag wird die Verunsicherung behoben, die nach der Revision des Mathematiklehrplans der Grundschule bei der unterrichtlichen Behandlung der sogenannten Mengenlehre aufgetreten war. Ein Großteil der übrigen Beiträge wurde überarbeitet, so daß neue Erkenntnisse sowie Anregungen aus der Lehrerschaft berücksichtigt werden konnten.

Kurzum: "Seminar und Schule", Band I, hilft dem Lehrer, den Mathematikunterricht der Grund- und Hauptschule nach fachdidaktischen Gesichtspunkten unter Berücksichtigung curricularer Forderungen zu gestalten.

Die Beiträge aus dem Bereich Sport, Musik, Kunsterziehung und Technisches Zeichnen werden künftig in einem Sonderband IV von "Seminar und Schule" zusammengefaßt. Damit erhalten die Seminarteilnehmer bzw. Lehrer auch im musischen Bereich wertvolle Anregungen zur Gestaltung des täglichen Unterrichts als Kompendium über didaktische Innovationen dieser Fächer.

München, Sommer 1978

Die Herausgeber

# Inhaltsverzeichnis

Vorwort . . . . . . . . . . . . . . . . . . . . . . . . . . . . . . . . . . 5

Themenabfolge
(detaillierte Inhaltsverzeichnisse befinden sich am Beginn eines jeden Kapitels)

Werner Altmann
Didaktische Brennpunkte des Mathematikunterrichts von heute . . . . . . . 9

Werner Altmann
Erläuterungen zur Behandlung von Lerninhalten aus dem Bereich der "Mengenlehre" . . . . . . . . . . . . . . . . . . . . . . . . . . . . . . . . . . 21

Franz-Josef Gaßner
Fertigkeitsübungen . . . . . . . . . . . . . . . . . . . . . . . . . . . . 33

Ernst Geisreiter / Albert Schnitzer
Einführung in die Normalverfahren der Addition, Subtraktion, Multiplikation und Division . . . . . . . . . . . . . . . . . . . . . . . . . . . . . . 45

Bruno Kahabka
Die unterrichtliche Arbeit an der Zahlschreibweise des Stellenwertsystems . 115

Bruno Kahabka
Die funktionale Abhängigkeit von Größen (Proportionalität und Schlußrechnen) . 145

Gertrud Langhammer
Relationen im Mathematikunterricht der Grundschule . . . . . . . . . . . . 167

Günter Fleischmann
Sachaufgaben in Grund- und Hauptschule . . . . . . . . . . . . . . . . . . 179

Werner Altmann
Geometrie in der Grundschule . . . . . . . . . . . . . . . . . . . . . . . 247

Hedwig Volk
Die Einführung in das Rechnen mit Bruchzahlen in der Bruchstrich- und Dezimalschreibweise . . . . . . . . . . . . . . . . . . . . . . . . . . . . . 263

Karl-Heinz Kolbinger
Prozent- und Zinsrechnen . . . . . . . . . . . . . . . . . . . . . . . . . 287

Sebastian Gruber / Jakob Greifenstein
Metrische Geometrie im Rahmen des Mathematikunterrichts der Hauptschule . 307

Karl-Heinz Kolbinger
Abbildungsgeometrie in Grund- und Hauptschule . . . . . . . . . . . . . . 333

Christian Schmieder
Mathematik im 9. Schuljahr . . . . . . . . . . . . . . . . . . . . . . . . 355

# Didaktische Brennpunkte des Mathematikunterrichts von heute

**Werner Altmann**

| | | |
|---|---|---|
| 1. | Psychologische Grundlagen zur Gestaltung des Mathematikunterrichts | 10 |
| 1.1 | Die Methode des Mathematikunterrichts = die operative Methode | 10 |
| 1.2 | Was bedeutet "operatives Denken"? | 10 |
| 1.3 | Der Stufengang der Verinnerlichung konkreter Handlungen | 10 |
| 2. | Didaktische Konsequenzen | 11 |
| 2.1 | Das Bedeutungserlebnis im MU oder die richtige Motivation im MU | 11 |
| 2.2 | Die operative Methode und das Prinzip vom Isolieren der Schwierigkeiten | 11 |
| 2.3 | Einordnung des Neuen in größere Sinnzusammenhänge | 12 |
| 2.4 | Die besondere Bedeutung der "operatorischen Übung" | 12 |
| 2.5 | Normalverfahren ja oder nein? | 12 |
| 2.6 | Die Bedeutung der sprachlichen Formulierung | 13 |
| 2.7 | Die schriftliche Fixierung im MU | 14 |
| 2.8 | Die Bedeutung der Übung | 15 |
| 2.9 | Das Prinzip der Individualisierung im MU | 15 |
| 2.10 | Lernzielkontrolle - Leistungsmessung | 16 |
| 3. | Strukturmodelle für Unterrichtsstunden im Fachbereich Mathematik | 17 |
| 3.1 | Lösen einer "Textaufgabe" | 17 |
| 3.2 | Übungsstunde | 18 |
| 3.3 | Einführungsstunde | 18 |
| 4. | Literatur | 19 |

# 1. Psychologische Grundlagen zur Gestaltung des Mathematikunterrichts

## 1.1 Die Methode des Mathematikunterrichts = die operative Methode

In den amtlichen Lehrplänen, in Begleitmaterial zu Schülerarbeitsbüchern, in pädagogischen Zeitschriften u.a. finden wir im Zusammenhang mit dem Mathematikunterricht (künftig mit MU abgekürzt) immer wieder die Begriffe "Einsicht in operative Zusammenhänge", "Herausarbeiten operativer Systeme", "operatorische Übung", "operatives Denken" usw. Deshalb soll hier das operative Prinzip in seiner Bedeutung für die Methode des MU dargestellt werden.

Die Ergebnisse der Denkpsychologie Piagets haben den MU grundlegend beeinflußt. Dort führt Piaget aus, daß unsere Bewußtseinsinhalte aus dem mathematischen Bereich - also mathematische Begriffe oder arithmetische Operationen - nicht statische Gebilde (etwa den Vorstellungen ähnlich) sind, sondern verinnerlichte Handlungen darstellen. Diese nennt Piaget Operationen.

Aus umfangreichen Versuchsreihen vermag Piaget nachzuweisen, daß sich diese Handlungen von den sogenannten Gewohnheitshandlungen (wie z.B. Schreibfertigkeit, Autofahren, Schwungtechnik beim Skifahren) durch besondere Merkmale abheben. Während Gewohnheitshandlungen immer nur in einer Richtung ablaufen können, ist den Operationen ( den verinnerlichten Handlungen) eigen, daß sie sowohl in die eine Richtung als auch in die umgekehrte verlaufen können (d.h., daß die Handlungen wieder rückgängig gemacht werden können). Diese besondere Eigenschaft der Operationen bezeichnet Piaget als Reversibilität. "Es handelt sich bei der Reversibilität also nicht um eine logische Leistung, nämlich die Einsicht, daß man durch eine inverse Handlung die konkret vollzogene Handlung wieder rückgängig machen kann, oder um die Fähigkeit, eine konkret vollzogene Handlung in Gedanken (in der Vorstellung) wieder rückgängig machen zu können." (Oehl, (2), S. 35)

So ist also die Einsicht in die Addition erst dann erreicht, wenn gleichzeitig die Subtraktion als zugehörige Umkehrung verstanden wird. Diese Tatsache ist gemeint, wenn Piaget sagt, daß die Operationen zu Gesamtsystemen vereinigt sind. Diese Gesamtsysteme bezeichnet man in der Didaktik der Mathematik als Gruppen.

(Wir unterscheiden die additive Gruppe: Addition mit den beiden Formen der Subtraktion, Abziehen und Ergänzen; die multiplikative Gruppe: Multiplikation mit den beiden Formen der Division, Teilen und Messen; außerdem bilden die 3 Grundaufgaben der Prozentrechnung eine Gruppe, ebenso wie das Erweitern und Kürzen im Bereich des Bruchrechnens.)

Neben dem logischen Zusammenhang zwischen den einzelnen Operationen, der durch die Reversibilität gegeben ist, muß noch ein weiterer genannt werden: "Man kann, um ein operatives Ziel zu erreichen, die Operationen in der verschiedensten Weise kombinieren." (W. Oehl, (2), S. 36). Diese Eigenschaft der Operationen ist gerade für den MU bedeutsam; denn sie ermöglicht ein der jeweiligen Situation angepaßtes flexibles mathematisches Denken. Darauf werden einige der nachfolgend aufgeführten didaktischen Grundsätze des MU zurückzuführen sein.

## 1.2 Was bedeutet "operatives Denken"?

Unter operativem Denken verstehen wir die Fähigkeit des Denkens, die einzelnen Operationen eines operativen Systems (z.B. Addition und Subtraktion) nicht isoliert zu betrachten, sondern stets in ihrem Zusammenhang zu verstehen. Ein weiteres Charakteristikum ist die Eigenschaft, ein operatives Ziel auf verschiedenen Wegen erreichen zu können. Man könnte auch sagen, operatives Denken zeichnet sich durch besondere Beweglichkeit aus.

## 1.3 Der Stufengang der Verinnerlichung konkreter Handlungen

Nachdem eingangs gesagt wurde, daß die Operationen in einem umfassenden Sinn als "eine Form des Tuns" (Aebli) verstanden werden, die sowohl wirklich durchgeführt als auch innerlich, in Gedanken vollzogen werden können, erscheint es wichtig, diesen Verinnerlichungsprozeß zu analysieren. (Man vergleiche dazu W. Oehl, (2), S. 45 f)

1. Stufe: Tatsächliche Handlung
Ziel dieser Stufe ist es, daß
- die genaue Operation mitgedacht wird
- die Operation von jedem Schüler selbständig vollzogen wird

2. Stufe: Tatsächliche Handlung in Verbindung mit dem vorstellenden Operieren
-- Nachdem die neue Operation tatsächlich ausgeführt wurde, werden vom Ergebnis aus noch einmal die einzelnen Schritte wiederholt (verbalisiert).
-- Bei weiteren "Handlungen" auf dieser Stufe werden einzelne Handlungsschritte zuerst aus der Erinnerung (Vorstellung) heraus genannt und dann durchgeführt.

## 2. Didaktische Konsequenzen

### 2.1 Das Bedeutungserlebnis im MU oder die richtige Motivation im MU

Das grundlegende Prinzip effektiven Lernens, jeden Unterricht, jeden Lernprozeß zu motivieren, spielt natürlich auch im MU eine wichtige Rolle. Nur muß man stets zugeben, daß es schwer ist, die alte Forderung nach Lebensnähe, Wirklichkeitsnähe und mathematisch zwingenden Lernsituationen zu erfüllen.

Deshalb sollte der Lehrer bei der Wahl der Ausgangslage (=Problemstellung) wenigstens berücksichtigen, daß das Problem mathematisch zwingend ist und von den Schülern selbst entdeckt werden kann. Grundsätzlich sollte bei der Gestaltung der Problemstellung auf den Lebensbezug geachtet werden. Diese Forderung hat jedoch keinen Ausschließlichkeitscharakter: "Neben Aufgaben aus dem kindlichen Leben haben rein fachliche Aufgabenstellungen ihren legitimen Ort im Unterricht erhalten". (H. Maier, (6) S. 168) Auf jeden Fall sollte die Neueinführung in einen mathematischen Begriff bzw. eine arithmetische Operation so "erlebnisgeladen" sein, daß bei Gedächtnislücken der Hinweis auf eine symbolhafte Skizzierung des Sachverhalts genügt, die damals konkret durchgeführte Handlung in Gedanken nachvollziehen zu können. (Es empfiehlt sich deshalb, auch in der Klasse, die neu eingeführten Operationen in symbolhafter Darstellung auf einer selbst erstellten Wandkarte festzuhalten, auf die der Lehrer im Bedarfsfall zurückgreifen kann.)

Zusammenfassend kann man sagen:
1. Die Einführungsaufgabe muß sachlich einfach und darstellbar sein.
2. Das Neue muß als zwingend notwendig oder zumindest zweckmäßig zur Lösung der Aufgabe empfunden werden.
3. Auf die Einführungsaufgabe müssen sich gleichartige Aufgaben und Arbeitsformen anschließen.

### 2.2 Die operative Methode und das Prinzip vom Isolieren der Schwierigkeiten

Wie unter Punkt 1.1 ausgeführt, ist es ein Kennzeichen der operativen Methode, daß eine neue Operation stets im Zusammenhang mit ihrer Umkehroperation eingeführt wird. Daraus könnte man ableiten, daß die schriftliche Addition und die schriftliche Subtraktion nur im Zusammenhang einzuführen sind. Dieser psychologisch begründeten Forderung stellt sich aber in der Unterrichtspraxis ein kaum zu überwindendes Hindernis entgegen: Vor allem die schwachen Schüler verlieren den Überblick, es kommt zu Verwechslungen, eine Sicherheit in der Fertigkeit und schon gar die Einsicht in das Tun wird nicht erreicht. Diese Tatsache trägt die Didaktik schon längst Rechnung, indem sie das Prinzip vom Isolieren der Schwierigkeiten beachtet. (Dies kennen wir aus dem früheren Rechenunterricht aber auch aus dem Rechtschreibun-

---

3. Stufe: Symbolstufe (zeichnerische Darstellung)

-- Stufe des bildhaften Zeichens (Dingsymbole: )

-- Stufe des grafischen Zeichens (Symbole: [ ] ○ )

-- Stufe des mathematischen Zeichens (+, -, ·)

Man beachte:
Der Handlungsvorgang wird mit Dingsymbolen bzw. Symbolen dargestellt. Manchmal genügt es, wenn die Anfangs- und Endsituation dargestellt ist. Diese Zeichnungen symbolisieren dann den ganzen Handlungsvollzug. (Man vergleiche dazu die Symbolisierung der Restmengenbildung in den Schulbüchern)

4. Stufe: Umkehrung der Symbolstufe
Vorgegeben ist die mathematische Zeichensprache. Dazu soll die Symboldarstellung gezeichnet werden.
Beispiel: $6 + 3 = 9$

5. Stufe: Rein vorstellendes Operieren
Die Aufgabe wird in der mathematischen Zeichensprache gegeben und soll auch so, ohne zeichnerische Hilfen gelöst werden. Das Denken, das jetzt einsetzt, erinnert sich der einmal auf früheren Stufen des Abstraktionsprozesses (=Verinnerlichungsprozeß) durchlaufenen Phasen: das konkret durchgeführte Handeln wird in der Vorstellung vollzogen.
Beispiel: $6 - 4 = 2$

Dieser in grafischen Zeichen vorgegebene Handlungsablauf läuft nur in der Vorstellung ab

11

terricht u.a.m.) Um aber beide psychologisch fundierten Prinzipien zu berücksichtigen, wird folgender Weg vorgeschlagen:

Die Forderung, bei einer Einführung stets das gesamte operative System in einem Zusammenhang zu behandeln, gilt nur auf der Stufe der konkreten Ebene oder auf der Stufe der Symboldarstellung. Wenn die Einführung dann übergeht zur Darstellung mit mathematischen Zeichen (wenn rechentechnische Schwierigkeiten dazukommen), erfolgt eine Isolierung der Schwierigkeiten. Anders formuliert:

Zuerst wird das Normalverfahren der Addition in seiner rechentechnischen Anwendung automatisiert. Erst dann wird das Normalverfahren der Subtraktion eingeführt. (Selbstverständlich sind die beiden Rechenoperationen in ihrem Zusammenhang schon im 1. Schülerjahrgang – auf der konkreten Ebene – behandelt worden.) Wenn das geschehen ist, wird der Beziehungszusammenhang wieder hergestellt.

## 2.3 Einordnung des Neuen in größere Sinnzusammenhänge

Aus dem Raumlehreunterricht ist vielen Lehrern bekannt, daß die Schüler beispielsweise mit einigem Geschick eine Fläche berechnen können, es ihnen aber nicht gelingt, aus der Fläche und einer Seite die andere Seite zu bestimmen. In anderen Fällen gelingt es den Schülern nicht, die verschiedenen Unterteilungen einer Maßeinheit in ihrem Zusammenhang richtig anzuwenden. Ursache dieser Fehlleistungen ist meistens das Versäumnis, die einzelnen Teilganzheiten eines operativen Systems zueinander in Beziehung zu setzen. Deshalb muß gefordert werden:
Nach der "Neueinführung eines Begriffes sind die Zusammenhänge zu schon Bekanntem bzw. zu Operationen des operativen Systems herzustellen! Der didaktische Ort hierfür ist die "operatorische Übung".

## 2.4 Die besondere Bedeutung der "operatorischen Übung"

Schon unter Punkt 2.2 und 2.3 wurde der didaktische Wert der operatorischen Übung angesprochen.

H. Aebli, der die Erkenntnisse Piagets für die Didaktik genützt hat, nennt die Stufe der "operatorischen Übung" auch die Stufe der "Durcharbeitung der Operationen". "Ihr Zweck besteht darin, den neu gewonnenen Begriff in seinem Beziehungszusammenhang mit bereits bekannten Begriffen und Vorstellungen nach allen Richtungen hin durchzuarbeiten, damit bei jedem Schüler das notwendige Maß an Einsicht erreicht und gesichert wird, das für den erfolgreichen Weitergang des Lernprozesses unerläßlich ist." (W.Oehl, (2), S. 39) Aus dieser Aussage geht bereits hervor, an welchem didaktischen Ort die operatorische Übung anzusetzen ist: unmittelbar nach der ersten gemeinsamen Einführung.

Um genau zu beschreiben, welche didaktische Bedeutung die operatorische Übung hat, wird sie hier abgegrenzt von den Fertigkeitsübungen bzw. von der Ersteinführung.

### 2.4.1 Operatorische Übung und Fertigkeitsübung

Fertigkeitsübungen arbeiten vornehmlich mit den Bedeutungsträgern, den mathematischen Zeichen. Sie zielen auf Automatisierung ab und sind vorwiegend formaler Art. – Die operatorische Übung hingegen zielt auf Einsicht in Zusammenhänge des neuen Begriffes bzw. der mathematischen Operation ab. Hier wird mit dem Bedeutungsinhalt selbst gearbeitet, der entweder als Dingmenge oder als einfache Zeichnung symbolhaft dargestellt ist.

### 2.4.2 Operatorische Übung und Ersteinführung

Die Ersteinführung erreicht oft nur ein erstes Bekanntmachen mit dem neuen Begriff. Sie erfolgt in der Regel in einem gelenkten Unterrichtsgespräch. Die operatorische Übung hingegen will den Begriffsinhalt vertiefen. Sie soll hingegen von den Schülern selbsttätig bewältigt werden.

Der besondere didaktische Wert der operatorischen Übung oder der Stufe der "Durcharbeitung der Operationen" besteht nun darin, daß einerseits der Begriffsinhalt eines neu erworbenen Begriffs vertieft wird und in Beziehung gesetzt wird zu bereits bekannten Begriffen. Andererseits wird dadurch die Beweglichkeit des Begriffes erreicht und damit ein wesentlicher Beitrag für das Lösen von Sachaufgaben gegeben. Es sei hier kurz erwähnt, daß beim Lösen von Sachaufgaben vor allem die Fähigkeit verlangt wird, aus den vielfach wechselnden Sachsituationen die mathematische Struktur herauszuholen (z.B. erscheint die Modellaufgabe Einkauf-Verkauf-Gewinn unter vielfach wechselnden Sachzusammenhängen. Häufig haben die Schüler Schwierigkeiten, aus dem Text diese Modellaufgabe herauszufinden.).

## 2.5 Normalverfahren ja oder nein?

Aus dem bisher Gesagten scheint sich ja die Einführung eines Normalverfahrens auszuschließen. (Unter Normalverfahren verstehen wir – vornehmlich schriftliche – Verfahren, eine arithmetische Operation auf einem rechentechnisch besonders günstigen Weg zu lösen.) Dagegen ist jedoch einzuwenden, daß es schon aus ökonomischen Gründen zweckmäßig ist, Normalverfahren einzuführen. Außerdem wird der Praktiker zu Recht einwenden, daß gerade für die schwächeren Schüler die Automatisierung eines Normalverfahrens der sicherste Weg ist, eine neue arithmetische Operation stets verfügbar zu machen – nur:

Die Einführung darf nicht von vornherein auf die Normalform abzielen. Erst nachdem mehrere – oder wenigstens einige mögliche Lösungswege besprochen bzw.

durchgeführt worden sind, kann sich das Automatisieren des zweckmäßigsten Weges als Einführung einer Normalform abzeichnen.

(z.B. Die Einführung des schriftlichen Teilens als Normalform darf erst erfolgen, wenn das halbschriftliche Teilen durchgeführt wurde.)

## 2.6 Die Bedeutung der sprachlichen Formulierung

Die altbewährte Forderung, "jede Unterrichtsstunde ist auch eine Deutschstunde" hat auch im Mathematikunterricht ihre fachspezifische Bedeutung.

Da es im MU nicht um bloßes Vermitteln von Rechentechniken, sondern um Einsichtigmachen von Sachverhalten, um Problemlösen mit mathematischen Mitteln geht, wird es notwendig, gewonnene Erkenntnisse anderen (eben den Mitschülern) mitzuteilen. Daß dabei eine klare sprachliche Formulierung unter Anwendung der mathematischen Bedeutungsträger benötigt und geübt werden muß, versteht sich von selbst. Außerdem steht die von einigen Psychologen zwar umstrittene, aber doch nicht wegzudiskutierende These im Raum, die W. Oehl so formuliert: "Erst wenn das Gedachte auch sprachlich ergriffen wird, wird es damit wirklich in Besitz genommen. Wird die sprachliche Formulierung vernachlässigt, so verliert das Kind die Selbstkontrolle seines Denkvorgangs." ((2), S. 23) Diesen Zusammenhang betonte auch J. Wittmann, indem er die Pflege der sprachlichen Formulierung vom ersten Tage an forderte.

Der Praktiker wird hier sofort entgegnen, daß diese Forderung von den Kindern mit gut entwickeltem Sprachvermögen einigermaßen zu erfüllen ist, nicht aber von den sogenannten "Schwachen": Diese könnten zwar ein (einfaches) Rechenproblem lösen, nicht aber versprachlichen. Bei näherem Hinschauen stellt sich aber heraus, daß diese Schüler die Aufgabe nur rechentechnisch, gewissermaßen mechanisch lösen können; ihr Tun ist ihnen dabei nicht einsichtig geworden. Dies bestätigt sich sofort, wenn das mathematische Problem in einer leicht abgeänderten neuen Situation auftritt; hier versagen diese Schüler.

Was ist also zu tun, damit auch diese Schüler die notwendige Forderung nach Versprachlichung erfüllen können?

Zunächst muß einmal festgestellt werden, daß es im MU nicht um Sprachreichtum, Sprachfülle, Sprachgewandtheit schlechthin geht, sondern um eine begriffsklare, treffende Ausdrucksweise - die notfalls auch hohe Redundanz aufweisen kann. (vergl. dazu das nachfolgende Beispiel!)

Deshalb muß bereits bei der Neueinführung auf der Stufe des konkreten Tuns die vorgenommene Handlung versprachlicht werden. Auf diese Weise klärt sich mit der Begriffsinhalt neu zu gewinnender Begriffe, und der Übergang von den konkret gegebenen Dingen zu den mathematischen Bedeutungsträgern (Zahlen und Operationszeichen) wird erleichtert.

Auch auf der Stufe der operatorischen Übung hilft die Sprache, den Zusammenhang zwischen Bedeutungsträgern und konkret durchgeführtem Inhalt zu erhellen. Deshalb verliert die operatorische Übung erheblich an Wert, wenn die Sachverhalte nicht verbalisiert werden.

Auf der Stufe der Übung soll wenigstens gelegentlich die Lösung auf den eigentlichen Bedeutungsgehalt hin versprachlicht werden.

Überall wo die Forderung nach Versprachlichung erfüllt werden soll, muß aber auch - namentlich den schwachen - Schülern zugestanden werden, daß die "mathematische Kurzfassung" ausführlicher, "umständlicher", mit eigenen Worten wiedergeben dürfen, wenn sie nur den Sachverhalt dadurch richtig darstellen. (Man vergleiche dazu die Aussagen des Lehrplans 74 zum MU der Grundschule!)

Beispiel für das Verbalisieren:

| H | Z | E |         |
|---|---|---|---------|
| 3 | 5 | 2 | Vollzahl |
| 1 | 3 | 7 | Abzugszahl |
| 2 | 1 | 5 |         |

1. Stufe der Versprachlichung:

7E + ? = 2E
Ich ergänze mit 10; bei der Vollzahl mit 10 E, bei der Abzugszahl mit 1 Z.
7E + ? = 12E; und 5E
Ich schreibe die 5 Einer in die Einerspalte!
1Z + 3Z = 4Z; 4Z + ? = 5Z? .... und 1Z
Ich schreibe 1Z in die Zehnerspalte
1H + ? = 3H? .... und 2 H
Ich schreibe 2H in die Hunderterspalte

2. Stufe der Versprachlichung:

7 + ? = 12 ..... und 5!
Ich schreibe 5 in die Einerspalte - 1 in die Zehnerspalte! (An dieser Stelle fragen wir nach und lassen das Tun begründen!)
3 + ? = 5? ..... und 2
Ich schreibe 2 in die Zehnerspalte

1 + ? = 3? ..... und 2
Ich schreibe 2 in die Hunderterspalte

3. Stufe der Versprachlichung:

7 + 5 = 12 ....5 an 1 gemerkt
1 + 3 = 4 + 1 = 5 ..... 1 an
1 + 2 = 3 ..... 2 an

Angeregt durch ähnliche Fehlinterpretationen sei ausdrücklich gesagt, daß die angegebene Versprachlichung nur auf der 3. Stufe Verbindlichkeitscharakter hat. Die ausführliche Darstellung der Sprechweise soll nur verdeutlichen, daß die "mathematische Kurzform" nur die Endform des Bemühens um Verbalisierung bedeuten darf. Es wäre lernpsychologisch völlig widersinnig, die Endform von Anfang an "einzuschleifen"!

Neben dem engen Bezug zwischen Denken und Sprache, der die Forderung nach Verbalisierung mathematischen Tuns begründet, sehen die Didaktiker des MU noch einen weiteren, sehr bedeutungsvollen, der sich in dem Satz zusammenfassen läßt: Der Erfolg der Schüler im Lösen von Sachaufgaben hängt stark ab von der Intensität des Verbalisierens mathematischer Zusammenhänge.

Exkurs:
Um diese These zu bekräftigen, sei nur daran erinnert, daß es Schülern oft schwerfällt, zu Begriffen, wie Vergrößern, Vermehren, Reduzieren, Verkleinern u. ä. die entsprechende Rechenoperation zu finden. Ferner bereitet es ihnen Schwierigkeiten, Sachsituationen hinsichtlich ihres Sachgehalts zu interpretieren, ganz zu schweigen von dem Problem, die ausgeführten Rechenschritte in einem "Begleitsatz" hinsichtlich ihrer Bedeutung im Lösungsvollzug zu erklären.

Auf all diese Schwierigkeiten bereitet das situationsgerechte Verbalisieren mathematischer Handlungsvollzüge vor. Deshalb ist bei der Beurteilung von Mathematikstunden die Frage nach der Verbalisierung ein wesentliches Kriterium!

## 2.7 Die schriftliche Fixierung im MU

Schon um eine sinnvolle Übung zu ermöglichen und natürlich auch aus ökonomischen Gründen ist es notwendig, allgemein verbindliche Formen der schriftlichen Darstellung zu vereinbaren. Neben den amtlich vorgeschriebenen Endformen gibt es noch solche, die aus Gründen der Zweckmäßigkeit eingeführt werden sollten.

### 2.7.1 Amtlich vorgeschriebene Endformen:

im Bereich der Grundschule:

-- Sachlich richtiger Gebrauch des Gleichheitszeichens!

Beispiel: 58 + 25 =
falsch: 58 + 20 = 78 + 5 = 83
richtig: 58 + 20 = 78
         78 + 5 = 83
         58 + 25 = 83

-- richtiger Gebrauch der Operationszeichen!
(Bei Mengenverknüpfungen in symbolhafter Darstellung dürfen die Zeichen "+" und "-" nicht verwendet werden. Diese sind nur bei arithmetischen Operationen zulässig!)

-- Grundsätzlich steht der Vervielfacher vor dem Malzeichen! Lediglich bei der schriftlichen Multiplikation nach dem Malzeichen.

-- Ein eigenes Operationszeichen für das Aufteilen (auch Einteilen oder Messen genannt) entfällt ebenso wie eine eigene Sprechweise.

-- Die Endform der schriftlichen Subtraktion ist für alle Schüler verbindlich im Sinne des Draufzählens durchzuführen!

-- Grundsätzlich verwenden wir beim Sachrechnen Benennungen (Man vergleiche Sonderregelungen im Kapitel Sachrechnen!)

-- Bei der schriftlichen Multiplikation beginnen wir mit mit der höchsten Stelle des Vervielfachers. Mit dem Anschreiben der Teilergebnisse wird ihrem Stellenwert entsprechend unter dem Vervielfacher begonnen.

243 · 43
‾‾‾‾‾‾‾
972
729

-- Die Schriftzeichen im Bereich der Mengen:
∪ Symbol für "vereinigt mit"
∖ "ohne" oder "vermindert um"
∩ "geschnitten mit"
∈ "ist Element von"
∉ "ist nicht Element von"
⊂ "ist Teilmenge von"
⊄ "ist nicht Teilmenge von"

Mengenklammer als Mittel der Mengendarstellung:
{1, 2, 3, 4, 5} Man beachte das Komma zwischen den einzelnen Elementen!

Stufenfolge der Beschriftung der Stellenwerte:

| Block | Platte | Stange | Würfel |
|-------|--------|--------|--------|
| 1000  | 100    | 10     | 1      |
| 10·10·10 | 10·10 | 10   | 1      |
| T     | H      | Z      | E      |
| $10^3$ | $10^2$ | $10^1$ | 1    |

-- Halbschriftliches Addieren:

| 346 | + | 278 | = |     |   | 346 | + | 278 | = | 546 |
|-----|---|-----|---|-----|---|-----|---|-----|---|-----|
| 300 | + | 200 | = | 500 |   | 346 | + | 200 | = | 546 |
|  40 | + |  70 | = | 110 |   | 546 | + |  70 | = | 616 |
|   6 | + |   8 | = |  14 |   | 616 | + |   8 | = | 624 |

-- Die Bezeichnungen der dezimalen Maße und Gewichte sowie der deutschen Münzen DM und Pf stehen ohne Punkt!

-- Maßstabrechnen
  Beispiel: M. 1 : 100 000
  falsch    5 cm = 5 km
  richtig   5 cm ≙ 5 km

-- Man vermeide Übersättigung!
  Das bedeutet Wechsel der Arbeitsformen, Wechsel der Aufgaben, Wechsel im Belohnungssystem, Wechsel zwischen Allein- und Partnerarbeit, gelegentlichen Einsatz von Wettbewerbsanreizen.

-- Man vermeide sinnloses Üben!
  Oft findet man in den Jahrgängen der Grundschule, daß die Schüler bei Fertigkeitsübungen (bei vorgegebenen Aufgabenkolonnen) zuerst alle Operationszeichen schreiben, dann den zweiten Summanden (bzw. Faktor), dann alle Gleichheitszeichen usw. In diesem Falle kann man nicht mehr von sinnvollem Üben sprechen. Überdies muß für alles Üben gelten: "Beim Üben ist das Lösen weniger Aufgaben nach verschiedenen Wegen dem schematischen Lösen vieler Aufgaben vorzuziehen." (Lehrplan 74)
  Diese Forderung widerspricht der notwendigen Einführung von Normalverfahren nicht!

## 2.8 Die Bedeutung der Übung

Selbstverständlich ist auch im mathematischen Lernprozeß die Stufe der Übung eine sehr wichtige Phase. Ihre sinnvolle Gestaltung entscheidet über Erfolg oder Mißerfolg des gesamten unterrichtlichen Bemühens. Um die Übungsphase nicht in bloßes Beschäftigtsein abgleiten zu lassen, sollten die folgenden Grundsätze beachtet werden!

-- Kein Automatisieren, ohne daß der Vollzug einsichtig erarbeitet und fehlerlos durchgearbeitet wurde!
-- Vor dem Üben Übungsbereitschaft wecken, durch:
  -- primäre Motivation (Interesse a. d. Sache selbst)
  -- sekundäre Motivation (Belohnung in allen Formen des Schullebens)
  -- gutes Lehrer-Schüler-Verhältnis
-- Der ganze Sinngehalt des ursprünglichen Lernaktes muß lebendig bleiben! Deshalb sollten die Übungsaufgaben stets in einen Sachzusammenhang gebracht werden. Eine Ausnahme bilden hier die Übungsaufgaben zum Automatisieren einer Normalform!
-- Üben unter Kontrolle!
  Das bedeutet, daß jedes Übungsergebnis einer Kontrolle unterzogen werden muß - mit Fehlerbesprechung und Verstärkung. Ein gelegentliches Durch-die-Reihengehen soll verhindern, daß sich die Kinder Falsches einprägen. Deshalb sollte nur soviel aufgegeben werden, was auch hinterher besprochen werden kann. (Dies gilt auch für die Hausaufgaben!) Für die Durchführung der Kontrollen können auch Schüler beauftragt werden.

## 2.9 Das Prinzip der Individualisierung im MU

Aus den Forderungen des operativen Prinzips ergibt sich, daß die Schüler möglichst oft Gelegenheit haben sollten, an konkreten Materialien zu "manipulieren". Dies macht Einzelarbeit erforderlich. Bald wird sich nicht nur auf der Stufe des konkreten Operierens ein Leistungsgefälle ausbilden, das ein Zusammenfassen zu Lerngruppen notwendig und zweckmäßig macht. (Hierfür gelten die Prinzipien der inneren Differenzierung, die hier nicht weiter ausgeführt werden können.) Um vor Extremen zu warnen, sei jedoch ausdrücklich erwähnt, daß natürlich nach wie vor die Arbeit in der Großgruppe bzw. im Klassenverband Bedeutung hat. Allerdings: Allein im Frontalunterricht sind die mathematischen Lernziele keinesfalls erreichbar.

### 2.9.1 Differenzierung in der Grundschule

Selbstverständlich ist eine Differenzierung bei der Einführung neuer Operationen, neuer Verfahren bzw. neuer Begriffe möglich. Da hier jedoch die einzelnen Lerngruppen das Lernziel zum gleichen Zeitpunkt erreichen, wird der Lehrer bei der methodischen und vor allem organisatorischen Gestaltung der Lernplanung vor große Probleme gestellt. Deshalb sollte sich die Differenzierung auf die Anwendungs- bzw. Übungsphase beschränken.

Als Möglichkeiten bieten sich an:

-- Differenzierung nach dem Stoffumfang (beim Üben von Fertigkeiten, z.B. schriftliche Multiplikation, Division usw.)

15

-- Differenzierung nach der Schwierigkeit des Stoffes (insbesondere beim Lösen von Textaufgaben)
Während die Schüler der schwächeren Lerngruppen einfache Aufgaben lösen, haben die leistungsstärkeren Aufgaben mit einer größeren Zahl von Lösungsschritten oder schwierigerem Zahlenmaterial zu bewältigen.
-- Differenzierung nach den angebotenen Lernhilfen (beim Lösen von Textaufgaben).
Vor allem die leistungsstärkeren Gruppen sollten häufig Gelegenheit bekommen, Aufgaben selbständig zu lösen, zumindest einen ersten Lösungsversuch anzustellen. (Man vergleiche dazu das Strukturschema "Lösen einer Textaufgabe")

### 2.9.2 Differenzierung in der Hauptschule

Eine Individualisierung des Unterrichts im Fach Mathematik wird neben einer inneren Differenzierung in der Hauptschule durch eine Art "äußere Differenzierung" erreicht: nämlich durch Mathematik als Wahlpflichtfach oder Wahlfach. Dabei gibt der Curriculare Lehrplan ganz klare Anweisungen wie hier die Individualisierung des Unterrichts zu verstehen ist.

"Der Unterricht im Wahlpflichtfach oder Wahlfach Mathematik begleitet lehrplanbezogen den Pflichtunterricht. Als methodischer Stützkurs dient er der gezielten Förderung derjenigen Schüler, die aufgrund ihrer verminderten Lernfähigkeit und Lernbereitschaft zusätzliche Lernhilfen und Lernzeiten benötigen.

Ziel dieses Unterrichts ist der Ausgleich von Lernrückständen, die besondere individuelle Förderung, die den leistungsschwächeren Schüler befähigt, mit der Klasse Schritt zu halten, sowie der Aufbau und die Verstärkung der Lernmotivation durch Vermittlung von Erfolgserlebnissen auch für diese Schülergruppe."

Die häufig gestellte Frage, "was sollen wir denn im Mathematik-Kurs durchnehmen" erhält durch diese Aussage eine deutliche Antwort. (Nur so läßt sich das Stoffangebot betrifft: Also, nicht neuer Stoff wird angeboten, sondern der Jahrgangsstoff wird durch "wiederholte Erläuterungen und Erklärungen derselben Sache unter wechselndem Aspekt" (Culp), durch verweilendes Arbeiten (= Üben), durch individuelle Lernhilfen und durch persönliche Zuwendung den Lernvoraussetzungen und dem Fassungsvermögen dieser Schüler angepaßt.

Hier wird dem Lehrer die ideale Möglichkeit geboten, nicht gefestigte Lernvoraussetzungen zu sichern, den Forderungen nach Veranschaulichung und handelndem Lernen (im Sinne der operativen Methode) weit mehr zeitlichen Raum zu geben, als das im üblichen Unterricht (im Kernunterricht) möglich ist. Nicht zuletzt soll hier die Gelegenheit genützt werden, durch persönliche Zuwendung, die durch häufige Mißerfolgserlebnisse verlorengegangene Lern- und Leistungsmotivation wieder wachzurufen.

Wenn es auch zum Wesen individualisierenden Unterrichts gehört, eben die spezifischen Lernschwierigkeiten dieser Schüler aufzugreifen, so werden sich jedoch in

der Regel die Maßnahmen auf die vier Übungsschwerpunkte verteilen lassen, wie sie im Culp aufgeführt sind:

" – Grundrechenarten mit natürlichen Zahlen und mit Bruchzahlen, vorwiegend in Dezimalschreibweise,
– Größen und ihre Umrechnung, vor allem geometrische Größen, Hohlmaße, Zeitmaße,
– Sachaufgaben in Anlehnung an den lehrplanmäßigen Unterricht, jedoch mit einfachem Zahlenmaterial und leicht durchschaubaren Sachzusammenhängen,
– fachspezifische Techniken wie Tabellenlesen, Umgang mit Rechen- und Zeichengeräten, zeichnerische Darstellung geometrischer Figuren."

Beachte:
Die pädagogischen und organisatorischen Probleme der Differenzierung des Unterrichts können hier nicht nicht diskutiert werden.
(Man vergl. S. Merkle, Die innere Differenzierung des Unterrichts in der Grundschule, Auer 1972)

### 2.10 Lernzielkontrolle - Leistungsmessung

In diesem Rahmen können nur Grundsätze einer Leistungskontrolle bzw. Leistungsmessung aufgelistet werden.

#### 2.10.1 Zur Lernzielkontrolle

Lernzielkontrollen sollten schon nach Teilschritten einer Lernsequenz und nicht erst am Schluß durchgeführt werden. (Nur so läßt sich das Prinzip vom Leichten zum Schweren sinnvoll verwirklichen. Wenn sich nämlich Schüler - vom Lehrer unbemerkt - Fehler eingeprägt haben, muß der Lernprozeß an den Ausgangspunkt zurück: Das ist schon aus zeitökonomischen Gründen nicht vertretbar!

Beispiel: Einführung in die schriftliche Subtraktion!
Lernzielkontrolle erfolgt bereits nach der auf Einsicht abzielenden Klärung des Zehnerüberschreitens in der Einerspalte - und nicht erst wenn die Überschreitung in der Zehner-, Hunderter- und Tausenderspalte abgeschlossen ist.

Lernzielkontrollen sollten nicht benotet werden, damit sie nicht von unnötigem Druck bzw. von Angst belastet sind. Man vergl. dazu auch P. Brunnhuber, Prinzipien effektiver Unterrichtsgestaltung.

## 2.10.2 Zur Leistungskontrolle

In den Leistungskontrollen - in der Allgemeinen Schulordnung unter dem Begriff "Nachweis des Leistungsstandes" eingeordnet - müssen Rechenfertigkeit und Rechenfähigkeit überprüft werden. Sie erfolgen als "Schulaufgaben" in der Hauptschule bzw. als Probearbeiten in der Grundschule. Zusätzlich können noch Stegreifarbeiten angesetzt werden. Man beachte dabei die Amtlichen Bestimmungen unter § 20 der ASchO.

Um ein möglichst objektives Bild vom Leistungsstand der Schüler zu bekommen, müssen sowohl bei der Aufgabenstellung als auch bei der Bewertung bestimmte Grundsätze eingehalten werden.

-- Schon die Probearbeiten in der 2. Hälfte des 1. Schjgs. können und sollen bereits Aufgaben zur Überprüfung der Rechenfähigkeit enthalten.
-- Ab 2. Schuljahr sollte das Aufgabenangebot zu gleichen Teilen Rechenfertigkeit und Rechenfähigkeit prüfen. Ab 3. Schuljahr ist ein Verhältnis von 1 : 2 angebracht, also: 1/3 der zu erreichenden Punkte entstammen dem Sektor Rechenfertigkeit, 2/3 dem Bereich der Rechenfähigkeit (den Sachaufgaben).
-- Es ist unzweckmäßig, Leistungsnachweise durchzuführen, die nur Rechenfertigkeit bzw. nur Rechenfähigkeit überprüfen.
-- Die Arbeitszeit (und damit natürlich auch das Aufgabenangebot) sollte in den ersten 4 Jahrgängen 45 Minuten nicht überschreiten! In den ersten beiden Jahrgängen sind ca. 30 Minuten angebracht. Im vierten Jahrgang können 1 - 2 mal Probearbeiten von 60 Minuten Dauer eingeplant werden.
-- Die Notenskala sollte symmetrisch sein!
D. h. zwischen den einzelnen Noten sind die gleichen Punktabstände.

| Asymmetrische | Noten | Symmetrische Skala |
|---|---|---|
| 35 --- 38 | 1 | 35 --- 38 |
| 29 --- 34 | 2 | 27 --- 34 |
| 20 --- 28 | 3 | 19 --- 26 |
| 11 --- 19 | 4 | 11 --- 18 |
| 5 --- 10 | 5 | 3 --- 10 |
| 0 --- 4 | 6 | 0 --- 2 |

Mit Ausnahme des Hinweises auf die Gauß'sche Kurve gibt es keinerlei sachlich vertretbare Gründe, weshalb die Punktspanne im Bereich der Noten 3 und 4 größer sein soll als im Bereich der Noten 2 und 5.

-- Der eigene Maßstab sowie das Anforderungsniveau sollten stets überprüft werden. Dazu bieten sich ein Vergleich mit den "regional einheitlichen Probearbeiten" bzw. den validierten Tests der Arbeitsgemeinschaft für Leistungsmessung in Soltau an.
-- Hilfen für die schriftliche Fixierung von "Textaufgaben" können vorgegeben werden.
-- Im übrigen sei auf die amtlichen Bestimmungen der Allgemeinen Schulordnung verwiesen!

# 3. Strukturmodelle für Unterrichtsstunden im Fachbereich Mathematik

## 3.1 Lösen einer "Textaufgabe"

1. Technische Übung
Sie soll auf das rechentechnische Problem der Sachaufgaben vorbereiten.

2. Problemstellung (=Bekanntwerden mit der Aufgabe)

FORDERUNGEN:

-- Die Aufgabe soll einfach, aber so "schwierig" sein, damit die nachfolgende Behandlung überhaupt notwendig wird. (Das ist nicht der Fall, wenn nach dem ersten Durchlesen einige Schüler schon das Ergebnis nennen.)
-- Die Aufgabe soll möglichst kurz und präzise formuliert sein.
-- Stilles Erlesen durch die Schüler - notfalls Wiederholung durch gute Leser bzw. den Lehrer.
-- Inhaltliche Klärung (sowohl sachlich als auch lösungstechnisch). Das Wiedergeben des Inhalts mit eigenen Worten ist eine gute Kontrolle, ob die Kinder den Inhalt verstanden haben. Hier stört die falsch interpretierte Forderung "ohne Zahlen". Zahlen sind für die Kinder "Orientierungspunkte". Man muß nur vereinbaren, daß bei dieser Wiedergabe nur "Ungefähr-Werte" abgegeben werden sollen.
-- Bereitstellen von Skizzen, um den Sachverhalt verstehen zu können.

3. Eigener Lösungsversuch der Schüler
Die Durchführung dieser Phase ist geeignet, das mathematische Denken zu fördern.

MÖGLICHKEITEN:

-- Nach dem stillen Erlesen und der Klärung notwendiger Sachfragen wird die 1. (oder auch 2.) Rechengruppe abgekoppelt, um auf dem Block einen Lösungsweg zu skizzieren.
-- Währenddessen erarbeitet der L. mit den anderen Schülern den Inhalt der Aufgabe.

4. Lösungsstufe
1. Schritt:
Aufstellen eines Lösungsplanes in gemeinsamer Arbeit - ohne Zahlen, mit Platzhaltern - Abkoppeln der 1. Gruppe
2. Schritt:
Ausfüllen der Platzhalter im Lösungsplan und nochmaliges Durchsprechen der Lösung - Abkoppeln der 2. Gruppe

3. Schritt:
Durchrechnen mit Gruppe 3

FORDERUNGEN:

-- Altersspezifische und sachgemäße Veranschaulichung (keine Übertreibungen, aber auch keine vorschnelle Abstraktion: Rechenpläne ("Rechenbäume") sind nur dann eine Hilfe, wenn ihr Sinngehalt schrittweise aufgebaut wurde!)
-- Man achte auf Effektivität
(In einer Unterrichtszeiteinheit sollte die 1. Rechengruppe wenigstens 2 Aufgaben lösen!)
-- Abstecken eines zeitlichen Rahmens, um zeitökonomischem Arbeiten zu erziehen.
-- Sinnvolle äußere Organisation der inneren Differenzierung
-- Bereitstellen von Zusatzaufgaben, Lösungshilfen und Möglichkeiten der Selbstkontrolle

5. Kontrollstufe
Lösungskontrolle mit Fehlerbesprechung
Man versäume nicht, positive Leistungen entsprechend zu verstärken.

6. Rückschau auf die Lösung
Auf dieser Stufe soll ein Überblick über die Lösungsstrategie gegeben werden, damit sie auch auf andere Aufgaben vom selben Typ transferierbar wird.

FORDERUNGEN:

-- Verbalisieren des Lösungsvollzugs anhand des Lösungsplanes
-- Einordnen der Aufgabe in eine bestimmte Aufgabengruppe bzw. Modellaufgabe (z.B. Einkauf-Verkauf-Gewinn)
-- Abändern der Aufgabenvariablen - "wie ändert sich dann das Ergebnis?"

## 3.2 Übungsstunde

1. Technische Übung:
Vorbereitung auf das rechentechnische Problem der Übungsstunde. (z.B. Einmaleins, Maße und Gewichte, Zehnerübergang usw.)
Man sollte jedoch nicht vergessen, in dieser technischen Übung auch im Sinne eines Lehrgangs alle Bereiche des "Kopfrechnens" abzudecken - deshalb Einplanung bereits im Lehrplan.

FORDERUNGEN:

-- Bei kurzer Übungsdauer (5 - 10 Minuten) möglichst hohe Übungsintensität
-- Kontrolle der Aufgaben muß erfolgen - Verstärkung nicht vergessen!
-- Wechsel der Übungsformen (mündliches und halbschriftliches Rechnen)
-- Möglichkeiten der Differenzierung nutzen!

-- Gelegentlich mit Wettbewerbscharakter verbinden!
(Dabei steht nicht so sehr der Leistungsvergleich gegenüber anderen im Vordergrund, sondern die eigene Leistungskurve z.B. "Heute habe ich in 5 Minuten bereits 12 Einmaleinsaufgaben gelöst, zwei mehr als am Dienstag")
-- Bei Kettenrechnungen die Rechenschritte an der Tafel notieren, damit Nachzügler mitrechnen können; außerdem erleichtert das das Überprüfen.

2. Übungsphase

-- Bekanntmachen mit dem Übungsziel (Klare Formulierung!)
-- Gemeinsame Lösung geht voraus, damit Sachverhalt, Rechentechnik und Darstellung einsichtig wird. (Hinweis auf häufig vorkommende Fehler!)
-- Leistungsdifferenzierung
-- Üben unter Kontrolle (Lehrer geht gelegentlich durch die Reihen!)
-- Bereitstellen von Zusatzaufgaben
-- Schaffen von Übungsreizen (Sekundäre Verstärker, Wettbewerb!)
-- Ausschalten von Störfaktoren durch die äußere Organisation

3. Kontrollphase

FORDERUNGEN:

-- Exakte Lösungskontrolle
-- Fehlerbesprechung
-- Verstärkung

## 3.3 Einführungsstunde (z.B. für Rechenfertigkeiten, Rechenoperationen, Größen usw.)

1. Problemstellung
Sie erfolgt durch Vorgeben einer Sachaufgabe, die das Neue zur Lösung zwingend erforderlich macht. Hier stört die Forderung nach Lebensnähe sehr oft. Deshalb muß der Sachverhalt vereinfacht in einer "eingekleideten Aufgabe" dargestellt werden, damit die Lösung zum eigentlichen Problem der Stunde hindrängt.

2. Problementfaltung
Hier erfolgt die Übertragung des Problems auf die konkrete Stufe, damit es allen Schülern bewußt wird. Am Ende steht die klare Zielformulierung an der Tafel.

3. Vorläufige Lösung durch die Schüler
Diese Stufe ist lernpsychologisch als auch fachspezifisch sehr bedeutsam: Durch das eigentätige "Erspüren" des Hindernisses wird die nachfolgende gemeinsame Lösung motiviert bzw. durch dieses Tun wird mathematisches Denken angeregt und geschult.
Die Vermutungen der Schüler werden festgehalten!

4. Problemlösung
   -- Lösung auf der konkreten Stufe
   (möglichst jeder Schüler, mindestens aber unter Einbeziehung einzelner Kinder) Hier schon muß die rechnerische Fertigkeit einsichtig gemacht werden.
   -- Übertragung auf die 1. Abstraktionsstufe (Dingsymbole)
   -- Übertragung auf die 2. Abstraktionsstufe (Symbole)
   -- Abstraktion auf die mathematischen Bedeutungsträger (Zurückführung auf Zahlen)

   Man beachte, daß sich hier der Weg der Verinnerlichung in seiner didaktischen Auswirkung zeigt!
   -- Heraustellen anderer Lösungswege
   -- Vergleichen der Lösungswege

5. Rückschau auf die Lösung
   -- Wertung der Lösungsvorschläge der Schüler
   -- Nochmaliges Auffinden des Lösungsweges
   -- Heraustellen des günstigsten Lösung

6. Operatorische Übung
   Einordnung des Neuen in größere Zusammenhänge. Bewußtmachen der Reversibilität und Assoziativität der neuen Operation (Operation hier im Sinne Piagets verstanden!)

7. Anwendungs-, Übungsphase
   Sie umfaßt meistens mehrere Unterrichtsstunden. Sie sollte aber jedenfalls bereits durchgeführt sein, bevor eine Hausaufgabe gegeben wird.

ANMERKUNGEN:

1. Dieses Strukturmodell erstreckt sich in den seltensten Fällen auf nur eine Unterrichtszeiteinheit (UZE = 45 Min.). Meist umfaßt sie mehrere Stunden. Eine erste Zäsur wäre auf der 4. Stufe zwischen der konkreten und der ersten Abstraktionsebene, dann nach der 5. Stufe bzw. 6. Stufe möglich.

2. Vor Beginn einer neuen Zeiteinheit im Rahmen der Neueinführung sollte der bereits bewältigte Teil des Strukturmodells kurz rekapituliert werden.

3. Man vergleiche das Kapitel zur Problematik "Operative Systeme und Prinzip vom Isolieren der Schwierigkeiten".

4. Die Lösung auf der konkreten Stufe bzw. auf der 1. Abstraktionsstufe können gelegentlich entfallen.

Beispiel:
Wenn im 4. Schülerjahrgang das Normalverfahren des schriftlichen Teilens eingeführt wird, so kann hier – falls dies wirklich durchgeführt wurde – auf die Lernerfahrung früherer Jahrgänge zurückgegriffen werden. Der Teilungsbegriff, das konkrete Tun wurde ja schon im 2. Schülerjahrgang ausgeführt.

## 4. Literatur

1. A. Aebli, Psychologische Didaktik, Klett 1963
2. W. Oehl, Der Rechenunterricht in der Hauptschule, Schroedel 1967
3. W. Oehl, Der Rechenunterricht in der Grundschule, Schroedel 1967
4. K. Odenbach, Die Übung im Unterricht, Westermann 1965
5. Richtlinien für die bayerischen Volksschulen
6. Kitzinger, Kopp, Selzle, Lehrplan für die Grundschule in Bayern mit Erläuterungen und Handreichungen, Auer 1971

Werner Altmann

# Erläuterungen zur Behandlung von Lerninhalten aus dem Bereich der „Mengenlehre"

| | | | |
|---|---|---|---|
| 1. | Lehrplanrevision 1974 | | 22 |
| 1.1 | Ursachen für die Stoffreduzierung | | 22 |
| 1.2 | Grundsätze der Revision | | 22 |
| 2. | Erläuterungen zu den Lehraufgaben in den einzelnen Jahrgängen | | 22 |
| 2.1 | Lehraufgaben aus dem 1. Schülerjahrgang | | 22 |
| 2.2 | Lehraufgaben aus dem 2. Schülerjahrgang | | 26 |
| 2.3 | Lehraufgaben aus dem 3. Schülerjahrgang | | 28 |
| 2.4 | Schlußbemerkung | | 31 |

# 1. Lehrplanrevision 1974

Gegenüber dem Lehrplan 71, in dem Lernziele aus dem Bereich der "Mengenlehre" erstmals verbindlich in den Stoffkanon der vier Grundschuljahrgänge aufgenommen wurden, ist sowohl der Stoffumfang als auch die geforderte Intensität reduziert worden. Ohne hier ausführlich auf Details eingehen zu können, seien doch einige Argumente aufgeführt, um die Reduzierung richtig zu verstehen. (Man kann nämlich feststellen, daß nach einer namentlich von den Fachdidaktikern ausgegangenen Euphorie im gegenwärtigen Mathematikunterricht der Grundschule Lerninhalte aus dem Bereich der Mengenlehre entweder genau so formal wie früher oder aber gar nicht mehr angesprochen werden. Die angestrebte Reduzierung darf nicht dazu führen, die angesprochenen Lerninhalte gänzlich wegfallen zu lassen!)

## 1.1 Ursachen für die Stoffreduzierung

Vielfach wurde in den Lehraufgaben des Grundschullehrplans von 1971 der Bezug zum übrigen Mathematikunterricht vermißt. Nicht nur von der "veröffentlichten Meinung" sondern vor allem von den Lehrern wurde der kindfremde Verbalismus kritisiert (z. B. "Die Menge der runden oder dreieckigen Plättchen mit der Mächtigkeit 7"). Diese Vorverlagerung von Unterrichtsstoffen auf die ersten Schülerjahrgänge war natürlich eine Folge einer neuen – oft wohl sehr unreflektierten – Sicht von der "Entwicklung" intellektueller Fähigkeiten.

## 1.2 Grundsätze der Revision

Eine Revision des Lehrplans wie sie 1974 durchgeführt wurde, mußte diese Kritik ins Auge fassen, wenn sie nicht in den Fehler verfallen wollte, die Schwierigkeiten durch eine völlige Herausnahme dieser Elemente der sogenannten "Neuen Mathematik" zu beseitigen.

### 1.2.1 Integration der neuen Lerninhalte in den übrigen Mathematikunterricht

Die neuen Stoffbereiche wurden darauf untersucht, wie sie in den übrigen Mathematikunterricht zu integrieren sind. Wenn man den Grundschullehrplan 1974 betrachtet, so wird der Bezug deutlich, den das Vereinigen von Mengen, die Teilmengenbildung, die Zahldarstellung in verschiedenen Zahlsystemen für den übrigen Mathematikunterricht hat. Außerdem sind Aufgabenstellungen aus dem Bereich der Mengenlehre in besonderem Maße geeignet, die Fähigkeiten zu entwickeln, die für das mathematische Lernen grundlegend sind, wie Vergleichen, Unterscheiden, Feststellen von Eigenschaften, Klassifizieren, Unterteilen, Ordnen, Zuordnen, Transformieren und Verknüpfen.

### 1.2.2 Elementarisierung

Eng einher mit der Forderung nach Integration geht das Bemühen um Elementarisierung. Dies zeigt sich darin, daß erst dann deutlich betont wird, daß Fachbegriffe, fachliche Ausdrucksweisen erst am Ende eines Lernprozesses stehen dürfen, daß Symbole nur im Zusammenhang mit bildhafter Darstellung von Sachverhalten gebrauchen sind. Diese Forderungen stellen gewiß keine revolutionären Neuerungen dar. (Man vergleiche das allmähliche Hinführen zur verkürzten Sprechweise beim schriftlichen Subtrahieren: ausgehend von einer ausführlichen, eng am Sachverhalt liegenden Versprachlichung wird die Redundanz immer mehr verringert.) Diese altbewährten didaktischen Erkenntnisse waren unter dem Einfluß des Grundsatzes "jedes Kind kann zu jeder Zeit jeden Stoff lernen" in den Hintergrund gedrängt worden. Wie so viele sogenannten neuen Erkenntnisse hat auch dieser Grundsatz eine Korrektur erfahren, die man in dem Satz zusammenfassen könnte: Die Entwicklung intelektueller Fähigkeiten hängt ab von den Lernanreizen, die geboten werden, sie wird aber mitbestimmt von dem genetisch festgelegten Potential und den durch Lernerfahrung gewonnenen Lernvoraussetzungen. Da aber eine Jahrgangsklasse in der Regel Kinder mit den verschiedensten Lernerfahrungen, eben auch mit sehr geringen, zusammenfaßt, ist es angebracht, in wesentlich kleineren Lernschritten voranzugehen und erst die Lernerfahrungen zu schaffen, die oft vorausgesetzt werden.

### 1.2.3 Konkretisierung

Die nachfolgenden Aussagen könnten auch unter dem Stichwort Elementarisierung aufgeführt werden. Bei der Neufassung des Lehrplans sollte streng darauf geachtet werden, daß die Lerninhalte auch konkret faßbar zu machen sind. (Diese Forderung ist zurückzuführen auf die lernpsychologischen Befunde J. Piagets, die ihren didaktischen Niederschlag in den Gesetzen der operativen Methode gefunden haben.) So wurden Begriffe wie leere Menge oder die Unterscheidung der Identität und Gleichmächtigkeit zweier Mengen beispielsweise weggelassen.

# 2. Erläuterungen zu den Lehraufgaben in den einzelnen Jahrgängen

## 2.1 Lehraufgaben aus dem 1. Schülerjahrgang

### 2.1.1 Fähigkeiten, die für das mathematische Lernen grundlegend sind

Unter den Lernanreizen, die diese grundlegende Fähigkeit zum Ziel haben, sollten auch Aufgaben aus dem Bereich der "Mengenlehre" herangezogen werden, weil hiermit nicht nur die angestrebten Ziele sondern auch didaktischer Forderungen, wie spielendes Lernen, Lernen am konkreten Material (hantierender Umgang) kooperatives Lernen, Notwendigkeit einer kindgemäßen aber sachlich richtigen Versprachlichung erfüllt werden können.

Einordnen (Sortieren)

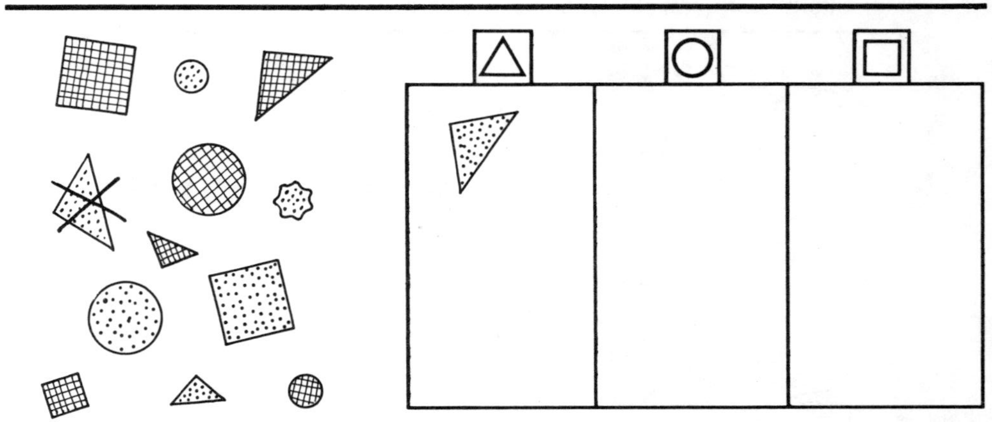

Zeichne alle glatten Logemaplättchen. $\boxed{-}$

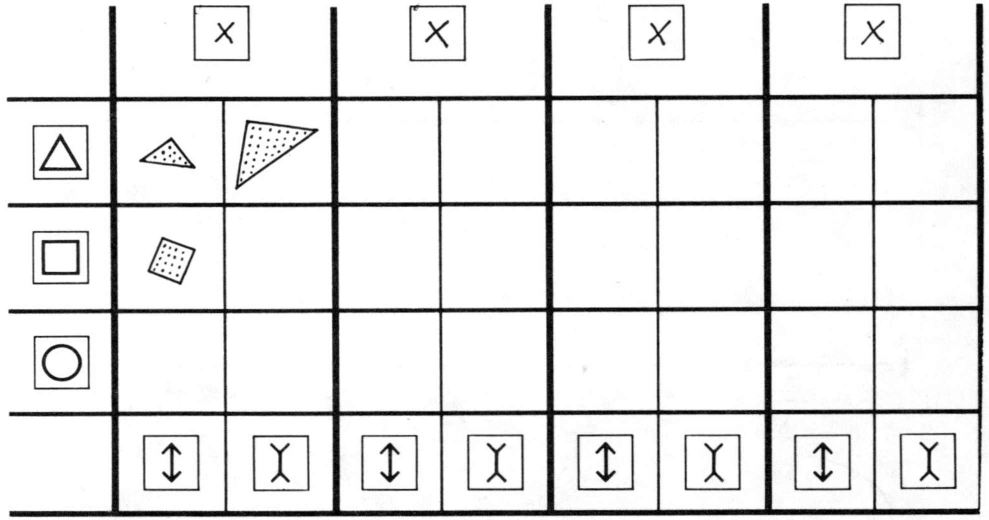

2.1.1.1 Feststellen von Eigenschaften, Vergleichen und Unterscheiden

Anlässe: Einstiegssituationen / Motivationen:
Spielzeug soll eingeordnet werden, Schuhe werden ins Schuhschränkchen eingeräumt, strukturiertes Material wird geordnet:

Aufgabenbeispiele aus dem Schülerbuch "Bausteine der Mathematik"

Eine Menge von Schuhen.

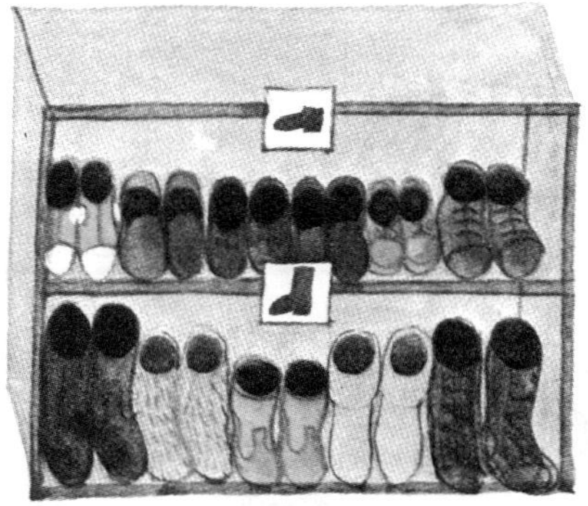

Sind die Schuhe im richtigen Fach?
Du kannst sie auch noch anders ordnen.

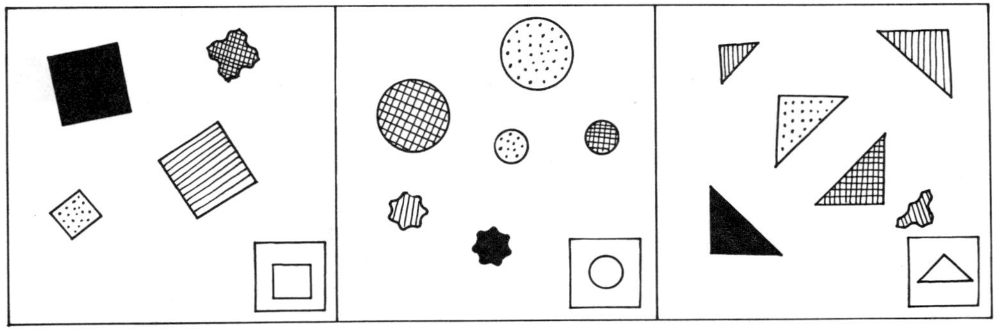

Das sind runde Plättchen.

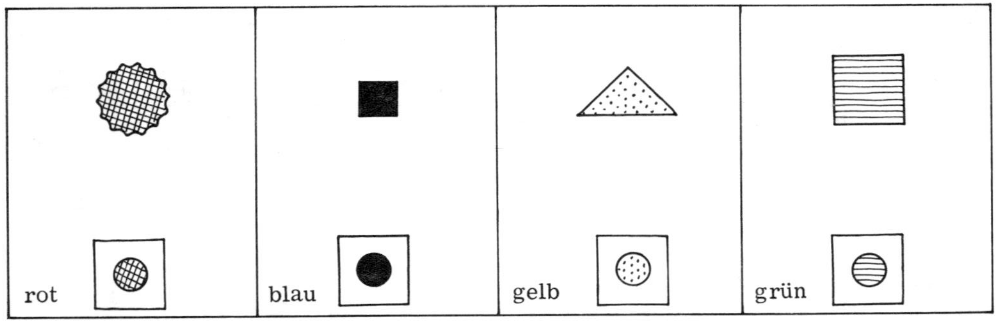

Suche die weiteren Eigenschaften!

23

24

Beispiel: die Plättchen, die gezackt und groß sind (die großen, gezackten Plättchen) IF (11, 12)

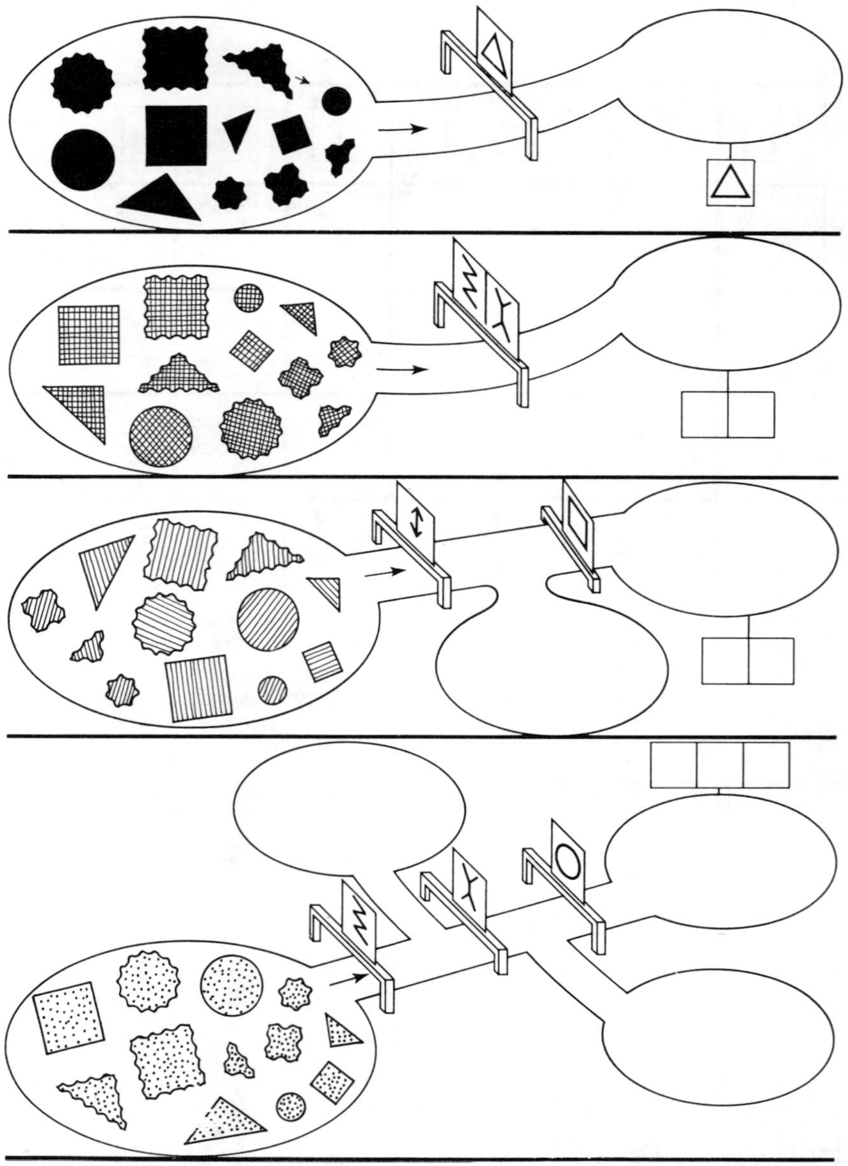

Auf den Toren steht, welche Plättchen durchlaufen dürfen. Zeichne die Plättchen in die Schleifen ein.
Beispiel: die Plättchen, die gezackt und groß sind (die großen, gezackten Plättchen)   IF (11, 12)

Vergleichen und Unterscheiden

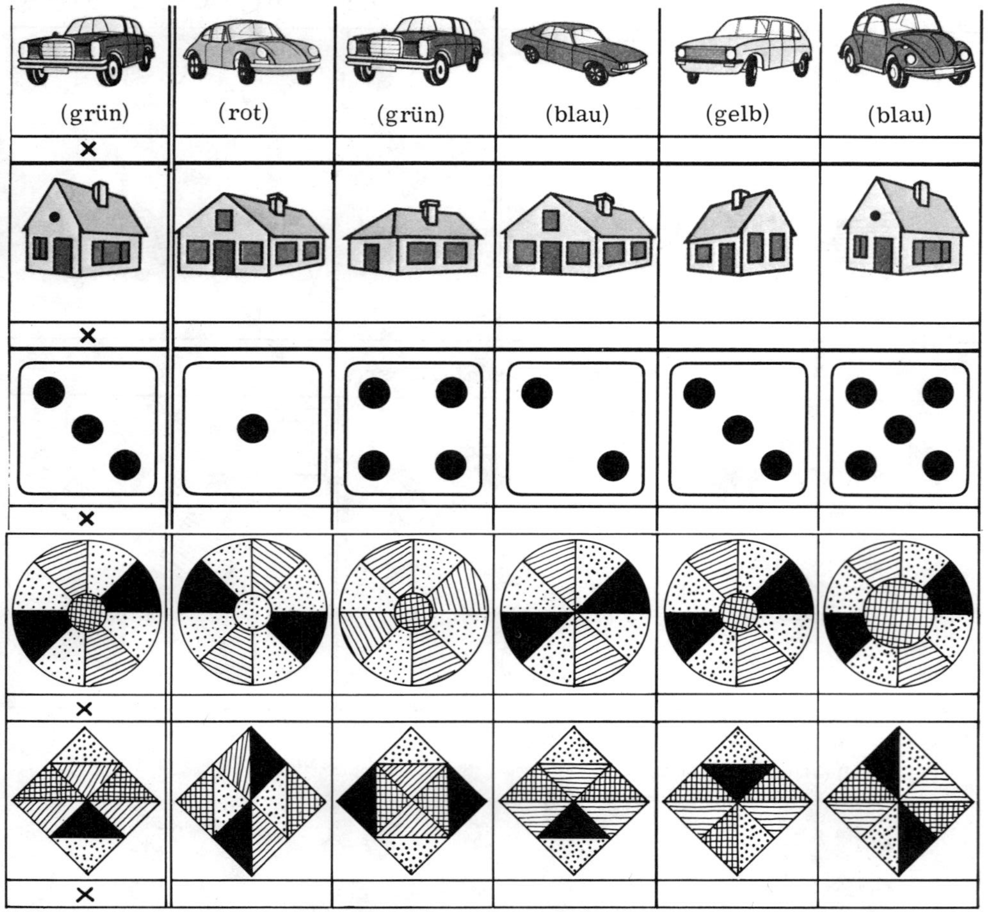

Suche das gleiche Bild wie vor dem Doppelstrich und kreuze es an.

Kreuze jeweils auf dem rechten Bild die Stellen an, die vom linken Bild verschieden sind.

## 2.1.1.2 Anmerkungen zur Lehraufgabe 1 des amtlichen Lehrplans:

1. Die vorgestellten Aufgaben ließen sich beliebig erweitern. Hier sollte jeder Lehrer Anregungen aus den verschiedensten Schülerbüchern einholen.
2. Wie die ausgewählten Aufgabenbeispiele zeigen, haben die Aufgaben hohen Aufforderungscharakter. Es bedarf deshalb keiner gekünstelten Motivationsphase.
3. Außerdem bieten die Aufgaben vielfältige Möglichkeiten zu spielendem Lernen (wenigstens vorstellend vor der ganzen Klasse)!
4. Aufgabenstellung, Darstellung der Lösung und verwendete Symbole bedürfen einer detaillierten Einführung. Die hierfür aufgewendete Zeit ist gut angelegt, da dabei nicht nur grundlegende mathematische Fähigkeiten, sondern auch Fertigkeiten eingeschult werden, die für das mathematische Lernen von Bedeutung sind.
5. Das begleitende Verbalisieren des Tuns ist ein Teil der Lösung. Die Kinder sind von Anfang an anzuhalten, ihr Tun, ihre Lösung zu "erklären".
6. Dabei ist jeder kindfremde Formalismus zu vermeiden. Wenn bei einzelnen Beispielen auch Symbole aus der Mengensprache verwendet werden (z. B. Venn-Diagramme) so heißt das nicht, daß hier schon von Mengen im Sinn der "Mengenlehre" gesprochen werden muß. Formulierungen wie "alle grünen Plättchen", "alle roten Personenautos", "das Häufchen mit gelben Plättchen", "auf der Straße dürfen nur rote Autos fahren", "im Ziel kommen die roten Autos an" usw. sind in diesem Fall ebenso sinnvoll.
7. Beim Verbalisieren geht es also immer nur darum, den Sachverhalt treffend zu bezeichnen. Sprechformeln oder Symbole der Mengensprache sind hier nicht zu verwenden. Dies wird in den Erläuterungen der Ziele für den Unterricht im amtlichen Lehrplan ausdrücklich betont.

### 2.1.2 Die Mengenbetrachtung im Zusammenhang mit der Einführung der natürlichen Zahlen bzw. der Grundlegung der Addition und Subtraktion

#### 2.1.2.1 Die Einführung der natürlichen Zahlen

Beim Vergleichen von Mengen (Hier müssen die Mengenbilder nicht als Venn-Diagramme aufgefaßt werden!) tritt der Zahlaspekt in den Vordergrund. Aus dem groben Größenvergleich nach "mehr" oder "weniger" erwächst die genaue Aussage wie viele (Gegenstände, Plättchen, Elemente) es wirklich sind. Die Bezeichnung "Element" kann eingeführt werden. Vorher sollte dafür jedoch die genaue Bezeichnung des Gegenstandes praktiziert werden: z.B.: "Hier sind 6 Autos abgebildet, 5 Plättchen ...". Der Begriff "Element" wird dann gewissermaßen abstrahierend als ein Name für die verschiedensten Gegenstände aufgefaßt.

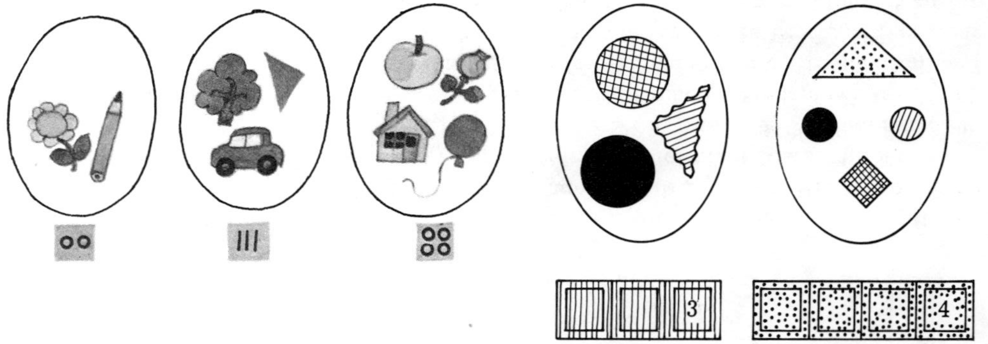

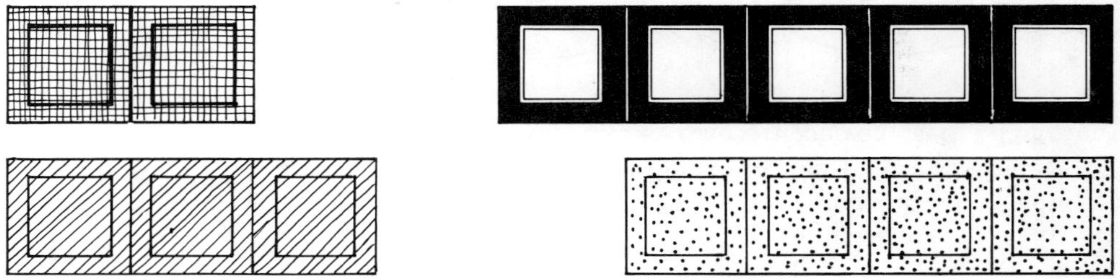

#### 2.1.2.2 Die Einführung der Addition bzw. Subtraktion
(Lernziel 3.2 des amtlichen Lehrplans)

Hier wird die Aussage des Lehrplans "im Unterricht wird die Einsicht entwickelt, daß dem Addieren von Zahlen das Vereinigen ... von Mengen entspricht" oft mißverstanden. Dies bedeutet auf keinen Fall die Erarbeitung einer formalen Definition der Vereinigungsmenge. Dieser scheinbare Widerspruch ist sehr leicht aufzuklären.

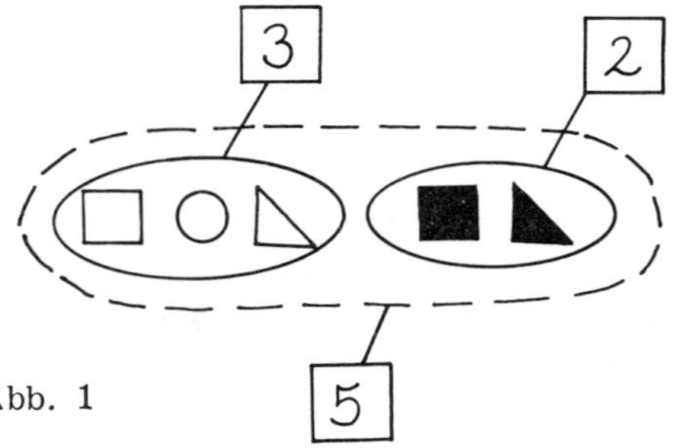

$$3 + 2 = 5$$

Abb. 1

Das Vereinigen von Mengen wird hier (vgl. Abb. 1) grafisch dargestellt durch das Umfahren der zwei Teilmengen. (Hier gestrichelt gezeichnet, um das Nacheinander zu symbolisieren.)

Dadurch wird eine Einführung des Operationszeichens ∪ überflüssig, auch der Begriff "Vereinigungsmenge" muß nicht erarbeitet werden; denn dieses Tun wäre etwa zu verbalisieren: "Ich fasse die Menge mit 3 Plättchen und die mit 2 zusammen und erhalte eine Menge mit 5 Plättchen." Nicht exakt, aber noch vertretbar wäre die Formulierung: "Ich umfahre eine Dreiermenge und eine Zweiermenge und erhalte eine Fünfermenge."

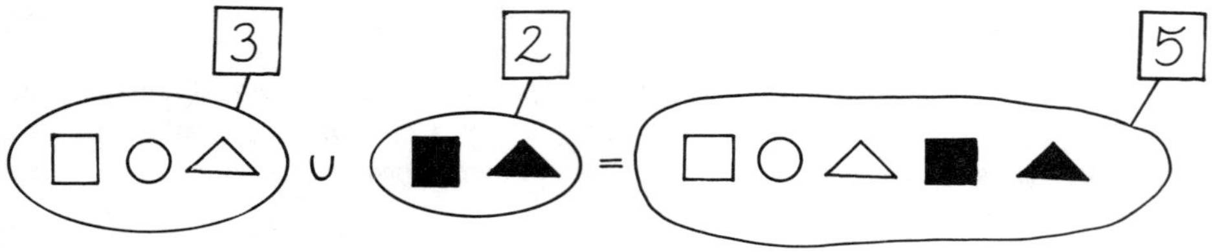

Für die Übertragung der Mengenoperation auf die Zahlenebene wird folgender Weg vorgeschlagen (vgl. Abb. 3):

– "Zuerst schreiben wir die Zahl auf, die uns angibt, wie viele Plättchen in der "Ausgangsmenge" liegen."
– "Dann schreiben wir auf, wie viele Plättchen wir weggenommen haben. Für das Wegnehmen schreiben wir das Minuszeichen."
– "Nach dem "ist-gleich-Zeichen" schreiben wir uns auf, wie viele Plättchen übrig bleiben."

## 2.2 Lehraufgaben aus dem 2. Schülerjahrgang

### 2.2.1 Einsicht in Mengenoperationen (siehe Lernziel 1.1 des amtlichen Lehrplans)

Im zweiten Schülerjahrgang wird die Einsicht in die Zusammenhänge von Mengen- und Zahloperationen vertieft. Ausgehend von den Darstellungen im 1. Schülerjahrgang wird nun im Bereich des facheigenen Versprachlichens mehr gefordert. Die Begriffe Menge, Element, Teilmenge, Vereinigen und Vermindern von Mengen werden eingeführt. Dabei gehen wir den induktiven Weg unter Beachtung des Abstraktionsprozesses.

Beispiel: Einführung des Begriffes "Menge"

Bisher wurde der Begriff ziemlich unreflektiert gebraucht. Zumindest wußten die Kinder noch nicht, den umgangssprachlichen Gebrauch vom facheigenen zu unterscheiden. Wir verwendeten ja auch die Ausdrücke "eine Gruppe von", ein "Häufchen von ..." usw.

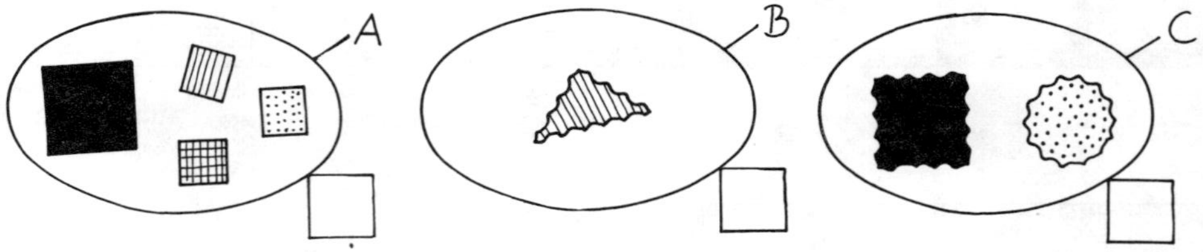

Diese Darstellung (vgl. Abb. 2) hat zweifelsohne den Vorteil, daß die Gleichung 3 + 2 = 5 direkt abgeleitet werden kann, aber sie macht die Einführung des Mengenoperationszeichens ∪ notwendig. Das verleitet viele Lehrer dazu, den Begriff der Vereinigungsmenge schon hier einzuführen und erfordert eine eingehende Erklärung der Darstellung, weil hier ein Handlungsablauf dargestellt wird.

(Vgl. den grundlegenden Artikel zur Einführung von Addition und Subtraktion. Außerdem sind die didaktischen Konsequenzen zu berücksichtigen, die sich aus der "Mehr-Modell-Methode" ergeben.

Subtraktion:

Um auch hier unnötige Schwierigkeiten beim Darstellen bzw. Verbalisieren zu vermeiden, eignet sich die folgende Darstellung:

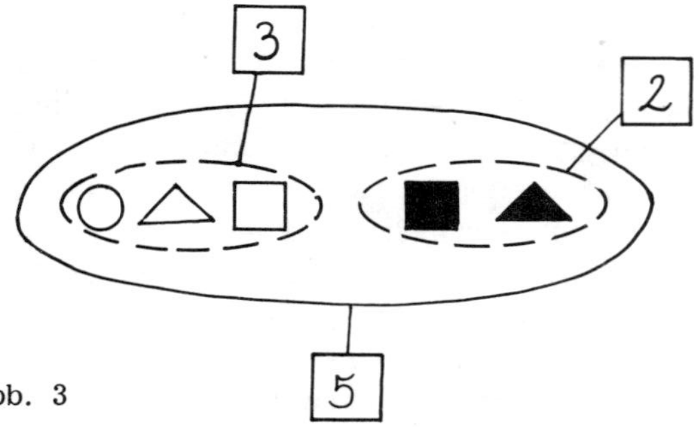

Abb. 2

Abb. 3

Die Aufgabenstellung lautet: "Gib der Menge A, B, C einen Namen". Beim Charakterisieren der Mengen A, B, C dürften keine Schwierigkeiten auftreten. Bezeichnungen wie "die Menge der viereckigen (quadratischen) Plättchen" bzw. "die Menge der großen Plättchen" werden angestrebt. Vielleicht finden die Kinder auch aus Gewohnheit als Bezeichnung für die Menge B die Aussage, "die Menge der grünen Plättchen" oder "die Menge der dreieckigen Plättchen". Jedenfalls ist das Finden der richtigen Bezeichnung der Menge B der Denkanlaß, die Provokation, wenn der Lehrer nachfragt: "Warum sprichst du von einer Menge Plättchen, es liegt doch nur eines da?" Unter der Voraussetzung, daß dieser fruchtbare Moment zu einer Aussprache mit gelenktem Unterrichtsgespräch genützt wurde, wird mit großer Wahrscheinlichkeit der Lehrer erläutern müssen, daß wir mit dem Wort Menge nicht viele Plättchen meinen, sondern eine Ansammlung von Gegenständen mit gleichen Eigenschaften, die von anderen eindeutig abgegrenzt sind.

### 2.2.2 Einführung des Begriffes Vereinigungsmenge

Schon um eine Verfestigung einseitiger Darstellungsweisen zu vermeiden, sollte jetzt eine zweite Form für das Vereinigen bzw. Vermindern von Mengen vorgestellt werden.

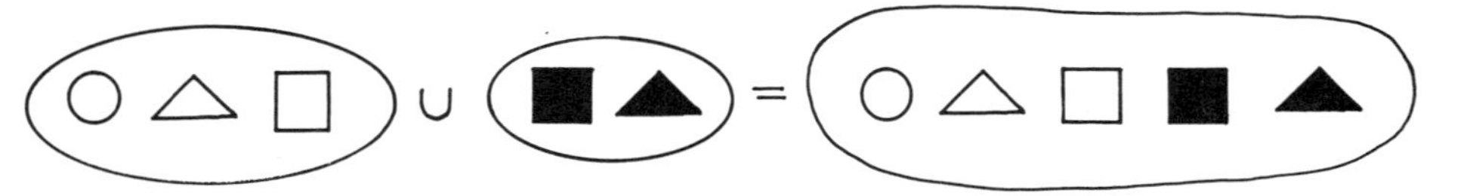

$$3 + 2 = 5$$

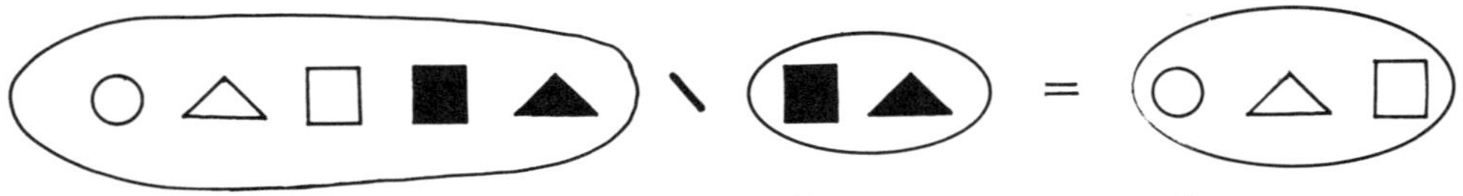

$$5 - 2 = 3$$

Diese beiden Darstellungsformen werden den jeweils entsprechenden gegenübergestellt. Durch Vergleichen und Unterscheiden werden die Besonderheiten bewußt gemacht.

### 2.2.3 Das Zusammenfassen von Zahlen zu Mengen, dargestellt mit Hilfe der Mengenklammern (Siehe Lehrplan, Lernziel 3.3)

Beim Zusammenfassen von Zahlen zu Mengen wird eine neue Schreibweise eingeführt: Das Darstellen mit Hilfe der Mengenklammer.

Beispiel:
Stelle die Menge M der geraden Zahlen zwischen 50 und 65 dar.

M = {gerade Zahlen zwischen 50 und 65}

Hier sind zwei Dinge zu beachten:
1. Die neue Darstellungsmöglichkeit für Mengen
2. Die Erläuterung der Angabe, "Zahlen zwischen 50 und 65"

#### 2.2.3.1 Didaktische Erläuterungen

Ein Schüler liest die Aufgabe laut vor (vgl. obiges Beispiel). Der Lehrer fragt: "Steht da nicht zweimal dasselbe?" In einem gelenkten Unterrichtsgespräch wird den Schülern bewußtgemacht, daß die dritte Zeile der Aufgabenstellung nur eine verkürzte Schreibweise der ersten beiden darstellt.

Dann werden die Schüler aufgefordert, auf einem Arbeitsblatt, auf dem ein Venn-Diagramm vorgezeichnet ist, die Zahlen einzutragen, die zur Menge M gehören. Die Aussprache über die Lösung führt zur Klärung eines weiteren Sachverhalts: Einige Schüler haben nämlich auch die Zahl 50 in das Diagramm eingetragen. Hier muß der Lehrer durch eine Veranschaulichung der Sprachformel "Zahlen zwischen ... und ..." erläutern: Dies geschieht mit Hilfe des Zahlenstrahls:

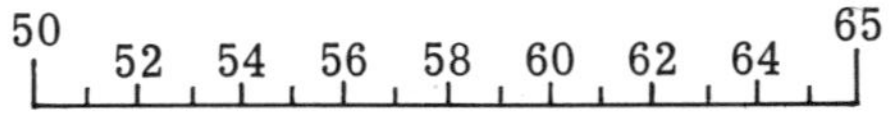

```
50 52 54 56 58 60 62 64
|--+--+--+--+--+--+--+--|
50                      65
```

50 und 65 sind die "Grenzpfähle". Alle geraden Zahlen, die zwischen diesen Grenzen liegen, sind in unserer Aufgabe gefragt.
Anders verhält es sich mit der Angabe, S = gerade Zahlen von 50 bis 66
Hier ist in der Angabe jeweils die erste und die letzte Zahl der Lösung vorgegeben.
Es empfiehlt sich, nicht gleich zu Beginn des Darstellens von Zahlenmengen diese beiden unterschiedlichen Angaben zu verwenden.

| 1 | 2 | 3 | 4 | 5 | 6 | 7 | 8 | 9 | 10 |
|---|---|---|---|---|---|---|---|---|----|
| 11 | 12 | 13 | 14 | 15 | 16 | 17 | 18 | 19 | 20 |
| 21 | 22 | 23 | 24 | 25 | 26 | 27 | 28 | 29 | 30 |
| 31 | 32 | 33 | 34 | 35 | 36 | 37 | 38 | 39 | 40 |
| 41 | 42 | 43 | 44 | 45 | 46 | 47 | 48 | 49 | 50 |
| 51 | 52 | 53 | 54 | 55 | 56 | 57 | 58 | 59 | 60 |
| 61 | 62 | 63 | 64 | 65 | 66 | 67 | 68 | 69 | 70 |
| 71 | 72 | 73 | 74 | 75 | 76 | 77 | 78 | 79 | 80 |
| 81 | 82 | 83 | 84 | 85 | 86 | 87 | 88 | 89 | 90 |
| 91 | 92 | 93 | 94 | 95 | 96 | 97 | 98 | 99 | 100 |

Wir suchen die geraden Zahlen von 20 bis 30. Wir fassen sie zu einer Menge G zusammen und schreiben sie in Mengenklammern:

$G = \{20, 22, 24, 26, 28, 30\}$

$U = \{\dots\dots\dots\dots\dots\dots\dots\dots\}$

❶ Schreibe die Menge U aller ungeraden Zahlen von 20 bis 30 auf.

❷ Schreibe die Menge S aller geraden Zahlen von 81 bis 99 auf.

$S = \{\dots\dots\dots\dots\dots\dots\dots\dots\}$

❸ Gliedere die Zahlen der Menge $A = \{23, 32, 13, 31, 85, 58, 98, 89, 86, 68, 100\}$ in

gerade Zahlen  $G = \{\dots\dots\dots\dots\dots\}$  und

ungerade Zahlen  $U = \{\dots\dots\dots\dots\dots\}$

27

28

### 2.2.4 Einführung der Multiplikation bzw. Division

Eine der konkreten Handlungen, die als Verständnisgrundlage für die Multiplikation und Division herangezogen werden, ist das Vereinigen mehrerer gleichmächtiger Mengen bzw. das Zerlegen von Mengen in gleichmächtige Teilmengen.

Multiplikation

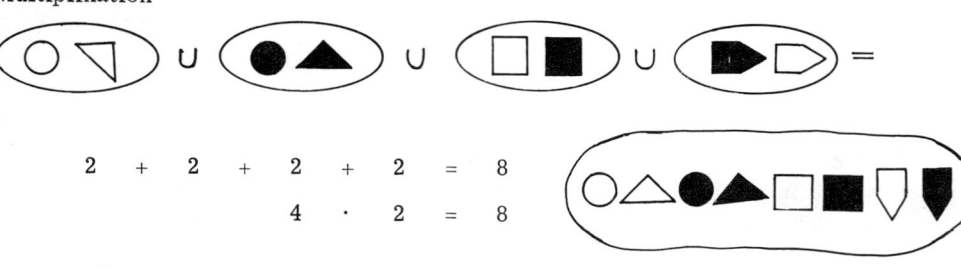

2 + 2 + 2 + 2 = 8
4 · 2 = 8

Division

8 : 4 = 2

Hier ist nur die Grundvorstellung wiedergegeben, weitere Details entnehme man dem einschlägigen Artikel von A. Schnitzer in "Seminar und Schule Band I" sowie dem Schülerbuch "Bausteine der Mathematik", Oldenbourg 1974, Bd. II, S. 64 mit 69.

### 2.3 Lehraufgaben aus dem 3. Schülerjahrgang

Im 3. Schülerjahrgang werden die Grundkenntnisse aus der "Mengenlehre" ausgeweitet. Dies geschieht im Bereich der Darstellung von Zahlenmengen und auch im Bereich der Mengenoperationen.

#### 2.3.1 Darstellung von Zahlenmengen (Siehe Lernziel 2.1 des amtlichen Lehrplans)

Bewußtzumachen sind die zwei verschiedenen Darstellungsweisen von Zahlenmengen:
a) die aufzählende Form, z.B.: A = {7, 9, 11}
b) die definierende Form, z.B. A = {ungerade Zahlen zwischen 5 und 12}

Immer wieder sind die Schüler anzuhalten, die in der Aufgabe angegebenen Grenzen zu beachten, zwischen denen die zugehörigen Elemente einer Menge zu suchen sind.

#### 2.3.2 Einführung der Symbole für die Begriffe "Element", "Teilmenge"

Wenn auch bereits im 2. Schülerjahrgang die Begriffe "Element" und "Teilmenge" angeführt wurden, so werden erst jetzt die entsprechenden Symbole gesichert: Um Verwechslungen vorzubeugen, sind bei der Einführung die Aussagen zu beachten, die im ersten Beitrag "Didaktische Brennpunkte des Mathematikunterrichts von heute" zur Einführung neuer Operationen und Begriffe gemacht wurden.

Als Lernhilfen bei der Einführung der Begriffe "Element", "Teilmenge" könnten gegeben werden:

$\in$ = Element; Das Wort Element beginnt mit dem Buchstaben E; $\in$ ist der griechische Buchstabe für E!

$\subset$ = das Zeichen für Teilmenge. Dieses Symbol ist ein Stück einer Mengenschleife.

#### 2.3.3 Didaktische Erläuterungen für das Verifizieren von Aussagen:

Beispiel:

geg.: B = {7, 9, 11}
A = {ungerade Zahlen zwischen 5 und 12}
G = {3, 5, 7, 9}

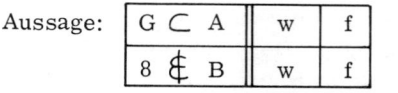

Aussage:

| G ⊂ A | w |
|---|---|
| 8 ∉ B | w |

| | |
|---|---|
| | f |
| | f |

Ges.: Gib an, ob es sich um eine wahre oder falsche Aussage handelt!

Bei Einführungsaufgaben oder bei schwierigen Aufgaben muß eine Anschauungsgrundlage gegeben werden: In diesem Falle die Darstellung der Mengen im Venn-Diagramm.

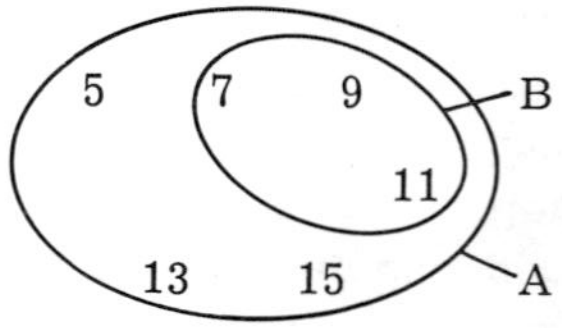

1. Die Grundmenge B wird im Venn-Diagramm dargestellt.
2. Die in der Aufgabe vorgestellten Teilmengen werden eingezeichnet.

Nachfolgend soll die didaktische Grobstuktur der Unterrichtssequenz "Einführung in die Schnittmengenbildung" gegeben werden. (Es wird hier gewissermaßen eine Lernschrittfolge mit den dazugehörigen Erläuterungen dargestellt.)

1. Schritt: Operative Einführung in den Begriff der Schnittmenge

Karin und Peter spielen mit den blauen Logema-Plättchen.

Peter legt die kleinen Plättchen auf seine Straße.

Karin legt die runden Plättchen auf ihre Straße.

Welche Plättchen wollen sie beide?

Karin und Peter legen ihre Plättchen in Mengenschleifen.

Die Plättchen, die zur Schnittmenge gehören, sind klein und zugleich rund.

Erläuterungen:

Diese Aufgabenstellung sollten die Kinder in Partnerarbeit bewältigen. Durch handelnden Umgang mit dem strukturierten Material lernen die Kinder den Begriffsinhalt des neuen mathematischen Begriffes kennen. Wichtig ist, daß die Schüler erkennen, die zwei kleinen runden Plättchen gehören sowohl zu Peters als auch zu Karins Menge. Bei diesem Tun wäre es auch denkbar, andere Darstellungsmöglichkeiten der Schnittmenge suchen zu lassen. (Man beachte, daß die Aussage "operative Einführung . . ." natürlich meint, daß alle Stufen des Verinnerlichungsprozesses durchschritten werden müssen. Hier wird nur eine Grobstruktur der Einführung vorgestellt!)

2. Schritt: Lösung einfacher Aufgaben, bei denen die Schnittmengenbildung als Lösungshilfe herangezogen wird

3. Eine Teilmengen-Grundmengen-Beziehung ist nur dann gegeben, wenn alle Elemente der Teilmenge in der Grundmenge enthalten sind. Diese verbale Definition wird propädeutisch erarbeitet, indem die Kinder versuchen, nach Vorschrift der Aufgabenstellung (hier Aufgabe G) in der Grundmenge alle die Zahlen zusammenzufassen, die zur Teilmenge gehören. Bei der Menge G ist das nicht möglich:

d.f. $G \not\subset B$

An diesem Beispiel wird deutlich, wie durch handelnden Umgang der Begriffsinhalt eines neuen mathematischen Begriffes erarbeitet werden kann.
Es soll nicht unerwähnt bleiben, daß Aufgaben, wie sie oben dargestellt wurden, mehr und mehr ohne anschauliche Hilfen zu lösen sind.

2.3.4 Grundmengen-Teilmengen-Beziehung bei operativen Übungen zum Einmaleins

Zu einer willkommenen Abwechslung bei Einmaleinsübungen kann das Darstellen von Teiler- und Vielfachenmengen sein.

Z.B.: $S = \{$Zahlen zwischen 1 und 100$\}$

$V_9 = \{9, 18, 27, 36, 45, 54, 63, 72, 81, 90, 99\}$

$T_{84} = \{84, 42, 21, 14, 7, 3, 2, 1\}$ usw.

| $T \subset S$ | w | f |
| $V_9 \subset S$ | w | f |

2.3.5 Einführung der Schnitt- bzw. Vereinigungsmenge und deren Anwendung bei der Klärung entsprechender Sachzusammenhänge (Vgl. Lernziel 5 des amtlichen Lehrplans)

Eingangs wurde gesagt, daß Begriffe bzw. Operationen aus dem Bereich der sogenannten Mengenlehre nur soweit behandelt werden sollen, als sie in den übrigen Mathematikunterricht integriert werden können. Es würde diesem Grundsatz widersprechen, wollte man bei dem genannten Lernziel reine formale Inhalte der Mengenoperationen behandeln. Dies würde auch eindeutig den Intentionen des Lehrplans widersprechen, denn dort heißt es in der Rubrik der verbindlichen Lernziele, "Fähigkeit, Schnittmengen und Vereinigungsmengen zu bilden, zu notieren und bei der Klärung von entsprechenden Sachzusammenhängen anzuwenden. Diese Zielsetzung wird im Unterricht, aber auch in vielen Schulbüchern zu wenig berücksichtigt. Andererseits ist es mehr als fraglich, daß z. B. bei den regionaleinheitlichen Probearbeiten in den seltensten Fällen auch Aufgaben aus diesem Bereich gestellt werden, obwohl auch diese von hohem Aussagewert für die entwickelte Rechenfähigkeit sind.

Möglicher Aufgaben:

**③** a) Alle Buben, die größer als 124 cm sind, bilden eine Riege im Hochsprung, alle Schwimmer gehören zur Schwimmgruppe.

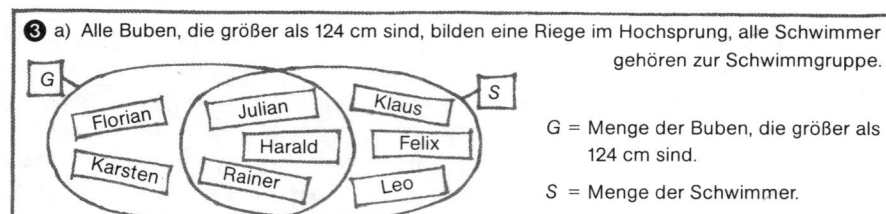

G = Menge der Buben, die größer als 124 cm sind.
S = Menge der Schwimmer.

Zur Schnittmenge gehören die Buben, die größer als 124 cm und zugleich Schwimmer sind.

Wir schreiben: G ∩ S    Wir sprechen: G geschnitten mit S.

**④** Wir nehmen als Grundmenge die Zahlen 1 bis 100.
Auf dem Zahlenstreifen sind oben die Vielfachen von 4 markiert, unten sind die Vielfachen von 6 markiert.

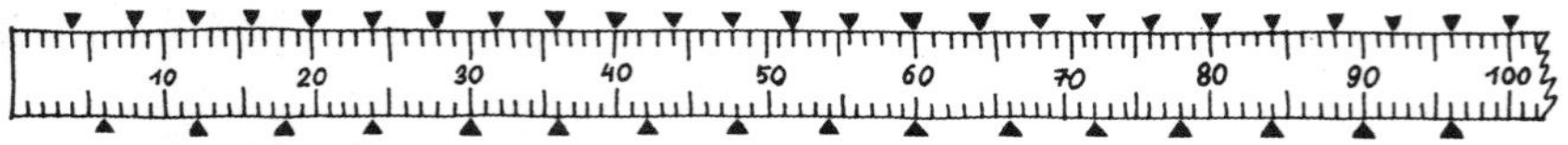

$V_4 = \{$ Vielfache von 4 $\}$    $V_6 = \{$ Vielfache von 6 $\}$

Welche dieser Zahlen sind zugleich Vielfache von 4 und von 6?
Schreibe auf: $V_4 \cap V_6 = \{12, \ldots \ldots, 96\}$

**⑤** Grundmenge sind die Zahlen von 1 bis 100.
$V_3 = \{$ Vielfache von 3 $\}$   $V_5 = \{$ Vielfache von 5 $\}$   $V_7 = \{$ Vielfache von 7 $\}$

a) Schreibe: $V_3 = \{3, 6, \ldots \ldots, 99\}$   $V_5 = \{5, \ldots \ldots, 100\}$   $V_7 = \{7, \ldots \ldots, 98\}$

b) Welche Zahlen kommen in der Dreier- und zugleich in der Fünferreihe vor?
Schreibe auf: $V_3 \cap V_5 = \{15, \ldots \ldots\}$

c) $V_5 \cap V_7$   d) $V_3 \cap V_7$   e) $V_3 \cap V_5 \cap V_7$

**Erläuterungen:**

1. Bei Aufgaben aus dem Bereich der Zahlmengen müssen insbesondere die Grundmengen präzis angegeben werden.

2. Namentlich für schwächere Schüler sollte als Lösungshilfe die Darstellung mit Hilfe des Venn-Diagramms angeboten werden. Fortgeschrittene Schüler können die Aufgabe in der verkürzten Schreibweise ausführen. Dies darf aber erst gefordert werden, wenn durch entsprechende unterrichtliche Behandlung die zugrundeliegende Abstraktion einsichtig gemacht wurde.

Beispiel: Lösung der umseitig abgebildeten Aufgabe:

geg.:  1. Grundmenge G = {Zahlen 1 bis 100}
       2. $V_4$ bzw. $V_6$

ges.:  Gib die Schnittmenge der Vielfachenmenge von $V_4$ und $V_6$ an!

— Zuerst wird auf dem Zahlenstrahl — wie es die umseitige Abbildung zeigt — die Vielfachenmenge $V_4$ bzw. $V_6$ gekennzeichnet.

— Anfangs werden die gefundenen Zahlen noch in ein Venn-Diagramm eingetragen.

— Zuerst alle Zahlen in das zugehörige Diagramm, die Zahlen, die zur Schnittmenge gehören, werden ausgestrichen und in die Mengenschleife der Schnittmenge eingetragen.

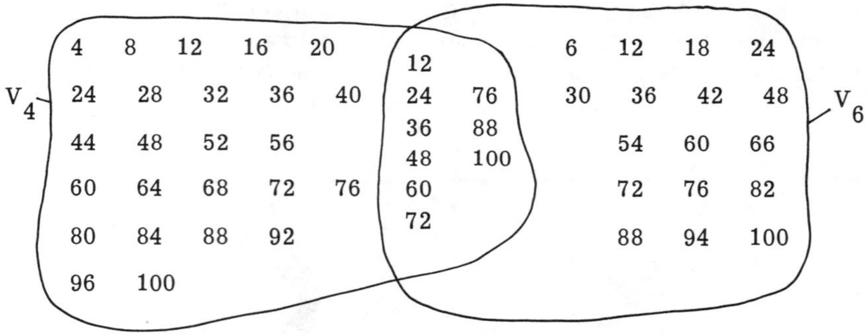

$V_4$

| 4 | 8 | 12 | 16 | 20 |
|---|---|---|---|---|
| 24 | 28 | 32 | 36 | 40 |
| 44 | 48 | 52 | 56 | 72 | 76 |
| 60 | 64 | 68 | 88 | 92 |
| 80 | 84 | 100 | | |
| 96 | | | | |

(Schnittmenge: 12, 24, 36, 48, 60, 72, 76, 88, 100)

$V_6$: 6, 12, 18, 24, 30, 36, 42, 48, 54, 60, 66, 72, 76, 82, 88, 94, 100

3. Schritt: Lösung schwieriger Aufgaben, bei denen 3 Mengen zum Schnitt zu bringen sind. (Z. B.: Bilde die Schnittmenge der Vielfachmengen $V_5$, $V_6$ und $V_8$.)

Die Lösung bzw. die Bereitstellung der Lernhilfen hätte in derselben Weise zu erfolgen, wie das bei der Lösung oben dargestellt wurde.

1. Aufgaben, bei denen die Bildung von Schnittmengen bzw. Vereinigungsmengen als Lösungshilfen herangezogen werden müssen

2. Die Vereinigungsmengen als Anwendungsbeispiele zum Lösen von einigermaßen lebensechten Sachverhalten werden dann herangezogen, wenn wir auch konjunkte Mengen vereinigt. Bisher haben die Kinder nur disjunkte Mengen vereinigt. Deshalb muß dieser Sachverhalt wieder operativ eingeführt werden. Dabei ist auf die Besonderheiten eigens einzugehen. Schwierigkeiten ergeben sich insbesondere bei der Darstellung. Hier erweist es sich als recht günstig, wenn die Schüler das Vereinigen von Mengen durch Umfassen der zwei Teilmengen darstellen.

Nachfolgend werden an einem Beispiel die methodischen Schritte gezeigt, die beim Lösen solcher Aufgaben durchlaufen werden sollten.

3. Damit ist nicht gesagt, daß diese Lerninhalte untergeordnete Bedeutung hätten: Vielmehr ist gemeint, daß für die Lösung dieser und ähnlicher Aufgaben auch noch im vierten Schülerjahrgang Zeit bleibt.

## 2.4 Schlußbemerkung:

Bekanntlich stellt der Lehrplan 1974 für Mathematik an den Grundschulen Bayerns keine neuen Lehraufgaben aus der "Mengenlehre". Das wird in der Unterrichtspraxis nicht selten falsch interpretiert: "Mengenlehre" wird bis zum 3. Schülerjahrgang betrieben und im 4. Schuljahr wird darüber nicht mehr gesprochen.

Das würde allgemeingültigen Prinzipien der Unterrichtsarbeit widersprechen (z. B. der Notwendigkeit des Überlernens) aber auch die Tatsache außer acht lassen, daß im Mathematikunterricht des 5. Schülerjahrgangs sowohl am Gymnasium als auch an der Hauptschule Grundkenntnisse aus dem Bereich der "Mengenlehre" vorausgesetzt werden.

Beispiel:
Der Schulzahnarzt untersucht die Klasse 3a. 7 Kinder haben Karies (Peter, Astrid, Klaus, Susanne, Karin, Horst und Werner), 5 Kinder haben falsche Zahnstellung (Egon, Iris, Peter, Karin und Ute). Wie viele Kinder brauchen eine Behandlung.

— Vermutungen einholen.
— Darstellen im Mengendiagramm

A = Peter, Astrid, Klaus, Susanne, Karin, Horst, Werner

B = Egon, Iris, Peter, Karin, Ute

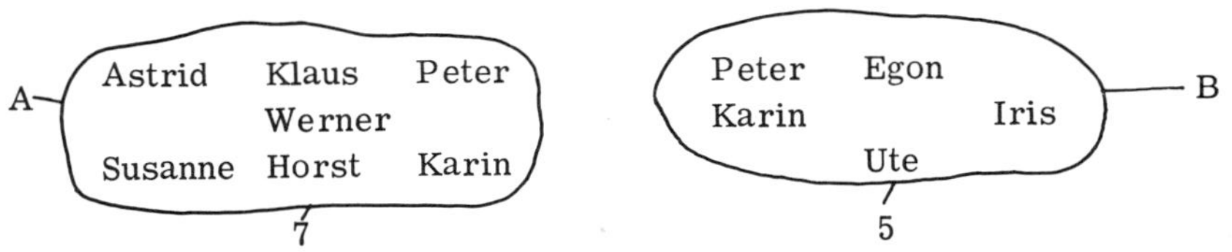

```
   Astrid   Peter              Peter  Egon
A  Klaus    Werner             Karin        Iris
   Susanne  Horst  Karin       Ute
        7                        5
                                        B
```

— Wir stellen fest, Peter und Karin gehören zu beiden Mengen. Wir müssen deshalb unsere Mengendarstellung ändern. Wir tragen die Schnittmenge ein und vereinigen die beiden Teilmengen durch Umfahren.

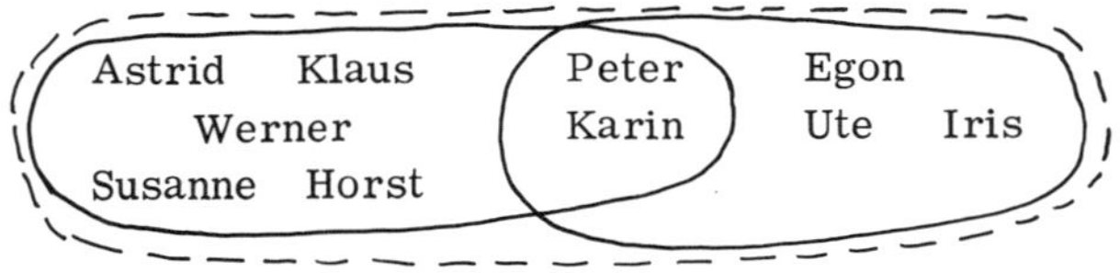

```
           Peter  Egon
  Astrid   Karin        Iris
  Klaus    Ute
  Werner
  Susanne  Horst
```

— Dann zählen wir die Kinder ab, die eine Zahnbehandlung brauchen. Peter und Karin dürfen dabei nicht zweimal gezählt werden.

— Bei der Rückschau auf die Lösung vergleichen wir die Mengendarstellung in der Mengenklammer mit der Darstellung im Venn-Diagramm.

Zum Kreissportfest entsendet die Schule in A-Dorf folgende Teilnehmer:
1. An den Laufwettbewerben nehmen 9 Schüler teil.
2. Am Weitsprung beteiligen sich 7 Schüler.
Von den Teilnehmern nehmen 3 Schüler an allen zwei Wettbewerben teil.

Anmerkungen:

1. Diese und ähnliche Aufgaben sind am Venn-Diagramm zu veranschaulichen.
2. Bevor der Schwierigkeitsgrad gesteigert wird (z. B. durch die Notwendigkeit der Schnittmengenbildung von drei Mengen) sollten die übrigen Ziele überprüft und gesichert werden.

# Franz-Josef Gaßner

# Fertigkeitsübungen

| | | |
|---|---|---|
| 1. | Das Ziel der Fertigkeitsübung | 34 |
| 2. | Grundsätzliche didaktische Hinweise zur Fertigkeitsübung | 34 |
| 3. | Die methodische Gestaltung der Fertigkeitsübung | 34 |
| 4. | Die Inhalte der Fertigkeitsübung | 36 |
| 4.1 | Übung zur Erfassung und Zerlegung von Mengen | 36 |
| 4.2 | Übung zur Erfassung des Stellenwertes | 36 |
| 4.3 | Übung des Aufrundens und Abrundens von großen Zahlen | 36 |
| 4.4 | Übung der Addition und Subtraktion | 36 |
| 4.5 | Übung des Ergänzens | 36 |
| 4.6 | Übung der Multiplikation | 37 |
| 4.7 | Übung der Division | 38 |
| 4.8 | Übung kombinierter Operationen | 38 |
| 4.9 | Umrechnen von Münzen, Maßen, Gewichten | 38 |
| 4.10 | Übung des Rechnens mit gemeinen Brüchen | 39 |
| 4.11 | Übung des Rechnens mit Dezimalbrüchen | 39 |
| 4.12 | Übung der Prozent- und Promillerechnung | 40 |
| 4.13 | Übungen zur Schlußrechnung | 40 |
| 4.14 | Übungen zur Flächenberechnung | 41 |
| 5. | Weitere Übungsmöglichkeiten | 41 |
| 5.1 | Die Rechenuhr | 41 |
| 5.2 | Das Rechenrad | 42 |
| 5.3 | Das Zahlenhaus | 42 |
| 5.4 | Der Zahlenring | 42 |
| 5.5 | Die Zahlentafel | 43 |
| 5,6 | Der Zahlenstreifen | 43 |
| 5.7 | Das Dürerquadrat | 44 |
| 6. | Literatur | 44 |

Die Mathematikstunde in der Grund- und Hauptschule beginnt in der Regel mit einer Fertigkeitsübung von fünf bis zehn Minuten.

# 1. Das Ziel der Fertigkeitsübung

Das Ziel der Fertigkeitsübung im Mathematikunterricht der Grund- und Hauptschule ist

1.1 die Steigerung der Rechenfertigkeit in allen rechnerischen Grundoperationen, die Beherrschung der elementaren Rechentechniken. (z.B.: Einmaleins, Addition, Subtraktion, Rechnen mit gemeinen Brüchen, Rechnen mit Dezimalbrüchen, Prozentrechnen, Berechnen von Fläche und Raum).
Dabei wird immer wieder auch die Einsicht in eine Rechenoperation oder ein Rechenverfahren zu vertiefen sein. Vergl. Kapitel 1, 2.4.1

1.2 die Steigerung der Konzentrationsfähigkeit. Durch die straff organisierte Gestaltung der Fertigkeitsübung werden die Schüler zu äußerster Konzentration, zu disziplinierter Mitarbeit gefordert.

# 2. Grundsätzliche didaktische Hinweise zur Fertigkeitsübung

2.1 Rechenfertigkeitsübungen sind nur effektiv, wenn sie regelmäßig durchgeführt werden.

2.2 Im Mittelpunkt der Fertigkeitsübung kann einmal auch nur eine einzige Rechenart stehen. In der Regel werden jedoch einige bereits bekannte, einsichtig gemachte Operationen planmäßig in einer Übungseinheit zusammengestellt und sinnvoll auf das eigentliche Ziel der Rechenstunde hin aufgebaut.

2.3 Damit alle rechnerischen Grundoperationen entsprechend berücksichtigt und Übungen auf die Einführung eines Rechengebietes hin sinnvoll in die Fertigkeitsübung integriert werden können, sind Übungseinheiten für einen Monat, für eine Woche, für eine Stunde genau zu planen.

2.4 Der angestrebte Effekt der Fertigkeitsübung kann nur erreicht werden, wenn jeweils wenige Arten von Aufgaben gründlich geübt und derselbe Übungsinhalt über längere Zeit angesetzt wird.[1]

2.5 Um eine Unterforderung oder eine Überforderung der Schüler zu vermeiden, ist auch bei der Fertigkeitsübung eine Differenzierung nach Leistungsgruppen erforderlich. In der Regel wird eine Differenzierung in zwei Leistungsgruppen genügen.

# 3. Die methodische Gestaltung der Fertigkeitsübung

Bei der methodischen Gestaltung der Fertigkeitsübung sollen in der Regel vor allem folgende Punkte berücksichtigt werden:

3.1 Einfacheren Aufgaben folgen im Verlauf der Fertigkeitsübung Aufgaben mit zunehmendem Schwierigkeitsgrad.

3.2 Die Arbeitsanweisungen und die Einbettung in Sachzusammenhänge werden bestimmt, einfach und knapp gegeben.
Es genügt, wenn der Sachzusammenhang am ersten Zahlenbeispiel kurz und klar aufgezeigt wird; z.B.: Wir kaufen Obst ein. 1 kg kostet 1.60 DM.

3.3 Die Übungsform wird während der Fertigkeitsübung in der Regel einmal gewechselt. U.a. sind folgende Formen möglich.

3.3.1 Die Aufgaben werden mündlich gestellt.

3.3.2 Die Aufgaben werden z.T. einer Zahlentafel oder einem Zahlenstreifen entnommen. Der Lehrer stellt die Aufgabe und deutet nur auf verschiedene Zahlen.

3.3.3 Die Ergebnisse werden von den Schülern unmittelbar mündlich gegeben.

3.3.4 Die Ergebnisse werden auf dem Arbeitsblock schriftlich festgehalten.

3.3.5 Aufgaben werden von Schülern gestellt.

3.3.6 Einmaleinsreihen oder Teile einer Einmaleinsreihe werden von der Klasse oder abwechselnd von einer Gruppe gesprochen.

3.3.7 Die Schüler rufen sich in einer combinierten Übungsreihe selbst auf.

z.B. Erster Schüler:    1 Pfund Äpfel kostet 0,90 DM
nächster Schüler:    Ich kaufe 4 Pfund
nächster Schüler:    Die kosten 3.60 DM
nächster Schüler:    Ich bezahle mit einem 100-DM-Schein
nächster Schüler:    Ich bekomme 96,40 DM heraus.

3.4 Damit alle Schüler veranlaßt sind, eine Aufgabe zu rechnen, wird das Ergebnis erst abgerufen, wenn fast alle Schüler aufzeigen.

3.5 Bei Kettenrechnungen soll in der Regel nach fünf Teilaufgaben abgebrochen werden. Damit kann ein Übungsleerlauf bei Schülern vermieden werden, die bereits das zweite oder dritte Teilergebnis nicht erreicht haben.

---

[1] vgl. Oehl, der Rechenunterricht in der Hauptschule, S. 56.

3.6 Damit auf der Tafel oder auf einem Streifen fixierte Aufgaben ohne mathematische Vorgaben eindeutig gestellt werden können, sind sie klar zu bezeichnen oder farbig zu kennzeichnen. Z.B.: folgende Bauplätze werden vergeben:

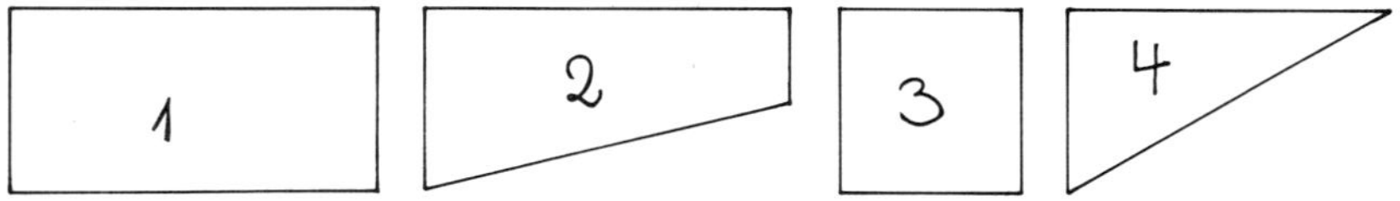

```
    1         2        3        4
```

Beschreibe Bauplatz Nr. 3
Berechne Bauplatz Nr. 3

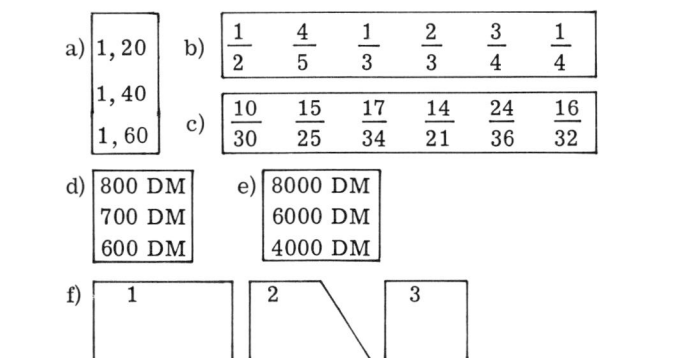

a) Schlußrechnung
z.B. 1 Pfund Äpfel kostet ...
Wir kaufen 3 Pfund, 5 Pfund, 4 Pfund − Berechne!

b) Gemeiner Bruch mal ganze Zahl
z.B. Rechne: Mal 4, mal 3, mal 7
Erweitern von gemeinen Brüchen
z.B. Erweitere mit ④ ⑦ ⑤ ⑥ ⑦

c) Kürzen von gemeinen Brüchen

d) Prozentwert
z.B. Du erhältst von den angegebenen Beträgen 2 %, 5 %, 7 %, 9 %

e) Prozentwert und Promillewert
z.B. Du erhältst von den angegebenen Geldbeträgen 4 %, 8 %, 6 %
Du erhältst 5 ‰, 7 ‰, 3 ‰

f) Bezeichnen und Berechnen von Flächen
z.B. Benenne die gezeichneten Grundstücke
Nenne die Formel für deren Berechnung und erläutere sie

3.7 Die Fertigkeitsübung wird sehr zügig und diszipliniert durchgeführt.

3.8 Während der Fertigkeitsübung auf dem Arbeitsblock festgehaltene Ergebnisse sollen immer kontrolliert werden.
Die Schüler tauschen die Arbeitsblöcke.
Ein Schüler liest die Ergebnisse, die von einem zweiten Schüler jeweils sofort bestätigt oder als falsch bezeichnet werden. Zwei oder drei Arbeitsblöcke werden vom Lehrer korrigiert.

3.9 Um eine Fertigkeitsübung effektiv gestalten zu können, ist es meist notwendig, das benötigte Zahlenmaterial (bzw. die Flächen- und Raumformen) dem Schüler auf der Tafel, auf einer Folie oder einem Streifen übersichtlich vorzugeben.

Das ist in einer 7. Jahrgangsstufe z.B. wie folgt möglich:

3.9.1 Übungseinheit

a) 1,20   b) $\frac{1}{2}$ $\frac{4}{5}$ $\frac{1}{3}$ $\frac{2}{3}$ $\frac{3}{4}$ $\frac{1}{4}$
   1,40
   1,60   c) $\frac{10}{30}$ $\frac{15}{25}$ $\frac{17}{34}$ $\frac{14}{21}$ $\frac{24}{36}$ $\frac{16}{32}$

d) 800 DM    e) 8000 DM
   700 DM       6000 DM
   600 DM       4000 DM

f)  1    2    3

3.9.2 Übungseinheit

a) 5,20   b) 900   c)  2  4  1  5
   4,40      800       4  8  2  9
   7,30      700       3  7     3
                       5  7  6  8  9

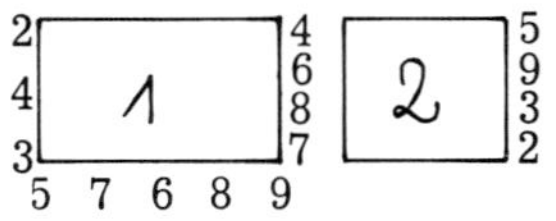

d) dz  t   kg
   g   Ztr Pfd
   (2, 4, 3, 7, 5, 8)

a) Schlußrechnung
b) Prozentwert
c) Bezeichnung und Berechnung von Flächen
d) Unrechnung in die verschiedenen Größen

3.9.3 Übungseinheit

0,85 DM  |  500 DM  |  50   100  |  1600       |  25    40 000
0,75 DM  |  800 DM  |  400  200  |  3400       |  100   30 000
0,95 DM  |  600 DM  |  300  150  |  7200       |  200   70 000

3.9.4 Übungseinheit

27,50 DM  |  25,00 DM
47,50 DM  |  45,00 DM       2
37,50 DM  |  35,00 DM      4
                            3
                       5 6 8 7 9

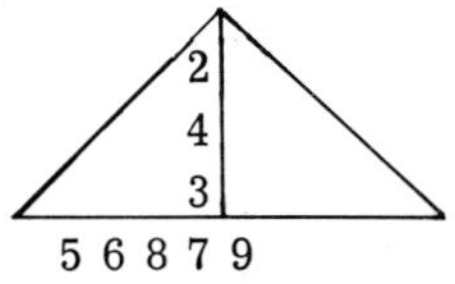

3.10 Wo es sinnvoll oder notwendig erscheint, wird der Schüler immer wieder einmal aufgefordert, seine Rechenoperation kurz darzulegen.

3.11 Gemeine Brüche und Dezimalbrüche sollen den Schülern bei der Fertigkeitsübung in der Regel schriftlich vorgegeben werden.

# 4. Die Inhalte der Fertigkeitsübung

4.1 Ohne eine Vollständigkeit anzustreben, sollen im folgenden wichtige Aufgabengruppen für die Fertigkeitsübung als Anregung zusammengestellt und, soweit notwendig, kurz erläutert werden. 2)

Sie können und müssen je nach Jahrgangsstufe und Begabung der Schüler variiert werden.

4.1.1 Übung zur Erfassung und Zerlegung von Mengen
Der Lehrer zeigt eine Menge an der Tafel, auf der Folie, auf der vorbereiteten Mengentafel.

4.1.2 Die Schüler benennen die gezeigte Menge.
Die Schüler zergliedern oder zerlegen die Menge
z.B.:  6 = 3 + 3      7 = 3 + 4      9 = 4 + 2 + 3
       6 = 4 + 2      7 = 5 + 2      9 = 5 + 2 + 2
       6 = 1 + 5      7 = 3 + 3 + 1  9 = 3 + 4 + 2

4.2 Übung zur Erfassung des Stellenwertes

4.2.1 Mündlich:   45 = 5 Z + 5 E
                  68 = 6 Z + 8 E
                 421 = 4 H + 2 Z + 1 E
                 817 = 8 H + 1 Z + 7 E
                1316 = 1 T + 3 H + 1 Z + 6 E

Bei der Lösung einer Aufgabe können zur Angabe der Stellenwerte verschiedene Schüler aufgerufen werden. Ähnliche Aufgaben könnten im Rahmen des Tätigkeitswechsels schriftlich gestellt werden.

4.3 Übung des Aufrundens und Abrundens von großen Zahlen
    475 (= rund 500)      2285 (= rund 2000)
    528 (= rund 500)      3850 (= rund 4000)
    449 (= rund 400)      6520 (= rund 7000)
    651 (= rund 700)      4490 (= rund 4000)

           4 · 378 (≈ 4 · 400)         12 · 98 (≈ 12 · 100)
           5 · 216 (≈ 5 · 200)         29 · 52 (≈ 30 · 50)
           3 · 594 (≈ 3 · 600)         19 · 73 (≈ 20 · 70)
           6 · 879 (≈ 6 · 900)         49 · 193 (≈ 50 · 200)

4.4 Übung der Addition und Subtraktion

4.4.1 Additionsreihe
      6 + 5 + 5 + . . . . . . . bis 81        70 + 50 + 50 + . . . . . . . bis 820
      7 + 4 + 4 + . . . . . . . bis 67        24 + 40 + 40 + . . . . . . . bis 624
      8 + 7 + 7 + . . . . . . . bis 113       25 + 45 + 45 + . . . . . . . bis 700
      9 + 3 + 3 + . . . . . . . bis 144       80 + 25 + 25 + . . . . . . . bis 455

4.4.2 Zahlentreppe
      8 + 4 = 12                         7 + 2 = 9
      4 + 12 = 16                        2 + 9 = 11
      12 + 16 = 28                       9 + 11 = 20
      16 + 28 = 42                       11 + 20 = 31

      6 + 4 = 10                         5 + 3 = 8
      4 + 10 = 14                        3 + 8 = 11
      10 + 14 = 24                       8 + 11 = 19
      14 + 24 = 38                       11 + 19 = 30

4.4.3 Subtraktionsreihe
      105 - 7 - 7 . . . . . . bis 0      700 - 45 - 45 . . . . . bis 25
      112 - 4 - 4 . . . . . . bis 0      640 - 25 - 25 . . . . . bis 15
      128 - 8 - 8 . . . . . . bis 0      235 - 15 - 15 . . . . . bis 10
      118 - 6 - 6 . . . . . . bis 4      7600 - 500 - 500 . . . bis 100

4.4.4 Rechnen mit Rechenvorteilen
      34 + 99         154 - 99
      26 + 98         468 - 99
      46 + 199        378 - 97
      78 + 299        465 - 199
      54 + 97         524 - 299

4.4.5 Subtraktion von vollen Hundertern und Tausendern
      100 - 7    500 - 6     100 - 40    1000 - 3     1000 - 20
      100 - 3    400 - 8     100 - 80    1000 - 7     1000 - 80
      100 - 9    600 - 4     800 - 20    1000 - 9     1000 - 25
      100 - 2    700 - 3     400 - 60    1000 - 5     1000 - 65

4.5 Übung des Ergänzens

---
2) vgl. dazu: Oehl, der Rechenunterricht in der Grundschule, S. 104 ff.

4.5.1 Ergänzen zum vollen Zehner

| 34 + ☐ = 40 | 116 + ☐ = 120 |
| 53 + | 132 + |
| 46 + | 214 + |
| 52 + | 343 + |
| 25 + | 125 + |

Wir nehmen die Hälfte

| 10 · 4 | 10 · 8 | 10 · 12 | 10 · 16 | 8 · 6 | 8 · 7 |
| 5 · 4 | 5 · 8 | 5 · 12 | 5 · 16 | 4 · 6 | 4 · 7 |
| 8 · 4 | 8 · 8 | 8 · 12 | 8 · 16 | 2 · 6 | 2 · 7 |
| 4 · 4 | 4 · 8 | 4 · 12 | 4 · 16 | | |
| 2 · 4 | 2 · 8 | 2 · 12 | 2 · 16 | | |

4.5.2 Ergänzen zum vollen Hunderter

| 56 + ☐ = 100 | 40 + ☐ = | 96 + ☐ = |
| 78 + | 220 + | 193 + |
| 46 + | 430 + | 491 + |
| 27 + | 840 + | 894 + |

Wir üben dekadische Analogien

| 4 · 2 | 5 · 7 | 6 · 8 | 3 · 3 |
| 4 · 20 | 5 · 70 | 6 · 80 | 3 · 30 |
| 4 · 200 | 5 · 700 | 6 · 800 | 3 · 300 |
| 4 · 2000 | 5 · 7000 | 6 · 8000 | 3 · 3000 |
| 4 · 20 000 | 5 · 70 000 | 6 · 80 000 | 3 · 30 000 |
| 4 · 200 000 | 5 · 700 000 | 6 · 800 000 | 3 · 300 000 |

4.5.3 Ergänzen zum vollen Tausender

| 992 + ☐ = 1000 | 780 + ☐ = 1000 | 945 + ☐ = 1000 |
| 994 + | 640 + | 825 + |
| 996 + | 520 + | 799 + |
| 991 + | 910 + | 624 + |

4.5.3.1 Übung verschiedener Einmaleinsreihen

Wir üben mit gleichem Operator

| 2 · 2 | 3 · 2 | 4 · 3 | 7 · 2 | 6 · 5 | 8 · 2 |
| 2 · 4 | 3 · 12 | 4 · 6 | 7 · 20 | 6 · 15 | 8 · 12 |
| 2 · 5 | 3 · 7 | 4 · 7 | 7 · 3 | 6 · 6 | 8 · 20 |
| 2 · 6 | 3 · 17 | 4 · 14 | 7 · 30 | 6 · 16 | |

Wir zerlegen in "Einmaleinsfaktoren"

| 24 = | 3 · 8 | 36 = | 6 · 6 | 18 = 3 · 6 |
| | 8 · 3 | | 3 · 12 | 6 · 3 |
| | 4 · 6 | | 12 · 3 | 2 · 9 |
| | 6 · 4 | | 2 · 18 | 9 · 2 |
| | 2 · 12 | | 18 · 2 | |
| | 12 · 2 | | 4 · 9 | |
| | | | 9 · 4 | |

4.5.4 Ergänzen zu einer Million

| 999 992 + ☐ = 1 000 000 |
| 999 981 + |
| 999 901 + |
| 999 951 + |

| 999 820 + ☐ = 1 000 000 |
| 999 740 + |
| 999 690 + |
| 999 420 + |

4.6 Übung der Multiplikation

4.6.1 Einmaleins

4.6.1.1 Allgemeine Übungen

Wir sprechen gemeinsam die gerade Reihe
                              die ungerade Reihe

| 2 · 6 | 2 · 8 | 1 · 5 | 1 · 4 |
| 4 · 6 | 4 · 8 | 3 · 5 | 3 · 4 |
| 6 · 6 | 6 · 8 | 5 · 5 | 5 · 4 |
| 8 · 6 | 8 · 8 | 7 · 5 | 7 · 4 |
| 10 · 6 | 10 · 8 | 9 · 5 | 9 · 4 |

Wir fragen einzeln ab innerhalb derselben Einmaleinsreihe.
Wir fragen verschiedene Einmaleinsreihen ab.

4.6.1.2 Übungen innerhalb derselben Einmaleinsreihe

Wir nehmen das Doppelte

| 2 · 6 | 3 · 5 | 5 · 5 | 2 · 30 | 3 · 40 | 5 · 70 |
| 4 · 6 | 6 · 5 | 10 · 5 | 4 · 10 | 6 · 40 | 10 · 70 |
| 8 · 6 | 12 · 5 | 20 · 5 | 8 · 30 | 12 · 40 | 20 · 70 |
| 16 · 6 | 24 · 5 | 40 · 5 | 16 · 30 | 24 · 40 | 40 · 70 |

4.6.2 Zerlegen in Faktoren

| 270 = 3 · 90 | 360 = 6 · 60 | 480 = 6 · 80 |
| 27 · 10 | 2 · 180 | 4 · 120 |
| 9 · 30 | 8 · 45 | 2 · 240 |
| 5 · 54 | 9 · 40 | 3 · 160 |
| | 4 · 90 | 5 · 96 |
| | 3 · 120 | 8 · 60 |

4.6.3 Rechenvorteile

4 · 99 = 4 · 100 − 4 · 1     50 · 48 = (100 · 48) : 2
4 · 98                        50 · 34
4 · 97                        50 · 28

## 4.7 Übung der Division

### 4.7.1 Wir nehmen die Hälfte von

| 300 | 340 | 124 | 1800 | 3500 | 12600 |
| 500 | 270 | 148 | 2400 | 5300 | 16800 |
| 700 | 530 | 236 | 8200 | 2700 | 24400 |
| 900 | 410 | 418 | 4000 | 6900 | 36200 |

### 4.7.2 Wir teilen durch 10, durch 100

| : 10 | : 10 | : 10 | : 100 |
|---|---|---|---|
| 120 | 300 | 3 500 | 12 600 |
| 340 | 700 | 2 700 | 24 800 |
| 270 | 600 | 4 900 | 38 600 |
| 530 | 400 | 8 700 | 14 100 |

### 4.7.3 Wir teilen durch

| : 6 | : 7 | : 80 | : 400 |
|---|---|---|---|
| 36 | 490 | 720 | 3 600 |
| 360 | 210 | 320 | 4 000 |
| 3 600 | 350 | 480 | 2 400 |
| 36 000 | 280 | 240 | 1 600 |
| 360 000 | 630 | 560 | 2 800 |

## 4.8 Übung kombinierter Operationen

### 4.8.1 Kettenrechnungen

```
3 · 8     4 · 9     54 - 12    96 : 2     4 · 12
: 12      : 6       : 7        - 24       + 16
+ 19      + 18      · 8        : 6        : 2
: 7       : 3       : 6        · 2 500    · 5
```

### 4.8.2 Die ewige Kette

Wir benötigen dazu jeweils eine Ausgangszahl und eine Arbeitszahl. 1)
Kontrolle: Ausgangszahl und Ergebnis stimmen überein.

Schema:   Beispiel:                    Beispiel:
          Ausgangszahl: ⑤              Ausgangszahl: ⑦
          Arbeitszahl:   4             Arbeitszahl:   8

```
+      5 + 4  = 9              7 + 8   = 15
x      9 x 4  = 36            15 x 8   = 120
-     36 - 4  = 32           120 - 8   = 112
:     32 : 4  = 8            112 : 8   = 14
+ 1    8 + 1  = 9             14 + 1   = 15
-      9 - 4  = ⑤             15 - 8   = ⑦
```

### 4.8.3 Einkaufsrechnung

1 Pfund Äpfel kostet 0,90 DM; 1,20 DM; 1,80 DM
Ich kaufe 4 Pfund
Die kosten . . . 3,60 DM
Ich bezahle mit einem 50-DM-Schein
Ich bekomme 46,40 DM heraus.
1 Pfund Birnen kostet 0,80 DM, 1,30 DM, 1,70 DM
Ich kaufe 5 Pfund
Die kosten 6,50 DM
Ich bezahle mit einem 20-DM-Schein
Ich bekomme 13,50 DM heraus.

## 4.9 Umrechnen von Münzen, Maßen, Gewichten

### 4.9.1 Wir rechnen Münzen um

Wir geben in verschiedenen Geldeinheiten an

5 DM = 500 Pfennigstücke
       250 Zweipfennigstücke
       100 Fünfpfennigstücke
        50 Zehnpfennigstücke
        10 Fünfzigpfennigstücke
         5 Einmarkstücke

Wir rechnen um in DM - Pf

| Pf | DM | Pf | DM | Pf |
|---|---|---|---|---|
| 300 | | 90 | 2,00 | 1,75 |
| 500 | | 70 | 3,40 | 2,20 |
| 800 | | 45 | 0,50 | 1,05 |
| 700 | | 50 | 12,70 | 20,10 |

### 4.9.2 Wir rechnen um Zeitmaße

| Min. - Std. | Std. - Tage |
|---|---|
| 4 Std. | 2 Tage |
| 2½ Std. | 1½ Tage |
| 3¾ Std. | ¼ Tag |
| 240 Min. | 36 Std. |
| 90 Min. | 48 Std. |
| 105 Min. | 30 Std. |

---

1) vgl. Groeschel, Übungen zur Rechenfertigkeit, S. 87

4.10 Übung des Rechnens mit gemeinen Brüchen

4.10.1 Wir ergänzen Brüche zum Ganzen

$\frac{1}{2}$  $\frac{1}{4}$  $\frac{1}{6}$  $\frac{1}{8}$  $\frac{1}{10}$  $\frac{1}{3}$  $\frac{1}{5}$  $\frac{1}{7}$  $\frac{1}{9}$

$\frac{2}{3}$  $\frac{3}{4}$  $\frac{3}{5}$  $\frac{5}{6}$  $\frac{8}{10}$

$2\frac{1}{4}$  $5\frac{3}{4}$  $1\frac{1}{5}$  $3\frac{1}{2}$  $7\frac{1}{3}$  $5\frac{1}{10}$

4.10.2 Wir multiplizieren Brüche mit ganzen Zahlen

$\frac{1}{2}$  $\frac{1}{4}$  $\frac{1}{3}$  $\frac{1}{10}$  $\frac{1}{8}$ mal 3, 4, 5, 8, 9, 7, 2

$\frac{2}{3}$  $\frac{2}{5}$  $\frac{3}{4}$  $\frac{4}{10}$  $\frac{2}{8}$ mal 3, 4, 6, 7, 10, 9, 5

4.10.3 Wir erweitern Brüche

$\frac{1}{2}$  $\frac{1}{4}$  $\frac{1}{8}$  $\frac{1}{10}$  $\frac{2}{3}$  $\frac{1}{3}$  $\frac{1}{5}$  $\frac{1}{9}$  erweitern mit ②④⑥⑤⑦⑨③

$\frac{3}{4}$  $\frac{3}{5}$  $\frac{4}{10}$  $\frac{2}{6}$  $\frac{15}{25}$  $\frac{6}{10}$  $\frac{6}{9}$  $\frac{6}{8}$  $\frac{12}{24}$  $\frac{16}{48}$ erweitern mit ③④⑤⑧

4.10.3 Wir kürzen Brüche

$\frac{4}{8}$  $\frac{5}{15}$  $\frac{8}{16}$  $\frac{4}{10}$

4.11 Übung des Rechnens mit Dezimalbrüchen

4.11.1 Wir ergänzen Dezimalbrüche zum Ganzen

0,4   2,5   4,125
0,6   3,6   6,850
0,3   4,8   5,225
0,8   6,1   4,705
0,2   5,4   9,001

4.11.2 Wir multiplizieren Dezimalbrüche mit ganzen Zahlen

| · 3 | · 5 | · 4 |   | · 10 | · 100 |
|---|---|---|---|---|---|
| 2,5 |   |   |   | 2,4 |   |
| 3,2 |   |   |   | 4,25 |   |
| 4,4 |   |   |   | 3,325 |   |
| 5,3 |   |   |   | 0,08 |   |
| 7,6 |   |   |   | 4,10 |   |

Tage – Monate – Jahre

3 Mte.
6 Mte.
$2\frac{1}{2}$ Jahre
$\frac{3}{4}$ Jahre
180 Tage

Längenmaße

m – dm – cm – mm     m – km

3 m                  3 km
7,5 m                $4\frac{1}{2}$ km
$2\frac{1}{4}$ m    3,6 km
4 dm                 800 m
280 cm               2 400 m
840 mm               0,7 km

Flächenmaße

qm – qdm – qcm – qmm    qkm – ha – a – qm

4 qm                    4 qkm
$1\frac{1}{2}$ qcm      3,5 qkm
0,6 qm                  12 ha
5 qdm                   400 a
200 qcm                 2000 qm
4000 qmm                14 000 qm

Raummaße / Hohlmaße

cbm – cdm – ccm          hl – l

4 cbm                    3 hl
$3\frac{1}{2}$ cbm       4,2 hl
2,7 cbm                  $\frac{1}{4}$ hl
$\frac{1}{4}$ cbm        450 l
8000 cdm                 18 000 l
14 000 ccm               1014 l

### 4.11.3 Wir teilen Dezimalbrüche durch ganze Zahlen

| | : 4 | : 2 | : 6 | : 3 | : 2 | : 3 |
|---|---|---|---|---|---|---|
| 1,60 | | | 1,80 | | 1,80 | |
| 3,20 | | | 2,40 | | 3,60 | |
| 4,80 | | | 4,80 | | 2,40 | |
| 2,40 | | | 3,60 | | 1,20 | |
| 12,40 | | | 4,20 | | 2,70 | |

### 4.11.3 Wir rechnen gemeine Brüche in Dezimalbrüche um

$\frac{1}{2}$  $\frac{1}{4}$  $\frac{1}{5}$  $\frac{3}{10}$  $\frac{4}{5}$  $\frac{7}{20}$  $\frac{5}{25}$  $\frac{6}{50}$

$2\frac{1}{2}$  $3\frac{3}{4}$  $4\frac{2}{5}$  $5\frac{1}{10}$  $6\frac{4}{10}$  $16\frac{3}{10}$  $30\frac{4}{5}$

### 4.12 Übung der Prozent- und Promillerechnung

### 4.12.1 Wir berechnen den Prozentwert

| 3 % | 7 % | 9 % | 2 % | 4 % | 6 % | 2 % | 4 % | 8 % | 2 % | 4 % |
|---|---|---|---|---|---|---|---|---|---|---|
| 900 | | | 8000 | | | 3500 | | | 120 | |
| 700 | | | 4000 | | | 5300 | | | 360 | |
| 500 | | | 2000 | | | 8200 | | | 410 | |
| 800 | | | 6000 | | | 2400 | | | 240 | |
| 200 | | | 3000 | | | 7100 | | | 520 | |
| 300 | | | 7000 | | | 3700 | | | 370 | |
| 600 | | | 9000 | | | 4600 | | | | |

### 4.12.2 Wir berechnen den Prozentsatz

10 DM von 40 DM    50 DM von 500 DM
8 DM von 32 DM    250 DM von 1000 DM
4 DM von 16 DM    750 DM von 1000 DM
7 DM von 35 DM    80 DM von 240 DM
9 DM von 36 DM    30 DM von 90 DM

### 4.12.3 Wir rechnen mit Rechenvorteilen

| 10 % | 90 % | 50 % | 51 % | 49 % | 99 % | 49 % | 51 % |
|---|---|---|---|---|---|---|---|
| 800 | | 400 | | | 600 | | |
| 600 | | 700 | | | 300 | | |
| 400 | | 600 | | | 100 | | |
| 700 | | 300 | | | 400 | | |
| 300 | | 200 | | | 200 | | |
| 200 | | 100 | | | 800 | | |
| 500 | | 900 | | | 700 | | |

### 4.12.4 Wir berechnen den Promillewert

| 3 ‰ | 5 ‰ | 7 ‰ | 2 ‰ | 4 ‰ | 5 ‰ |
|---|---|---|---|---|---|
| 3000 | | | 3500 | | |
| 7000 | | | 2400 | | |
| 9000 | | | 1600 | | |
| 8000 | | | 4200 | | |
| 6000 | | | 5100 | | |
| 2000 | | | 6800 | | |
| 4000 | | | 7700 | | |

### 4.13 Übungen zur Schlußrechnung

### 4.13.1 Wir schließen von der Einheit auf die Mehrheit

| 1 kg | 3 kg | 5 kg | 2 kg | 7 kg | 1 kg | 4 kg | 6 kg | 8 kg | 9 kg |
|---|---|---|---|---|---|---|---|---|---|
| 3,00 | 0,90 | 1,20 | | | | | | | |
| 7,00 | 0,70 | 1,40 | | | | | | | |
| 5,00 | 0,80 | 2,10 | | | | | | | |
| 4,00 | 0,50 | 4,20 | | | | | | | |
| 8,00 | 0,60 | 1,30 | | | | | | | |
| 6,00 | 0,40 | 2,50 | | | | | | | |

### 4.13.2 Wir schließen von der Mehrheit auf die Einheit

| 5 kg | 1 kg | 4 kg | 1 kg | 8 kg | 2 kg | 1 kg | 9 kg | 6 kg | 4 kg | 1 kg |
|---|---|---|---|---|---|---|---|---|---|---|
| 1,00 DM | | 1,60 DM | | 4,00 DM | | | 9,90 DM | | | |
| 4,50 DM | | 3,60 DM | | 5,60 DM | | | 18,27 DM | | | |
| 3,50 DM | | 8,00 DM | | 7,20 DM | | | 27,36 DM | | | |
| 4,00 DM | | 2,80 DM | | 3,20 DM | | | 45,18 DM | | | |
| 1,50 DM | | 3,20 DM | | 16,80 DM | | | 54,45 DM | | | |

# 5. Weitere Übungsmöglichkeiten

## 5.1 Die Rechenuhr
Möglichkeiten: Übung verschiedener Operationen

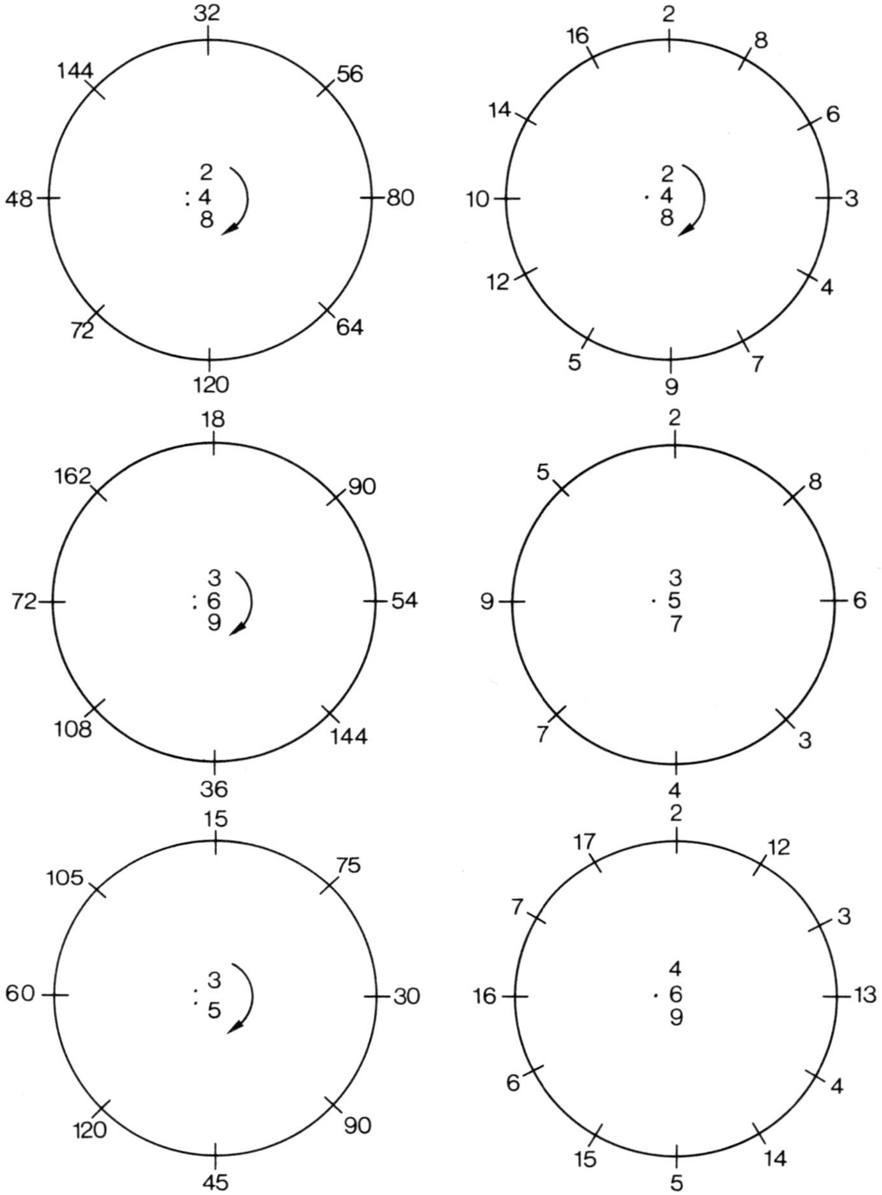

### 4.13.3 Wir schließen von einer Mehreit auf ein Vielfaches der Mehreit

| 2 kg | 4 kg | 6 kg | 8 kg |
|------|------|------|------|
| 3,00 | 0,90 | 1,90 | |
| 5,00 | 0,70 | 1,70 | |
| 7,00 | 0,50 | 1,50 | |
| 9,00 | 0,30 | 1,30 | |
| 2,00 | 0,80 | 1,80 | |
| 4,00 | 0,60 | 1,60 | |
| 6,00 | 0,40 | 1,40 | |
| 8,00 | 0,20 | 1,20 | |

### 4.13.2 Wir schließen von einer Mehreit über die Einheit auf eine andere Mehreit

| 5 kg | 2 kg | 4 kg | 3 kg | 6 kg |
|------|------|------|------|------|
| 4,00 | 25,00 | 27,50 | | |
| 8,00 | 45,00 | 47,50 | | |
| 6,00 | 35,00 | 37,50 | | |
| 2,00 | 40,00 | 42,50 | | |
| 5,00 | 15,00 | 17,50 | | |
| 7,00 | 20,00 | 22,50 | | |

### 4.14 Übungen zur Flächenberechnung

#### 4.14.1 Wir benennen und beschreiben Flächen

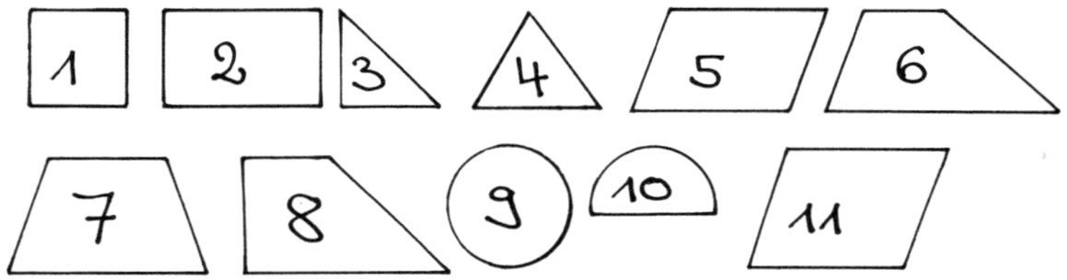

Fläche Nr. 1 ist ein Quadrat
Ein Quadrat hat ..... Seiten
Ein Quadrat hat ..... Winkel

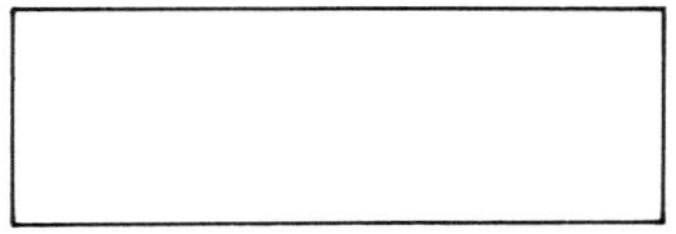

#### 4.14.2 Wir berechnen Flächen

3 m   9 m   8 m   7 m   6 m   12 m
4 m
2 m
5 m

Wir geben die Formel an
Wir berechnen

42

5.2   Das Rechenrad
Das jeweils folgende Ergebnis ist Ausgangspunkt für die nächste Aufgabe.
In das Rad können der Operator oder das Operationszeichen geschrieben werden. 2)

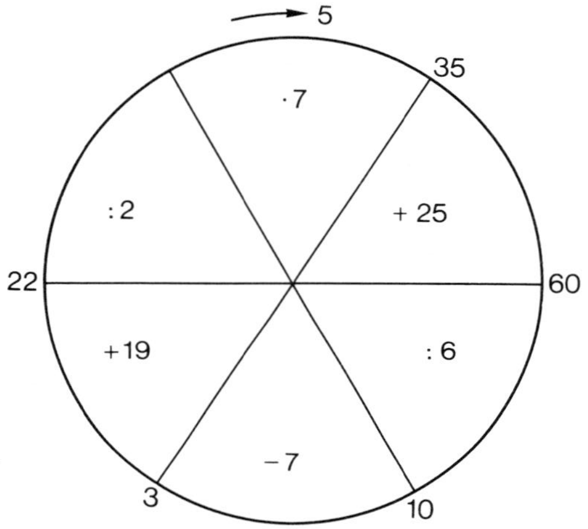

5.3   Das Zahlenhaus
Möglichkeit: Suchen von Operationsverbindungen und Operationskombinationen

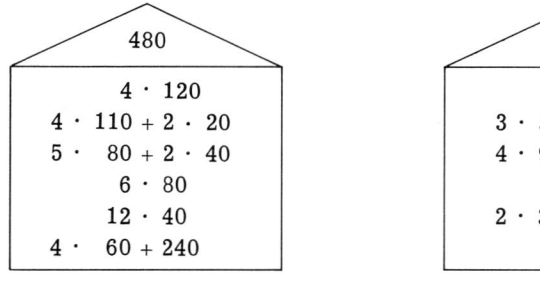

480
4 · 120
4 · 110 + 2 · 20
5 · 80 + 2 · 40
6 · 80
12 · 40
4 · 60 + 240

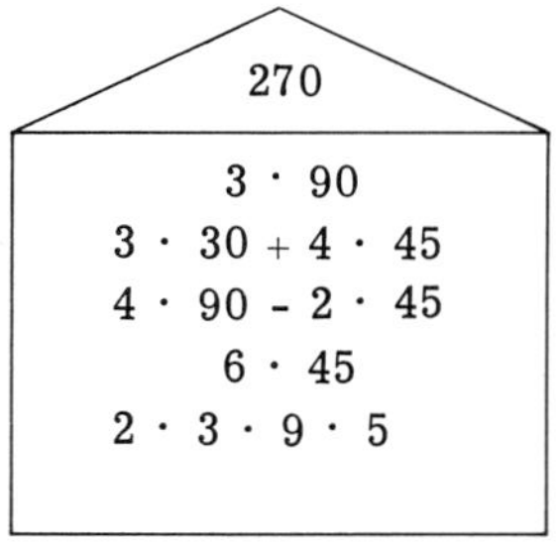

270
3 · 90
3 · 30 + 4 · 45
4 · 90 − 2 · 45
6 · 45
2 · 3 · 9 · 5

5.4   Der Zahlenring
Möglichkeit: Übung der Division
"Durch welche Zahl muß man die Zahl im äußeren Zahlenring dividieren, damit immer das gleiche Ergebnis erzielt wird?" 3)

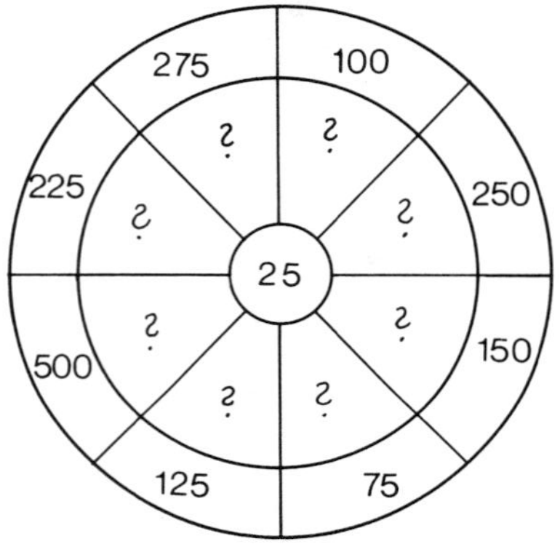

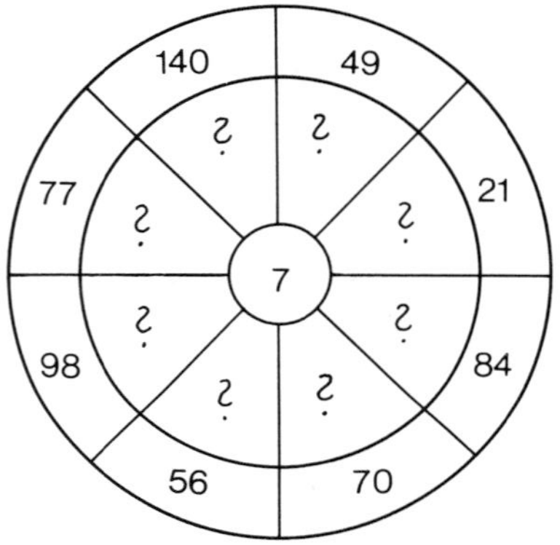

z.B. 21 : 3 = 7

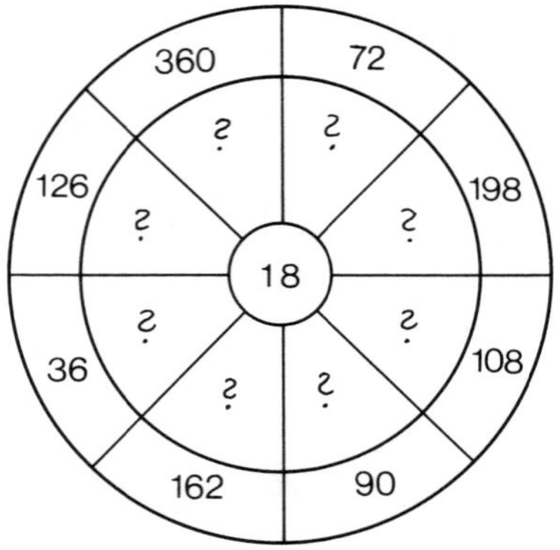

z.B. 100 : 4 = 25

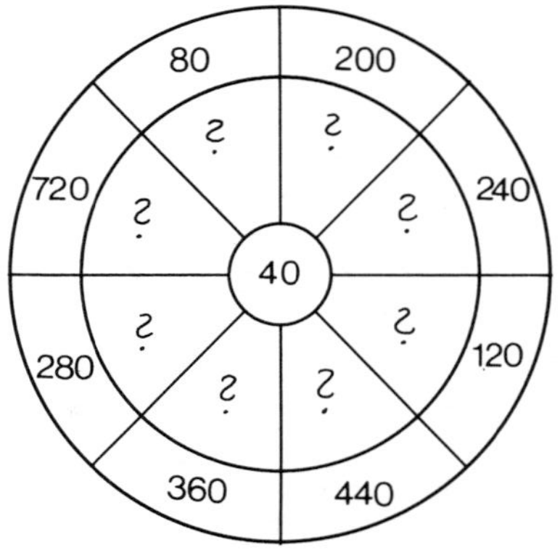

z.B. 200 : 5 = 40

z.B. 90 : 5 = 18

---

2) vgl. Frischeisen, Das tägliche Kopfrechentraining, S. 52

3) Frischeisen, Das tägliche Kopfrechentraining, S. 54

## 5.5 Die Zahlentafel
Möglichkeit: Übung verschiedener Operationen

Tafel 1

| 3 | 5 | 9 | 6 | 10 | 4 | 8 | 7 |
|---|---|---|---|----|---|---|---|
| 2 | 12 | 32 | 42 | 52 | 62 | 72 | 82 |
| 17 | 27 | 37 | 47 | 57 | 67 | 77 | 87 |
| 15 | 20 | 25 | 30 | 35 | 40 | 45 | 50 |
| 33 | 55 | 44 | 66 | 88 | 11 | 99 | 22 |

z.B. 100 DM − 3 DM
100 DM − 5 DM
100 DM − 9 DM

Tafel 2

| 200 | 600 | 300 | 400 | 700 | 500 | 900 | 800 |
|-----|-----|-----|-----|-----|-----|-----|-----|
| 4 000 | 9 000 | 2 000 | 7 000 | 5 000 | 6 000 | 3 000 | 8 000 |
| 350 | 750 | 950 | 550 | 650 | 250 | 450 | 850 |
| 7 500 | 3 500 | 8 500 | 2 500 | 9 500 | 4 500 | 5 500 | 6 500 |
| 20 000 | 60 000 | 90 000 | 30 000 | 80 000 | 50 000 | 40 000 | 70 000 |

z.B. 100 000 DM − 200 DM
4 % von 200 DM
5 % von 4 000 DM

Tafel 3

| $\frac{1}{2}$ | $\frac{3}{4}$ | $\frac{1}{6}$ | $\frac{1}{8}$ | $\frac{4}{6}$ | $\frac{1}{4}$ | $\frac{1}{10}$ | $\frac{1}{12}$ |
|---|---|---|---|---|---|---|---|
| $\frac{1}{3}$ | $\frac{1}{5}$ | $\frac{1}{7}$ | $\frac{1}{9}$ | $\frac{3}{5}$ | $\frac{4}{9}$ | $\frac{2}{3}$ | $\frac{5}{7}$ |
| $1\frac{1}{2}$ | $2\frac{3}{4}$ | $3\frac{1}{8}$ | $5\frac{1}{10}$ | $7\frac{1}{3}$ | $4\frac{1}{5}$ | $8\frac{1}{6}$ | $9\frac{1}{4}$ |
| 1,2 | 4,8 | 2,6 | 8,4 | 6,2 | 4,6 | 2,8 | 10,2 |
| 3,5 | 7,5 | 5,5 | 9,5 | 3,7 | 5,3 | 7,9 | 9,9 |

z.B. Gemeiner Bruch mal ganze Zahl
$(\frac{1}{2} \cdot 3; \quad \frac{3}{4} \cdot 3)$

Erweitern von gemeinen Brüchen

## 5.6 Der Zahlenstreifen

Zahlenstreifen wie folgende sollen die Durchführung der täglichen Fertigkeitsübung erleichtern.
Sie können an die Tafel geschrieben, auf einer Folie vorbereitet, oder auf Karton geschrieben werden und so immer wieder zur Verfügung stehen.

| 1. Streifen | 2. Streifen | 3. Streifen | 4. Streifen | 5. Streifen |
|---|---|---|---|---|
| 20 | 200 | 2 000 | 12 000 | 120 000 |
| 40 | 400 | 4 000 | 14 000 | 140 000 |
| 60 | 600 | 6 000 | 16 000 | 160 000 |
| 80 | 800 | 8 000 | 18 000 | 180 000 |
| 30 | 300 | 3 000 | 13 000 | 130 000 |
| 50 | 500 | 5 000 | 15 000 | 150 000 |
| 70 | 700 | 7 000 | 17 000 | 170 000 |
| 90 | 900 | 9 000 | 19 000 | 190 000 |

| 6. Streifen | 7. Streifen | 8. Streifen | 9. Streifen | 10. Streifen |
|---|---|---|---|---|
| 120 | 160 | 120 | $\frac{1}{2}\frac{3}{4}$ | $2\frac{1}{2}\frac{2}{3}$ |
| 240 | 320 | 180 | $\frac{1}{4}\frac{2}{5}$ | $3\frac{3}{4}\frac{1}{5}$ |
| 360 | 480 | 300 | $\frac{1}{5}\frac{4}{10}$ | $4\frac{1}{6}\frac{3}{5}$ |
| 480 | 240 | 420 | $\frac{1}{10}\frac{2}{3}$ | $5\frac{3}{10}\frac{1}{7}$ |
| 530 | 200 | 540 | $\frac{1}{3}\frac{4}{6}$ | $6\frac{1}{4}\frac{3}{9}$ |
| 650 | 280 | 480 | $\frac{1}{8}\frac{4}{5}$ | $7\frac{1}{8}\frac{2}{3}$ |
| 770 | 360 | 240 | $\frac{1}{6}\frac{3}{10}$ | |
| 890 | 120 | 360 | | |

## 6. Literatur

1. Griesel, Heinz: Die neue Mathematik für Lehrer und Studenten 1 - 3, Hannover 1971, 1973, 1974
2. Lubowski, Günther: Aufbau des grundlegenden Rechenunterrichts, München 1968
3. Maier, Hermann: Didaktik der Mathematik 1 - 9, Donauwörth 1970
4. Oehl, Wilhelm: Der Rechenunterricht in der Grundschule, Hannover 1967
5. Oehl, Wilhelm: Der Rechenunterricht in der Hauptschule, Hannover 1965
6. Frischeisen, Josef: Das tägliche Kopfrechentraining im Dienste der Mechanisierung des Rechnens. In: Pädagogische Welt Nr. 1 / 1976, Auer-Verlag, Donauwörth
7. Gröschel, Hans: Übungen zur Rechenfertigkeit und Rechensicherheit. In: Bönsch, Manfred: Einprägen, Üben und Anwenden im Unterricht, Ehrenwirth-Verlag, München 1966

| 11. Streifen | 12. Streifen | 13. Streifen | 14. Streifen |
|---|---|---|---|
| 0,20 | 2,40 | 1,20 | 4,00 |
| 0,40 | 3,20 | 1,40 | 2,40 |
| 0,60 | 4,60 | 1,60 | 3,20 |
| 0,80 | 5,80 | 1,80 | 4,80 |
| 0,30 | 6,30 | 1,30 | 7,20 |
| 0,50 | 7,50 | 1,50 | 6,40 |
| 0,70 | 8,90 | 1,70 | 1,60 |
| 0,90 | 9,70 | 1,90 | 5,60 |

Mögliche Übungen:

2. Streifen: 1 000 DM - 200 DM

1 000 DM - 400 DM

oder:

4 % von 200 DM
4 % von 400 DM

13. Streifen: 1 Pfund Äpfel kostet 1,20 DM
1,40 DM
Wir kaufen 3 Pfund, 5 Pfund ...

9. Streifen: $\frac{1}{2}$ x 3

$\frac{1}{4}$ x 3

5.7 Das Dürerquadrat

Das Zahlenquadrat stammt von Albrecht Dürer.

| 16 | 3 | 2 | 13 |
|---|---|---|---|
| 5 | 10 | 11 | 8 |
| 9 | 6 | 7 | 12 |
| 4 | 15 | 14 | 1 |

a) Bilde die Summen aller nebeneinanderstehenden Zahlen.
b) Bilde die Summen aller untereinanderstehenden Zahlen.
c) Bilde die Diagonalsummen.
d) Vergleiche die Summe der 4 Eckzahlen mit der Summe der 4 Mittelzahlen und der Summe der mittleren Randzahlen, die einander gegenüber stehen.
e) Teile das Quadrat in vier gleiche Teilquadrate und bilde in jedem die Summe der 4 Zahlen.

# Ernst Geisreiter · Albert Schnitzer

# Einführung in die Normalverfahren der Addition, Subtraktion, Multiplikation und Division

| | | |
|---|---|---|
| 1. | Allgemeine didaktische und methodische Überlegungen zur Einführung der Normalverfahren | 46 |
| 1.1 | Grundvorstellungen | 46 |
| 1.2 | Stellenwertsysteme | 46 |
| 1.3 | Querverbindungen zwischen den Zahloperationen | 46 |
| 1.4 | Einheitliche Sprechweisen und Schreibweisen | 46 |
| 1.5 | Operatorische Übung | 46 |
| 1.6 | Variation der Veranschaulichung | 46 |
| 1.7 | Sachaufgaben | 46 |
| 2. | Einführung in das Normalverfahren der Addition | 46 |
| 3. | Einführung in das Normalverfahren der Subtraktion | 47 |
| 4. | Die Einführung in das Normalverfahren der Multiplikation | 82 |
| 4.1 | Didaktische Grundlegung | 82 |
| 4.2 | Mathematische Vorübungen für die Multiplikation | 82 |
| 4.2 | Aufbau einer Lehrsequenz | 83 |
| 4.3 | Das halbschriftliche Verfahren bei der Multiplikation | 88 |
| 4.3 | Aufbau einer Lehrsequenz | 89 |
| 4.4 | Das schriftliche Verfahren bei der Multiplikation | 94 |
| 4.4 | Aufbau einer Lehrsequenz | 95 |
| 5. | Die Einführung in das Normalverfahren der Division | 99 |
| 5.1 | Didaktische Grundlegung | 99 |
| 5.2 | Mathematische Vorübungen für die Division | 99 |
| 5.2 | Aufbau einer Lehrsequenz | 100 |
| 5.3 | Das halbschriftliche Verfahren bei der Division | 104 |
| 5.3 | Aufbau einer Lehrsequenz | 105 |
| 5.4 | Das schriftliche Verfahren bei der Division | 109 |
| 5.4 | Aufbau einer Lehrsequenz | 110 |
| 6. | Literatur | 114 |

## 1. Allgemeine didaktische und methodische Überlegungen zur Einführung der Normalverfahren

### 1.1 Grundvorstellungen

Als Grundvorstellungen für die arithmetischen Operationen eignen sich besonders Mengenmodelle. Dabei ist stets auf eine genaue Trennung von Mengenverknüpfungen und Zahlverknüpfungen zu achten. (Z.B. Mengen werden vereinigt, Zahlen werden addiert.) Diese Grundvorstellungen erlauben eine anschauliche Einführung in die jeweilige Zahloperation und ermöglichen stets wieder den Rückgriff auf eine anschauliche Grundvorstellung. Es wurde versucht, die Arbeit mit Mengen der jeweiligen Jahrgangsstufe anzupassen, um einerseits die Schüler nicht zu überfordern, andererseits aber auch um den Zeitaufwand für die Einführung und die Arbeit mit Mengenverknüpfungen auf ein vernünftiges Maß zurückzuführen.

### 1.2 Stellenwertsysteme

Die Normalverfahren sind in enger Bindung an das Stellenwertsystem einzuführen. Modelle, die bei der Einführung und der Arbeit mit und in Stellenwertsystemen verwendet wurden, sind auch bei der Einführung der Normalverfahren einzusetzen. (z.B. Addition im Bündelhaus) Die Arbeit in Stellenwertsystemen weist immer wieder auf den Aufbau unseres Zahlsystems hin und zeigt Möglichkeiten, besonders schwierigere Fälle der schriftlichen Rechenverfahren zu lösen. (z.B. über das Bündeln und Entbündeln)

### 1.3 Querverbindungen zwischen den Zahloperationen

Es sollte immer wieder versucht werden, Beziehungen zwischen den einzelnen Zahloperationen aufzudecken. (z.B. 7 - 4 = 3 / 3 + 4 = 7 oder 3 + 3 + 3 + 3 = 4 · 3) Das Erkennen von Zusammenhängen führt zu Lösungsstrategien, zeigt Kontrollmöglichkeiten auf und macht den Zahlenraum durchschaubar.

### 1.4 Einheitliche Sprechweisen und Schreibweisen

Der Weg zu den einzelnen Normalverfahren erfordert eine Reihe von Lernschritten, bei denen unterschiedliche Sprech- und Schreibweisen verwendet werden können. Bei den Endformen ist auf einheitliche Sprech- und Schreibweisen hinzuarbeiten. Dabei sind die Formen zu verwenden, die die amtlichen Lehrpläne für den Mathematikunterricht in der Grundschule vorsehen.

### 1.5 Operatorische Übung

Die Einübung der Normalverfahren darf nicht zu einer Verfestigung und Schematisierung von Denkstrukturen führen. Es sind beständig Übungen einzubauen, die Zusammenhänge zwischen den Operationen sichtbar werden lassen, Tausch- und Gegenrechnungen durchzuführen, auf Gesetzmäßigkeiten hinzuweisen, verschiedene Lösungsmöglichkeiten aufzuzeigen usw. Übungen dieser Art verlangen vom Schüler jedoch Kenntnis und Beherrschung der Operationen, die z.B. miteinander verglichen werden sollen oder an denen Zusammenhänge aufgedeckt werden sollen. Operatormodelle bieten hier wertvolle Hilfestellung. (vergl. Kapitel 1, 2.4)

### 1.6 Variation der Veranschaulichung

Es scheint erforderlich, auf das Prinzip der Variation der Veranschaulichung besonders hinzuweisen. Es darf die Einführung einer Operation nicht an einem Modell und nicht mit einem Material erfolgen. Die Folge wäre das "assoziative Denken", die Bindung an ein Material und nicht die Abstraktion. Es sind deshalb alle vorhandenen Arbeitsmittel einzusetzen und die Operation von mehreren Zugängen her einzuführen.

### 1.7 Sachaufgaben

Die Normalverfahren sind dem Schüler immer wieder in neuen Zusammenhängen vorzustellen. Aus diesen Zusammenhängen soll der Schüler die verlangte Operation selbst analysieren. Die Anwendung mehrerer Operationen nacheinander kann an Mengenmodellen und Flußdiagrammen dargestellt werden. Neben der graphischen Darstellung muß vor allem immer wieder auf ein genaues Verbalisieren geachtet werden.

## 2. Einführung in das Normalverfahren der Addition

Didaktisch-methodische Informationen

Die Einführung in das Normalverfahren der Addition ist nicht auf die 3. Jahrgangsstufe, wo sie lehrplanmäßig ausgewiesen ist, beschränkt. Die Ableitung der Zahloperation "Addieren" von der Mengenoperation "Vereinigungsmenge bilden" in der 1. Jahrgangsstufe, das mündliche Addieren im Zahlenraum bis 100 in der 1. und 2. Jahrgangsstufe, die Anbahnung des Verständnisses des Termbegriffs und die Arbeit mit Stellenwertsystemen bereiten das schriftliche Rechenverfahren vor.

Das schriftliche Addieren von Zahlen im unbegrenzten Zahlenraum, das Kennenlernen der Begriffe Summe, Wert der Summe, Summand sowie von Möglichkeiten zur Selbstkontrolle, folgen in der 4. und 5. Jahrgangsstufe.

Bei der Einführung des schriftlichen Verfahrens ist es erforderlich, auf das Vorwissen der Schüler zurückzugreifen und mit den Modellen zu arbeiten, die dem Schüler bereits von der 1. und 2. Jahrgangsstufe her vertraut sind (z. B. Stellenwerttafeln, Bezeichnungen der Bündelstufen, Operatormodelle und Operatortabellen, Mengenmodelle).

— Mathematisch liegt der Addition von Zahlen die Vereinigung von disjunkten Mengen zugrunde. Die Zahloperation kann auch durch das Verknüpfen von Längen anschaulich dargestellt werden (Einsatz von Rechenstäben).
Die Einführung über diese Modelle ermöglicht einen kindgemäßen Zugang zur Zahloperation und bietet die Möglichkeit, in den nachfolgenden Jahrgangsstufen immer wieder auf die Grundvorstellung der Addition zurückzugreifen, was besonders für den Schüler eine Hilfe darstellt, dessen Abstraktionsfähigkeit noch nicht besonders entwickelt ist.
Die Einführung über das Mengenmodell bereitet ein mathematisch richtiges Verständnis der Addition vor, wenn der Schüler gelernt hat, die Zahl als die Mächtigkeit einer Menge aufzufassen.

— Von Bedeutung bei der Einführung des Normalverfahrens ist die Einsicht des Schülers in den Aufbau des Stellenwertsystems. Die Grundlegung erfolgt in der 1. und 2. Jahrgangsstufe mit Bündelungen, der Notation der Bündelungen und dem Aufbau der Stellenwerttafel. Diese Voraussetzungen müssen gegeben sein beim Untereinanderschreiben von Zahlen mit unterschiedlicher Ziffernzahl und bei der Addition von Zahlen, die einen Stellenübergang erfordern.
Bei der vorausgehenden Wiederholung der Stellenwertsysteme sollten die Modelle Verwendung finden, mit denen der Schüler in den vorhergehenden Klassen gearbeitet hat. Neue Darstellungsweisen, neue Begriffe und neue Arbeitsweisen z. B. beim Bündeln sind hier zu vermeiden. Sie könnten den Zugang zu den Normalverfahren erschweren.

— Die ausführliche Behandlung der Gesetzmäßigkeiten der Addition (Vertauschungs- und Verbindungsgesetz) hat die einsichtige Arbeit mit Rechenvorteilen und Möglichkeiten des Kontrollrechnens zum Ziel. Es kann in dieser Altersstufe keineswegs um die genaue Formulierung von mathematischen Gesetzen gehen, sondern um eine kindgemäße Erarbeitung und ein angemessenes Verbalisieren der gewonnenen Einsichten (z. B. Ich darf die Zahlen einer Addition vertauschen und bekomme immer das gleiche Ergebnis).

— Von der Verwendung ausschließlich eines Arbeitsmittels (z. B. nur Stäbe oder nur Würfel) ist abzuraten. Sie würde letztlich nur zu einem assoziativen Denken, nicht aber zu einer echten Abstraktion der Operation führen.

— Eine besondere Schwierigkeit stellt für manche Schüler das Untereinanderschreiben von Zahlen dar, die verschiedene Ziffernzahlen haben. Die Summanden werden deshalb zunächst in eine Stellenwerttafel eingetragen und dann addiert. Erst nach dem Erreichen einer angemessenen Sicherheit wird davon abgesehen.

a)
| ZT | T | H | Z | E |
|---|---|---|---|---|
|   |   | 3 | 4 | 7 |
| +1 | 8 | 3 | 8 |   |

b)
| ZT | T | H | Z | E |
|---|---|---|---|---|
|   |   |   | 3 | 4 | 7 |
|   | +1 | 8 | 3 | 8 |

c)
```
    3 4 7
+ 1 8 3 8
```

— Eine weitere Schwierigkeit ergibt sich bei der Addition mehrerer Summanden und einen sich dabei ergebenden Zehner- bzw. Hunderter- oder Tausenderübergang. Es erweist sich als vorteilhaft, zunächst in den einzelnen Bündelstufen zu addieren, die Ergebnisse dann zu bündeln und erst nach diesen Vorübungen zum Normalverfahren überzugehen.

| 1000 | 100 | 10 | 1 |
|---|---|---|---|
|   | 3 | 8 | 8 |
| + | 3 | 8 | 4 | 5 |
|   | 3 | 11 | 12 | 13 |

→

| 1000 | 100 | 10 | 1 |
|---|---|---|---|
|   | 3 | 11 | 11 | 1̶3̶ |
|   | 3 | 11 | 1̶2̶ |   |
|   | 4̶ |   |   |   |
|   | 4 | 2 | 3 | 3 |

— Bei der Einführung ist auf einheitliche Sprechweisen hinzuarbeiten. Sie sind nachfolgend in der Spalte Unterrichtsverfahren angegeben.

— Das Kontrollrechnen muß zu einem Bestandteil der Einführung in das Normalverfahren werden. Die Kontrolle kann als Grob- oder als Feinkontrolle erfolgen.
Die Grobkontrolle bedient sich des Rundens von Zahlen und des Überschlagens der Operation (z. B. 389 + 2101 = x    400 + 2000 = 2400).
Die Feinkontrolle erfolgt durch das Nachrechnen der Aufgabe (z. B. von oben nach unten) oder durch eine reversible Operation (z. B. 45 + 51 = 96; 96 − 51 = 45; oder 96 − 45 = 51;).

```
    3 8 8
+ 3 8̶ 4̶ 5
  4 2 3 3
```

## 3. Einführung in das Normalverfahren der Subtraktion

Didaktisch-methodische Informationen

— Ebenso wie die Einführung in das Normalverfahren der Addition, bildet die Einführung in das Normalverfahren der Subtraktion den Abschluß einer Lernsequenz, die in der 1. Jahrgangsstufe einsetzt. Je gründlicher in den vorausgehenden Jahrgangsstufen gearbeitet wurde, umso einsichtiger kann die Einführung in das schriftliche Verfahren erfolgen.

48

- Mathematisch liegt der Subtraktion die Bildung von Restmengen bzw. das Verknüpfen von Längen zugrunde. Der Zugang über Mengen oder Längen erlaubt eine mathematisch richtige und kindgemäße Hinführung zur Zahloperation. Er ermöglicht bei auftretenden Schwierigkeiten das Zurückführen der Subtraktion auf das entsprechende Modell und stellt Hilfen bei der Einführung mathematischer Gesetzmäßigkeiten und der Arbeit mit Variablen (Platzhalter) zur Verfügung.

- Der Lehrplan stellt die Forderung, das schriftliche Subtrahieren nur im Sinne des Ergänzens durchzuführen. Deshalb ist von der 1. Jahrgangsstufe an auf die Einsicht hinzuarbeiten, daß Subtrahieren und Ergänzen zum gleichen Ergebnis führen (7 - 4 = x; 4 + x = 7).

- Für die Einführung des schriftlichen Verfahrens werden in der einschlägigen Literatur verschiedene Modelle angeboten. Am einsichtigsten für den Schüler ist das Modell, das von einem gleichsinnigen Verändern von Minuend und Subtrahend ausgeht. Durch intensive vorbereitende Übungen gewinnt der Schüler Verständnis für die Gesetzmäßigkeit, daß der Wert einer Differenz zweier Zahlen gleich bleibt, wenn Minuend und Subtrahend gleichsinnig verändert werden.

| 7 - 3 = 4 | 17 - 13 = 4 | 87 - 83 = 4 | 15 - 11 = 4 |
|---|---|---|---|
|  | +10  +10 | +80  +80 | +8  +8 |

- Bei verschiedenen Modellen zur Einführung des schriftlichen Subtrahierens, besonders zur Bewältigung des Zehnerübergangs (Hunderter-Tausenderübergangs) wird mit der Vorstellung gearbeitet, daß, wenn ein Ergänzen nicht möglich ist, (z.B. 8 + ? = 2) ein Zehner zu leihen genommen wird. (Von wem, da doch die Zehner beim Minuenden unverändert bleiben?). Die Begründung für das Anschreiben des Zehners beim Subtrahenden wurde mit der Aussage begründet, daß der Zehner, der zu leihen genommen wurde, wieder zurückgegeben werden müsse. Das vorgeschlagene Modell bietet hier eine wesentlich anschaulichere Hinführung.

| Modell "zu leihen nehmen" | Modell "gleichsinniges Verändern" |
|---|---|
| 3 8 ¹1 | 3 8 ¹1 |
| 3 + ? = 1 | 3 + ? = 1 |
| Das geht nicht! | Das geht nicht! |
| Ich nehme einen | Ich verändere Minuend |
| - 2 6₁3 | - 2 6₁3 |
| Zehner zu leihen! | und Subtrahend, indem |
| 1 1 8 | ich beide um 10 vergrößere! |
|  | 1 1 8 |

- Analog der Arbeit bei der Einführung in das Normalverfahren der Addition wird die schriftliche Subtraktion zunächst in der Stellenwerttafel durchgeführt.

- Sie erleichtert das richtige Untereinanderschreiben der Zahlen. Die Subtraktion in anderen Zahlsystemen ist im Lehrplan nicht vorgesehen.

- Besonderes Augenmerk ist auf die Zusammenhänge zwischen Minuend, Subtrahend und dem Wert der Differenz zu richten. Zur Veranschaulichung können Mengenmodelle eingesetzt werden. Auch Operatormodelle dienen der Klärung der reversiblen Operation.

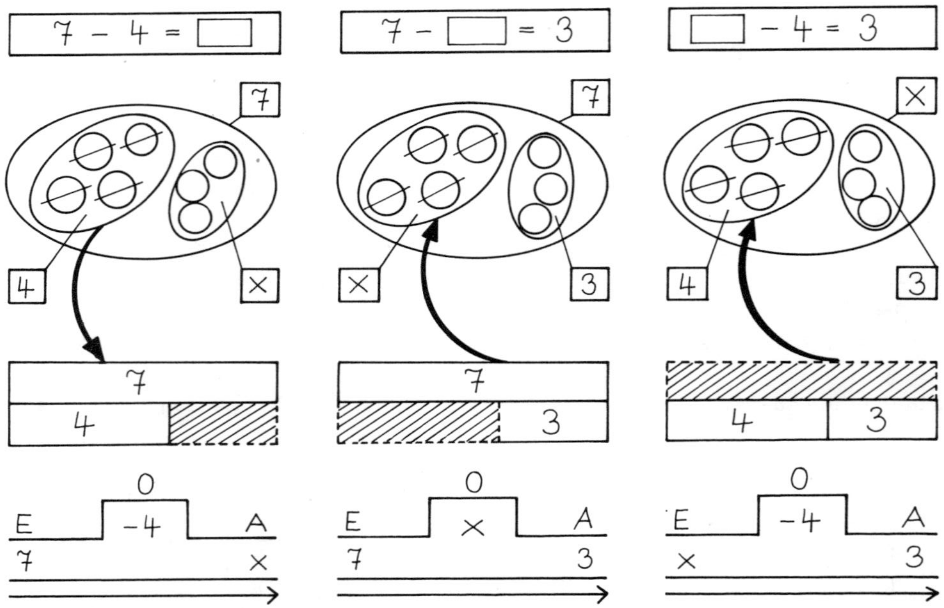

☐ - 4 = 3    7 - ☐ = 3    7 - 4 = ☐

| E | O | A | | E | O | A | | E | O | A |
|---|---|---|---|---|---|---|---|---|---|---|
| 7 | × | | | 7 | × | | | | × | |
| -4 | | | | | -4 | | | -4 | | |
| | | 3 | | | | 3 | | | | 3 |

Diese Vorübungen dienen vor allem dazu, das Verständnis für die möglichen Kontrollverfahren der schriftlichen Subtraktion zu wecken.

- Bei der Einführung ist auf die Verwendung einheitlicher Sprechweisen hinzuarbeiten. Zur Unterscheidung von der schriftlichen Subtraktion "eins hinüber". Der Ausdruck "minus" ist von Anfang an zu verwenden. Alle anderen evtl. noch verwendeten Ausdrücke sind spätestens bei der Einführung des Normalverfahrens durch den mathematischen Ausdruck zu ersetzen.

- Das Kontrollrechnen muß zu einem festen Bestandteil der Einführung werden. Die Ergebniskontrolle kann durch das Überschlagen mit gerundeten Zahlen erfolgen oder durch das genauere Nachrechnen z. B. durch Addition des Werts der Differenz mit dem Subtrahenden.

| 1. Jahrgangsstufe Lernziele | Lerninhalte | Unterrichtsverfahren |
|---|---|---|
| 3.1 Einsicht in das Addieren von Zahlen im Zahlenraum 1 - 20 | 3.1.1 Vereinigung disjunkter Mengen. Verwendung des Mengendiagramms. | |
| | 3.1.2 Zusammenfügen von Längen (Stäben, Streifen ...). | |
| | 3.1.3 Ableitung der Zahloperation Addieren aus dem Vereinigen von Mengen und dem Zusammenfügen von Stäben. | 3 + 3 = 6     2 + 3 = 5 |
| | 3.1.4 Aufschreiben der Zahloperation in Form einer einfachen Gleichung. | 2 + 3 = 5<br>2 plus 3 ist gleich 5 |

50

| 1. Jahrgangsstufe Lernziele | Lerninhalte | Unterrichtsverfahren |
|---|---|---|
| | 3.1.5 Zurückführen einer Zahloperation auf eine entsprechende Modellvorstellung (=Mengenoperation). | $2 + 1 = 3 \qquad 2 + 1 = 3$ <br><br> Beachte: Dem operativen Prinzip gemäß, wird an dieser Stelle auch die Subtraktion auf entsprechende Modellvorstellungen zurückgeführt. |
| 3.2 Fähigkeit, Additionsaufgaben mündlich zu lösen und in Form einfacher Gleichungen zu schreiben. | 3.2.1 Mündliches Lösen einfacher Additionsaufgaben im Zahlenraum bis 10. Zurückgreifen auf Modellvorstellungen. | $3 + 2 = 5$ <br> Drei plus zwei ist gleich fünf |
| | 3.2.2 Tauschrechnungen im Zahlenraum bis 10 durchführen (Kommutativität). | $3 + 1 = 4$ <br> $1 + 3 = 4$ <br> $1 + 2 + 3 = 6$ <br> $2 + 1 + 3 = 6$ <br> $3 + 2 + 1 = 6$ |

1. Jahrgangsstufe
Lernziele

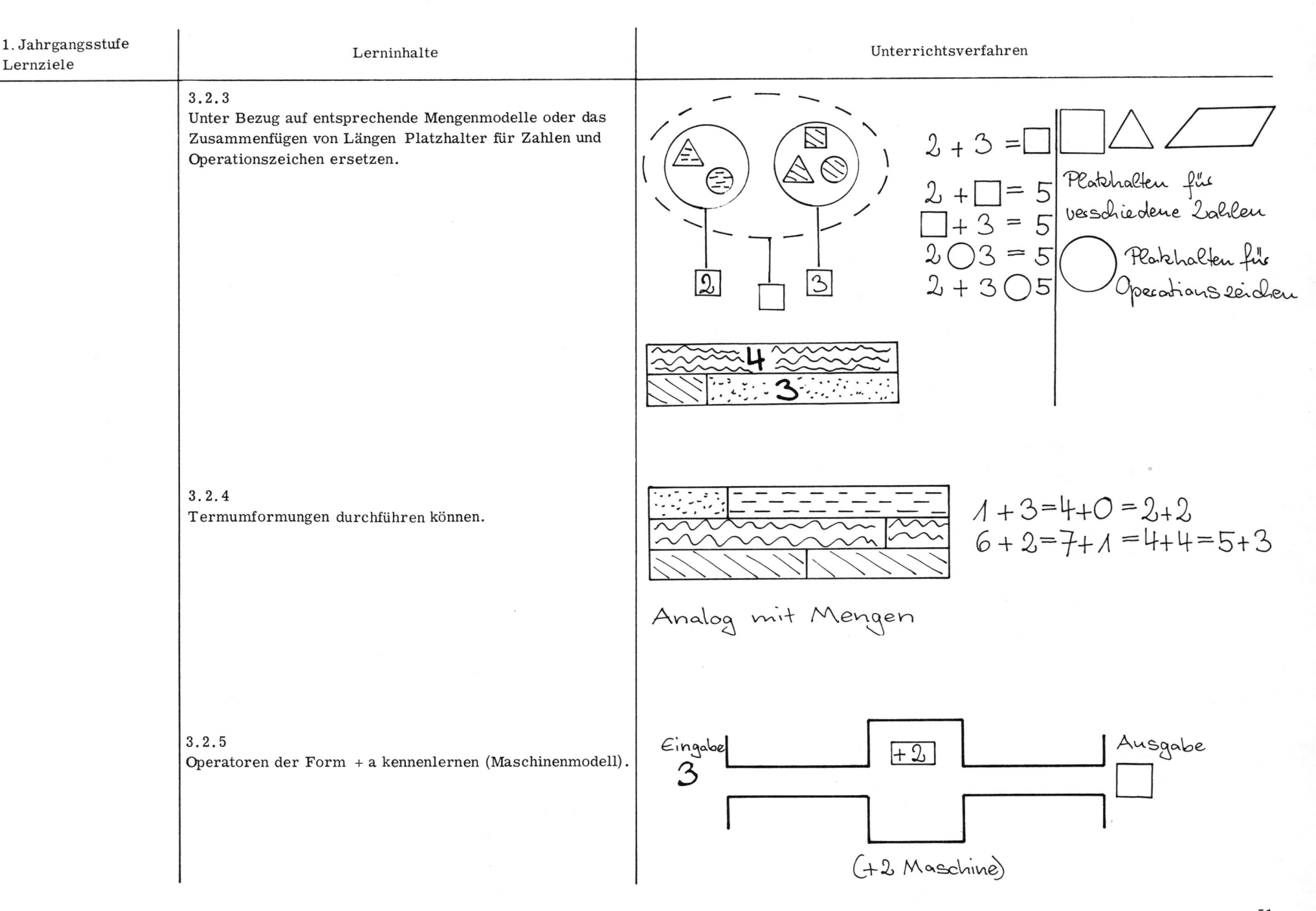

| Lerninhalte | Unterrichtsverfahren |
|---|---|
| 3.2.3 Unter Bezug auf entsprechende Mengenmodelle oder das Zusammenfügen von Längen Platzhalter für Zahlen und Operationszeichen ersetzen. | □ △ ◢ Platzhalter für verschiedene Zahlen<br>○ Platzhalter für Operationszeichen<br><br>2 + 3 = □<br>2 + □ = 5<br>□ + 3 = 5<br>2 ○ 3 = 5<br>2 + 3 ○ 5 |
| 3.2.4 Termumformungen durchführen können. | 1 + 3 = 4 + 0 = 2 + 2<br>6 + 2 = 7 + 1 = 4 + 4 = 5 + 3<br><br>Analog mit Mengen |
| 3.2.5 Operatoren der Form + a kennenlernen (Maschinenmodell). | Eingabe 3 → [+2] → Ausgabe □<br>(+2 Maschine) |

## 1. Jahrgangsstufe
### Lernziele

**Lerninhalte**

**3.2.6**
Gegenrechnungen zu Additionsaufgaben durchführen können.

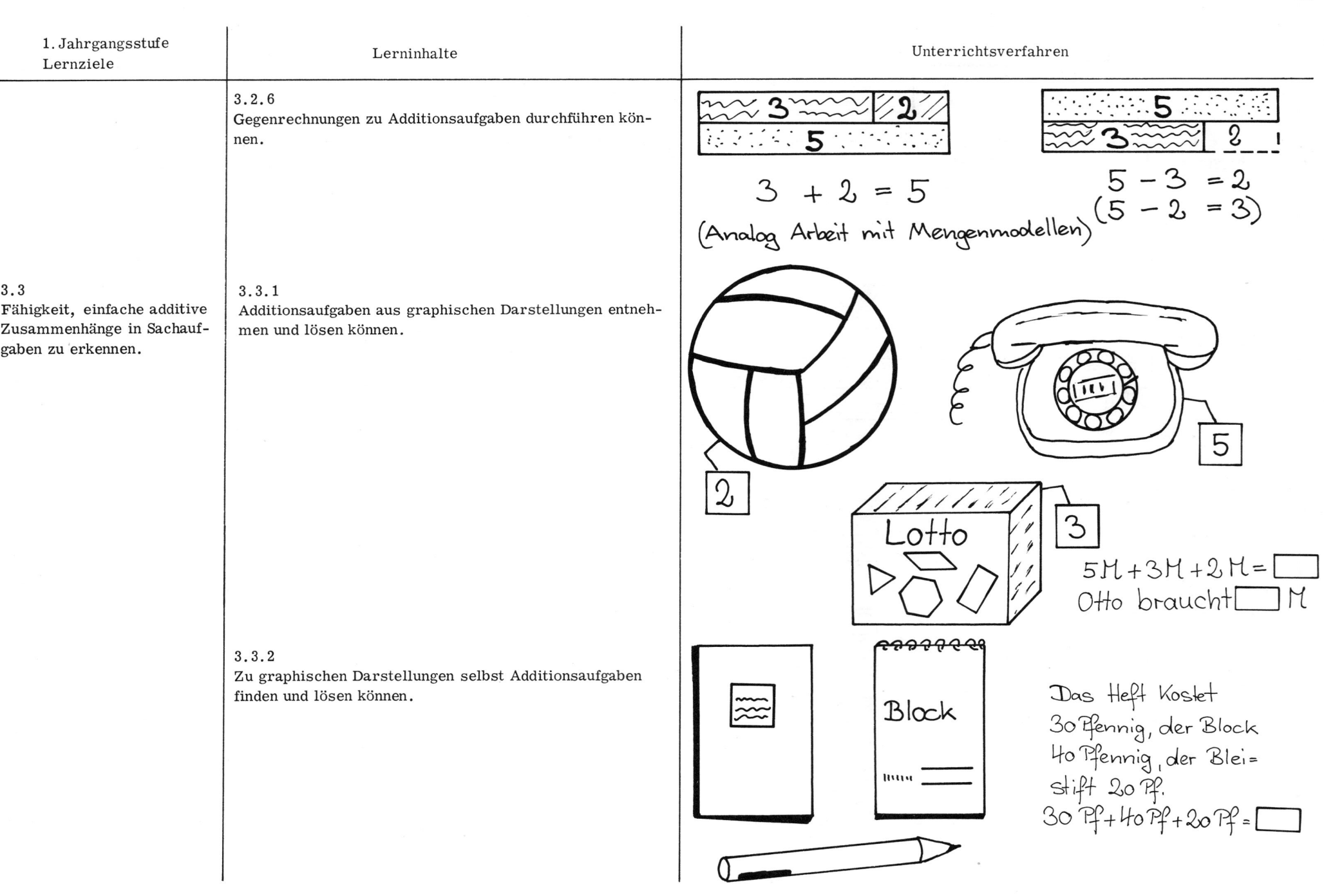

**3.3**
Fähigkeit, einfache additive Zusammenhänge in Sachaufgaben zu erkennen.

**3.3.1**
Additionsaufgaben aus graphischen Darstellungen entnehmen und lösen können.

**3.3.2**
Zu graphischen Darstellungen selbst Additionsaufgaben finden und lösen können.

**Unterrichtsverfahren**

$3 + 2 = 5$
$5 - 3 = 2$
$(5 - 2 = 3)$

(Analog Arbeit mit Mengenmodellen)

$5M + 3M + 2M =$ ☐
Otto braucht ☐ M

Das Heft kostet 30 Pfennig, der Block 40 Pfennig, der Blei-stift 20 Pf.
$30 Pf + 40 Pf + 20 Pf =$ ☐

| 1./2. Jahrgangsstufe Lernziele | Lerninhalte | Unterrichtsverfahren |
|---|---|---|
| | 3.3.3 Zu Additionsaufgaben selbst Rechengeschichten finden und graphisch darstellen können. | Beim Bäcker! Otto kauft ein: 20Pf + 40Pf + 10Pf = ☐ |
| 5.2 Fähigkeit, mit den Größen DM und Pfennig zu rechnen und die Ergebnisse schriftlich darzustellen. | 5.2.1 Additionen mit den Größen Mark und Pfennig ausführen können. | ⑩ ⑤ ②② ① <br> ⑩ ②②② ①①①① <br><br> 10Pf + 5Pf + 2Pf + 1Pf |
| 6. Beherrschung des Addierens im Zahlenraum 1 - 20. | 6.1.1 Mündliches Lösen einfacher Additionsaufgaben im Zahlenraum bis 20 ohne Zehnerübergang. | 3 + 5 = ☐   1 + 7 = ☐ <br> 13 + 5 = ☐   11 + 7 = ☐ |
| | 6.1.2 Mündliches Lösen von Additionsaufgaben im Zahlenraum 1 - 20 mit Zehnerübergang. | 8 + 3 = ☐   3 + 9 = ☐ <br> 8 + 10 = ☐   6 + 13 = ☐ |
| 2. Jahrgangsstufe | | |
| 1.1 Einsicht in Mengen- und Zahloperationen: Vereinigen-Addieren (bis 20). | 1.1.1 Graphische Darstellung der Vereinigungsmengenbildung. Verwendung des Symbols ∪. | ③ ∪ ② = ⑤ |

54

## 2. Jahrgangsstufe
Lernziele | Lerninhalte | Unterrichtsverfahren

**1.1.2** Veranschaulichung der Addition am Zahlenstrahl.

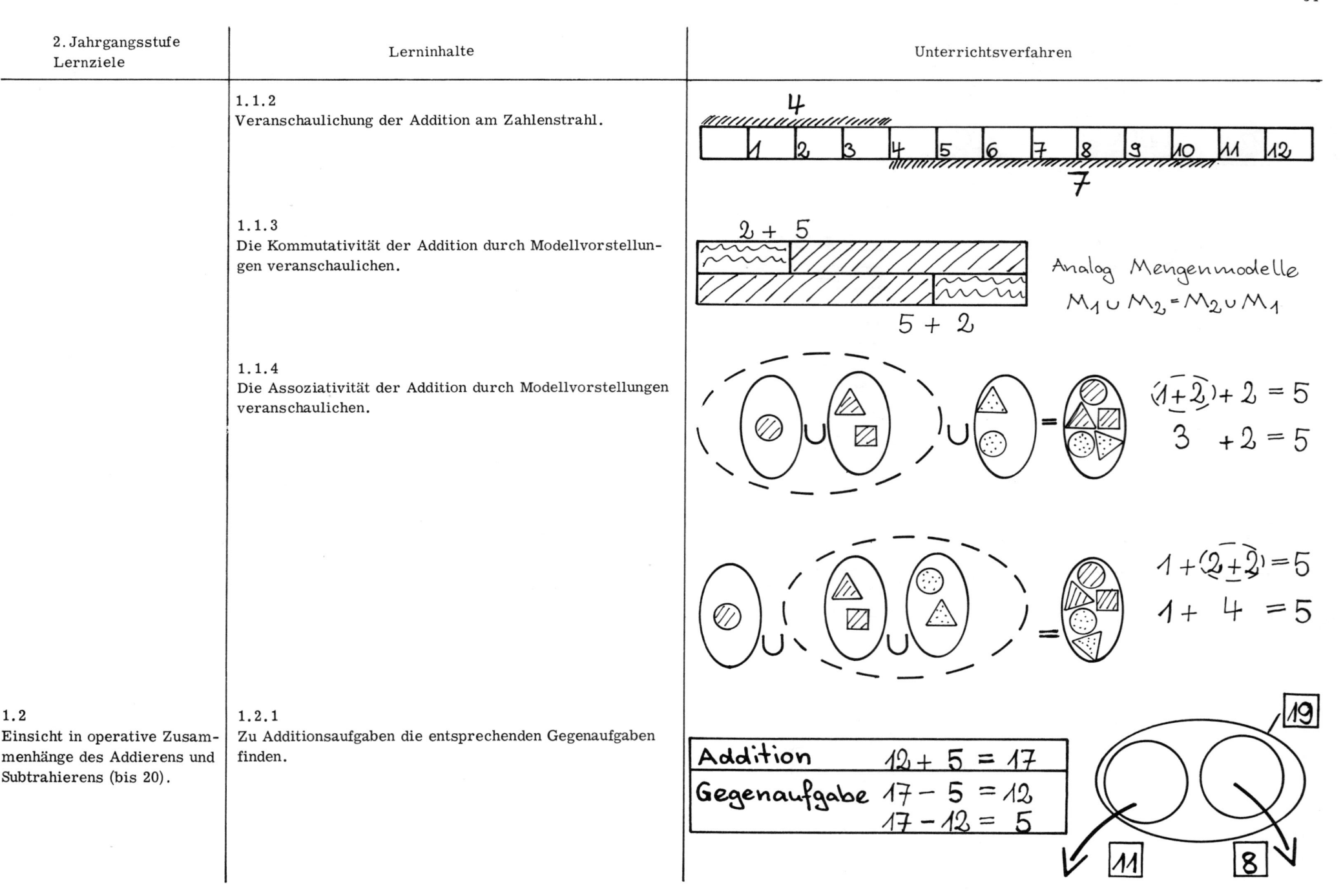

**1.1.3** Die Kommutativität der Addition durch Modellvorstellungen veranschaulichen.

Analog Mengenmodelle
$M_1 \cup M_2 = M_2 \cup M_1$

**1.1.4** Die Assoziativität der Addition durch Modellvorstellungen veranschaulichen.

$(1+2)+2 = 5$
$\phantom{(}3\phantom{)} + 2 = 5$

$1+(2+2) = 5$
$1+\phantom{(}4\phantom{)} = 5$

**1.2** Einsicht in operative Zusammenhänge des Addierens und Subtrahierens (bis 20).

**1.2.1** Zu Additionsaufgaben die entsprechenden Gegenaufgaben finden.

Addition $12 + 5 = 17$
Gegenaufgabe $17 - 5 = 12$
$\phantom{Gegenaufgabe }17 - 12 = 5$

2. Jahrgangsstufe
Lernziele

Lerninhalte

Unterrichtsverfahren

1.2.2
Einsatz von Operatoren der Form + a.

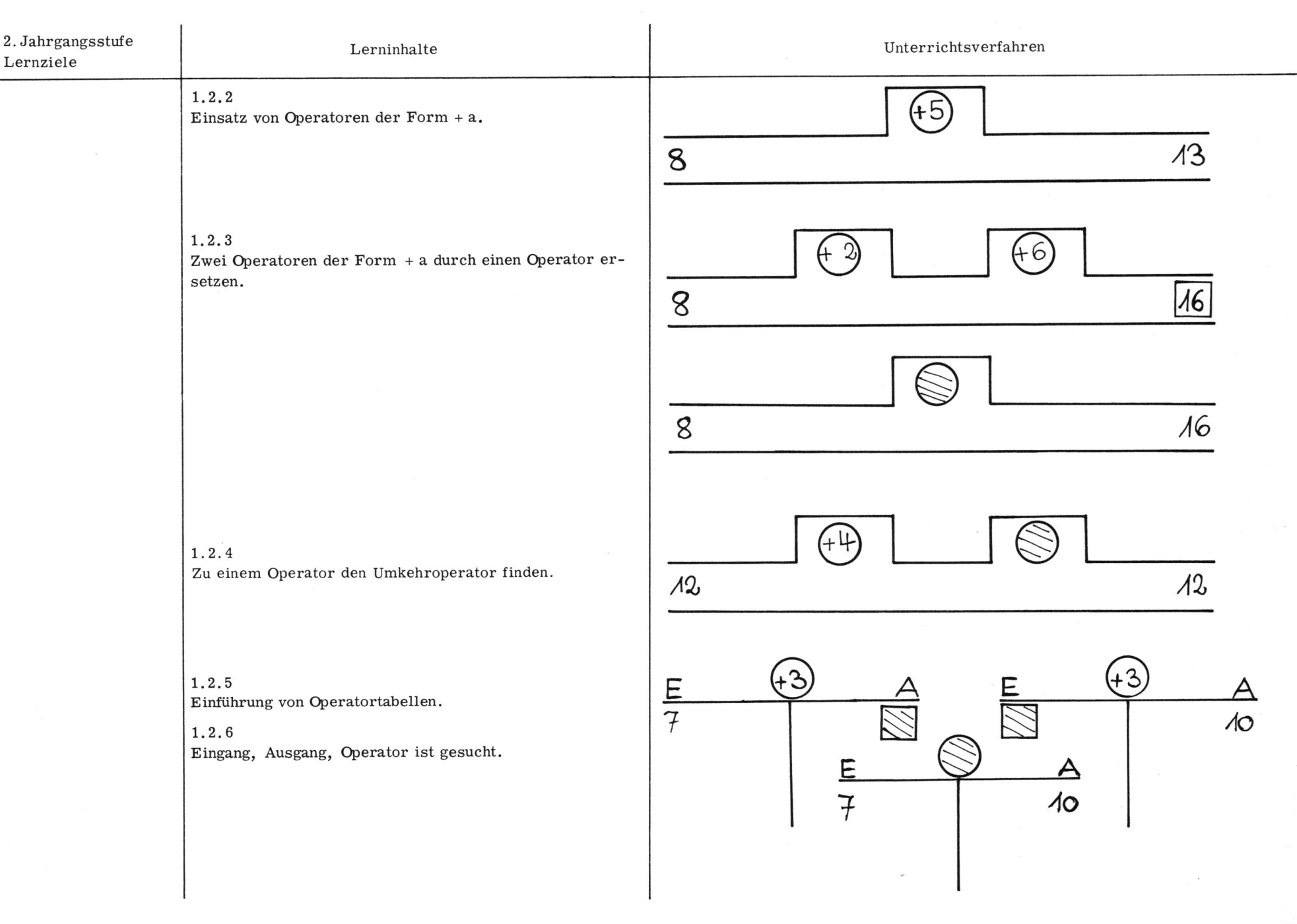

1.2.3
Zwei Operatoren der Form + a durch einen Operator ersetzen.

1.2.4
Zu einem Operator den Umkehroperator finden.

1.2.5
Einführung von Operatortabellen.

1.2.6
Eingang, Ausgang, Operator ist gesucht.

## 2. Jahrgangsstufe

| Lernziele | Lerninhalte | Unterrichtsverfahren |
|---|---|---|
| | **1.2.7** Einsatz von Platzhaltern an verschiedenen Stellen einer Gleichung. | $7 + 4 = \Box$     $7 \bigcirc 4 = 11$ <br> $7 + \Box = 11$     $7 + 4 \bigcirc 11$ <br> $\Box + 4 = 11$ |
| **1.3** Beherrschung der Addition im Zahlenraum 1 – 20. | **1.3.1** Alle Additionen im Zahlenraum auch mit Zehnerübergang ausführen können. | $8 + 4 = \Box$    $\Box + 7 = 14$    $3 \bigcirc 8 = 11$ <br> $4 + 8 = \Box$    $3 + \Box = 12$    $3 + 8 \bigcirc 11$ <br><br> <u>Anmerkung:</u> Sehr wesentliches Lernziel, denn alles weitere Rechnen läßt sich auf diesen Zahlenraum zurückführen. <br><br> <u>Beispiel:</u> $48 + 27 = 40 + 20 + 8 + 7$ |
| | **1.3.2** Additionen mit mehreren Summanden ausführen können. | $3 + 4 + 7 = \Box$    Ordne! $3 + 7 + 4 = \Box$ <br> $8 + 10 + 2 = \Box$    Ordne! $10 + 8 + 2 = \Box$ |
| | **1.3.3** Eine Summe in mehrere Summanden zerlegen können in Anlehnung an entsprechende Mengenmodelle. | $20 = 4 + 5 + 11$ <br> $20 = 5 + 4 + 11$ <br> $20 = 11 + 5 + 4$ <br> $20 = 11 + 4 + 5$ |

## 2. Jahrgangsstufe

| Lernziele | Lerninhalte | Unterrichtsverfahren |
|---|---|---|
| 4.1 Fähigkeit, Additionsaufgaben im Zahlenraum bis 100 mündlich zu lösen und in Form einfacher Gleichungen zu schreiben. | 4.1.1 Additionen innerhalb der Zehnerstufen durchführen können. | $20 + 7 = \square$   $31 + 7 = \square$   $41 + 2 + 3 = \square$<br>$30 + 8 = \square$   $42 + 5 = \square$   $72 + 2 + 3 = \square$ |
| | 4.1.2 Den Zehnerübergang additiv und subtraktiv mit kleinen Zahlen durchführen können (E). | $28 + 3 = \square$   $77 + 5 = \square$   $84 + \square = $<br><br>In unserer Darstellung erscheint hier nur der additive Bereich. Im Unterrichtsvollzug muß an dieser Stelle auch der subtraktive Teil berücksichtigt werden. |
| | 4.1.3 Den Zehnerübergang mit großen Zahlen durchführen können (Z, ZE). | $37 + 20 = \square$   $48 + 37 = \square$ |
| | 4.1.4 Den Zehnerübergang am Zahlenstrahl darstellen können. | 28 29 30 31 32 33 34 35 36 37 38 |
| | 4.1.5 Den Zehnerübergang mit Streifen darstellen können. (Rechenstab auf additiver Grundlage) | $29 + 3 = 32$   $2 + 4 = 6$ |
| | 4.1.6 Den Zehnerübergang im Bündelhaus durch Umtauschen darstellen können. | a) H·Z·E  5 9 / 7 7 / 12 16   b) H·Z·E  5 9 / 7 7 / 13 6   c) H·Z·E  5 9 / 7 7 / 1 3 6 |

57

2. Jahrgangsstufe
Lernziele

| Lerninhalte | Unterrichtsverfahren |
|---|---|
| **4.1.7** Den Zehnerübergang durch Zerlegung des Summanden erleichtern (Einsatz von Operatoren). | Diagramm: E 37 →(+8)→ +40 → A □ ; mit +48 Operator |
| **4.1.8** Lösungsmöglichkeiten bei der Addition finden. Anwendung der Gesetze der Kommutativität und Assoziativität. | 48+37 = □ ‖ 48+2+5+30 = □ ‖ 48+2+30+5 = □<br>40+30+8+7 = □ ‖ 50+35 = □ ‖ 45+40 = □ |
| **4.1.9** Additionen mit Größen durchführen können. | ⑩ M Z Pf / 2 7 / 4 8  ⑩ m dm cm / 7 8 / 7 9<br>Addiere! Tausche! (s. 4.1.6) |
| **4.1.10** Additionen in Sachaufgaben erkennen und mit einfachen Lösungsplänen darstellen können. | 3M — 8M →(+)→ 11M ;  11M — 9M →(+)→ 20M ;  20M — 3M →(+)→ 31M |

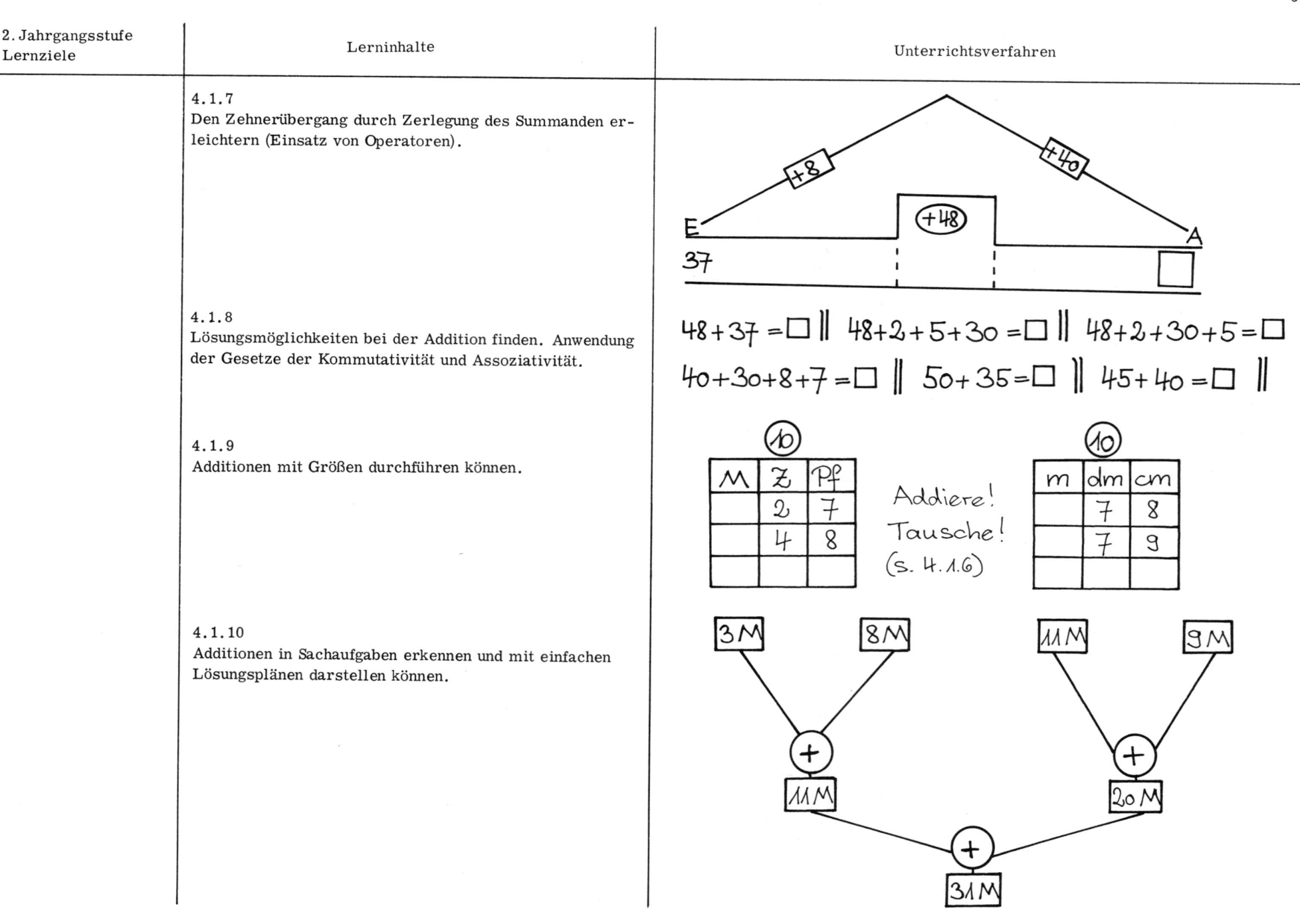

2. Jahrgangsstufe
Lernziele | Lerninhalte | Unterrichtsverfahren

**4.2**
Einsicht in den Zusammenhang von Addition und Subtraktion.

**4.2.1** Zu einer Addition die entsprechende Gegenrechnung finden können.

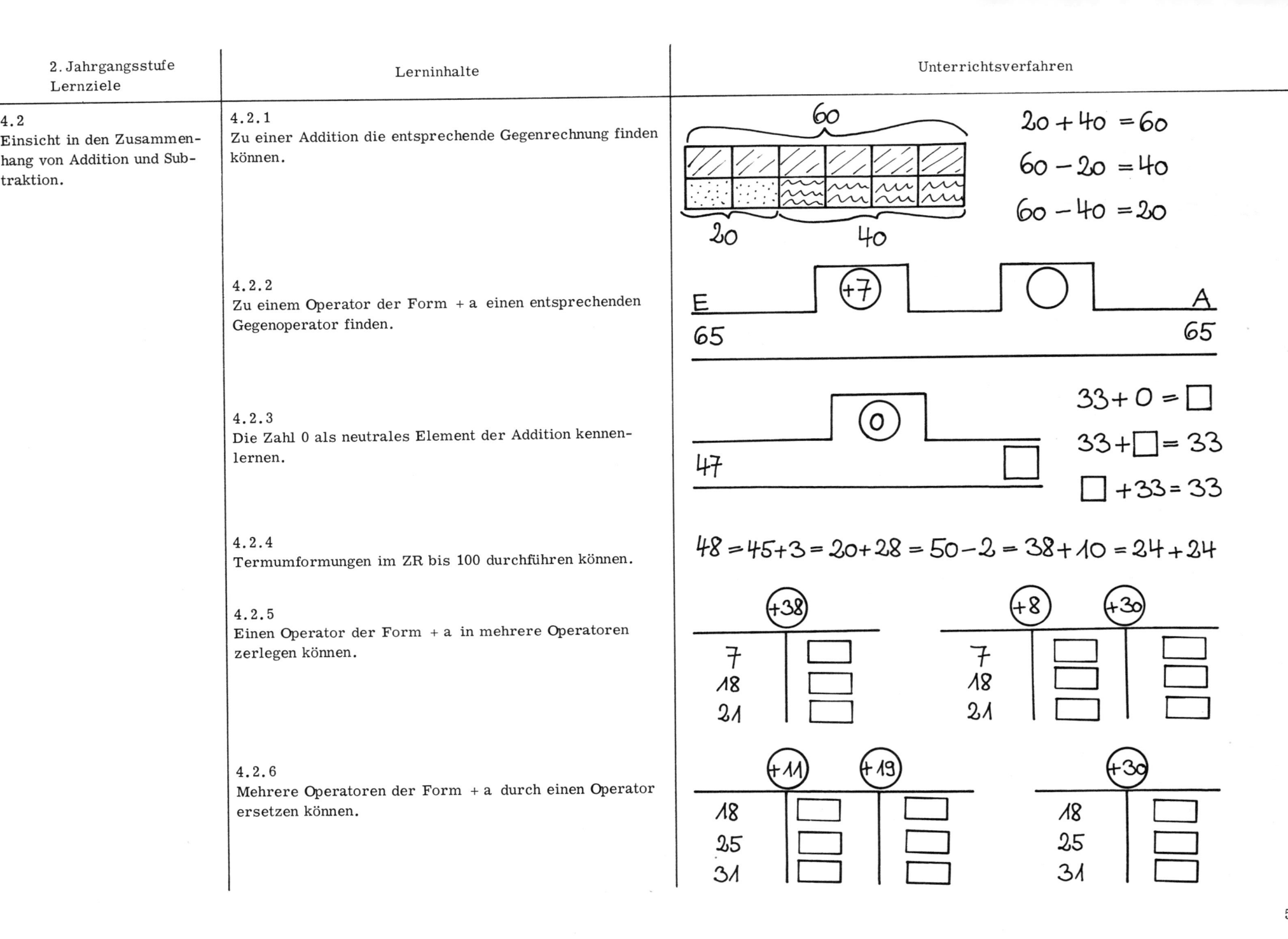

$20 + 40 = 60$
$60 - 20 = 40$
$60 - 40 = 20$

**4.2.2** Zu einem Operator der Form + a einen entsprechenden Gegenoperator finden.

E ──◯──⊕──┤ A
65        65

**4.2.3** Die Zahl 0 als neutrales Element der Addition kennenlernen.

47 ──⓿── □

$33 + 0 = \square$
$33 + \square = 33$
$\square + 33 = 33$

**4.2.4** Termumformungen im ZR bis 100 durchführen können.

$48 = 45 + 3 = 20 + 28 = 50 - 2 = 38 + 10 = 24 + 24$

**4.2.5** Einen Operator der Form + a in mehrere Operatoren zerlegen können.

⓴ ⑧ ㊲
7   □ □ □
18  □ □ □
21  □ □ □

⑪ ⑬ ㊴
18  □ □ □
25  □ □ □
31  □ □ □

**4.2.6** Mehrere Operatoren der Form + a durch einen Operator ersetzen können.

㊵
7   □ □ □
18  □ □ □
21  □ □ □

㊵
18  □ □ □
25  □ □ □
31  □ □ □

59

2./3. Jahrgangsstufe
Lernziele | Lerninhalte | Unterrichtsverfahren

| Lernziele | Lerninhalte | Unterrichtsverfahren |
|---|---|---|
| 4.3 Beherrschung des mündlichen Addierens im Zahlenraum bis 100. | 4.3.1 Rechenvorteile bei der Addition nützen. | 35 + 9 = ☐  47 + 8 = ☐  56 + 12 = ☐ <br> 35 + 10 − 1 = ☐  45 + 10 = ☐  58 + 10 = ☐ <br> 34 + 10 = ☐  47 + 10 − 2 = ☐  58 + 2 + 10 = ☐ |

3. Jahrgangsstufe

| | | |
|---|---|---|
| 1.1 Fähigkeit im Bereich bis 100 zu addieren, besonders auch im Zusammenhang mit Sachaufgaben. | 1.1.1 Zurückgreifen auf Modellvorstellungen der Mengenvereinigung mit disjunkten Mengen. Verwendung der Klammerschreibweise. | ②  {□, △} ∪ {○} = {□, △, ○}  ① ③ <br> {1,2,3,4} ∪ {5,6,7} = {1,2,3,4,5,6,7}  ④ ③ ⑦ |
| | 1.1.2 Einführung der Bezeichnungen Summe-Summand-Addition, addieren. | 35 + 25 = 60 │ Addition <br> Summand + Summand = Wert <br> ⎵⎵⎵⎵⎵⎵⎵⎵⎵⎵ der Summe <br> Summe |
| 1.2 Fähigkeit, Zusammenhänge zwischen den verschiedenen Operationen zu nutzen, verschiedene Rechenwege aufzusuchen und auf Zweckmäßigkeit beurteilen. | 1.2.1 Rechenvorteile durch Verändern der Summanden schaffen und nutzen. | 37 + 48 = ☐  37 + 48 = ☐ <br> 35 + 50 = ☐  40 + 45 = ☐ |
| | 1.2.2 Rechenwege bei der Addition mehrerer Summanden kennenlernen und auf ihre Zweckmäßigkeit hin beurteilen. | 13 + 28 + 37 + 19 = ☐  13 + 37 + 28 + 19 = ☐ <br> 10 + 20 + 30 + 10 + 3...  13 + 20 + 8 + 30 + 7... |
| 4.1 Fähigkeit, im Bereich bis 1000 zu addieren. | 4.1.1 Additionen innerhalb der Hunderter ausführen können. | 112 + 63 = ☐  633 + 38 = ☐ <br> 458 + 27 = ☐  724 + 57 = ☐ |

## 3. Jahrgangsstufe
### Lernziele

| Lerninhalte | Unterrichtsverfahren |
|---|---|

**4.1.2** Den Hundertertübergang additiv mit E, Z, H durchführen können.

$635 + 7 = \Box$   $573 + 70 = \Box$   $449 + 200 = \Box$

**4.1.3** Den Hundertertübergang mit ZE, HZ, HZE durchführen können.

$380 + 35 = \Box$   $270 + 150 = \Box$   $560 + 153 = \Box$
$385 + 36 = \Box$   $276 + 150 = \Box$   $583 + 153 = \Box$

**4.1.4** Operatoren der Form + a zum Zerlegen von Summanden bei der Addition mehrstelliger Zahlen anwenden können.

E 478 →[+100]→ →[+50]→ →[+3]→ A □
                    (153)

**4.2** Fähigkeit, verschiedene Lösungswege zu finden und nachzuvollziehen.

**4.2.1** Gesetzmäßigkeiten der Addition anwenden können.

$137 + 251 + 33 + 23 = \Box$
$137 + 33 + 251 + 23 = \Box$   (Kommutativ)
$170 + 280 = \Box$   (Assoziativ)

**4.3** Fähigkeit beim Rechnen Notationshilfen zu benutzen.

**4.3.1** Notationshilfen bei der Addition benützen können.

$354 + 178 = x$
$300 + 100 = 400$
$50 + 70 = 120$
$4 + 8 = 12$
$\overline{354 + 178 = 532}$

$354 + 178 = x$
$354 + 100 = 454$
$454 + 70 = 524$
$524 + 8 = 532$
$\overline{354 + 178 = 532}$

| 3. Jahrgangsstufe Lernziele | Lerninhalte | Unterrichtsverfahren |
|---|---|---|
| | 4.3.2 Additionen im Bündelhaus ohne Umwechseln durchführen können. | |
| | 4.3.3 Additionen im Bündelhaus mit Umwechseln durchführen können. | |
| | 4.3.4 Additionen in Stellenwertafeln durchführen können. | |
| 6.1 Verstehen und Beherrschen des Normalverfahrens der Addition. | 6.1.1 Das Normalverfahren der Addition stellenwertbezogen durchführen können. | |

3. Jahrgangsstufe
Lernziele

| Lerninhalte | Unterrichtsverfahren |
|---|---|
| 6.1.2 Die Form der schriftlichen Addition verwenden können. | $\begin{array}{r}3\ 8\ 7\\+2\ 5\ 7\\\hline\end{array}$  $\begin{array}{r}358\\+\ \ 86\\\hline\end{array}$  Addition mehrerer Summanden |
| 6.1.3 Kontrollverfahren der schriftlichen Addition kennenlernen. | $126 + 54 = \square$  $\begin{array}{r}126\\+\ 54\\\hline 180\end{array}\Uparrow$  $\begin{array}{r}126\\+\ 54\\\hline 180\end{array}\Downarrow$ <br> $54 + 126 = \square$ |
| 6.1.4 Das Normalverfahren der Addition beim Rechnen mit Größen anwenden können. | $\begin{array}{r}347\text{ DM}\\+218\text{ DM}\end{array}$  $\begin{array}{r}318\text{ Pf}\\+578\text{ Pf}\end{array}$  $\begin{array}{r}244\text{ m}\\+577\text{ m}\end{array}$ |
| 6.1.5 Entwerfen von Lösungsplänen zu Sachaufgaben. | [Lösungsplan-Diagramm mit +] Addiere die Summe der Zahlen 21+149 mit der Summe der Zahlen 133+74! |
| 6.1.6 Zu Lösungsplänen entsprechende Sachaufgaben finden. | Suche eine entsprechende Sachaufgabe dazu! [Lösungsplan-Diagramm mit + und ·] |

64

## 4. Jahrgangsstufe

| Lernziele | Lerninhalte | Unterrichtsverfahren |
|---|---|---|
| 1.4 Fertigkeit im Addieren mehrstelliger Zahlen nach dem entsprechenden Normalverfahren. | 1.4.1 Schriftliche Addition im Zahlenraum bis 1000. | $137 + 63 + 283 = \square$<br>$347 + 9 + 402 = \square$    $\begin{array}{r}137\\63\\+283\\\hline\end{array}$    $\begin{array}{r}347\\9\\+402\\\hline\end{array}$ Probe! |
|  | 1.4.2 Anwendung der Gesetzmäßigkeiten der Addition im Zahlenraum. | $211 + 53 + 79 = \square$    $\begin{array}{r}53\\211\\+79\\\hline\end{array}$    Kommutativ!<br>Ordne zuerst! |
|  | 1.4.3 Anwendung von Gesetzmäßigkeiten bei der Addition. | $365 + 5 + 183 = \square$    $\begin{array}{r}370\\+183\\\hline\end{array}$    Assoziativ!<br>Fasse zusammen!<br>$151 + 287 + 13 = \square$    $151 + 13 + 287$ $= \square$<br>1. Ordne zuerst!    $170 + 287$ $= \square$<br>2. Fasse zusammen!    3. Rechne schriftlich! |
| 6.3 Fertigkeit im Gebrauch der 4 Grundrechnungsarten, auch im Zusammenhang mit Sachaufgaben. | 6.3.1 Gebrauch von Klammern. | $(35 + 65) - (15 + 25) =$<br>$100 \quad - \quad 40$ |
|  | 6.3.2 Die Regel: Punkt kommt vor Strich. | $12 \cdot 3 + 7 \cdot 8 = \square$<br>$36 + 56 = \square$ |
| 1.4 Fertigkeit im Subtrahieren mehrstelliger Zahlen nach dem entsprechenden Normalverfahren. | 1.4.1 Subtraktion mehrerer Zahlen. | $720 - 110 - 90 - 73 = x$    $\begin{array}{r}720\\-273\\\hline\end{array}$ |

## 4. Jahrgangsstufe
### Lernziele

**6.3**
Fertigkeit im Gebrauch der Normalverfahren zu den vier Grundrechnungsarten, auch im Zusammenhang mit Sachaufgaben.

### Lerninhalte

**1.4.2**
Subtraktion und Addition mehrerer Zahlen.

**6.3.1**
Anfertigen von Lösungsplänen für mehrere nacheinander auszuführende Operationen.

**6.3.2**
Lösen von Lösungsplänen und entwickeln entsprechender Aufgaben dazu.

### Unterrichtsverfahren

$$635 + 47 - 53 + 33 - 157 = x \qquad 715$$
$$635 + 80 - 210 \qquad = x \qquad -210$$

Addiere die Differenz der Zahlen 510 und 366 mit der Differenz der Zahlen 612 und 199.

```
  [510]   [366]       [612]   [199]
     \   /               \   /
     (−)                  (−)
     [x]                  [x]
        \                /
         \              /
          \            /
           (+)
           [x]
```

```
  [52]   [16]         [6]    [7]
     \   /              \   /
     (−)                 (−)
     [36]                [13]
        \               /
         \             /
          (·)
          [ ]
```

66

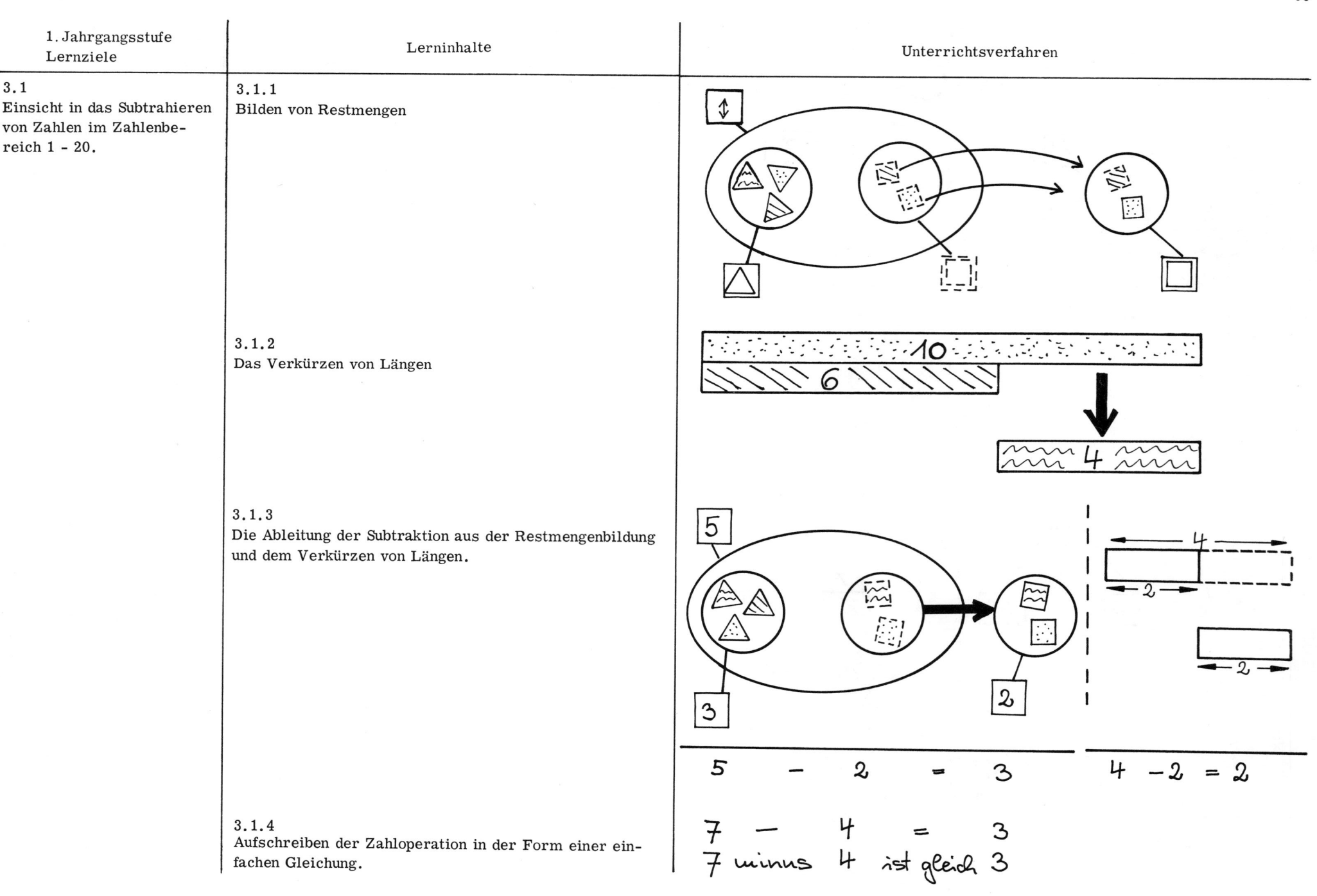

| 1. Jahrgangsstufe<br>Lernziele | Lerninhalte | Unterrichtsverfahren |
|---|---|---|
| 3.1<br>Einsicht in das Subtrahieren von Zahlen im Zahlenbereich 1 - 20. | 3.1.1<br>Bilden von Restmengen | |
| | 3.1.2<br>Das Verkürzen von Längen | |
| | 3.1.3<br>Die Ableitung der Subtraktion aus der Restmengenbildung und dem Verkürzen von Längen. | |
| | 3.1.4<br>Aufschreiben der Zahloperation in der Form einer einfachen Gleichung. | $5 - 2 = 3$<br>$7 - 4 = 3$<br>7 minus 4 ist gleich 3<br>$4 - 2 = 2$ |

| 1. Jahrgangsstufe Lernziele | Lerninhalte | Unterrichtsverfahren |
|---|---|---|

## Lerninhalte

**3.1.5**
Zurückführen einer Zahloperation auf eine entsprechende Mengenoperation (Subtraktion – Restmengenbildung).

$6 - 4 = 2$

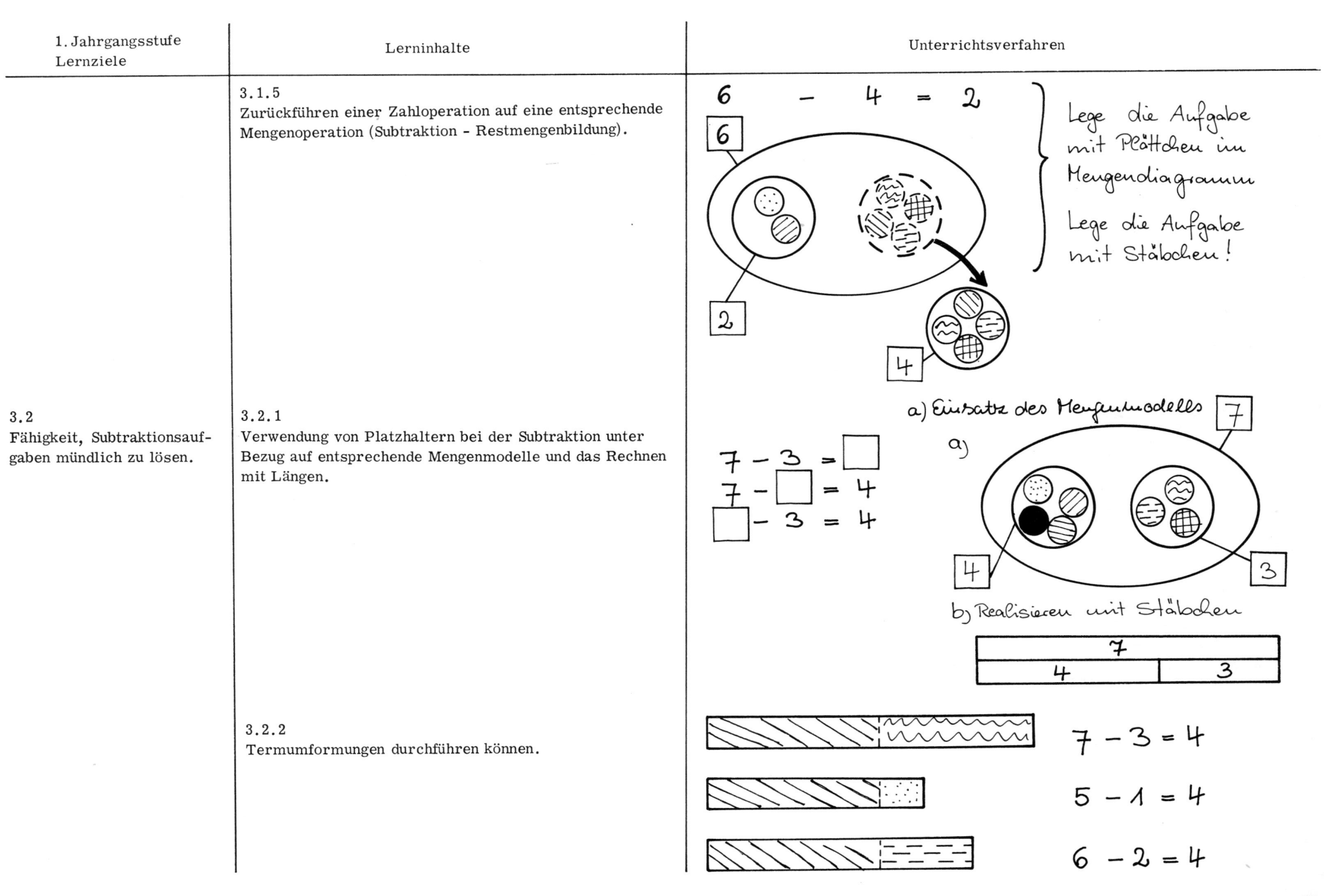

Lege die Aufgabe mit Plättchen in Mengendiagramm
Lege die Aufgabe mit Stäbchen!

**3.2**
Fähigkeit, Subtraktionsaufgaben mündlich zu lösen.

**3.2.1**
Verwendung von Platzhaltern bei der Subtraktion unter Bezug auf entsprechende Mengenmodelle und das Rechnen mit Längen.

a) Einsatz des Mengenmodells
b) Realisieren mit Stäbchen

$7 - 3 = \square$
$7 - \square = 4$
$\square - 3 = 4$

**3.2.2**
Termumformungen durchführen können.

$7 - 3 = 4$
$5 - 1 = 4$
$6 - 2 = 4$

67

1. Jahrgangsstufe
Lernziele

Lernziele

Unterrichtsverfahren

| Lernziele | Unterrichtsverfahren |
|---|---|
| 3.3 Fähigkeit, einfache additive Zusammenhänge in Sachaufgaben zu erkennen. | |
| 3.2.3 Operatoren der Form - a verwenden können. | $\boxed{-3}$    5 \| $\Box$ |
| 3.2.4 Tauschrechnungen zu einer Subtraktionsaufgabe finden können. | 7 − 3 = 4<br>7 − 4 = 3    a) |
| 3.2.5 Die Gegenrechnungen zu einer Subtraktionsaufgabe finden können. | 7 − 3 = 4<br>4 + 3 = 7    b) |
| 3.3.1 Subtraktionsaufgaben aus graphischen Darstellungen entnehmen und lösen können. | 8 DM − 4 DM = $\Box$ |

1. Jahrgangsstufe
Lernziele | Lerninhalte | Unterrichtsverfahren

---

**3.3.2**
Zu graphischen Darstellungen selbst Subtraktionsaufgaben finden und lösen können.

**5.2**
Fähigkeit, mit den Größen DM und Pf zu rechnen und die Ergebnisse schriftlich darzustellen.

**5.2.1**
Subtraktionen mit den Größen DM und Pf ausführen können.

$10\,DM - 8\,DM = \square$
$10\,DM - \square = 3\,DM$
$\square - 5\,DM = 5\,DM$

$18\,Pf - 15\,Pf = \square$
$15\,Pf - \square = 3\,Pf$
$\square - 10\,Pf = 5\,Pf$

**6.**
Beherrschung des Subtrahierens im Zahlenraum 1 – 20.

**6.1**
Mündliches Lösen einfacher Subtraktionsaufgaben ohne Zehnerübergang.

$18 - 6 = \square$

**6.2**
Mündliches Lösen einfacher Subtraktionsaufgaben mit Zehnerübergang.

$15 - 8 = \square$   $15 - 5 = 10$   $10 - 3 = 7$

|  | Lerninhalte | Unterrichtsverfahren |
|---|---|---|
| 1./2. Jahrgangsstufe<br>Lernziele | | |
| | 6.3<br>Erkennen des Zusammenhangs zwischen Addition und Subtraktion. | $14 - 6 = 8$ $\qquad$ $8 + 6 = 14$ |
| 2. Jahrgangsstufe | | |
| 1.1<br>Einsicht in Mengen- und Zahlenoperationen.<br>Vermindern - Subtrahieren. | 1.1.1<br>Graphische Darstellung der Restmengenbildung. Verwendung des Symbols \ . | |
| | 1.1.2<br>Veranschaulichung der Subtraktion am Zahlenstrahl. | |
| | 1.1.3<br>Untersuchungen zur Gesetzmäßigkeit der Subtraktion. | Konstanz der Differenz<br>$6 - 2 = 4 \qquad 16 - 12 = 4$<br>$6(+1) - 2(+1) = 4 \qquad 36 - 32 = 4$ |

2. Jahrgangsstufe
Lernziele | Lerninhalte | Unterrichtsverfahren

| Lernziele | Lerninhalte | Unterrichtsverfahren |
|---|---|---|
| 1.2 Einsicht in operative Zusammenhänge des Addierens und Subtrahierens (bis 20). | 1.2.1 Zu Subtraktionsaufgaben die entsprechenden Gegenaufgaben finden können. | 25 − 6 = 19    19 + 6 = 25  Zurückgreifen auf Mengenmodelle s. 1.1.1 |
| | 1.2.2 Verwendung von Operatoren der Form − a. | |
| | 1.2.3 Zwei Operatoren der Form − a durch einen Operator ersetzen können. | |
| | 1.2.4 Einführung von Operatortabellen. | |
| | 1.2.5 Eingang, Ausgang oder Operator einer Subtraktionsmaschine aufsuchen können. | |

2. Jahrgangsstufe
Lernziele | Lerninhalte | Unterrichtsverfahren

---

**1.2.6**
Zu einem Subtraktionsoperator einen Gegenoperator finden können.

$78 \quad \boxed{-3} \quad \bigcirc \quad 78$

**1.2.7**
Einsatz von Platzhaltern an verschiedenen Stellen einer Gleichung.

Zurückgreifen auf Mengenmodelle

$75 - 8 = \Box$
$75 - \Box = 67$
$\Box - 8 = 67$

---

**1.3**
Beherrschung des Subtrahierens bis 20.

**1.3.1**
Alle Subtraktionen ohne und mit Zehnerübergang ausführen können.

$8 - 5 = \Box \qquad 12 - 6 = \Box$
$18 - 5 = \Box \qquad 13 - 10 = \Box$

**1.3.2**
Mehrere Zahlen subtrahieren können.

$75 - 7 - 5 - 3 = \Box \qquad 75 - 5 - 7 - 3 = \Box$

Rechenvorteile anwenden!

**1.3.3**
Eine Abzugszahl in mehrere Zahlen verlegen können.

A
$\boxed{-2} \quad \boxed{-4}$
$\boxed{-32}$
$\boxed{-30} \quad \boxed{-28}$
E
78

Suche weitere Möglichkeiten!

2. Jahrgangsstufe
Lernziele | Lerninhalte | Unterrichtsverfahren

---

**4.1**
Fähigkeit, Subtraktionsaufgaben bis 100 mündlich zu lösen und in Form einfacher Gleichungen zu schreiben.

**4.1.1** Subtraktionen innerhalb der Zehnerstufen durchführen können.

77 − 5 = ☐     97 − 5 = ☐
69 − 6 = ☐     99 − 6 = ☐

**4.1.2** Die Subtraktion über den Zehner mit kleinen Zahlen durchführen können.

61 − 5 = ☐     73 − 10 = ☐
93 − 8 = ☐     91 − 50 = ☐

**4.1.3** Die Subtraktion mit zweistelligen Zahlen durchführen können.

74 − 21 = ☐     51 − 18 = ☐
58 − 23 = ☐     72 − 25 = ☐

**4.1.4** Den Zehnerübergang am Zahlenstrahl darstellen können.

```
        25→        32→
   |────|──(−7)──|──|────|
   20        30          40
```

**4.1.5** Den Zehnerübergang mit Streifen darstellen können (Rechenstab auf additiver Grundlage).

20 − 5 = 15

## 2. Jahrgangsstufe

| Lernziele | Lerninhalte | Unterrichtsverfahren |
|---|---|---|

**4.1.6**
Den Zehnerübergang im Bündelhaus darstellen können.

**4.1.7**
Zum Zehnerübergang Operatoren einsetzen können (Zahlenzerlegung).

**4.1.8**
Subtraktionen mit Größen durchführen können DM - Pf; m - dm - cm.

**4.2**
Einsicht in den Zusammenhang von Addition und Subtraktion.

**4.2.1**
Zu einer Subtraktion die entsprechende Gegenrechnung finden können. (Kontrollaufgabe)

$35\,DM - 14\,DM = \square$
$71\,Pf - 38\,Pf = \square$

$23\,m - 14\,m = \square$
$16\,dm - 12\,dm = \square$

$87 - 22 = 65$
$65 + 22 = 87$
$22 + 65 = 87$

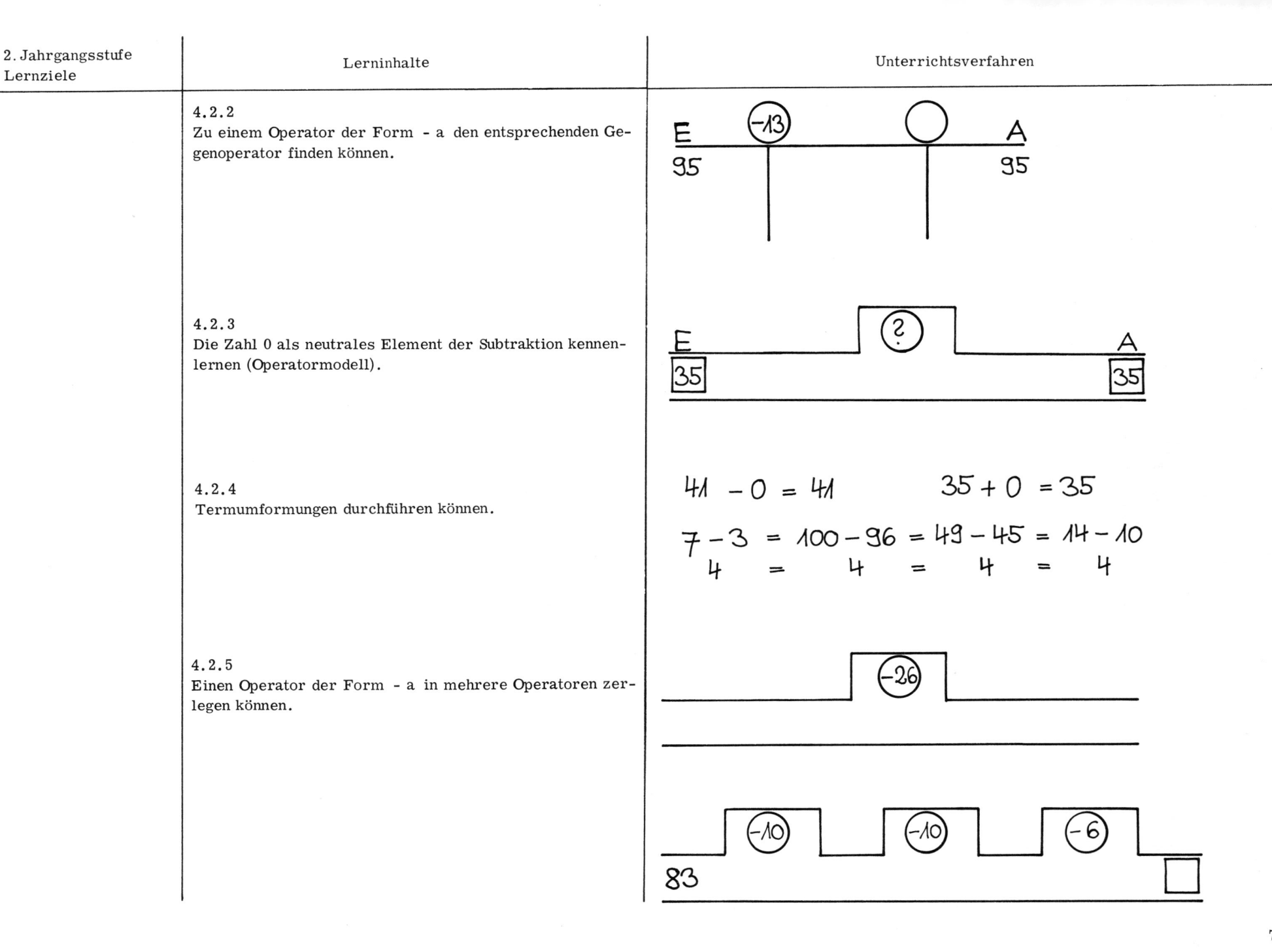

| 2. Jahrgangsstufe Lernziele | Lerninhalte | Unterrichtsverfahren |
|---|---|---|
| 4.2.2 | Zu einem Operator der Form - a den entsprechenden Gegenoperator finden können. | E ─(−13)─ ─◯─ A<br>35           35 |
| 4.2.3 | Die Zahl 0 als neutrales Element der Subtraktion kennenlernen (Operatormodell). | E ─②─ A<br>[35]        [35] |
| 4.2.4 | Termumformungen durchführen können. | 41 − 0 = 41    35 + 0 = 35<br>7 − 3 = 100 − 96 = 49 − 45 = 14 − 10<br>4 =    4 =    4 =    4 |
| 4.2.5 | Einen Operator der Form - a in mehrere Operatoren zerlegen können. | ─(−26)─<br>83 ─(−10)─(−10)─(−10)─(−6)─ □ |

75

2. Jahrgangsstufe
Lernziele | Lerninhalte | Unterrichtsverfahren

**4.2.6**
Mehrere Operatoren der Form − a durch einen Operator ersetzen können.

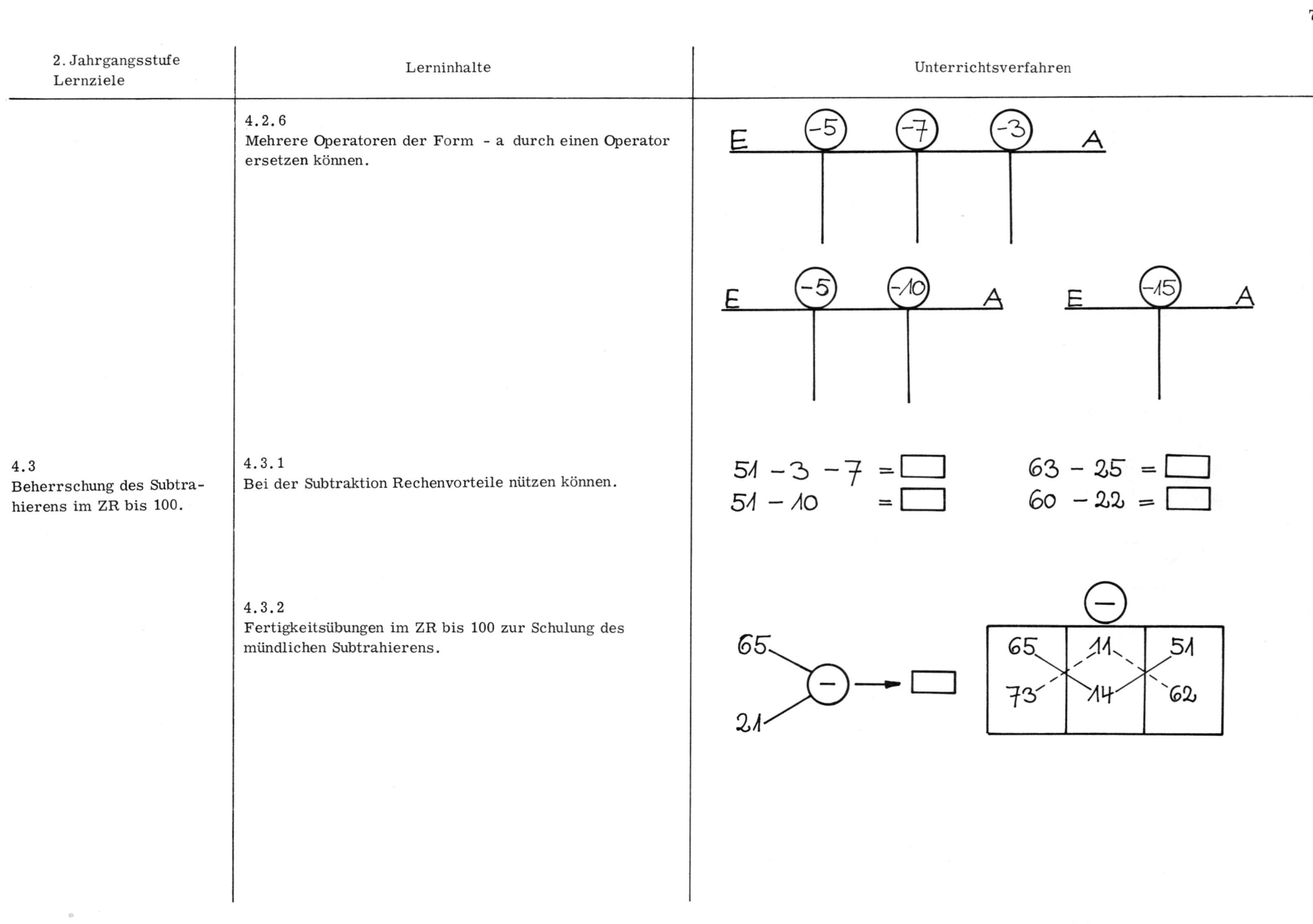

E |—⑤—|—⑦—|—③—| A

E |—⑤—|—⑩—| A

51 − 3 − 7 = ☐
51 − 10 = ☐

**4.3 Beherrschung des Subtrahierens im ZR bis 100.**

**4.3.1**
Bei der Subtraktion Rechenvorteile nützen können.

E |—⑩—|—⑮—| A

63 − 25 = ☐
60 − 22 = ☐

**4.3.2**
Fertigkeitsübungen im ZR bis 100 zur Schulung des mündlichen Subtrahierens.

65 ╲
     ⊖ → ☐
21 ╱

| 65 | 11 | 51 |
| 73 | 14 | 62 |

⊖

3. Jahrgangsstufe
Lerninhalte | Lerninhalte | Unterrichtsverfahren
---|---|---

**1.1**
Fähigkeit, im Bereich bis 100 zu subtrahieren, besonders auch im Zusammenhang mit Sachaufgaben.

**1.1.1** Zurückgreifen auf Modellvorstellungen der Restmengenbildung. Verwendung der Klammernschreibweise.

$$\{1, 2, 3, 4, 5\} \setminus \{4, 5\} = \{1, 2, 3\}$$

**1.1.2** Einführung der Bezeichnungen Differenz - Subtraktion - subtrahieren.

$$76 \quad - \quad 25 \quad = \quad 51$$

(Minuend) (Subtrahend)    Wert der Differenz

$\underbrace{\phantom{76 - 25}}_{\text{Differenz}}$

**1.1.3** Subtraktionsaufgaben in Sachaufgaben erkennen und mit Lösungsplänen darstellen können.

Addiere die Differenz der Zahlen 81 und 60 mit der Differenz der Zahlen 95 und 75!

```
    81   60         95   75
     \ /             \ /
     (−)             (−)
      |               |
     21              20
        \           /
         \         /
          (+)
           |
          41
```

**1.2**
Fähigkeit, Zusammenhänge zwischen den verschiedenen Operationen zu nutzen, verschiedene Rechenwege aufzusuchen und auf Zweckmäßigkeit zu beurteilen.

**1.2.1** Das gleichsinnige Verändern der Glieder einer Differenz (Konstanz der Differenz).

73 − 24 = ☐
70 − 21 = ☐
80 − 31 = ☐

} Graphische Darstellung am Zahlenstrahl!

3. Jahrgangsstufe
Lernziele

| Lerninhalte | Unterrichtsverfahren |
|---|---|
| 1.2.2 Rechenvorteile durch das gleichsinnige Verändern der Glieder einer Differenz erkennen und nutzen. | 75 − 29 = ☐<br>76 − 30 = ☐<br>Suche möglichst viele Veränderungen |
| 1.2.3 Die Addition als Tauschaufgabe zur Subtraktion erkennen und zur Kontrolle nutzen. | 68 − 31 = 37      37 + 31 = 68 Kontrollaufgabe!<br>24 + 27 = 51      51 − 27 = 24 Kontrollaufgabe! |
| 4.1 Fähigkeit, im Bereich bis 1000 zu subtrahieren vor allem auch im Zusammenhang mit Sachaufgaben. | |
| 4.1.1 Subtraktionen innerhalb der Hunderter ausführen können. | 100  10  ①   343 − 2 = ☐<br>100  10  ①   343 − 20 = ☐<br>100  10  ①   343 − 200 = ☐<br>     10 |
| 4.1.2 Den Hundertertibergang subtraktiv mit E, Z, H ausführen können. | 7M − 25 = ☐   Arbeit mit Längen<br>7M − 120 = ☐  Arbeit am Zahlenstrahl<br>7M − 335 = ☐ |
| 4.1.3 Den Hundertertibergang subtraktiv mit EZ, HZ, HZE ausführen und dabei auf Modellvorstellungen zurückgreifen können. | 11 − 2 = ☐         110 − 20 = ☐<br>215 − 98 = ☐       215 − 100 + 2 = ☐<br>Arbeit mit Rechenstab (auf additiver Grundlage) |

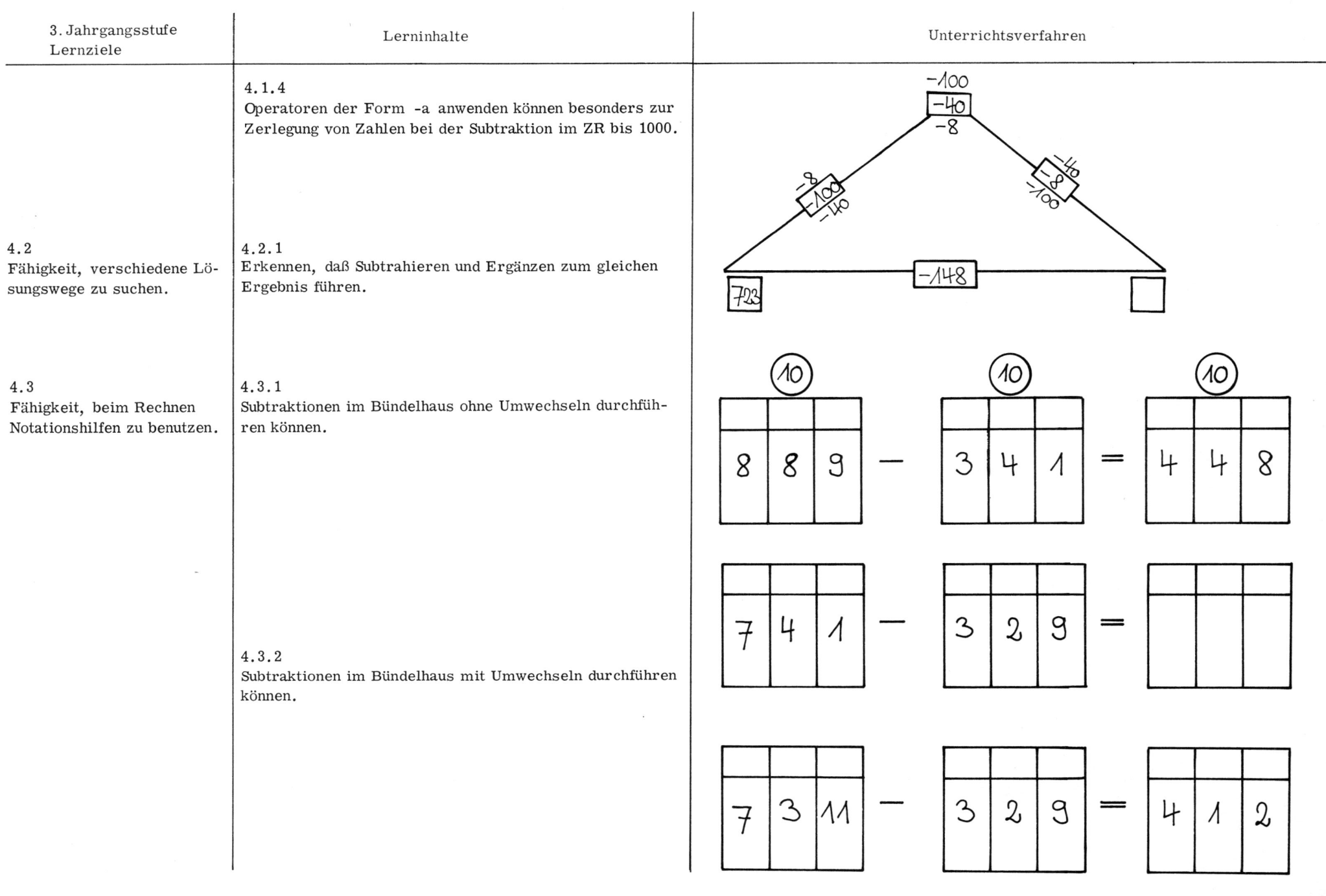

| 3. Jahrgangsstufe Lernziele | Lerninhalte | Unterrichtsverfahren |
|---|---|---|
| | 4.1.4 Operatoren der Form -a anwenden können besonders zur Zerlegung von Zahlen bei der Subtraktion im ZR bis 1000. | |
| 4.2 Fähigkeit, verschiedene Lösungswege zu suchen. | 4.2.1 Erkennen, daß Subtrahieren und Ergänzen zum gleichen Ergebnis führen. | |
| 4.3 Fähigkeit, beim Rechnen Notationshilfen zu benutzen. | 4.3.1 Subtraktionen im Bündelhaus ohne Umwechseln durchführen können. | |
| | 4.3.2 Subtraktionen im Bündelhaus mit Umwechseln durchführen können. | |

## 3. Jahrgangsstufe
### Lernziele | Lerninhalte | Unterrichtsverfahren

**4.3.3** Notationshilfen bei der Subtraktion verwenden können.

```
357 - 118 = x        357 - 118 = x
357 - 100 = 257      357 - 120 = 237
257 -  10 = 247      237 +   2 = 239
247 -   8 = 239
```

**6.2 Verstehen und Beherrschen des Normalverfahrens der Subtraktion.**

**6.2.1** Die schriftliche Subtraktion kennen- und verstehenlernen.

Subtrahieren und Ergänzen führen zum gleichen Ergebnis

$34 + \square = 46$  Ergänzen

$46 - 34 = \square$  Subtrahieren

Gleichsinniges Verändern der Glieder verändert nicht die Differenz

```
19 -  5 = 14      21 +    = 36
39 - 25 = 14      41 +    = 56
```

Aufzeigen am Zahlenstrahl!

3. Jahrgangsstufe
Lernziele | Lerninhalte | Unterrichtsverfahren
---|---|---

Subtrahieren im Sinne des Ergänzens im Bündelhaus durchführen können

| H | Z | E |
|---|---|---|
| 7 | 7 | 6 |
| 3 | 4 | 1 |

Sprechweise:
1 plus 5 ist gleich 6
4  "   3   "   "   7
3  "   4   "   "   7

| H | Z | E |
|---|---|---|
| 7 | 2 | ④ |
| 2 | 1⑩| 7 |
| 5 | 0 | 7 |

(+10)
(+10)

Sprechweise:
7 plus 7 ist gleich 14
4 an, 1 hinüber
2 plus 0 ist gleich 2
2 plus 5 ist gleich 7

6.2.2
Die Endform der schriftlichen Subtraktion kennenlernen und anwenden können.

```
  351
 -242
 - 79
```

6.2.3
Kontrollverfahren zur schriftlichen Subtraktion kennenlernen und anwenden können.

```
  785
 -263      —
  522
```

→

```
  785
 -263      + Probe-
  522         rechnung
```

(5 − 2 = 3)      (2 + 3 = 5)
(8 − 2 = 6)      (2 + 6 = 8)
(7 − 5 = 2)      (5 + 2 = 7)

# 4. Die Einführung in das Normalverfahren der Multiplikation

## 4.1 Didaktische Grundlegung

Die Einführung in das Normalverfahren der Multiplikation gehört zu den fundamentalen Aufgaben des Mathematikunterrichts in der Grundschule. Die Kenntnis dieser mathematischen Operation und ihrer Umkehroperation, der Division, bildet einen wesentlichen Teil der Zahlenverknüpfungen innerhalb der 4 Grundrechnungsarten.

Da die Einsicht in multiplikative Operationen nur dann angebahnt und erreicht werden kann, wenn die Endform (Kenntnis und Mechanisierung des Normalverfahrens) in systematischen, überschaubaren Schritten vorbereitet wird, sollen die folgenden Hinweise als eine - die 2. bis 4. Jahrgangsstufe umspannende - Lehr- und Lernsequenz verstanden werden. Dabei werden die Forderungen des Lehrplans für Mathematik vom 18.6.74 als richtungsweisend betrachtet und an den entsprechenden Stellen der Sequenz kenntlich gemacht (z.B. LP II/6.1.).

Grundsätzlich soll als Definition der Multiplikation gelten: "Unter dem Produkt a · b der Zahlen a und b (a ≠ o; b ≠ o) versteht man eine Kardinalzahl, die man folgendermaßen erhält: Man wähle untereinander disjunkte Repräsentanten der Zahl b, und zwar so viele, daß die Kardinalzahl der Vereinigung aller Repräsentanten a beträgt. Dann ist a · b die Kardinalzahl der Vereinigung der gleichmächtigen Mengen und b die Zahl der Elemente jeder der gleichmächtigen Mengen angibt.

Beispiel:  3 · 5 = ☐  Produktwert
                         Kardinalzahl der Vereinigung
                         Produkt

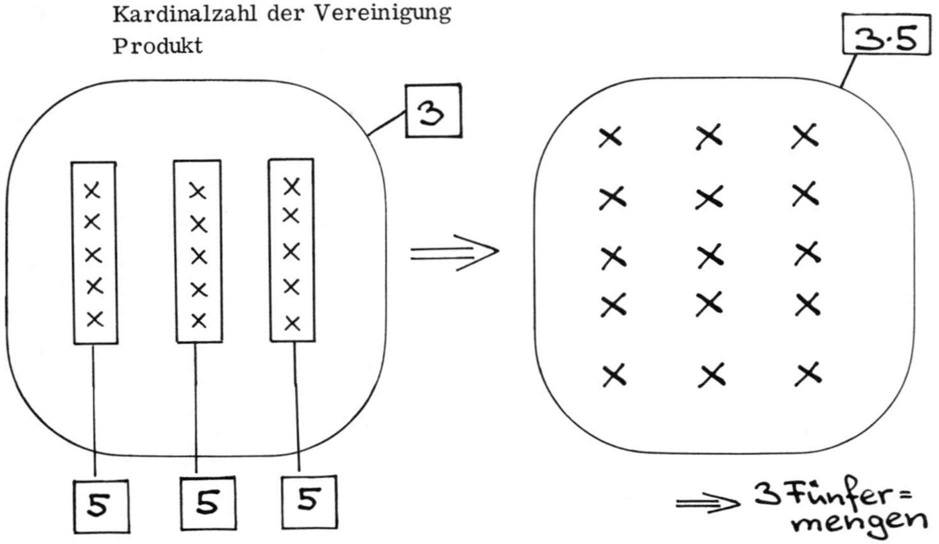

## 4.2 Mathematische Vorübungen für die Multiplikation

### Grundsätzliche Anmerkungen:

Das Erlernen mathematischer Prozesse geschieht in der Regel in mehreren Etappen. Dies gilt für das schrittweise Vorgehen, das letztlich zur Endform der schriftlichen Multiplikation (Division) führen soll, in besonders signifikanter Weise. Art und Charakter dieser vorbereitenden Übungen sind dabei schwerpunktmäßig dem Lehrstoff der 2. Jahrgangsstufe zugeordnet.

### Lernziele und Lerninhalte:

Das vorwiegende Ziel mathematischer Vorübungen im Hinblick auf das Erlernen der Multiplikation ist die Anbahnung des Verständnisses für den Mal-Begriff. Im "Mathematisieren von Situationen" (Lehrplan) soll der Schüler behutsam mit multiplikativen Operationen konfrontiert werden, wobei die Einsicht in den jeweiligen Mal-Vorgang besonders darzustellen (verbal und schriftlich) ist. Dies kann nur über eine anschauliche, einen längeren Zeitraum beanspruchende Konkretisierung geschehen. Hierbei erscheint es besonders wichtig, daß additive und multiplikative "Handlungen aus dem Alltag" (Lehrplan 6.1) von Anfang an exakt auseinandergehalten werden.

### Methodische und didaktische Hinweise:

Von grundsätzlicher Bedeutung ist eine klare Abgrenzung von Sprech- und Schreibformen der sog. Mengenlehre und von arithmetischen Formen.
Den Zugang zu ersten multiplikativen Operationen gewinnt der Schüler anhand verschiedener Modelle ("Mengenmenge" und "Rechteckmenge" vgl. 4.2.2).
Neben anderen Einsichten wird den Schülern anhand dieser Einführungsmodelle der Zusammenhang von Addition und Multiplikation anschaulich dargestellt.
Die Kenntnis des Malvorganges gewinnt im Laufe des Jahres dadurch zusätzlich an Bedeutung, daß bestimmte Malreihen (1 x 1 - Reihen) die Gefahr unverstandener Mechanisierung in sich bergen. Nicht zu übersehen ist die gute Verwendbarkeit des Kommutativgesetzes (3 x 5 = 5 x 3).
Der mathematisch in allen Grundrechnungsarten verwendbare Operator (Rechenmaschine) bietet besonders im Übungsrechnen ein breites Spektrum von Möglichkeiten. Auf die gute Verwendbarkeit strukturierter Lernmaterialien braucht nicht eigens verwiesen zu werden.

### Besondere Schwierigkeiten:

Multiplikative Operationen werden im Einführungsstadium von einigen Schülern gerne mit additiven verwechselt. Für den Lehrer bedeutet dies neben der deutlichen - mündlichen wie schriftlichen - Abhebung der beiden mathematischen Prozesse eine bewußte Individualisierung seiner Unterrichtsgestaltung. In kleineren Lerngruppen und mit verschiedenen Aufgabenstellungen kann dabei den Grundsätzen der kompensatorischen Erziehung entsprochen werden.

## 4.2 Aufbau einer Lehrsequenz

| Lernziel | Lerninhalt | Methodische und didaktische Hinweise |
|---|---|---|
| **4.2.1** Anbahnung des Verständnisses der Operation des Multiplizierens (LP II / 6.1) | Grundlegende Erfahrungen mit multiplikativen Operationen<br><br>Mündliches Lösen von Aufgaben im Zahlbereich bis 100<br><br>Einführung des Mal-Begriffes | Darstellung meist als sog. "Kastanienspiele" (nach Breidenbach).<br><br>Bsp.: Sylvia greift viermal in eine Tüte und nimmt jeweils 2 Bonbons heraus.<br>5 mal 4 Elemente<br>(Die Elemente der Menge sind 4 Zweiermengen von Bonbons)<br><br>An strukturierbaren Lernmaterialien wird der Malbegriff operationalisiert. Das Verbalisieren und Symbolisieren erfolgt im Anschluß daran. Voraussetzung: Gleichmächtige (äquivalente) Mengen und ihre graphische Darstellung. |
| **4.2.2** Einsicht in den Zusammenhang von Addition und Multiplikation (LP II / 6.3) | a) Operative Übungen am Modell der Mengenmenge<br><br>Einsicht in den funktionalen Zusammenhang zwischen Addition und Multiplikation<br>Vereinigen gleichmächtiger Mengen<br><br>Verschiedene Darstellungs- und Sprechformen für gleiche mathematische Vorgänge<br><br>Veranschaulichung durch Mengen-Symbole<br><br>Darstellung durch arithmetische Schreibweise | Bsp.: 5 Netze Orangen mit je 4 Stück werden verpackt.<br><br>$\boxed{4} + \boxed{4} + \boxed{4} + \boxed{4} + \boxed{4}$<br>$\Diamond{5} \cdot \boxed{4}$<br><br>Mögliche Sprechweise: Ich vereinige 5 Mengen mit je 4 Elementen zu einer Mengenmenge. Diese enthält 5 mal 4 Elemente.<br><br>Als nächster Schritt wäre denkbar:<br><br>Sprechweise: $\boxed{5}$ mal $\boxed{4}$ Orangen ergibt $\boxed{20}$ Orangen.<br><br>5 mal 4 Elemente (×5)<br><br>$4+4+4+4+4 = \boxed{5 \cdot 4}$ |

| Lernziel | Lerninhalt | Methodische und didaktische Hinweise |
|---|---|---|
| | | Lernschritte im einzelnen: |
| | Vollzug der einzelnen Lernschritte: | 1. Klären der Situation und Aufgabenstellung; |
| | Übergang von der Mengensymbolik zur arithmetischen Symbolik | 2. Lösungsvorschläge machen (-versuche anstellen); |
| | | 3. verschiedene Darstellungs- und Notationshilfen benützen; |
| | | 4. <u>Eine</u> mathematische Lösungsstrategie <u>exakt</u> (detailliert) durchführen; |
| | | 5. Den mathematischen Vollzug verbalisieren; |
| | | 6. Den vollzogenen Lösungsvorgang transferieren und mit anderen Lösungsmöglichkeiten vergleichen. |
| | b) Operative Übungen am Modell der "Rechtecksmenge" | Am Beispiel des Rechtecks werden die gleich großen Quadrate herausgehoben, die sich innerhalb des Rechtecks als <u>Zeilen</u> (waagrecht) und <u>Spalten</u> (senkrecht) darstellen lassen. |
| | Verdeutlichung und Wirksamkeit des Kommutativgesetzes (Vertauschbarkeit der Faktoren) | |
| | Begriff "Rechtecksmenge" als Produkt von Zeilen und Spalten (graphische Darstellung) | $\boxed{3 \cdot 5}$  3 Zeilen mit je 5 Elementen = 5 Spalten mit je 3 Elementen  $\boxed{5 \cdot 3}$ |
| | c) Operative Übungen mit Strecken (Stäben, Streifen) | Lernschritte im einzelnen: |
| | | 1. Rechtecke in gleich große Quadrate aufteilen; |
| | Darstellung und Symbolisierung multiplikativer Operationen | 2. Zeilen und Spalten als Anordnung für Teilmengen verstehen; |
| | | 3. Die geordneten Teilmengen verbalisieren und symbolisieren; |
| | Begriffliche Trennung von Kardinal- und Ordinalzahlen | 4. Die Vertauschbarkeit der Faktoren erkennen. |
| | | Bsp.: Peter überspringt 3 Plattenlängen mit einem Schritt. Er macht 5 Schritte. Wieviel Platten hat er übersprungen? |

|0| 3 |3| 6 |3| 9 |3| 12 |3| 15 |
1. Schr.  2. Schr.  3. Schr.  4. Schr.  5. Schr.

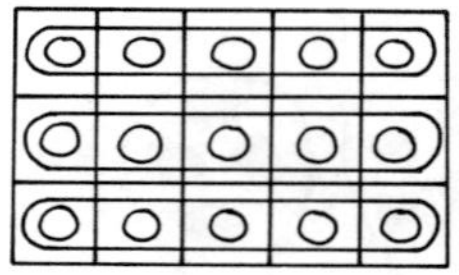

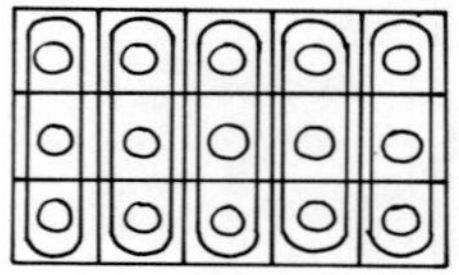

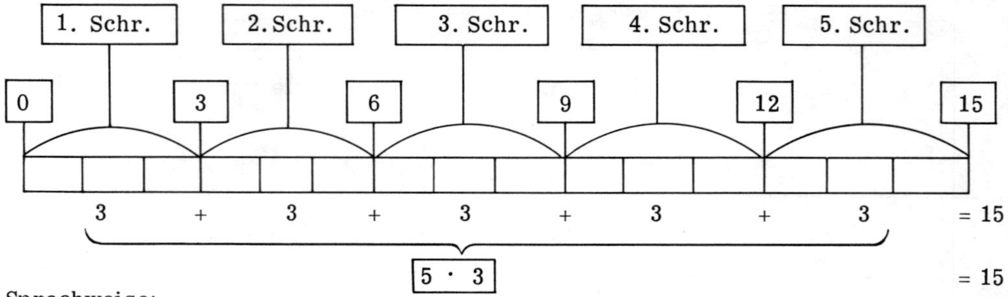

$\boxed{5 \cdot 3}$

3 + 3 + 3 + 3 + 3 = 15

5 · 3 = 15

Sprechweise:
Peter macht 5 mal einen Dreiersprung. Er hat 5 mal 3 Platten übersprungen.

| Lernziel | Lerninhalt | Methodische und Didaktische Hinweise |
|---|---|---|
| 4.2.3 Fähigkeit, Multiplikationsaufgaben mündlich zu lösen und in Form einfacher Gleichungen zu schreiben (LP II / 6.2) | Einfache Rechengeschichten mit multiplikativen Operationen<br><br>Besondere Heraushebung des Gleichheitszeichens<br><br>Verwendung des Begriffes "Vielfaches" | Beispiele:<br>Inge ist krank. Sie muß 4 Tage lang täglich 3 Tabletten schlucken. $3 \cdot 4 = \boxed{12}$ } Inge muß $\boxed{12}$ Tabletten schlucken.<br><br>Peter bekommt für jeden Einser im Zeugnis 5 DM. Er hat 6 Einser. $5 \cdot 6 = \boxed{30}$ } Peter bekommt $\boxed{30}$ DM.<br><br>Anton hat schon 8 DM gespart. Bis zu den Ferien möchte er das Vierfache gespart haben. $8 \cdot 4 = \boxed{32}$ } Anton hat dann $\boxed{32}$ DM gespart. |
| 4.2.4 Beherrschen der Einmaleinsreihen mit 10, 5, 2, 4, 8 (LP II / 6.4) | Multiplikation als verkürzte Addition<br><br>Verschiedene Möglichkeiten der Darstellung von Einmaleinsreihen in einfachen Gleichungen (LP II / 6.2)<br><br>Das Kommutativgesetz bei Einmaleinsreihen<br><br>Zusammenhang zwischen Multiplikation und Division (LP II / 6.3) | Bsp.:<br>(Punktdarstellung der Reihe mit 5)<br><br>Darstellung am Zahlenstreifen:<br><br>Übungsbeispiele:<br>$3 \cdot \square = 21$    $21 : 3 = \square$<br>$\square \cdot 7 = 21$    $21 : 7 = \square$<br>$3 \cdot 7 = \square$    $\square : 7 = 3$ |

| Lernziel | Lerninhalt | Methodische und didaktische Hinweise |
|---|---|---|
| 4.2.5 Die Darstellung multiplikativer Operationen im Bündelhaus | Notation im Bündelhaus<br>a) ohne Überschreitung des Bündelumfangs<br>b) mit Überschreitung des Bündelumfangs | Bsp. a):<br><br>10 / Z E / 4 3   ·2   10 / Z E / 8 6<br><br>Bsp. b):<br><br>10 / Z E / 2 7   ·3   10 / Z E / 6 21 / 6+2 1 / 8 1 |
| 4.2.6 Verwendung des Multiplikations-Operators "·a" | Kennenlernen und Umgang von Multiplikationsmaschinen<br>Verschiedene Notationen und Übungsmöglichkeiten<br>[Platzhalter bei Eingabe, Ausgabe oder Operator]<br><br>Vereinfachte Schreibweise, z.B.<br>· 6  Operator | Am Beispiel des Kopierautomaten (Gegenstände sind bei Ein- und Ausgabe aus gleichem Material):<br>Max braucht Kopien. Er stellt den Automaten auf  Für 1 gib 6  ein.<br><br>Notation:<br><br>E  (Für 1 gib 6)  A<br>3                          □<br>5                          □<br><br>E  (Für 1 gib 6)  A<br>□                          12<br>□                          30 |

| Lernziel | Lerninhalt | Methodische und didaktische Hinweise |
|---|---|---|
| | | E →[·10] A  Operator<br>wird ersetzt<br>E →[·5] →[·2] A  1.Op. 2.Op.<br><br>E →[·3] →[·2] A  1.Op. 2.Op.<br>wird ersetzt<br>E →[·6] A  Op. |
| | Ersetzen eines Operators durch 2 gleichwertige Operatoren<br><br>Ersetzen zweier Operatoren durch 1 gleichwertigen | |
| 4.2.7<br>Der Gebrauch von Klammern bei gemischten Zahlenverknüpfungen | Der Klammerausdruck als mathematische Forderung ("rechne zuerst die Klammer aus!") | $(4 + 5) \cdot 2 = 9 \cdot 2 = 18$<br>$(6 - 4) \cdot 3 = 2 \cdot 3 = 6$ |
| 4.2.8<br>"Handlungen aus dem Alltag" (LP II / 6.1) und ihre Darstellung für Multiplikationen | Herauslösen mathematischer Strukturen aus Sachaufgaben;<br>Erkennen multiplikativer Zusammenhänge<br>Verschiedene Lösungsstrategien, z.B. Baum- oder Flußdiagramme | Bsp.: Hans und Fritz streiten, wer mehr Schusser besitzt.<br>Hans sagt: Ich habe meine 5 Schusser verdreifachen können.<br>Fritz meint: Ich habe meine 4 Schusser vervierfachen können.<br><br>Hans: Anzahl der Schusser<br>5  3 → □<br><br>Fritz: Anzahl der Schusser<br>4  4 → □<br><br>Oder: Hans<br>$5 \cdot 3 = □$<br><br>Fritz<br>$4 \cdot 4 = □$ |

## 4.3 Das halbschriftliche Verfahren bei der Multiplikation

### Grundsätzliche Anmerkungen:

Halbschriftliche Übungen multiplikativer Art bereiten das schriftliche Verfahren derart vor, daß eine Reihe "technischer" Fertigkeiten mechanisiert bzw. standardisiert werden. Während das halbschriftliche Verfahren in allen Jahrgangsstufen - oft als sog. Nebenrechnung bei Sachaufgaben erforderlich - von Bedeutung ist, sollen in unserem Fall die Aufgabenstellungen besonders bedacht werden, die vorwiegend den Lehrstoff der 3. Jahrgangsstufe beinhalten.

### Lernziele und Lerninhalte:

Im Aufbau des Zahlen- und Stellenwertsystems innerhalb des mathematischen Lehrgangs in der Grundschule erweisen sich halbschriftliche Übungen immer in den Zahlenbereichen als vordringlich, zu denen der Schüler allmählichen Zugang gewinnt. Dabei bietet sich eine Reihe möglicher Notationen im Unterricht an. Von besonderem Vorteil erweist sich zudem die leichte Kontrollierbarkeit der jeweiligen Ergebnisse.

Die deutliche Abhebung ein- und zweistelliger Faktoren zielt darauf ab, den Schüler einerseits den multiplikativen Prozeß und seine mögliche Zerlegungs- und Darstellungsform bewußt erleben zu lassen und andererseits den jeweils bekannten Zahlenbereich aufzugliedern und operative Beziehungen innerhalb verschiedener Größen herzustellen.

### Methodische und didaktische Hinweise:

Unterrichtspraktische Vorteile des halbschriftlichen Verfahrens zeigen sich in mehreren Aspekten:

a) Das halbschriftliche Verfahren beansprucht wenig Vorplanung und Unterrichtszeit.
b) Es ist für die Schüler übersichtlich (z. B. Matrix) und leicht lesbar.
c) Es eignet sich für Partnerkontrolle ebenso wie für Selbstkontrolle.
d) Es läßt sich auch in leistungsdifferenzierter Arbeitsform gut verwenden.
e) Die im Lehrplan für Mathematik mehrfach geforderte Erziehung zu kooperativem Verhalten kann ohne weiteres in den Unterricht eingebaut werden.

Mathematisch bedeutsam ist die Bewußtmachung sogenannter Rechenvorteile, indem die Möglichkeiten der Strukturierung innerhalb multiplikativer Operationen voll genutzt werden (vgl. 4.3.5). Letztlich werden im halbschriftlichen Verfahren alle Grundrechnungsarten miteinander in Beziehung gebracht und nach bestimmten Rechenvorschriften (z. B. Klammerregel) einer Lösung - oftmals mit verschiedenartiger Strategie - zugeführt.

### Besondere Schwierigkeiten:

Die halbschriftlichen Übungen führen da und dort bei der Notation der Ergebnisse - insbesondere unter Verwendung von Operatoren oder Operator-Ketten - für den Schüler zu Fehlschlüssen. Dies geschieht vor allem dann, wenn die Platzhalter (Leerstellen) innerhalb gleichartiger Aufgabenstellungen zu oft gewechselt werden. Unterrichtlich können diese Schwierigkeiten vermindert werden, wenn die Schüler von Anfang an multiplikative Operationen auch im Hinblick auf ihre mögliche Umkehrung begreifen. Dabei werden erste Formen der Division praktiziert (3 x 4 = 12; 12 : 4 = 3).

Bei Text- bzw. Sachaufgaben sind von Anfang an die Sprech- und Schreibweisen von Größen (Maßen und Gewichten) herauszustellen, d.h. mathematisch exakt zu verbalisieren und zu symbolisieren.

4.3 Aufbau einer Lehrsequenz

| Lernziel | Lerninhalt | Methodische und didaktische Hinweise |
|---|---|---|
| 4.3.1 Multiplikationsaufgaben mit einstelligem Faktor (LP III / 9.1.) | Kenntnis und Fertigkeit im Umgang mit Faktorenzerlegungen (von der Addition/Subtraktion her dem Schüler bekannt) | Bsp.: $\begin{array}{c|c|c} H & Z & E \\ \hline 4 & 6 & 3 \end{array}$    4 Hunderter + 6 Zehner + 3 Einer <br>      4 H      + 6 Z      + 3 E <br>      400      + 60      + 3 <br>                 463 |
| ↓ Fähigkeit im Bereich bis 100 (LP III / 1.1.) bzw. 1000 (LP III / 9.1.) zu multiplizieren | Kenntnis und Verwendbarkeit des Distributivgesetzes bei multiplikativen Operationen | Bsp.: $7 \cdot 26 = 182$ <br> $(20+6) \cdot 7 = 20 \cdot 7 + 6 \cdot 7$ <br> $\begin{array}{r} 7 \cdot 26 = x \\ \hline 7 \cdot 20 = 140 \\ 7 \cdot 6 = 42 \\ \hline 7 \cdot 26 = 182 \end{array}$ <br> $= 140 + 42$ <br> $= 182$ |
| | Operatormodelle: mögliche Verwendbarkeit, graphische Darstellung | Bsp.: $\boxed{36 \cdot 5}$   dafür   $E \xrightarrow{\cdot 5} A$    $36$ <br><br> $E \xrightarrow{\cdot 5} A$    $150$ <br> $E \xrightarrow{\cdot 5} A$    $30$    $\}$ $150 + 30 = 180$ |
| | Notation von Operatorenübungen (basierend auf Kenntnissen der Relationen) (Vgl. LP III / 9.3.) | Notationen: <br> $\begin{array}{c\|c\|c} E & \cdot 5 & A \\ \hline 36 & & \square \\ 45 & & \square \\ 57 & & \square \end{array}$    dafür    $\begin{array}{c\|c\|c} E_1 & \cdot 5 & A_1 \\ \hline 30 & & \square \\ 40 & & \square \\ 50 & & \square \end{array}$    $\begin{array}{c\|c\|c} E_2 & \cdot 5 & A_2 \\ \hline 6 & & \square \\ 5 & & \square \\ 7 & & \square \end{array}$ <br><br> Da $E = E_1 + E_2$    folglich $A = A_1 + A_2$ |
| 4.3.2 Multiplikationsaufgaben mit zweistelligem Faktor | Anwendung der Zerlegung von Faktoren für das Vielfache von 10 | Bsp.: $\boxed{4 \cdot 30}$ <br> Petra rechnet so: $\underbrace{\underbrace{\underbrace{30 + 30}_{60} + 30}_{90} + 30}_{120} = 4 \cdot 30$ |

90

| Lernziel | Lerninhalt | Methodische und didaktische Hinweise |
|---|---|---|
| | Darstellung verschiedener Lösungswege | Sprechweise: 4 mal 30 ist gleich 120<br><br>Albert rechnet: $\boxed{30} = \boxed{3\cdot 10}$<br>folglich: $\boxed{4\cdot 30} = \boxed{3\cdot 10} + \boxed{3\cdot 10} + \boxed{3\cdot 10} + \boxed{3\cdot 10}$<br>$= 4 \cdot \boxed{3\cdot 10}$ |
| | Multiplikative Übungen in Gleichungsform (Klammerschreibweise) | $32 \cdot 6 = (30 + 2) \cdot 6$<br>$45 \cdot 7 = (40 + 5) \cdot 7$ |
| | Anwendung in Sachaufgaben<br>a) mit einer multiplikativen Operation | Ein Lederball kostet 36 DM. Die Schule kauft 7 Stück.<br>$36 \cdot 7 = (30 + 6) \cdot 7 \quad \vert \quad (30 \cdot 7) + (6 \cdot 7) = 252$<br>$\phantom{36 \cdot 7 = (30 + 6) \cdot 7 \quad \vert \quad} 36 \cdot 7 \phantom{+ (6 \cdot 7)} = 252$<br>Antwortsatz: 7 Bälle kosten 252 DM |
| | b) mit mehreren multiplikativen Operationen | Zu einem Sportfest treten 8 Riegen mit je 48 Turnern und 5 Riegen mit je 24 Turnerinnen an.<br>$(48 \cdot 8) + (24 \cdot 5) = \square \qquad (40 + 8) \cdot 8 = (40 \cdot 8) + (8 \cdot 8)$<br>$\phantom{(48 \cdot 8) + (24 \cdot 5) = \square \qquad} 48 \cdot 8 = \underline{384}$<br>$\phantom{(48 \cdot 8) + (24 \cdot 5) = \square \qquad} (20 + 4) \cdot 5 = (20 \cdot 5) + (4 \cdot 5)$<br>$\phantom{(48 \cdot 8) + (24 \cdot 5) = \square \qquad} 24 \cdot 5 = \underline{120}$<br>also: $384 + 120 = \boxed{504}$<br>Antwortsatz: Am Sportfest treten insgesamt 504 Teilnehmer an. |
| | Umgang mit Operatoren und Operatorketten | Bsp.: $\boxed{6 \cdot 60}$<br><br>Notation: |

| Lernziel | Lerninhalt | Methodische und Didaktische Hinweise |
|---|---|---|
| | Einsicht und Anwendung des Kommutativgesetzes<br>$(a \cdot b = b \cdot a)$ | Notation:<br><br>| E | $O_1$ | $O_2$ | A |<br>\|---\|---\|---\|---\|<br>\| 6 \| ⋅10 \| ⋅6 \| □ \| |
| | Anwendung der Zerlegung von Faktoren für gemischte Zehnerzahlen | Bsp.: $5 \cdot 13$<br><br>$5 \cdot (10+3) = 5 \cdot 10 + 5 \cdot 3 = 50 + 15 = 65$ |
| | Übungsaufgaben in Gleichungen mit additiven und multiplikativen Termen | $2 \cdot \Box = 20 + 6$<br>$\Box \cdot 6 = 60 + 36$<br>$3 \cdot 9 = 90 + 9$ |
| | Vergleich verschiedener Rechnungen mit dem gleichen Ergebnis | $6 \cdot 14 \quad 6 \cdot (10+4) \quad 60 + 24 =$<br>$5 \cdot 27 \quad 5 \cdot (20+7) \quad 100 + 35 = \Box$ |
| 4.3.3 Darstellungsformen von Multiplikationen mit Faktorenzerlegung (LP III / 9.2) | Faktorenzerlegung mittels Operatorketten | $13 \rightarrow \Box \rightarrow \Box = 10 + \Box \rightarrow O_2 = O_1 + $<br><br>| E | $O_1$ | $A_1$ |<br>\|---\|---\|---\|<br>\| 5 \| ⋅10 \| □ \|<br><br>| E | $O_2$ | $A_2$ |<br>\|---\|---\|---\|<br>\| 5 \| ⋅3 \| □ \| |
| | Faktorenzerlegung mittels Ablauf- bzw. (Fluß-)diagramme | | E | O | A |<br>\|---\|---\|---\|<br>\| 5 \| ⋅13 \| $\Box_1 + \Box_2$ \| |

91

| Lernziel | Lerninhalt | Methodische und Didaktische Hinweise |
|---|---|---|
| 4.3.4 Beherrschung aller Einmaleinsreihen (LP III / 1.3) | Vergleich und Gegenüberstellung verschiedener Notationen<br><br>Anwendung in verschiedenen Rechen- und Darstellungsformen | $5 \cdot 13 \rightarrow 13 + 13 + 13 + 13$<br>$\uparrow\quad 5 \cdot 10 + 5 \cdot 3$ (Distributivgesetz)<br>$\uparrow\quad 5 \cdot 3 + 5 \cdot 10$<br>$\uparrow\quad 10 \cdot 5 + 3 \cdot 5$ (Kommutativgesetz)<br><br>Matrix:<br><br>| $\odot$ | 3 | 5 | 7 |<br>|---|---|---|---|<br>| 2 | | | |<br>| 4 | | | |<br>| 6 | | | |<br><br>Gleichungen:<br>$7 \cdot \square = 42$<br>$\square \cdot 6 = 42$<br>$7 \cdot \square = $<br>$\square \cdot 6 = $<br><br>Zahlenstern: (mit 6 im Zentrum, Strahlen zu 2, 4, 5, 7, 3, 6, 8, 9)<br><br>Relationen: (3·8), (2·9), (6·5), (4·7) → 30, 24, 28, 18<br>hat den gleichen Wert wie<br><br>Sachaufgaben: 1 Spielauto kostet 4 DM. Peter kauft 5 Stück. Peter muß 20 DM bezahlen.<br>$4 \cdot 5 = \boxed{20}$ |
| 4.3.5 Rechenvorteile beim Multiplizieren (mit ein- oder zweistelligem Faktor) (LP III / 9.2) | Umformen von Gleichungen mit Hilfe des Distributivgesetzes<br><br>Unterscheidung der einzelnen Notationen im Hinblick auf ihre Anwendbarkeit | $6 \cdot 29 = x$<br><br>Thomas rechnet so:<br>$\boxed{6 \cdot 29 = 6 \cdot 20 + 6 \cdot 9}\quad \begin{matrix}6 \cdot 20 = 120\\ 6 \cdot 9 = 54\end{matrix}\Big\} 6 \cdot 29 = 174$<br><br>Gabi rechnet so:<br>$\boxed{6 \cdot 29 = 6 \cdot 30 - 6 \cdot 1}\quad \begin{matrix}6 \cdot 30 = 180\\ 6 \cdot 1 = 6\end{matrix}\Big\} 6 \cdot 29 = 174$ |
| 4.3.6 Kontroll- und Proberechnen (LP III / 1.2 und 4.3) | Anwendung des Umkehroperators zur Überprüfung von Ergebnissen<br><br>Hintereinanderschaltung von Operatoren, die sich in ihrer Wirkung aufheben | E 6 →·50→ A □     als Umkehroperator     A 300 →:50→ E □<br><br>E 6 →·40→ A/E 240 →:40→ A □<br>O₁           O₂<br><br>E 6 →·40→ A/E 240 →:20→ A □<br>O₁           O₂<br><br>Notation:<br>| E | O₁ | O₂ | A |<br>|---|---|---|---|<br>| 6 | ·50 | :50 | □ |<br><br>E 6 →·2→ O □ |

| Lernziel | Lerninhalt | Methodische und didaktische Hinweise |
|---|---|---|
| | Aufzeigen verschiedener Lösungswege bei Sachaufgaben | Bsp.: Mutter näht Karin ein Kleid. Sie braucht dazu 4 Knöpfe zu je 50 Pf und 3 Knöpfe zu je 70 Pf. Wieviel bekommt sie auf 5 DM heraus? |
| | Verbindung von mathematischen Operationen innerhalb der 4 Grundrechnungsarten | möglicher Lösungsweg:<br><br>Hinweis: Dieses Ablaufdiagramm läßt sich auch in senkrechter Abfolge darstellen.<br><br>1. Kontrollmöglichkeit:<br>$4 \cdot 50\ Pf = \square$<br>$3 \cdot 70\ Pf = \square$<br>$\square + \square = \diamond$<br>$500 - \diamond = \diamond$<br>Ergebnis: $\diamond$<br><br>2. Kontrollmöglichkeit:<br>$50\ Pf \cdot 4 = \square$<br>$70\ Pf \cdot 3 = \square$<br>$\square + \square = \diamond$<br>$\diamond + \diamond = 500$<br>Ergebnis: $\diamond$ |
| | Vergleich der verschiedenen Lösungswege im Hinblick auf ihre Verwendbarkeit | |

## 4.4 Das schriftliche Verfahren bei der Multiplikation

### Grundsätzliche Anmerkungen:

Das schriftliche Verfahren bildet den Abschluß der Multiplikation (mit natürlichen Zahlen) in der Grundschule. Deshalb ist die Kenntnis und Mechanisierung der Endform ein wesentlicher Bestandteil des mathematischen Lehrstoffes der 4. Jahrgangsstufe.

### Lernziele und Lerninhalte:

Im schriftlichen Verfahren werden alle Multiplikationen, deren Lösung mündlich oder halbschriftlich nicht möglich ist, durchgeführt. Dies trifft insbesondere auf Verknüpfungen mehrstelliger Zahlengrößen zu. Die Schüler sollen dabei - unter Zuhilfenahme von Schätzwerten - systematisch dazu angeleitet werden, mittels einer exakten Sprech- und Schreibform allmählich zu einer Endform zu gelangen. Die Mechanisierung dieses Vorgangs erfordert vor allem eine gründliche, methodisch hervorgehobene Bewußtmachung des eigentlichen Rechenvorganges.

### Methodische und didaktische Hinweise:

In der Hinführung zum schriftlichen Verfahren werden die bisher gewonnenen, mathematischen Kenntnisse und Fertigkeiten, unter anderem das Beherrschen der Malreihen, das vorteilhafte Zerlegen von Faktoren und das Benützen von Notationshilfen fortgeführt und in kleinen, überschaubaren Schritten der letztlich angestrebten Schreibform untergeordnet. Der Weg über das Stellenwerthaus und das oftmalige Darstellen von Bündelungsvorgängen sind dabei von erheblicher Bedeutung. Zusätzlich bietet das Distributivgesetz eine Reihe von brauchbaren Anwendungsmöglichkeiten (vgl. 4.4.2). Daß beim Erlernen der Endform zuerst einstellige Multiplikatoren herangezogen werden, erscheint aus allgemein gültigen Lerneinsichten (vom Leichten zum Schweren) vorteilhaft.

Im übrigen eignet sich das Proberechnen (durch Vertauschbarkeit der Faktoren) vorzüglich für eine rasche Ergebniskontrolle (vgl. 4.4.7).

### Besondere Schwierigkeiten:

Zu frühes Mechanisieren der Endform bringt für die Schüler einige typische Fehler mit sich, die oft langanhaltend fortwirken. So wird z.B. gerne das "Hinausrücken" beim schriftlichen Fixieren der Zwischenschritte übersehen, was zur Folge hat, daß die Teilergebnisse in der Form der schriftlichen Addition untereinander geschrieben werden. Dieser Fehlerquelle sollte der Lehrer dadurch entgegenwirken, daß über einen längeren Zeitraum

a) die Zwischenschritte durch eigene Notation sichtbar gemacht werden (vgl. 4.4.3);
b) das Stellenwertsystem mit der jeweils zugeordneten Verbalisierung des betreffenden Zahlenwertes beibehalten wird (vgl. 4.4.4);
c) Die Leerstellen durch Nullstellen ersetzt werden (vgl. 4.4.7).

Die Verwendung von kariertem Papier ist für die Schüler eine zusätzliche Hilfe, die einzelnen Stellenwerte exakt untereinander zu schreiben.

Nicht gering soll letztlich auch der Wert des Schätzens bzw. Überschlagens angesehen werden, da die Schüler auf diese Weise die mathematische Wahrscheinlichkeit ihres errechneten Ergebnisses wenigstens grobflächig überprüfen können.

## 4.4 Aufbau einer Lehrsequenz

| Lernziel | Lerninhalt | Methodische und didaktische Hinweise |
|---|---|---|
| **4.4.1** Anwendung aller bisher gelernten Einmaleinsreihen und ihrer Übertragung auf 1 x 10 ... und 1 x 100 -Sätze (LP IV / 4.1) | Zerlegung von Faktoren auf das Vielfache von 10 oder 100 (Anwendung des Distributivgesetzes in verschiedenen mathematischen Operationen) | Übungsreihen:  7 · 6;   7 · 60;   7 · 600;<br>　　　　　　　 3 · 8;   3 · 80;   3 · 800;<br><br>Zerlegungsbeispiele (oft in den sogenannten "Fertigkeitsübungen" realisierbar):<br>a) 8 · 600 = 8 · 6 · 100 = 48 · 100 = 4 800<br>b) 7 · 650 = 7 · 6 · 100 + 7 · 5 · 10 =<br>　　　　　　 42 · 100 + 35 · 10 =<br>　　　　　　 4 200　　　　350<br>　　　　　　　　　　4 550<br><br>**Gefahr:**<br>Zu frühes Mechanisieren ("Ich hänge eine Null an") geschieht für viele Schüler ohne die nötige Einsicht. |
| **4.4.2** Multiplizieren mit einstelligem Faktor im Stellenwertsystem (LP IV / 4.4) | Multiplikative Operationen<br>a) ohne Stellenwertüberschreitung<br><br>b) mit Stellenwertüberschreitung<br><br>Bündeln und Entbündeln (Zehnerbündel)<br><br><br><br><br><br>Anwendung des Distributivgesetzes durch Vergleich verschiedener Lösungsschemata | Zusätzliche Veranschaulichung mit Geldscheinen (Spielgeld) möglich!<br><br>1. Schritt: Berechnen der einzelnen Stellenwerte<br>2. Schritt: Entbündeln der Einer → Zehner<br>3. Schritt: Entbündeln der Zehner → Hunderter<br>4. Schritt: Entbündeln der Hunderter → Tausender<br>5. Schritt: Entbündeln der Tausender → Zehntausender<br><br>Kontrolle:　7.568 · 4<br>(7 000 + 500 + 60 + 8) · 4　=<br>7000 · 4 + 500 · 4 + 60 · 4 + 8 · 4　=<br>28000 + 2000 + 240 + 32　= 30 · 272 |

| Lernziel | Lerninhalt | Methodische und didaktische Hinweise |
|---|---|---|
| | | Einige unterrichtliche Hinweise: <br> 1) Einen Überschlag festhalten! <br> 2) Die Aufteilung (Zerlegung) mehrfach veranschaulichen! <br> 3) Jeden Lösungsschritt <u>exakt</u> verbalisieren! <br> 4) Nach vollzogener Lösung Kontrollmöglichkeiten anbieten! <br> 5) Das Multiplizieren im Stellenwertsystem über einen längeren Zeitraum (möglicherweise in Leistungsgruppen) betreiben! |
| 4.4.3 Multiplizieren mit einstelligem Faktor ohne Stellenwertsystem (LP IV / 6.1) | Kenntnis und Übung des Normalverfahrens mit einstelligem Faktor (Voraussetzung: Faktorenzerlegung) Zuordnung von Multiplikationspfeilen | $\boxed{736 \cdot 8}$ <br><br> 700 · 8 = 5 600 <br> 30 · 8 = 240 <br> 6 · 8 = 48 <br> ──────── <br> 736 · 8 = 5 888 <br><br> 736 · 8 <br> ─── <br> 5 888 <br><br> Sprechweise: <br> 8 mal 6 ist 48, <br> 8 an, 4 gemerkt; <br> 8 mal 3 ist 24; <br> 24 plus 4 ist 28, <br> 8 an, 2 gemerkt; <br> 8 mal 7 ist 56; <br> 56 plus 2 ist 58, <br> 58 an! |
| 4.4.4 Multiplizieren mit zweistelligen Faktoren im Stellenwertsystem (LP IV / 6.1) | Verbalisieren des Multiplikationsvorganges mit gleichzeitiger Notation <br><br> Der Multiplikator als Vielfaches von 10 <br><br> Rückführung auf einstellige Faktoren | Hinweis: <br> Beim Verbalisieren können die einzelnen Stellen (E, Z, H) mitgesprochen werden. <br><br> $\boxed{48 \cdot 60}$ <br><br> | Z | E | | · 60 | T | H | Z | E | <br> |---|---|---|---|---|---|---|---| <br> | 4 | 8 | | | 2 | 6 | 8 | 0 | <br> | 4 | 0 | | · 60 | 2 | 4 | 0 | 0 | <br> | | 8 | | · 60 | | 4 | 8 | 0 | <br><br> nächster Schritt <br><br> 48 · 60    48 · 600    48 · 6000 <br> 2880      28 800     288 000 <br><br> Sprechweise: 6 mal 8 ist 48; 8 an 4 gemerkt; <br> $\boxed{48 \cdot 60}$      6 mal 4 ist 24; 24 plus 4 ist 28; <br>                28 an; 0 mal 48 ist 0, 0 an! |
| 4.4.5 Multiplizieren mit Vielfachen von 10 (100) ohne Stellenwertsystem | Verbalisieren des Multiplikationsvorganges mit gleichzeitiger Notation <br><br> Besondere Verdeutlichung der Null als Einer-, Zehner- oder Hunderterstelle des Multiplikators | | T | H | Z | E | <br> |---|---|---|---| <br> |   |   | 6 | 0 | <br> |   | 8 | 8 | 0 | <br> 48 · <br> | 2 | 8 | 8 | 0 | <br><br> Die <u>mathematische Bedeutung</u> dieses Rechenschrittes ist einsichtig zu machen. |

| Lernziel | Lerninhalt | Methodische und didaktische Hinweise |
|---|---|---|
| 4.4.6 Multiplizieren mit zwei- und mehrstelligen Faktoren im Stellenwertsystem (LP IV / 6.1) | Faktorenzerlegung - übersichtliche Darstellung (exakte Sprech- und Schreibweise) | $\boxed{432 \cdot 46}$  $\boxed{35 \cdot 365}$<br>$(432 \cdot 40) + (432 \cdot 6)$  $(35 \cdot 300) + (35 \cdot 60) + (35 \cdot 5)$ |
|  | Notation im Stellenwertsystem | $\boxed{432 \cdot 46}$<br><br>432 · 40 = &#124;Z&#124;E&#124;<br>432 ·  6 =  &#124;4&#124;0&#124;<br>432 · 46 =  &#124;4&#124;6&#124;<br><br>&#124;ZT&#124;T&#124;H&#124;Z&#124;E&#124;<br>    &#124;1&#124;7&#124;2&#124;8&#124;0&#124;<br>       &#124;2&#124;5&#124;9&#124;2&#124;<br>    &#124;1&#124;9&#124;8&#124;7&#124;2&#124; |
|  | Sichtbarmachung der 0 bei der Multiplikation (anstelle des Einrückens) | Probe durch Umkehrung: 46 · 432 |
|  | Anwendung des Kommutativgesetzes (Proberechnen) | $\boxed{35 \cdot 365}$<br><br>35 · 300 &#124;H&#124;Z&#124;E&#124;<br>35 ·  60  &#124;3&#124;0&#124;0&#124;<br>35 ·   5  &#124; &#124;6&#124;0&#124;<br>         &#124; &#124; &#124;5&#124;<br><br>&#124;ZT&#124;T&#124;H&#124;Z&#124;E&#124;<br> &#124;1&#124;0&#124;5&#124;0&#124;0&#124;<br>    &#124;2&#124;1&#124;0&#124;0&#124;<br>       &#124;1&#124;7&#124;5&#124;<br> &#124;1&#124;2&#124;7&#124;7&#124;5&#124;<br><br>Probe durch Umkehrung: 365 · 35 |
| 4.4.7 Multiplizieren mit zwei- und mehrstelligen Faktoren ohne Stellenwertsystem (LP IV / 6.1) | Kenntnis und Anwendung des Normalverfahrens (Zur Verdeutlichung der Stellenwerte werden anfangs die Nullen mitangeschrieben - Vgl. LP IV / 6.1) | 462 · 56       218 · 305       42 · 632<br>23100            65400         25200<br>+ 2772          + 1090          1260<br>25872            66490       +    84<br>                                     26544 |
|  | Endform der schriftlichen Multiplikation | Schreibweise: 436 · 357<br>1308<br>2180<br>+ 3052<br>155652 |
|  | Vertauschung der Faktoren beim Proberechnen | Schreibweise: 357 · 436<br>1428<br>1071<br>+ 2142<br>155652 |

| Lernziel | Lerninhalt | Methodische und Didaktische Hinweise |
|---|---|---|
| 4.4.8<br>Fertigkeit im Gebrauch des Normalverfahrens im Zusammenhang mit Sachaufgaben<br>(LP IV / 6.3) | Erkennen multiplikativer Operationen bei Sachaufgaben<br><br>Aufteilen in einzelne Lösungsschritte<br><br>Benützen verschiedener Lösungsschemata (wenn möglich) an einer Sachaufgabe<br><br>Einüben exakter Sprech- und Schreibformen<br><br><br><br><br><br><br><br><br><br><br><br><br><br>Zuhilfenahme aller bekannten Rechenvorteile<br><br>Anwendung aller bereits erlernten Grundrechnungsarten in einer Sachaufgabe<br><br>Proberechnen durch Umkehroperationen der einzelnen Lösungsschritte | **Beispiel 1:**<br>Herr M. kauft einen 950 m² großen Bauplatz. Der Verkäufer verlangt für 1 m² 75 DM. Reichen die Ersparnisse von 60 000 DM?<br><br>Lösungsstrategie:<br><br>950 · 75<br>  6650<br>+ 4750<br> 71250<br><br>  71 250<br>− 60 000<br>  11 250<br><br>Herrn M. fehlen für den Kauf 11 250 DM.<br><br>**Beispiel 2:**<br>Eine Immobilienfirma bietet 4 Reihenhäuser mit Grundstück zu je 239 500 DM an. Für die Grundstücke zahlte sie zusammen 94 860 DM. Die gesamten Baukosten betragen 683 420 DM. Sonstige Kosten beliefen sich auf 77 140 DM. Wie hoch ist der Verkaufsgewinn an jedem der 4 Reihenhäuser?<br><br>                                          Rechenweg:<br>1. Preis der Reihenhäuser     958 000 DM    239 000 DM · 4<br>                                                                                 958 000 DM<br>2. Gesamtausgaben der Firma  855 420 DM     94 860 DM<br>                                                                               683 420 DM<br>                                                                            + 77 140 DM<br>                                                                              855 420 DM<br>3. Gesamtgewinn der Firma     102 580 DM   958 000 DM<br>                                                                            − 855 420 DM<br>                                                                              102 580 DM<br>4. Gewinn an jedem Haus       25 645 DM   102 580 DM : 4 = 25 645 DM<br>                                                                               −8<br>                                                                                22<br>                                                                              −20<br>                                                                                25<br>                                                                             −24<br>                                                                                 18<br>                                                                             −16<br>                                                                                 20<br>                                                                             −20<br>                                                                              − −<br><br>Probe:<br>25 645 DM · 4<br>102 580 DM<br>+ 855 420 DM<br>  958 000 DM<br><br>usw. |

# 5. Die Einführung in das Normalverfahren der Division

## 5.1 Didaktische Grundlegung

Bei der Einführung in das Normalverfahren der Division gelten viele Einsichten, Kenntnisse und Fertigkeiten, die bei der Einführung in die Multiplikation von Bedeutung sind, in entsprechend umgekehrter Form. Dies gilt insbesondere für die Verwendung von Divisions-Operatoren und Operator-Ketten, deren mathematische Verwendbarkeit ein beachtliches Maß an Übungen – speziell zur Mechanisierung von Fertigkeiten – bereithält.

Das Normalverfahren der Division setzt – analog zur Multiplikation – eine Reihe von mathematischen Vorkenntnissen voraus, die den mathematischen Lehr- und Lernstoff der 2. bis 4. Jahrgangsstufe betreffen. Die hier vorliegende Lernsequenz versucht diesen inneren Zusammenhang dadurch zu realisieren, daß sie einerseits die Forderungen des Lehrplans für Mathematik vom 18.6.74 voll berücksichtigt und andererseits den Vorgang des Dividierens in seinen mehrspezifischen Konsequenzen (z.B. Aufteilungs- und Verteilungsaufgaben) für die Grundschule ausweist.

Letztlich soll der Umstand noch erwähnt werden, daß gerade die "Division mit Rest" im früheren Rechenunterricht der Grundschule zu manchen Unklarheiten führte und deshalb für die Neuorientierung des Mathematikunterrichts von besonderer Bedeutung ist.

sierung – unter Verwendung strukturierter Lernmaterialien – große Bedeutung zu. Während die Schüler beim Auf- und Verteilungsprozeß verschieden verbalisieren, wird von Anfang an die innere Fixierung als "reine" Division durchgeführt.

Zusätzlich zur inneren Beziehung mit multiplikativen Operationen wird bei der Division auch der Zusammenhang mit der Subtraktion deutlich, z.B.:

24 / -6 -6 -6 -6
24 : 6 = 4

Es zeigt sich, daß die Anzahl der Subtrahenden dem Wert des Quotienten der gleichartigen Division entspricht.

Methodische und didaktische Hinweise:

Bei Zerlegungsprozessen gilt prinzipiell, daß gleich große Teile gemacht werden. In den Formen der Konkretisierung – da und dort auch als szenische Gestaltung möglich – sollte diese Voraussetzung deutlich herausgestellt werden. Neben einfachen Teilungsaufgaben aus dem Erfahrungsbereich der Schüler – meist in Form der "Handlungen aus dem Alltag" – gewinnen auch solche Aufgaben an Bedeutung, die in Gleichungsform, aber mit verschiedener Akzentuierung bei den Leerstellen (Platzhaltern) gelöst werden (vgl. 5.2.4). Dazu kommen die Übungsmöglichkeiten mit dem Divisionsoperator ":a" und den kombinatorischen Übungen aus dem Bereich der Multiplikation und Division (vgl. 5.2.8). Die Notation der Ergebnisse erfolgt analog zu den Beispielen der übrigen Grundrechnungsarten.

## 5.2 Mathematische Vorübungen für die Division

Grundsätzliche Anmerkungen:

Zu ersten mathematischen Erfahrungen mit der Division gelangen die Schüler bereits bei der Behandlung multiplikativer Aufgabenstellungen. In der Umkehrung von Gleichungsformen und beim Proberechnen werden diese Zugänge sichtbar. Analog zur Multiplikation geht auch der Division eine Reihe von Vorübungen voraus, die vorwiegend dem Lehrstoff der 2. Jahrgangsstufe zugeordnet sind. Bei diesen Übungsformen werden Mengen oder Zahlen in Aufteilungs- bzw. Verteilungsprozesse aufgegliedert. Dabei ist entweder die Mächtigkeit von Teilmengen oder deren Anzahl vorgegeben (vgl. 5.2.1).

Lernziele und Lerninhalte:

Mit diesen Vorübungen sollen die Schüler Einblick und Einsicht in den Vorgang des Zerlegens von Mengen und Zahlen erhalten. Dabei kommt der Phase der Konkreti-

Besondere Schwierigkeiten:

Bekanntermaßen bringen Zerlegungs- bzw. Divisionsaufgaben für einen erheblichen Teil der Schüler generell mehr Probleme mit sich als jede der sonstigen Grundrechnungsarten. Es erscheint deshalb gerade beim effektiven Erlernen der mathematischen Vorübungen unerläßlich, daß der Vorgang des Zerlegens in kleinen methodischen Schritten – unter Einschluß vielfacher Darstellungs- und Veranschaulichungsmöglichkeiten – offenkundig wird. Auf eine mathematisch saubere Sprech- und Schreibweise sollte dabei nicht verzichtet werden.

Besondere Schwierigkeiten entstehen meist dann, wenn 2 Divisionsoperatoren hintereinandergeschaltet (und evtl. durch einen gleichwertigen Operator ersetzt werden), oder wenn Operatoren mit konträrem Arbeitsauftrag in Beziehung gebracht werden. Als unterrichtliche Maßnahme ist u.a. die Notwendigkeit der Konkretisierung zwingend geboten, wie andererseits Übungen dieser Art nicht über Gebühr praktiziert werden sollten.

99

## 5.2 Aufbau einer Lehrsequenz

| Lernziel | Lerninhalt | Methodische und didaktische Hinweise |
|---|---|---|
| 5.2.1 Anbahnung des Verständnisses der Operation des Dividierens (LP II / 6.1) | Zerlegen von Mengen mit verschiedener Fragestellung Grundlegende Erfahrungen und ihre Darstellung als Division (im Zahlenbereich bis 100) | Beispiel 1:<br>Grundmenge: 18 Elemente (Plättchen)<br>Anzahl der Teilmengen: 6<br>Mächtigkeit einer Teilmenge: ? Elemente (Plättchen)<br><br>Beispiel 2:<br>Grundmenge 18 Elemente (Plättchen)<br>Mächtigkeit einer Teilmenge: 3 Elemente (Plättchen)<br>Anzahl der Teilmengen: ?<br><br>Lösungsschritte im einzelnen:<br>1. Legen der Grundmenge<br>2. Bilden von Teilmengen (Anzahl – Mächtigkeit)<br>3. Darstellung durch graphische Symbole (Flanelltafel – Zahlenstreifen)<br>4. Anschreiben und Lösen der Gleichung (mit Platzhalter) |
| | Verschiedene Zerlegungsvorgänge und ihre Darstellung ("Handlungen aus dem Alltag") Unterscheiden des Aufteilungs- und Verteilungsvorganges | **Aufteilen**      **Verteilen**<br>15 Orangen sollen in Beutel zu 3 Stück verpackt werden.    15 Orangen werden an 3 Kinder verteilt.<br><br>Gesucht: Anzahl der Beutel (Teilmengen)    Gesucht: Anzahl der Orangen für jedes Kind (Mächtigkeit einer Teilmenge)<br>Ergebnis: 5 Beutel (Teilmengen) mit je 3 Orangen (Elementen)    Ergebnis: Jedes Kind erhält 5 Orangen (die Mächtigkeit einer Teilmenge beträgt 5).<br>Sprech- und Schreibweise mit Zahlen:<br>15 : 3 = $\boxed{5}$ oder: 15 = $\boxed{5}$ · 3    15 : 3 = $\boxed{5}$<br>"15 dividiert durch 3 ist gleich 5".    "15 dividiert durch 3 ist gleich 5". |
| 5.2.2 Einführung des ":"-Zeichens | Sprech- und Schreibweise beim Zerlegen von Mengen und bei der arithmetischen Notation | Hinweis: Der Gebrauch spezieller Symbole, z.B. ÷ gemessen mit, ist für die Hinführung zur Division nicht erforderlich. |

| Lernziel | Lerninhalt | Methodische und Didaktische Hinweise |
|---|---|---|
| 5.2.3 Verwendung von Pfeildiagrammen für Relationen von Zahlen (LP II / 3.3) | Halbieren (Verdoppeln) von Mengen und Zahlen<br>Verwendung von Relationspfeilen<br>Notation der Ergebnisse in Tabellen | "... ist die Hälfte von ..."   "... ist das Doppelte von ..."<br>Ordne zu<br><br>{6, 42, 13, 48, 18, 36, 26, 12, 84, 24}<br><br>| Die Hälfte | Das Ganze |<br>|---|---|<br>| 18 | 36 □□□ |<br>| 6 | □□□□ |<br>| 13 | □□□□ |<br>| 24 | □□□□ |<br>| 42 | □□□□ |<br><br>{16, 26, 66, 50, 34, 25, 17, 8, 13, 33}<br><br>| Das Doppelte | Die Hälfte |<br>|---|---|<br>| 50 | 25 □□□ |<br>| 16 | □□□□ |<br>| 26 | □□□□ |<br>| 34 | □□□□ |<br>| 66 | □□□□ |   |
| 5.2.4 Divisionsaufgaben in Verbindung mit Multiplikationsaufgaben (LP II / 6.3) | Die Division als Umkehroperation zur Multiplikation<br>Verschiedene Schreibweisen von Divisionen<br><br>Zuordnung von Zerlegungsaufgaben zu Malaufgaben<br><br>Gegenüberstellung von Gleichungen mit verschiedener Verwendung von Platzhaltern<br><br>Erkennen von Divisionsaufgaben in verkleideter Form<br><br>Proberechnen durch Multiplikation | Veranschaulichung:<br>40 Plättchen □ = 8 · □ Plättchen     □ : 5 = □ Plättchen<br>28 Kugeln □ = 7 · □ Kugeln           □ : 4 = □ Kugeln<br>15 Pfennig □ = 3 · □ Pfennig         □ : 5 = □ Pfennig<br><br>4 · 10 = 40;  40 = □ · 4     40 : 4 = □<br>                       40 = □ · 10    40 : 10 = □<br><br>Umkehrung:<br>10 Plättchen<br>28 Kugeln<br>15 Pfennig<br><br>6 · 5 = 30           30 : 5 = 6<br>□ · 5 = 30           30 : 5 = □<br>6 · □ = 30           30 : 6 = □<br>6 · 5 = □            □ : 5 = 6     usw.<br><br>Beispiel:<br>Ursel verteilt an ihrem Geburtstag Lose. In einer Schüssel liegen 24 Lose. Jedes Kind darf 4 Lose herausnehmen.<br>Lösungsschritte:<br>1. Entscheiden, ob Auf- oder Verteilungsaufgabe. (Aufteilaufgabe, da Mächtigkeit der Teilmengen bekannt)<br>2. Konkretisieren - Umgang mit geeigneten Materialien<br>3. Symbolische Darstellung |
| 5.2.5 Sachaufgaben mit Zerlegungsvorgängen (LP II / 6.2) | Zusammenhang Bündeln - Division | Grundmenge enthält 24 Elemente.<br>1 Teilmenge enthält 4 Elemente<br>Ich erhalte 6 Teilmengen<br><br>[Diagramm: Schüssel mit 24 Losen in 6 Teilmengen zu je 4]<br><br>4. Gleichung: 24 : 4 = 6<br>5. Probe durch Multiplikation: 6 · 4 = 24 |

101

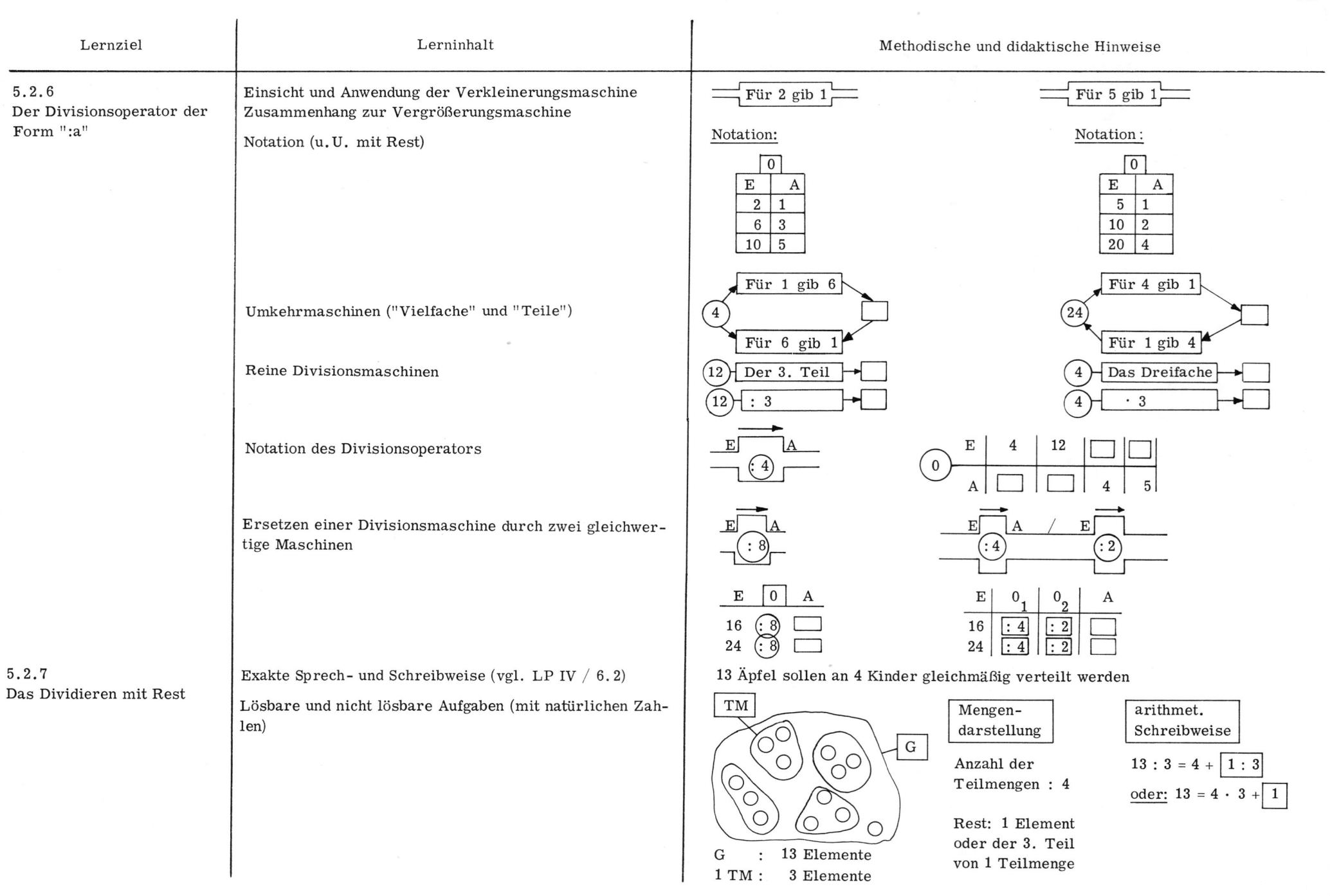

| Lernziel | Lerninhalt | Methodische und didaktische Hinweise |
|---|---|---|
| **5.2.6**<br>Der Divisionsoperator der Form ":a" | Einsicht und Anwendung der Verkleinerungsmaschine<br><br>Zusammenhang zur Vergrößerungsmaschine<br><br>Notation (u. U. mit Rest)<br><br>Umkehrmaschinen ("Vielfache" und "Teile")<br><br>Reine Divisionsmaschinen<br><br>Notation des Divisionsoperators<br><br>Ersetzen einer Divisionsmaschine durch zwei gleichwertige Maschinen | |
| **5.2.7**<br>Das Dividieren mit Rest | Exakte Sprech- und Schreibweise (vgl. LP IV / 6.2)<br><br>Lösbare und nicht lösbare Aufgaben (mit natürlichen Zahlen) | |

| Lernziel | Lerninhalt | Methodische und didaktische Hinweise |
|---|---|---|
| | | **Hintergrund:** Problem der "Division mit Rest" im bisherigen Rechenunterricht führte zu mathematischen Unrichtigkeiten: <br><br> nach Gleichungslehre müßte gelten: <br> $14 : 3 = 4 \text{ Rest } 2$ <br> $22 : 5 = 4 \text{ Rest } 2$ <br> $50 : 12 = 4 \text{ Rest } 2$ <br> $\dfrac{14}{3} = \dfrac{22}{5} = \dfrac{50}{12}$ <br><br> in Wirklichkeit jedoch: $\dfrac{14}{3} \neq \dfrac{22}{5} \neq \dfrac{50}{12}$ |
| 5.2.8 Vermischte Aufgabenstellungen | Division und Multiplikation bei Übungsaufgaben | |
| | Kombinierte Übungsaufgaben – verschiedene Darstellungsmöglichkeiten | |

## 5.3 Das halbschriftliche Verfahren bei der Division

### Grundsätzliche Anmerkungen:

In Fortführung der bisher gewonnenen Kenntnisse und Fertigkeiten im Zerlegen von Mengen und Zahlen weist besonders der Lehrplan für die 3. Jahrgangsstufe eine Reihe von Aufgabenstellungen aus, die mit Hilfe des halbschriftlichen Verfahrens gelöst werden sollen. Dabei lassen sich viele Parallelen zu halbschriftlichen Übungen multiplikativer Art erkennen, wie überhaupt kombinatorische Übungen immer mehr an Bedeutung gewinnen, wobei gerade durch die verschiedene Schaltung von Operatoren ein reiches Feld mathematischer Zahlenbeziehungen sichtbar wird.

### Lernziele und Lerninhalte:

Das halbschriftliche Verfahren bietet dem Schüler die Möglichkeit, verschiedene Formen der Notation bei mathematischen Zerlegungsaufgaben anzuwenden. Dabei spielt die Frage des vorteilhaften Dividierens (vgl. 5.3.8) ebenso eine Rolle wie die Einbeziehung von Größen in den gewünschten Sprech- und Schreibvorgang (vgl. 5.3.9). Letztlich sollen die Schüler mit Hilfe des selbst-entdeckenden-Lernens erkennen, mit welcher Lösungsstrategie eine Divisionsaufgabe angegangen und zu Ende geführt werden kann (vgl. 5.3.10).

### Methodische und didaktische Hinweise:

Im dekadischen Zahlenaufbau bis 1000 wird der Rahmen für Divisionsaufgaben zwangsläufig erweitert, obgleich der Divisor einstellig oder auf das Vielfache von 10 beschränkt bleibt. Für die mögliche Zerlegung von 2 Zahlen erweist sich die Kenntnis des "kleinsten gemeinsamen Vielfachen" und des "größten gemeinsamen Teilers" als notwendig (vgl. 5.3.4). Daneben können mit Hilfe des Distributivgesetzes vorteilhafte und weniger vorteilhafte mathematische Operationen veranschaulicht werden (vgl. 5.3.7).

Die unterrichtliche Notwendigkeit, bereits in der Grundschule Sach- bzw. Textaufgaben in der Form einfacher, aber mathematisch einwandfreier Gleichungen anschreiben und lösen zu können, bringt es mit sich, daß auf die Verwendung der Klammerregel und des Grundsatzes "Punkt geht vor Strich" eigens eingegangen wird.

### Besondere Schwierigkeiten:

Schon an früherer Stelle wurden die grundsätzlichen Schwierigkeiten bei Divisionsaufgaben angedeutet. Sie gelten auch bei halbschriftlichen Aufgabenstellungen. Auf die Problematik des "Teilens mit Rest" sei eigens verwiesen (vgl. 5.2.7). Fehler, die im halbschriftlichen Verfahren gehäuft auftreten, lassen sich meist durch leistungsdifferenzierte und gruppenorientierte Arbeitsformen ausgleichen. Hierbei hat der Lehrer die Möglichkeit, individuelle Hilfestellung zu bieten, oft in der Form zusätzlicher Veranschaulichung oder Konkretisierung eines Zerlegungsprozesses.

5.3 Aufbau einer Lehrsequenz

| Lernziel | Lerninhalt | Methodische und Didaktische Hinweise |
|---|---|---|
| 5.3.1 Division als Umkehroperation zur Multiplikation bei 1 x 1 Reihen (LP III / 1.3) | 1 x 1 Reihen und ihre Umkehrung | 6 · 4 = 24    24 : 4 = 6<br>4 · 6 = 24    24 : 6 = 4 |
| | Gleichungen mit verschiedenen Platzhaltern | 24 : □ = 4    24 : □ = 6<br>24 : 6 = □    24 : 4 = □<br>□ · 6 = 24    □ : 4 = 6 |
| | Multiplikative Operatoren und Gegenoperatoren | |
| | Erweiterung und Verkürzung von Operatoren bzw. Operatorketten | |
| | Verwendung von Relationsvorschriften und Pfeildiagrammen | "... ist der 5. Teil von ..."<br>3 Zahlen sollen eine Division ergeben |
| 5.3.2 Division im Zahlenraum bis 100 im Zusammenhang mit Sachaufgaben (LP III / 1.1) | Zerlegungsoperationen in Sachzusammenhängen<br>Anschrift in Gleichungsform<br>Überprüfung durch Umkehroperation | Eine Kiste Pfirsiche kostet 8 DM. Frau M. will einkochen. Sie bezahlt 54 DM. Wieviel Kisten bekommt sie?<br>54 :8→ □<br>54 : 8 = □ } Frau M. bekommt Kisten.<br>Probe: □ · 8 = 54 |

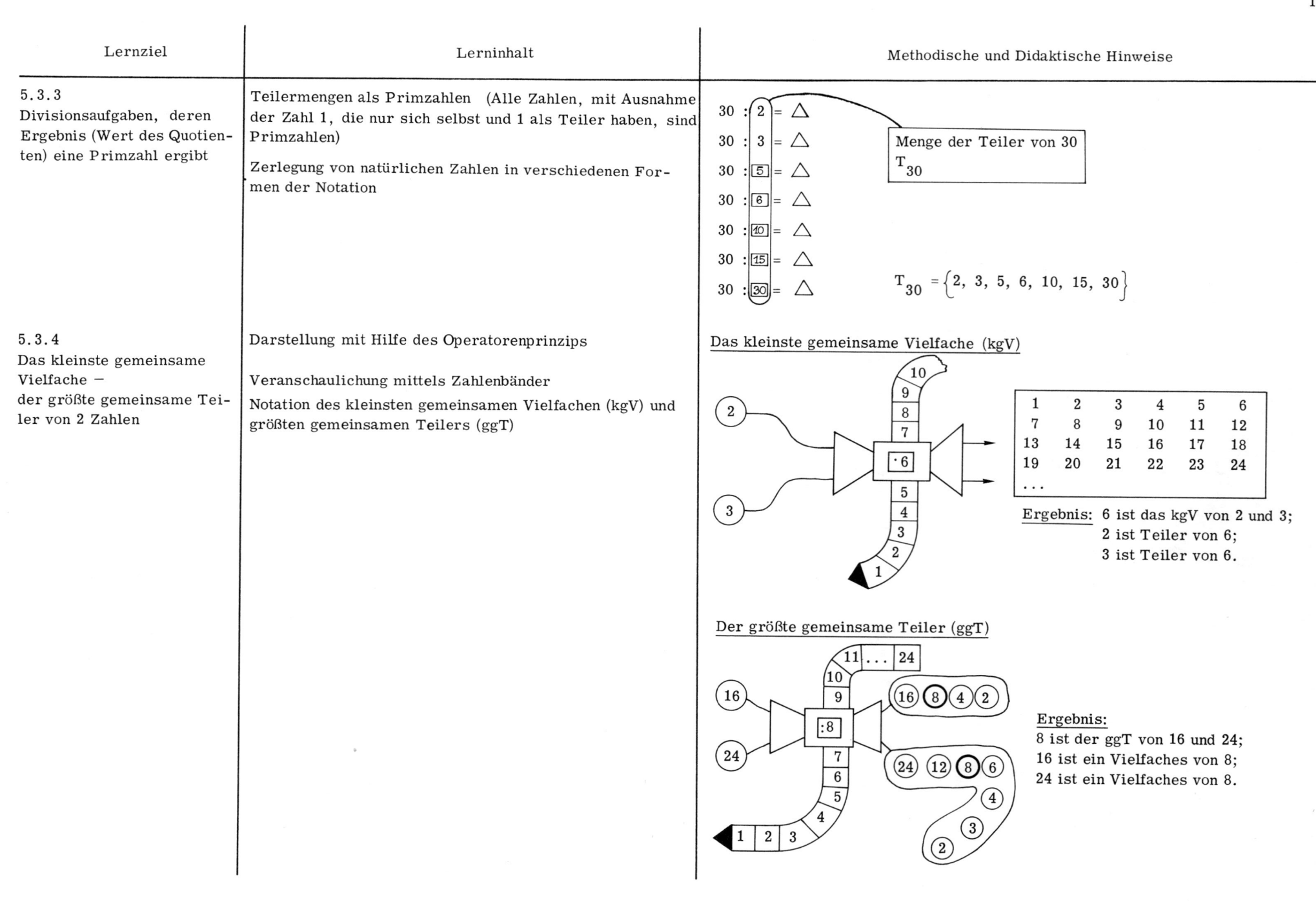

| Lernziel | Lerninhalt | Methodische und Didaktische Hinweise |
|---|---|---|
| 5.3.3 Divisionsaufgaben, deren Ergebnis (Wert des Quotienten) eine Primzahl ergibt | Teilermengen als Primzahlen (Alle Zahlen, mit Ausnahme der Zahl 1, die nur sich selbst und 1 als Teiler haben, sind Primzahlen) Zerlegung von natürlichen Zahlen in verschiedenen Formen der Notation | 30 : 2 = △<br>30 : 3 = △<br>30 : 5 = △<br>30 : 6 = △<br>30 : 10 = △<br>30 : 15 = △<br>30 : 30 = △<br><br>Menge der Teiler von 30<br>$T_{30}$<br><br>$T_{30} = \{2, 3, 5, 6, 10, 15, 30\}$ |
| 5.3.4 Das kleinste gemeinsame Vielfache – der größte gemeinsame Teiler von 2 Zahlen | Darstellung mit Hilfe des Operatorenprinzips Veranschaulichung mittels Zahlenbänder Notation des kleinsten gemeinsamen Vielfachen (kgV) und größten gemeinsamen Teilers (ggT) | Das kleinste gemeinsame Vielfache (kgV)<br><br>| 1 | 2 | 3 | 4 | 5 | 6 |<br>| 7 | 8 | 9 | 10 | 11 | 12 |<br>| 13 | 14 | 15 | 16 | 17 | 18 |<br>| 19 | 20 | 21 | 22 | 23 | 24 |<br>...<br><br>Ergebnis: 6 ist das kgV von 2 und 3;<br>2 ist Teiler von 6;<br>3 ist Teiler von 6.<br><br>Der größte gemeinsame Teiler (ggT)<br><br>Ergebnis:<br>8 ist der ggT von 16 und 24;<br>16 ist ein Vielfaches von 8;<br>24 ist ein Vielfaches von 8. |

| Lernziel | Lerninhalt | Methodische und didaktische Hinweise |
|---|---|---|
| 5.3.5 Division durch Vielfache von 10 im Zahlenbereich bis 1000 (LP III / 9.1 und 9.3) | Umkehroperationen zu Multiplikationsmaschinen Benutzung von Notationshilfen | Notation: Eingabe →(:50)→ Ausgabe Operator Sprechweise: 100 dividiert durch 50 ist gleich 2 Schreibweise: 100 : 50 = 2 |
| | Verschiedene Übungsmöglichkeiten durch verschiedene Fragestellungen | Bestimme die Eingabe: Wie heißt der Operator E: □, □, □ / A: 3, 5, 10  (:60) E: 150, 300 / A: 3, 6  E: 210, 270 / A: 7, 9 |
| | kombinierte Übungen | 9 : 3 = 90 : 30 = 900 : 300 = 480 : 80 = (480 : 8) : 10 = 6 (480 : 10) : 8 = 6 |
| 5.3.6 Operatoren und Operatorketten im Zusammenhang mit Divisionen | Ersetzen eines Divisionsoperators durch 2 gleichwertige Operatoren | 1. Schritt: 480 : 8 = 60 2. Schritt: 60 : 10 = 6 ─────────────────── 1. Schritt: 480 : 10 = 48 2. Schritt: 48 : 8 = 6  oder in der Operatorenschreibweise: E 420 360 / A □ □   mit (:60) |
| | Ersetzen zweier Operatoren durch einen gleichwertigen Operator | Operatorenschaltung, z.B.: E →(:5)→ A/E →(:10)→ A  mit O₁=:5, O₂=:10  Notation: | E | O₁ | O₂ | A | | 360 | :10 | :6 | □ | | 200 | :4 | :10 | □ | | 620 | :10 | :8 | □ |  | E | O₁ | O₂ | A | | 420 | :10 | :6 | □ | | 360 | :10 | :6 | □ |  E →(:50)→ A | E | A | | 360 | □ | | 200 | □ | | 640 | □ | |

| Lernziel | Lerninhalt | Methodische und didaktische Hinweise |
|---|---|---|
| 5.3.7 Anwendung des Distributivgesetzes beim halbschriftlichen Verfahren (LP III / 9.1) | Zerlegen des Dividenden in Vielfache des Divisors | Beispiele:<br>42 : 3 = □→(30 + 12) : 3 = □<br>      30 : 3 + 12 : 3 = □<br>42 : 3 = 14  10 + 4 = 14<br>Probe analog!<br>450 : 6 = □→(300 + 120 + 30) : 6 = □<br>      300 : 6 + 120 : 6 + 30 : 6 =<br>450 : 6 = 75→50 + 20 + 5 = 75 |
| 5.3.8 Vorteilhaftes Dividieren | Vergleich zweier Lösungswege im Hinblick auf ihre Anwendung<br><br>Anschrift mit Platzhalter oder als x-Gleichung | 114 Flaschen sollen in Träger zu je 6 Flaschen sortiert werden.<br><br>Petra rechnet so:    Sabine überlegt: 114 = 120 − 6<br>114 : 6 = □      114 : 6 = □<br> 60 : 6 = 10      120 : 6 = 20<br> 54 : 6 = 9       6 : 6 = 1<br>114 : 6 = 19      114 : 6 = 19 |
| 5.3.9 Dividieren mit Größen (Maßen / Gewichten) - Anwendung in Sachaufgaben (LP III / 9.4) | Aufteilen von Größen (DM-Pf) in geeignete Zahlenwerte<br><br>Verwendung von Spielgeld - Üben des Verteilungsvorganges (mit Wechseln) | 3 Geschwister verteilen ihr Sparguthaben von 22,59 DM gleichmäßig untereinander.<br>22,59 DM   = □  21 DM + 120 Pf + 30 Pf + 9 Pf<br>22,59 DM : 3 = □    ⎰ 21 DM : 3 =  7 DM = 7,00 DM<br>           ⎱ 120 Pf : 3 = 40 Pf = 0,40 DM<br>22,59 DM : 3 = 7,53 DM   30 Pf : 3 = 10 Pf = 0,10 DM<br>            9 Pf : 3 =  3 Pf = 0,03 DM |
| 5.3.10 Finden möglicher Lösungswege für das Dividieren (LP III / 9.2) | Zerlegen von Dividenden in möglichst viele Zahlenwerte - Lösungswege im Vergleich | Probe durch Multiplikation: 7 DM · 3 = 21 DM usw.<br>456 : 6 = □  (420 + 36) : 6 = 420 : 6 + 36 : 6 = 70 + 6 = 76<br>      (300 + 150 + 6) : 6 = ... 50 + 25 + 1 = 76<br>⌊456 : 3 : 2 = □⌋ (480 − 24) : 6 = 480 : 6 − 24 : 6 = 80 − 4 = 76 |

## 5.4 Das schriftliche Verfahren bei der Division

### Grundsätzliche Anmerkungen:

Die Kenntnis und Fertigkeit im schriftlichen Dividieren bilden einen wesentlichen Teil des Lehrstoffes der 4. Jahrgangsstufe. Dabei wird im Lehrplan eine letztlich gültige Endform verbindlich vorgeschrieben (vgl. LP 6.2). Erwähnenswert scheint, daß in der Grundschule alle Zwischenschritte bei der schriftlichen Division angeschrieben werden; erst in der Hauptschule kann ein verkürztes Verfahren praktiziert werden.

### Lernziele und Lerninhalte:

Mathematische Vorübungen und halbschriftliche Notationen finden im schriftlichen Verfahren ihre Vollendung. Die Schüler sollen dabei nicht nur mit der "Technik" vertraut gemacht werden, sondern - und das erscheint mindestens ebenso wichtig - Einsicht in den Vorgang des schritt- bzw. stufenweisen Dividierens im Zahlenraum bis zur Million erhalten. Dies geschieht in reinen Übungsaufgaben ebenso intensiv wie im Zusammenhang mit Sachaufgaben (wobei einfache Verlaufsdiagramme als Lösungshilfen verwendet werden können).

### Methodische und didaktische Hinweise:

Bei der schrittweisen Vorbereitung der Endform des schriftlichen Dividierens kommt der Konkretisierung und Veranschaulichung des Teilungsvorganges im Stellenwertsystem und Bündelhaus besondere Bedeutung zu (vgl. 5.4.2). Beim Mechanisieren der Endform wählt der Lehrer selbst zuerst Aufgaben, deren Ergebnis eine natürliche Zahl ergibt. Als zusätzliche Notationshilfen erweisen sich Pfeilzuordnungen und das mehrmalige Anschreiben des Divisors als nützlich (vgl. 5.4.5). Daneben ist wiederum einer mathematisch exakten Sprechweise großer Wert beizumessen; insbesondere bei der Zerlegung von Größen.

### Besondere Schwierigkeiten:

Für das Beherrschen des Normalverfahrens der schriftlichen Division ergeben sich für die Schule vor allem vier Schwierigkeiten:

a) Der Divisor wird falsch, d.h. größer oder kleiner als den mathematischen Verknüpfungen entsprechend, aus dem Dividenden herausgemessen. Dies führt dazu, daß die nächstfolgende Subtraktion undurchführbar wird oder einen zu großen Rest ergibt.

b) Die einzelnen Rechenschritte werden in ihrem tatsächlichen Ablauf durcheinander gebracht. Dies geschieht besonders leicht bei vielstelligen Dividenden.

c) Beim Multiplizieren bzw. Subtrahieren der Teilergebnisse werden die jeweils entsprechenden Zahlenwerte ungenau untereinandergeschrieben.

d) Der mögliche Rest bei einer Division wird bei der Ergebnisformulierung übersehen oder falsch angeschrieben.

Mögliche Hilfen ergeben sich im Erlernen einer möglichst ergebnistreuen Technik des Schätzens, in der Bereitstellung karierten Papiers unter Zuhilfenahme von Hilfsnotationen, in der schrittweisen Steigerung von Schwierigkeiten und in der einsichtigen Operationalisierung des Divisionsvorganges.

Letztlich muß jedoch betont werden, daß die schriftliche Division nur dann mit Aussicht auf Erfolg durchgeführt werden kann, wenn die dazu notwendigen Vorübungen im Sinne eines systematischen Lehrgangs durchgeführt wurden. Dies erfordert für den Lehrer nicht nur einen erheblichen Zeitaufwand (gerade für die leistungsschwächeren Schüler), sondern auch methodisches Geschick, besonders in den Fragen der Motivation, Ergebniskontrolle und -verbesserung und nicht zuletzt viel individuelle Hilfe.

5.4 Aufbau einer Lehrsequenz

| Lernziel | Lerninhalt | Methodische und didaktische Hinweise |
|---|---|---|
| 5.4.1 Dividieren mit einstelligem Divisor im großen Zahlenraum (LP IV / 4.3) | Zusammenhang von Division und Multiplikation | 294 : 6 = x <br> Dividend : Divisor gleich Wert des Quotienten <br> $\underbrace{\qquad}_{\text{Quotient}}$ <br> als Umkehrung: x · 6 = 294 <br> Zur Probe: analog als Mal-Tabelle |
| | Verknüpfungstabellen für Übungszwecke - lösbare und unlösbare Aufgaben | Tabelle mit · | 2 | 3 | 4 | 5 | 6 | 7 | 8 | 9, mit Werten 15, 24, 35, 48 |
| | Gleichungen mit verschiedenen Platzhaltern <br> Bilden von Umkehroperationen | 4 338 : 6 = ☐     ☐ · 6 = 4 338 <br> 4 338 : ☐ = 723     723 · ☐ = 4 338 <br> ☐ : 6 = 723     723 · 6 = ☐ |
| | Kombinierte Operationen mit einstelligen Multiplikatoren und Divisoren | Operationsdiagramme mit 144 (·3, ·2, :6) und 48 (·8, :2, ·4) |
| | Sachrechenaufgaben mit mehreren Teilschritten <br> Darstellen des Lösungsweges auf verschiedene Weise | Herr M. kauft ein Auto für 12 755 DM. Er zahlt 8 500 DM an und möchte den Rest in 8 gleichen Raten begleichen. Der Händler berechnet dafür 681 DM Zinsen. <br><br> a) Anzahlung <br> b) Rest + Zinsen <br> c) 1 Rate <br><br> Rechenweg: <br> a) 12 755 DM − 8 500 DM = 4 255 DM <br> b) 4 255 DM + 681 DM = 4 936 DM <br> c) 4 936 DM : 8 = ☐ |

| Lernziel | Lerninhalt | Methodische und Didaktische Hinweise |
|---|---|---|
| | | (4 800 DM + 80 DM + 56 DM) : 8 = ☐ <br> (4 800 DM : 8) + (80 DM : 8) + (56 DM : 8) = ☐ <br> 600 DM + 10 DM + 7 DM = 617 DM <br><br> Probe: 617 DM · 8 = ☐ usw. |
| 5.4.2 <br> Division durch 10 und durch Vielfache von 10 <br> (LP IV / 4.4) | Zerlegung von Dividenden in Vielfache des Divisors <br><br> Proberechnen durch Umkehroperation <br><br> a) Division durch 10 <br> Darstellung im Stellenwertsystem und Bündelhaus <br><br><br><br><br><br> b) Division durch Vielfache von 10 | Beispiel: <br> 5460 Eier werden in Behälter zu je 10 Stück verpackt. <br><br> | T | H | Z | E |    | T | H | Z | E | <br> |---|---|---|---|---|---|---|---|---| <br> | 5 | 4 | 6 | 0 | :10 = | | 5 | 4 | 6 | <br> | | 5 | 4 | 6 | <br><br> 5 H + 4 Z + 6 E = 500 + 40 + 6 = 546   Probe: 546 · 10 = ☐ <br><br> Beispiel: <br> Eine Schulklasse mit 40 Kindern macht einen Bus-Ausflug. Die Busfahrt kostet insgesamt 192 DM. <br><br> Lösungsschritte: <br> 1. Klären des Sachverhaltes und der Aufgabenstellung <br> 2. Entwickeln einer Lösungsstrategie (Umgang mit Materialien) <br> 3. Lösungsweg im Überblick (Lösungsbaum) <br> 4. Überschlag <br> 5. Ausrechnen in methodisch variabler Form <br> 6. Antwort / Vergleich mit Überschlag <br> 7. Probe durch Umkehroperation <br><br> [Gefahr: Zu frühes Mechanisieren "Eine Zahl wird durch 10 dividiert, indem ich die Null der Einerstelle weglasse"] |

| Lernziel | Lerninhalt | Methodische und didaktische Hinweise |
|---|---|---|
| | Hilfsnotation durch Stellenwertsystem | Nebenrechnung: 192 DM = 19.200 Pf <br><br> Zt T H Z E <br> 1 9 2 0 0 <br> 1 9 2 0 0  (:10) <br> 19 2 0  <br> 16 32 0 <br>  4 8 0  (:4) <br><br> 192 DM ÷ 40 <br><br> 192 DM : 40 = 4,80 DM |
| | Schreibweise als Normalverfahren (mit Hilfslinien) | 4 H + 8 Z + 0 E = 400 + 80 = 480 <br> oder: <br> 19 200 : 40 = 480 <br> −160 : 40 <br> 320 <br> −320 : 40 <br> −−−  : 40 <br><br> 1920 : 4 = 480 <br> −16 <br> 32  : 4 <br> 32 <br> −−0 : 4 |
| 5.4.3 Divisionsoperatoren und Operatorketten (LP IV / 4.3) | Ersetzen eines Operators durch zwei gleichwertige- Angabe von Zwischenergebnissen (ZE) <br> Ersetzen zweier Operatoren durch einen gleichwertigen- <br> Notation in Tabellen mit verschiedenen Fragestellungen | (Operator diagrams: 19200 →:8→ □ →:10→ 480; 480 →:8→ □ →:10→ ZE; etc.) <br><br> E  $0_1$  ZE  $0_2$  A <br> 480  (:8)  60  (:10)  6 <br><br> E   0   A <br> 480  (:80)  6 |
| 5.4.4 Endform der Division mit einstelligem Divisor (LP IV / 6.2) | Einsicht und Kenntnis des Normalverfahrens - <br> a) Notation im Stellenwertsystem - <br> Sprechweise mit Stellenwertangabe | T H Z E <br> 1 3 3 0  : 8 = <br><br> ZT T H Z E <br> 1 0 6 4 0 <br> − 8 →6 4 0 <br>  2 2 4  <br> − 2 2 4  <br>    −    <br><br> Sprechweise: <br> 10 T : 8 = 1 T <br> 1 T · 8 = 8 T <br> Rest: 2 T; 6 H herab <br> 26 H : 8 = 3 H <br> 3 H · 8 = 24 H <br> Rest: 2 H; 4 Z herab usw. |

| Lernziel | Lerninhalt | Methodische und didaktische Hinweise |
|---|---|---|
| | b) Notation im Endverfahren – Kurzform der Sprechweise (ohne Stellenwertangabe) | 10640 : 8 = 1330<br>−8<br> 26 −−: 8<br> −24<br>   24 −: 8<br>   −24<br>    −−0−: 8<br><br>Sprechweise:<br>10 : 8 = 1<br>1 · 8 = 8<br>8 + 2 = 10; 6 herab<br>26 : 8 = 3; 3 · 8 = 24<br>24 + 2 = 26; 4 herab<br>24 : 8 = 3; 3 · 8 = 24<br>0 : 8 = 0 |
| 5.4.5 Endform der Division mit zweistelligem Divisor (LP IV / 1.3 und 6.2) | Notation und Sprechweise mit Hilfe des Stellenwertsystems oder Bündelhaus (10-Bündel) | (Bündelhaus-Tabelle mit T H Z E; 10; : 34)<br><br>| T | H | Z | E |<br>|---|---|---|---|<br>| 4 | 2 | 1 | 6 |<br>|   | 42 | 1 | 6 |<br>| 34+8 | 1 | 6 |<br>|   | 34 | 81 | 6 |<br>|   | 34 | 68+13 | 6 |<br>|   | 34 | 68 | 136 |<br>|   | 1  | 2 | 4 |<br><br>| T | H | Z | E |     : 34 = 1<br>| 4 | 2 | 1 | 6 |     · 34<br>| −3 | 4 |   |   |     : 34 = <br>|   | 8 | 1 |   |      · 34 = 2<br>|   | 6 | 8 |   |     : 34 =<br>|   | 1 | 3 | 6 |     · 34 = <br>|   |   |   | 4 | |
| | Überführung der Hilfsnotationen zum Normalverfahren | 4216 : 34 = 124<br>−34<br> 81<br> −68<br>  136<br>  136<br>  −−−<br><br>Probe: 124 · 34 |
| | Übungserweiterung im Zahlenraum bis 1.000.000 | 929089 : 48 = 19356 + 1 : 48<br>−48<br> 449<br> −432<br>   170<br>  −144<br>   268<br>   240<br>   −289<br>    288<br>     1<br><br>[Ü-Schlag: 4000 : 30]<br><br>[Ü-Schlag: 930 000 : 50] |
| | Aufgaben mit 0-Stellen und Rest<br>Überschlags- und Proberechnen | Sprechweise für die Einzelschritte:<br>92 : 48 = 1<br>1 · 48 = 48<br>8 + 4 = 12; 1 gemerkt<br>5 + 4 = 9; 9 herab<br>449 : 48 = 9;<br>9 · 8 = 72; 2 an 7 gemerkt<br>9 · 4 = 36; 36 + 7 = 43<br>2 + 7 = 9; 3 + 1 = 4 usw.<br><br>Sprechweise für das Divisionsergebnis:<br>929 089 dividiert durch 48 ist gleich 19 356 plus 1 dividiert durch 48. |

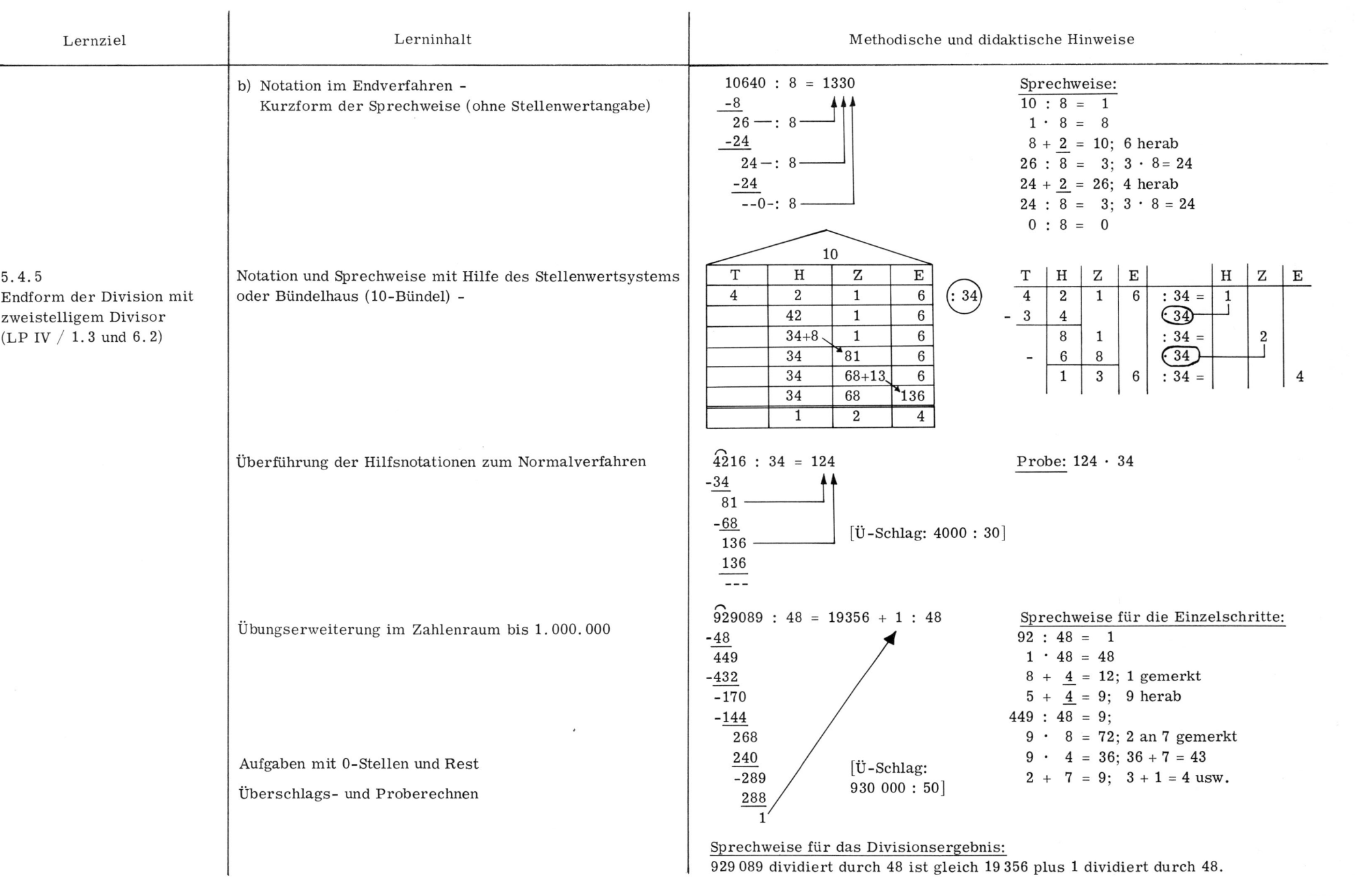

| Lernziel | Lerninhalt | Methodische und Didaktische Hinweise |
|---|---|---|
| 5.4.6 Normalverfahren im Zusammenhang mit Sachaufgaben (LP IV / 6.3) | Erkennen von Divisionsaufgaben in verkleideter Form<br><br>Berücksichtigung von Größen, Maßen und Gewichten<br><br>Anwenden der Umkehroperation | Ein Lottogewinn von 435 251 DM soll unter den 17 Mitspielern gleichmäßig verteilt werden.<br><br>$\boxed{435\ 251\ \text{DM} : 17} = \boxed{25\ 603\ \text{DM}}$<br><br>435 251 : 17 = 25 603<br>-34<br>95<br>-85<br>102<br>-102<br>- - 51<br>-51<br>- -<br><br>Antwort:<br>Jeder Spieler erhält 25 603 DM.<br><br>Probe:<br>$\boxed{25\ 603 \cdot 17}$ |

## 6. Literatur

1. Griesel, H.: Die Neue Mathematik, Band 1; Hannover 1971 (Schroedel).
2. Kriegelstein, A.: Der Mathematikunterricht in der Grundschule; München 1975 (Ehrenwirth).
3. Lehrerkolleg: Mathematik in der Grundschule; München 1973 (TR-Verlagsunion).
4. Lehrplan für Mathematik / Grundschule (Bayern) vom 18. 6. 74; Kronach 1976 (Link).
5. Schnitzer, A.: Einführung in die schriftliche Multiplikation; Pädagogische Welt 2/76; Donauwörth 1976 (Auer).
6. Schnitzer, A.: Einführung in die schriftliche Division; Pädagogische Welt 1/76; Donauwörth 1976 (Auer).
7. Schülerarbeitsbücher für Mathematik, Jahrgangsstufe 2 bis 4 (Bayern); Auer-, Bayerischer Schulbuch-, Oldenbourg- und Sellier-Verlag.

Bruno Kahabka

# Die unterrichtliche Arbeit an der Zahlschreibweise des Stellenwertsystems

| | | |
|---|---|---|
| 1. | Didaktische Grundlegung | 116 |
| 1.1 | Die Zahlschreibweise des Stellenwertsystems | 116 |
| 1.2 | Didaktische Prinzipien, die den Aufbau des Lehrgangs bestimmen | 117 |
| 2. | Der Lehrgang zur Grundlegung des Stellenwertsystems in seinen Teilaufgaben | 118 |
| 2.1 | Welche Teilaufgaben sind grundlegend für die Einsicht in den Aufbau des Stellenwertsystems? | 118 |
| 2.2 | Welche Anschlußaufgaben bzw. Zusatzziele vertiefen die Einsicht in den Aufbau des SWS? | 121 |
| 2.3 | Was soll laut Lehrplan in den einzelnen Schülerjahrgängen erreicht werden? | 125 |
| 2.4 | Welche weiterführenden Aufgaben sind der 5. und 6. Jahrgangsstufe zugewiesen? | 126 |
| 3. | Geeignete Lernmaterialien, Bündelungsmodelle und Darstellungsweisen | 127 |
| 3.1 | Geeignete Lernmaterialien im Sinne der "Variation der Veranschaulichung" | 127 |
| 3.2 | Bewährte Modelle und Darstellungsweisen im Dienste eines abwechslungsreich-motivierenden Bündelns und einer einseitigen Zahldarstellung | 127 |
| 4. | Lernzielorientierter Aufriß des Spirallehrgangs mit unterrichtspraktischen Anregungen | 127 |
| | Literatur | 128 |

# 1. Didaktische Grundlegung

Die Einsicht in den Aufbau des Stellenwertsystems (SWS) und das Verständnis der vom Stellenwertprinzip bestimmten Zahldarstellung sind verhältnismäßig anspruchsvolle Ziele im neuen Mathematikunterricht, die der früheren Rechenunterricht ausklammerte.

Der vielschichtige Stoff verlangt einen didaktisch klar gestuften Lehrgang, an dessen Ende, also erst im 4. Schülerjahrgang, das Verständnis für das Baugesetz des SWS steht. Aufgabe der nachfolgenden Überlegungen ist es, am Beispiel des Lehrgangs zur Einführung, Grundlegung und Vertiefung der Zahldarstellung im SWS aufzuzeigen,

– wie der Sachhintergrund durch die ihm eigene Struktur den Aufbau begründet,
– welche didaktischen Prinzipien den gesamten Lehrgang bestimmen,
– welche Teilaufgaben ihn abstützen,
– welche Teilaufgaben einerseits der Vertiefung dienen, andererseits den Lehrgang in der Orientierungsstufe ausweiten,
– und schließlich wie die Teilaufgaben unterrichtlich realisiert werden können.

## 1.1 Die Zahlschreibweise des Stellenwertsystems

### 1.1.1 Wie entwickelte sich die Zahlschreibweise des Stellenwertsystems?

Im Laufe einer jahrtausendelangen Entwicklung ersann der Mensch ein verblüffend einfaches und zugleich geistreiches System von Zeichen, das alle Forderungen, die man an eine Zahlenschrift allgemein stellt, erfüllt:

– Es erlaubt, große Stückzahlen mit wenig Zeichen (0, 1, 2, ... 9) mühelos in Ziffernfolgen darzustellen; z.B. 1 9 7 8.
– Die Schreibweise ist durch Stellenwerte eindeutig festgelegt.
– Die genormten Schreibformen gewährleisten ein sicheres Rechnen.

### 1.1.2 Wie hat sich eigentlich die Zahlenschrift des SWS entwickelt?

Formen naiver Zahldarstellung:

Hierzu sind so viele Hilfsgegenstände (Steinchen o.ä.) oder Hilfszeichen (Striche) nötig, wie real Gegenstände vorhanden sind:

– Hirtenvölker nehmen Steinchen zum Fixieren der Anzahl der Tiere einer Herde,
– unsere Vorfahren kerbten die Anzahl der Tage von Mondphase zu Mondphase ein,
– und der moderne Mensch erstellt bei Auszählungen gebündelte Strichlisten.

Immer handelt es sich dabei um dieselbe naive Zahldarstellung auf der Grundlage einer 1 : 1 - Entsprechung.

Zahldarstellung auf der Grundlage von Bündelung und Reihung:

Ersetzt man bei den Strichlisten die Bündel durch eigene Zeichen und reiht sie additiv aneinander, erhält man Zahlenschriften, wie sie antike Kulturvölker benützten:

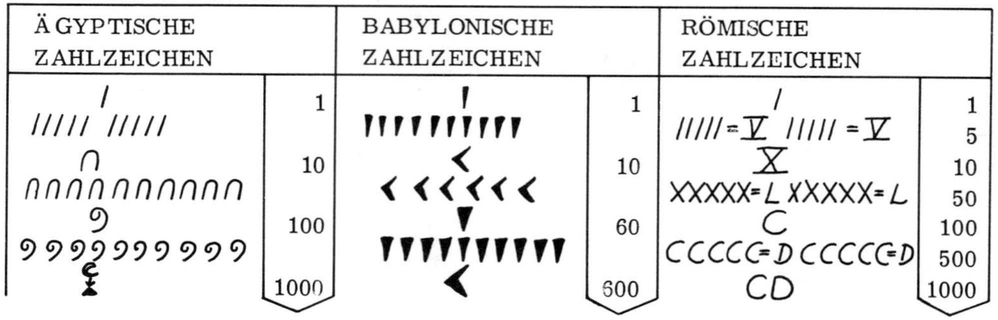

| ÄGYPTISCHE ZAHLZEICHEN | | BABYLONISCHE ZAHLZEICHEN | | RÖMISCHE ZAHLZEICHEN | |
|---|---|---|---|---|---|
| ///// ///// | 1 | ▼▼▼▼▼▼▼▼▼ | 1 | ///// = V | 1 |
| ∩∩∩∩∩∩∩∩∩ | 10 | ≺≺≺≺≺≺ | 10 | ///// = V<br/>X | 5 |
| ℓℓℓℓℓℓℓℓℓ | 100 | | 60 | XXXXX = L | 10 |
|  |  |  |  | XXXXX = L XXXXX = L | 50 |
|  | 1000 |  | 500 | C | 100 |
|  |  |  |  | CCCC = D CCCC = D | 500 |
|  |  |  |  | CD | 1000 |

Les- und in ihrem Wert bestimmbar waren solche Bündelzeichen-Zahlenschriften nur, wenn man die einzelnen Bündelzeichen addierte. Jedenfalls stellt die auf Bündelung und Reihung beruhende Zahlschreibweise einen bedeutsamen Entwicklungsschritt dar.

Die Zahldarstellung im Stellenwertsystem:

Den entscheidenden Schritt zur Stellenwertschreibweise tat der Mensch, als er den von der Sprache bereits geprägten Zahlwörtern eigene Zeichen zuordnete, die Ziffern. Nun war es möglich, mehrere Bündelzeichen der gleichen Art (z.B. X X X X) in einem einzigen Zeichen (z.B. 4) darzustellen.

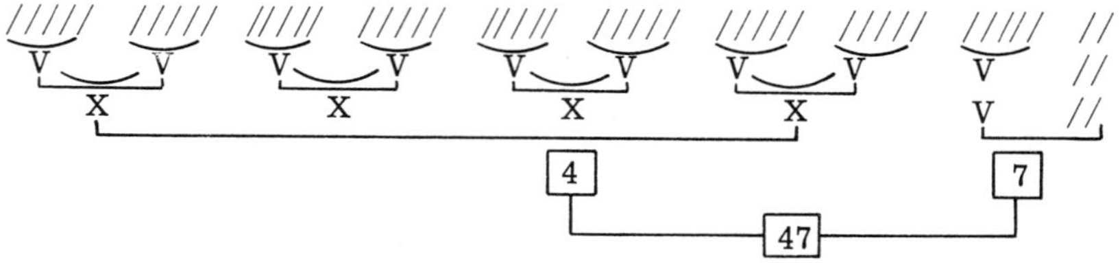

///// ///// ///// ///// ///// ///// /////
  V     V     V     X     V     V     V
              X           X
              4           7
                 47

Die wohl genialste Leistung menschlichen Geistes war die "Erfindung" des Zeichens NULL "0". Mit seiner Hilfe war es fortan möglich, die Ziffern für eine echte Stellenwertschreibweise zu verwenden, d.h. den Platz einer Ziffer innerhalb einer Kette von Ziffern als Symbol ihres Wertes zu vereinbaren. Leeren Stellen konnte das Zeichen "0" zugewiesen werden.

Ziffernfolgen als wesentliches Kennzeichen jeglicher Stellenwertsysteme erhalten demnach erst einen bestimmten Zahlwert, wenn sie sichtbar oder geistig in ein "Bündel-" oder "Stellenwerthaus" eingeordnet werden.

### 1.1.3 Welche Elemente kennzeichnen die Zahlschreibweise des SWS?

Bündelung, ziffermäßige Notation und ein ihr unterlegter Stellenwert bilden die Merkmale der uns vertrauten Zahldarstellung. Dabei weist die Anzahl der benötigten Ziffern – die Null inbegriffen – das jeweilige System aus.

Mit den erkannten Teilaspekten läßt sich der nachfolgende Lehrgang begründen:

- Der Mensch bündelte die Gegenstände und schuf damit eine wesentlich übersichtlichere Gliederung einer Menge:  
  **1. Teilaufgabe: Bündelprinzip**

- Er erfand Zahlzeichen zur Notation der Bündel, zunächst in Form von Bildzeichen, später mittels Ziffern:  
  **2. Teilaufgabe: Notation in Ziffernfolgen**

- Er wies den Ziffern an den einzelnen Stellen symbolisch einen von rechts nach links steigenden Wert zu:  
  **3. Teilaufgabe: Stellenwertprinzip**

- Er schuf auf diese Weise – gegründet auf die Basis 10 – unser Z e h n e r s y s t e m :  
  **4. Teilaufgabe: Bauprinzip des Zehnersystems**

Wir gehen sachlogisch vor, wenn wir die historisch gestuft abgelaufene Zahlentwicklung im Unterricht nachvollziehen und zur Grundlage des Lehrgangs machen.

## 1.2 Didaktische Prinzipien, die den Aufbau des Lehrgangs bestimmen

### 1.2.1 Die Verwirklichung des "genetischen Prinzips"

Ein mathematischer Begriff wie das SWS ist weder lern- noch erklärbar, noch gehört er zum Vokabular des Grundschülers. Vielmehr baut sich der komplexe Begriff vom 1. Schülerjahrgang an in eigentätiger, zunächst ausschließlich konkreter Auseinandersetzung mit den erwähnten Teilbezügen im Kinde auf, bis schließlich in der 4. Jahrgangsstufe das "Verstehen des Aufbaus des SWS" erwartet werden kann.

Anfangs unsystematisch und ungeordnet, also mehr spielerisch sammelt das Kind Vorerfahrungen im Zusammenfassen gleicher Stückzahlen als einem Mittel, Mengen überschaubarer zu gliedern und zu beschreiben. Zugleich gewinnt es dabei einen ersten Einblick in die Schreibfigur unserer dekadischen Zahlen. Im 2. Schülerjahrgang können diese Erfahrungen durch ein gelenkteres Tun ausgeweitet, geordnet und systematisiert werden. Unter dem Zugriff der Sprache werden erste Ein-

sichten angebahnt, Zusammenhänge zwischen Bündelung und Notation erkannt. In den ersten beiden Grundschuljahren kommt es wesentlich darauf an, das Bündelprinzip und die Notation der Bündelreste in einfachen Ziffernfolgen handlungsgesättigt zu untermauern, ohne dabei einer "Bündeleuphorie" zu verfallen.

Frühestens im 3. Schjg. können dann an didaktisch tragfähigen Modellen (z.B. Stab-Bündelung, Platte-Block-Modell) die Teilbegriffe "Grundzahl", "Ziffer", "Zahlwert" und "Stufenzahl" aufgebaut werden. Der zentrale Begriff wird der Stellenwert sein. Erst wenn das Kind dann auch diese Teilbegriffe in ihrem Zusammenhang verstanden hat, ist es fähig, damit zu arbeiten und sie anzuwenden. Dieses Anwenden greift bereits in die Orientierungsstufe hinein. Erst dort kann das Stellenwertsystem, weil die psychologischen Voraussetzungen im Kinde durch den Übergang zur formallogischen Phase gegeben sind, vollends "begriffen" werden. Spiralig also, d.h. mit von Stufe zu Stufe vergrößerndem Blickwinkel und erweiterten Zielsetzungen entfaltet sich im Laufe der vier Grundschuljahre der Begriff immer mehr, ohne daß die Grundschule ihn vollends mit Inhalt füllen wird.

### 1.2.2 Verwirklichung des "operativen Prinzips"

Die Ziffernschreibweise des SWS ist als mathematisches Begriffsfeld ein komplexes System von Teilbegriffen. Verstanden ist ein derartiges Begriffssystem erst dann, wenn die in ihm enthaltenen Zusammenhänge erfaßt und verstanden sind.

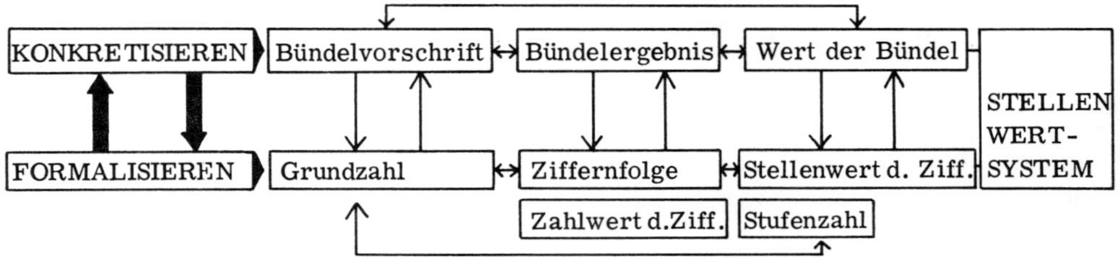

```
KONKRETISIEREN  Bündelvorschrift → Bündelergebnis → Wert der Bündel
                      ↓↑              ↓↑              ↓↑
FORMALISIEREN    Grundzahl          Ziffernfolge    Stellenwert d. Ziff.   Stufenzahl
                                    Zahlwert d.Ziff.                                       STELLEN-
                                                                                           WERT-
                                                                                           SYSTEM
```

Im einzelnen wird daher gefordert

- die Stückzahlen zu wechseln, um zu verschiedenen Aufschreibungen zu gelangen,
- bei gleichbleibender Stückzahl die Bündelungsvorschrift zu variieren, um zu unterschiedlichen Zahlnamen für dieselbe Mächtigkeit zu kommen,
- die Bündelungsmodelle und Darstellungsweisen zu wechseln, um die gemeinsame Struktur des SWS durchschaubar zu machen,
- die Ziffern einer Ziffernfolge in ihren Positionen zu vertauschen, um zu neuen Zahlwerten zu gelangen.

Ebenso wichtig im Sinne eines operativen Vorgehens sind Erfahrungen im Zusammenhang mit der Umkehrbarkeit von Handlungen und Operationen. Gebündeltes kann durch die Handlung des Entbündelns in den elementbetonten Ausgangszustand zurückgeführt werden. In Ziffernfolgen Notiertes kann durch Beachtung der Stufenwerte der einzelnen Stellen in seinem wirklichen Zahlenwert bestimmt werden.

Zu dieser vertiefteren Einsicht in die Schreibweise unserer Zahlen kommt zwangsläufig auch eine größere Transparenz der schriftlichen Rechenverfahren. Grunderfahrungen beim Bündeln und Entbündeln benötigt der Schüler zum Verständnis der schriftlichen Addition und Subtraktion, die ein Hinüberbündeln in höhere Positionen bzw. ein Umwechseln verlangen.

Alle aus der Verwirklichung des operativen Prinzips entsprungenen unterrichtlichen Maßnahmen sollten schließlich der Einsicht beitragen, daß unser Zehnersystem als ein mögliches unter anderen praktizierten Zahlsystemen, freilich als ein sinnvolles und zweckmäßiges erkannt wird.

## 2. Der Lehrgang zur Grundlegung des Stellenwertsystems in seinen Teilaufgaben

### 2.1 Welche Teilaufgaben sind grundlegend für die Einsicht in den Aufbau des Stellenwertsystems?

#### 2.1.1 Das Bündelprinzip als 1. Teilaufgabe

Jedem Bündeln liegt die vereinbarte Vorschrift zugrunde, stets gleich viele Gegenstände oder grafische Elemente zusammenzufassen und diese Regel fortgeführt auch auf die erhaltenen Bündel anzuwenden, bis keine Bündelung mehr möglich ist.

Stückzahl der Ausgangsmenge:

1. Bündelung (1.Stufe): Fasse immer 3 Stück zusammen!

2. Bündelung (2. Stufe): Fasse immer 3 Bündel zusammen!

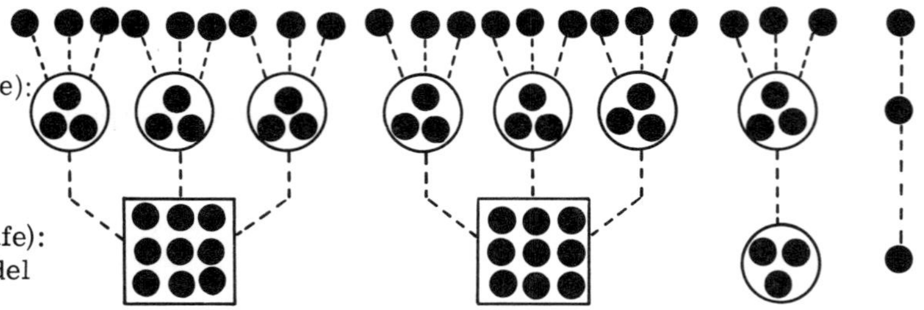

Im vorliegenden Beispiel ist das Bündeln nach der 2. Stufe abgeschlossen. Umfangreiche Bündelungsprozesse — ein Bündeln über 3 und mehr Stufen hinweg — überfordern die Schüler der 1. - 2. Jahrgangsstufe. Man kann sie vermeiden, indem man kleine Anzahlen wählt oder die Bündelvorschrift entsprechend hoch ansetzt.

Methodisch bedeutsam ist zum einen die Wahl lernmotivierender Situationen, die ein sinnvolles Bündeln ermöglichen, zum anderen der Wechsel der konkreten Bündelungsmodelle im Sinne mehrmodelligen Lernens (siehe Ziffer 3).

Bei allen Bündelungsübungen und -spielen sammelt der Schüler grundlegende Erfahrungen

— wie größere Anzahlen bereits durch ein einmaliges Zusammenfassen gegliederter aufgefaßt und beschrieben werden können,
— wie durch die Wahl der Bündelungsvorschrift das Ergebnis beeinflußt wird,
— wie ein zu immer höheren Stufen fortschreitendes Bündeln ein System von Bündeln entsteht, das von der gewählten Grundzahl abhängig ist,
— und wie vor allem durch die Wahl der Grundzahl 10 eine sehr übersichtliche, zweckmäßige Gliederung großer Stückzahlen erzielt wird.

Frühestens ab dem 2. Schülerjahrgang tritt zum Bündeln auch das Entbündeln. Die dabei erworbenen Erfahrungen befähigen den Schüler später, nicht dekadische Zahldarstellungen über die Grundzahl 10 zu vergleichen und das schriftliche Normalverfahren der Subtraktion zu verstehen.

#### 2.1.2 Die Notation in Ziffernfolgen als 2. Teilaufgabe

Beim Versprachlichen des Bündelergebnisses wird deutlich, daß wir es mit lauter "Resten" zu tun haben. Je jünger der Schüler, umso konkreter folgt die Sprache den realen Repräsentanten:

— Zunächst sind es: Pakete, Schachteln, Tüten, Körbchen, Netze, Beutel, Sträuße ...
— Bei didaktischem Material: Würfelchen, Stäbe, Platten, Blöcke ...
— In der Bündelsprache: Einzelne Dinge, kleine, große, Riesenbündel ...
— Auf späterer Lernstufe: Einzelne = Einer, Fünferbündel = Fünfer, Fünfer-Fünfer-Bündel = Fünfundzwanziger usw. ...

Manche Kinder drängen von selbst danach, das Ergebnis einer Bündelung auch festzuhalten. Mitunter gelingt es, das Prinzip antiker "Bilderzahlenschriften" nachzuerfinden.

Unter dem Zwang der Sprache, die die Anzahl der Bündel je Bündelstufe in einem Wort erfaßt, kommt es schließlich zur ziffermäßigen Notation. Hierbei kommt man nicht umhin, die Bündelreste der Größe nach zu ordnen, damit die Ziffernfolge der später zu erhellenden Stellenwertordnung entspricht.

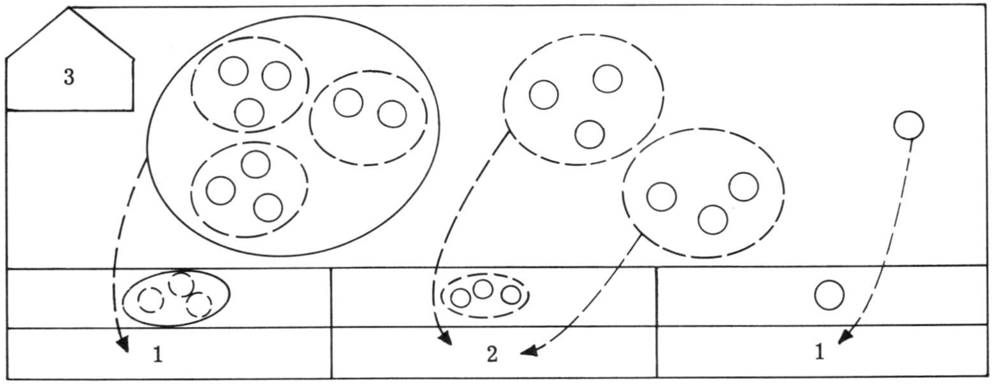

## 2.1.3 Das Stellenwertprinzip als 3. Teilaufgabe

Der Stellenwert wird dem Kinde dann bewußt, wenn in den "Bündeln" die ursprünglichen Elemente nicht mehr sichtbar sind. Deutlich wird das beim Umwechseln (besser Bündeln) kleiner Münzeinheiten in nächsthöhere Einheiten (Pfennige - Zehnpfennigstücke - Markstücke). Tauschbündelungen, denen Tausch- oder Wechselspiele zugrundeliegen, motivieren die Schüler zur eigentätigen Auseinandersetzung mit dem Phänomen des "Stellenwerts". Bei Münz-Tauschspielen hat sich eine Farbvereinbarung bewährt. Farben signalisieren dabei unterschiedliche Münzwerte, die Ordnung der Farben eine steigende Wertreihe. Das Modell ist übertragbar auf die dekadischen Währungseinheiten Pfennigstück - Zehnpfennigstück - Markstück - Zehnmarkschein usw. ...

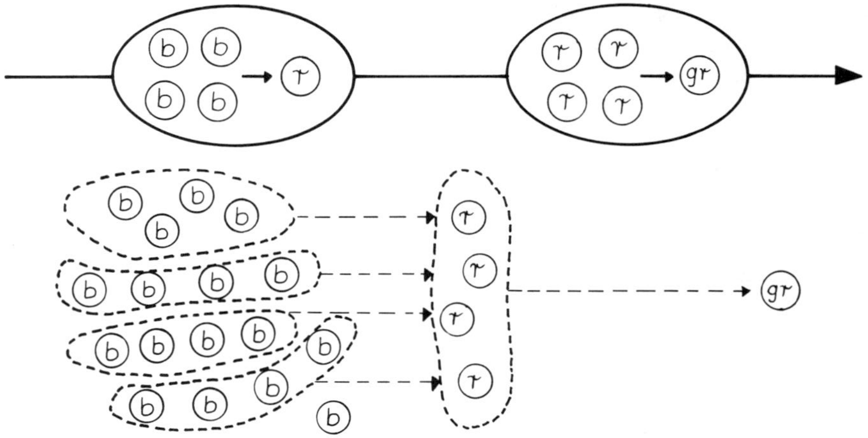

rot ist mehr wert als blau        grün ist mehr wert als rot

Ist die Tauschregel vertraut und ist der Wertbegriff aufgebaut, lassen sich auch Tauschbündelungen mittels Maschinenketten durchführen.

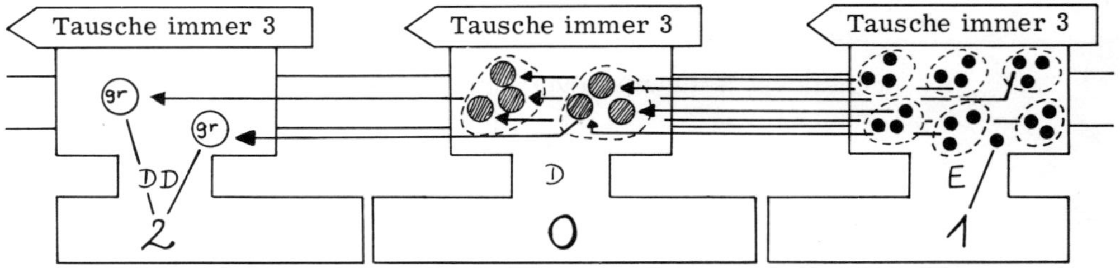

Einzelne Lehrgänge unterlegen den verschiedenen Bündeln Farben. Eine Farbvereinbarung ist hilfreich beim Bündeln grafischer Elemente. Sie stört jedoch den Lernprozeß dann, wenn man auf ein farbbezogenes Längenmodell (Zahlstreifen) übergeht.

Bewährt hat sich die Notation in mehrspaltigen "Bündelkarten", den Vorläufern der späteren Stellentafeln. Bei der Auszeichnung der Spalteneingänge können mit zunehmender Lernerfahrung formalere Darstellungen Platz ergreifen:

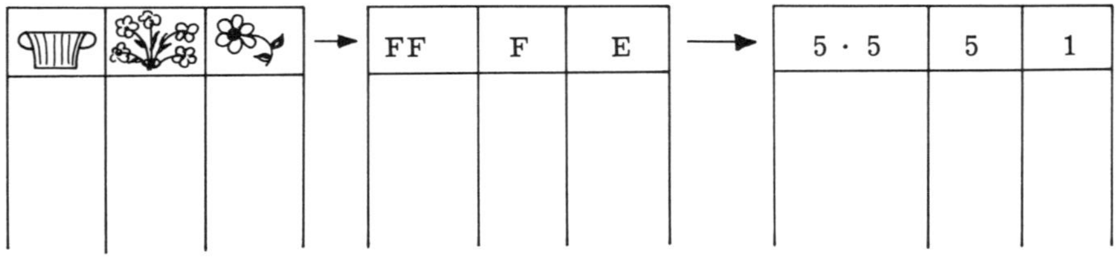

Wichtig ist, daß der Schüler frühzeitig Erfahrungen mit dem leeren Bündelrest, der mit "0" notiert wird, machen kann. Nicht übersehen werden darf, die Schreibfiguren "10", "100" und "1000" zu konkretisieren und als Stufenzahlen bewußt zu machen. So bedeutet die Notation "10"

- ein reines Zehnerbündel ohne Einzelne, wenn man mit 10 bündelt,
- ein reines Fünferbündel ohne Einzelne, wenn man mit 5 bündelt,
- ein reines Viererbündel ohne Einzelne, wenn man mit 4 bündelt ... usw.

Der 3. / 4. Jahrgangsstufe ist die Aufgabe zugewiesen, dieselbe Anzahl in verschiedenen Bündelsystemen darzustellen. Erst dort ist die Einsicht möglich, daß es für dieselbe Zahl je nach Bündelvorschrift verschiedene Bezeichnungen (Zahlnamen) gibt. Nur Zehnerbündelung und Zehnersprache decken sich jedoch.

119

In Verbindung mit dem "Maschinen-Bündeln" eignet sich auch kubisches Material vorzüglich, um den Stellenwertbegriff noch transparenter, den Unterschied zwischen "Zahlenwert" und "Stellenwert" einer Ziffer bewußter und mit den Zahlenwerten die "Stufenzahlen" einsichtiger zu machen. Im Dreiersystem heißen sie 1 - 3 - 9 - 27 ...

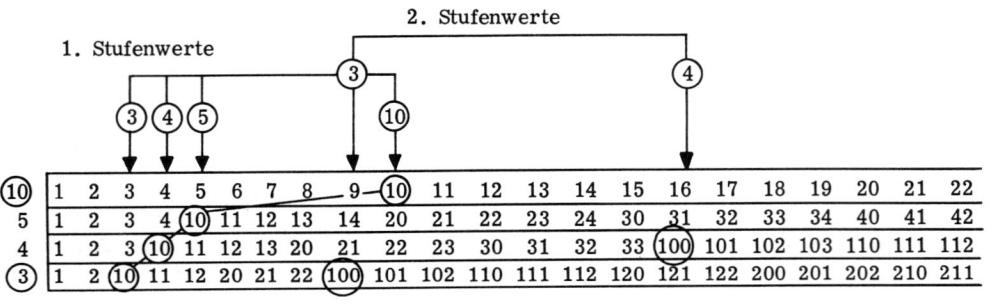

1. Stufenwerte      2. Stufenwerte

| 1 | 2 | 3 | 4 | 5 | 6 | 7 | 8 | 9 | 10 | 11 | 12 | 13 | 14 | 15 | 16 | 17 | 18 | 19 | 20 | 21 | 22 |
| 1 | 2 | 3 | 11 | 12 | 13 | 20 | 21 | 22 | 23 | 30 | 31 | 32 | 33 | (100) | 101 | 102 | 103 | 110 | 111 | 112 |
| 1 | 2 | 3 | (10) | 11 | 12 | 13 | 20 | 21 | 22 | 23 | 30 | 31 | 32 | 33 | 40 | 41 | 42 |
| 1 | 2 | (10) | 11 | 12 | 20 | 21 | 22 | (100) | 101 | 102 | 110 | 111 | 112 | 120 | 121 | 122 | 200 | 201 | 202 | 210 | 211 |

Mit der Einsicht in das Stellenwertprinzip lösen sich die Bündelketten bzw. Bündelhäuser von den bildhaften oder farblichen Auszeichnungen. Als Spalteneingänge für die Stellentafeln wählen wir:

- die Angabe der Stellenwerte in Bündelkettenschreibweise:
- die Angabe der Stellenwerte in Zahlschreibweise:
- die Angabe der Stellenwerte in Malkettenschreibweise:
- die Angabe der Stellenwerte in Potenzschreibweise:

| DD | D | E |
|---|---|---|
| N | D | E |
| 3·3 | 3 | 1 |
| 3² | 3¹ | 1 |

Als weitere brauchbare Übungen zur Förderung des Stellenwertdenkens bieten sich an:

- das Zuende-Bündeln unfertiger Zahlen

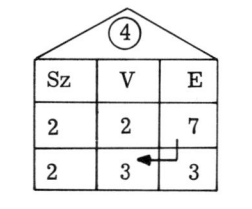

- das Zählen in einem bestimmten Zahlsystem (z. B. im Vierersystem):

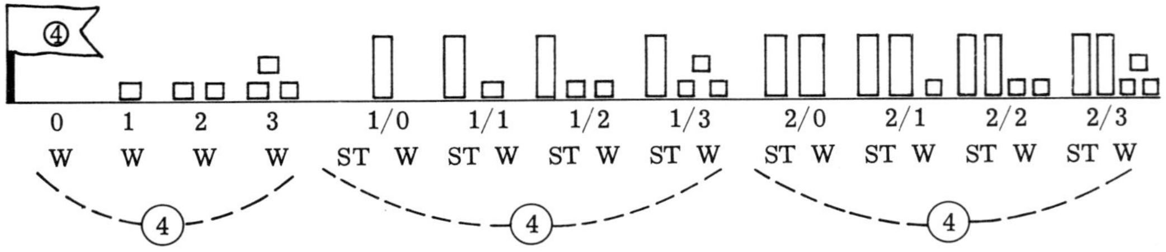

- das Aufsuchen von Nachbarzahlen in der Nähe von Stufenzahlen

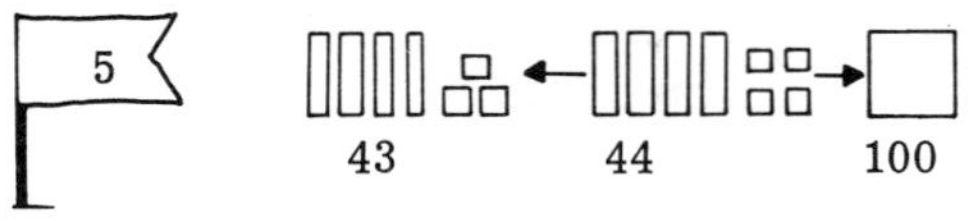

- - das Entwerfen eines Zahlenbandes für ein bestimmtes Zahlsystem:

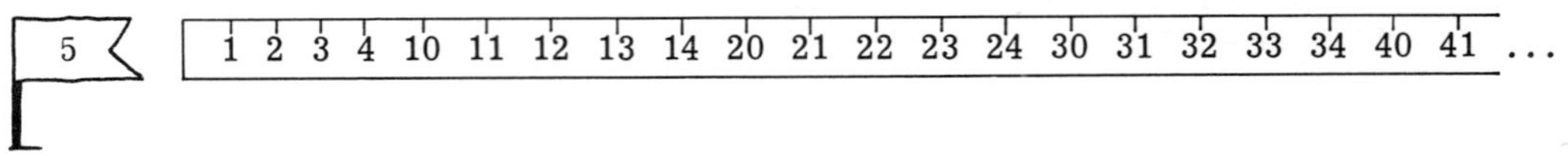

2.1.4 Der dekadische Aufbau unseres gebräuchlichen Zahlsystems als 4. Teilaufgabe

Unser Zahlsystem beruht auf geschichtlich gewachsener Vereinbarung. Immer 10 kleinere Einheiten ergeben eine Stufe höher eine größere. Ein reichhaltiges Angebot an Materialien kommt uns beim Zehnerbündeln und der dekadischen Zahldarstellung zugute:

- Zehnerabfüllungen, Zehnerpackungen bei Waren (Eier, Hefte, Marken ...)
- Didaktisch aufgeladenes Material (Rechenelemente, Stäbe, Streifen ...)
- Geometrisches Material (Mehrsystemblöcke, Cuisenairematerial ...)
- Spielgeld in dekadischer Ausprägung (Pfennige, Zehnpfennigstücke, Markstücke ...)
- Dekadisch unterteilte Längenmaße (Meterstäbe, Dezimeterstäbe, Zentimeterbänder ...)

Dabei weist der neue Lehrplan mit Nachdruck immer wieder darauf hin, daß im Vordergrund allen Bündelns und der Zahldarstellungen das Zusammenfassen mit zehn zu stehen habe. Zusammenfassungen unter einer anderen Vorschrift haben dienende Funktion.

In Stufen vollzieht sich der Beitrag der einzelnen Jahrgänge zum Aufbau der dekadischen Stufenwerte. In Übereinstimmung mit der Erschließung der einzelnen Zahlenräume können wir zuweisen:

- dem 1. Schjg. die Konkretisierung der Stufenzahl 10   (z. B. ein Zehnerkarton)
- dem 2. Schjg. die Konkretisierung der Stufenzahl 100  (z. B. ein Bogen Marken)
- dem 3. Schjg. die Konkretisierung der Stufenzahl 1000 (z. B. 1 P. Klammern)
- dem 4. Schjg. die Kenntnis aller Stellenwerte des Zehnersystems bis zur Million
- dem 5. Schjg. den Ausbau des Zehnersystems in den unbegrenzten Zahlenraum mit der Einsicht in das durchgängige Bauprinzip
- dem 6. Schjg. die Erweiterung des Zehnersystems durch Kennenlernen der Dezimalbrüche.

- das Eingrenzen einer Zahl auf dem Zahlenstrahl (z. B. Zwischen welchen Stufenzahlen liegt 435?)
- die Intervallbildung (z. B. welche der vorgegebenen Zahlen liegen zwischen 500 und 1000?) u.a.m.

## 2.2 Welche Anschlußaufgaben bzw. Zusatzziele vertiefen die Einsicht in den Aufbau des SWS?

### 2.2.1 Die Zahldarstellung in verschiedenen Positionssystemen:

Mit dieser Aufgabe, die frühestens im 3. Schjg. realisiert werden kann, sind drei Zielsetzungen verbunden:

#### 2.2.1.1 Fähigkeit, eine Zahl durch Wechsel der Grundzahl in verschiedenen Ziffernfolgen darzustellen

Grundsätzlich schieben wir formale Darstellungen so weit wie möglich hinaus. Wir greifen so lang wie möglich auf konkrete Modelle der Zahldarstellung (Bündeln, Tauschen, Stecken, Bauen ...) zurück, bei denen verstehendes Lernen ermöglicht wird. Bei dem eben genannten Lernziel bieten sich geeignete Lernsituationen an:

-- Dieselbe Stückzahl läuft durch unterschiedlich programmierte Bündelmaschinen und erbringt dementsprechend unterschiedliche Steckbündelungen
-- Die gleiche Anzahl von Einheitsmünzen wird in verschiedenen "Banken" je nach Umwechselkurs unterschiedlich umgewechselt
-- Beim Würfelspiel wählen die Spieler innerhalb einer Vierergruppe unterschiedliche Tauschregeln. Die für die Augenzahlen eingelösten Steine werden sogleich unter Anwendung der Regel in höhere Werte umgetauscht
-- Dieselbe Anzahl von Personen besteigt in verschiedenen "Häfen" entsprechend verschiedenwertige "Boote" (z. B. im Dreierhafen stehen Einer-, Dreier-, Neuner-Boote / im Viererhafen Einer-, Vierer-, Sechzehner-Boote bereit usw. ...)
-- In ähnlicher Weise können Fahrzeuge, die Stufenzahlen symbolisieren, mit Stückgütern beladen werden.

Beherrschen die Schüler die Stufenwerte der gängigen Zahlsysteme, kommen formalere Darstellungs- bzw. Umrechnungsverfahren hinzu; z. B.:

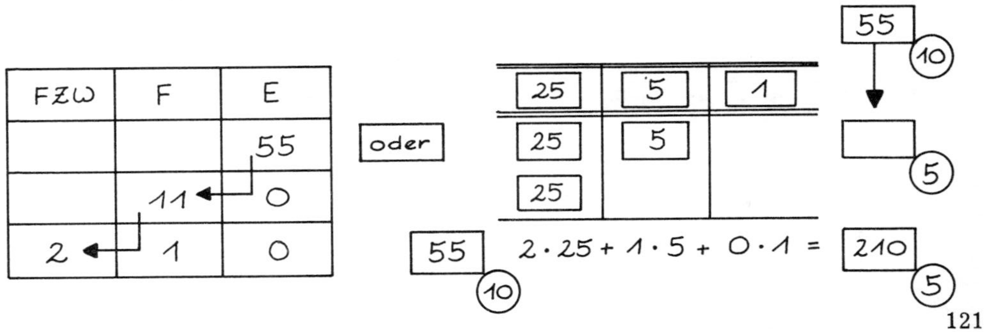

| SWZ | F | E |
|---|---|---|
|   |   | 55 |
|   | 11 | 0 |
| 2 | 1 | 0 |

oder

| 25 | 25 | 25 | 5 | 5 | 1 |
|---|---|---|---|---|---|

55 → 55

$2 \cdot 25 + 1 \cdot 5 + 0 \cdot 1 = 210$

---

Frühestens im 4. Schjg. kann die Vorstellung vom dekadischen Aufbau unseres Zahlsystems geometrisiert werden. Mit dem Einsatz geometrischen Materials verbindet sich beim Schüler

- bei der 1. Stufe die Vorstellung vom Stab (Zehnerstab),
- bei der 2. Stufe die Vorstellung von einer Platte (Hunderterplatte) und
- bei der 3. Stufe die Vorstellung von einem Würfel (Tausenderwürfel) usw. ...

Diese geometrische Reihe Würfelchen - Stab - Platte setzt sich auf der 3. Stufe in gleicher Anordnung fort. Ein Modell, das hilfreich ist bei der dreigegliederten Schreib- und Lesart längerer Ziffernfolgen.

Nicht zu unterschätzende Übungen, die zur Sicherheit im Zehnersystem beitragen, sind das Darstellen, Lesen und Schreiben dekadischer Zahlen.

In der folgenden Übersicht über mögliche Formen der Zahldarstellung haben bewährte alte neben neueren mathematischen Formen ihren Platz.

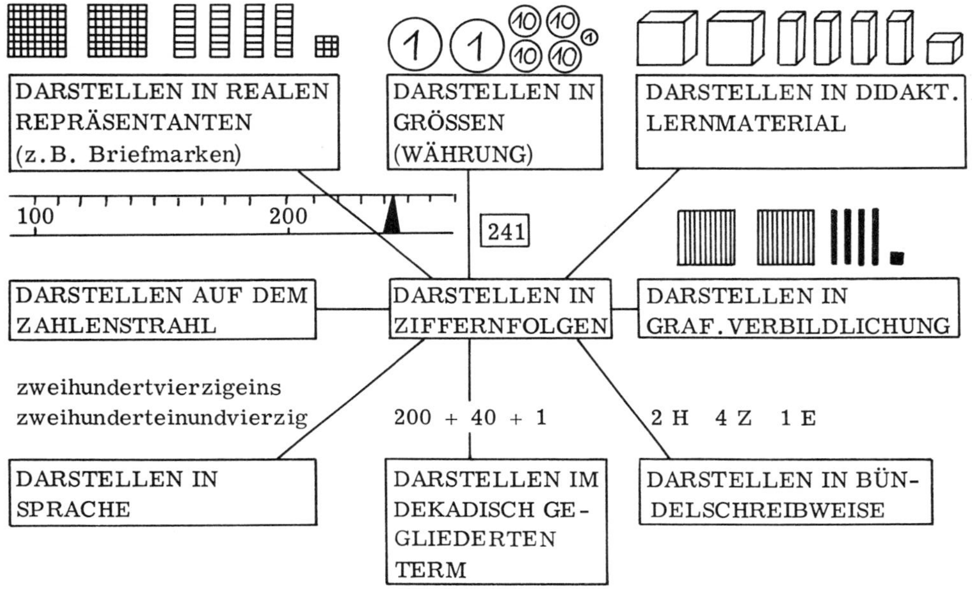

DARSTELLEN IN REALEN REPRÄSENTANTEN (z. B. Briefmarken)

DARSTELLEN IN GRÖSSEN (WÄHRUNG)

DARSTELLEN AUF DEM ZAHLENSTRAHL

zweihundertvierzigeins
zweihunderteinundvierzig

DARSTELLEN IN SPRACHE

DARSTELLEN IN ZIFFERNFOLGEN

241

DARSTELLEN IM DEKADISCH GEGLIEDERTEN TERM

200 + 40 + 1

DARSTELLEN IN DIDAKT. LERNMATERIAL

DARSTELLEN IN GRAF. VERBILDLICHUNG

2 H 4 Z 1 E

DARSTELLEN IN BÜNDELSCHREIBWEISE

Intensiv gepflegt werden sollten:

- die Zahldarstellung im Abakus, d.h. in der Stellenwerttafel
- das Vor- und Rückwärtszählen von bestimmten Marken aus (z. B. 299 - 300 - 301 ...)
- das Aufsuchen der Nachbarzahlen einer vorgegebenen Zahl
- das Weiterführen und selbständige Bilden von Zahlenfolgen

121

Bei diesen Übungen drängt sich der Vergleich mit verschiedenen Sprachen auf. Nur dekadische Darstellungen sind sofort mit unserer "Zehnersprache" lesbar. Alle anderen Notierungen müssen erst "übersetzt" werden.

### 2.2.1.2 Fähigkeit, die gleiche Ziffernfolge in verschiedenen Zahlsystemen darzustellen, exakter, zu konkretisieren

Wie bereits an anderer Stelle erwähnt, sind die geometrischen Körper (Mehrsystemblöcke, Cuisenaire-Material) ein ausgezeichnetes Lernmittel zur Realisierung dieses Ziels. Mit ihrer Hilfe entdecken die Schüler, daß dieselbe Notation "1 1 1" unabhängig von der gewählten Grundzahl geometrisiert als eine Platte, ein Stab und ein Element (Würfelchen) gesehen und dargestellt werden kann. Wertmäßig unterscheiden sich ihre Konkretisierungen jedoch beachtlich:

-- im Zehnersystem handelt es sich um eine Hunderterplatte, einen Zehnerstab und ein einzelnes Element, also um 111,
-- im Fünfersystem ist es eine Fünf-Fünferplatte, ein Fünferstab und ein einzelnes Element, also $1 \cdot 25 + 1 \cdot 5 + 1 = 31$,
-- und im Dreiersystem meint "111" eine Neunerplatte, einen Dreierstab und ein Einzelnes, also den Zahlenwert 13.

Dieselbe Ziffernfolge in verschiedenen Stellenwertsystemen zu konkretisieren, schult den Blick für die Größe der jeweiligen Stufenzahl.

### 2.2.1.3 Fähigkeit, nichtdekadische Zahldarstellungen über die Grundzahl 10 zu vergleichen

Nichtdekadische Darstellungen lassen wir stets über die Grundzahl 10 vergleichen. In die dekadische Form gebracht, sind alle Zahlnamen gleichsam "übersetzt" und in ihrem wirklichen Wert aufgedeckt. Die Zehnersprache könnte hier mit einer "mathematischen Muttersprache" verglichen werden.

Bei einem Würfelspiel hatte die Gruppe A den Auftrag, alle erwürfelten Steine sogleich nach der Fünferbündelung in verschiedenwertige Lose einzutauschen (Schein = 5 Punkte, Karte = 5 Scheine). Gruppe B mußte ihre jeweiligen Würfelstände nach der Dreierregel einlösen. Nach Beendigung der Spielrunden forderten die unterschiedlichen Ergebnisse zum Vergleich heraus:

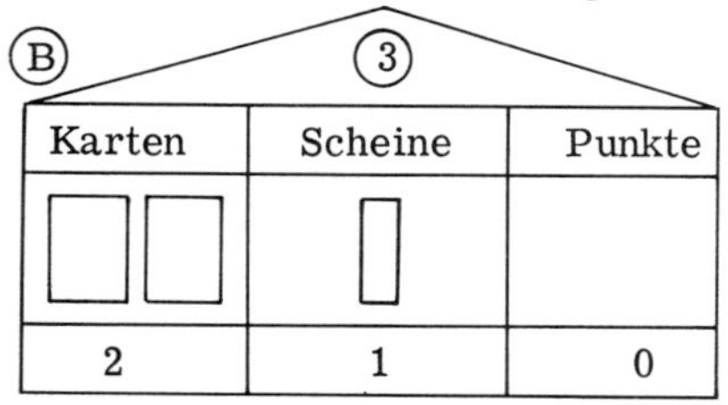

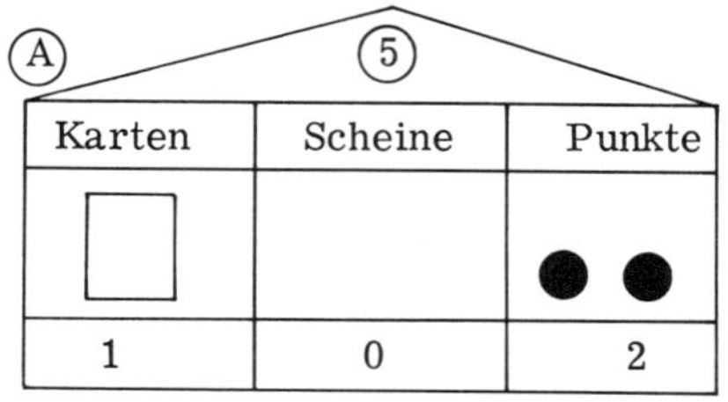

Welche Gruppe hat mehr gewonnen? Einzelne Schüler vermuten in der "größeren" Zahl auch einen größeren Wert. Klarheit schafft der Vergleich der beiden nichtdekadischen Darstellungen mit dem Zahlenwert im Zehnersystem:

Zwei Verfahren sind gangbar (Beispiel B)

-- das schrittweise Entbündeln

| DD | D | E |
|----|---|---|
| 2  | 1 | 0 |
|    | 7 | 0 |
|    |   | 21 |

-- der Rückgriff auf die Stufenwerte

| ⑨ | ③ | ① |
|---|---|---|
| 2 | 1 | 0 |

$2 \cdot 9 + 1 \cdot 3 + 0 = 21$

### 2.2.2 Das Rechnen mit Bündelzahlen zur Grundlegung schriftlicher Rechenverfahren

Rechnen ist immer ein Operieren mit Zahlen. Das Ausführen der Operationen ist dabei mit Manipulationen im jeweiligen Zahlsystem verbunden. Grundsätzlich ist es nicht Ziel der Grundschule, ein routiniertes Operieren in verschiedenen Zahlsystemen anzustreben. An dem einen oder anderen exemplarischen Beispiel sollten die Schüler jedoch erfahren, wie ein Zusammenlegen von Bündelbeträgen vielfach ein erneutes Umbündeln zur Folge hat. Das Gleiche gilt, wenn wir Bündelzahlen malnehmen. Umgekehrt verursacht das Vermindern eines Bündelbetrags desöfteren ein Entbündeln. Die Handlungen des Bündelns und Entbündelns erfüllen also wichtige Funktionen beim Aufbau des Verständnisses der schriftlichen Grundoperationen des Addierens und Subtrahierens.

Beispiel, wie das Verständnis des schriftlichen Addierens vorbereitet werden kann:

Aufbau einer Spielsituation mit Aufgabencharakter:
-- Würfelspiel mit 4 Spielern; je Spieler ein Stellenbrett (Abakus)
-- Spieler A mit B und C mit D; ein Spieler verwaltet die "Kasse"
-- Die vereinbarte Tauschvorschrift (z.B. mit 4) ist zu beachten
-- Nach 4 Runden werden die Würfelergebnisse zusammengelegt

Aufgabenbeispiel:

-- Das hat A erreicht:

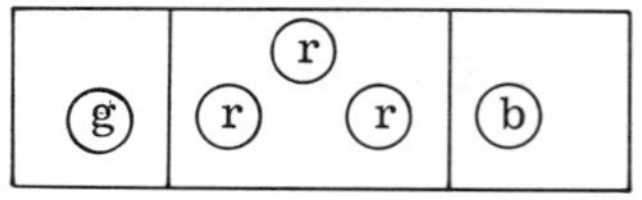

| g | r | r | b |
|---|---|---|---|

Das hat B erreicht:

| g | g | r | b | b |
|---|---|---|---|---|

Ⓑ
| Karten | Scheine | Punkte |
|--------|---------|--------|
| ☐ ☐    | 1       | 0      |
| 2      |         |        |

③

Ⓐ
| Karten | Scheine | Punkte |
|--------|---------|--------|
| ☐      | 0       | ● ●    |
| 1      |         | 2      |

⑤

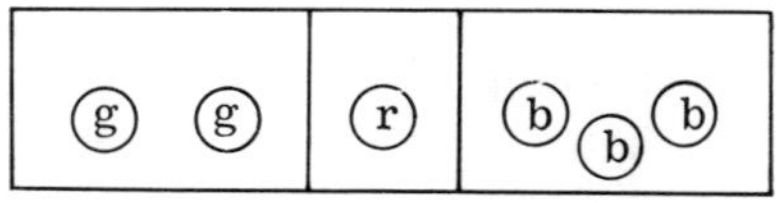

-- Sie legen ihre Guthaben zusammen, weil sie zusammenspielen:

-- 1. Lösungsschritt:     4. Lernschritt:
   (handelndes             (Übertragung auf die Zahlebene)
   Zusammenlegen)
   A: →
   B: →
   Zusammen: →

| VS | SZ | V | E |
|----|----|---|---|
| +  | 1  | 3 | 1 |
|    | 2  | 1 | 3 |
|    | 3  | 4 | 4 |
|    | 3  | 5 | 0 |
|    | 4  | 1 | 0 |
|    | 1  | 0 | 1 | 0 |

-- 2. Lösungsschritt:
   (Realisieren des
   Umbündelns)

-- Lösungsergebnis:

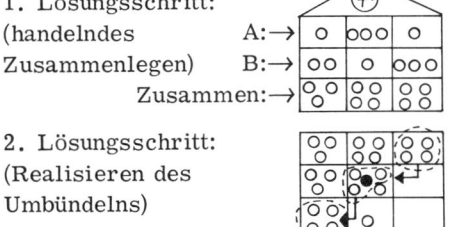

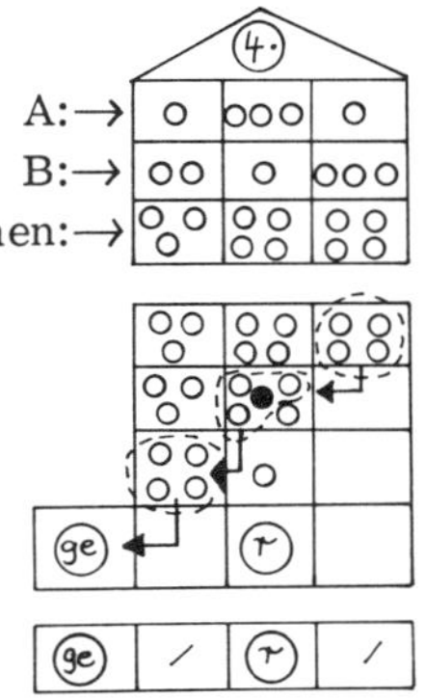

-- 3. Lernschritt:
   (Variation der
   Beispiele/Prüfen der
   Ergebnisse der anderen Gruppe)

Beispiel für die Anbahnung des Verständnisses der schriftlichen Subtraktion:

Aufbau einer Lernsituation:
-- Besuch in der "Freizeit-Stadt" für Kinder
-- Die Benützung der einzelnen Hobbyplätze kostet "Punkte"
-- Ausgegeben werden Punktmarken (1 Punktwert), Punktkarten (5 Punkte) und Punktmappen (5 Karten)
-- Erkennen der Stufenwerte der Fünferbündelung

Aufgabenbeispiel:
-- Uli besitzt . . . . . . . . . . .
-- Im Pony-Reitgarten soll er 4 Punkte "zahlen"
-- Die Fahrt durch den Märchengarten kostet 1 Karte: ----

Problem:
-- Wieviel Punkte hat Uli noch?

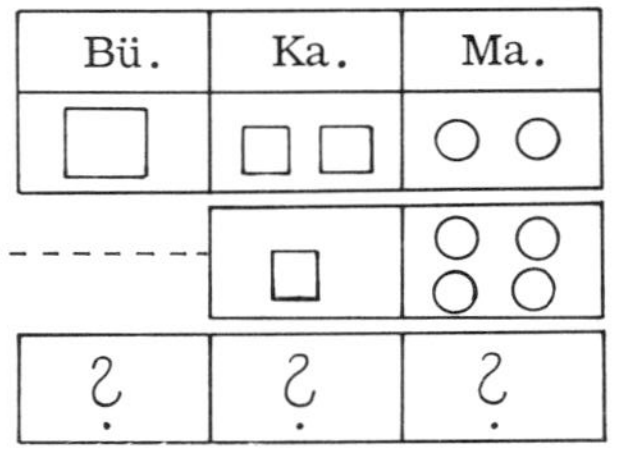

| Bü. | Ka. | Ma. |
|-----|-----|-----|
| □   | □   | ○○ ○○ |
|     | □   | ○○ |
| ?   | ?   | ? |

Lösungsverfahren:

a) Das echte Vermindern
   beim konkreten Handeln:
   ↓
   Das Subtrahieren auf der Ebene
   der Zahlen:

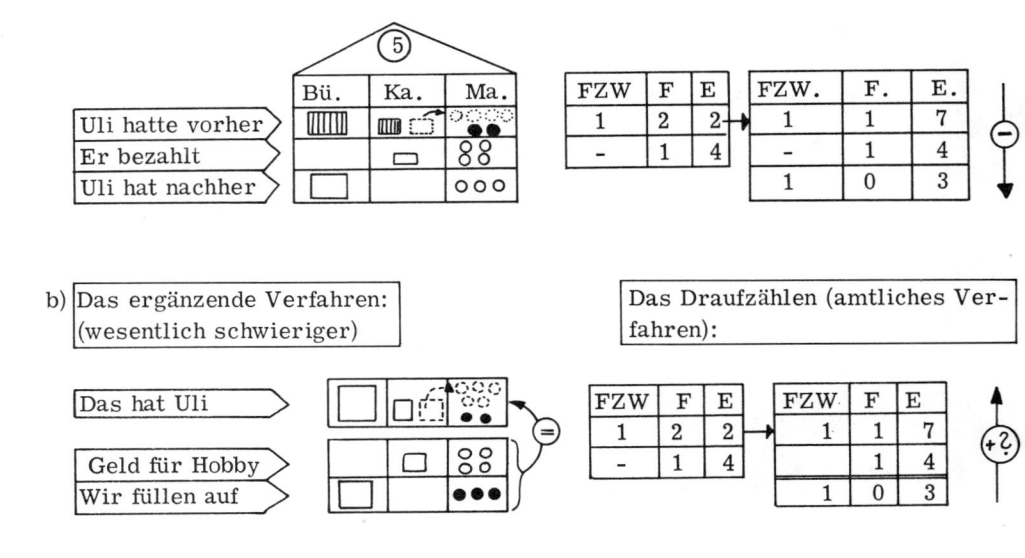

-- 1. Lösungsschritt:     | Bü. | Ka. | Ma. |
   (handelndes            |-----|-----|-----|
   Zusammenlegen)         |▯▯▯▯ |  ▯  | •• ••|
   Uli hatte vorher       |     |     | ○○ ○|
   Er bezahlt             |     | ▭  |     |
   Uli hat nachher        |  ▯  |     | ○○○ |

| FZW | F | E |     | FZW. | F. | E. |
|-----|---|---|     |------|----|----|
| 1   | 2 | 2 |     | 1    | 1  | 7  |
| -   | 1 | 4 |     | -    | 1  | 4  |
|     |   |   |     | 1    | 0  | 3  |

Das Draufzählen (amtliches Verfahren):

b) Das ergänzende Verfahren:
   (wesentlich schwieriger)

   Das hat Uli
   ↓
   Geld für Hobby
   Wir füllen auf

| FZW | F | E |     | FZW | F | E |
|-----|---|---|     |-----|---|---|
| 1   | 2 | 2 |     | 1   | 1 | 7 |
| -   | 1 | 4 |     | 1   | 1 | 4 |
|     |   |   |     |     | 1 | 0 | 3 |

2.2.3 Die Anbahnung der Potenzschreibweise

Unter sehr günstigen Lernbedingungen kann im 4. Schljg. die Potenzschreibweise der Stellenwerte eingeführt werden.

Eigentlich ist jedes Bündeln in seinem Wesen eine Potenzbildung. Unter Potenz verstehen wir nichts anderes als ein Produkt gleicher Faktoren. Statt 10 · 10 · 10 schreibt die Mathematik kurz 10³ - gesprochen "zehn hoch drei" - oder "zehn zur dritten Potenz". Im Konkreten bedeutet "10³" nichts anderes als ein Zehnerbündel der dritten Stufe, also beispielsweise ein Tausenderwürfel.

Die Hinführung zur Potenzschreibweise kann natürlich erst dann erfolgen, wenn das Stellenwertverständnis vorhanden ist. Wir meinen, daß die Grundschule auch ohne Potenzschreibweise auskommt.

Wer diese formale Schreibweise dennoch einführen will, muß sich aber über die Schritte im klaren sein, die dem Potenzbegriff vorausgehen müssen. Sie sind hier in gedrängter Form zusammengestellt:

1. Schritt: Eine gleiche Summandenkette in eine Multiplikation umformen
   z.B. "Wir weben Teppiche" (ARIMA, CUISENAIRE)

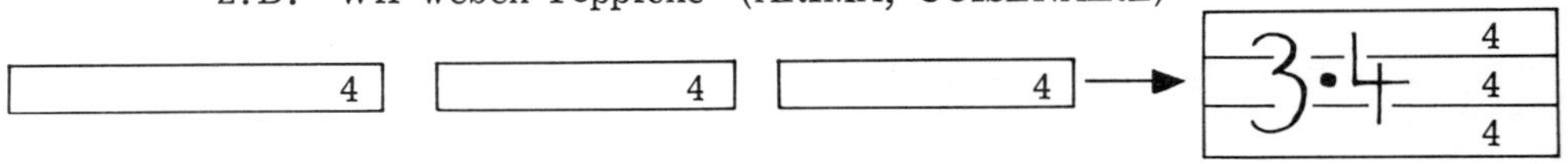

   | 4 | 4 | 4 |
   
   3 · 4
   | 4 |
   | 4 |
   | 4 |

123

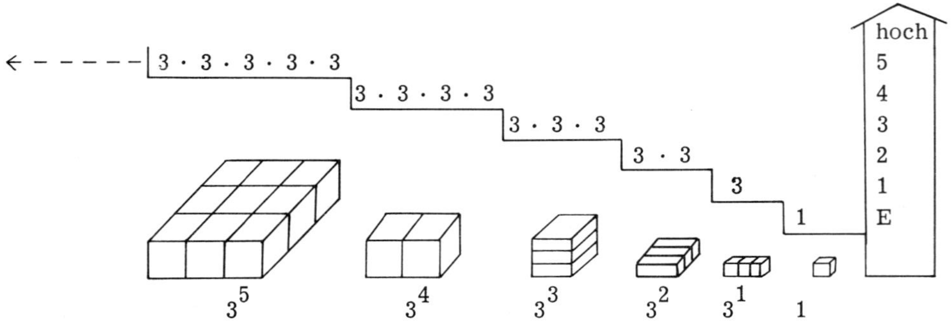

Als Potenzmodelle, die in der Literatur zu finden sind, wären nennenswert:

- das geometrische Modell:
  Die Stufung Würfel-Säule (Stab) -Platte wiederholt sich auf höheren Ebenen konsequent. Ein gegenständliches Modell, das den Potenzen geometrisierte Vorstellungen unterlegt.

| 6. BE | 5. BE | 4. BE | 3. BE | 2. BE | 1. BE | E |
|---|---|---|---|---|---|---|
| großer Würfel | große Platte | großer Stab | Würfel | Platte | Stab | Einzelne |
| $n^6$ | $n^5$ | $n^4$ | $n^3$ | $n^2$ | $n^1$ | 1 |

$\underbrace{\phantom{xxxxxxxxxxxxxxxxxx}}_{\text{2. Gruppe}}$ $\underbrace{\phantom{xxxxxxxxxxxxxx}}_{\text{1. Gruppe}}$

- das Baummodell:
  Es ist nur für kleine Potenzwerte sinnvoll verwendbar, erlaubt jedoch durch seine senkrechte Anordnung der Multiplikationskette - beginnend bei 1 - ein Durchschaubarmachen der Potenzschreibweise.

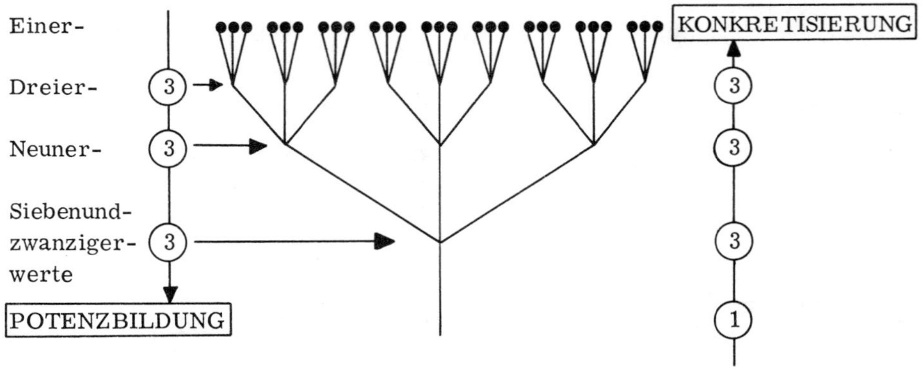

KONKRETISIERUNG

③ ③ ③ ①

Einer-
Dreier-
Neuner-
Siebenundzwanziger-
werte

③ ③ ③

POTENZBILDUNG

2. Schritt: Die Faktoren einer Multiplikation vertauschen können
   z.B. "Wir fliesen ein Stück Wand" (ARIMA)

   $3 \cdot 4$

   | 4 | 4 | 4 |
   |---|---|---|

   $4 \cdot 3$

   | 3 | 3 | 3 |
   |---|---|---|
   | 3 | 3 | 3 |
   | 3 | 3 | 3 |
   | 3 | 3 | 3 |

3. Schritt: Zwei gleiche Faktoren als quadratische Fläche konkretisieren
   (gleiche Faktoren sind nicht vertauschbar)

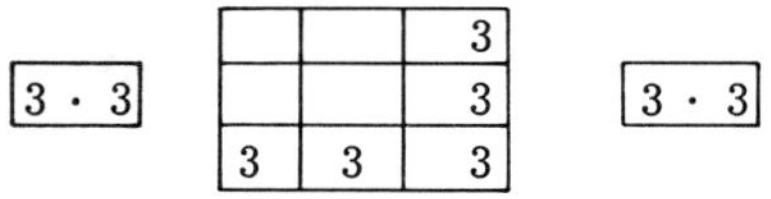

   $3 \cdot 3$

   | 3 | 3 | 3 |
   |---|---|---|
   | 3 | 3 | 3 |
   | 3 | 3 | 3 |

   $3 \cdot 3$

4. Schritt: Eine Faktorenkette aus drei gleichen Gliedern als Würfel konkretisieren

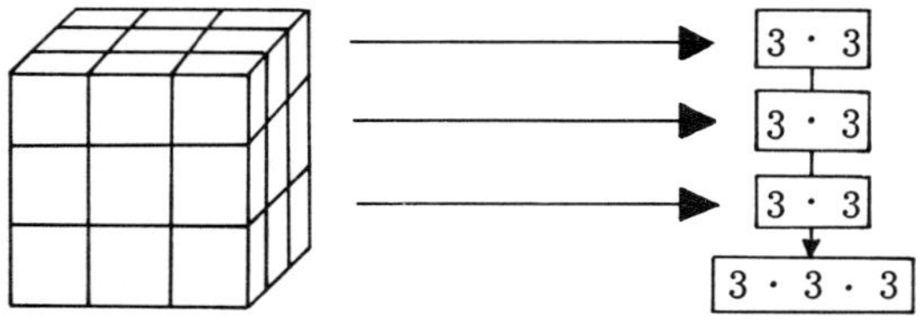

   $3 \cdot 3$ $3 \cdot 3$ $3 \cdot 3$

   $3 \cdot 3 \cdot 3$

Auf dieser anschaulichen und handlungsgesättigten Vorarbeit aufbauend, kann der Schritt zur abgekürzten Potenzschreibweise von Multiplikationsketten gewagt werden.

Die aussagekräftigste Darstellungsform, um die von Stufe zu Stufe wachsenden Potenzwerte zu verdeutlichen, ist die Treppe. An ihr können auch die "Höhen" (Stockwerke, Bündelstufen) abgelesen werden. Mit dieser Vorstellung vermögen Volksschüler etwas anzufangen, wenn sie die Hochschreibweise gebrauchen sollen.

← - - - $3 \cdot 3 \cdot 3 \cdot 3 \cdot 3$

$3 \cdot 3 \cdot 3 \cdot 3$

$3 \cdot 3 \cdot 3$

$3 \cdot 3$

$3$

$1$

hoch
5
4
3
2
1
E

$3^5$ $3^4$ $3^3$ $3^2$ $3^1$ $1$

- das **Turmmodell von Fricke-Besuden**:
Es ist das wohl abstrakteste Modell. Verständlich wird es nur, wenn die vorausgehenden Modelle mitvollzogen sind:

-- das **Additionsmodell mit Stäben**:
3 + 3 + 3

-- das **Multiplikationsmodell mit Stäben**:
3 · 3

-- das **Potenzmodell mit Stäben**:
$3^2$

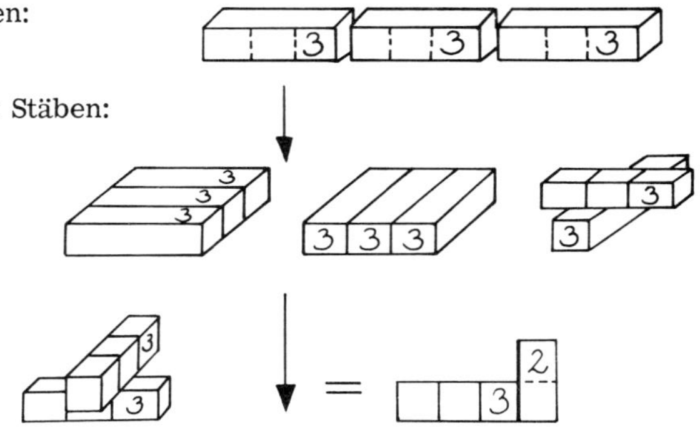

Literatur:
1. Griesel, Die Neue Mathematik für Lehrer und Studenten, Bd. 1, Schroedel, 1971, hier: S. 85 - 88
2. Maier, Didaktik der neuen Mathematik 1 - 9, Auer, 1970, hier: S. 74 - 83
3. Dienes-Golding, Menge, Zahl, Potenz, Herder, 1971, hier: S. 61 - 78
4. Menninger, Zahlwort und Ziffer, Verlag Vandenhoeck; eine interessante, gut illustrierte Kulturgeschichte der Zahl
5. Gaus-Kleinhenz, Einführung in Zahlsysteme, in der Zeitschrift "paed", Heft 4/1973
6. Lehrerhandbücher zu den einschlägigen Schulbüchern
7. Kuntze-Kahabka, Der Mathematikunterricht im 1. Schjg., Bd. 2, Oldenbourg, 1973, hier: S. 27 - 60
8. Kuntze-Kahabka, Der Mathematikunterricht im 2. Schjg., Bd. 1, Oldenbourg, 1975

2.3 Was soll laut Lehrplan in den einzelnen Schülerjahrgängen der Grundschule erreicht werden?

| | 1. Schülerjahrgang | 2. Schülerjahrgang | 3. Schülerjahrgang | 4. Schülerjahrgang |
|---|---|---|---|---|
| **Bündelprinzip** | - Einfaches, überschaubares Bündeln konkreter Gegenstände bzw. grafischer Elemente höchstens bis zur 2. Stufe<br>- "Zielpunkt ist das Bündeln im Zehnersystem." (LP. 74)<br>- "Das Bündeln auch nach den Grundzahlen 3 oder 5 läßt das Prinzip deutlich werden." (LP. 74) | - Ausweitung des Bündelns konkreter Gegenstände und graf. Elemente (größere Anzahlen)<br>- "Im Mittelpunkt steht die Zehnerbündelung." (LP. 74)<br>- Das Bündeln nach den Grundzahlen 3 oder 5 hat nicht Selbstzweck<br>- Berücksichtigung des Entbündelns | - Konkrete Bündelungsmodelle bleiben weiterhin Grundlage der Zahldarstellung<br>- Durch den Wechsel der Grundzahl (10, 5, 4, 3) wird das Bündelprinzip einsichtig. | - An konkrete Bündelungsmodelle knüpft die Zahldarstellung immer wieder an<br>- Konkretisieren gleicher Ziffernfolgen in verschiedenen Zahlsystemen |
| **Notation mit Ziff.** | - Gebündelte Gegenstände bzw. grafische Elemente in einfachen Tabellen notieren (Bündelkarten)<br>- "Die Notierung der Anzahl der Bündel und Einzelnen muß auf die konkrete Handlung bezogen sein." (LP. 74) | - Das Notieren der Bündelergebnisse in Ziffernfolgen wird bewußt (Systematisieren der Erfahrungen)<br>- "Zum Charakterisieren der Positionen der einzelnen Bündeleinheiten werden später Namen für Objekte des jeweiligen Modells verwendet." (LP. 74) | - "Anfangs werden zum Charakterisieren der Positionen noch Namen für Objekte des jeweiligen Modells verwendet, später werden in den Spalteneingängen Zahlen verwendet." (LP. 74)<br>- Zahlen in verschiedenen Ziffernfolgen darstellen | - Mit vermehrter Stellenzahl gewinnen formalere Darstellungshilfen an Bedeutung |
| **Stellenwert** | - Einblick in die dekadische bestimmten Stellenwerte bei der Darstellung zweistelliger Zahlen | - Das Verständnis des Stellenwertsystems kann durch Verwendung eines anderen Modells vorbereitet werden (Arbeit mit Geld - Umwechseln - Tauschbündelung) | - "Durch den Wechsel der Grundzahl (s.o.!) wird der Aufbau des Stellenwertsystems einsichtig." (LP. 74)<br>- Mit zunehmenden Erfahrungen mit den Stellenwerten werden die Stufenzahlen erworben. | - Verstehen des Aufbaus des Stellenwertsystems<br>- Potenzschreibweise zur Kennzeichnung der Stellenwerte |
| **Dekad. Zahlen** | - Einblick gewinnen in den dekadischen Aufbau des Zahlenraumes bis 100<br>- Darstellen dekadisch gegliederter Zahlen bis 100 | - Dekadisches Gliedern der Zahlen bis 100<br>- Schreiben und Lesen dekadisch gegliederter Zahlen<br>- Zählübungen | - Beherrschung der dekadischen Zahldarstellung bis 1000 (Zählen, Ergänzen, Zerlegen, Lesen, Schreiben)<br>- Verdeutlichung des dekadischen Zahlsystems mit Währungs- und Längeneinheiten | - Kenntnis der Stellenwerte im dekad. System<br>- Fertigkeit im Lesen und Schreiben von Zahlen bis zur Million |
| **Anschlußaufg.** | - Erste Einführung in den Größenbereich Währung<br>- Pfennig-, Zehnpfennig- und Markstücke als Beispiel der Zehnerbündelung | - Arbeit mit dem Geld<br>- Einführung in die dekadisch gegliederten Längenmaße m, dm, cm<br>- Rechnen mit dekadischen Zahlen (Darstellung im Bündelhaus bereitet schriftliche Verfahren vor) | - Arbeit mit Geld und Längen<br>- Grundlegung des Verständnisses des Normalverfahrens der Addition (enge Bindung an Bündelungsmodelle) | - Formalere Darstellungshilfen gewinnen an Bedeutung (Darstellen von Zahlen in anderen Systemen)<br>- Vergleichen nichtdekadischer Darstellungen über Grundzahl 10<br>- Grundlegung des Verständnisses des Normalverfahrens der Multiplikation durch Rückgriff auf geeignete Modelle |

2.4   Welche weiterführenden Aufgaben sind der 5. und 6. Jahrgangsstufe zugewiesen?

5. Jahrgangsstufe:

-- Aufbau des Zahlenraums bis zur Billion
-- Beherrschung der dezimalen Stellenwertschreibweise natürlicher Zahlen
-- die Ordnung der natürlichen Zahlen (Zahlenmenge in N)

6. Jahrgangsstufe:

-- Kenntnis der dezimalen Stellenwertschreibweise bei Bruchzahlen
-- Lesen und Schreiben von Bruchzahlen in dezimaler Form

## 3. Geeignete Lernmaterialien, Bündelungsmodelle und Darstellungsweisen

3.1   Geeignete Lernmaterialien im Sinne der "Variation der Veranschaulichung"

Das von Dienes vertretene Variationsprinzip besagt, daß dem Schüler Gelegenheit gegeben werden sollte, denselben mathematischen Begriff oder dieselbe Struktur von verschiedenen Lernmaterialien abzuheben.

3.1.1 Konkrete Objekte, die sich für ein sinnvolles Bündeln eignen:

-- Dosen (Gläser, Flaschen) in Kartons ... Kartons in Schachteln
-- Eier in Fächer ... Fächer zu einem Stapel ...
-- Kreiden (Stifte) in Schächtelchen ... Schächtelchen zu Paketen ...
-- Früchte in Körbchen (Tüten, Netzen) ... Körbchen zu einer Kiste ...

3.1.2 Didaktisch aufgeladenes Material

Elementbezogenes Material:

-- Plättchen, Scheibchen, Stäbchen, Steinchen ...
-- Nichtkubisches steckbares Material, wie Lego, Steckrollen (Köster), Rechenelemente (Eigenverlag März)
-- Kubisches Steckmaterial, wie z.B. Cubimat (Köster), u.a.

Bei diesen Materialien ist das einzelne Element bis zum Ende des Bündelungsprozesses sichtbar.

Gebündeltes bzw. stellenwertbezogenes Material:

-- Die Stellenwerte werden durch unterschiedliche Längen signalisiert z.B. ARIMA-Streifen (Oldenbourg), Farbige Stäbe (Klett)
-- Die Stellenwerte werden durch vereinbarte Farbgebung gekennzeichnet z.B. farblich unterschiedene Spielmünzen ohne Aufdruck
-- Die Stellenwerte werden durch geometrische Aufbaukörper repräsentiert z.B. Mehrsystemblöcke (Herder), Würfel, Platten, Quader (Cuisenaire)
-- Die Stellenwerte werden durch Aufdruck gekennzeichnet z.B. Spielmünzen der dekadischen Währung, ARUS-Stellentafel mit Zählziffern- und Ordnungskarten
-- Die Stellenwerte sind durch die Lage auf dem Zählbrett bestimmt: z.B. farbige oder einfarbige Steinchen, Scheibchen, Plättchen etc. (Abakus)

3.2   Bewährte Modelle und Darstellungsweisen im Dienste eines abwechslungsreich motivierenden Bündelns und einer einsichtigen Zahldarstellung

Um eine bessere Motivation bemüht, und um den Vorgang des Bündelns und die Struktur des Bündelprinzips durchsichtiger zu machen, empfiehlt der Lehrplan, mehrmodellig zu arbeiten.

3.2.1 Bei dem üblichen Bündelverfahren bleiben die einzelnen Gegenstände oder grafischen Elemente durchlaufend sicht- und zählbar. Das Zusammenfassen wird auf enaktiver (handelnder) Ebene durch Zusammenbinden, Zusammenlegen, Zusammenbauen, Zusammenstecken, Zusammenpacken ... realisiert. Auf ikonischer (bildhafter Ebene haben sich farblich voneinander abgehobene Mengenschleifen bewährt. Beim Flächenbündeln kann auch die räumliche Ordnung für eine klare Übersicht über die entstehenden Bündeleinheiten sorgen.

3.2.2 Die stellenwertorientierten Verfahren bzw. Modelle.

Hier können die einzelnen Gegenstände oder Elemente aus den entstandenen Bündeleinheiten meist nicht direkt abgelesen werden. In Frage kommen folgende Modelle:

-- das Flächenmodell
-- das Stabmodell
-- das Stab-Platte-Würfel-Modell
-- das Münz-Tausch-Modell
-- das Baummodell
-- das Maschinenmodell

Siehe "Der Mathematikunterricht im 2. Schjg. "Teil 1, R. Oldenbourg Verlag, München 1975.

## 4. Lernzielorientierter Aufriß des Spirallehrgangs mit unterrichtspraktischen Anregungen

Einführung und Grundlegung des Stellenwertsystems

| Lehrplanziele | J/G/S | Aufgliederung in Feinziele | Didakt.-Method. Kommentar/Hilfen für die Praxis |
|---|---|---|---|
| Fähigkeit, Gegenstände bzw. grafische Elemente einmal zu bündeln und die Anzahlen zu notieren | | 1. Eine ungeordnete Gegenstands- bzw. Kringelmenge ist in stückgleiche Teilmengen zu 10, 5 oder 3 Elementen einmal zu bündeln. Das Bündelergebnis ist konkret zu beschreiben und in Zeichen darzustellen: | |
| | 1 | a) Waren und andere Gegenstände erkunden, die in immer gleicher Stückzahl gebündelt sind. | Konkrete Bündelrepräsentanten kennenlernen, z.B. Schachtel, Paket, Päckchen, Beutel, Tüte, Kiste, Strauß, Bund ... |
| | 1 | b) Gegenstände und Personen in immer gleichen Stückzahlen zusammenfassen. | - Sinnvolle Situationen des Zusammenfassens wählen: (Blumen - Sträuße; Streichholzschachteln - Pakete; Früchte - Körbchen)<br>- Turnspiele mit "Freimalen" erbringen "Bündelungen", z.B.: Immer 5 Kinder in ein Freimal! |
| | 1 | c) Den Vorgang und das Ergebnis des Zusammenfassens kindgemäß versprachlichen. | Die Sprechweisen orientieren sich hier noch an der konkreten Situation und Handlung mit den konkreten Bündelrepräsentanten, z.B.: "Zwei volle Schachteln und vier einzelne Eier". |
| | 1 | d) Das Gebündelte zeichnerisch festhalten (notieren) = 1. Jhgst.<br>e) und in Ziffern festhalten (notieren) = 2. Jhgst. | Lösungsvorschläge der Schüler ernstnehmen: z.B.:<br><br>Didaktischer Ort des Arbeitsblattes! Bündelvorschrift ist vorgegeben: |
| | 1 | f) Das einmalige Bündeln und das Notieren der Anzahlen an grafischen Elementen anwenden. | Motivationen:<br>- Aufschreiben von Spielständen<br>- Verkehrszählung<br>- Speisen - Getränkebestellung |
| | 2 | g) Gebündelte Strichlisten zu einer besseren Gliederung, Beschreibung und Kennzeichnung von Mengen erstellen. | - Immer die gleiche Stückzahl zusammenfassen (= bündeln)<br>- Anzahl der Bündel und der restlichen Elemente notieren |
| | 2 | h) Das Gemeinsame aller durchgeführten Bündelungen erkennen (Bündelprinzip vorbereiten). | |

| Lehrplanziele | Aufgliederung in Feinziele | Didakt.-Method. Kommentar/Hilfen für die Praxis |
|---|---|---|
| Fähigkeit, Gegenstände bzw. grafische Elemente über die erste Bündelstufe hinaus weiter- und fertigbündeln (Im 1. Schjg. nur bis zur 2. Bündelstufe!) | 2. Eine Gegenstandsmenge ist über die erste Bündelstufe hinaus weiter zu bündeln. Das Ergebnis des Bündelns ist konkret zu beschreiben und in Zeichen darzustellen. | Beispiele |
| | ⃞1 a) An geeignetem Lernmaterial oder Warenabpackungen Bündelungsvorschriften entdecken und versprachlichen. | a) Rechenelemente (Eigenverlag März): 10 Elemente - 1 Riegel; 10 Riegel - 1 Schachtel voll. b) Steckbündelungen mit Lego oder Steckwürfel (Cubimat): 5 Steine - 1 kleiner Transporter, 5 Fünfer - 1 großer Transporter. |
| | ⃞1 b) Gegenstände bis zur 1. Bündelstufe bündeln und das Zwischenergebnis beschreiben. | - Stapelsituationen: 10 Eier - 1 Fächer; 10 Fächer - 1 Stapel; 10 Stapel - 1 Schachtel u.a. |
| | ⃞1 c) Die Notwendigkeit zum Weiterbündeln erkennen. | - Verpackungssituationen: 5 Zitronen - 1 Netz; 5 Netze - 1 Schachtel. 3 Kaugummis - 1 Päckchen; 3 Päckchen - 1 Sonderangebot. |
| | ⃞1 d) Das Weiterbündeln a.d. 2. Bündelstufe realisieren und das neue Ergebnis versprachlichen. | - Reihensituationen: 5 Mohrenköpfe - 1 Reihe, 5 Reihen - 1 Schachtel; 10 Stühle - 1 Rang; 10 Ränge - 1 Saal. |
| | ⃞2 e) Sofern erforderlich, über die 2. Stufe hinaus nach Vorschrift zu Ende bündeln. (Dabei Erfahrungen mit dem Bündelprinzip machen) | - Spielsituationen: (Würfelspiel) für 4 erwürfelte Marken - 1 Badekarte für 4 Badekarten - 1 Reitkarte für 4 Reitkarten - 1 Bodenseerundfahrt - Fiktive Lernsituation: Indianer zählen nur bis 5 ... (o.ä.). |
| | ⃞1+2 f) Das Ergebnis des Bündelns bildhaft (Bündelzeichen) und mittels Ziffern in einer "Bündelkarte" darstellen. | Z.B. einsortierte Eier: - 1 Stapel (St) - 2 Fächer (F) - 5 einzelne Eier (E) |
| | ⃞2 g) Die Bündelerfahrungen auf das Bündeln grafischer Elemente anwenden. Dabei ggf. feste Farbvereinbarungen treffen. | Didaktischer Ort der Arbeitsblätter! |

| Lehrplanziele | Aufgliederung in Feinziele | Didakt.-Method. Kommentar/Hilfen für die Praxis |
|---|---|---|
| | ⟨2⟩ h) Bündelungen, bei denen eine Stufe leer ist, notieren. | Die Schüler beschreiben die leere Bündelstufe konkret ("kein Päckchen") |
| | ⟨3⟩ i) Das Gemeinsame aller Bündelungen erkennen und das Bündelprinzip versprachlichen. | - Einheitliche Vorschrift auf allen Bündelstufen - Bündel- oder Grundzahl.<br>- Anzahl der benötigten Ziffern deckt sich mit der Grundzahl.<br>- Die Ordnung der Bündel beim Notieren. |
| Fähigkeit, eine gebündelt notierte Anzahl von Gegenständen bzw. grafischen Elementen innerhalb des bekannten Zahlenraums (2. Schjg. bis 100) zu entbündeln | 3. Eine gebündelt notierte Anzahl von Gegenständen - vorgegeben in einer ausgezeichneten Bündelkarte - ist durch Beachten der Grundzahl schrittweise zu entbündeln (Sichtbarmachen der einzelnen Elemente). | Erkennen der Notwendigkeit einer Auszeichnung der Bündelkarte mit der "Bündelzahl" oder "Schlüsselzahl".<br>Möglichkeiten: |
| | ⟨2⟩ a) Aus der Bündelkarte die Bündelungsvorschrift ablesen und versprachlichen. | |
| | ⟨2⟩ b) Den Ziffern die richtigen Bündel und einzelnen Elemente zuordnen. | Aufgabenstellung:<br>Es gibt Marzipaneier in Zehner- und in Fünferbündelungen. Wer hat mehr Eier eingekauft? |
| | ⟨2⟩ c) Die Bündel der höchsten Stufe auflösen und das Ergebnis beschreiben. | |

131

| Lehrplanziele | Aufgliederung in Feinziele | Didakt.-Method. Kommentar/Hilfen für die Praxis |
|---|---|---|
| ⟨2⟩ | d) Solange das Entbündeln fortsetzen, bis nur noch einzelne Elemente da sind. | ⟨5⟩ Fr. Rotter: Päckch. 3, Eier 2 — ⟨10⟩ Fr. Merkl: Päckch. 1, Eier 8 |
| ⟨2⟩ | e) Das Ergebnis beschreiben und mit der Ausgangssituation vergleichen. | Schrittweises Entbündeln — Frau Rotter hat 17 Eier gekauft |
| ⟨2⟩ | f) Die Anzahl der Elemente bestimmen. | – Vorerfahrungen mit dem Öffnen und Ausleeren originaler Warenpackungen! |
| | | – Erfahrungen mit dem Wiedereinandernehmen realisierter Steckbündelungen (Umkehrung d. Bündelns!) |
| | | – Demonstrationshaftmaterial für nebenstehendes Beispiel: große und kleine Bündelreifen und Haftelemente. |
| ⟨2⟩ + ⟨3⟩ | g) Das Entbündeln zeichnerisch darstellen und lösen. | ⟨3⟩ z.B. Bälle: Schacht. 2, Netz 1, Ball 2 |
| | | – Bei dem dargestellten Verfahren sind die konkreten Handlungsschritte sichtbar |
| | | – Man kann das Entbündeln auch gekürzt darstellen. |
| Fähigkeit, dieselbe Stückzahl in verschiedenen Ziffernfolgen darzustellen (Einsicht in die unterschiedlichen Ziffernfolgen als Namen für dieselbe Mächtigkeit) | 4. Dieselbe Anzahl von Gegenständen oder grafischen Elementen ist unter Wechsel der Grundzahl zu bündeln. Die dabei gewonnenen Bündelergebnisse (Notationen) sind als Zahlnamen für dieselbe Mächtigkeit zu erkennen. | ⟨10⟩ Z E: 2 4 |

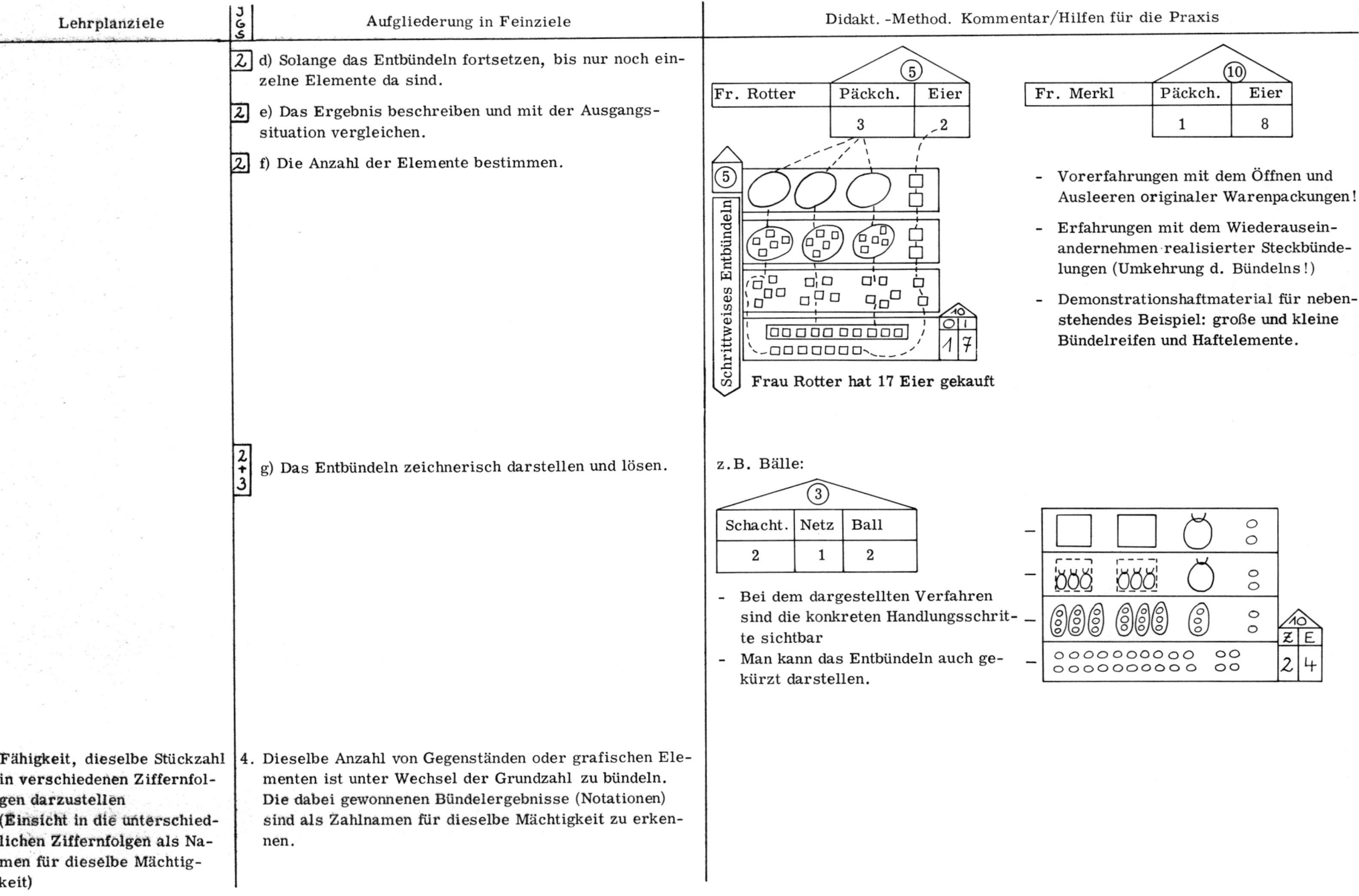

Didakt.-Method. Kommentar/Hilfen für die Praxis

Für diese Lernsequenz eignet sich das arbeitsteilige Verfahren.
Arbeitsmodell: Kette von Bündelmaschinen
Arbeitsmaterial: Steckbares Material (Lego, Cubimat, Rechenelemente)

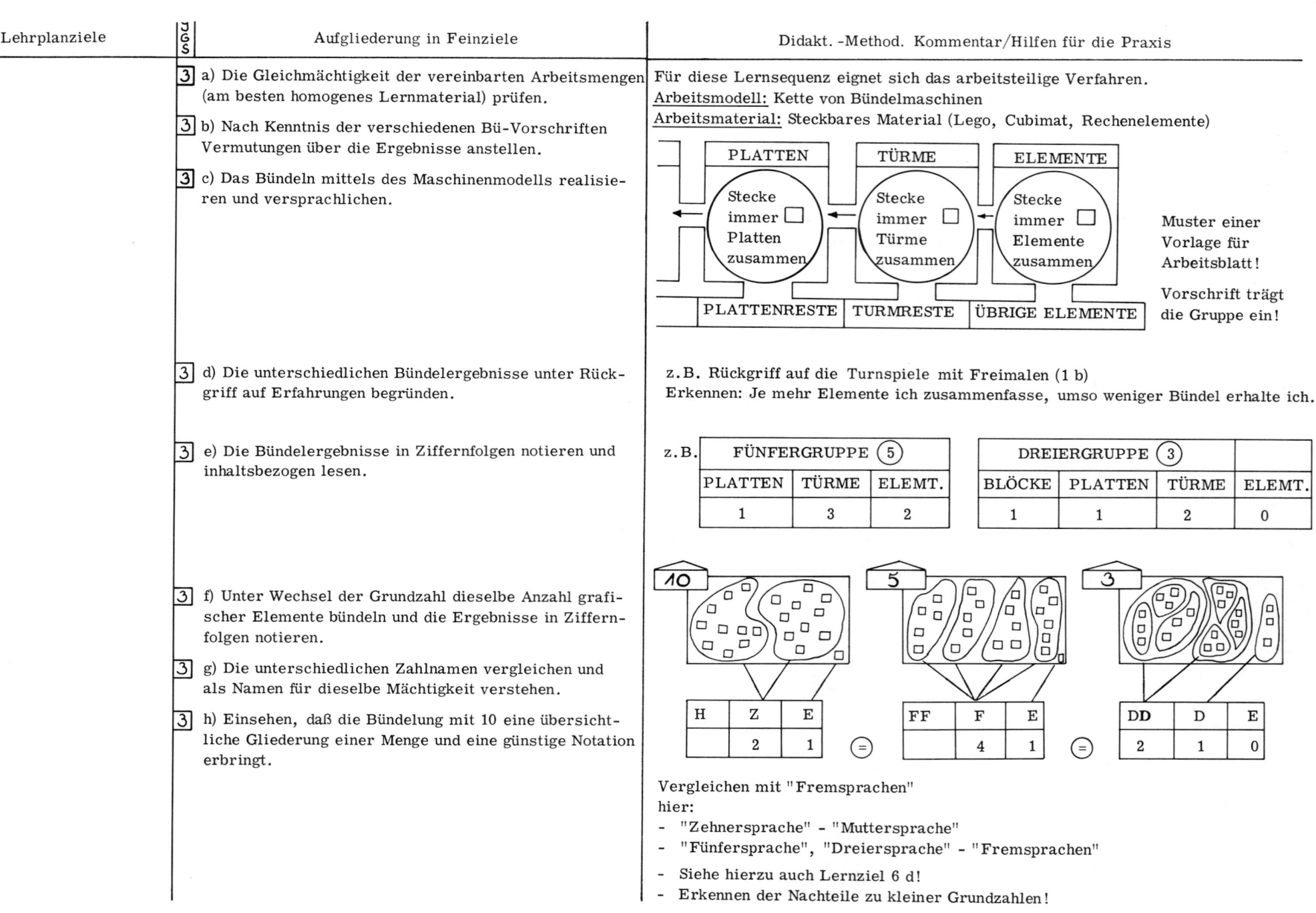

| PLATTEN | TÜRME | ELEMENTE |
|---|---|---|
| Stecke immer ☐ Platten zusammen | Stecke immer ☐ Türme zusammen | Stecke immer ☐ Elemente zusammen |
| PLATTENRESTE | TURMRESTE | ÜBRIGE ELEMENTE |

Muster einer Vorlage für Arbeitsblatt!

Vorschrift trägt die Gruppe ein!

z.B. Rückgriff auf die Turnspiele mit Freimalen (1 b)
Erkennen: Je mehr Elemente ich zusammenfasse, umso weniger Bündel erhalte ich.

z.B.

FÜNFERGRUPPE ⑤

| PLATTEN | TÜRME | ELEMT. |
|---|---|---|
| 1 | 3 | 2 |

DREIERGRUPPE ③

| BLÖCKE | PLATTEN | TÜRME | ELEMT. |
|---|---|---|---|
| 1 | 1 | 2 | 0 |

| H | Z | E |
|---|---|---|
| 2 | 1 | 1 |

= 

| FF | F | E |
|---|---|---|
|  | 4 | 1 |

=

| DD | D | E |
|---|---|---|
| 2 | 1 | 0 |

Vergleichen mit "Fremsprachen" hier:
- "Zehnersprache" – "Muttersprache"
- "Fünfersprache", "Dreiersprache" – "Fremsprachen"
- Siehe hierzu auch Lernziel 6 d!
- Erkennen der Nachteile zu kleiner Grundzahlen!

---

Lehrplanziele | Aufgliederung in Feinziele

G/S

③ a) Die Gleichmächtigkeit der vereinbarten Arbeitsmengen (am besten homogenes Lernmaterial) prüfen.

③ b) Nach Kenntnis der verschiedenen Bü-Vorschriften Vermutungen über die Ergebnisse anstellen.

③ c) Das Bündeln mittels des Maschinenmodells realisieren und versprachlichen.

③ d) Die unterschiedlichen Bündelergebnisse unter Rückgriff auf Erfahrungen begründen.

③ e) Die Bündelergebnisse in Ziffernfolgen notieren und inhaltsbezogen lesen.

③ f) Unter Wechsel der Grundzahl dieselbe Anzahl grafischer Elemente bündeln und die Ergebnisse in Ziffernfolgen notieren.

③ g) Die unterschiedlichen Zahlnamen vergleichen und als Namen für dieselbe Mächtigkeit verstehen.

③ h) Einsehen, daß die Bündelung mit 10 eine übersichtliche Gliederung einer Menge und eine günstige Notation erbringt.

| Lehrplanziele | Aufgeschlüsselte Feinziele | Didakt.-Method. Kommentar/Hilfen für die Praxis |
|---|---|---|
| Fähigkeit, Gegenstände bzw. grafische Elemente auf dem Wege des Tauschens (d. h. in anderem Modell) zu neuen Einheiten zu "bündeln" | 5. Gegenstände bzw. grafische Elemente sind nach gegebener Tauschvorschrift zu bündeln und in neue Bündeleinheiten umzutauschen, in denen die ursprünglichen Elemente nicht mehr sichtbar sein müssen. | Bei Vorhandensein der "Farbigen Stäbe" (Cuisenaire, Klett) und des strukturierten Materials "Logema": |
| | a) Am Lernmaterial Tauschregeln entdecken und sie versprachlichen. [2] | 4 Einerwürfelchen → 1 kleines quadr. Logema<br>4 kleine Logemas → 1 großes quadr. Logema |
| | b) Das Bündeln einer Gegenstandsmenge als Tauschvorgang ausführen und beschreiben (mindestens in zwei verschiedenen Materialien). [2] | Rückgriff auf verschiedene Lernmaterialien, die jeweils auf ihre Art Tauschbündelungen ermöglichen<br>- Flächenorientiertes Tauschbündeln (z. B. mittels ARIMA-Streifen)<br>- Längenorientiertes Tauschbündeln (z. B. Farbige Stäbe)<br>- Geometrisiertes Tauschbündeln (z. B. Cuisenaire-Material)<br>- Farborientiertes Tauschbündeln (z. B. farbige Plättchen, Münzen) |
| | c) Den Wert der "Bündelvertreter" (Bündeleinheiten) versprachlichen und auf die notierte Ziffernfolge übertragen. [2] | - Spätestens hier taucht der Begriff "Wert" auf. (Relation: "ist soviel wert", "hat mehr (weniger) Wert" ...)<br>- Mit der Versprachlichung des Werts der Bündeleinheiten verwendet der Schüler zahlhafte Aussagen wie "eine Fünfermünze", "ein Dreiplättchen", "eine Drei-Dreierplatte" usw. |
| | d) Das Tauschbündeln wertbezogen in einem sog. "Bündelhaus" (Rechenbrett) ausführen (konkret handelnd). [2+3] | - Geeignetes Lernmaterial für ein konkretes Handeln siehe 3!<br>- Bewußtwerden der arabischen Rechts-Links-Schreibrichtung<br>- Die Auszeichnung der Bündelspalten paßt sich an das Lernmaterial an<br>- Der Begriff der "Stelle", die der betreffenden Marke einen bestimmten Wert gibt, taucht auf. |
| | e) Gebündelt vorgegebene Anzahlen auf dem Wege des Umwechselns konkret handelnd entbündeln (Umkehrhandlung). [2+3] | BÜNDELN<br>| FF | F | E |<br>| o | ooooo | ooooo |<br>| | ooooo | ooooo |<br>| | ooooo | ooooo |<br>| | ooooo | ooooo |<br>| | ooooo | ooooo |<br>| | | ooo |<br>| 1 | 1 | 3 |<br>ENTBÜNDELN<br>| FF | F | E | Z | E |<br>| o | o ooo | ooooo ooo | 3 | 3 |<br>| | | ooooo ooo | | |<br>| | | ooooo ooo | | | |

134

| Lehrplanziele | Aufschlüsselung in Feinziele | J G S | Didakt.-Method. Kommentar/Hilfen für die Praxis |
|---|---|---|---|
| | f) Das Bündeln grafischer Elemente im Umtauschverfahren im "Bündelhaus" darstellen (und umgekehrt das Entbündeln). | 2+3 | |
| | g) Das vom Tauschen bestimmte Bündeln und Entbündeln zahlbezogen im Stellenwerthaus darstellen. | 3 | |

|  | DD | D | E |
|---|---|---|---|
| ③ | ○ | ϕ ϕ ϕ | ● ● ● ● ● |
|  | 1 | 1 | 2 |

(verkürzt)

|  | DD | D | E |
|---|---|---|---|
| ③ |  |  | ∷∷∷∷ |
|  |  | • | ∷ |
|  |  | • • | ∷ |
|  |  | • • • | ∷ |
|  |  | • • • • | ∷ |
|  | • | 1 | 2 |

zeichnerisch (ikonisch)

|  | DD | D | E |
|---|---|---|---|
| ③ |  |  | 14 |
|  |  | 1 | 11 |
|  |  | 2 | 8 |
|  |  | 3 | 5 |
|  |  | 4 | 2 |
|  | 1 | 1 | 2 |

zahlhaft (formal)

|  | DD | D | E |
|---|---|---|---|
| ③ |  |  | 14 |
|  |  | 4 | 2 |
|  | 1 | 1 | 2 |

(verkürzt)

---

Einblick in das Bündeln mit 10 als Baugesetz unserer Zahlschreibweise (dekadischer Aufbau)

6. Gegenstände bzw. grafische Elemente sind bewußt nach Zehnerpotenzen zu bündeln. Beim Notieren der Zehnerbündel und der Reste der Einzelnen gewinnen die Schüler Einblick in die dekadische Schreibweise unserer Zahlen.

a) Hochmächtige ungeordnete Gegenstandsmengen nach Zehnern (und diese zu Hunderten) bündeln und beschreiben. [1]

Geeignete konkrete Zehnerbündelsituationen wählen.
Z.B.:
- Wir bestuhlen die Turnhalle für eine Schulfeier
- Wir verpacken Reißnägel, Kreiden, Schrauben ...
- Wir beladen einen Autozug usw.
Strategien eines sicheren Zusammenfassens von 10 Objekten (2 Fünfer, 5 Zweier) anwenden.

b) Gegenstände bzw. homogenes Lernmaterial zum Zwecke eines rascheren Bündelns nach 10 vorordnen. [1+2]

Repräsentanten können sein: Reihen, Stöße, Schachteln, Röhrchen, Waggons, Boote etc. ...

c) Real oder grafisch vorgeordnete Mengen nach Zehnern bündeln und das Ergebnis dekadisch beschreiben und notieren. [1]

| Stangen | Einz. |
|---|---|
| 3 | 2 |

⑩ → | Z | E |
|---|---|
| 3 | 2 |

V: "drei Zehnerstangen Schokokeks und zwei einzelne Kekse"

d) Entdecken, daß die Zehnerbündelung kleine Zahlnamen für große Anzahlen erbringt. [2]

Siehe auch 4 h!

| Lehrplanziele | Aufschlüsselung in Feinziele | Didakt.-Method. Kommentar/Hilfen für die Praxis |
|---|---|---|
| Fähigkeit, Zahlen dekadisch zu gliedern, zu schreiben und zu lesen | [1,2,3] e) Zahlen durch Wechsel der Darstellungsmittel und -formen dekadisch gegliedert darstellen (siehe 2.1.4 der Ausführungen). | - Darstellungsmittel im Konkreten: Lernmaterial, Münzen ...<br>- Darstellungsformen im Ikonischen, z.B. ☐ für H, \| für Z und ● für E<br>(143 : ☐ \|\|\|\| ...)<br>- Darstellungsformen im Symbolischen: 143 = 1 H 4 Z 3 E<br>                                    = 100+40+3<br>- Darstellen in Sprache |
| | [1+2] f) Dekadisch dargestellte Zahlen richtig schreiben und lesen. | Z.B.: ⑩ ⑩ ① ① → 42 → "vierzigzwei" / "zweiundvierzig"<br>Beim Lesen dekadischer Zahlen bewährt sich der Ausgang von der sog. "Zahlkartensprechweise", die sich mit der Schreibrichtung deckt. |
| | [1+2] g) In den Einheiten der Währung das Prinzip der Zehnerbündelung entdecken. | - Pfennigstück<br>- Zehnpfennigstück<br>- Markstück |
| | [2+3] h) In den Einheiten der Längenmessung das Baugesetz des Zehnersystems entdecken. | (Tabelle: m \| dm \| cm / 1 \| 0 \| 0 ; 1 \| 1 \| 0 ; 1 \| 1 \| 1)<br>(Tabelle: m \| dm \| cm \| mm mit entsprechenden Werten) |
| Einsicht in den Aufbau des Stellenwertsystems | 7. Der vom Bündelprinzip, der Stellenwertordnung und der Ziffernschreibweise bestimmte Aufbau des Stellenwertsystems wird mittels geometrischen Lernmaterials einsichtig gemacht. | - Das Entstehen der ungegliederten Einheiten Stab, Platte, Block muß über konkretes Bündeln erfahren werden! |
| | [3] a) Stäbe als Repräsentanten der Bündel 1. Ordnung, Platten als Repräsentanten 2. Ordnung und Blöcke als Bündelrepräsentanten 3. Ordnung entdecken. | - Als geeignetes Lernmaterial empfiehlt sich das Cuisenaireprogramm, die Mehrsystemblöcke oder kubisches steckbares Material. |
| | [3] b) Mit Hilfe dieses Lernmaterials eine vorgegebene Stückzahl von Elementen bündeln. | - Geeignetes Arbeitsmodell ist die Maschinenkette, die Elemente zu Stäben, Stäbe zu Platten und Platten zu Blöcke zusammenfaßt. |

136

| Lehrplanziele | Aufschlüsselung in Feinziele | Didakt.-Method. Kommentar/Hilfen für die Praxis |
|---|---|---|
| 3/6/5 | c) Von dem durchlaufenden Bündelungsprogramm (Vorschrift) die "Grundzahl" abheben und das Bündelprinzip versprachlichen. | |
| 3+4 | | |
| 3+4 | d) Beim Beschreiben des Bündelergebnisses den Wert der Bündeleinheiten genau charakterisieren. | BLOCK ③→ PLATTE ③→ STAB ③→ ELEMENT |
| | | Die Einsicht in das Stellenwertprinzip der Notation läuft gestuft ab, z.B. |
| | | a) Konkrete Art        1 Platte       / 1 Stab  /...  |
| | | b) Zahlbezogene konkrete Art   1 Dreidreierplatte / 1 Dreierstab /... |
| | | c) Rein zahlwerthafte Form    9    / 3  /... |
| | | d) Als Faktorenkette oder in Potenzen  $3 \cdot 3$ $(3^2)$ / 3 $(3^1)$ /... |
| | | Z.B. im Zehnersystem |
| 3 | e) Einsicht in die von rechts nach links stufenweise im Wert steigenden Positionen der Bündeleinheiten und der zugeordneten Ziffern gewinnen. | |
| | | – Verständnis für die geordnete Folge der Ziffern |
| | | |  | BLÖCKE | PLATTEN | STÄBE | ELEMENTE |
| | | |---|---|---|---|---|
| | | |  | $10 \cdot 10 \cdot 10$ | $10 \cdot 10$ | 10 | 1 |
| | | |  | 1000 | 100 | 10 | 1 |
| 2+3 | f) Die Ziffernfolgen 10, 100, 1000 mit Lernmaterial in verschiedenen Zahlsystemen konkretisieren. | |
| 3 | g) Die Schreibweisen 10, 100, 1000 als einheitliche Bezeichnungen für die Bündeleinheiten aller Systeme erkennen. | z.B.: "10" als ein reines Bündel der gewählten Grundzahl. "100" als ein reines Bündelbündel (Bündel 2. Ordnung) der gewählten Grundzahl. |
| 3+4 | h) Die Stufenwerte der gängigen Zahlsysteme (3, 4, 5, 10) aus den unterlegten Multiplikationsketten errechnen und anwenden (Siehe Lernziel 81!). | ⑤ ③ ⑩ |

|  | 3. BE. | 2. BE. | 1. BE. | E |
|---|---|---|---|---|
|  | $5 \cdot 5 \cdot 5$ | $5 \cdot 5$ | 5 | 1 |
|  | $3 \cdot 3 \cdot 3$ | $3 \cdot 3$ | 3 | 1 |
|  | $10 \cdot 10 \cdot 10$ | $10 \cdot 10$ | 10 | 1 |

|  | 3. BE. | 2. BE. | 1. BE. | E |
|---|---|---|---|---|
|  | 125 | 25 | 5 | 1 |
|  | 27 | 9 | 3 | 1 |
|  | 1000 | 100 | 10 | 1 |

| Lehrplanziele | Aufschlüsselung in Feinziele | | Didakt.-Method. Kommentar/Hilfen für die Praxis |
|---|---|---|---|
| | JGS | | |
| | 2+3 | i) Nicht fertig gebündelte Zahlen durch Beachten der Grundzahl zu Ende bündeln. | z.B. $\boxed{\begin{array}{c|c|c}H & Z & E \\ 3 & 24 & 9\end{array}} = \boxed{\begin{array}{c|c|c}H & Z & E \\ 5 & 4 & 9\end{array}}$ <br><br> Verstehen, daß in einer Spalte nicht mehr Einheiten stehen dürfen als die Grundzahl (System!) angibt. |
| | 3+4 | k) Unter Anlehnung an konkrete Modelle in nichtdekadischem Zahlsystem zählen. | (3) →<br>1  2  10  11  12  20  21  22  100<br><br>— Beachten der Übergänge über die Stufenzahlen! |
| Fähigkeit, Zahlen in verschiedenen Zahlsystemen darzustellen | | 8. Unter Rückgriff bzw. Anknüpfung an konkrete Bündelmodelle werden allmählich formalere Zahldarstellungen und Umrechnungen nichtdekadischer Darstellungen entwickelt. | z.B. Was stellst du dir vor:<br><br>$\boxed{P}$ $\boxed{St.}$ $\boxed{E}$ |
| | 3+4 | a) Wiederholend Ziffernfolgen durch Lernmaterial im Stellenwerthaus konkretisieren. | $\boxed{1\;4\;3}\,(5) = \underset{\small 5\cdot 5}{1\cdot \underset{\small 5}{5\cdot 5}} + 4\cdot 5 + 3\cdot 1$ |
| | 3+4 | b) Ziffernfolgen eines nicht dekadischen Zahlsystems durch Zuordnen der entsprechenden Bündelwerte gegliedert darstellen.<br>— in Produkten-Schreibweise<br>— in Zahlwert-Schreibweise<br>— in Potenzschreibweise (mit Vorbehalt!) | $\boxed{1\;4\;3}\,(5) = 1\cdot \underset{\small 5^2}{25} + 4\cdot 5 + 3\cdot 1$<br><br>$\boxed{1\;4\;3}\,(5) = 1\cdot 5^2 + 4\cdot 5^1 + 3\cdot 1$<br><br>Siehe 2.2.3! |
| | 3+4 | c) Den wirklichen Zahlenwert einer Ziffernfolge eines nichtdekadischen Zahlsystems durch Addieren der Bündelwerte ermitteln (mit der Grundzahl 10 vergleichen). | z.B.<br>$\boxed{1\;4\;3}\,(5) = 25 + 20 + 3 = 48\,(10)$<br>$\boxed{1\;1\;2\;2}\,(3) = 27 + 9 + 6 + 2 = 44\,(10)$ |

138

| Lehrplanziele | Aufschlüsselung in Feinziele | Didakt.-Method. Kommentar/Hilfen für die Praxis |
|---|---|---|
| 3 G 5 / 3 + 4 | d) Dieselbe Ziffernfolge bei wechselnder Grundzahl durch Lernmaterial konkretisieren und versprachlichen. | Erfassen, daß zwar die Anzahl der B-Einheiten je Stufe gleich bleiben, daß sich aber der Wert mit dem Wechsel der Basis ändert. Siehe nebenan! <br><br> Zahlenwert / Stellenwert <br> [1 1 2]④ → 2 / 2 <br> 1 / 4 <br> 1 / 16 <br><br> [1 1 2]⑩ → 2 / 2 <br> 1 / 10 <br> 1 / 100 |
| 3 + 4 | e) Dieselbe Ziffernfolge bei wechselnder Grundzahl in ihrem wechselnden wirklichen Zahlwert ermitteln. | z.B. <br> [1 1 2] <br> ④ 64 + 16 + 2 = 90 <br> ⑤ 125 + 25 + 2 = 162 <br> ⑩ 1000 + 100 + 20 + 2 = 1122 <br><br> - Welche Ziffer behält in allen Zahlsystemen ihren Wert gleich? |
| 3 + 4 | f) Eine dekadische Zahl in einem anderen Zahlsystem (andere Ziffernfolge) darstellen. (Dabei wiederholend verschiedene Ziffernfolgen einer Zahl zugehörig verstehen). | - Rückgriff auf konkrete Modelle der Zahldarstellung. <br> - Entwicklung formalerer Umrechnungsverfahren. <br><br> z.B.: <br><br> 1. Lösungsverfahren <br> | 3·3·3 | 3·3 | 3 | 1 | <br> |       |     | 56| 2 | <br> |       | 18← | 0 | 2 | <br> |   6←  | 0   | 0 | 2 | <br> | 2←    |     |   |   | <br><br> [5 6]⑩ → [?]③ <br><br> 2. Lösungsverfahren <br> | 27 | 9 | 3 | 1 | <br> 56 ⑩ = | 27 |   |   |   | <br> | 27 |   | 1 | 1 | <br> | 2  | 0 | 0 | 2 | <br><br> [5 6]⑩ = [2 0 0 2]③ |
| 5 | g) Die Begriffe "Ziffer" und "Zahl" genau unterscheiden und richtig gebrauchen | -- Jedes Zahlsystem hat seinen entsprechenden Zeichenvorrat, den wir "Ziffern" nennen, z.B. <br><br> ⑩ [0 1 2 3 4 5 6 7 8 9] <br> ⑤ [0 1 2 3 4] <br> ③ [0 1 2] |

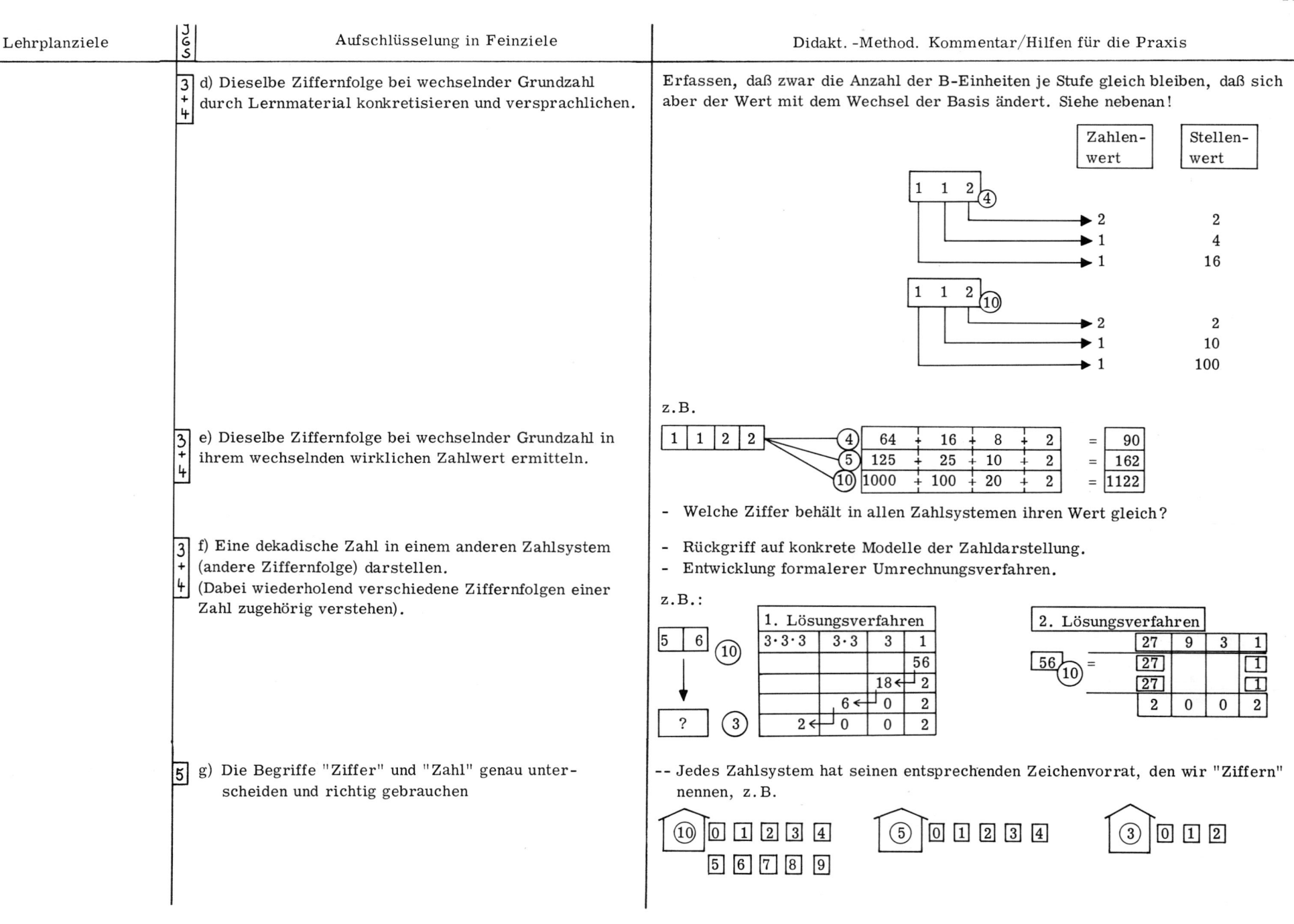

| Lehrplanziele | Aufschlüsselung in Feinziele | Didakt.-Method. Kommentar/Hilfen für die Praxis |
|---|---|---|
| Kenntnis der Stellenwerte im dekadischen Zahlensystem | | -- Dieselbe "Zahl" kann durch Wechsel der Bündelvorschrift in verschiedenen Sprachen, d.h. Zahlsystemen dargestellt werden. Immer handelt es sich um verschiedene Namen für die gleiche Zahl, z.B.:<br><br>"Zehnersprache": H Z E / 5 6<br>"Fünfersprache": Fzw F E / 2 1 1<br>"Dreiersprache": SZw N D E / 2 0 0 2<br><br>Zwar verschiedene Ziffernfolgen, aber im Grunde dieselbe Zahl! (Siehe auch 4g!) |
| | 9. Die dekadischen Stufenwerte kennenlernen | Das didaktisch tragfähigste Modell ist das geometrische Bündelmodell, das jedem höheren Lernniveau standhält.<br><br>GR.PLATTEN →·10→ GR.STÄBE →·10→ WÜRFEL →·10→ PLATTEN →·10→ STÄBE →·10→ ELEM.<br>HT — ZT — T — H — Z — E<br><br>Verwirklichung des Variationsprinzips, z.B. Briefmarkenbündelung (Zehnerreihe / Hunderterbogen / Tausenderstapel / ...), Betrachtung von Meßuhren (Tacho ...) |
| | a) An einem geeigneten Modell die dezimalen Stufenwerte entdecken (in realer Ausprägung kennenlernen)<br>b) Die dezimalen Stufenwerte E, Z, H, T, ... in einem anderen Modell wiederfinden<br>c) Die dekadischen Stufenwerte an der heimischen Währung und in anderen Größenbereichen aufspüren<br>d) Die dekadischen Stufenwerte bis mindestens zur Milliarde kennen. Dabei die durchgehende Zehnerordnung als Aufbausystem verstehen.<br>e) Einzelne Stufenwerte im großen Zahlenraum in ihrer "Mächtigkeit" erleben | Milliardengruppe / Millionengruppe / Tausendergruppe / Einergruppe<br><br>| Md | ZM M | HM | M M | HTM | ZT M | T M | HT | ZT | T | H | Z | E |<br>| --- | --- | --- | --- | --- | --- | --- | --- | --- | --- | --- | --- | --- |<br>| | | | | | | | | | | DM | Zpf | Pf | Währung |<br>| | | | | | 10 km | km | | 10 m | m | dm | cm | mm | Längenmaße |<br>| 1000 | 1000 | 100 | 100 | | 10 t | t | | 100 kg | 10 kg | kg | 100 g | 10 g | g | Gewichte |<br><br>Z.B.: Kann man 1 Milliarde Stecknadeln auf einem LKW laden?<br>— Wiegen: 10 Stecknadeln wiegen genau 1 Gramm.<br>— Schließen: Wieviel wiegen 100 ... 1000 ... 1000000 ... 1000 000 000 Nadeln? |

140

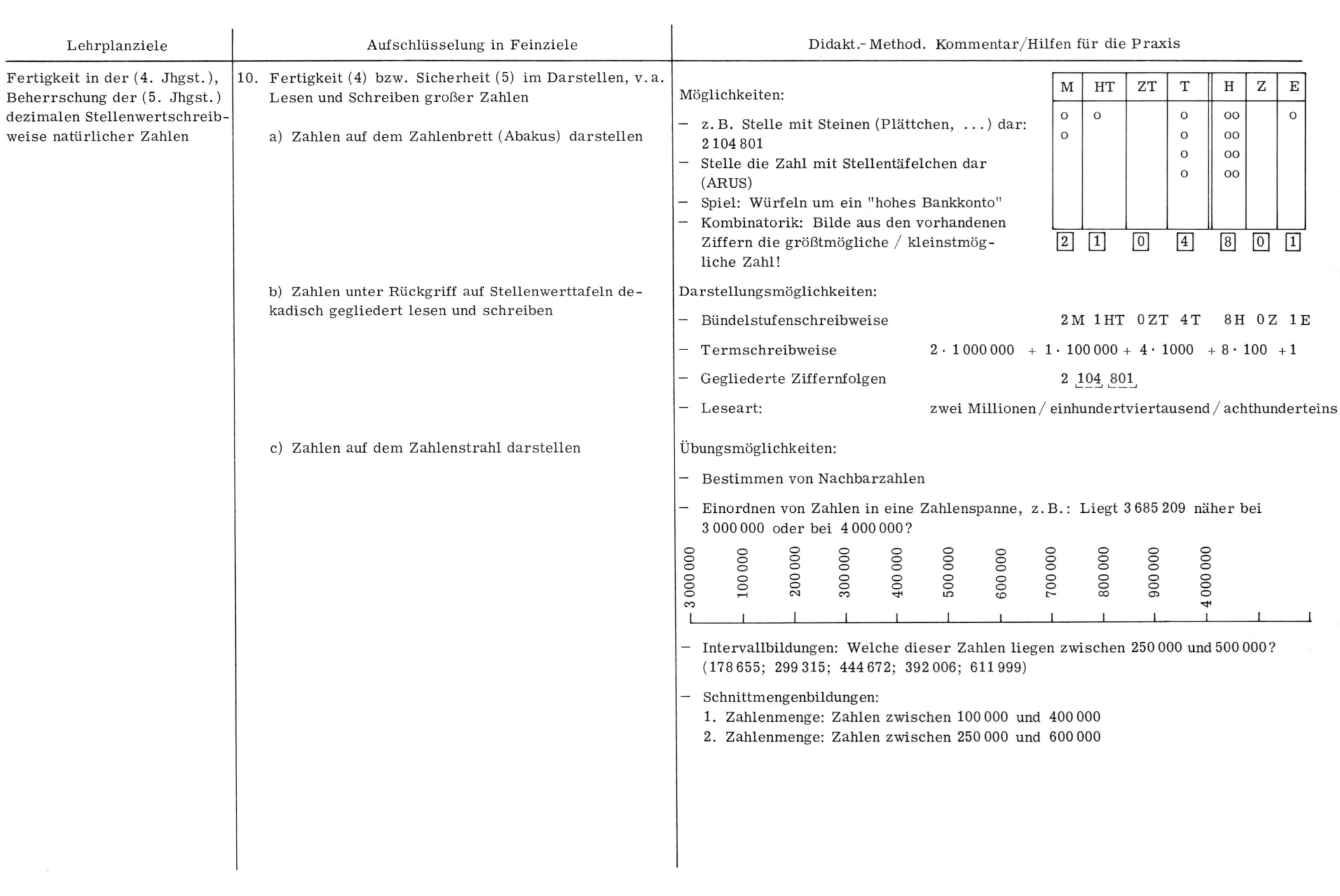

| Lehrplanziele | Aufschlüsselung in Feinziele | Didakt.- Method. Kommentar/Hilfen für die Praxis |
|---|---|---|
| Fertigkeit in der (4. Jhgst.), bzw. Sicherheit (5) der (5. Jhgst.) Beherrschung der dezimalen Stellenwertschreibweise natürlicher Zahlen | 10. Fertigkeit (4) bzw. Sicherheit (5) im Darstellen, v. a. Lesen und Schreiben großer Zahlen<br><br>a) Zahlen auf dem Zahlenbrett (Abakus) darstellen<br><br><br><br><br><br>b) Zahlen unter Rückgriff auf Stellenwerttafeln dekadisch gegliedert lesen und schreiben<br><br><br><br>c) Zahlen auf dem Zahlenstrahl darstellen | Möglichkeiten:<br>— z.B. Stelle mit Steinen (Plättchen, …) dar: 2 104 801<br>— Stelle die Zahl mit Stellentäfelchen dar (ARUS)<br>— Spiel: Würfeln um ein "hohes Bankkonto"<br>— Kombinatorik: Bilde aus den vorhandenen Ziffern die größtmögliche / kleinstmögliche Zahl!<br><br>Darstellungsmöglichkeiten:<br>— Bündelstufenschreibweise   2 M 1 HT 0 ZT 4 T 8 H 0 Z 1 E<br>— Termschreibweise   $2 \cdot 1\,000\,000 + 1 \cdot 100\,000 + 4 \cdot 1000 + 8 \cdot 100 + 1$<br>— Gegliederte Ziffernfolgen   2 104 801<br>— Leseart:   zwei Millionen / einhundertviertausend / achthunderteins<br><br>Übungsmöglichkeiten:<br>— Bestimmen von Nachbarzahlen<br>— Einordnen von Zahlen in eine Zahlenspanne, z.B.: Liegt 3 685 209 näher bei 3 000 000 oder bei 4 000 000?<br><br>— Intervallbildungen: Welche dieser Zahlen liegen zwischen 250 000 und 500 000? (178 655; 299 315; 444 672; 392 006; 611 999)<br>— Schnittmengenbildungen:<br>  1. Zahlenmenge: Zahlen zwischen 100 000 und 400 000<br>  2. Zahlenmenge: Zahlen zwischen 250 000 und 600 000 |

Stellenwerttafel:

| M | HT | ZT | T | H | Z | E |
|---|---|---|---|---|---|---|
| o | o | | o | oo | | o |
| o | | | o | oo | | |
| | | | o | oo | | |
| | | | o | oo | | |

| M | HT | ZT | T | H | Z | E |
|---|---|---|---|---|---|---|
| 2 | 1 | 0 | 4 | 8 | 0 | 1 |

| Lehrplanziele | Aufschlüsselung in Feinziele | Didakt.-Method. Kommentar/Hilfen für die Praxis |
|---|---|---|
| | d) Zahlen auf eine bestimmte Stufe hin runden | Veranschaulichung über das gewellte Zahlenband |
| Fähigkeit, Zahlenmengen zu ordnen | 11. Die geordnete Folge aller natürlichen Zahlen als Menge bezeichnen | Darstellung gerundeter Werte in Kommaschreibweise

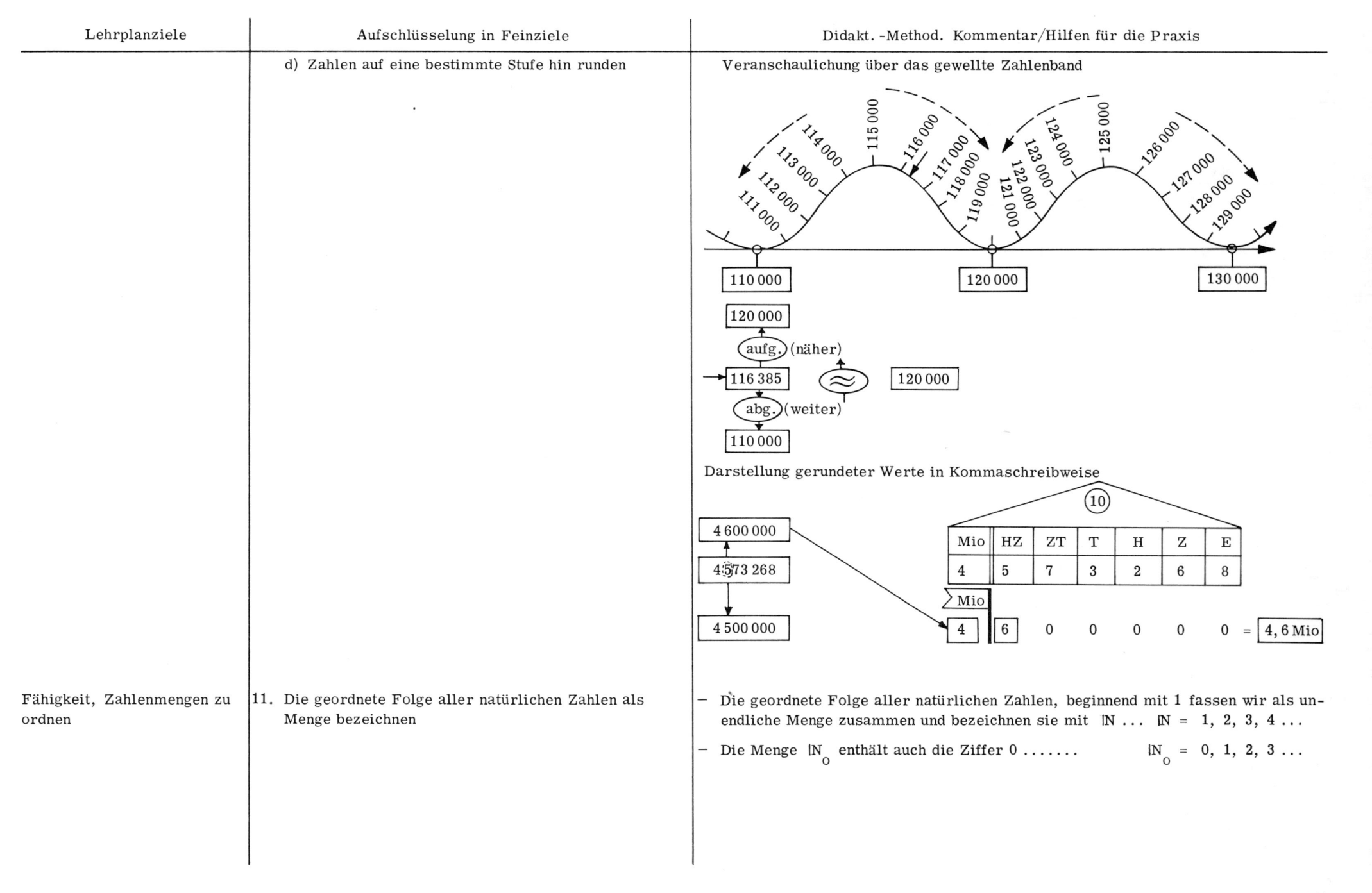

— Die geordnete Folge aller natürlichen Zahlen, beginnend mit 1 fassen wir als unendliche Menge zusammen und bezeichnen sie mit $\mathbb{N}$ ... $\mathbb{N} = 1, 2, 3, 4 ...$

— Die Menge $\mathbb{N}_0$ enthält auch die Ziffer 0 ....... $\mathbb{N}_0 = 0, 1, 2, 3 ...$ |

| Lehrplanziele | Aufschlüsselung in Feinziele | Didakt.-Method. Kommentar/Hilfen für die Praxis |
|---|---|---|
| **Kenntnis der dezimalen Schreibweise von Bruchzahlen** | 12. Die dezimale Schreibweise als eine zweckmäßigere Form der Darstellung von Zehnerbrüchen erkennen und gebrauchen<br><br>a) Erkennen, daß die Kommaschreibweise bei Größen aus einer abgekürzten Schreibweise im Bündelhaus entspringt<br><br>b) Entdecken, daß die Kommagrenze beliebig verschoben werden kann und daß davon die Maßangabe (Benennung) abhängt<br><br>c) Zehnerbruchteile von Größeneinheiten entdecken<br><br>d) Erkennen, daß die Dezimalbrüche nur eine andere Darstellungsform für Bruchzahlen mit dem Nenner 10, 100, 1000, ... ist | — Motivierende Ausgangssituationen: Verkehrszeichen mit Gewicht-, Höhen- oder Breitenbeschränkungen, Hinweistafeln für Wasserschieber, Benzin-, Wasseruhren ...<br><br>HS 375    4,25    1,7<br><br>(7,5 t)   (4,1 m)   (3,2 m)<br><br>7,5 t = \|t\|100 kg\|10 kg\|1 kg\|<br>           \|7\|  5  \|    \|   \|<br>= 7 · 1t + 5 · 100 kg = 7t + 500 kg<br><br>Beispiel:<br><br>\|10 m\|1m\|1dm\|1cm\|1mm\|<br>\|     \|4 \|2  \|5  \|5  \|  = 4,255 m<br>\|     \|4 dm\|2  \|5  \|5  \|  = 42,55 dm<br>\|     \|4 \|2  \|5 cm\|5  \|  = 425,5 cm<br>\|     \|4 \|2  \|5  \|5 mm\|  = 4255 mm<br><br>— Fiebermessung: $37,8°$ = $37° + \frac{8}{10}°$<br>— Summe am Kassenzettel: $45,98$ DM = $45$ DM $+ \frac{9}{10}$ DM $+ \frac{8}{100}$ DM<br>— Benzinuhr an der Zapfsäule: $41,5$ Lt = $41$ Lt $+ \frac{5}{10}$ Lt<br>— Wiegezettel der Brückenwaage: $16,125$ t = $16$ t $+ \frac{1}{10}$ t $+ \frac{2}{100}$ t $+ \frac{5}{1000}$ t<br><br>Bruchteile mit den Nennern 10, 100, 1000 ... können wir darstellen:<br><br>a) in dezimaler Schreibweise (Dezimalbruch)   b) als reine Bruchzahl   c) in Bündel- oder Größenschreibweise<br>$10,25$ m   =   $10\frac{25}{100}$ m   =   10 m   2 dm   5 cm |

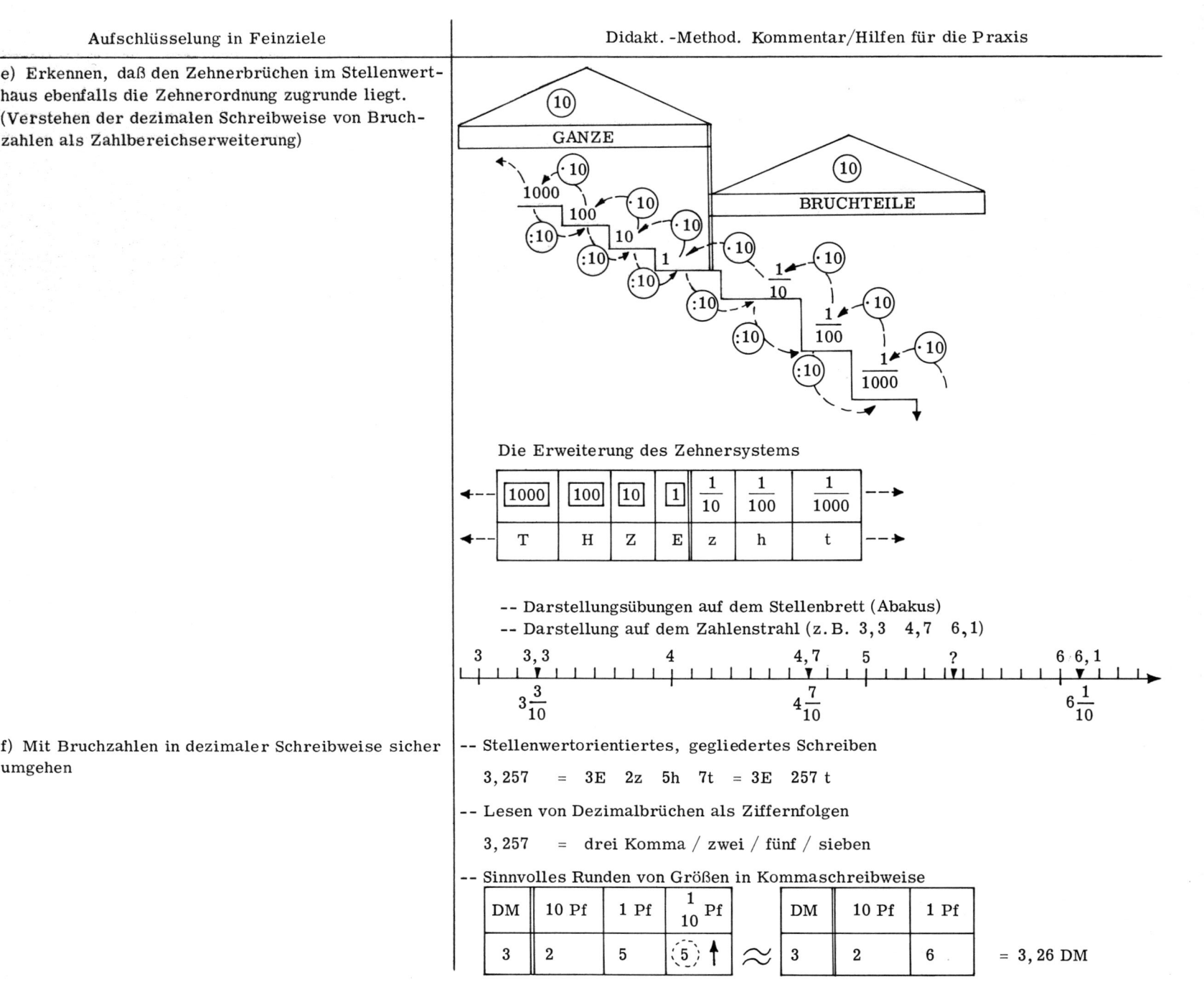

| Lehrplanziele | Aufschlüsselung in Feinziele | Didakt.-Method. Kommentar/Hilfen für die Praxis |
|---|---|---|
| | e) Erkennen, daß den Zehnerbrüchen im Stellenwerthaus ebenfalls die Zehnerordnung zugrunde liegt. (Verstehen der dezimalen Schreibweise von Bruchzahlen als Zahlbereichserweiterung) | GANZE — BRUCHTEILE (·10 / :10) 1000 100 10 1 $\frac{1}{10}$ $\frac{1}{100}$ $\frac{1}{1000}$ <br><br>Die Erweiterung des Zehnersystems <br><br>| 1000 | 100 | 10 | 1 | $\frac{1}{10}$ | $\frac{1}{100}$ | $\frac{1}{1000}$ |<br>| T | H | Z | E | z | h | t |<br><br>-- Darstellungsübungen auf dem Stellenbrett (Abakus)<br>-- Darstellung auf dem Zahlenstrahl (z.B. 3,3  4,7  6,1)<br><br>3  3,3  4  4,7  5  ?  6,6,1<br>$3\frac{3}{10}$  $4\frac{7}{10}$  $6\frac{1}{10}$ |
| | f) Mit Bruchzahlen in dezimaler Schreibweise sicher umgehen | -- Stellenwertorientiertes, gegliedertes Schreiben<br>3,257  =  3E  2z  5h  7t  =  3E  257 t<br>-- Lesen von Dezimalbrüchen als Ziffernfolgen<br>3,257  =  drei Komma / zwei / fünf / sieben<br>-- Sinnvolles Runden von Größen in Kommaschreibweise<br><br>| DM | 10 Pf | 1 Pf | $\frac{1}{10}$ Pf |<br>| 3 | 2 | 5 | (5) ← |<br><br>≈<br><br>| DM | 10 Pf | 1 Pf |<br>| 3 | 2 | 6 |<br><br>= 3,26 DM |

Bruno Kahabka

# Die funktionale Abhängigkeit von Größen

## Proportionalität und Schlußrechnen

| | | |
|---|---|---|
| 1. | Didaktische Grundlegung | 146 |
| 1.1 | Sachstrukturelle Erhellung | 146 |
| 1.2 | Die Schulung des funktionalen Denkens | 148 |
| 1.3 | Die lehrgangsmäßige Einordnung der Lehraufgabe "Proportionalität" | 149 |
| 2. | Lernzielorientierter Aufriß des Lehrgangs mit unterrichtspraktischen Hilfen für die 6. - 7. Jahrgangsstufe | 151 |

# 1. Didaktische Grundlegung

## 1.1 Sachstrukturelle Erhellung

Im Aufbau der Volksschul-Mathematik ist erstmals im CULP für die 6. Jahrgangsstufe die Rede von der "Proportionalität". Eine sachstrukturelle Erhellung dieses Lehrziels und seines begrifflichen Umfeldes erscheint daher geboten.

### 1.1.1 Proportionalität

Größenverhältnisse von Teilen eines Ganzen (z. B. das Verhältnis von Länge und Breite eines Bilderrahmens) bezeichnet die Sprache mit "Proportion".

Abgeleitet davon meint "Proportionalität" die Art des Verhältnisses zweier Größen zueinander (z. B.: Je mehr Ware, umso größer der Preis ...). Mathematisch ausgedrückt ist Proportionalität die "einfachste Form einer funktionalen Abhängigkeit zweier variablen Größen". (1) S. 313 In der Unterrichtspraxis gebraucht der Schüler an der Stelle des ungewohnten Begriffes die Bezeichnungen "Abhängigkeit", "Zuordnung" oder "Verhältnis" so lange als Arbeitsbegriffe, bis das Wesen des neuen Begriffs ihm einsichtig geworden ist.

### 1.1.2 Größen-Größenbereiche-Größenpaare

Im Sprach- und Sinnverständnis des Volksschülers sind Größen schlichtweg benannte Zahlen, z.B.: 1,6 m; 75°; 2½ Std.; 2,7 m³. Auch konkrete Anzahlen sind Größen, wie z. B. 14 Stck; 3 Runden; 5 Tore ...

Größen fassen wir zu Größenbereichen zusammen. In der Formulierung "Das Gewicht des Rohres beträgt ..." ist "Gewicht" ein solcher Größenbereich, zu dem Maßzahlen mit den Benennungen g, kg, t, Ztr., dz ... gehören. Auch "Flächeninhalt", "Weglänge", "Größe des Drehwinkels" usw. ... sind Größenbereiche. Jede Sachaufgabe enthält Größen aus einem oder mehreren Größenbereichen.

Werden oder sind zwei Größen sinnvoll und eindeutig einander zugeordnet, bilden sie ein Größenpaar:

| Größe 1: | Größe 2: | Größenpaar: | Deutung: |
|---|---|---|---|
| 50 km | 1 h | 50 km / 1 h | 50 km Weglänge in einer Stunde |
| 2,5 l | 50 km | 2,5 l / 50 km | Verbrauch von 2,5 l auf 50 km |
| 50 m | 20 m | 50 m / 20 m | Bei gleichem Flächeninhalt von 1000 m² ist das Rechteck 50 m lang und 20 m breit. |

Wir sehen, daß es sinnvoll-eindeutige Zuordnungen zwischen verschiedenen, aber auch zwischen zwei gleichen Größenbereichen gibt.

### 1.1.3 Arten der Abhängigkeit von Größen

Das in Aufgabenstellungen vorgegebene Größenpaar, insbesonders jenes, das den Wert einer Größeneinheit beinhaltet, nennen wir ein unabhängiges Größenpaar.

Z.B.: 2,50 DM → 1 Stck.   75 km → 1 h   10 Arbeiter → 1 Woche

Bei Kenntnis der Art der funktionalen Abhängigkeit, die dem jeweiligen Größenpaar zugrunde liegt, lassen sich daraus beliebig viele weitere Wertepaare ableiten. Von besonderer Bedeutung sind diese Abhängigkeiten für das Rechnen mit solchen Größenpaaren, das sog. "Schlußrechnen".

Im einzelnen lernt der Volksschüler folgende funktionale Abhängigkeiten kennen:

| Art der Abhängigkeit: | Beispiele: | Interpretation / Merkmal: |
|---|---|---|
| nicht gesetzmäßige A. (ohne erkennbare Gesetzmäßigkeit in der Zuordnung der Größenpaare) | Tageszeit → Lufttemperatur Alter → Körpergewicht Gewicht → Briefporto | Dem x-fachen der einen Größe kann weder das x-fache noch der x-te Teil der anderen Größe zugeordnet werden. |
| proportionale A.: (mit regelmäßig steigender oder sinkender Tendenz der geordneten Paare) | Warenmenge → Preis Fahrzeit → Weglänge Fließdauer → Volumen | Dem x-fachen (x-ten Teil) der einen Größe kann stets das x-fache (der x-te Teil) der anderen Größe zugeordnet werden. |
| umgekehrt prop. A.: (mit gegenläufiger Tendenz der geordneten Größenpaare) | Zahl der Arbeiter → Dauer der Arbeit Länge → Breite (inhaltsgleicher Rechtecke) | Dem x-fachen (x-ten Teil) der einen Größe kann stets der x-te Teil (das x-fache) der anderen Größe zugeordnet werden. |

### 1.1.4

Rechnerisch fällt auf, daß den gesetzmäßig-proportionalen und umgekehrt proportionalen Abhängigkeiten gewisse unveränderliche Eigenschaften zugrunde liegen:

a) Bei der sog. "Proportionalität" entdecken wir
   – die Vielfachen-, Summen-, Differenz- und Divisions-Eigenschaft:

5 kg → 16 DM
1 kg → 3,20 DM
6 kg → 19,20 DM

plustreue Zuordnung

5 kg → 16 DM
10 kg → 32 DM

maltreue Zuordnung

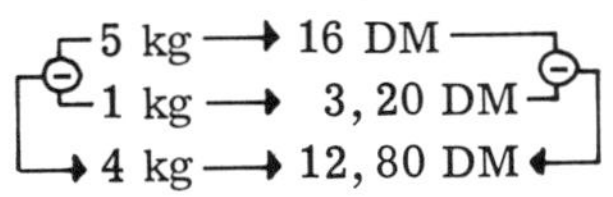

5 kg → 16 DM
1 kg → 3,20 DM
4 kg → 12,80 DM

5 kg → 16 DM
1 kg → 3,20 DM

minustreue Zuordnung — geteiltreue Zuordnung

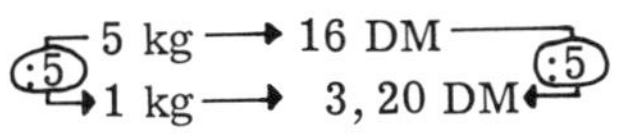

— die gleichläufigen Schlüsse beim Versprachlichen: Je mehr ... umso mehr ...
— den Mal-Operator bei in sog. Wertetafeln notierten Größenpaaren (Abb. 2a)
— die parallelen Zuordnungspfeile bei der Darstellung in der Doppelleiter (Abb. 2b)
— den geradlinigen, durch den 0-Punkt führenden Verlauf des Graphs im Gitternetz (Abb. 2c)

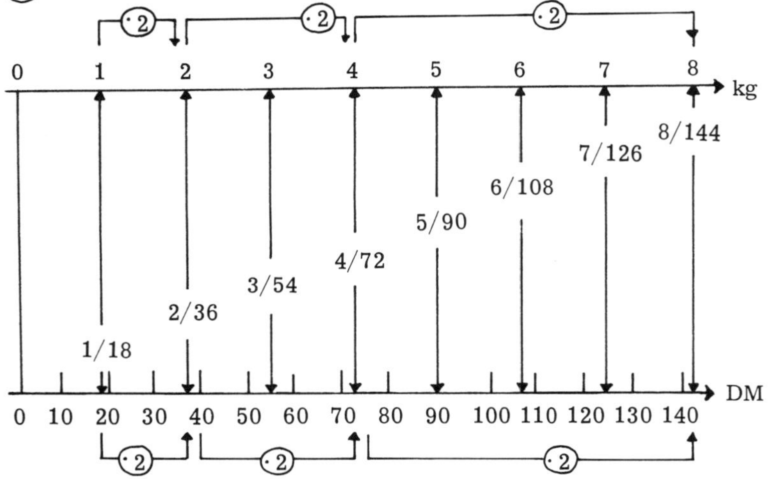

2a)

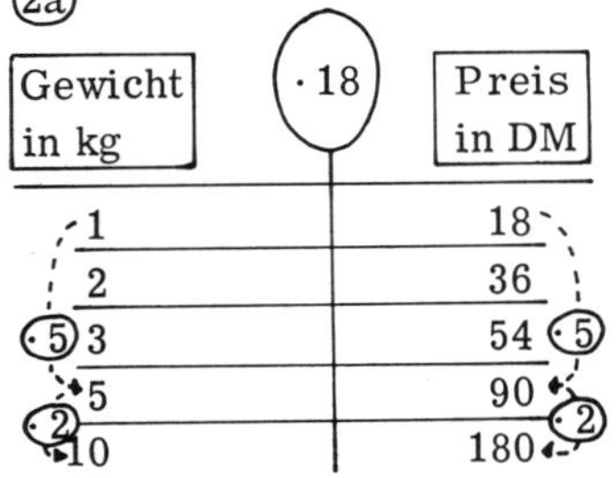

| Gewicht in kg | Preis in DM |
|---|---|
| 1 | 18 |
| 2 | 36 |
| 3 | 54 |
| 5 | 90 |
| 10 | 180 |

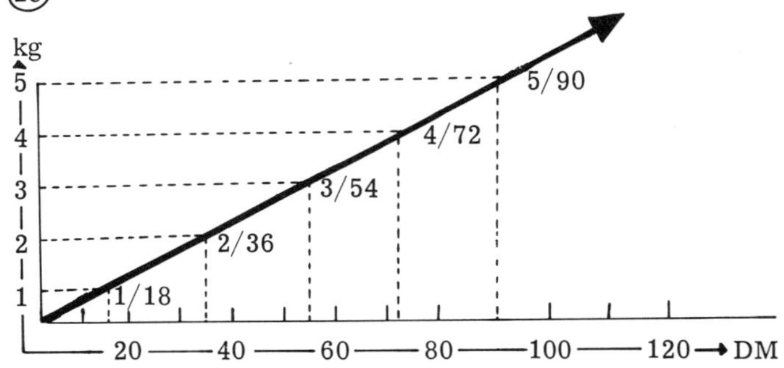

b) Die umgekehrte Proportionalität
— kennt die Vielfachen-, Summen-, ... Eigenschaft nicht; denn die beiden einander zugeordneten Größen besitzen eine gegenläufige Tendenz (Abb. 3a)
— hat auch beim Versprachlichen gegenläufige Schlüsse: Je mehr ... umso weniger ...
— spiegelt sich in der Art der Pfeilführung bei der Doppelleiter wider (Abb. 3b)
— hat als Graph im Gitternetz eine Hyperbel (Abb. 3c)

3a) Verbrauch eines Futtervorrats:
5 Kühe → 20 Tage 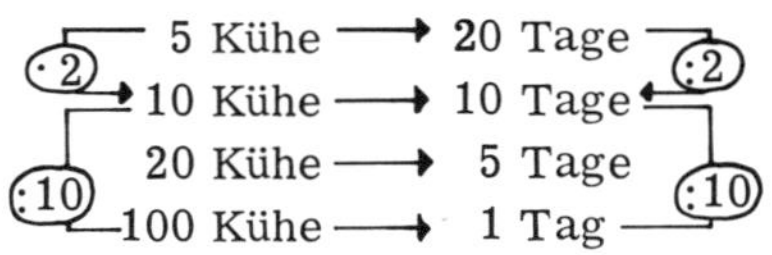
10 Kühe → 10 Tage
20 Kühe → 5 Tage
100 Kühe → 1 Tag

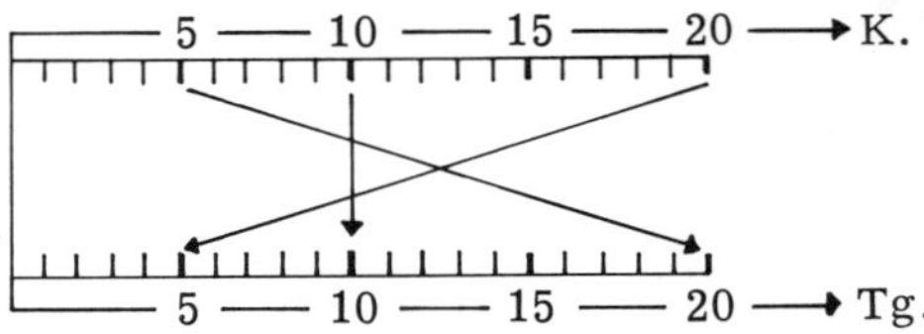

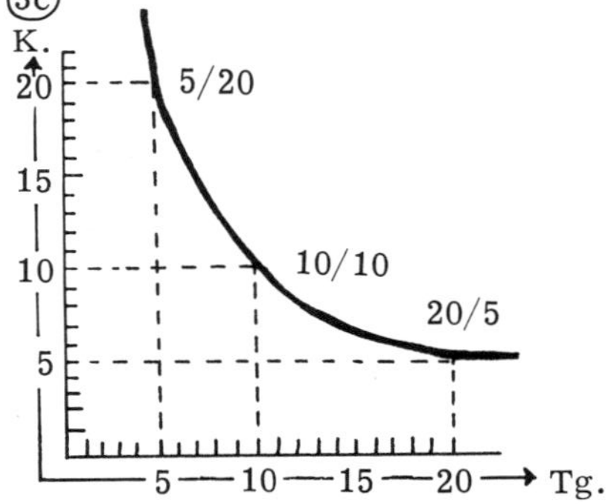

148

Mathematisch bedeutsam ist, daß proportional zugeordnete Größenpaare quotientengleich, umgekehrt proportional zugeordnete Größenpaare dagegen produktengleich sind (Abb. 4).

④

| x = Fahrzeit in h | 1 | 2 | 3 | 4 | 10 |
|---|---|---|---|---|---|
| y = Weglänge in km | 50 | 100 | 150 | 200 | 500 |
| $\frac{x}{y}$ = constant | $\frac{1}{50}$ | $\frac{2}{100}$ | $\frac{3}{150}$ | $\frac{4}{200}$ | $\frac{10}{500}$ |

Proportionale Abhängigkeit

| x = Anzahl der LKW | 16 | 8 | 4 | 2 | 1 |
|---|---|---|---|---|---|
| y = Anzahl der Fuhren je LKW | 5 | 10 | 20 | 40 | 80 |
| x · y = constant | 16·5 | 8·10 | 4·20 | 2·40 | 1·80 |

Umgekehrt proportionale Abhängigkeit

### 1.1.5 Darstellungshilfen

Die moderne Mathematikdidaktik hat eine Fülle von Darstellungsmöglichkeiten zur Veranschaulichung und Verdeutlichung der Abhängigkeit von Größen entwickelt, die als echte Lernhilfen hier zusammengestellt sind: (Siehe auch Ziffer 2)

– Darstellungen im Pfeilbild (Pfeildiagramm)
– Darstellungen in Tabellenform (z. B. Klimatabelle; Wertetabelle auf Operatorbasis; Ankreuztabelle)
– Darstellungen mittels Doppelleiter, sog. Nomogramme (v. a. bei proportionaler Abhängigkeit, z.B. Gewicht – Preis)
– Darstellungen im Koordinatengitter (graphische Darstellung proportionaler Abhängigkeiten als Graph durch den 0-Punkt)
– Darstellung als Paarmenge (Menge der geordneten Größenpaare)
– Darstellung als Funktionsgleichung (v. a. im Leistungskurs A der 9. Jhgst.)

Vor allem "die Wertetabelle, das Pfeilbild und der Graph als Linie oder Kurve im Koordinatengitter ... müssen für den Lernenden nach und nach in ihrem einheitlichen Kern und ihrer Zusammengehörigkeit verstanden werden." (2) S. 82

### 1.1.6 Das sog. "Schlußrechnen"

Der rechnerische Umgang mit funktionalen Abhängigkeiten mündet ein in das sog. "Schlußrechnen". Es (das Schlußrechnen) soll sich nach dem neuen Lehrplan "auf die Einsicht in die gesetzmäßige Abhängigkeit der Größen und ein lebendiges Wissen um Zahlbeziehungen gründen." (3) S. 678

Beim Schlußrechnen geht es eigentlich um das rechnerische Ermitteln fehlender Größenpaare. Exakter ausgedrückt, zu vorgegebenen drei Größen soll die vierte fehlende Größe bestimmt werden (Abb. 5a).

Kann die fehlende Größe ohne ein Zwischenpaar bestimmt werden, bedient man sich des sog. "Zweisatzes" (Abb. 5b). Der "Dreisatz" ist dort üblich, wo zur Berechnung einer vierten Größe ein Zwischenpaar benötigt wird (Abb. 5c).

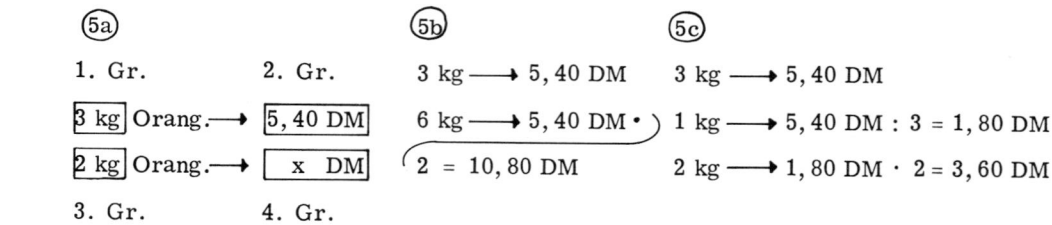

⑤a          ⑤b                              ⑤c
1. Gr.   2. Gr.      3 kg ⟶ 5,40 DM        3 kg ⟶ 5,40 DM
3 kg Orang. ⟶ 5,40 DM                      6 kg ⟶ 5,40 DM · 1 kg ⟶ 5,40 DM : 3 = 1,80 DM
2 kg Orang. ⟶ x DM                         2 = 10,80 DM    2 kg ⟶ 1,80 DM · 2 = 3,60 DM
3. Gr.   4. Gr.

In einfachen Schlußrechnungen sind zwei Größenbereiche verflochten. Sie entsprechen dem Lernniveau der 6./7. Jahrgangsstufe. (Abb. 6a)

Auf höherem Lernniveau (8./9. Jahrgangsstufe) tauchen im Zusammenhang mit komplexeren Aufgabenstellungen zusammengesetzte Schlußrechnungen auf (Abb. 6b)

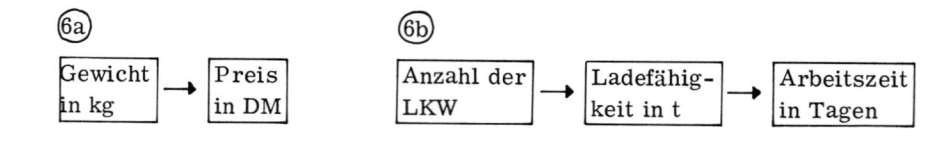

⑥a
Gewicht in kg ⟶ Preis in DM

⑥b
Anzahl der LKW ⟶ Ladefähigkeit in t ⟶ Arbeitszeit in Tagen

### 1.2 Die Schulung des funktionalen Denkens

Das vielfältige Herstellen eindeutiger Größenzuordnungen und das Vergleichen derartiger Größenpaare fordern vom Schüler "ein Denken in der Sache" und ein "Denken in Abhängigkeiten". (4) S. 7

Formuliert das Kind, daß die Zehnerkarte für den Eintritt in die Badeanstalt 20 DM kostet (notiert: 10 K ⟶ 20 DM), so hat es in dem Bedingungssatz aus der konkreten Erfahrung heraus zwei Größen sinnvoll und eindeutig zugeordnet. Im Vollzug gleichartiger Zuordnungen erkennt es, daß solche Zuordnungen

a) sinnvoll (unsinnig wäre vor dem Sachhintergrund die Zuordnung 10 K → 20 t)
b) realistisch-stimmig sein müssen (unrealistisch wäre die Zuordnung 10 K → 20 Pf)

Dieses "Denken in der Sache" führt zwangsläufig zu einer vertiefteren Auseinandersetzung mit den Sachverhalten und fördert das Lösungsverständnis bei Textaufgaben.

Einen weiteren Denkakt muß der Schüler bei der Auseinandersetzung mit Größenpaaren mitvollziehen. Er sammelt nämlich fortlaufend Erfahrungen, daß jede Richtungsänderung einer Größe auch die andere zugeordnete Größe richtungsmäßig ändert. Bei direktem Verhältnis gleichsinnig (z. B. einer größeren Sekundenzahl muß zwangsläufig auch eine größere Meterzahl zugeordnet werden), bei umgekehrter Proportionalität gegenläufig (d.h. einer größeren Anzahl von LKW sind logischerweise weniger Arbeitsstunden zuzuordnen). Beim Aufbau funktionalen Denkens, d.h. beim Verinnerlichen von Lernhandlungen über zeichnerische und vorstellige Aktivitäten wirkt die Sprache als Vehikel. Hierbei darf auf eine "Schwäche des herkömmlichen Rechenunterrichts hingewiesen werden, in dem beim Schließen sprachliche Schablonen vorherrschten. Der neue Lehrplan warnt davor, wenn er betont, daß "eine übertriebene Normierung von Sprechweisen und Notationen vermieden werden sollte". (3)

Sowohl die Je-mehr-umso-mehr-Sicht, wie auch der Aspekt der Pfeilbilddarstellung könnten in ner funktionalen Denkens, und der Erfahrungen mit der Vielfacheneigenschaft aus der Erstarrung befreien. Letztlich würden sie einem beweglicheren Denken nützen.

Beispiele:
– Je mehr Äpfel ich kaufe, umso mehr muß ich bezahlen.
– 2 kg Äpfel kosten 3 DM. 10 kg Äpfel sind 5mal so viel. Man muß dafür auch 5mal soviel bezahlen.
– Dem 5-fachen der Warenmenge muß man auch das 5-fache des Preises zuordnen.

Noch ein Wort zur schriftlichen Darstellung des Schlußrechnens.
Um eine "übertriebene Normierung" in der Notation zu vermeiden, kann der Schüler zwischen folgenden Darstellungsweisen wählen:
– die von der Pfeilbilddarstellung geprägte Dreisatz-Form;
– die von Wertetabellen abgeschaute Operatordarstellung, die im Leistungsniveau A hinführt zur Lösung des Schlusses über den Bruchoperator.

(7)
2 kg → 3 DM
1 kg → 3 DM : 2 = 1,50 DM
5 kg → 1,50 DM · 5 = 7,50 DM

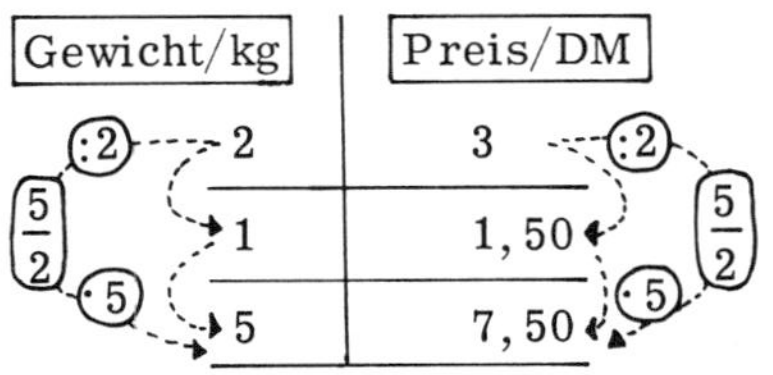

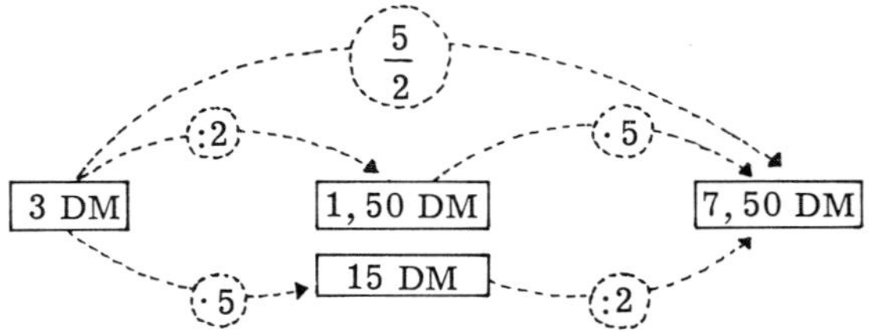

| Gewicht/kg | Preis/DM |
|---|---|
| 2 | 3 |
| 1 | 1,50 |
| 5 | 7,50 |

1.3 Die lehrgangsmäßige Einordnung der Lehraufgabe "Proportionalität"

1.3.1 Kritische Analyse der Begriffsfelder "Bruchbegriff", "Proportionalität" und "Prozentbegriff"

Die Begriffsfelder "Bruchbegriff", "Proportionalität" und "Prozentbegriff" haben im CULP für den 5. und 6. Schjg. eine feste lehrgangsmäßige Anordnung. Bei einer schärferen didaktischen Analyse dieser Begriffe erheben sich jedoch Zweifel, ob diese Anordnung didaktisch und psychologisch richtig ist.

| | Einsicht in den konkreten Bruchbegriff | Einsicht in die Abhängigkeit von Größen | Einsicht in den Prozentbegriff |
|---|---|---|---|
| Wesen des Begriffs: | Abhängigkeit eines konkreten Bruchteils von seinem konkreten Bezugsganzen | Funktionale Abhängigkeit eines Größenpaares von einem anderen Größenpaar | Abhängigkeit eines Teils einer Größe vom Bezugsganzen dieser Größe |
| Beispiel: | Stelle $\frac{7}{10}$ Torte dar. | 500 g → 2,75 DM<br>700 g → x DM | 3 % von 510 t = x |
| Schwierigkeitsgrad: | 1 Größenbereich<br>2 einzelne Größen | 2 Größenbereiche<br>4 einzelne Größen | 1 Größenbereich<br>2 einzelne Größen |
| Lösungsverfahren (Bruchoperator) | 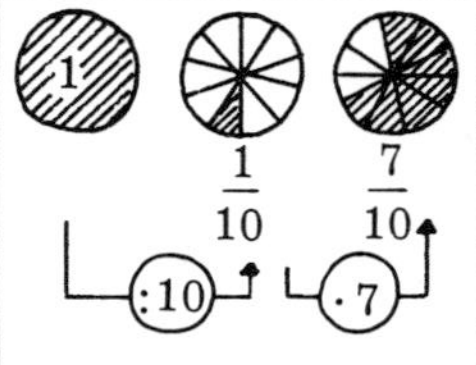 | 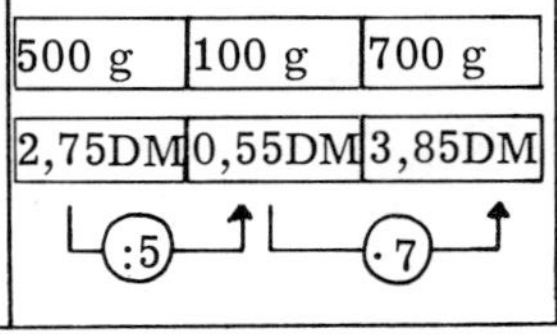 500 g  100 g  700 g<br>2,75DM 0,55DM 3,85DM | 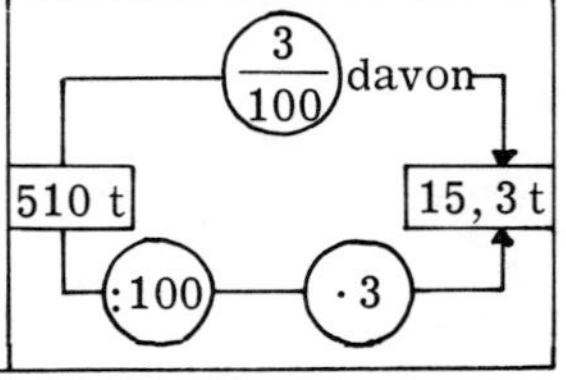 510 t  →  15,3 t |

Die Übersicht verdeutlicht, daß alle drei Begriffsfelder im Grunde mit Verhältnissen zu tun haben, die mittels Bruchoperatoren rechnerisch bewältigt werden können. Nur besitzt das Schlußrechnen hierbei zweifelsfrei den höheren Schwierigkeitsgrad. Der Schüler muß hierbei stets zwei Größenbereiche mit vier Einzelgrößen verknüpfend im Auge behalten. Das dürfte unter anderem ein Grund dafür sein, warum schwächere Schüler gerade beim Schlußrechnen nicht unerhebliche Schwierigkeiten haben. Außerdem wird deutlich, daß im Unterschied zu den beiden anderen Begriffen das Berechnen eines fehlenden Größenpaares beim Schlußrechnen ohne vorherige Bestimmung des Bruchoperators nicht möglich ist, während er bei den anderen Begriffen gegeben ist.

Nicht ohne Grund fordern daher einzelne Fachdidaktiker, die lehrgangsmäßige Zuordnung der erwähnten Begriffe zu überdenken und den Porzentbegriff dem Bruchbegriff unmittelbar folgen zu lassen. Freilich darf andererseits nicht übersehen werden, daß eine operative Durcharbeitung des Prozentrechnens ohne Kenntnis funktionaler Abhängigkeiten von Größen ebenfalls nicht denkbar und wohl auch nicht leistbar wäre.

1.3.2 Hinweise zum nachfolgenden Lehrgang

Wie sich der einzelne Lehrer sich auch für die Anordnung der erwähnten Begriffe in seinem Lehrplan entscheidet, sicher ist, daß die Lehraufgabe "Einsicht in die Abhängigkeit von Größen" (Proportionalität) niemals in der 6. Jahrgangsstufe einen lernmäßigen Abschluß findet. Vielmehr setzt sich die Arbeit an diesem Begriffsfeld nach erfolgter anschaulicher Grundlegung im 6. Schülerjahrgang dann in der 7. Jahrgangsstufe mit stärkerer Ausdifferenzierung der Teilbegriffe, einer stärkeren Erhellung des Strukturgeflechts der Abhängigkeiten von Größen und einer Verfeinerung der Darstellungsweisen fort.

Eigentlich kann so betrachtet erst in der 7. Jahrgangsstufe die Einsicht in die funktionale Abhängigkeit von Größen, d.h. in das Wesen der "Proportionalität" und ein gewisser Grad an Anwendungsfähigkeit für schwierigere Aufgabenstellungen des Schließens erwartet werden. Ein schülerorientierter Unterricht im 6. Schülerjahrgang kommt jedenfalls ohne Benützung des Begriffs "Proportionalität" aus.

Der unter Punkt 2 entworfene, spiralig angelegte Lehrgang zur unterrichtspraktischen Verwirklichung der Lehraufgabe umfaßt die Jahrgangsstufen 6 und 7 und sollte stets unter den erwähnten didaktischen Gesichtspunkten für die Unterrichtspraxis interpretiert werden. Vor einer Überforderung der Schüler der 6. Jahrgangsstufe durch ein begrifflich zu steiles Voranschreiten, durch einen auf formale Einsichten angelegten und verfrüht auf Fertigkeiten hinzielenden Unterricht wird gewarnt.

Die 6. Jahrgangsstufe legt den anschaulichen Grund für die stärker begriffliche und systematisierende Arbeit der 7. Jahrgangsstufe. In der 8. und 9. Jahrgangsstufe werden die gewonnene Einsicht in die Arten der Abhängigkeit von Größen und die erworbenen Fertigkeiten im Bestimmen fehlender Größenpaare durch sicheres Verfügen über rechnerische Verfahrensweisen an komplexeren Aufgabenstellungen (Mehrfach-Schlußrechnungen, Zinsrechnen, Mischungs- und Verhältnisrechnungen, Bewegungsaufgaben ...) angewandt.

Literatur

1. Meyers Enzyklopädisches Lexikon, Bd. 19; Bibliographisches Institut Mannheim-Zürich - Wien, 1977
2. Drescher, R.: Curriculare Lernplanung Sekundarstufe I; Regensburg, 1974
3. KMBl I, Sondernummer 19/1976 mit dem Curricularen Lehrplan für Mathematik, 6. Jahrgangsstufe, München, 1976
4. Maier, H.: Didaktik der Mathematik 1 - 9, Donauwörth, 1970
5. Weiser, G.: Der Mathematikunterricht in der Hauptschule, Donauwörth, 1975

## 2. Lernzielorientierter Aufriß des Lehrgangs mit unterrichtspraktischen Hilfen für die 6. und 7. JGS

| Grobziel | Jhg. | Aufschlüsselung in Feinziele | Didakt.-method. Hilfen für die Unterrichtspraxis |
|---|---|---|---|
| **2.1** Fähigkeit (6), Fertigkeit (7), in Sachzusammenhängen Zuordnungen zwischen zwei Größenbereichen aufzudecken und in einfacher Art darzustellen | 6/7 | **2.1.1** Aus Listen, Tabellen, Rechnungen Größenpaare entnehmen und exakt versprachlichen | **2.1.1** Beobachtungen an Zapfsäulen und preisanzeigenden Waagen vermitteln recht eindrucksvoll Größenpaare. <br><br> Weiteres Arbeitsmaterial liefern: <br> – Wertetabellen (Alter/Gewicht; Uhrzeit/Temperatur; u.a. ...) <br> – Preislisten (Heizöl-Abnahmemenge/Literpreis; Abfüllmenge/Preis) |
| | 6/7 | **2.1.2** Sachtexte auf vorkommende Größenpaare befragen und Zuordnungen notieren | **2.1.2** Den Größenbegriff wiederholen wir im Sachzusammenhang. Beispiel: <br> – Vater ist $\boxed{38\ \text{Jahre}}$ alt. <br> – Horst hat $\boxed{2\ \text{Fehler}}$ im Diktat. <br> – Die $\boxed{250\ \text{g}}$ Dose kostet $\boxed{4{,}95\ \text{DM.}}$ <br> – Die Platte macht $\boxed{45\ \text{Umdrehungen}}$ in $\boxed{1\ \text{Minute.}}$ <br><br> $\boxed{\text{Alter}}$ <br> $\boxed{\text{Fehlerzahl}}$ <br> $\boxed{\text{Gewicht}} \longrightarrow \boxed{\text{Preis}}$ <br> $\boxed{\text{Umdrehungen}} \longrightarrow \boxed{\text{Zeit}}$ |
| | 6/7 | **2.1.3** Tabellarisch begonnene Zuordnungen von Größen fortsetzen | **2.1.3** Arbeitsbeispiel: <br> Sinnvoll begonnene, zu weiteren Aufgabenstellungen anregende Zuordnungen erlaubt folgendes Beispiel: <br> Edgars Vater, der für eine Firma mit seinem PKW unterwegs ist, erhält jeden gefahrenen km vergütet: 1 km $\longrightarrow$ 0,26 DM. <br> Edgars Vater legt sich eine Tabelle an: <br><br> | Gefahrene km: | 1 | ② | 3 | ④ | 5 | 6 | 7 | 8 | 9 | <br> | --- | --- | --- | --- | --- | --- | --- | --- | --- | --- | <br> | Vergütung / DM: | 0,26 | 0,52 | 0,78 | 1,04 | | | | | | <br><br> Problem: Wie ermittelt er die Vergütung für 204 gefahrene km? <br> – $\boxed{200\ \text{km}} \longrightarrow 52{,}-$ <br> – $\boxed{4\ \text{km}} \longrightarrow 1{,}04$ <br> $204\ \text{km} \longrightarrow 53{,}04\ \text{DM}$ |
| | 6/7 | **2.1.4** Tabellen nach vorgegebenen Textinformationen selbständig erstellen | **2.1.4** Auftrag: <br> Würfle 50 mal und notiere jeden Wurf. Erstelle eine Tabelle, die wiedergibt, wie oft jede Augenzahl zum Zug kam. <br><br> | 1 | 2 | 3 | 4 | 5 | 6 | <br> | --- | --- | --- | --- | --- | --- | <br> | | | | | | | |
| | 6/7 | **2.1.5** Die Zuordnung vorgegebener Größen im Pfeildiagramm darstellen | |
| | 6/7 | **2.1.6** Zu notierten Größenpaaren einen treffenden Sachtext formulieren | |
| | –/7 | **2.1.7** Zuordnungstabellen unter Verwendung der Begriffe "Größen" und "Größenbereich" interpretieren | |
| | –/7 | **2.1.8** Den Begriff "Zuordnung" mathematisch richtig gebrauchen | |

| Grobziel | Jhg. | Aufschlüsselung in Feinziele | Didakt.-method. Hilfen für die Unterrichtspraxis |
|---|---|---|---|
| 2.2 Fähigkeit, nicht gesetzmäßige Zuordnungen zwischen zwei Größenbereichen graphisch darzustellen | 6/7 -/7 6/7 6/7 | 2.2.1 Aus vorgegebenen Kurvendiagrammen Größenpaare ablesen 2.2.2 Die einander zugeordneten Größenbereiche benennen 2.2.3 Die in einem Kurvendiagramm festgehaltenen Größenpaare in ein Pfeilbild bzw. eine Tabelle übertragen 2.2.4 Zu vorgegebenen Textinformationen selbständig ein Kurvendiagramm zeichnen | 2.1.5 Beispiele: Waschpulver in 4 Preislagen: Stimmen die Zuordnungspfeile? 3 kg → 16,95 DM 4,5 kg → 21,95 DM 1,2 kg → 29,95 DM  Körpergewicht / Alter: Wie können die Pfeile laufen? 39 kg → 48 Jahre 71 kg → 79 Jahre 88 kg → 15 Jahre  2.2.1 Anschauliche Grundlagen: – In Wetterstationen, Erdbebenwarten, bei Flug- und Fahrtenschreibern werden die gemessenen Werte automatisch graphisch aufgezeichnet. – Wir betrachten aufgezeichnete klimatische und seismographische Vorgänge, Pegelstände von Flüssen etc. und interpretieren den Aussagewert dieser "Kurvendiagramme". – Die Schüler entdecken in den Diagrammen Größenpaare, lesen sie ab und notieren sie, z.B.: 2.00/250 cm |

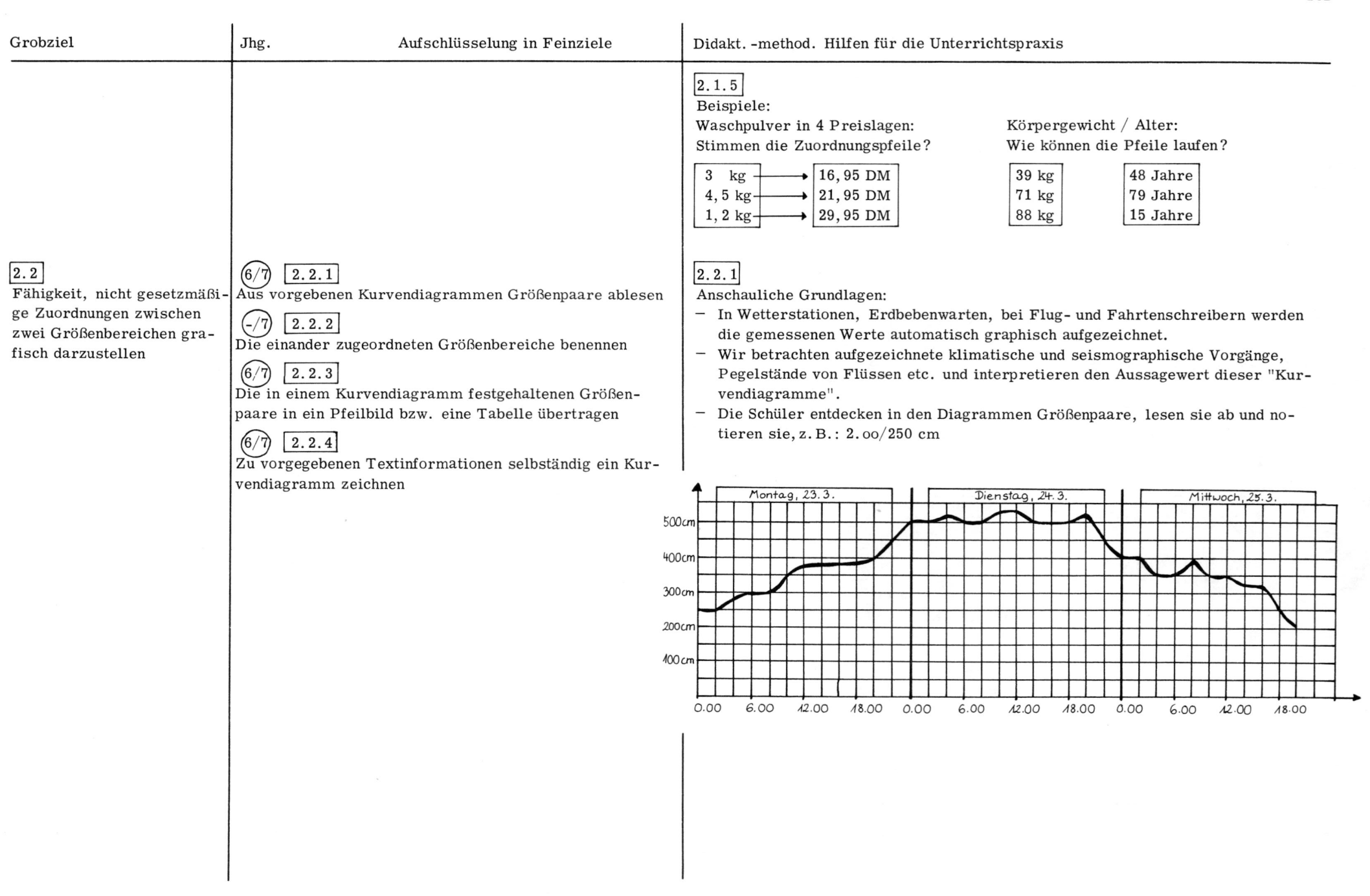

| Grobziel | Jhg. | Aufschlüsselung in Feinziele | Didakt.-method. Hilfen für die Unterrichtspraxis |
|---|---|---|---|

2.2.2
Bei der Versprachlichung derartiger Diagramme kommt der Schüler nicht umhin, die Größenbereiche anzugeben, deren Werte einander zugeordnet sind, im Beispiel oben

- der Größenbereich  | Tageszeit in Std. |
- dem Größenbereich  | Pegelstand in cm |

2.2.3
Ergebnis des Übertrags:

Tag: 23.03.

| Tageszeit in Std.: | 0.00 | 2.00 | 4.00 | 6.00 | 8.00 | 10.00 | 12.00 | 14.00 | 16.00 | 18.00 | 20.00 | 22.00 |
|---|---|---|---|---|---|---|---|---|---|---|---|---|
| Pegelstand in cm: | 250 | 250 | 280 | 300 | 300 | 350 | 370 | 375 | 370 | 370 | 400 | 450 |

Tag: 24.03.

| Tageszeit in Std.: | 0.00 | 2.00 | 4.00 | 6.00 | 8.00 | 10.00 | 12.00 | 14.00 | 16.00 | 18.00 | 20.00 | 22.00 |
|---|---|---|---|---|---|---|---|---|---|---|---|---|
| Pegelstand in cm: | 500 | 500 | 520 | 505 | 500 | 530 | 530 | 500 | 500 | 500 | 540 | 450 |

2.2.4
Aufgabenbeispiel:
Die am 24.3. gemessenen Temperaturen betrugen:

| Tageszeit in Std.: | 7.00 | 8.00 | 9.00 | 10.00 | 11.00 | 12.00 | 13.00 | 14.00 | 15.00 |
|---|---|---|---|---|---|---|---|---|---|
| Temperatur in °: | 6 | 7 | 9 | 12 | 16 | 19 | 19 | 18 | 16 |

Übertrage die Größenpaare ins Gitternetz und zeichne die Temperaturkurve (s.o.).

| Grobziel | Jhg. | Aufschlüsselung in Feinziele | Didakt.-method. Hilfen für die Unterrichtspraxis |
|---|---|---|---|
| **2.3** Einblick gewinnen in die Art der Abhängigkeit von Größen | | **2.3.1** Zu vorgegebenen Größenpaaren weitere Wertepaare bilden | **2.3.1** Beispiele: |
| | 6/7 | | a) |
| | 6/7 | **2.3.2** Die hergestellten Zuordnungen auf Gesetzmäßigkeiten untersuchen | Gewicht (kg) — Preis (DM) |
| | | | 1,0 ⟶ 1,80 |
| | 6/7 | **2.3.3** Größenpaare feststellen, die in ihrem Wert gesetzmäßig ansteigen oder fallen | 2,0 ⟶ 3,60 |
| | 6/7 | **2.3.4** Größenpaare feststellen, die in ihrem Wert unregelmäßig steigen oder fallen | b) Fahrzeit (Min.) — Fahrstrecke (km) |
| | | | 30 ⟶ 40 |
| | | | 15 ⟶ 20 |
| | | | c) Anzahl d. Arbeiter — Zeit (Tage) |
| | | | 10 ⟶ 30 |
| | | | 20 ⟶ 15 |
| | | | **2.3.2** Beim Versprachlichen der untersuchten Zuordnungen wird die Art der Abhängigkeit bewußt: |
| | | | — Im Falle a): Je größer (kleiner) das Gewicht wird, umso größer (kleiner) wird der Preis der Ware. Steigen die Gewicht-Werte regelmäßig, so steigen auch die Preise gleichmäßig mit. Umgekehrt, sinken .... |
| | | | — Im Falle c): Je größer die Zahl der Arbeiter, umso kleiner wird die Anzahl der Arbeitstage. Umgekehrt, je weniger Arbeiter man zur Verfügung hat, umso mehr Arbeitstage benötigt man. Steigen die linken Zahlenwerte, so sinken im gleichen Maße die rechten und umgekehrt. |
| | | | **2.3.3** Die Schüler finden in Sachaufgaben selbständig weitere Größenbereiche, deren Größenpaare |
| | | | — eine gesetzmäßig ansteigende oder sinkende Tendenz aufweisen: |
| | | | Länge (m) — Preis (DM)    Anzahl d. Einheiten — Preis (DM)    Anzahl d. LKW — Erdreich (m³) |
| | | | — eine unregelmäßige steigende oder fallende Tendenz zeigen: |
| | | | Tageszeit (h) — Körpertemperatur (°)    Monat — Regenmenge (cm) |

154

| Grobziel | Jhg. | Aufschlüsselung in Feinziele | | Didakt.-method. Hilfen für die Unterrichtspraxis |
|---|---|---|---|---|
| **2.4** Kenntnis proportionaler Zuordnungen; Fähigkeit, sie im Diagramm und als Graph darzustellen | 6/7 | 2.4.1 | Größenpaare mit proportionaler Zuordnung auf der Doppelleiter darstellen | **2.4.1 / 2.4.2** Auf einer preisanzeigenden Waage pendeln die beiden Skalen ein auf: 400 g / 2,40 DM |
| | –/7 | 2.4.2 | Die Vielfacheneigenschaft proportionaler Zuordnungen erkennen und versprachlichen | |
| | 6/7 | 2.4.3 | Größenpaare mit proportionaler Zuordnung in der Wertetabelle darstellen | Die auf der Doppelleiter dargestellten Größenpaare besitzen die Vielfacheneigenschaft: Dem Zwei-, Drei-, Vier-...fachen der einen Größe kann stets das Zwei-, Drei-, Vier-..fache der zweiten Größe zugeordnet werden und umgekehrt. |
| | –/7 | 2.4.4 | Die Summeneigenschaft proportionaler Zuordnungen erkennen und versprachlichen | **2.4.3 / 2.4.4** |
| | 6/7 | 2.4.5 | Aus der Doppelleiter die graphische Darstellung im Gitternetz, den Graph, entwickeln | Vielfachen-Eigenschaft prop. Abh. (Umkehrung: Teilungstreue Abhängigkeit) |
| | 6/7 | 2.4.6 | Aus der graphischen Darstellung Größenpaare ablesen | Summen-Eigenschaft prop. Abh.: Differenztreue Abhängigkeit |
| | –/7 | 2.4.7 | Aus dem Graph Zwischenwerte ablesen | |
| | –/7 | 2.4.8 | Das gleichmäßige Ansteigen eines Graph als Merkmal einer proportionalen Abhängigkeit zweier Größenbereiche deuten | |
| | 6 /7 | 2.4.9 | Größenpaare einer proportionalen Abhängigkeit auf Quotientengleichheit untersuchen | |
| | –/7 | 2.4.10 | Den Begriff proportionale Zuordnung bzw. Proportionalität mathematisch richtig gebrauchen | |

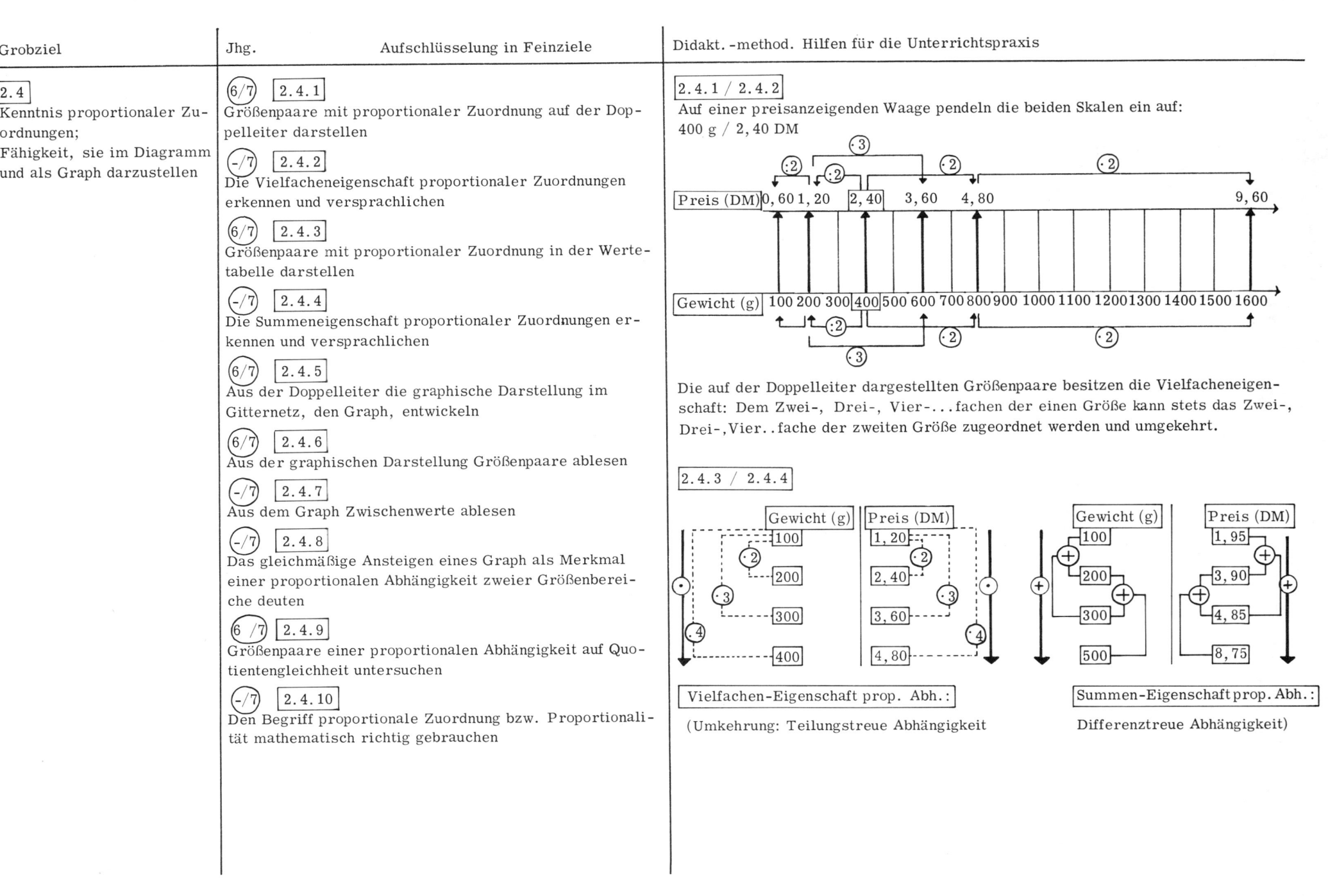

155

156

| Grobziel | Jhg. | Aufschlüsselung in Feinziele | Didakt.-method. Hilfen für die Unterrichtspraxis |
|---|---|---|---|
| | | | 2.4.5 |

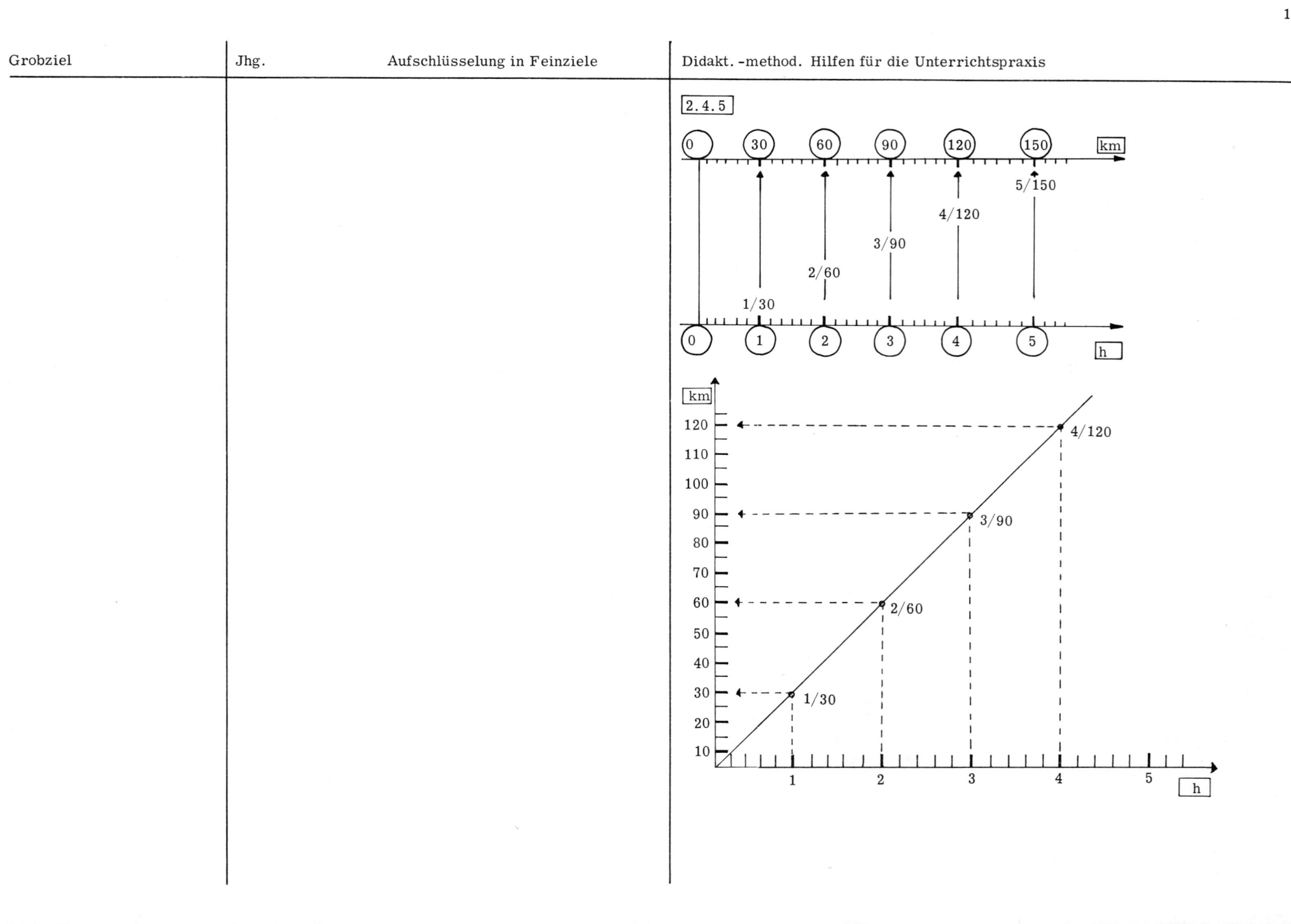

| Grobziel | Jhg. | Aufschlüsselung in Feinziele | Didakt.-method. Hilfen für die Unterrichtspraxis |
|---|---|---|---|

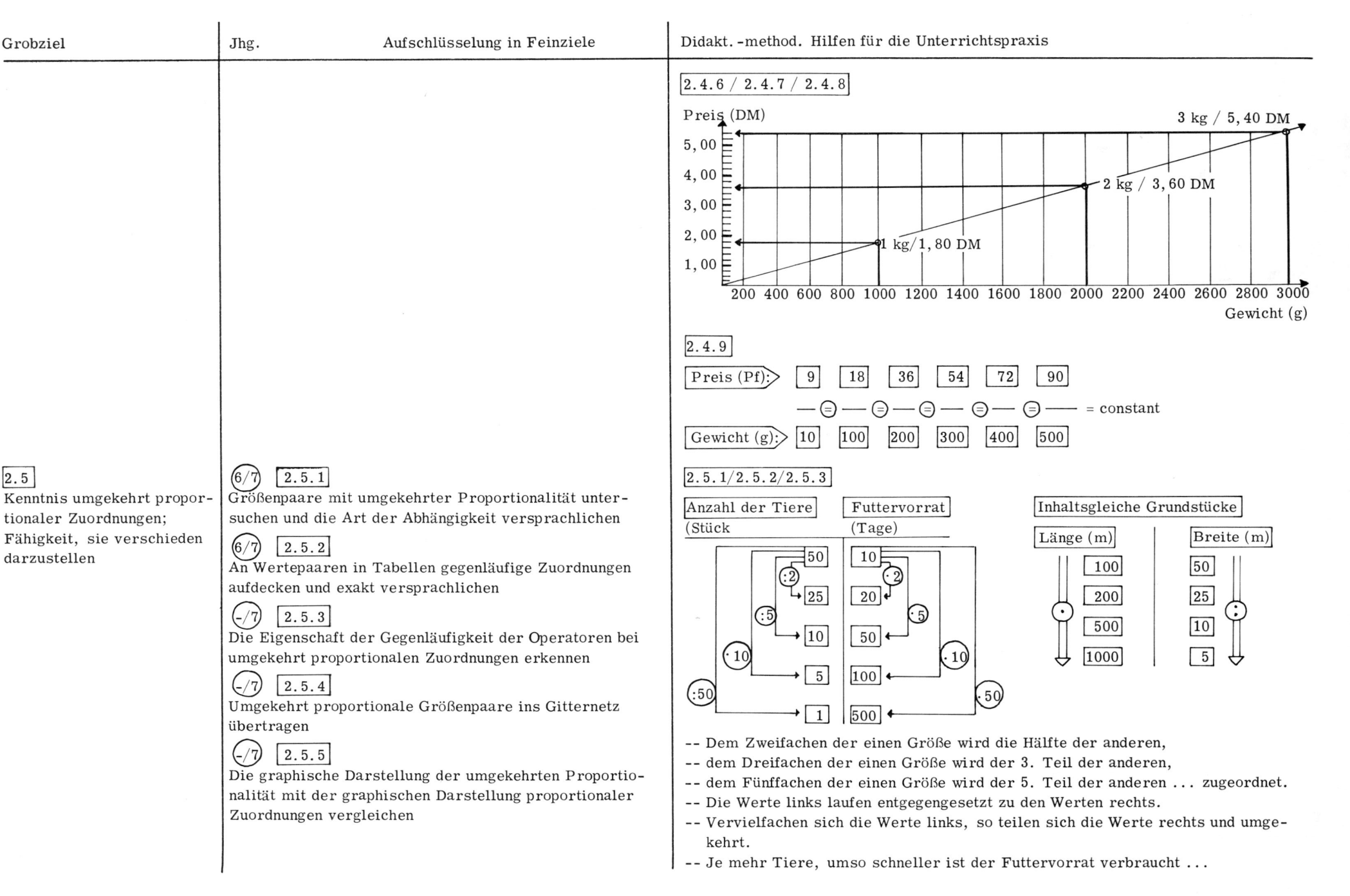

2.5 Kenntnis umgekehrt proportionaler Zuordnungen; Fähigkeit, sie verschieden darzustellen

2.4.6 / 2.4.7 / 2.4.8

Preis (DM) — Gewicht (g)
- 1 kg / 1,80 DM
- 2 kg / 3,60 DM
- 3 kg / 5,40 DM

2.4.9

Preis (Pf): 9 | 18 | 36 | 54 | 72 | 90
Gewicht (g): 10 | 100 | 200 | 300 | 400 | 500
= constant

2.5.1 / 2.5.2 / 2.5.3

Anzahl der Tiere (Stück): 50 | 25 | 10 | 5 | 1
Futtervorrat (Tage): 10 | 20 | 50 | 100 | 500

Inhaltsgleiche Grundstücke

| Länge (m) | Breite (m) |
|---|---|
| 100 | 50 |
| 200 | 25 |
| 500 | 10 |
| 1000 | 5 |

-- Dem Zweifachen der einen Größe wird die Hälfte der anderen,
-- dem Dreifachen der einen Größe wird der 3. Teil der anderen,
-- dem Fünffachen der einen Größe wird der 5. Teil der anderen ... zugeordnet.
-- Die Werte links laufen entgegengesetzt zu den Werten rechts.
-- Vervielfachen sich die Werte links, so teilen sich die Werte rechts und umgekehrt.
-- Je mehr Tiere, umso schneller ist der Futtervorrat verbraucht ...

| 6/7 | 2.5.1 | Größenpaare mit umgekehrter Proportionalität untersuchen und die Art der Abhängigkeit versprachlichen |
| 6/7 | 2.5.2 | An Wertepaaren in Tabellen gegenläufige Zuordnungen aufdecken und exakt versprachlichen |
| -/7 | 2.5.3 | Die Eigenschaft der Gegenläufigkeit der Operatoren bei umgekehrt proportionalen Zuordnungen erkennen |
| -/7 | 2.5.4 | Umgekehrt proportionale Größenpaare ins Gitternetz übertragen |
| -/7 | 2.5.5 | Die graphische Darstellung der umgekehrten Proportionalität mit der graphischen Darstellung proportionaler Zuordnungen vergleichen |

158

| Grobziel | Aufschlüsselung in Feinziele | Didakt.-method. Hilfen für die Unterrichtspraxis |
|---|---|---|
| Jhg. | | |
| | 6/7  2.5.6 <br> Die zugeordneten Größenpaare auf Produktengleichheit untersuchen <br><br> 6/7  2.5.7 <br> Erkennen, daß Größenpaare mit umgekehrt proportionaler Zuordnung produktengleich sind <br><br> -/7  2.5.8 <br> Den Begriff umgekehrt proportional mathematisch richtig gebrauchen | **2.5.4** <br> Arbeitsbeispiel: <br> Eine Baustelle wurde durch einen Wolkenbruch unter Wasser gesetzt. Um die Baustelle trockenzulegen, werden Pumpen gleicher Leistungskraft eingesetzt. Eine Pumpe bräuchte dazu 48 Stunden. <br><br> | Anzahl der Pumpen: | 1 | 2 | 3 | 4 | 6 | 8 | 12 | 16 | <br> |---|---|---|---|---|---|---|---|---| <br> | Pumpzeit in Std.: | 48 | 24 | 16 | 12 | 8 | 6 | 4 | 3 | <br><br> [Diagramm: Kurve umgekehrt proportionale Zuordnung mit Punkten 3/16, 4/12, 6/8, 8/6, 12/4, 16/3, 24/2, 48/1; x-Achse: Pumpzeit in Stunden bis 50; y-Achse: Anzahl Pumpen bis 14] <br><br> **2.5.6 / 2.5.7** <br><br> | Pumpen (Stck): | 1 | 2 | 3 | 4 | 6 | 8 | 12 | <br> |---|---|---|---|---|---|---|---| <br> | Zeit (Std.): | 48 | 24 | 16 | 12 | 8 | 6 | 4 | <br> | Produkt: | 1·48 = 2·24 = 3·16 = 4·12 = 6·8 = 8·6 = 12·4 | |

| Grobziel | Jhg. | Aufschlüsselung in Feinziele | Didakt.-method. Hilfen für die Unterrichtspraxis |
|---|---|---|---|
| **2.6** Einsicht in die Abhängigkeit von Größen | | **2.6.1** Versprachlichen, wovon bestimmte Grundgrößen (Preis) abhängen | **2.6.1/2.6.2/2.6.3** An praktischen Beispielen erfährt der Schüler: Wir kaufen und bezahlen |
| | 6/7 | **2.6.1** | |
| | 6/7 | **2.6.2** Durch Wertepaare überprüfen, ob diese Aussagen stimmen | |
| | -/7 | **2.6.3** Die zwischen zwei vorgegebenen Größenbereichen bestehende Abhängigkeit bestimmen ($\frac{DM}{m^2}$) | |
| | -/7 | **2.6.4** Die Art der Abhängigkeit zwischen Größen des gleichen Größenbereichs bestimmen ($\frac{m}{m}$) | **2.6.4** Aus Sachsituationen entnehmen die Schüler Größenzuordnungen des gleichen Größenbereichs und versprachlichen die Beziehungen. Beispiele: |
| | 6/7 | **2.6.5** Erkennen, daß Tabelle, Pfeildiagramm, Doppelleiter und Graph die Abhängigkeit zweier Größenbereiche aufzeigen | |
| | -/7 | **2.6.6** Erkennen, daß manchmal eine Größe von mehreren anderen Größen abhängt | **2.6.6** Beispiele: |

Fleisch nach Gewicht: 5 DM / 1 kg → 10 DM / 2 kg
Kabel nach Länge: 1,2 DM / 1 m → 3,-- DM / 2,5 m
Eier nach Stückzahl: 0,30 DM / 1 Stck → 30 DM / 100 Stck
Benzin nach Liter: 0,89 DM / 1 l → 8,90 DM / 10 l
Wasser nach Volumen: 1,50 DM / 1 m³ → 150 DM / 1000 m³
usw.

P — DM
R — kg
E — DM
I — m
S — DM
   — Stck
   — l
DM — m³

Fläche mit 50 m²

| Länge: | Breite: |
|---|---|
| 50 m | 1 m |
| 25 m | 2 m |
| 12,5 m | 4 m |
| 10 m | 5 m |

¾ von

| Gewinn: | Anteil: |
|---|---|
| 1000 DM | 750 DM |
| 500 DM | 375 DM |
| 100 DM | 75 DM |
| 40 DM | 30 DM |

3 % davon

| Re-Betrag: | Nachlaß: |
|---|---|
| 100 DM | 3 DM |
| 500 DM | 15 DM |
| 1000 DM | 30 DM |
| 1 DM | 0,03 DM |

| Kapital DM | Zinsfuß % | Zeit Jahr | Zinsen DM |
|---|---|---|---|
| 5000 | 4 | 1 | 200 |
| 5000 | 8 | 1 | 400 |
| 5000 | 0,5 | 1 | 25 |
| 5000 | 8,5 | 1 | 425 |
| 5000 | 7,5 | 1 | 375 |
| 5000 | 7,5 | 2 | 750 |

| Anzahl der LKW | Ladefähigkeit in t | Arbeitszeit in Tagen |
|---|---|---|
| 6 | 5 | 60 |
| 3 | 5 | 120 |
| 3 | 1 | 600 |
| 3 | 6 | 100 |

159

| Grobziel | Jhg. | Aufschlüsselung in Feinziele | Didakt.-method. Hilfen für die Unterrichtspraxis |
|---|---|---|---|
| **2.7** Fähigkeit, Größenpaare einer zugrundeliegenden Proportionalität zu bestimmen, bzw. eine fehlende Größe zu berechnen | 6/7 | **2.7.1** Vorgegebene Größenpaare als unabhängige Paare kennenlernen (i.b. Größenpaare der Einheit) | **2.7.1/2.7.2** Neben Sachaufgaben bieten vor allem Preistafeln, Gebühren- und Geschwindigkeitstabellen, Preisvergleiche bei Mengenangeboten (1 Tafel Schokolade → 1,25 DM; 3 Tafeln → 2,90 DM) usw. eine Fülle einschlägigen Materials, um — unabhängige Größenpaare zur jeweiligen Größeneinheit bewußt zu machen (1 kg → 3,99 DM) — Bedingungen zu formulieren (wenn 1 kg Farbe 3,99 DM kostet, dann ...) — unabhängige Größenpaare kennenzulernen, die nicht den Wert der Größeneinheit wiedergeben (30 Eier → 6,60 DM) |
|  | 6/7 | **2.7.2** Aus Sachaufgaben unabhängige Größenpaare herausstellen |  |
|  | 6/7 | **2.7.3** Von einem proportionalen Größenpaar der Einheit (1 Lit. / 84,2 Pf) ein abhängiges Größenpaar (4,5 Liter) bestimmen | **2.7.3 / 2.7.4 / 2.7.5** Arbeitsbeispiel: Mirko tankt 4,5 Liter Normal-Benzin. 1 Liter kostet 84,2 Pf. Sein Freund, der nach ihm kommt, tankt 9 Liter. a) Zeichnerische Lösungshilfen: Säulendiagramm   Doppelleiter b) Rechnerische Lösungsdarstellungen: 1 l → 84,2 Pf 4,5 l → 84,2 Pf · 4,5 = 378,9 Pf ≈ 3,79 DM oder: 1 l → 84,2 Pf 9 l → 84,2 Pf · 9 = 787,8 Pf 4,5 l → 787,8 Pf : 2 = 378,9 Pf ≈ 379 Pf = 3,79 DM 4,5 Liter Benzin kosten 3,79 DM. |
|  | 6/7 | **2.7.4** Von einem bestimmten Größenpaar das Größenpaar der Einheit bestimmen |  |
|  | 6/7 | **2.7.5** Den Schluß von der Einheit auf die Vielheit und umgekehrt verschieden darstellen |  |

| Menge |  | Preis |
|---|---|---|
| 1 |  | 84,2 Pf |
| 9 |  | 787,8 Pf |
| 4,5 |  | 378,9 Pf |
|  |  | (379 Pf) |

| Grobziel | Jhg. | Aufschlüsselung in Feinziele | Didakt.-method. Hilfen für die Unterrichtspraxis |
|---|---|---|---|
| | 6/7 | 2.7.6 Größenpaare bestimmen, bei denen ein Zwischenpaar berechnet werden muß (Dreisatz) | **2.7.6 / 2.7.7**<br>**Arbeitsbeispiel:**<br>Herr Lotter kauft in einer Baumschule 16 Rosenstöcke und bezahlt 44,80 DM. Sein Nachbar will sich 20 Rosenstöcke kaufen. Was bezahlt er dafür? |
| | 6/7 | 2.7.7 Beim Berechnen fehlender Größen den Dreisatz, die Wertetafel oder den Bruchoperator anwenden | a) Zeichnerische Lösungshilfen: (5) S. 112 |
| | -/7 | 2.7.8 Den Graph zur Kontrolle einer Aufgabe benützen | |

b) Lösungswege (Dreisatz)

| | | |
|---|---|---|
| 16 Rosen → 44,80 DM | | 16 Rosen → 44,80 DM |
| 1 Rose → 44,80 DM : 16 = 2,80 DM | | 4 Rosen → 44,80 DM : 4 = 11,20 DM |
| 20 Rosen → 2,80 DM · 20 = 56,00 DM | | 20 Rosen → 11,20 DM · 5 = 56,00 DM |

| | | |
|---|---|---|
| 16 Rosen → 44,80 DM | | 16 Rosen → 44,80 DM |
| 2 Rosen → 44,80 DM : 8 = 5,60 DM | | 80 Rosen → 44,80 DM · 5 = 224,00 DM |
| 20 Rosen → 5,60 DM · 10 = 56,00 DM | | 20 Rosen → 224,00 DM : 4 = 56,00 DM |

Didakt.-method. Hilfen für die Unterrichtspraxis

c) Lösungsdarstellung mittels Wertetabellen:

| Rosen-stöcke | Preis DM | | Rosen-stöcke | Preis DM | | Rosen-stöcke | Preis DM |
|---|---|---|---|---|---|---|---|
| 16 | 44,80 | | 16 | 44,80 | | 16 | 44,80 |
| 1 | 2,80 | | 2 | 5,60 | | 4 | 11,20 |
| 20 | 56,00 | | 20 | 56,00 | | 20 | 56,00 |

| Rosen-stöcke | Preis DM |
|---|---|
| 16 | 44,80 |
| 80 | 224,00 |
| 20 | 56,00 |

d) Lösungsdarstellung mittels Bruchoperatoren:

$$44,80 \text{ DM} \xrightarrow{:4} \left(\frac{5}{4}\right) \xrightarrow{\cdot 5} 56,00 \text{ DM}$$
(11,20 DM)

$$44,80 \text{ DM} \xrightarrow{\cdot 5} \left(\frac{5}{4}\right) \xrightarrow{:4} 56,00 \text{ DM}$$
(224,-- DM)

---

Grobziel     Jhg.     Aufschlüsselung in Feinziele

| Grobziel: | Jhg.: | Aufschlüsselung in Feinziele | Didakt.-method. Hilfen für die Unterrichtspraxis |
|---|---|---|---|
| **2.8** Fähigkeit, Größenpaare einer umgekehrten Proportionalität zu bestimmen, bzw. ein fehlendes Größenpaar zu berechnen | 6/7 | **2.8.1** Zu einem Größenpaar mit umgekehrter Proportionalität weitere Größenpaare ermitteln | **2.8.1 / 2.8.2 / 2.8.3** Durchleuchtung von Sachsituationen aus dem Erfahrungsbereich der Schüler. Klärung des Sache-Zahlbezugs bei entsprechenden Sachaufgaben. Beispiele: |
|  | 6/7 | **2.8.2** Die umgekehrt proportionale Abhängigkeit der Größenpaare exakt versprachlichen | – Eingesetzte Arbeiter (je mehr →) Benötigte Arbeitszeit (umso weniger) — Arbeiter (Zahl) 5 → 10, Arbeitszeit (Std.) ↑12 / ↓6 |
|  | 6/7 | **2.8.3** In Sachaufgaben unabhängige und abhängige Größenpaare zur umgekehrten Proportionalität aufdecken | – Heizölverbrauch/Tag (je weniger →) Zeitdauer (umso mehr) — Tagesverbrauch (l) 10 / ↑5, Zeit (Tage) 50 / ↑100 |
|  | 6/7 | **2.8.4** Zu einem umgekehrt proportionalen Größenpaar ein bestimmtes zweites Größenpaar rechnerisch ermitteln | – Stundengeschwindigkeit (je schneller ↑) Fahrzeit (umso weniger →) — Stundengeschwindigkeit/km 40 → 80, Fahrzeit 1/2 / 1/4 |
|  | 6/7 | **2.8.5** Das Berechnen einer fehlenden Größe verschieden darstellen | Es empfiehlt sich, zur Verdeutlichung der umgekehrten Schlüsse bei den Größenpaaren gegenläufige Pfeile einzuführen. |
|  | –/7 | **2.8.6** Den Graph zur Kontrolle von Lösungsergebnissen einsetzen | **2.8.4** Arbeitsbeispiel: Ein Futtervorrat reicht für 2 Kühe 12 Tage. Wie lange reicht der gleiche Vorrat, wenn 4 (8) Tiere versorgt werden müßten. a) Zeichnerische Lösungshilfe: (Der gleiche Futtervorrat wird entsprechend der Anzahl der Tiere umverteilt!) |

163

164

| Grobziel: | Jhg.: | Aufschlüsselung in Feinziele | Didakt.-method. Hilfen für die Unterrichtspraxis |
|---|---|---|---|

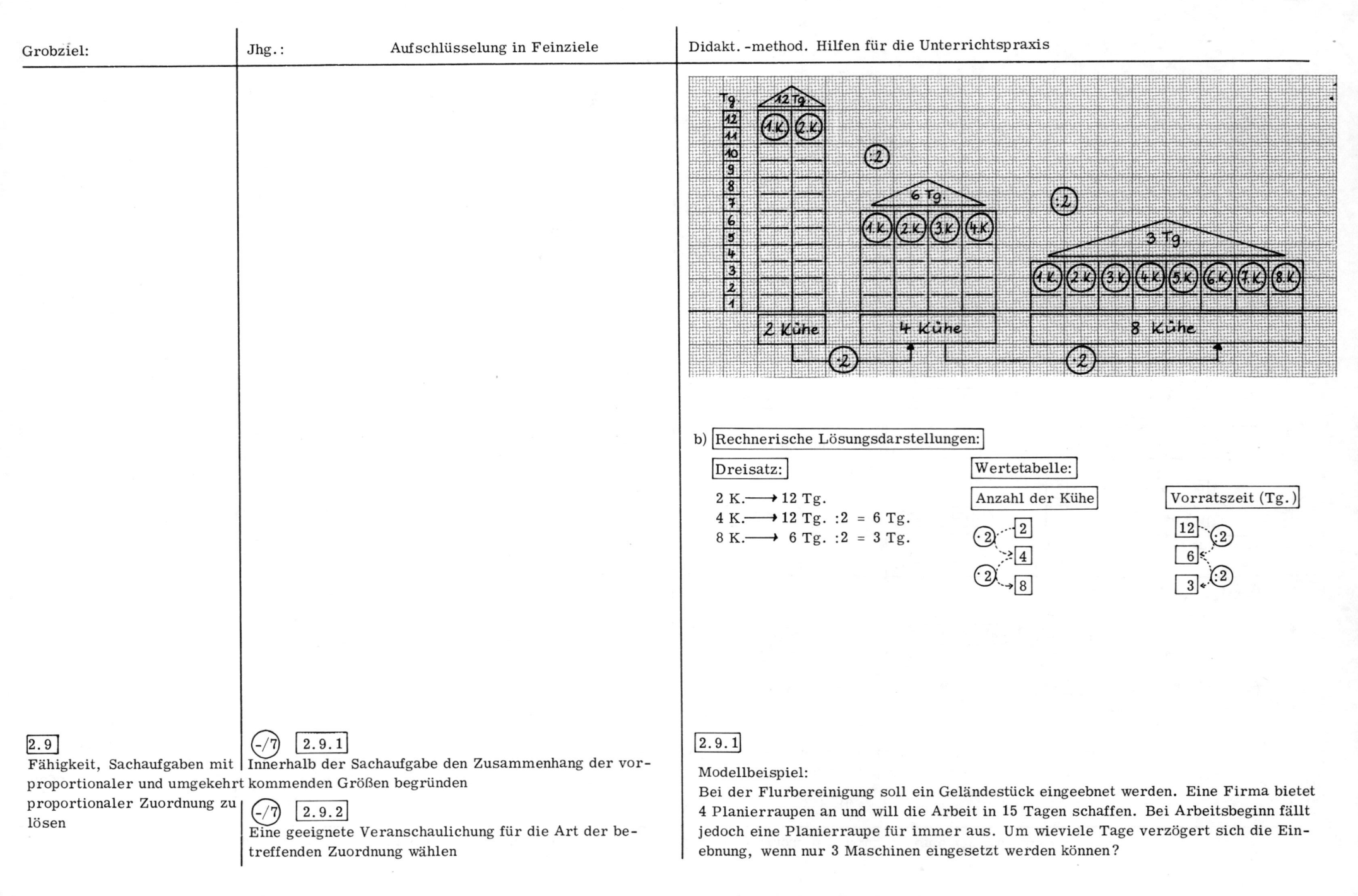

**2.9** Fähigkeit, Sachaufgaben mit proportionaler und umgekehrt proportionaler Zuordnung zu lösen

(-/7) **2.9.1** Innerhalb der Sachaufgabe den Zusammenhang der vorkommenden Größen begründen

(-/7) **2.9.2** Eine geeignete Veranschaulichung für die Art der betreffenden Zuordnung wählen

---

b) Rechnerische Lösungsdarstellungen:

Dreisatz:

2 K. ⟶ 12 Tg.
4 K. ⟶ 12 Tg. :2 = 6 Tg.
8 K. ⟶ 6 Tg. :2 = 3 Tg.

Wertetabelle:

Anzahl der Kühe  ─(·2)→ 2 ─(·2)→ 4 ─(·2)→ 8
Vorratszeit (Tg.)  ─(:2)→ 12 ─(:2)→ 6 ─(:2)→ 3

**2.9.1** Modellbeispiel:
Bei der Flurbereinigung soll ein Geländestück eingeebnet werden. Eine Firma bietet 4 Planierraupen an und will die Arbeit in 15 Tagen schaffen. Bei Arbeitsbeginn fällt jedoch eine Planierraupe für immer aus. Um wieviele Tage verzögert sich die Einebnung, wenn nur 3 Maschinen eingesetzt werden können?

165

| Grobziel: | Aufschlüsselung in Feinziele | Didakt.-method. Hilfen für die Unterrichtspraxis |
|---|---|---|
| Jhg.: | | |
| -/7 | 2.9.3 Die Art der Zuordnung bzw. Abhängigkeit exakt bestimmen | — Der Zusammenhang der Sachgrößen wird deutlicher, wenn wir sie zuordnungsmäßig gruppieren:<br><br>Anzahl der Maschinen     Arbeitszeit in Tagen<br>4 Pr.  ⟶  15 Tg.<br>3 Pr.  ⟶  ? Tg.<br><br>— Die Schüler stellen Vermutungen an (mehr Tage? weniger Tage?) und begründen ihre Meinungen. |
| -/7 | 2.9.4 Das geeignete Lösungsverfahren entwickeln und den Lösungsgang übersichtlich darstellen | 2.9.2<br><br>Je aussagekräftiger die Darstellungshilfe ist, die wir wählen, umso näher kommt auch der schwache Schüler an die Lösung heran.<br><br>Beispiel:<br><br>[Diagramm: Tage (0–60) gegen Maschinen; 4 Maschinen → 1M → 3 Maschinen; Pfeile ·4, :3, Faktor 4/3]<br><br>2.9.4<br><br>Bei der Lösung brauchen wir ein Zwischenpaar:<br><br>4 Pr. ⟶ 15 Tg.<br>1 Pr. ⟶ 15 Tg. · 4 = 60 Tg.<br>3 Pr. ⟶ 60 Tg. : 3 = 20 Tg. |
| -/7 | 2.9.5 Das Ergebnis mittels Gegenrechnung oder am Graph überprüfen | Antwort: Die Einebnung verzögert sich um 5 Tage. |

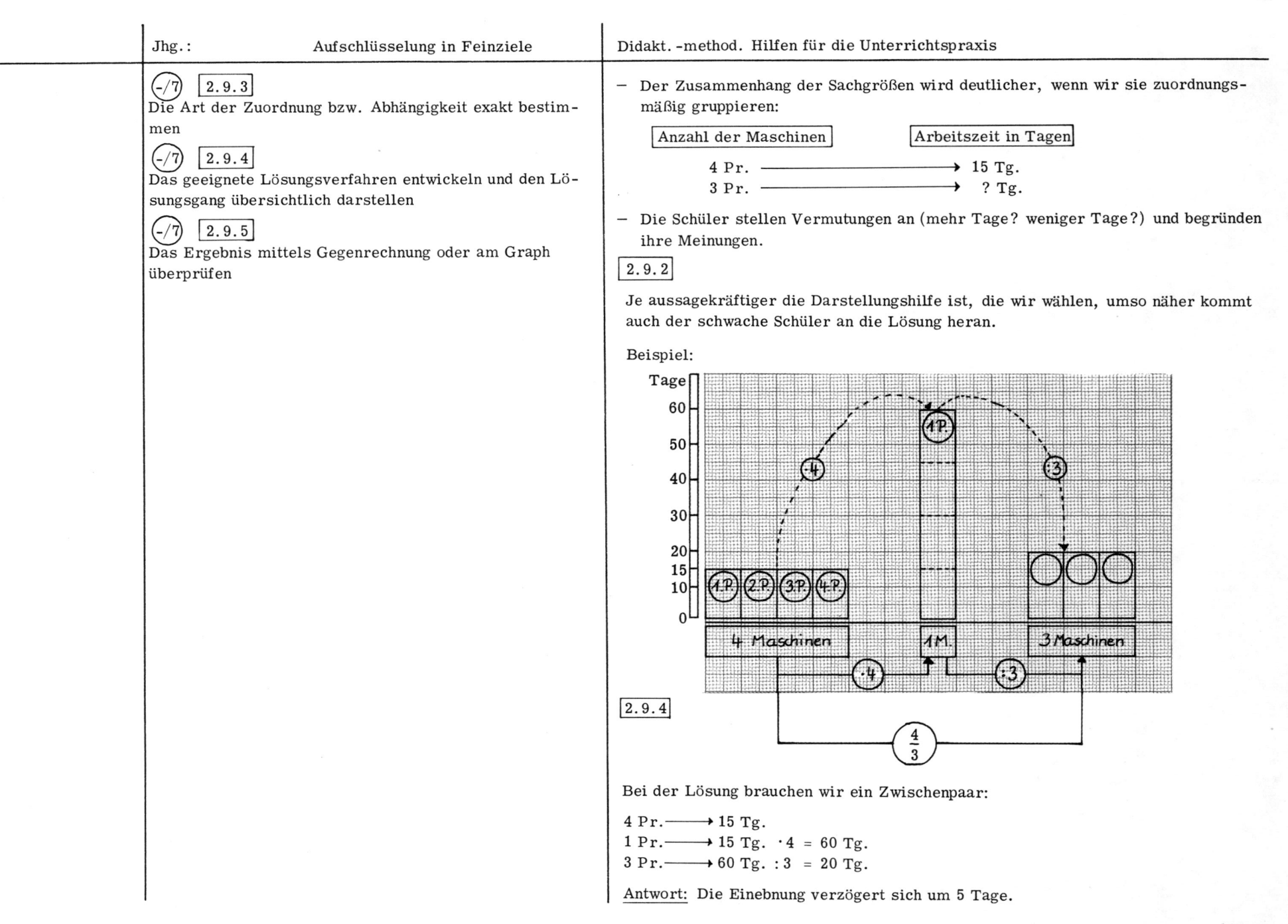

# Gertrud Langhammer

# Relationen im Mathematikunterricht der Grundschule

| | | |
|---|---|---|
| 1. | Didaktische Grundlegung | 168 |
| 1.1 | Wann sprechen wir im Mathematikunterricht von einer Relation | 168 |
| 1.2 | Relationen lassen sich durch einen sprachlichen Ausdruck mit Variablen ("Aussageform") beschreiben | 168 |
| 1.3 | In welchen Formen lassen sich Relationen darstellen? | 169 |
| 1.4 | Welche Eigenschaften können Relationen haben? | 169 |
| 1.5 | Warum arbeiten wir im Mathematikunterricht der Grundschule mit Relationen? | 170 |
| 1.6 | In welchen Bereichen werden Relationen angewandt? | 171 |
| 2. | Lehrgangsmäßiger Einbau der Relationen | 172 |
| 2.1 | Wie werden die Relationen lehrgangsmäßig bereits im 1. und 2. Schülerjahrgang vorbereitet? | 172 |
| 2.2 | Aufriß einer Lernsequenz zur Arbeit mit Relationen im 4. Schülerjahrgang | 173 |
| 3. | Unterrichtspraktische Verwirklichung | 175 |
| 3.1 | Pfeilbilder im 2. Schülerjahrgang | 175 |
| 3.2 | Einführung in die Darstellung einer vorgegebenen Relation im Pfeildiagramm - Stundenbild für den 4. Schülerjahrgang | 175 |
| 4. | Literatur | 177 |

168

## 1. Didaktische Grundlegung

Relationen sind ein "Inbeziehungsetzen" von Personen, Gegenständen, Mengen und Zahlen unter einem bestimmten Aspekt. Sie spielen nicht nur im Mathematikunterricht eine bedeutende Rolle, sondern sind "darüber hinaus Grundelemente unserer Sprache und unseres Denkens". Wir decken Beziehungen auf beim Ordnen, Vergleichen, Klassifizieren von Gegenständen, beim Herausstellen gleicher Eigenschaften, beim Untersuchen von Abhängigkeiten usw.

### 1.1 Wann sprechen wir im Mathematikunterricht von einer Relation?

Beispiel 1 und 2: Hier sind innerhalb einer Menge immer zwei oder mehr Elemente auf Grund einer bestimmten Aussage miteinander in Beziehung gesetzt.

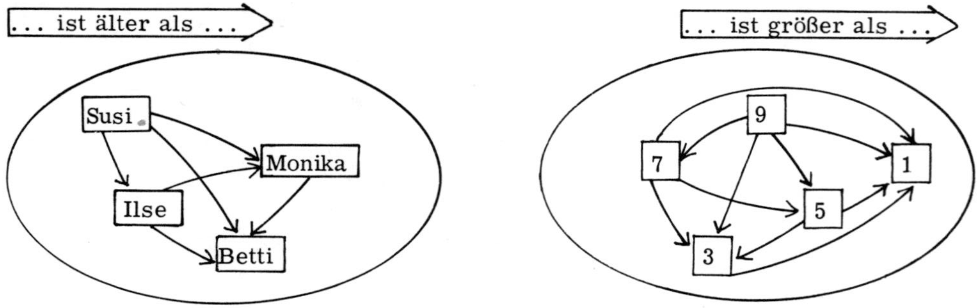

... ist älter als ...

... ist größer als ...

Relationen innerhalb einer Menge

Beispiel 3 und 4: Hier ist jeweils ein Element der einen Menge zu einem oder mehreren Elementen der anderen Menge auf Grund einer bestimmten Vorschrift in Beziehung gesetzt.

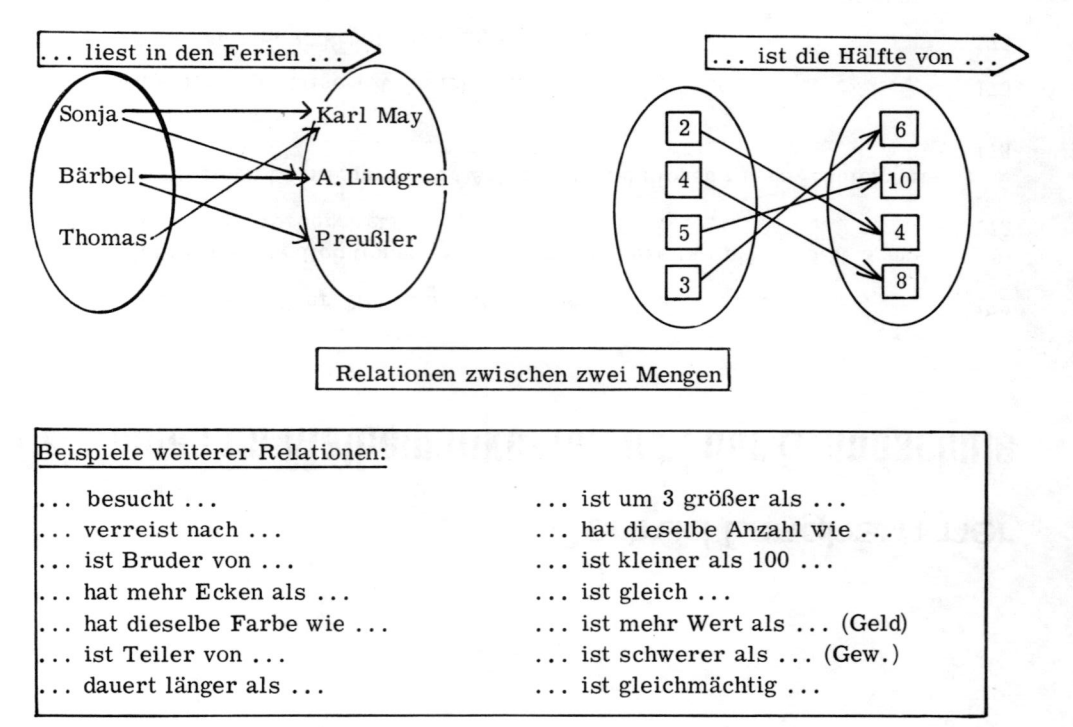

... liest in den Ferien ...

... ist die Hälfte von ...

Relationen zwischen zwei Mengen

**Beispiele weiterer Relationen:**

... besucht ...
... verreist nach ...
... ist Bruder von ...
... hat mehr Ecken als ...
... hat dieselbe Farbe wie ...
... ist Teiler von ...
... dauert länger als ...

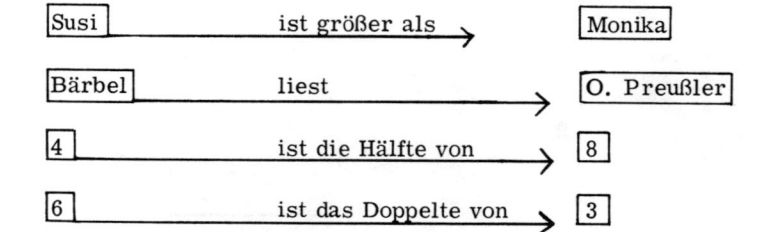

... ist um 3 größer als ...
... hat dieselbe Anzahl wie ...
... ist kleiner als 100 ...
... ist gleich ...
... ist mehr Wert als ... (Geld)
... ist schwerer als ... (Gew.)
... ist gleichmächtig ...

### 1.2 Relationen lassen sich durch einen sprachlichen Ausdruck mit Variablen ("Aussageform") beschreiben

**Beispiele:**

Susi ——— ist größer als ——→

Bärbel ——— liest ——→ Monika
                     O. Preußler

4 ——— ist die Hälfte von ——→ 8

6 ——— ist das Doppelte von ——→ 3

Nach der Anzahl von Variablen unterscheiden wir:

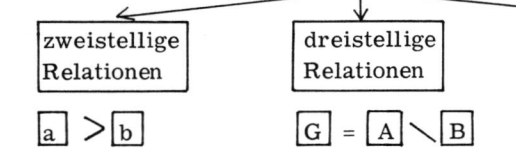

- zweistellige Relationen
- dreistellige Relationen
- vierstellige oder mehrstellige Relationen

a > b      G = A \ B      A = B ∪ C ∪ D

## 1.3 In welchen Formen lassen sich Relationen darstellen?

Mögliche Darstellungsformen werden an folgender Aufgabenstellung aufgezeigt:

**Gegeben:** Grundmenge der ungeraden Zahlen 1, 3, 5, 7, 9
**Aufgabe:** Stelle die möglichen Relationen
... ist größer als ... dar!

a) Aufschreiben der Relationspaare

(1./2. Schjg.)

3 > 1   5 > 1   7 > 1   9 > 1
     5 > 3   7 > 3   9 > 3
            7 > 5   9 > 5
                     9 > 7

Strategie erkennen

b) Beschreiben als Paarmenge

(3./4. Schjg.)

{(3,1); (5,1); (5,3); (7,1); (7,3);
(7,5); (9,1); (9,3); (9,5); (9,7)}

(Die Zusammenstellung der geordneten Paare bildet die Paarmenge zu der betreffenden Relation)

c) Darstellen im linearen Pfeildiagramm

(4. Schjg.)

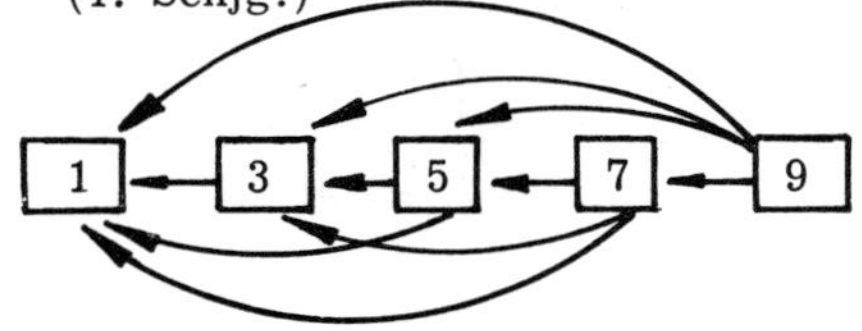

(Welche Zahl erhält die meisten Pfeile?
Von welcher Zahl gehen nur Pfeile aus?)

d) Darstellung im Blockdiagramm

(ab 3. Schjg.)

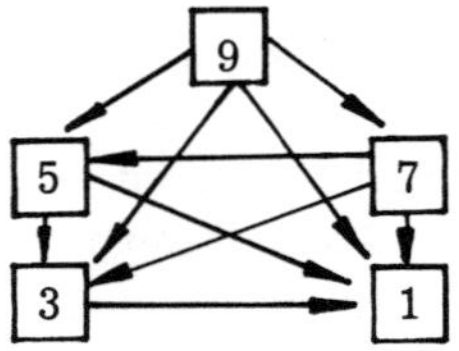

e) Darstellung in der Matrix

(4. Schjg.)

| \ | 1 | 3 | 5 | 7 | 9 |
|---|---|---|---|---|---|
| 1 |   |   |   |   |   |
| 3 | x |   |   |   |   |
| 5 | x | x |   |   |   |
| 7 | x | x | x |   |   |
| 9 | x | x | x | x |   |

## 1.4 Welche Eigenschaften können Relationen haben?

(Siehe auch Griesel: "Die neue Mathematik", S. 241 ff)

a) Relationen können transitiv sein

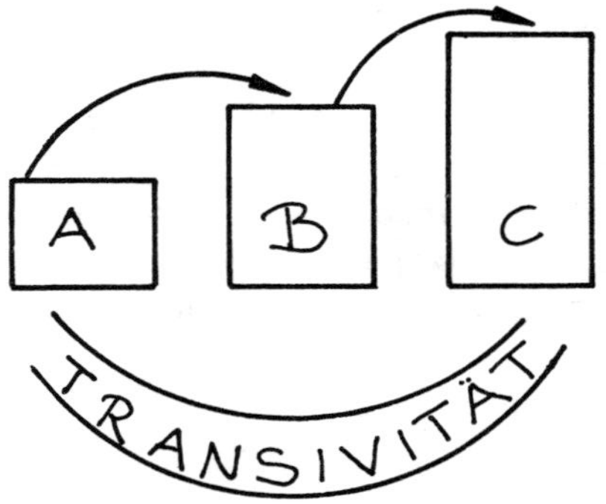

... ist niedriger als ...      ... ist kleiner als ...

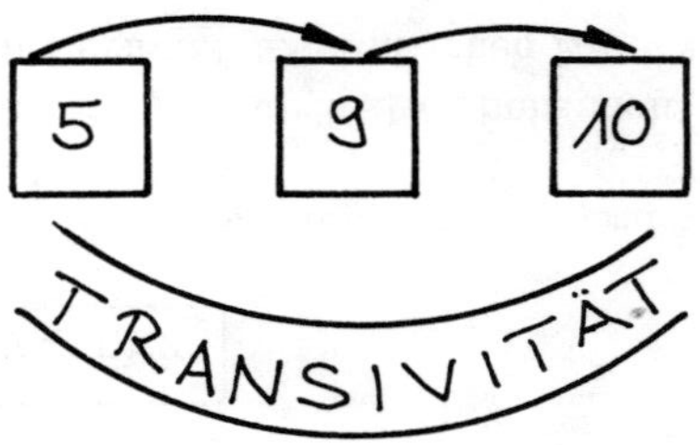

TRANSITIVITÄT      TRANSITIVITÄT

b) Relationen können symmetrisch sein

... hat den gleichen Rand wie ...      ... hat soviele Elemente wie ...

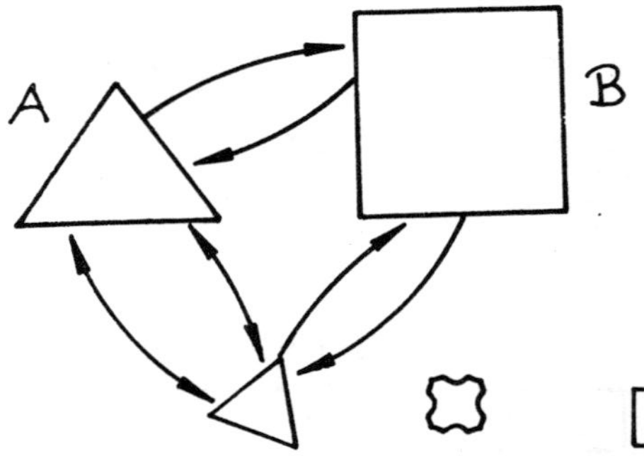

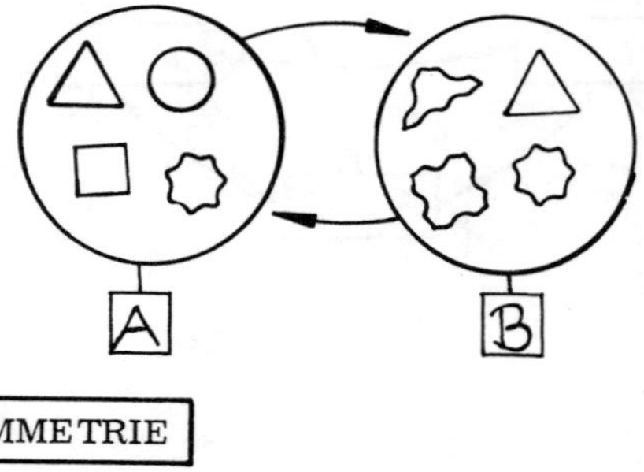

SYMMETRIE

169

170

c) Relationen können asymmetrisch sein

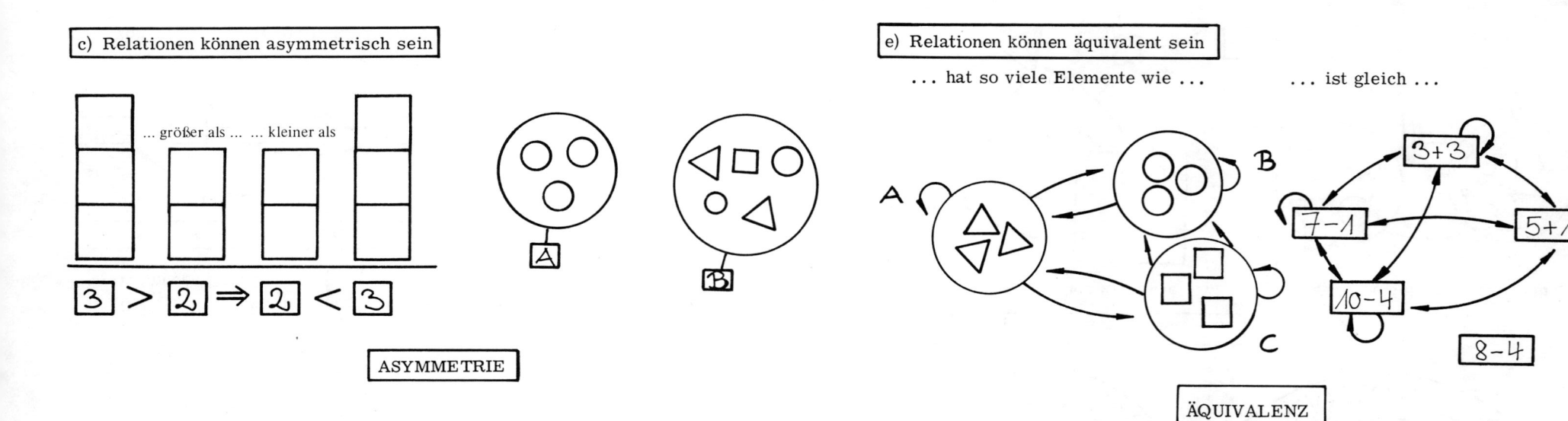

... größer als ... ... kleiner als

$3 > 2 \Rightarrow 2 < 3$

ASYMMETRIE

d) Relationen können reflexiv sein

Beispiel: Die Relation heißt ... versorgt ...

$\boxed{M}$ = Mutter  $\boxed{V}$ = Vater  $\boxed{U}$ = Uta

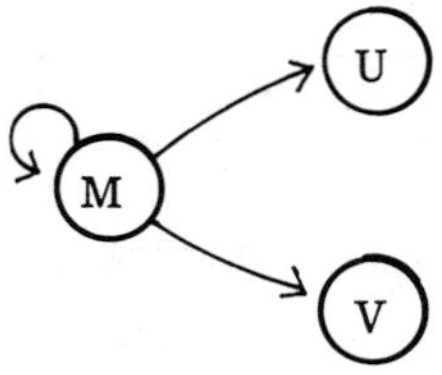

Mutter ist daheim und versorgt alle, auch sich selbst.

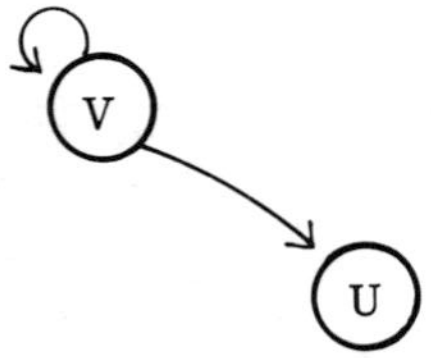

Vater ist mit Uta allein.
Vater versorgt Uta und sich selbst.

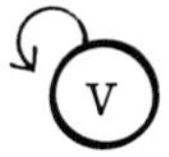

Vater ist verreist.
Er versorgt sich die Woche über selbst.

REFLEXIVITÄT

e) Relationen können äquivalent sein

... hat so viele Elemente wie ...    ... ist gleich ...

$\boxed{8-4}$

ÄQUIVALENZ

"Unter einer Äquivalenzrelation versteht man eine Relation, die transitiv, symmetrisch und reflexiv ist." (Griesel, S. 244)
Die Eigenschaften der Relationen werden nicht ausdrücklich behandelt, sondern nur so weit dies notwendig ist, um dem Lernziel des amtlichen LP's zu genügen. (Vergl. LP, 4. Jahrgang, LZ 5!)

1.5  Warum arbeiten wir im Mathematikunterricht der Grundschule mit Relationen?

Obwohl der Relationsbegriff in der Grundschule nie definiert wird, werden bei der Auseinandersetzung mit konkreten Problemen Pfeilbilder und Relationstabellen benützt, weil

– diese Ordnung herstellen helfen und zur Verdeutlichung und Klärung wesentlicher Lehraufgaben des Mathematikunterrichtes beitragen,
– bei der Behandlung von Relationen in kindgemäßer Art mathematische Grundfähigkeiten wie Vergleichen, Unterscheiden, Prüfen, Zusammenfassen, Klassifizieren usw. geübt werden,
– mathematische Zusammenhänge (Beziehungen zwischen Zahlen, Reversibilität) tiefer durchleuchtet werden und dadurch die Entwicklung des mathematischen Denkens angebahnt und gefördert wird,
– die Übung im Mathematikunterricht durch eine Reihe von Übungsformen bereichert und dadurch abwechslungsreicher gestaltet wird,
– Relationen und ihre Gesetzmäßigkeit zum Kern des modernen Mathematikunterrichtes zählen.

Nicht zuletzt haben Relationen auch eine große Bedeutung im nichtmathematischen Bereich. Deshalb sollen die Schüler bereits in der Grundschule lernen, neue Beziehungen in ihrer Umwelt zu entdecken und sich an ein Denken in Relationen zu gewöhnen.

### 1.6 In welchen Bereichen werden Relationen angewandt?

Im folgenden sollen nun einige Beispiele zeigen, wie Relationen im Bereich des Zahlenrechnens, im Umgang mit Größen und Maßeinheiten und im Bereich der Geometrie bzw. Topologie angewandt werden.

Mit Hilfe von Relationsvorschriften lassen sich Beziehungen zwischen Zahlen besonders eindringlich darstellen:

- Beim Aufbau des Zahlenraumes von 1 bis 20
  - durch die 1 : 1 Zuordnung (Geburtstagsfeier: Reichen die Teller und Tassen für alle Kinder? Bekommt beim Ballspielen jedes Kind einen Ball?)
  - durch die Ordnungsrelation (... ist Vorgänger von ...; ... ist Nachfolger von ...; ... ist um 2 größer als ...; ... ordne die Terme nach ihrem Wert ...)
  - durch die "Größer-Kleiner-Relation" (Unterstreiche von zwei Zahlen jeweils die größere / kleinere)

- Bei der Einführung und Übung der Einmaleinsreihen
  - durch die Relationsvorschriften ... ist die Hälfte von ...; ... ist das Doppelte von ...; ... ist ein Vielfaches von ...; ... ist Teiler von ...;

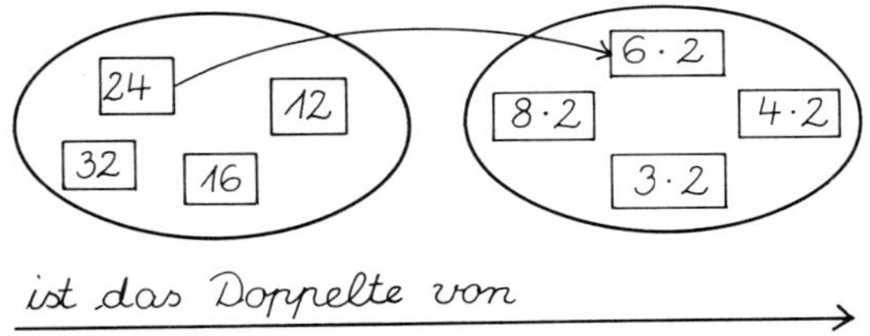

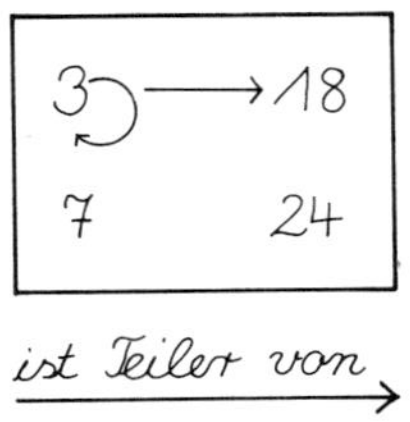

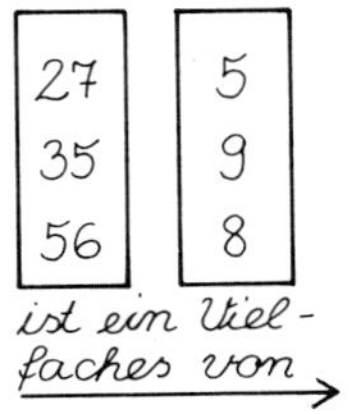

• durch Zuordnen bei Einmaleinsübungen

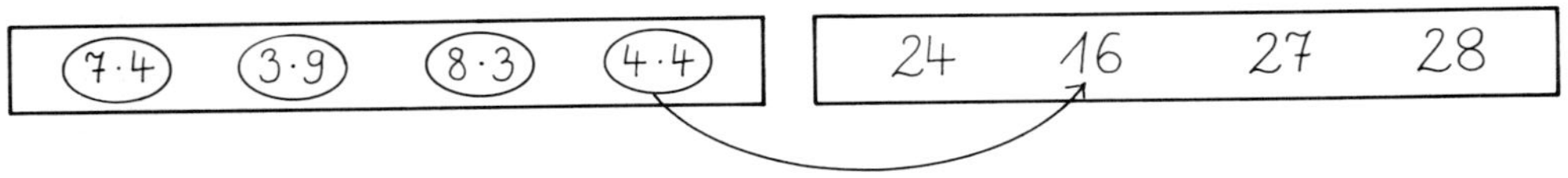

$7 \cdot 4 \quad 3 \cdot 9 \quad 8 \cdot 3 \quad 4 \cdot 4$

$24 \quad 16 \quad 27 \quad 28$

$\boxed{24} \boxed{12} \boxed{16}$    $\boxed{8 \cdot 2} \boxed{6 \cdot 2} \boxed{4 \cdot 2} \boxed{3 \cdot 2}$

ist das Doppelte von →

$\boxed{3} \rightarrow 18 \qquad \boxed{27 \quad 5}$
$\boxed{7 \quad 24} \qquad \boxed{35 \quad 9}$
$\qquad\qquad\qquad \boxed{56 \quad 8}$

ist Teiler von →    ist ein Vielfaches von →

- durch die "Hälfte-Doppelt-Beziehung" erkennen die Schüler auch die Verwandtschaft der Einmaleinssätze

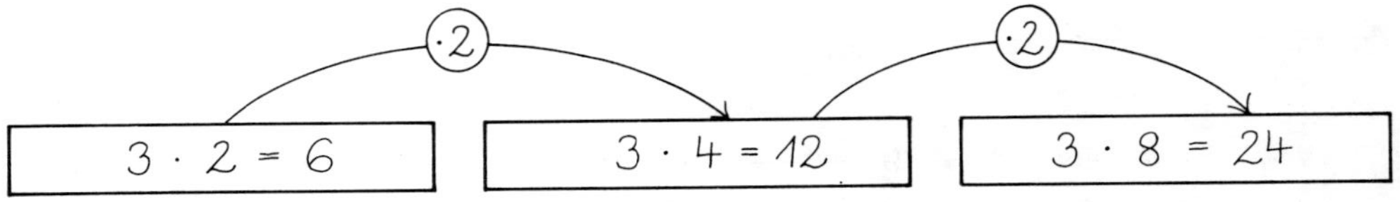

$\boxed{3 \cdot 2 = 6} \xrightarrow{\cdot 2} \boxed{3 \cdot 4 = 12} \xrightarrow{\cdot 2} \boxed{3 \cdot 8 = 24}$

Das Doppelte von 2·3 ist 3·4; das Doppelte von 3·4 ist 3·8 (und die Umkehrung)

- Bei der Übung der vier Grundrechnungsarten
  - durch die "Hälfte-Doppelt-Beziehung",
  - durch die Gleichheitsrelation (verbinde Zahlennamen / Terme miteinander, die gleich sind; verbinde Terme miteinander, die das Doppelte / die Hälfte von sind; die Zahl x hat den gleichen Wert wie; Ordne der Zahl x das entsprechende Zahlenkärtchen / Term zu;)
  - durch die "Größer-Kleiner-Relation" (Fortsetzen von Zahlenfolgen; Erkennen des Operators)

Durch Lesen, Ergänzen und Zeichnen entsprechender Pfeilbilder bei g - kg, kg - t, mm - cm, dm - m, m - km, hl - l, usw. gewinnen die Schüler Einsicht in die Beziehungen zwischen Maßeinheiten unter der Verwendung der Relationsvorschriften ... ist schwerer / leichter als ...; ... ist länger / kürzer als; ... ist weiter entfernt / näher als ...; ... faßt mehr Wasser als ...

Beispiele für Umwandlungsaufgaben:

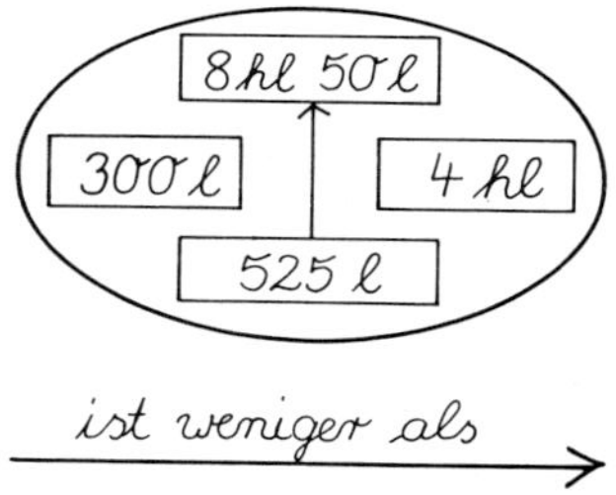

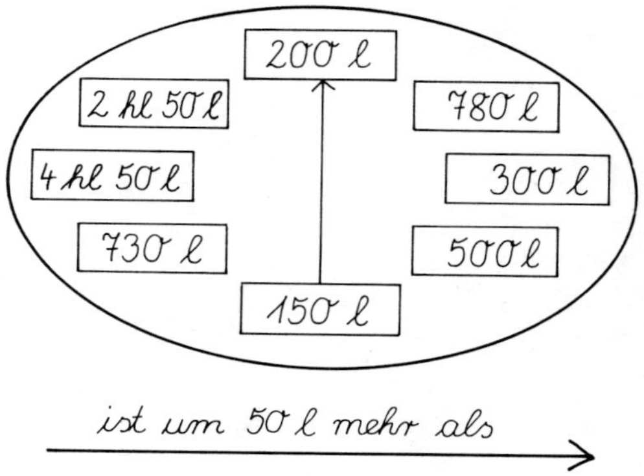

$\boxed{300\,\ell} \boxed{8\,hl\,50\,\ell}$
$\boxed{525\,\ell} \boxed{4\,hl}$

ist weniger als →

$\boxed{4\,hl\,50\,\ell} \boxed{2\,hl\,50\,\ell} \boxed{200\,\ell} \boxed{780\,\ell}$
$\boxed{730\,\ell} \qquad\qquad\qquad \boxed{300\,\ell}$
$\qquad\qquad\qquad\qquad \boxed{150\,\ell} \boxed{500\,\ell}$

ist um 50 ℓ mehr als →

171

Die Relationen - ... ist gleichwertig mit ... oder ... ist weniger / mehr wert als ... oder kostet mehr / weniger als ... - erleichtern den Schülern die Einsicht in das Wertgefüge des Geldes.

Auch im geometrischen und topologischen Bereich kann mit Relationsvorschriften gearbeitet werden, wie
... ist parallel zu ...; ... steht senkrecht auf ...; ... hat die gleiche Form wie ...;
... hat ebenso viele Ecken wie ... usw.

Eine Fülle von Beispielen zu allen drei Übungsbereichen finden sich in den Schülerbüchern und Arbeitsheften der Schulbuchverlage.

## 2. Lehrgangsmäßiger Einbau der Relationen

### 2.1 Wie werden die Relationen lehrgangsmäßig bereits im 1. und 2. Schülerjahrgang vorbereitet?

Im 1. Schülerjahrgang

- Beim Ordnen von Gegenständen, beim Klassifizieren, beim Heraustellen gemeinsamer Eigenschaften und beim Untersuchen von Abhängigkeiten werden einfache Beziehungen bewußt gemacht und versprachlicht.
(z.B. Peter ist größer als ihr. Er muß daher weiter hinten sitzen.)

- Im Umgang mit strukturiertem Material werden merkmalsbestimmte Paarbeziehungen erkannt, beschrieben und in Form von Zuordnungs-, Such- und Unterschiedsspielen gefestigt.
(z.B. "Zu jedem großen Plättchen paßt ein kleines." "Ordne zu blau grün zu." "Suche Plättchen, die ein, zwei, drei gleiche Merkmale haben!" usw.)

- Die Mengenbeziehung "ist Teilmenge von" wird erstmals eingeführt.

- Ordnungs- und Gleichmächtigkeitsbeziehungen im Mengenbereich werden über die 1 : 1 = Zuordnung erfaßt.
(z.B. "hat mehr Elemente" - "hat weniger Elemente" - "hat gleich viel Elemente")

- Ordnungs- und Gleichheitsbeziehungen im Zahlbereich werden grundgelegt.
("ist größer als" - Relation, "ist kleiner als" - Relation, "ist nicht gleich" - Relation, Vorgänger-Nachfolgerbeziehung)

- Wertigkeitsbeziehungen im Größenbereich Währung werden erfaßt.
("ist mehr wert", "ist weniger wert", "ist gleich viel wert")

Im 2. Schülerjahrgang

- Das Herausarbeiten von Beziehungen zwischen Gegenständen wird durch das fortgeführte Klassifizieren und Seriieren weiter gepflegt.

- Durch intensiveres Beschreiben der "einschlägigen Mengensituationen" werden die im 1. Schuljahr angebahnten Beziehungen zwischen den Elementen und den Mengen vertieft. Hinzu kommt das Darstellen in Diagrammen.

- Im Bereich der Zahlen wird der Operatorbegriff am Maschinenmodell eingeführt und als Schwerpunkt behandelt.
(Zahlen, die eingegeben werden, werden durch eine Handlungsvorschrift verändert)

- Die Ordnungs- und Gleichheitsbeziehungen werden durch Ausbau des Zahlenraums erweitert und vertieft.
Pfeildiagramme zur Darstellung von Ordnungsrelationen und für Beziehungen zwischen Zahlen werden erstmals eingesetzt.

- Multiplikations- und Divisionsterme werden in Relationsdiagrammen miteinander verglichen.

- Über rohe Maßvergleiche werden Relationen im Bereich des Messens von Längen (Strecken) bewußt gemacht und versprachlicht.

## 2.2 Aufriß einer Lernsequenz zur Arbeit mit Relationen im 4. Schülerjahrgang

### Lehrplanziel Nr. 5
**Fähigkeit, Relationen zu erkennen und verschieden darzustellen**

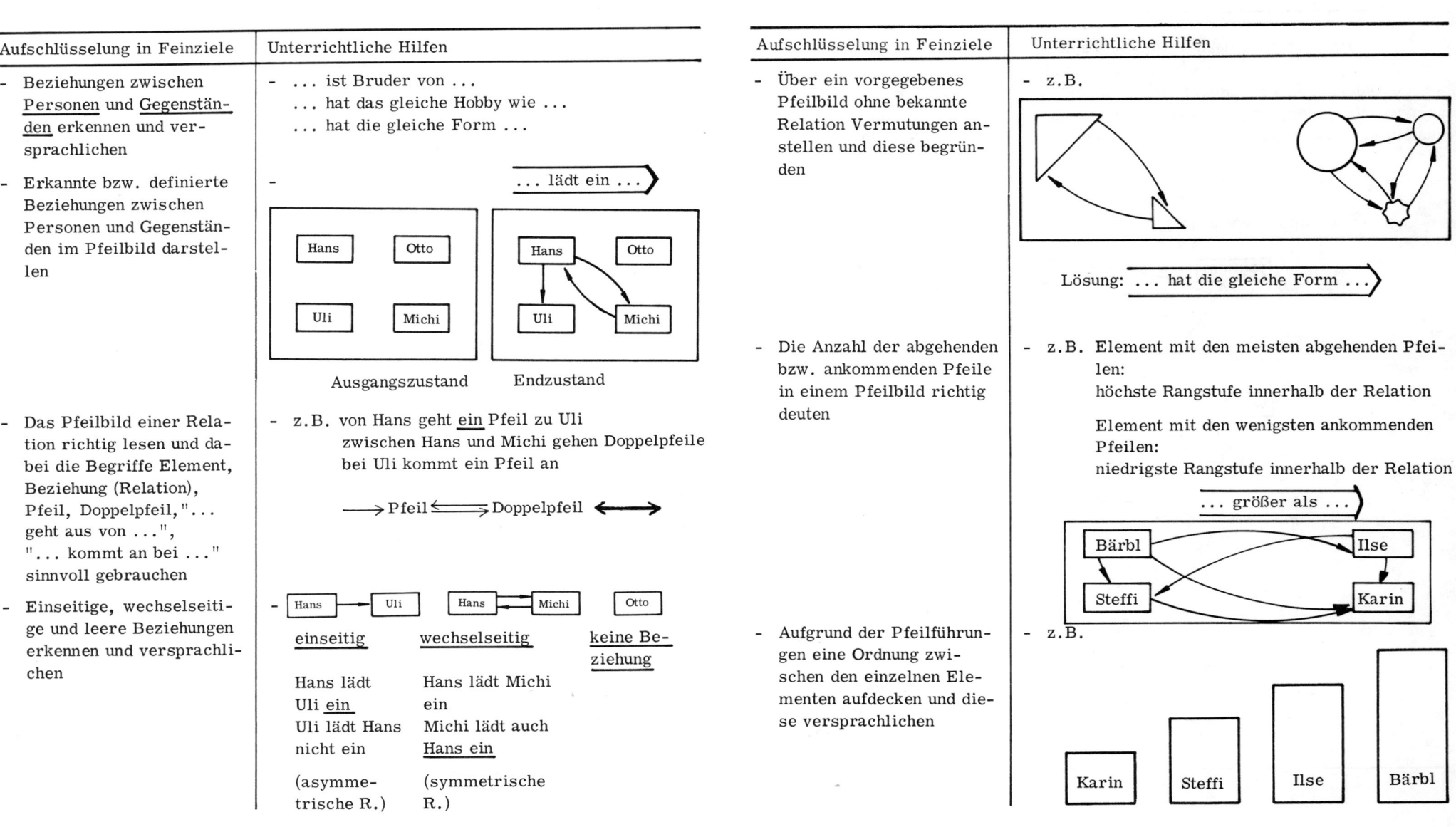

| Aufschlüsselung in Feinziele | Unterrichtliche Hilfen |
|---|---|
| – Beziehungen zwischen Personen und Gegenständen erkennen und versprachlichen | – ... ist Bruder von ...<br>... hat das gleiche Hobby wie ...<br>... hat die gleiche Form ... |
| – Erkannte bzw. definierte Beziehungen zwischen Personen und Gegenständen im Pfeilbild darstellen | – ... lädt ein ...<br><br>Hans   Otto<br>Uli    Michi<br>Ausgangszustand<br><br>Hans — Otto<br>  ⇅    ↕<br>Uli    Michi<br>Endzustand |
| – Das Pfeilbild einer Relation richtig lesen und dabei die Begriffe Element, Beziehung (Relation), Pfeil, Doppelpfeil, "... geht aus von ...", "... kommt an bei ..." sinnvoll gebrauchen | – z.B. von Hans geht ein Pfeil zu Uli zwischen Hans und Michi gehen Doppelpfeile bei Uli kommt ein Pfeil an<br><br>⟶ Pfeil  ⟷ Doppelpfeil |
| – Einseitige, wechselseitige und leere Beziehungen erkennen und versprachlichen | – Hans → Uli<br>**einseitig**<br>Hans lädt Uli ein<br>Uli lädt Hans nicht ein<br>(asymmetrische R.)<br><br>Uli ⇄ Michi / Hans ⇄ Michi<br>**wechselseitig**<br>Hans lädt Michi ein<br>Michi lädt auch Hans ein<br>(symmetrische R.)<br><br>Hans   Otto<br>**keine Beziehung** |

| Aufschlüsselung in Feinziele | Unterrichtliche Hilfen |
|---|---|
| – Über ein vorgegebenes Pfeilbild ohne bekannte Relation Vermutungen anstellen und diese begründen | – z.B.<br><br>Lösung: ... hat die gleiche Form ... |
| – Die Anzahl der abgehenden bzw. ankommenden Pfeile in einem Pfeilbild richtig deuten | – z.B. Element mit den meisten abgehenden Pfeilen:<br>höchste Rangstufe innerhalb der Relation<br>Element mit den wenigsten ankommenden Pfeilen:<br>niedrigste Rangstufe innerhalb der Relation<br><br>... größer als ...<br><br>Bärbl → Ilse<br>    ⤫<br>Steffi ← Karin |
| – Aufgrund der Pfeilführungen eine Ordnung zwischen den einzelnen Elementen aufdecken und diese versprachlichen | – z.B.<br><br>Karin   Steffi   Ilse   Bärbl |

173

174

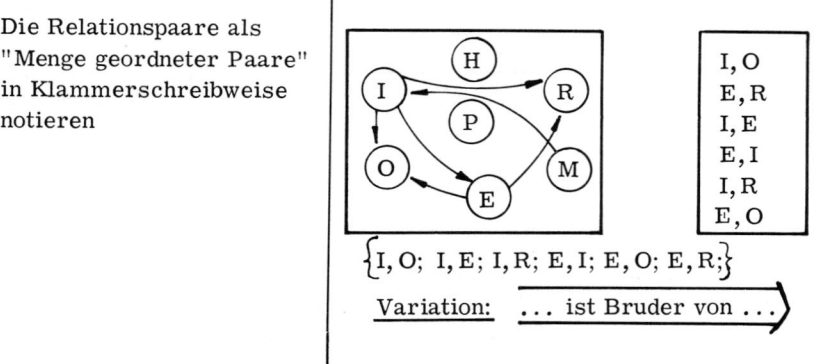

| Aufschlüsselung in Feinziele | Unterrichtliche Hilfen |
|---|---|
| - Die "Wenn-Dann-Beziehung" zwischen den Elementen im Pfeilbild ⓧ erkennen und versprachlichen | 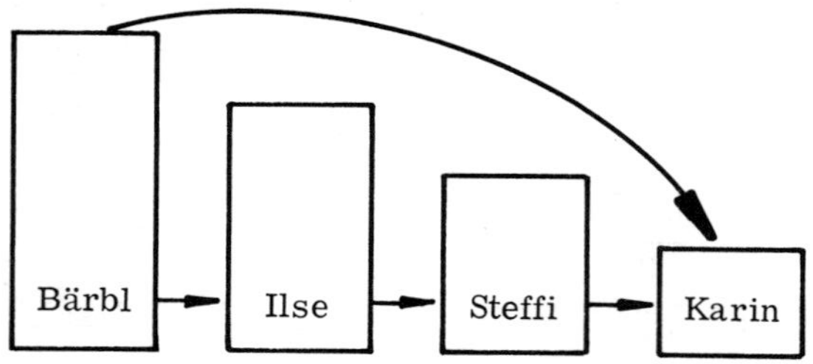 Bärbl → Ilse → Steffi → Karin |
| - Paare erkennen und aufschreiben | z.B. ... ist Schwester von 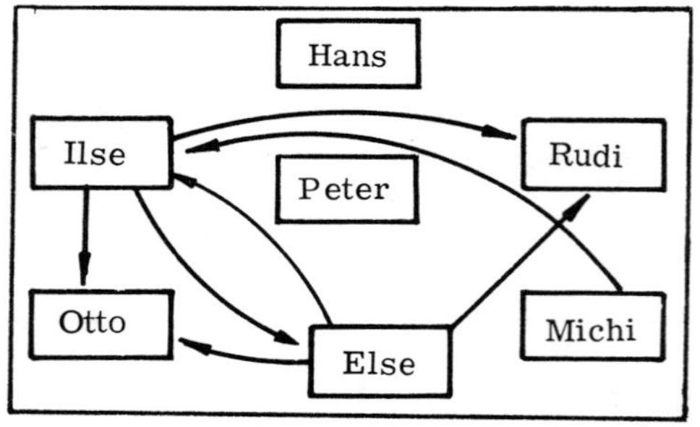 ... <br><br> Hans, Peter, Ilse, Otto, Else, Rudi, Michi (Pfeilbild) <br><br> Ilse → Otto; Ilse → Else; Else → Ilse; Else → Otto; Ilse → Rudi; Else → Rudi; |
| - Die Relationspaare als "Menge geordneter Paare" in Klammerschreibweise notieren | H, P, I, O, E, R, M (Pfeilbild) <br><br> {I,O; I,E; I,R; E,I; E,O; E,R;} <br><br> Variation: ... ist Bruder von ... |
| - Wechselseitige bzw. einseitige Beziehungen innerhalb der Menge der geordneten Paare wiedererkennen | 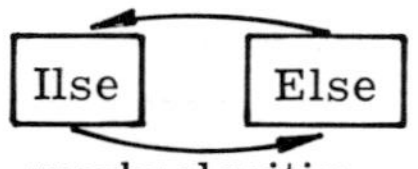 Ilse ⇄ Else   Else → Rudi <br> wechselseitig 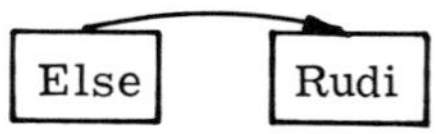   einseitig |

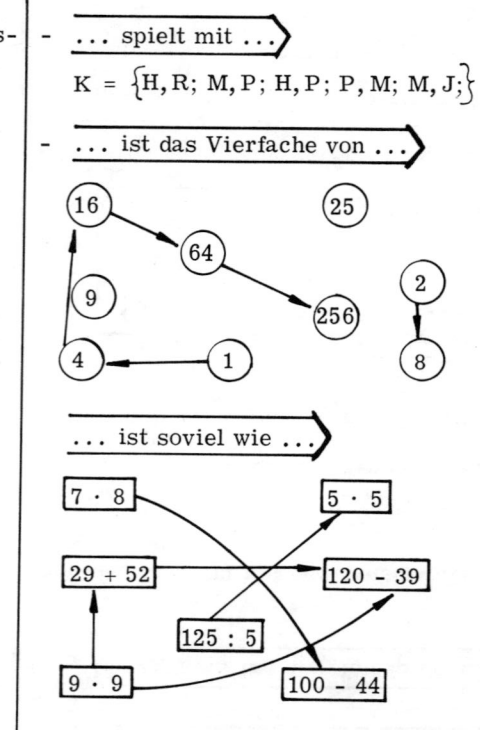

| Aufschlüsselung in Feinziele | Unterrichtliche Hilfen |
|---|---|
| - Zu vorgegebenen Relationspaaren das entsprechende Pfeilbild ⓧ zeichnen | ... spielt mit ... <br> K = {H, R; M, P; H, P; P, M; M, J;} |
| - Beziehungen zwischen Zahlen im Pfeilbild bzw. als Paarmenge darstellen | ... ist das Vierfache von ... <br> 16 → 64 → 256, 25, 9 → 4, 1, 2 → 8 <br><br> ... ist soviel wie ... <br> 7·8, 5·5, 29+52, 120-39, 125:5, 9·9, 100-44 |
| - Eine erkannte bzw. definierte Relation in einer Tabelle mit zwei Eingängen darstellen | Beispiele: Vielfacher von, Teiler von, Termsterne usw. <br><br> Aufgabenstellung: Zwei Tischtennismannschaften spielen um die Meisterschaft. Jede Mannschaft hat 4 Spieler. Jeder Spieler der einen Mannschaft spielt gegen den Spieler der anderen Mannschaft. Wieviele Spielpaarungen ergeben sich? |

| Ma₂\Ma₁ | 1 | 2 | 3 | 4 |
|---|---|---|---|---|
| a | (a,1) | (a,2) | (a,3) | (a,4) |
| b | (b,1) | (b,2) | (b,3) | (b,4) |
| c | (c,1) | (c,2) | (c,3) | (c,4) |
| d | (d,1) | (d,2) | (d,3) | (d,4) |

- Erfassen, daß ein Doppelpfeil dieselbe Bedeutung hat wie zwei wechselseitige Pfeile
- Das Gelernte an einem veränderten Beispiel anwenden können

Arbeitsmittel: Vorbereitete Einladungskarten mit zwei leeren Feldern, Arbeitsblätter, Block, Hafttafel, Haftschilder, Tafel.

| Aufschlüsselung in Feinziele | Unterrichtliche Hilfen |
|---|---|
| | $Ma_1 = \{1, 2, 3, 4\}$ <br> $Ma_2 = \{a, b, c, d\}$ |
| | Mit ⓧ versehene Feinziele sind schwieriger und bieten Differenzierungsmöglichkeiten |
| - Wechselseitige, einseitige und leere Beziehungen in der Tabelle erkennen und begründen ⓧ | |

## 3. Unterrichtspraktische Verwirklichung

### 3.1 Pfeilbilder im 2. Schülerjahrgang

Da Schüler dieser Altersstufe bei einer zu raschen Hinführung zur Relationssicht- und -sprechweise (... ist größer als ...) Schwierigkeiten in der sinnrichtigen Zuordnung der beiden Zahlen zwischen dem Relationspfeil haben, geht man zunächst von der "zeigt-auf" - Sicht aus (nach Kahabka).
An Hand einfacher Beispiele lernen die Schüler Relationspfeile und Pfeilbilder deuten und zeichnen. Dabei werden etwa folgende Relationsvorschriften verwendet:
- Pfeilbilder mit strukturiertem Material: "hat die gleiche Farbe", "hat die gleiche Form", "hat weniger Ecken als", "hat mehr Ecken als", "ist kleiner/größer als".
- Pfeilbilder mit Zahlen: "ist größer/kleiner als", "ist um 3 größer", "ist um 4 kleiner", "ist das Doppelte/die Hälfte von", "ist Vorgänger/Nachfolger von".

Vgl. dazu: Kahabka, Der Mathematikunterricht im 2. Schjg.

### 3.2 Einführung in die Darstellung einer vorgegebenen Relation im Pfeildiagramm - Stundenbild für den 4. Schjg.

Thema: Einladung zur Geburtstagsfeier

Lernziele:
- Die vorgegebene Relation "x lädt y zur Geburtstagsfeier ein" aufdecken
- Die sich daraus ergebenden Paarbeziehungen in Kurzform aufschreiben können
- Die gefundenen Paarbeziehungen in einem Pfeilbild darstellen können
- Das Pfeilsymbol richtig deuten können

| Meth. Absicht Arbeitsformen | Unterrichtsverlauf |
|---|---|
| Hinführung <br> Klassengespräch | Freundschaften in der Klasse. <br> Woran wir Freunde erkennen? Sollen Freunde in der Klasse beisammensitzen? |
| Motivation | Die Lehrerin möchte ihre Schüler so setzen, daß sie gut zusammenarbeiten. <br> Sie stellt die Aufgabe: "Schreibe auf, wen du zu deiner Geburtstagsfeier einladen würdest!" |
| Klärung | Bewußtmachen der Aufgabenstellung. <br> Klärung der Absicht der Lehrerin ("Beziehungen" aufdecken) |
| Zielformulierung | Herausstellen des Arbeitszieles für die Mathematikstunde |
| Tafelanschrift | "Wer lädt wen zur Geburtstagsfeier ein?" |
| 1. Teilziel | Lösungsstrategien bilden lassen |
| Realisieren | Handelndes Aufdecken der gewünschten Beziehungen. Schreiben von Einladungskarten. |
| Beschreiben | Aufschreiben der abgegebenen und eingegangenen Einladungskarten. Berichten - Umsetzen der Kurzforminformationen in Sprache. |
| Teilergebnis <br> Tafelanschrift | Zusammenfassung der Teilergebnisse: <br> Wir wissen jetzt, wer wen einladen möchte. |
| Zielmotivation | Die Lehrerin verlangt von jeder Tischgruppe eine Zusammenstellung, wer wen eingeladen hat. |

176

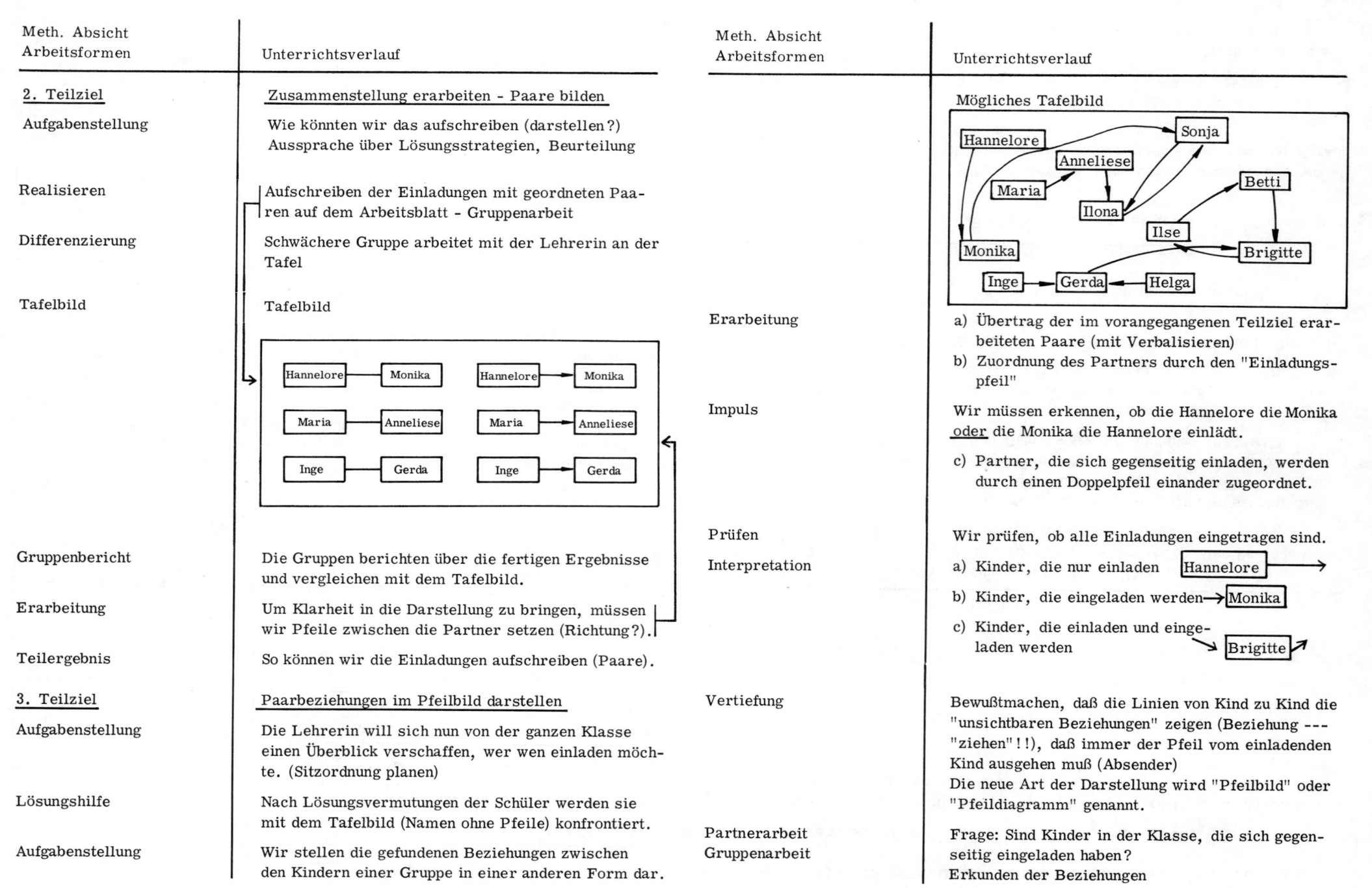

| Meth. Absicht Arbeitsformen | Unterrichtsverlauf | Meth. Absicht Arbeitsformen | Unterrichtsverlauf |
|---|---|---|---|
| **2. Teilziel** Aufgabenstellung | Zusammenstellung erarbeiten - Paare bilden Wie könnten wir das aufschreiben (darstellen?) Aussprache über Lösungsstrategien, Beurteilung | | Mögliches Tafelbild (Diagramm mit Namen: Hannelore, Maria, Anneliese, Sonja, Betti, Ilona, Ilse, Brigitte, Monika, Inge, Gerda, Helga – verbunden durch Pfeile) |
| Realisieren Differenzierung Tafelbild | Aufschreiben der Einladungen mit geordneten Paaren auf dem Arbeitsblatt - Gruppenarbeit Schwächere Gruppe arbeitet mit der Lehrerin an der Tafel Tafelbild: Hannelore → Monika, Maria → Anneliese, Inge → Gerda | Erarbeitung | a) Übertrag der im vorangegangenen Teilziel erarbeiteten Paare (mit Verbalisieren) b) Zuordnung des Partners durch den "Einladungspfeil" |
| | | Impuls | Wir müssen erkennen, ob die Hannelore die Monika oder die Monika die Hannelore einlädt. c) Partner, die sich gegenseitig einladen, werden durch einen Doppelpfeil einander zugeordnet. |
| | | Prüfen Interpretation | Wir prüfen, ob alle Einladungen eingetragen sind. a) Kinder, die nur einladen b) Kinder, die eingeladen werden → Hannelore → Monika c) Kinder, die einladen und eingeladen werden → Brigitte |
| Gruppenbericht Erarbeitung Teilergebnis | Die Gruppen berichten über die fertigen Ergebnisse und vergleichen mit dem Tafelbild. Um Klarheit in die Darstellung zu bringen, müssen wir Pfeile zwischen die Partner setzen (Richtung?). So können wir die Einladungen aufschreiben (Paare). | Vertiefung | Bewußtmachen, daß die Linien von Kind zu Kind die "unsichtbaren Beziehungen" zeigen (Beziehung --- "ziehen"!!), daß immer der Pfeil vom einladenden Kind ausgehen muß (Absender) Die neue Art der Darstellung wird "Pfeilbild" oder "Pfeildiagramm" genannt. |
| **3. Teilziel** Aufgabenstellung | Paarbeziehungen im Pfeilbild darstellen Die Lehrerin will sich nun von der ganzen Klasse einen Überblick verschaffen, wer wen einladen möchte. (Sitzordnung planen) | Partnerarbeit Gruppenarbeit | Frage: Sind Kinder in der Klasse, die sich gegenseitig eingeladen haben? Erkunden der Beziehungen |
| Lösungshilfe | Nach Lösungsvermutungen der Schüler werden sie mit dem Tafelbild (Namen ohne Pfeile) konfrontiert. | | |
| Aufgabenstellung | Wir stellen die gefundenen Beziehungen zwischen den Kindern einer Gruppe in einer anderen Form dar. | | |

| Meth. Absicht Arbeitsformen | Unterrichtsverlauf |
|---|---|
| Erklären und Darstellen | Die Darstellung mit zwei Pfeilen ⇄ kann vereinfacht werden ⟷ (Doppelpfeil) |
| Transfer/Anwendung | Darstellen der Ergebnisse in einem Pfeildiagramm. |
| Kontrolle | |
| Gesamtzusammenfassung (Erkenntnis) | Mit Hilfe von Diagrammen lassen sich Beziehungen überschaubar darstellen. |

## 4. Literatur

1. Griesel, Heinz: Die neue Mathematik für Lehrer und Studenten 1 – 3, Hannover 1971, 1973, 1974
2. Kahabka, Bruno: Der Mathematikunterricht im 1. Schülerjahrgang, Band 1 und 2, München 1972, 1973
3. Kahabka, Bruno: Der Mathematikunterricht im 2. Schülerjahrgang, Band 2, München 1976
4. Kitzinger, Kopp, Selzle: Lehrplan für die Grundschule in Bayern mit Erläuterungen und Handreichungen, Donauwörth 1976
5. Lubeseder, Ursula: Mengen, Formen, Relationen, Hannover 1970
6. Maier, Hermann: Didaktik der Mathematik 1 – 9, Donauwörth 1970

# Günter Fleischmann

# Sachaufgaben in Grund- und Hauptschule

| | | |
|---|---|---|
| 1. | Didaktische Grundlegung | 180 |
| 1.1 | Vom Sachrechnen zur Sachaufgabe | 180 |
| 1.2 | Fehlerquellen bei der Behandlung von Sachaufgaben | 180 |
| 1.3 | Zielsetzungen beim Lösen von Sachaufgaben | 181 |
| 1.4 | Prinzipien operativen Lernens an Sachaufgaben | 184 |
| 2. | Methodische Gestaltung | 193 |
| 2.1 | Der Lehrgang für das Lösen von Sachaufgaben in der Grundschule | 193 |
| 2.2 | Unterrichtsbeispiel | 206 |
| 2.3 | Das Lösen von Sachaufgaben in der Hauptschule | 215 |
| 3. | Literatur | 245 |

# 1. Didaktische Grundlegung

## 1.1 Vom Sachrechnen zur Sachaufgabe

Die in der didaktischen Literatur bislang getroffene Einteilung, Unterscheidung oder Klassifizierung in "eingekleidete Aufgaben", in "Textaufgaben" und in das "eigentliche Sachrechnen" erscheint gekünstelt, zu kompliziert und von der Zielsetzung des modernen Mathematikunterrichts her ohne Belang. So sind die Begriffe "Textrechnen" und "Sachrechnen" in den neuen Lehrplänen nur mehr sporadisch zu finden und durchgängig durch den umfassenderen Begriff "Sachaufgabe" ersetzt worden.

Nach Kriegelstein (1, S. 120) wird die Struktur einer "Sachaufgabe" durch vier Aspekte bestimmt, die die Ablösung der Bezeichnung "Sachrechnen" durch den Begriff "Sachaufgabe" verdeutlichen:

| Sachlicher Aspekt | Sprachlicher Aspekt | Mathematischer Aspekt | Rechnerischer Aspekt |
|---|---|---|---|
| Sachfall<br>Sachsituation<br>Sachverhalt<br>konkreter Fall<br>Handlung<br>Geschehen<br>Vorgang<br>Zustand | ausführlicher Text<br>Stichworttext<br>Kombination von<br>Bild und Sprache<br>(Bildtext) | mathematische<br>Struktur<br>Verknüpfungen<br>Beziehungen<br>Relationen<br>Funktionen<br>Aussageformen<br>Mengenbeziehungen<br>geometrische Beziehungen<br>Terme<br>Gleichungen<br>Ungleichungen | Rechnung mit Ziffern<br>und Zeichen<br>Grundrechenarten<br>Rechentätigkeit<br>Fertigkeit<br>Rechenergebnisse |

                    Sachaufgaben

## 1.2 Fehlerquellen bei der Behandlung von Sachaufgaben

Gustav Schlaak hat in einer Untersuchung über Art und Häufigkeit von Fehlern (2, S. 17) bei der Lösung von Aufgaben bei den Sachaufgaben festgestellt, daß ein erheblicher Teil der Schüler bereits am Anfang der Aufgabe an "fehlerhafter Textauffassung", an "fehlerhafter Zielsetzung" und "fehlerhafter Zuordnung der Zahl- und Sachbestimmung" scheitert. Der Anteil der Schüler, der also bereits in der Eingangssituation Fehler macht bzw. nicht mehr weiterkommt, beträgt rd. 40%.

Im einzelnen wurden folgende Ursachen für Fehlleistungen festgestellt:

- fehlerhafte Textauffassung: mangelhafte Lesetechnik, mangelndes Sprachverständnis, geringer Wortschatz;
- fehlerhafte Zahl-Sachbestimmung: Unfähigkeit, zwischen sprachlichem Begriff und mathematischem Operationszeichen zu schließen;
- mangelnde Rechenfertigkeit;
- mangelndes Rechentempo;
- Unbeweglichkeit des Denkens: Hatten an eingeschliffenen Rechenverfahren und -mustern; Unfähigkeit des Umdenkens;
- geringe Abstraktions- und Kombinationsfähigkeit;
- Zahlendominanz: probierende Zahlenmanipulationen ohne Erkennen der Beziehungen;
- mangelnde Fähigkeit, das Ergebnis einer Aufgabe durch "Überschlagen" bzw. "Schätzen" zu bestimmen;
- Unökonomisches Arbeiten: mangelnde Übersichtlichkeit und Sauberkeit der Darstellung;
- Unklarheiten in der schriftlichen Darstellung;
- öfterer Lehrerwechsel: häufig wechselnde Lösungsschemata; verschiedene Unterrichtsstile;

Als Fehlerhauptursache dürfte festzuhalten sein, daß das traditionelle Sachrechnen – wie der Rechen- und Mathematikunterricht generell – zu sehr ins Formale abglitt, sich zu sehr als Anwendungsfeld mechanisch erlernter Rechenverfahren sah, daß auf einsichtiges, mathematische Zusammenhänge beachtendes und reflektierendes Vorgehen viel zu wenig Wert gelegt wurde. Im Sachrechnen wurde zu viel gerechnet und zu wenig problembezogen gedacht.

Hinzu kam, daß vor allem im Sachrechnen der Lernprozeß oftmals zu wenig eigenständiges Problemlösen ermöglichte. Allzuoft hatten die Schüler nur Gelegenheit, das nach - zu - denken (Weiser), im wahrsten Sinne des Wortes, was der Lehrer oder die guten Schüler ihnen vordachten und vorsagten. Immer war es die kognitive Struktur des Lehrers oder guter Schüler, die diskutiert wurde und nicht die des einzelnen Schülers. Nach dem Prinzip der Isolierung der Schwierigkeiten wurde der Lernprozeß in kleine und kleinste Schritte zerlegt, die in einer genau angegebenen Reihenfolge zu durchlaufen waren. Nach dem stillen Lesen las ein Schüler die Aufgabe laut vor, dann wurde sie vielleicht noch im Chor gelesen. Von der Rechenfrage, welche wie die sich anschließenden Lösungsschritte frontalunterrichtlich gewonnen wurde, wobei meist nur die guten Schüler zum Zuge kamen, bis zur Schlußantwort hatte ein Großteil der Schüler – meist die schwachen – kaum Gelegenheit, sich eigenständig mit der mathematischen Aufgabe zu beschäftigen, selbständig Lösungswege zu entwickeln, darzustellen und mit den anderen Schülern zu diskutieren.

Genormte sprachliche Formulierungen wurden wörtlich auswendig gelernt, immer wieder im selben Wortlaut wiederholt, wobei die Schüler oftmals schon am Tonfall des Lehrers erkannten, wann sie was zu sagen hatten. Traten wirklich einmal Schwierigkeiten auf, dann half der Lehrer mit vorschnell gegebenen Lösungshilfen oder durch Suggestivfragen sehr schnell über diese Hürden hinweg. Daß dieses – zugegeben übertrieben dargestellte – Reiz-Reaktions-Lernen ohne Einsicht, Verständnis und sinnvolles Operieren noch längst nicht zum alten Eisen gehört, zeigt die Schulpraxis leider immer wieder auf.

Nicht zuletzt trug auch der Umstand zu den oben referierten Befunden bei, daß die Schüler in der Grundschule nicht entsprechend in die Strategie des Lösens von Sachaufgaben eingeschult wurden. Von der ersten Klasse an müssen sie in einem entsprechenden "Lehrgang" damit vertraut gemacht werden. Daß dies nur in enger Zusammenarbeit aller Lehrkräfte möglich ist, versteht sich von selbst.

### 1.3 Zielsetzungen beim Lösen von Sachaufgaben

Die jüngste Reform des Mathematikunterrichts versucht genau wie alle vorangegangenen der Gefahr des Abgleitens in rein formale und mechanische Rechenverfahren zu bannen und die Schüler zu logischem und einsichtigem Durchdenken von Problemen zu bringen. Gerade das Lösen von Sachaufgaben ist geeignet, dieser Zielsetzung des Mathematikunterrichts in besonderer Weise zu dienen. Beim Lösen von Sachaufgaben kann man sich nicht – die Praxis zeigt dies immer wieder – auf das Anwenden von mechanisch gelernten Übungsformen verlassen, sondern muß wesentliche andere Mittel zum einsichtsvollen Lernen heranziehen. Aus diesem Grunde weisen die neuen Lehrpläne übereinstimmend auf die zentrale Bedeutung des Lösens von Sachaufgaben hin.

#### 1.3.1 Die Zielsetzungen in den neuen Lehrplänen

<u>Grundschule:</u> "Sachaufgaben sind nicht nur Anwendungsfeld erlernter Operationen und Normalverfahren, sondern wesentlich auch Mittel zur Aktivierung operativen, logischen und problemlösenden Denkens."

Curricularer Lehrplan für den Mathematikunterricht in der 5. und 6. Jahrgangsstufe der Hauptschule:
Der Lehrplan zählt das Lösen von Sachaufgaben (Teil A, II. Sachaufgaben) zu den "Übergeordneten Lernzielen", an deren Erreichung vor allem in Verbindung mit anderen Lernzielen im Verlauf der 5. und 6. Jahrgangsstufe wiederholt gearbeitet werden soll. Bereits bei den Richtzielen heißt es unter 1.: "Einblick in die Bedeutung und Anwendbarkeit der Mathematik in den Bereichen des täglichen Lebens".
Das Lösen von Sachaufgaben aus den Themenbereichen Berufsleben, Technik, Geometrie, über Geld, Gewicht, Länge, Flächeninhalt, im Zusammenhang mit Raum-

inhalt und Oberfläche von Quadern (Lerninhalts-Spalte!) vermittelt den Schülern die Einsicht, daß Mathematik zum "täglichen Leben" gehört. "Für den Schüler gehört vielleicht auch das zum , täglichen Leben', was ihnen in den Sachfächern begegnet. Dort wird ihr Interesse für neue Sachfelder erschlossen, so daß deren mathematische Erhellung in unmittelbarer zeitlicher Verbindung die besten sachlichen und motivationalen Voraussetzungen für die hier angedeutete Zielsetzung bieten dürfte". (Maier, H.: Schwerpunkte. In: 1, S. 12)

Die Forderung nach Sachaufgaben ist am Ende eines jeden Kapitels im Anschluß an die erlernten Grundrechnungsarten mit natürlichen und mit Bruchzahlen sowie mit geometrischen Inhalten zu finden. Sachaufgaben dienen also zunächst als Anwendungsfelder erlernter Rechenoperationen. In der Spalte "Unterrichtsverfahren" wird aber ausdrücklich betont, daß sie darüber hinaus als Mittel zur Aktivierung logischen und problemlösenden Denkens zu verstehen sind und somit zur Steigerung der mathematischen Fähigkeiten wesentlich beizutragen vermögen. Wie Kriegelstein (1, S. 116) anführt, wird immer wieder verdeutlicht, "daß sich die Arbeit an Sachaufgaben über den gesamten Abschnitt zu erstrecken habe und nicht nur als Abschluß und Anwendung erlernter Operationen zu verstehen sei. Dazu erhalten die Sachaufgaben spezifisch mathematische Zielsetzungen, wenn es z. B. darum geht, an Hand von Sachzusammenhängen die Notwendigkeit und den Gebrauch von Klammern zu verdeutlichen und diese Arbeit im Verlauf der beiden Jahrgangsstufen schrittweise zur Endform Gesamtterm bzw. zur Fixierung der mathematischen Zusammenhänge in der Gleichung zu führen". Mathematische Denk- und Verfahrensweisen einerseits und die Arbeit an Sachaufgaben andererseits befruchten und ergänzen sich somit gegenseitig.

Curricularer Lehrplan Mathematik für die 7. bis 9. Jahrgangsstufe der Hauptschule:
Der Lehrplan bringt in den Vorbemerkungen keine Ausführungen zu Sachaufgaben. In den verbindlichen Lernziel- und Lerninhaltsspalten wird aber immer wieder die "Fähigkeit oder Fertigkeit", "Sachaufgaben zu den vier Grundrechenarten mit Bruchzahlen", "Sachaufgaben mit proportionaler/umgekehrt proportionaler Zuordnung", "sachbezogene und rein geometrische Aufgabenstellungen" zu lösen, angesprochen bzw. "Lebenspraktische Sachaufgaben – vor allem aus den Bereichen Handwerk, Technik und Verkehr", "Sachaufgaben aus Umweltsituationen", "Sachbezüge: Versicherungen, Bau- und Prämiensparen, chemische Untersuchungen" gefordert, um nur die Beispiele aus der 7. Jahrgangsstufe zu nennen.

Sachaufgaben dienen also auch hier – wie in obigen Lehrplänen – einmal als Anwendungsfeld erlernter Operationen, wobei mathematische Fähigkeiten des logischen, problemlösenden und operativen Denkens zusätzlich geschult werden, zum anderen spezifisch mathematischen Zielsetzungen, wenn beispielsweise lebenspraktische Sachaufgaben die Fertigkeit schulen, Größen in verschiedene Einheiten umzurechnen (Lernziel 3.2 in der 7. Jahrgangsstufe).

181

## 1.3.2 Die Schulung des operativen, logischen und problemlösenden Denkens beim Lösen von Sachaufgaben

### 1.3.2.1 Das operative Denken

Der Grundschullehrplan stellt klar heraus, daß Sachaufgaben ein wesentliches Mittel sind zur Aktivierung operativen Denkens. Operatives Denken ermöglicht nach Piaget u.a. ein beweglicheres, wendigeres und elastischeres Sicheinstellen auf Problemsituationen. Gegenüber mechanisch angewendeten Rechenregeln, welche starr und vielfach ohne Einsicht gehandhabt werden, geht es beim operativen Denken um das Heraustellen des Gesamtsystems, des Gesamtzusammenhanges, um das Aufzeigen von Beziehungen und Gruppierungen. "Operatorische Übungen" helfen, diese Beziehungen durchschaubar zu machen und Einzeloperationen in den Gesamtkomplex einzuordnen.

Für die Behandlung von Sachaufgaben bedeutet dies, Lösungen – wenn möglich – auf verschiedenen Wegen anzustreben (= Prinzip der Assoziativität) und erst dann die kürzeste und eleganteste auszuwählen, weiterhin nach vollzogener Lösung auch die Umkehrung (= Prinzip der Reversibilität) zu bewältigen und damit zu beweisen, daß man den Gesamtzusammenhang verstanden hat. Wie Piaget nachgewiesen hat, ist mathematisches Denken erst dann möglich, wenn die Operationen gedanklich reversibel (umkehrbar) geworden sind.

Beispiele (nach Lauter, J.: Erfolgssicherung im Mathematikunterricht. In: Pädagogische Welt, 10/1075, S. 608/609):

1. Monika hat einen bestimmten Betrag in der Sparkasse. Zum Geburtstag verdoppelt Vater diesen Betrag und Tante Lotte gibt ihr 5,- DM dazu. Von dem Betrag gibt sie 9 DM für einen Ball aus und teilt den Rest mit ihrem Bruder. Dann hatte sie noch 5,- DM. Wieviel hatte sie vorher?

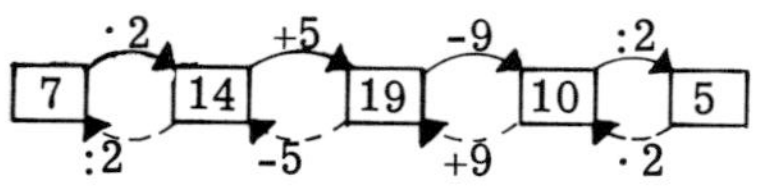

$$\boxed{7} \xrightarrow{\cdot 2} 14 \xrightarrow{+5} 19 \xrightarrow{-9} 10 \xrightarrow{:2} \boxed{5}$$
$$\xleftarrow{:2} \xleftarrow{-5} \xleftarrow{+9} \xleftarrow{\cdot 2}$$

2. 5 kg Äpfel kosten 3,50 DM, wieviel kosten 12 kg?

$$\text{kg} \quad 0 \quad 1 \xrightarrow{\cdot \frac{7}{10}} 5 \xrightarrow{\cdot \frac{12}{5}} 10 \xrightarrow{\cdot \frac{7}{10}} 12$$

$$\text{DM} \quad \xrightarrow{\cdot \frac{12}{5}} 3,50 \quad \boxed{8,40}$$

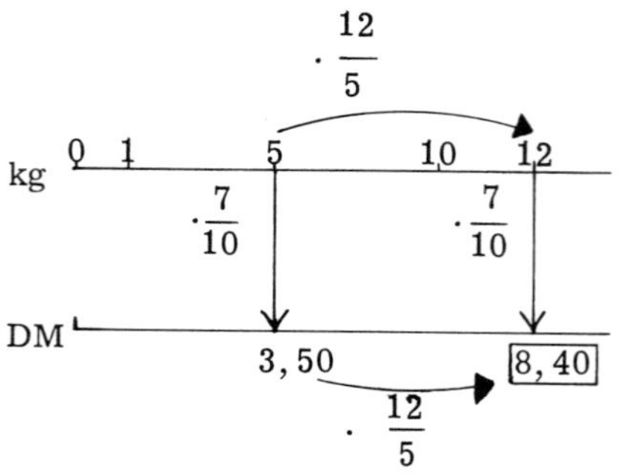

### 1.3.2.2 Das logische Denken

Die Förderung des logischen Denkens wird in allen Lehrplänen betont. In der Schulwirklichkeit ist es aber leider oft so, daß logische Denkerziehung nicht bewußt genug betrieben wird. Allzusehr geht man von der Vorstellung aus, daß beim Schüler ein natürliches Empfinden für die Anwendung und für das Erkennen der Richtigkeit logischer Schlußketten vorhanden sei. Daß dem nicht so ist, erfährt der Lehrer sehr schnell dann, wenn er Schüler z.B. mathematische Zusammenhänge verbalisieren läßt. Logisches Denken stellt sich nicht von alleine ein, sondern bedarf planmäßiger, intensiver Schulung. Hervorragendes Mittel hierfür ist die Sprache. Die sprachliche Formulierung fordert die Schulung logischen Denkens und das Verständnis mathematischer Sachverhalte. "Erst wenn das Gedachte auch sprachlich ergriffen wird, wird es damit wirklich in Besitz genommen." (Oehl, 3, S. 23) Nach Oerter (4, S. 122) steht es außer Zweifel, daß die Sprache das Denken entscheidend fördert. "Nach unserem heutigen Wissen sind Denkleistungen von einem gewissen Niveau an ohne Sprache nicht möglich." Die "Fähigkeit, sprachlich klar und exakt zu formulieren" ist Richtziel im CULP 5/6.

Als didaktische Konsequenz aus dem Gesagten ergibt sich, die Schüler von der ersten Klasse an in begriffsklare, treffende, prägnante aber zugleich kindgerechte und verständliche Ausdrucksweisen einzuführen. Um dabei schon den Anfängen "schablonenhaften Denkens" (H. Roth) zu wehren, ist eine allzustrenge Bindung an genormte sprachliche Formulierungen zu vermeiden, da es ansonsten den Schülern schwer fällt, Umformulierungen vorzunehmen.

Von besonderer Wichtigkeit ist, daß Schüler gefundene Rechenfragen, Lösungsschritte, Ergebnisse ausgiebig miteinander diskutieren können. Dies dient nicht nur der sozialen Erziehung, sondern hat einen eminent didaktischen Wert. Wie Aebli, Dienes u.a. nachgewiesen haben, argumentieren Schüler mit einem Höchstmaß an Logik, wenn sie sich auf Diskussionen mit anderen einlassen. Lerngeschwindigkeit und Behaltensqualität sind in "Diskussionsklassen" wesentlich höher, da die Schüler Gelegenheit haben, ihre eigene kognitive Struktur darzulegen, zu diskutieren und dadurch zu verbessern.

Wie oben dargelegt, haben Schüler – vor allem schwache – Verbalisierungsschwierigkeiten. Es ist deshalb notwendig, ihnen Hilfen anzubieten. Weiser (5, S. 32/33) empfiehlt, die mathematischen Beziehungen in den Rahmen der Wörter wenn $\longrightarrow$ dann einzuspannen, aus dem Wort also läßt sich dann die mathematische Operation ableiten. So formulierte Schlußsätze stellen hervorragende Verbalisierungshilfen dar, vor allem dann, wenn sie nicht frei aus dem Gedächtnis formuliert werden müssen, sondern unter Zuhilfenahme grafischer Darstellungsformen wie Tabellen, Zahlenstrahl, Doppelleitern usw. verbalisiert werden können.

Beispiel:

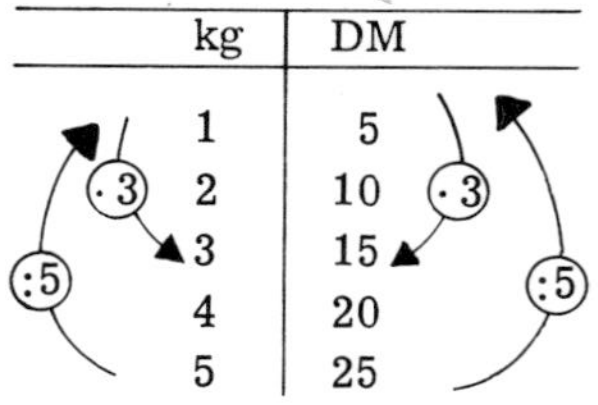

| kg | DM |
|----|----|
| 1  | 5  |
| 2  | 10 |
| 3  | 15 |
| 4  | 20 |
| 5  | 25 |

Wenn 1 kg ... 5 DM kostet,
dann kosten 3 kg 3 mal so viel,
also 5 DM · 3 = 15 DM

Wenn 5 kg ... 25 DM kosten,
dann kostet 1 kg den 5. Teil von 25 DM
also 25 DM : 5 = 5 DM

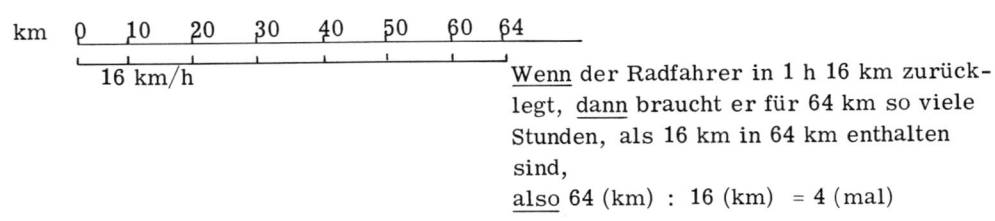

Das produktive Denken macht den Einsatz bestimmter heuristischer Methoden oder Suchstrategien des Problemlösens erforderlich: "Dazu gehören die ,Materialanalyse': Was ist gegeben? Was ist brauchbar?, die ,Konfliktanalyse': Warum geht es nicht? und die ,Zielanalyse': Was ist gesucht (gefordert), und was ist nicht gefordert?" (Ellrott/Schindler, a.a.O., S. 106)

Ein wichtiger Vorgang – dies wurde oben bereits erwähnt – ist das "Umstrukturieren". Darunter versteht man die Umformung einer Problemstruktur in eine neue, für die Lösung des Problems entscheidende Struktur. Für das Lösen von Sachaufgaben ist dies von großer Bedeutung. Wie unter 1.2 festgestellt wurde, scheitern rd. 40 % der Schüler beim Lösen von Sachaufgaben bereits beim Problemerfassen, da sie – durch die vielen Informationen und sachlichen Einzelheiten des Textes verwirrt – den Sachverhalt nicht durchschauen und deswegen die Transformation ins Mathematisch-Operative nicht schaffen. Hier hat die grundlegende Hilfestellung von seiten des Lehrers anzusetzen. Problemerfassungshilfen, die gleichzeitig auch Lösungshilfen sein können, sind in der Grundschule gründlich einzuüben, so daß die Schüler nach "Beendigung" eines der verschiedensten Möglichkeiten berücksichtigenden "Lehrganges" am Ende der Grundschulzeit über "Strategien des Problemlösens" verfügen, die ihnen beim Lösen von Sachaufgaben behilflich sein können, das mathematische Problem zu erkennen. Da auf diese Thematik weiter unten näher eingegangen wird, genügt hier ein Beispiel (nach Ellrott / Schindler, S. 111).

In einem Lohnbüro werden drei Arbeiter ausbezahlt. Der erste hat 46 Stunden gearbeitet und erhält pro Stunde 8, 17 DM, der zweite hat 31 Stunden gearbeitet und erhält für 43 Stunden 7, 52 DM, der dritte erhält für 43 Stunden 355, 18 DM. Die Buchhalterin sagt: Ich habe nur noch 1000 DM in der Kasse.

Problemerfassungshilfen (= Lösungshilfen):

1. Zeichnerische Darstellung

2. Vorgabe der Situationsskizze

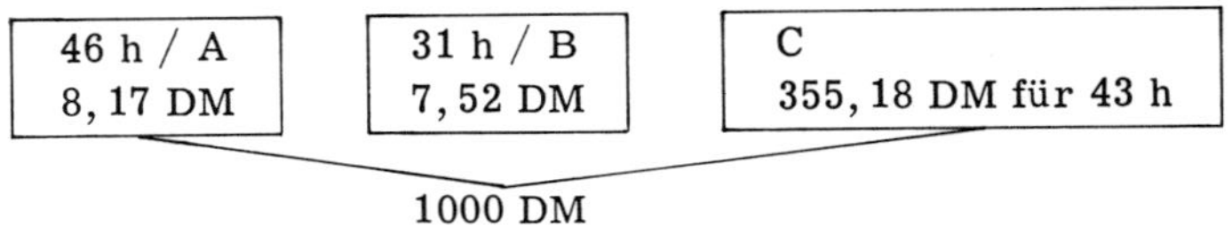

| 46 h / A | 31 h / B | C |
|---|---|---|
| 8, 17 DM | 7, 52 DM | 355, 18 DM für 43 h |

1000 DM

---

km  0  10  20  30  40  50  60  64
    |___|
    16 km/h

Wenn der Radfahrer in 1 h 16 km zurücklegt, dann braucht er für 64 km so viele Stunden, als 16 km in 64 km enthalten sind,

also 64 (km) : 16 (km) = 4 (mal)

### 1.3.2.3 Das problemlösende Denken

Problemlösendes Denken ist ein komplexer Prozeß, bei dem geistige Fähigkeiten nicht nur zur Anwendung kommen, sondern sich auch im Lösungsprozeß selbst ausbilden. Ellrott/Schindler (6, S. 104) stellen in Anlehnung an D.P. Ausubel und F.G. Robinson den formalen Denkablauf beim Problemlösen in einem Schema wie folgt dar:

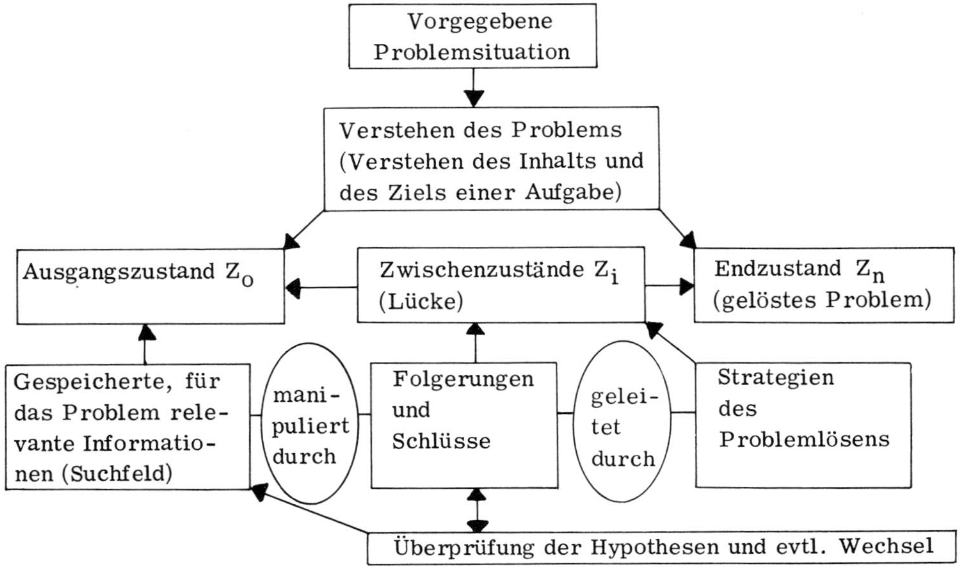

```
Vorgegebene
Problemsituation
        ↓
Verstehen des Problems
(Verstehen des Inhalts und
des Ziels einer Aufgabe)
        ↓
Ausgangszustand Z₀ → Zwischenzustände Zᵢ → Endzustand Zₙ
                     (Lücke)                (gelöstes Problem)
                        ↕
    manipuliert    Folgerungen    geleitet
      durch        und Schlüsse    durch
                                      ↓
                              Strategien des
                              Problemlösens

Gespeicherte, für
das Problem rele-
vante Informatio-
nen (Suchfeld)

Überprüfung der Hypothesen und evtl. Wechsel
```

Zunächst geht es also darum, eine Problemsituation zu schaffen, die eine Lösung herausfordert. Voraussetzung hierfür ist, daß alle auftretenden Begriffe bekannt sind bzw. geklärt werden, so daß das Problem also inhaltlich verstanden ist. Nach Ellrott/Schindler haben wir es in der Schule hauptsächlich mit Problemen zu tun, bei denen die Denkaktivitäten im Transformationsprozeß liegen. "Je nachdem, ob dieser Transformationsprozeß aus einer ,Wissensaktualisierung' (z.B. Übungsaufgaben zur bereits gelernten schriftlichen Multiplikation) oder aus einer echten Findeleistung besteht, sprechen wir von einem reproduktiven oder produktiven Denken." (a.a.O., S. 105)

183

Grundschule betont neben dem mathematisch-logischen Element ausdrücklich die Rechenfertigkeit und ihre Bedeutung, wenn er formuliert: "Die Entwicklung rechnerischer Fähigkeiten und Fertigkeiten ist eine zentrale Aufgabe des Mathematikunterrichts." Auch wenn dies für den gesamten Mathematikunterricht gemeint ist, auf lange Sicht muß auch beim Lösen von Sachaufgaben beiden Forderungen Rechnung getragen werden.

### 1.4 Prinzipien operativen Lernens an Sachaufgaben

Die Didaktik der operativen Methode muß auch beim Lösen von Sachaufgaben gebührend zum Tragen kommen. Vor allem gilt es, den Schülern zu lernen, wie sie selbständig – oder zumindest soweit wie möglich selbständig – Sachaufgaben lösen können. Bewegliches mathematisches Denken hat zur Voraussetzung, daß Schüler selbst denken und planen dürfen, daß sie selbst gefundene Lösungsmöglichkeiten darstellen, mit anderen diskutieren und vollziehen dürfen, daß auch einmal ein falscher Weg toleriert wird und nicht immer gleich der Lehrer die richtige Lösung parat hat. Operatives Lernen macht es notwendig, daß mit gefundenem Ergebnis die Arbeit nicht aufhört, sondern dieses Ergebnis selbständig überprüft und vielleicht auf einem anderen Weg nochmals nachgerechnet und kontrolliert wird. Gerade die "Arbeitsrückschau", das Überblicken, Kontrollieren, Herausstellen gewonnener Erkenntnisse, Darstellen von Gesamtstrukturen und In-Beziehung-Setzen zur Lebenswirklichkeit ist für ein erfolgssicheres Arbeiten an Sachaufgaben von fundamentaler Bedeutung.

In Anlehnung an Kriegelstein (1, S. 123) werden "Grundelemente möglicher Lernarbeit" grafisch dargestellt, jedoch zum Teil andere Schwerpunkte gesetzt:

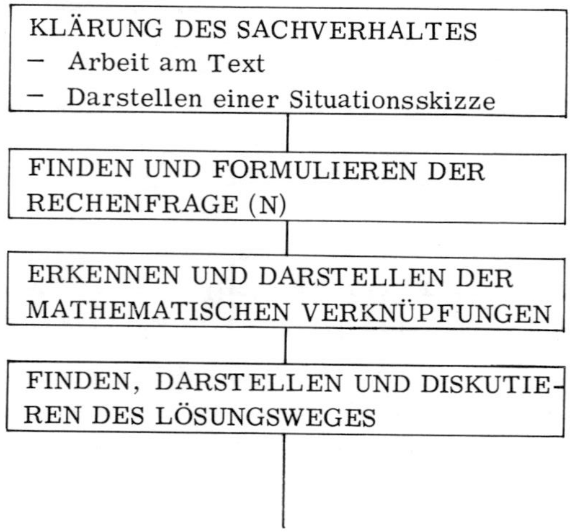

KLÄRUNG DES SACHVERHALTES
- Arbeit am Text
- Darstellen einer Situationsskizze

FINDEN UND FORMULIEREN DER RECHENFRAGE (N)

ERKENNEN UND DARSTELLEN DER MATHEMATISCHEN VERKNÜPFUNGEN

FINDEN, DARSTELLEN UND DISKUTIEREN DES LÖSUNGSWEGES

---

3. Vorgabe des Rechenplanes (ohne Größenangaben!)

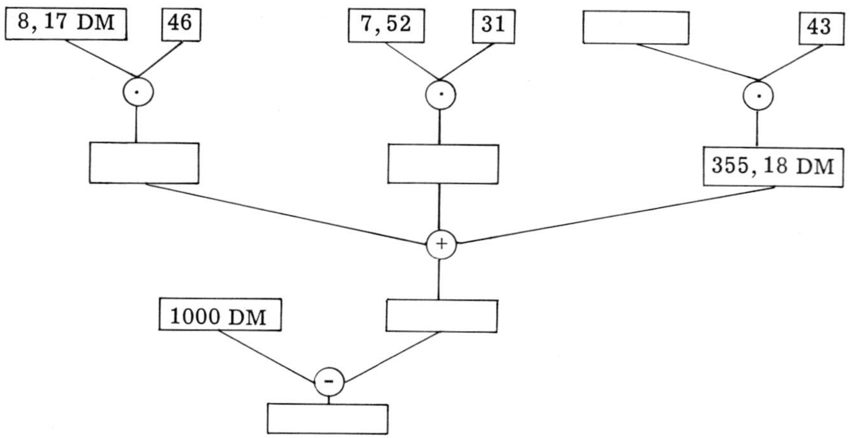

### 1.3.3 Die Schulung von Rechenfertigkeit und Rechenfähigkeit

Die Interpretation der Lehrplanaussagen macht deutlich, daß das Lösen von Sachaufgaben zwar "Anwendungsfeld erlernter Operationen" ist, also auch der Rechenfertigkeit dient, daß zum anderen aber die Schulung mathematischen Denkens, die Schulung der Rechenfähigkeit, zentrales Anliegen allen Arbeitens mit Sachaufgaben ist. Oehl (3, S. 120) bezeichnet das Lösen von Sachaufgaben als "Kriterium der Rechenfähigkeit", als "Krönung der rechnerischen Arbeit". Dabei versteht er darunter die Fähigkeit "Sachaufgaben in ihrer Sachsituation zu erfassen und daraus die notwendigen Operationsschritte abzuleiten; in diesem Sinne können wir auch von Anwendungsfähigkeit sprechen." Unter Rechenfertigkeit versteht er "die Gesamtheit der elementaren Fertigkeiten des mündlichen und schriftlichen Rechnens mit ganzen und gebrochenen Zahlen; sie bezeichnet die mehr technische Seite des Mathematischen, eben des Umgangs mit Zahlen". Nach Griesel (7, S. 299) ist die Rechenfähigkeit ebenfalls gleichzusetzen mit Anwendungsfähigkeit. Schlaak (2, S. 117) faßt den Begriff der Rechenfähigkeit weiter und definiert damit das Vermögen, "mathematische Strukturen und Lösungsverfahren in ihren Beziehungen und Gruppierungen operativ zu erfassen und diese zur Lösung des gesetzten Zieles variabel und qualitativ auswählend einzusetzen; insbesondere gilt dies für das Durchdringen von zahlbestimmten Sachsituationen mit den daraus abzuleitenden Lösungsgängen."

Um aber nicht falsch verstanden zu werden, sei mit allem Nachdruck darauf hingewiesen, daß die Schulung der Rechenfähigkeit nicht alleiniges Ziel des Lösens von Sachaufgaben ist. Sicherlich wird diese Zielsetzung im Vordergrund stehen, es ist aber unabdingbar, daß beim Lösen von Sachaufgaben auch gerechnet wird. Ansonsten geht bei vielen Schülern die Motivation verloren. Schulaufsichtsbeamte weisen mit voller Berechtigung immer wieder darauf hin. Der Lehrplan 1974 der

AUSRECHNEN DER AUFGABE
- Finden und Begründen der Rechenoperationen
- Schätzen und Überschlagen
- Schreibform

SICHERN DES GELERNTEN IN DER ARBEITSRÜCKSCHAU

Es ist Kriegelstein zuzustimmen, wenn er ausführt, daß jeder der dargestellten Schwerpunktbereiche Mittelpunkt der Arbeit innerhalb einer Unterrichtseinheit sein kann. Immer hängt es von der konkreten Zielsetzung ab, ob einmal die Klärung des Sachverhaltes oder das Darstellen mehrerer Lösungswege oder auch einmal das Herausstellen von Rechenvorteilen oder die Darstellung in Gleichungsform zentrales Anliegen des Unterrichtes ist. Immer sollte aber – wenn auch vielleicht nur überschlagsweise – ein Ergebnis vorliegen, wie in 1.3.3 bereits herausgestellt wurde.

1.4.1 Die Klärung des Sachverhaltes

Bevor Schüler mit Sachaufgaben in Textform konfrontiert werden (2./3. Jahrgangsstufe), haben sie gelernt, Situationen zu mathematisieren. Anhand von Bildern, Preisschildern, Skizzen, Rechenplänen, Tafelzeichnungen usw. formulieren sie Rechenprobleme in Form von Rechengeschichten. Dieser Weg von der Handlung zur Veranschaulichung und zur strukturierten Darstellung an der Tafel – also der Weg der Problemfindung – ist Voraussetzung für Problemstellungen in Form von Texten. Darauf wird im nächsten Kapitel bei der Darstellung des Lehrganges näher eingegangen.

1.4.1.1 Die Arbeit am Text

Bis auf wenige Ausnahmen bleiben Sachaufgaben auf den Text angewiesen. Sie sind dann "in Textform gefaßte Darstellungen von Sachverhalten mit Zahlen und Größen" (Kriegelstein, 1, S. 118) Um die Textanalyse nicht noch schwieriger zu machen als sie sowieso schon ist, muß auf sprachlich knappe, aber dennoch eindeutige, klare und verständliche Formulierungen geachtet werden. Wenn möglich, sollten folgende Forderungen beachtet werden (Frischeisen, PW 10/75, S. 95):

- Kindgemäßheit
- Lebensnähe
- Bezug zum Interessenbereich der Schüler
- Wirklichkeitsnähe
- sachliche Richtigkeit der Zahlenangaben (!!)
- einfache, verständliche sprachliche Formulierungen
- Verwendung von Hauptsätzen
- konkrete Situationsgestaltung
- Anordnung in der Reihenfolge des Handlungsablaufes

Beispiel:

"Herr Müller möchte sich bei der Firma Huber im Ort X einen neuen Audi 80 kaufen. Das Auto kostet mit Sonderausstattung 10 780 DM. Für seinen alten VW-Käfer bekommt er noch 1 720 DM. Auf seinem Sparkonto hat Herr Müller 3 612 DM. Den Rest könnte er auf zwei Jahre abzahlen.

Zusatzaufgabe: Bei Barzahlung hätte die Firma Huber den 14. Teil des Kaufpreises nachgelassen."

Mag die eine oder andere Forderung nicht immer zu erfüllen sein, auf sachliche Richtigkeit der Zahlenangaben ist unbedingt zu achten. Autopreise, Mieten, Ferienreisen, Preise für Lebensmittel, Kleidung usw. müssen geläufig sein und sollten vielleicht sogar im Klassenzimmer (Seitentafel) festgehalten werden.

Die traditionelle Didaktik nennt folgende methodische Maßnahmen zur Klärung des Sachverhaltes:

- Langsames Lesen (still)
- Lautes Vorlesen
- Klärung unverstandener Begriffe
- Wiedergabe des Textes mit eigenen Worten ohne Zahlen, mit Zahlen (Tafel ist geschlossen bzw. Tageslichtprojektor ausgeschaltet; Klasse schaut zur Rückwand des Klassenzimmers)
- Text wird weggelöscht und Schüler wiederholen die Aufgabe nur anhand der Zahlen
- Unterstreichen oder Einkreisen der wichtigsten Angaben mit Farbe
- Herausschreiben der Angaben unter "Gegeben"

Zu diesen bewährten Maßnahmen sollten die Schüler zusätzlich Gelegenheit bekommen, ähnlich wie beim Umgang mit Texten im Deutschunterricht "operative Handlungen" vorzunehmen, den Text zu analysieren und zu reduzieren. "Diese Durcharbeitung hat die Fähigkeit der Schüler im Auge, die sprachlich-inhaltliche Komponente von der eigentlichen mathematischen Frage- und Problemstellung zu unterscheiden und durch entsprechende Formen der operativen Übung zu sichern." (Kriegelstein, S. 124) Daß diese Übungen vornehmlich in der Einführung in die Strategie des Lösens von Sachaufgaben ihren didaktischen Ort haben und nicht bei jeder Aufgabe und von allen Schülern durchgeführt werden, bedarf keiner näheren Erläuterung.

Der Text wird verkürzt

Durch die Verringerung der Redundanz erkennen die Schüler die situativen Beziehungen und die Verknüpfungen von zahlbestimmten Größen.

Beispiel: (Kriegelstein, 1, S. 124 f.)

"Am Montag hat die Installationsfirma Bauer für eine Reparatur im Hause die Rechnung geschickt. 18,00 DM wurden für die Anfahrt verrechnet, 12,80 DM kostete das sogenannte Kleinmaterial. Für zwei Wasserhähne wurden je 18,50 DM aufgeschrieben, und schließlich verlangte die Firma 32,00 DM für jede Monteurstunde. Die beiden Monteure hatten jeder drei Stunden zu tun. Vater überprüft die Rechnungssumme."

185

Mögliche Ergebnisse der Schülerarbeit:

1. Ein Reparaturdienst stellt folgende Rechnung: Anfahrt 18,00 DM, Kleinmaterial 12,80 DM, zwei Wasserhähne zu je 18,50 DM und drei Arbeitsstunden zu je 32,00 DM pro Stunde für zwei Monteure. Wie teuer kommt die Reparatur?

2. Reparaturkosten: 18,00 DM (Anfahrt), 12,80 DM (Kleinmaterial), 18,50 DM (Wasserhahn, 2 Stück), 32,00 DM (Monteurstunde, 2 Monteure, je drei Stunden).

3. Reparaturstunden:
   18,00 DM    - Anfahrt
   12,80 DM    - Kleinmaterial
   18,50 DM · 2    - Wasserhähne
   32,00 DM · 3 · 2    - Monteurkosten

4. Summanden: 18,00 DM, 12,80 DM, 18,50 DM (· 2), 32,00 DM (· 3 · 2). Wie groß ist die Summe (der Wert der Summe)?

| | | |
|---|---|---|
| dazulegen, einnehmen, verlängern, gewinnen, erhöhen, zunehmen, einfüllen, einzahlen, vermehren, insgesamt usw. | bedeutet addieren | + |
| verlieren, wegnehmen, auszahlen, herabsetzen, abfüllen, abschneiden, vermindern, zurückerhalten, ausgeben, zurückgeben, fallen, verbrauchen usw. | bedeutet subtrahieren | - |
| Stück zu je, das Stück, pro Stück, mal, erhält das siebenfache usw. | bedeutet multiplizieren | · |
| verteilen an, einteilen in, enthalten, abfüllen, aufteilen, wie oft mal usw. | bedeutet dividieren | : |

Die Textauffassung durch die Schüler ist verschieden, ohne daß dadurch Zahlenwerte sowie deren Verknüpfungen bzw. Operationen verändert werden. Im letzten Beispiel kommt die mathematische Struktur am klarsten zum Vorschein, der Schüler hat die Art der mathematischen Verknüpfungen am besten erkannt.

Man mag hier einwenden, daß diese Art methodischen Vorgehens äußerst zeitraubend sei, aber hier hat der Schüler wirklich Gelegenheit, operativ und seiner individuellen kognitiven Struktur entsprechend vorzugehen. Und dies ist aus Gründen der ganzen Einstellung zum Lösen von Sachaufgaben – wie oben mehrfach hingewiesen – äußerst wichtig. Dem Schüler darf das Denken nicht weggenommen werden. Er muß immer wieder erfahren, daß der Sachverhalt bereits eine erste und gravierende Hürde darstellt, die nur dann zu meistern ist, wenn er sich mit dem Text voll konzentriert "beschäftigt". Der Lehrer hat in dieser Phase die Möglichkeit, festzustellen, wie weit die Schüler im Erkennen des Sachverhaltes sind und welchen Schülern er durch Differenzierungsmaßnahmen Hilfestellung leisten muß.

Zielsetzung dieser Textverkürzung ist das Herauslösen der Wortangaben, die für das Finden der mathematischen Operationen von besonderer Bedeutung sind. Im Laufe des Lehrganges in der Grundschule lernen Schüler von der ersten Klasse an, verbale Operationshinweise umzusetzen in mathematische Zeichen und umgekehrt zu mathematischen Operationen verbale Ausdrücke zu finden (Siehe Lehrgang!)

Diese Übersicht (Smola, Josef: Zur Praxis eines erfolgssicheren Mathematikunterrichts. In: Blätter für Lehrerfortbildung, 8/9, 1975, S. 323) entsteht im Laufe des Lehrganges und wird an der Seitentafel festgehalten. Selbstverständlich darf das Arbeiten mit diesen Begriffen nicht zu einem erneuten Formalismus führen. Beispielsweise gibt es Sachverhalte, bei denen das Verb "ausgeben" nicht die erwartete Minusoperation verlangt, sondern umgekehrt das Addieren.

Beispiel:
Die Mutter geht einkaufen. Beim Bäcker gibt sie 12,50 DM aus, beim Metzger 9,20 DM.

Wie Sattler (9, S. 96) hierzu ausführt, kommt es nicht selten vor, daß Schüler infolge des "Phänomens der Zahlendominanz" ohne lange zu überlegen, die kleinere Zahl von der größeren subtrahieren. Eine immer wieder erneute Analyse des Sachzusammenhanges ist deshalb unerläßlich. Textanalyse nur als Übersetzung von verbalen Operationshinweisen in mathematische Zeichen zu betreiben, würde Schülern wenig helfen.

Der Text wird erweitert

Die Schüler malen eine Situation anekdotisch aus. Durch Vergleich der verschiedenen Ergebnisse erkennen sie die Bedeutung der wesentlichen Aussagen. Weiser (8, S. 12) rät, das Vorfeld einer Aufgabe zu "dramatisieren". "Die Handlungen, die zur Entstehung der Aufgabe geführt haben, öffnen den Zugang zum Inhalt des Textes. Erst damit ist die Voraussetzung geschaffen, um Beziehungen zu knüpfen und mathematische Operationen zur Lösung abheben zu können." Die Reduktion auf wesentliche Aussagen wiederum schärft den Blick der Schüler für nötige und für überflüssige Angaben.

Beispiel: Dramatisierung des Vorfeldes (Weiser, S. 12)

"Herr Ferner kauft sich ein neues Auto. 1/3 des Preises erhält er noch für seinen Altwagen vom Händler, 2/5 des Preises hat er angespart. Um das Auto ganz bezahlen zu können, muß er 2 560 DM Kredit aufnehmen. Wie teuer ist das neue Auto?"

Dramatisierung des Vorfeldes
a) Überlegungen darüber, mit wieviel DM sich Herr Ferner monatlich belasten kann.
b) Besuch verschiedener Händler, um Angebote für den Gebrauchtwagen einzuholen. Verkauf an den Meistbietenden.
c) Berechnungen darüber, ob der notwendige Kredit vorteilhafter bei der Sparkasse oder über den Händler zu bekommen ist.
d) Zusammenstellung aller Ergebnisse zu einer Aufgabe: Welche Bruchteile des Preises für das neue Auto werden durch den Verkauf des alten Autos, durch die Ersparnisse und durch den Kredit gedeckt? Das möchte Herr Ferner wissen, und deshalb entsteht die Aufgabe in der vorher dargestellten Form.

Die Texterweiterung wird – außer in der Einführung in der Grundschule oder noch in 5/6 – nicht mit allen Schülern durchzuführen sein. Sie ist primär für Differenzierungsmaßnahmen gedacht, für Schüler also, die nur sehr schwer zum Inhalt der Aufgabe vordringen und deshalb besonderer Hilfestellung durch den Lehrer bedürfen. Hier ist auch der didaktische Ort, anregend-unterstützende Lernhilfen (wirkliche Gegenstände, Bilder, Preisschilder usw.) einzusetzen, anhand derer die Schüler zunächst handelnd (enaktive Phase) den Sachverhalt durchdringen und ihn dann durch übersichtliche, strukturierte Darstellung an der Tafel veranschaulichen, wobei auf ausgiebige und sachangemessene Verbalisierung zu achten ist. Dieser "Abstraktionsprozeß" stellt sich für obige Aufgabe dann an der Tafel so dar:

"Thema" der Aufgabe: Mutter geht zum Einkaufen

Bilder:

| Ware A | Ware B | Ware C |
|---|---|---|
| 5 kg Zucker zu je 1,40 DM | 2 kg Kaffee zu je 12 DM | 4 kg Bananen zu je 1,20 DM |

Simplexe: Ausgabe 1 + Ausgabe 2 + Ausgabe 3 = Gesamtausgabe

Mitgenommenes Geld − Gesamtausgabe = Restgeld

Die Sachaufgabe wird verändert

Kriegelstein empfiehlt hier:
– Text und Maßeinheiten werden beibehalten, die Maßzahlen und Anzahlen dagegen verändert (z.B. verdoppelt, halbiert, unregelmäßig vergrößert bzw. verkleinert
– Gespräch über die vermuteten Auswirkungen dieser Abänderung).

– Text und Zahlen werden beibehalten und die Größen ausgetauscht. Daß diese Form der Veränderung bestimmten Beschränkungen unterworfen ist, haben die Schüler schnell begriffen.
– Der Text wird beibehalten, Größen und Zahlen werden durch andere ersetzt.
– Größen und Zahlen bleiben gleich; der Text wird ohne Austausch des Sachverhaltes und der mathematischen Struktur verändert.
– Größen und Zahlen werden beibehalten; der Text wird unter Veränderung des Sachverhaltes bei gleichbleibender Struktur neu formuliert.
– Text, Zahlen und Größen werden verändert; die Operationsstruktur bleibt gleich.

Diese Aufgabenvarianten können keinesfalls von allen Schülern verlangt werden. Hier ist wiederum Differenzierung notwendig.
Diese intensive Durchdringung des Textes führt nach Kriegelstein (1, S. 126) "nicht selten direkt zum sogenannten Ansatz, zum Term (Gesamtterm) oder zur Gleichung. Es würde der Grundintention der mathematischen Arbeit widersprechen, wollten wir den Schüler, die bereits auf dieser Stufe zur Endform der Verknüpfung in ‚mathematischer Sprache' vordringen, daran hindern, diesen Schritt zu vollziehen". Hierin ist Kriegelstein voll zuzustimmen. Nur wird der Anteil der Schüler, der von der Textbearbeitung direkt zum Lösungsansatz vordringt, sehr gering sein. Schwächeren Schülern – und gerade ihnen muß immer wieder die Aufmerksamkeit des Lehrers gelten – müssen zum Verständnis der Sachzusammenhänge weitere Hilfen angeboten werden. Die Lösungshilfe schlechthin – nach Meinung des Verfassers ist die grafische Darstellung in Form der Situationsskizze

1.4.1.2 Das Darstellen einer Situationsskizze
Problemlösendes Denken – dies wurde unter 1.3.2.3 versucht darzustellen – wird vor allem dadurch in Gang gesetzt, daß man den Schüler anhält, die in der Aufgabe beschriebene Situation in Form einer Skizze festzulegen. Problemtransformationen durch Wechsel der Darstellungsebene (vom verbalen Medium in die Handlungsebene oder hier in die ikonische Darstellung) ermöglichen "einsichtige Ablesung" des Sachverhaltes und berücksichtigen wiederum die individuelle Leistungskapazität des Schülers. Oehl empfiehlt (3, S. 18), die Schüler planmäßig dazu zu erziehen, Lösungen einer Textaufgabe mit einer einfachen Situationsskizze zu beginnen. Dabei ist unbedingt zu berücksichtigen, daß in der Regel die Schüler diese Skizzen alleine erarbeiten, weil dadurch der Lehrer wertvolle Hinweise erhält, wer die Aufgabe verstanden hat und wer nicht. (siehe auch Weiser, 5, S. 41/ 42) In der Regel heißt im Übungsalltag. Damit ist nichts gesagt gegen Skizzen, die in der Dyade oder in der Gruppe oder frontalunterrichtlich gewonnen werden, wenn dies zur Einführung geschieht oder bei besonders schwierigen Darstellungen. Falsch ist dies sicherlich, wenn es allemal der Fall ist, weil dadurch selbständiges Denken nicht ermöglicht wird. Geistige Höchstleistungen verlangen zunächst eigenständiges Denken. Zum anderen beraubt sich der Lehrer dadurch der Möglichkeit, assoziative Lösungswege anzubahnen.

Frage ist der Konzentrationspunkt, von dem aus der Gesamtkomplex erschlossen werden muß." Aus Gründen der Berücksichtigung des Prinzips der Assoziativität ist Weiser (5, S. 26) gegenteiliger Meinung. Nach ihm sollte die Aufgabenstellung möglichst ohne Frage erfolgen, "weil dadurch die Gruppierbarkeit der Sachverhalte der Aufgabe auf verschiedene Fragen hin offen bleibt. Die Schüler sollen möglichst viele angemessene Aufgabenfelder aus diesem Sachverhalt erkennen, in Form von Fragen verbalisieren und möglichst aufschreiben." Dadurch würde der Schüler die Sichtweise eines Mitschülers auch besser verstehen. Nicht zuletzt kann der Lehrer anhand falscher Formulierungen feststellen, welcher Teil der Schüler den Sachverhalt nicht verstanden hat.

Sicherlich ist die Auffassung richtig, daß Aufgaben ohne Frage "offener" werden und den Schüler stärker zum operativen Denken aktivieren. Es gibt aber Aufgaben, bei denen die Frage unumgänglich notwendig ist, wie das Beispiel unten zeigt. Letztlich wird es von der Zielsetzung der Stunde abhängen, ob der Lehrer eine Aufgabe mit oder ohne Frage formuliert. Unbestritten dürfte sein, daß bei Probeaufgaben die Frage klar und deutlich formuliert werden muß, um Mißverständnisse zu vermeiden.

Beispiel:
Ein Omnibusunternehmer hat 4 Schulbusse, die zusammen 228 Schüler transportieren können. 3 Omnibusse sind gleich groß, der 4. hat 28 Plätze weniger.

Auch in dieser Phase des Unterrichts soll der Schüler Gelegenheit haben, die Frage selbständig nach seinem sprachlichen Vermögen zu formulieren. Dies kostet zwar mehr Zeit, ist aber lernintensiver. Die Diskussion erbringt dann eine Unterscheidung von mehr "sach- bzw. handlungsorientierten und (mehr) mathematisch ausgerichteten Formen" (Kriegelstein, S. 126)

Beispiel:
Einfacher Vergleich zweier Größen – Subtraktion
"Wo erhält Mutter die Waren günstiger?"
"Wo spart sie mehr Geld?"
"Wo wird sie einkaufen?"
"Wie groß ist der Unterschied zwischen ... und ... ?"
"Wie groß ist die Differenz von ... und ... ?"
"Wie heißt die Differenz aus dem Minuenden ... und dem Subtrahenden ... ?"

Bereits hier kann der Schüler auf bestimmte "Signalwörter" aufmerksam gemacht werden, die Hinweise auf mathematische Operationen geben: weniger, mehr, günstiger als, vorteilhafter usw. (nach Kriegelstein, S. 127)

Bereits im Verlaufe des Lehrganges in der Grundschule sollte der Schüler mit einem reichhaltigen Instrumentarium an Darstellungsformen vertraut gemacht werden, das er von Textaufgabe zu Textaufgabe seinem Vorstellungsvermögen entsprechend anwenden kann.

Beispiele für Situationsskizzen:

1. Zirkus Krone verkauft bei einer Nachmittagsveranstaltung 205 Logenplätze zu je 15 DM, 424 Sitzplätze zu je 12,50 DM und Stehplätze zu je 6 DM. Insgesamt werden 9065 DM eingenommen.

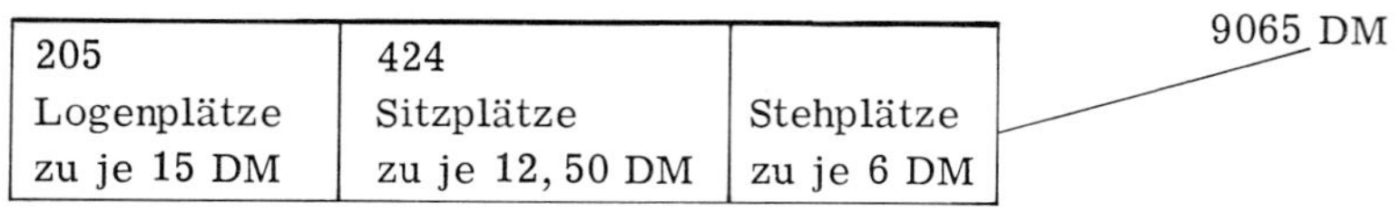

| 205 | 424 | |
|---|---|---|
| Logenplätze zu je 15 DM | Sitzplätze zu je 12,50 DM | Stehplätze zu je 6 DM |

9065 DM

2. Ein Grundstück ist 60 a groß. Der Besitzer verkauft einen Teil für 30 DM pro m² und nimmt dafür 36 000 DM ein. Für das Reststück erhält er 40 DM pro m². Wie groß ist der Gesamterlös?

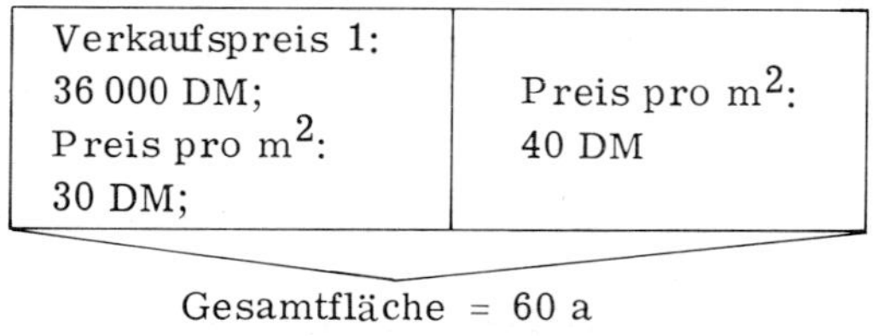

Verkaufspreis 1:
36 000 DM;
Preis pro m²:
30 DM;

Preis pro m²:
40 DM

Gesamtfläche = 60 a

(Siehe hierzu: Kreuz, A.: Textaufgaben – aber wie? In: PW, 2/1976, S. 80 f.)

3. "Drei Kisten wiegen zusammen $64\frac{1}{2}$ kg. Die erste ist $4\frac{1}{2}$ kg leichter als die zweite, die dritte $4\frac{1}{2}$ kg schwerer als die zweite. Wie schwer sind die Kisten?" (Welt der Zahl, 6, S. 36)

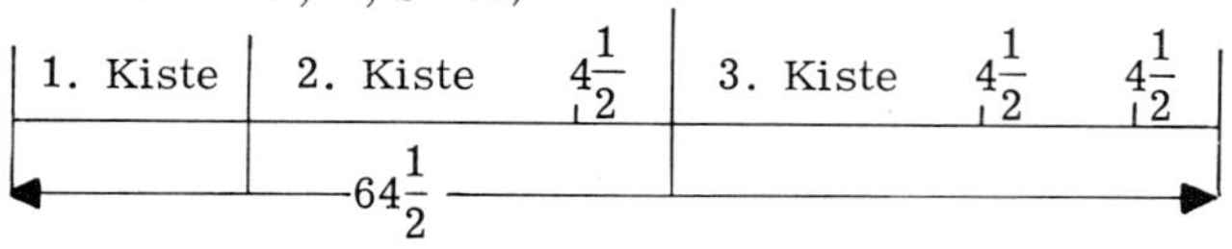

| 1. Kiste | 2. Kiste | 3. Kiste |
|---|---|---|
| $4\frac{1}{2}$ | $4\frac{1}{2}$ | $4\frac{1}{2}$ |

$64\frac{1}{2}$

1.4.2 Das Finden und Formulieren der Rechenfrage(n)

Das Problem der Zielfrage ist umstritten. Soll die Rechenfrage in der Textaufgabe enthalten sein oder nicht? Breidenbach (10, S. 178) stellt hierzu fest: "Die Frage gehört grundsätzlich in den Text. ... Wie schulmeisterlich lebensunwahr ist das Verfahren (Anm.: nämlich die Frage wegzulassen)! Im wirklichen Leben ist die Frage immer bekannt." Auch Oehl (3, S. 118) verlangt die Rechenfrage im Text, wenn auch nur bei "mehrgliedrigen", also komplexeren Aufgaben. "Die

### 1.4.3 Das Erkennen und Darstellen der mathematischen Verknüpfungen

Neben der Klärung des Sachverhaltes ist das Erkennen der mathematischen Verknüpfungen eine der Hauptschwierigkeiten beim Lösen von Sachaufgaben. Wie bei der verbalen Bewältigung der Aufgabe ist es auch für die anschauliche Strukturgliederung notwendig, Lösungshilfen für den Schüler bereitzustellen, bzw. ihn im Verlaufe des Lehrganges in der Grundschule in den Gebrauch dieser Lösungshilfen einzuweisen und einzuschulen. Welche Lösungshilfen sind hier am besten geeignet? In der didaktischen Literatur findet sich an dieser Stelle immer wieder der Hinweis auf den Lösungs- bzw. Rechenplan, fälschlicherweise auch Rechenbaum genannt. Breidenbach bezweifelt die Effektivität dieser Darstellungsform. Seiner Meinung nach kommt dem Rechenplan "ausschließlich theoretische Bedeutung" zu. Warum, das drückt er klar und unmißverständlich aus: "Ein Schüler der Volksschule, der ihn herstellen kann, muß die Aufgabe vorher bereits gelöst haben." Daß hier Breidenbach in vollem Umfange zuzustimmen ist, sei an folgender Aufgabe dargestellt:

"Der Supermarkt hat 350 kg Orangen eingekauft, das Kilo zu 92 Pf. Über das Wochenende verloren die Früchte an Gewicht, und zwar den 50. Teil. Berechne den Gewinn, wenn der Verkaufspreis pro Pfund 70 Pf. beträgt!" (Beim Einsetzen ist auf richtige Größeneinheiten zu achten! Es empfiehlt sich für den Lehrer, die Maßeinheiten vom Ergebnis her – in diesem Fall DM – zu reflektieren.)

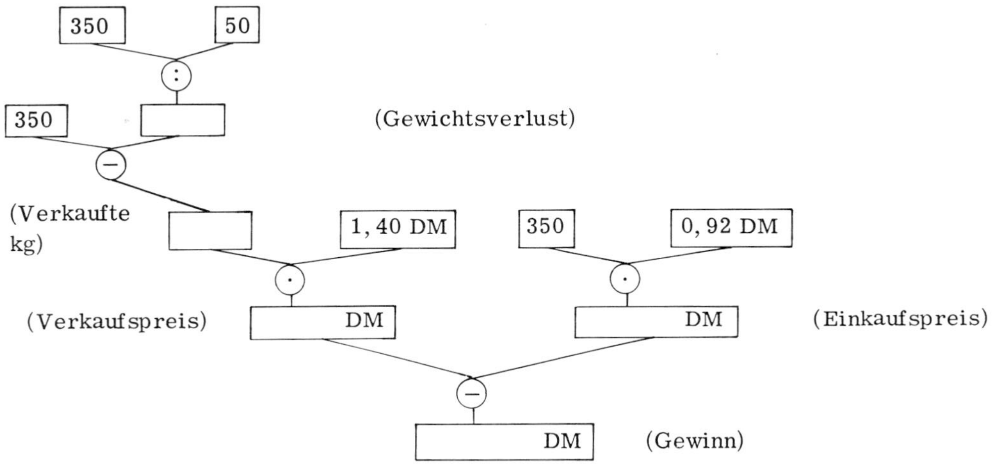

zichtet werden kann. Welche Bedeutung der Lösungsplan hat, wird weiter unten darzustellen sein.

Wenn im folgenden die Simplex-Komplex-Darstellung von Breidenbach als die Möglichkeit des Aufzeigens der Verknüpfungen von Sachgrößen bei Sachaufgaben herausgestellt wird, dann aus folgenden Gründen:

Vorteile der Simplex-Darstellung:
1. Simplexe helfen, die Sachstruktur einer Aufgabe in die mathematische Struktur zu übersetzen (Quantifizierung nach Maier).
2. Simplexe helfen, den Lösungssatz leichter zu finden.
3. Simplexe helfen, vom konkreten zum formalen Operieren zu gelangen.
4. Simplexe sind Voraussetzung zur Einführung von Rechenplänen.
5. Simplexe sind Verbalisierungshilfen für sprachschwache Schüler.
6. Simplexe sind Hilfen für den Lehrer, Sachstruktur und Schwierigkeitsgrad einer Aufgabe zu überblicken.

Die Nachteile bzw. Schwierigkeiten beim Arbeiten mit Simplexen seien nicht verschwiegen:
1. Damit das Arbeiten mit Simplexen wirklich wirksam werden kann, muß eine Fülle von Aufgaben gerechnet werden, aus denen der Zusammenhang der drei Größen immer wieder herausgelöst und dargestellt wird (Siehe Lehrgang!)
2. Simplexe sagen noch nichts aus über die Art der Rechenoperationen.

Bevor anhand von Beispielen die Vorteile der Simplex-Methode für das Erkennen und Darstellen der mathematischen Struktur aufgezeigt werden, ist zunächst zu klären, was man unter einem Simplex bzw. Komplex versteht (siehe hierzu auch: Breidenbach, 10, S. 180 f.):

Der Simplex ist ein Sachbezug, in dem drei Sachgrößen derart untereinander verbunden sind, daß die dritte berechnet werden kann, wenn die beiden anderen zahlenmäßig gegeben sind.

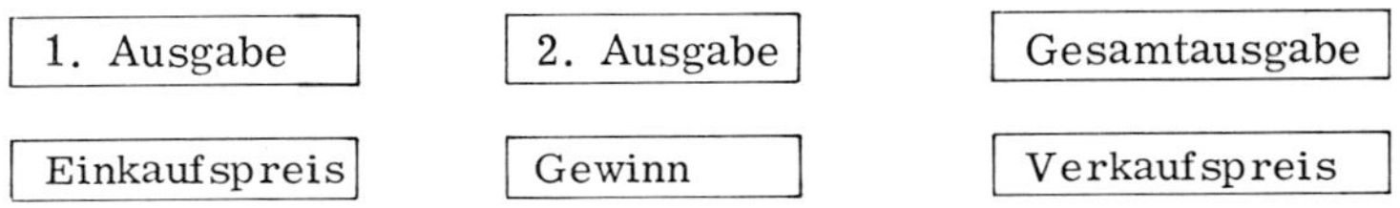

| 1. Ausgabe | 2. Ausgabe | Gesamtausgabe |
| Einkaufspreis | Gewinn | Verkaufspreis |

(siehe auch: Lehrgang)

Der Komplex ist ein Gefüge von Simplexen. Eine Aufgabe von der Form eines Komplexes ist also eine mehrgliedrige Aufgabe, zu deren Lösung mehrere Operationen notwendig sind.

"Herr Bartels fährt mit seinem Kleinwagen von Hannover nach Hamburg (160 km) und mit einer Durchschnittsgeschwindigkeit von 40 km/h. Er bricht um 9.15 Uhr auf. In Uelzen besucht er einen Freund. Dadurch hat er eine halbe Stunde Aufenthalt. Wann kommt er in Hamburg an?" (Breidenbach 10, S. 186)

```
 [350] [50]
    \ /
     ÷
     |
   [350]    [1,40 DM]        [350]   [0,92 DM]
       \   /                      \  /
        ·                          ·
        |                          |
       [DM]                      [DM]
   (Verkaufspreis)             (Einkaufspreis)
            \                  /
             \                /
              \      −       /
               _____/
                     |
                   [DM]
                  (Gewinn)
```

(Verkaufte kg)   (Gewichtsverlust)

Der Leser wird nachvollziehen können, daß ohne vorheriges Durchschauen der Lösung der Rechenplan nicht erstellt werden kann. Als Hilfe zum Erkennen und Darstellen der mathematischen Verknüpfungen ist er also nicht geeignet. Das heißt aber nicht, daß beim Lösen von Sachaufgaben auf den Lösungsplan generell ver-

| Fahrstrecke | Strecke in 1 Std. | • Fahrzeit |

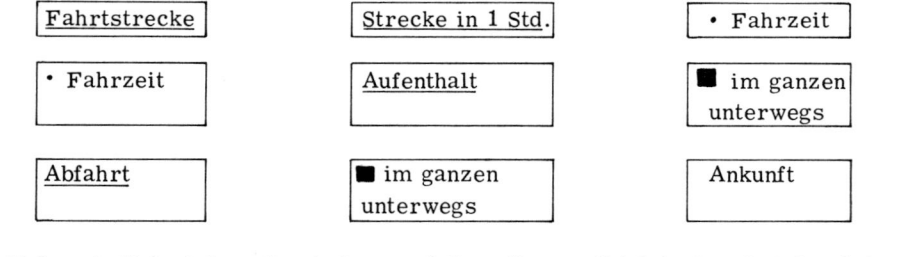

• Fahrzeit    Aufenthalt    ■ im ganzen unterwegs

Abfahrt    ■ im ganzen unterwegs    Ankunft

Folgende Beispiele sollen belegen, daß an diesem didaktischen Ort das Arbeiten mit Simplexen für den Schüler auf lange Sicht eine wirkliche Hilfe darstellt. Breidenbach (..., S. 205) gibt selber zu, daß es eine große Zahl von Aufgaben gibt, die sich ohne Simplex-Methode leichter lösen lassen, aber bei der größeren Menge von Aufgaben ist sie für viele Schüler eine große Hilfe. Auch Maier ist der Ansicht, daß "Breidenbach mit seinem Simplex-Begriff ein wertvolles Instrument der Analyse geschaffen" hat, "das auf jeden Fall ein gutes Stück weiterhilft" (11, S. 155). Die schulpraktische Erfahrung lehrt doch immer wieder, daß der Schüler Anhaltspunkte zum Finden der Lösung braucht. Aus Textanalyse, Erstellen einer Situationsskizze usw. erhält er bestimmte Signalwörter, von denen aus er die drei zusammengehörigen Größen finden kann. Das Wissen, daß von drei zusammengehörigen Größen immer zwei gegeben sein müssen, um die dritte ausrechnen zu können (oder von vieren drei), verleiht ihm, wenn diese Erkenntnis immer wieder herausgestellt wird, eine Sicherheit, wie sie keine der anderen Lösungshilfen zu leisten vermag. Zudem ermöglicht dieses Vorgehen größtmögliche Schülerselbsttätigkeit.

Beispiele:
(Fortführung der unter 1.4.1.2 "Beispiele für Situationsskizzen" angeführten Sachaufgaben)

Es empfiehlt sich, die Simplexe unmittelbar unter die Situationsskizzen zu legen, damit der Schüler sich immer wieder vergewissern kann, ob der Lösungszusammenhang stimmt.

Zu Aufgabe 1:  Zirkus Krone ...

| Einnahme 1 | Einnahme 2 | Einnahme 3 | Gesamteinnahme |

Preis pro Stehplatz    Anzahl der Stehplätze    Einnahme Stehplätze

Zu Aufgabe 2:  Ein Grundstück ...

| Verkaufspreis 1 | Verkaufspreis 2 | Gesamterlös |

Fläche 1    Fläche 2    Gesamtfläche

$m^2$ - Preis 1    Fläche 1    Verkaufspreis 1

$m^2$ - Preis 2    Fläche 2    Verkaufspreis 2

Zu Aufgabe 3:  Drei Kisten ...

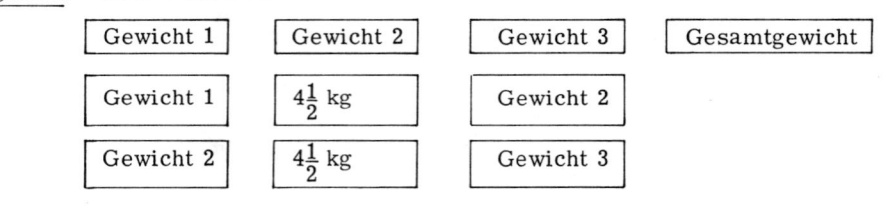

| Gewicht 1 | Gewicht 2 | Gewicht 3 | Gesamtgewicht |

Gewicht 1    $4\frac{1}{2}$ kg    Gewicht 2

Gewicht 2    $4\frac{1}{2}$ kg    Gewicht 3

### 1.4.4  Das Finden, Darstellen und Diskutieren des Lösungsweges

Die in der Simplex-Darstellung unterstrichenen oder umrandeten Größen sind die gesuchten. Die Reihe der hintereinander folgenden Lösungsschritte wird nun festgehalten, wobei mit steigendem Schülerjahrgang die formulierten Lösungsschritte immer kürzer werden und zuletzt nur noch Kurzbegriffe verwendet werden. Ein Minimum an Lösungstext ist unerläßlich. Wer mit der Simplex-Methode arbeitet, kann die Simplex-Größen nun zum Rechenplan oder Lösungsplan zusammensetzen. An dieser Stelle ist der didaktische Ort des Rechenplanes. Der Rechenplan hat folgende Vorteile:

1. Er dient der klaren und übersichtlichen Darstellung des Lösungsweges. "Bei der schriftlichen Darstellung von Rechenlösungen ist auf Ordnung und Sauberkeit zu sehen." (Richtlinien 66)
2. Er hilft, verschiedene Lösungswege zu finden. "Lösungswege werden gesucht, erprobt und dargestellt." (Grundschullehrplan)
Weiser (5, S. 43 f.) spricht in diesem Zusammenhang von der Notwendigkeit der Entwicklung von Lösungsstrategien. "Erst das Gesamt der Bemühungen der Schüler, nicht nur einen Weg zur Lösung der vorliegenden Problematik zu finden, sondern mehrere ... macht den Unterschied von Lösungsweg und Lösungsstrategie aus."

3. Er hilft, in der Phase der "Arbeitsrückschau" die Lösungsschritte nochmals zu verdeutlichen, auf Fehlerquellen, Rechenvorteile, Benennungen usw. aufmerksam zu machen. Insofern ist er ein Instrument der Erfolgssicherung.

(Beispiele: siehe Unterrichtsbeispiel 4. Schülerjahrgang, sowie Lehrgang!)

Möglichkeiten der Darstellung von Lösungsplänen (Smola, a.a.O., S. 324)

1. Nach Breidenbach: Simplex-Komplex-Modell
   Beispiele:

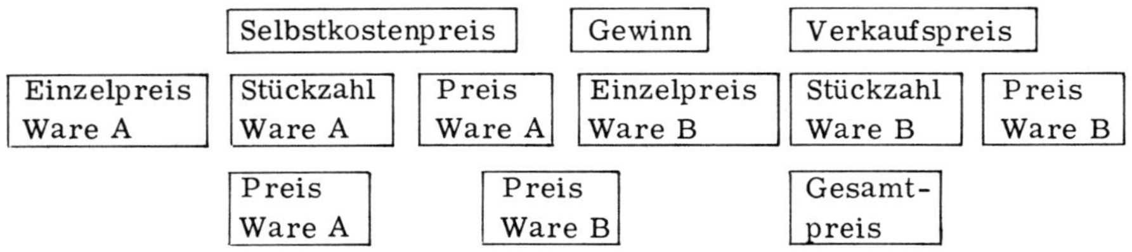

| Einzelpreis Ware A | Stückzahl Ware A | Selbstkostenpreis | Preis Ware A | Gewinn | Einzelpreis Ware B | Stückzahl Ware B | Verkaufspreis | Preis Ware B |

| Preis Ware A | Preis Ware B | Gesamtpreis |

2. Nach Maier, H.: Darstellung in Dreiecksform, in die Ovale werden Größen und Zahlen geschrieben, ohne Operationszeichen

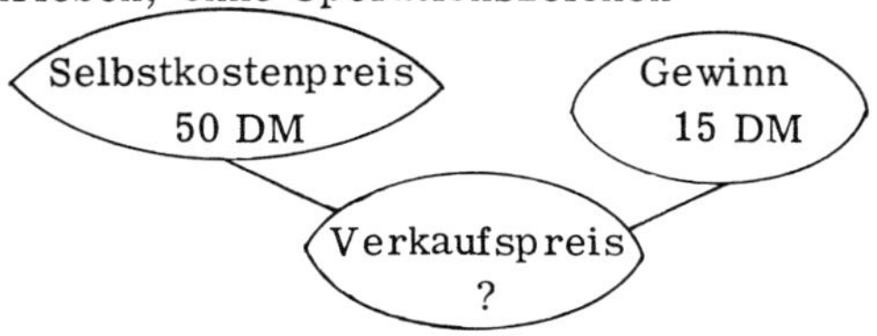

3. Nach Ziegler: Verkettung im sogenannten Rechenbaum durch Operationszeichen

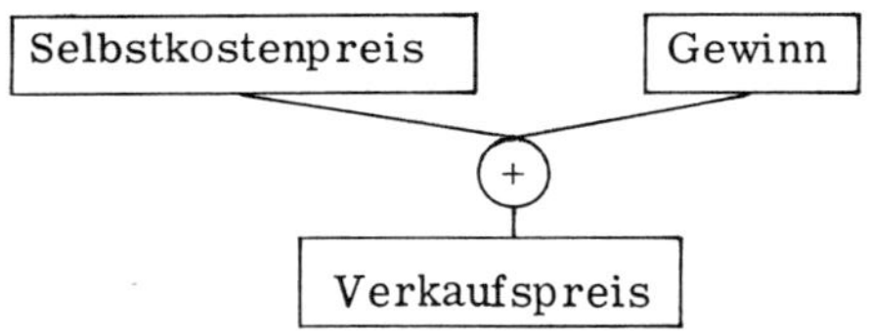

4. Texta-Modell: Ähnlich wie bei Ziegler, nur werden nur die Zahlen in die Kästchen eingetragen.

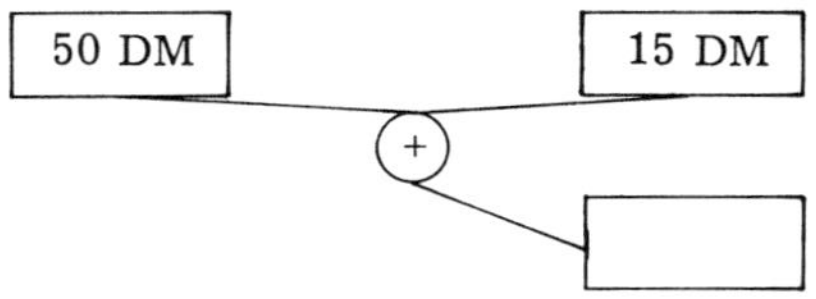

5. System "Onet": (= Verkettung der Texta-Darstellung)
   Dabei erhalten die Schüler vorgedruckte Blätter mit den angegebenen Kästchen, in welche die Zahlen eingetragen werden.

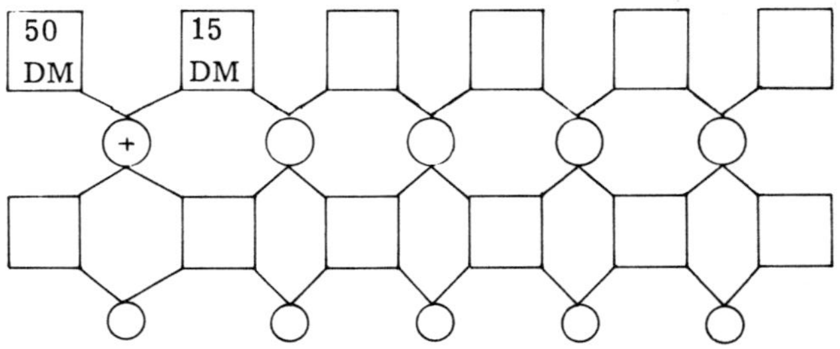

6. Darstellung durch Symbole:
   Dabei müßte festgelegt werden, welche Zeichen für gegebene und welche für gesuchte Größen verwendet werden, z.B.:

   geg.: □ , △ etc. gesucht: ○

   Für derartige Symbole können auch Buchstaben eingesetzt werden.

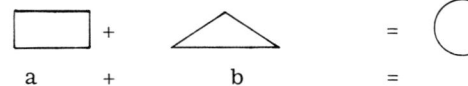

   □ + △ = ○
   a + b = x

Smola empfiehlt, zunächst mit der linearen Darstellung zu beginnen und erst später die Darstellungsformen zu variieren.

Im unterrichtspraktischen Teil wird aufgezeigt werden:

– Welche der Darstellungsformen sich im Hinblick auf das Problem der Größen (Benennungen) am besten eignet. Dabei wird herauszustellen sein, daß Größenangaben im Rechenplan nur dann möglich sind, wenn sich eine Aufgabe nur in einem Größenbereich bewegt (nur DM, nur $m^2$, nur $m^3$ usw.).

– Welche Differenzierungsmaßnahmen an diesem didaktischen Ort notwendig sind, um weitgehend selbsttätiges Arbeiten der Schüler zu ermöglichen.

– Wie die Rechenoperationen in die Form des Terms, des Gesamtterms und in die Gleichungsform übergeführt werden. Weiser fordert in diesem Zusammenhang, daß der didaktische Weg zur Erstellung solcher Operationsverknüpfungen (Kompositionen) unbedingt über das Verlaufsdiagramm führen soll. Voraussetzung für den Aufbau solcher Operationsverknüpfungen, die er "Berechnungsterme" nennt, "ist die Operationsfähigkeit des Schülers mit Brüchen" (8, S. 19).

– Daß auf diesem Höhepunkt der Behandlung von Sachaufgaben auch erziehliche Maßnahmen und Aufgaben zu beachten sind. So ist den Schülern immer wieder einsichtig zu machen, daß sie nicht gleich mit dem Rechnen beginnen sollen, sondern daß es wichtiger ist, mitzudenken, auch "umständliche" und "langatmige" Vorschläge zu akzeptieren und diese weiterzuentwickeln.

### 1.4.5 Das Ausrechnen der Sachaufgabe

Der kritische Leser wird sich schon lange fragen, wann nun endlich die Aufgabe ausgerechnet wird. In der Tat kann durch das detaillierte Eingehen auf die einzelnen Prinzipien operativen Lernens der Eindruck entstehen, als wäre das Ausrechnen von sekundärer Bedeutung. Dies ist aber keineswegs der Fall. Die Schulung der Rechenfertigkeit beim Lösen von Sachaufgaben erweist sich als immer notwendiger, "denn ein Schüler, der nicht dividieren kann, erkennt auch nicht, daß dividiert werden soll" (Weiser, S. 190). Die bisher dargestellten Maßnahmen operativen Lernens sind nicht für die ganze Klasse gedacht, sondern vor allem für die schwachen Schüler. Es wäre geradezu apädagogisch und würde die Motivation guter Schüler zerstören, wollte man sie zwingen, all diese Schritte mitzumachen. Jeder Schüler bzw. jede Schülergruppe wird sofort dann abgekoppelt und kann eigenständig weiterarbeiten, wenn der Beweis erbracht worden ist, daß die Lösung der Aufgabe verstanden worden ist. Dies kann bereits nach der Textanalyse der Rechenfrage oder nach dem Erstellen der Situationsskizze und der Formulierung der Rechenschritte. Gerade die frühe Differenzierung ist ein Wesensmerkmal der operativen Methode (siehe Unterrichtsbeispiel!).

### 1.4.5.1 Das Finden und Begründen der richtigen Rechenoperationen

Schwachen Schülern ist oftmals nicht klar, warum sie bei der Aufgabe addieren, subtrahieren, multiplizieren oder dividieren müssen. Das stellt man bei Differenzierungsmaßnahmen immer wieder fest. Schlußsätze alleine sind für diese Schüler zu schwierig, weil sie den Zusammenhang nicht erkennen und deshalb sehr bald scheitern. Hier muß der Lehrer immer wieder auf "Modellvorstellungen" (Oehl) – Breidenbach spricht vom "Paradigma der jeweiligen Operation" – zurückgreifen.

Im Lehrgang der Grundschule werden bereits Modelle als Handlungsvorgänge verwendet. In den Jahrgangsstufen der Hauptschule (vor allem in 5/6) soll durch Mengenmodell, Zahlenstrahl und vor allem Operatormodell das Wesen der mathematischen Operationen den Schülern vollends einsichtig gemacht werden. Das Zurückgreifen auf ein dem Abstraktionsniveau der betreffenden Schülers entsprechendes Modell ist in dieser Phase des Lösens von Sachaufgaben gerade für schwache Schüler von fundamentaler Bedeutung. Dies wird im unterrichtspraktischen Teil noch deutlicher herauszustellen sein.

### 1.4.5.2 Das Schätzen und Überschlagen

Dies erstrebt ein schnelles Errechnen des gesuchten Ergebnisses mit Hilfe der gegebenen Größen. Schätzen und Überschlagen ist im Zeitalter der Rechenmaschinen von besonderer Bedeutung. Dabei ist ein wendiges Operieren mit den gegebenen Zahlen notwendig. Diese müssen flott und gewandt so zurechtgemacht werden, daß sie leicht und sicher möglichst nahe an das Ergebnis heranführen.

Beim Überschlagen wird der ungefähre Wert des Ergebnisses bestimmt, beim Schätzen die Größe einer Strecke. "Beim Schätzen sollte der Lehrer immer daran denken, daß der Schüler nur dann dazu in der Lage ist, wenn er über die Vorstellung von Vergleichsgrößen verfügt, die er als "Schätzmaß" verwendet." (Kriegelstein, ..., S. 130)

Nach Weiser (5, S. 45) hat Schätzen bzw. Überschlagen
– einen pragmatischen Wert (fürs zukünftige Leben)
– einen kontrollierenden Wert (so geben Schätz- bzw. Überschlagsergebnisse untrügliche Hinweise, ob Schüler den Sachverhalt und die notwendigen Rechenoperationen verstanden haben)

Methodische Hinweise:
– Schätzwerte am Heftrand (farbig!)
– Mit der ganzen Klasse gelegentlich Übungen im Überschlagen bzw. Schätzen machen. Zeigen Schüler Verfahrensweisen auf!
– Teil- und Endergebnisse mit den Überschlagsergebnissen vergleichen. Abweichungen begründen lassen!

(Beispiele im unterrichtspraktischen Teil!)

Diese Übungen dienen in erster Linie der Selbstkontrolle. Immer wieder sollen die Schüler angehalten werden, durch inverse Vollzüge (Weiser) Ergebnisse selbst zu überprüfen. Die dem Überschlagen bzw. Schätzen sich anschließenden Schritte des Ausrechnens (Art der Darstellung auf dem Arbeitsblatt, "Mitschleppen" der "Benennungen", weitere Differenzierungsmaßnahmen, Fehlerfeststellung und -besprechung) werden nicht näher ausgeführt. Sie sind aus den sich anschließenden Unterrichtsbeispielen zu entnehmen.

### 1.4.6 Das Sichern des Gelernten in der "Arbeitsrückschau"

#### Problemlösendes Denken

Die Arbeitsrückschau ist ein wesentlicher Bestandteil der Schulung der Problemlösungsstrategie. Wie Aebli feststellt, gleichen Arbeitsrückschauen "methodischen Besinnungen". Die Klasse legt sich Rechenschaft darüber ab, mit welchen Mitteln das vorliegende Problem gelöst wurde, welche Besonderheiten festgestellt wurden, was sich auf künftige Problemlösungssituationen transferieren läßt. Im Schulalltag kommt diese Phase leider immer wieder zu kurz (Problem der 45-Minuten-Stunde!).

Die Schwierigkeiten in der Eingangssituation verschlingen erfahrungsgemäß zu viel Zeit. Trotzdem sollte sie immer wieder versucht werden, zu dieser Stufe des Unterrichts vorzudringen und

– mathematische Verknüpfungen und Erkenntnisse nochmals herausstellen (Welche Größen gehören zusammen? Wieviele Aufgabenstellungen gibt es hierzu? Welche Schwierigkeiten ergeben sich bei der Umstellung?) Wie haben wir sie gefunden, was haben wir getan?

- diese mathematischen Verknüpfungen durch "operative Übungen" zu durchschauen. Die Frage "Was wäre, wenn?" (Weiser) impliziert das Prinzip der Variationsfähigkeit durch Austausch der Daten. Gesuchte Größen werden nun zu gegebenen und der Lösungsprozeß wird durch die Umkehrungen durchschaubarer gemacht.
- erkannte Rechenvorteile nochmals verdeutlichen und sichern,
- das gelöste mathematische Problem wieder in den Sachzusammenhang zurückstellen. Kritische Fragen wie "Stimmen diese Zahlenwerte?", "Rechnet jemand im Leben so etwas?", "Wann könnten wir einmal damit konfrontiert werden?" sollen die Schüler für das Bewältigen lebensnaher Aufgaben befähigen.
- auch immer wieder fragen, wie die Zusammenarbeit in der Klasse heute war, ob wir vielleicht deswegen nicht fertig geworden sind, weil der und der nicht aktiv genug mitarbeitete, vielleicht störte, weil Gesprächsregeln nicht beachtet wurden. Die Bedeutung erziehlicher Voraussetzungen für operatives Lernen kann gar nicht hoch genug veranschlagt werden. "Die Erziehung zu kooperativem Verhalten ist ständiges Richtziel für alle vier Jahrgangsstufen." (Grundschullehrplan)

## 2. Methodische Gestaltung

### 2.1 Der Lehrgang für das Lösen von Sachaufgaben in der Grundschule

Der Lehrgang für das Lösen von Sachaufgaben hat beim Einführen der Grundrechnungsarten zu beginnen. Nach Aussagen des Lehrplanes muß der Aufbau mathematischer Begriffe und Operationen von Sachzusammenhängen ausgehen und dieser Zusammenhang von Sache und Zahl ist in den Bereichen der Übung und Festigung immer wieder herzustellen. Um "assoziatives Denken" zu vermeiden, also die Bindung eines mathematischen Sachverhaltes an nur eine Darstellung und Veranschaulichung, wird dem Dienesschen Prinzip der Variation der Veranschaulichung durch die im Lehrplan geforderte Berücksichtigung des Mengen-, Längen- und Operatormodells besonders Rechnung getragen. Die Berücksichtigung der "Mehrmodellmethode" gewährleistet, daß ein Abstraktionsprozeß stattfindet.

Damit sich der Leser eine Übersicht verschaffen kann, sei der Lehrgang zunächst im Überblick dargestellt:

I. Phase (1. Schülerjahrgang)

- Einführung der Operationen 1. Stufe: Addition und Subtraktion
  - Zuordnung von Modell und Bedeutungsträger
  - Zuordnung von Operationszeichen und Verb
- Sammeln von verschiedenen Operationsverben aus "eingekleideten Aufgaben" (textarme Aufgaben mit nur einem Rechenschritt)
- Zu eingekleideten Aufgaben das entsprechende Operationszeichen und Modell finden

II. Phase (2./3. Schülerjahrgang)

- Ausdehnung der Phase I auf Operationen 2. Stufe: malnehmen, teilen
- Lösen einfacher Sachaufgaben
  - Lösen mit Hilfe von Modellen
  - Einführen einfacher Darstellungsformen (geg. - ges. - Lösung)
- Einführung des Simplexbegriffes
  - Herauslösen aus gelösten Aufgaben (z.B. kg-Preis - Anzahl kg - Gesamtpreis)
  - Variation der drei Größen aus ähnlichen Aufgaben
  - operatorische Behandlung
- Fixierung der gewonnenen Simplexe an der Seitentafel
- Einführung von Rechenplänen
- Erweiterung der Darstellungsschemata (hier: Verringerung der Redundanz)

III. Phase

- Ausweitung auf mehrgliedrige Aufgaben
- Zunehmende Alleinarbeit
- Steigerung im Schwierigkeitsgrad

| Lernziele | Lerninhalte | Unterrichtsverfahren |
|---|---|---|
| 1. Jahrgangsstufe<br>3.1<br>Einsicht in das Addieren von Zahlen im Zahlenraum 1-20 | Verwendung von Mengendiagrammen, Längen (Stäben, Streifen)<br>Ableiten und Aufschreiben der Zahloperationen | Die Einführung in die Addition muß sachbezogen erfolgen.<br><br>1. Handlungsebene<br>"Das Addieren gründet sich auf Handlungen mit konkretem Material" (LP 74)<br>3 Spielautos und 4 Spielautos werden zusammengeschoben.<br><br>2. Ikonische Repräsentation der Handlung<br>Handlungsbezogenes Mengenmodell<br><br>3. Gleichungen<br><br>Abstraktion ↓  ← Repräsentation<br>Mengenmodell<br>Längenmodell<br>Zahlenebene   3 + 4 = 7<br><br>Zuordnung von Operationszeichen und Verb<br>"bekommt geschenkt"<br>"erhält dazu"      } bedeutet + |
| 3.1<br>Einsicht in das Subtrahieren von Zahlen im Zahlenraum 1-20 | Ableitung der Subtraktion aus der Restmengenbildung | Peter und Otto haben zusammen 9 Autos. Otto nimmt seine 5 Autos weg.<br><br>1. Handlungsebene (Schüler führen die Handlung konkret aus!)<br>5 Autos werden von 9 Autos weggenommen.<br><br>2. Ikonische Darstellung<br>Handlungsbezogenes Mengenmodell |

| Lernziele | Lerninhalte | Unterrichtsverfahren |
|---|---|---|
| | | Repräsentation ← |
| | | 3. Gleichung |
| | | Abstraktion |
| | | A Mengenmodell |
| | | B Längenmodell |
| | | Zahlenebene    9    –    5    =    4 |
| 3.2 Fähigkeit, Additions- und Subtraktionsaufgaben mündlich zu lösen und in Form einfacher Gleichungen zu schreiben | Platzhalter werden eingeführt<br><br>Operator-Gedanke wird durch den <u>Rechenbefehl</u> vorbereitet | ☐ + 7 = 12<br><br>Spiel:<br>Kaiser, wieviel Schritte darf ich gehen? 5 Schritte vorwärts. 7 Schritte zurück.<br><br>+ 5<br>– 7<br><br>siehe didaktischer Teil! |
| 3.3 Fähigkeit, einfache additive Zusammenhänge in Sachaufgaben zu erkennen | Additionsaufgaben aus Bildern und grafischen Darstellungen entnehmen und lösen können<br><br>Mathematisieren von Situationen:<br>Schüler bilden selbst Aufgaben anhand von konkreten Gegenständen oder grafischen Darstellungen<br><br>Zu Additionsaufgaben selbst Rechengeschichten finden und grafisch darstellen können | Sammeln von Operationshinweisen:<br><br>dazubekommen, gewinnen, erhalten, dazulegen, verlängern usw.  bedeutet addieren +<br><br>Analog: subtrahieren<br><br>7 + 8 = 15<br>Bilde eine Rechengeschichte! |

195

| Lernziele | Lerninhalte | Unterrichsverfahren |
|---|---|---|
| **2. Jahrgangsstufe** | | |
| **1.3** Beherrschung des Addierens und Subtrahierens | Operative Durcharbeitung des Zahlenraumes bis 20 | Mehrere Rechenwege beachten: 5 + 8<br>5 + 3 + 5<br>5 + 5 + 3<br>5 + 9 (Nachbar) |
| | Rechnen mit DM und Pf | |
| | Verwendung von Operatoren | Einführung des Operators am konkreten Modell<br>Pappmodell: Kinder dürfen hineinkriechen und sprechen:<br>Kastanien werden eingegeben, in der Schachtel zu den eingegebenen Kastanien weitere dazugeben und herausgeschoben<br>(Waschmaschinen-Verpackung)<br>16 + 7 = 23 |
| **4.1** Fähigkeit, Additions- und Subtraktionsaufgaben mündlich zu lösen (bis 100) und in Form einfacher Gleichungen zu schreiben | Vor- und Rückwärtsschreiten am Zahlenstrahl | Darstellungsformen<br>2 + 3 = 5<br>5 − 3 = 2 |
| | Anwenden von Operatoren | □ + 15 = 27<br>□ +15 27 −15<br>□ + 72 = 84<br>□ + 2 = 14 |
| | Lösen von Gleichungen mit einem Platzhalter | Rückführung auf Gleichung im Zahlenraum bis 20 |
| **6.2** Fähigkeit, Multiplikations- und Divisionsaufgaben mündlich zu lösen und in Form einfacher Gleichungen zu schreiben | Das Lösen von Multiplikationsaufgaben und Divisionsaufgaben geschieht auch in Verbindung mit Sachaufgaben | Mutter hat 12 Äpfel.<br>Mutter hat drei Kinder, an die sie die 12 Äpfel gerecht verteilt.<br>Mutter teilt in 4 Netze auf |

| Lernziele | Lerninhalte (zu 6.2) | Unterrichtsverfahren |
|---|---|---|
|  | Lösen von Gleichungen mit einem Platzhalter | siehe oben! |
|  | Die Schüler sind über das Operationsverständnis hinaus zum beweglichen Rechnen zu führen | Beachten der verschiedenen Rechenwege |
|  |  | Analogieprinzip: |
|  |  | 34 + 17 |
|  |  | 4 + 7 |
|  |  | Nachbarprinzip: |
|  |  | ┌─────────┐ |
|  |  | │ 34 + 17 │ |
|  |  | └─────────┘ |
|  |  | 33 + 17 |
|  |  | 35 + 17 |
|  |  | 34 + 16 |
|  |  | 34 + 18 |
|  |  | Gegensinniges Verändern der Summanden: |
|  |  | 34 + 17 |
|  |  | 35 + 16 |
|  |  | 33 + 18 |

198

Einfache Darstellungsformen (Bausteine der Mathematik: Ansatz-Rechnung-Antwort) sind in der 2. Klasse bereits einzuführen.
In der Literatur finden sich hierzu mehrere Hinweise:

Flußdiagramm (Kreuz, a.a.O., S. 82)

Lies den Text zwei- bis dreimal!
→ Erzähle den Text!
→ Stelle eine Frage!
Schreibe die Zahlenangaben auf!
→ Rechne!
Schreibe einen Antwortsatz auf!

Sattler (a.a.O., S. 101/102) empfiehlt, Textaufgaben nach folgendem Ablaufplan lösen zu lassen:

Lies den Text!
Was ist gesucht?
Kläre die Beziehungen!
Zeichne ein Modell!
Überschlage!
Rechne!
Überprüfe mit dem Überschlag!
Antworte!

Nicht alle Phasen dieses Ablaufplanes werden in der 2. Klasse zu durchlaufen sein. Diese Schritte werden in ihrer Gesamtheit erst in der 3./4. Klasse zu realisieren sein. Diese Wortkarten — immer wieder in ihrer Reihenfolge angeheftet — helfen die Strategie zu festigen.

---

Arbeitsblätter können ebenso helfen. Hierzu ein Beispiel für die 2. Klasse:

Hans und Paul gehen zum Einkaufen. Sie holen 3 Gläser Honig zu je 5 DM, 6 Flaschen Wein zu je 4 DM und 4 Schachteln Pralinen zu je 2 DM. Sie haben 70 DM dabei.

1. Was wissen wir? (oder auch: Zeichne!)

   3 · 5 DM    6 · 4 DM    4 · 2 DM    70 DM

2. Was wollen wir wissen? (Oder auch: Frage!)

   Reicht das Geld?

3. Wie rechnen wir? (oder auch: Rechne!)

   Preis pro Stück · Anzahl = Gesamtpreis
   Ausgabe 1 + Ausgabe 2 + Ausgabe 3 = Gesamtausgabe
   Mitgenommenes Geld − Gesamtausgabe = Restgeld

   3 · 5 DM + 6 · 4 DM + 4 · 2 DM
   15 DM + 25 DM + 8 DM
   70 DM − 47 DM = 23 DM

4. Wie heißt die Antwort? (Oder auch: Antworte!)

   ○ Das Geld reicht genau.
   ⊗ Das Geld reicht. Es bleiben 23 DM übrig.
   ○ Das Geld reicht nicht. Es fehlen noch ☐ DM.

Erläuterungen zum Arbeitsblatt:

– Zahlenangaben im Text bleiben frei. Zunächst wird in einer Spielsituation der Sachverhalt geklärt (konkrete Gegenstände und Preisschilder), und erst dann erfolgt die Eintragung der Zahlen.
– Schulung des Zahlengedächtnisses: Die Schüler tragen die Zahlen unter "Was wissen wir?" ein.
– Schüler "legen" in Gruppen-, Partner- oder am besten in Alleinarbeit die Simplexe. Es empfiehlt sich, die im Laufe des Schuljahres gewonnenen Simplexe auf Kärtchen schreiben zu lassen und diese in einer Dose oder Schachtel aufzubewahren, so daß sie ständig greifbar sind.
– Der Lösungsplan ist für schwache Schüler gedacht. Der Lehrer entwickelt ihn mit ihnen aus den gelegten Simplexen an der Tafel. Es ist nicht notwendig, daß diese Simplexe auf das Arbeitsblatt geschrieben werden. Zum Lösungsplan ist dann aber ein Minimum an Text notwendig. Hierbei ist immer wieder darauf zu achten, diesen Schülern klarzulegen, warum sie multiplizieren, addieren, subtrahieren müssen usw.. Kann ein Schüler dies nicht erklären, muß auf die Modelle (Mengen, Längen, Operatoren) zurückgegriffen werden (siehe hierzu: Geisreiter/Schnitzer). Es ist eine immer wieder feststellbare Tatsache, daß gerade hier nicht sorgfältig genug gearbeitet wird. Nach der Differenzierung sollten die meisten der schwachen Schüler (einige wenige können es immer noch nicht) in der Lage sein, selbständig den Lösungsplan auszufüllen.
– Die guten Schüler legen ebenfalls zunächst die Simplexe, können den Lösungsbaum erstellen und erhalten dann Zusatzaufgaben: "Reicht das Geld noch, wenn sich die Buben noch ein Spielzeugauto kaufen wollen?" "Was wäre, wenn . . . ?" (Umstellungen!) Wichtig ist, daß auch die guten Schüler eine Förderung erfahren, und nicht immer nur die schwachen.

Die im Laufe des Schuljahres herausgestellten Simplexe werden auf Wortkarten geschrieben und im Klassenzimmer an der Seitentafel ausgehängt. Es ist für die Simplex-Methode von grundlegender Wichtigkeit, daß neue Simplexe aus gelösten Aufgaben immer wieder in der Phase der "Arbeitsrückschau" herausgelöst und in den nächsten Tagen und Wochen "operativ" behandelt werden, das heißt, daß alle möglichen der drei Größen beim Lösen von Sachaufgaben gesucht werden. Bereits in der Phase der Schulung der Rechenfähigkeit kann der Schüler angehalten werden, die zusammengehörigen Simplexe zu finden.

Beispiele:

| Kilopreis | Gesamtausgabe | 1. Teilstrecke | Stückpreis | 1. Ausgabe |

| Verdienst pro Stunde | Gesamtpreis | Anzahl der kg | Gesamtverdienst |

| Gesamtstrecke | 2. Teilstrecke | Gesamtpreis | 2. Ausgabe | Stückzahl |

| 3. Ausgabe | Anzahl der Stunden |

1. Stelle die drei jeweils zusammengehörenden Sachgrößen heraus.
2. Ordne den gegebenen Sachaufgaben die entsprechenden Sachgrößen zu. (siehe hierzu auch: "Bausteine der Mathematik", IV, S. 81/82; "Welt der Zahl", IV, S. 83)

– Opa kauft 8 Zigarren, das Stück zu 0,80 DM.
– Herr Maier kauft 8 Zigarren. Er bezahlt 6,40 DM.
– Herr Huber kauft für 6,40 DM Zigarren, das Stück zu 0,80 DM.
– Sonderangebot: 5 Apfelsinen für 1,20 DM
– Peter kauft 3 kg Äpfel ein. Ein kg kostet 1,55 DM.
– Karin kauft 3 kg Äpfel. Sie bezahlt 4,65 DM
– Ilse kauft für 4,65 DM Äpfel. Ein kg kostet 1,55 DM.
– Sonderangebot: 5 kg Äpfel für 6,00 DM
– Ein Maurer erhält einen Stundenlohn von 12 DM. Er arbeitet pro Tag 9 Stunden.
– Ein Maurer erhält einen Stundenlohn von 12 DM. Er verdient täglich 108 DM.
– Ein Maurer arbeitet täglich 9 Stunden. Er verdient 108 DM.
– Ein Arbeiter erhält bei einer Arbeitszeit von 40 Stunden einen Wochenlohn von 480 DM. Wie hoch ist der Stundenlohn?

All diese Übungen eignen sich zur Einführung in die Simplexdarstellung. Die Schüler erkennen, daß es sich um verschiedene Sachgebiete handelt, jedoch um dieselbe mathematische Verknüpfung handelt.

Schreibweise: z. B.:

| Stückpreis | · | Stückzahl | = | Gesamtpreis |

3. Suche hierzu drei Sachgrößen und bilde eine Sachaufgabe!

16 DM + 8 DM = ☐ DM

oder:

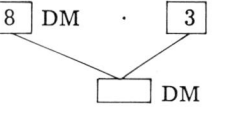

8 DM · 3 ☐ DM

4. Bilde zu den gegebenen Sachgrößen und den Zahlen Aufgaben!

| 1. Ausgabe | 2. Ausgabe | 3. Ausgabe | Gesamtausgabe |
|---|---|---|---|
| 25 DM | 17 DM | ☐ | 60 DM |
| 4 DM | ☐ | 19 DM | 34 DM |

Bei den additiven und multiplikativen Simplexen ist immer wieder darauf zu achten, daß die Schüler aus dem Sachverhalt die richtige mathematische Operation herauslösen. Verbale Operationshinweise in mathematische Zeichen und umgekehrt mathematische Operationen in verbale Ausdrücke umwandeln!

**Addition**  Sachaufgabe  Operation

24 + 13 = ☐   Peter hat 24 DM und bekommt 13 dazu   (+)

24 + ☐ = 37   Doris möchte ein Kleid um 37 DM. Sie hat bereits 24 DM gespart. Wieviel DM fehlen?   (−)

☐ + 13 = 37   Erich zahlt auf seinem Sparbuch 13 DM ein und hat jetzt 37 DM. Wieviel DM hatte er vorher?   (−)

**Subtraktion**  Sachaufgabe  Operation

33 − 17 = ☐   Anita verlor von ihren 33 Schussern 17. Wieviel hat sie noch?   (−)

33 − ☐ = 16   Elke hatte 33 DM mitgenommen zum Einkaufen. 16 bringt sie noch zurück.   (−)

☐ − 17 = 16   Hans verlor beim Spielen 17 Schusser. Er hat noch 16   (+)

**Multiplikation**  Sachaufgabe  Operation

2 · 8 = ☐   Mutter kauft 8 kg Äpfel zu je 2 DM. Wieviel zahlt sie?   (·)

2 · ☐ = 16   Hans hat Äpfel gekauft, das kg zu je 2 DM. Er hat 16 DM ausgegeben. Wieviele kg hat er erhalten?   (:)

☐ · 8 = 16   8 kg Äpfel kosten 16 DM. Wieviel DM kostet ein kg?   (:)

**Division**  Sachaufgabe  Operation

48 : 4 = ☐   48 Bälle werden in vier Regale aufgeteilt.   (:)

48 : ☐ = 12   Peter verteilt 48 Schokoladenstückchen. Jedes Kind bekommt 12.   (:)

☐ : 4 = 12   Horst verteilt seine Schusser auf 4 Kinder. Jedes Kind bekommt 12.   (·)

Erkenntnisse:

− Zu jeder Verknüpfung gibt es mindestens 2 Umkehrungen
− Mathematisch gesehen ergibt sich aus der Umkehrung der Operation die andere Sachgröße
− Man braucht mindestens zwei Sachgrößen, um die 3. berechnen zu können.

Diese Arbeit an mathematischen Strukturen beginnt im 2. Schülerjahrgang mit sogenannten eingliedrigen oder eingekleideten Aufgaben und wird im Laufe der Grundschulzeit und darüber hinaus durch Kombinationen mit anderen Strukturen laufend im Schwierigkeitsgrad gesteigert.

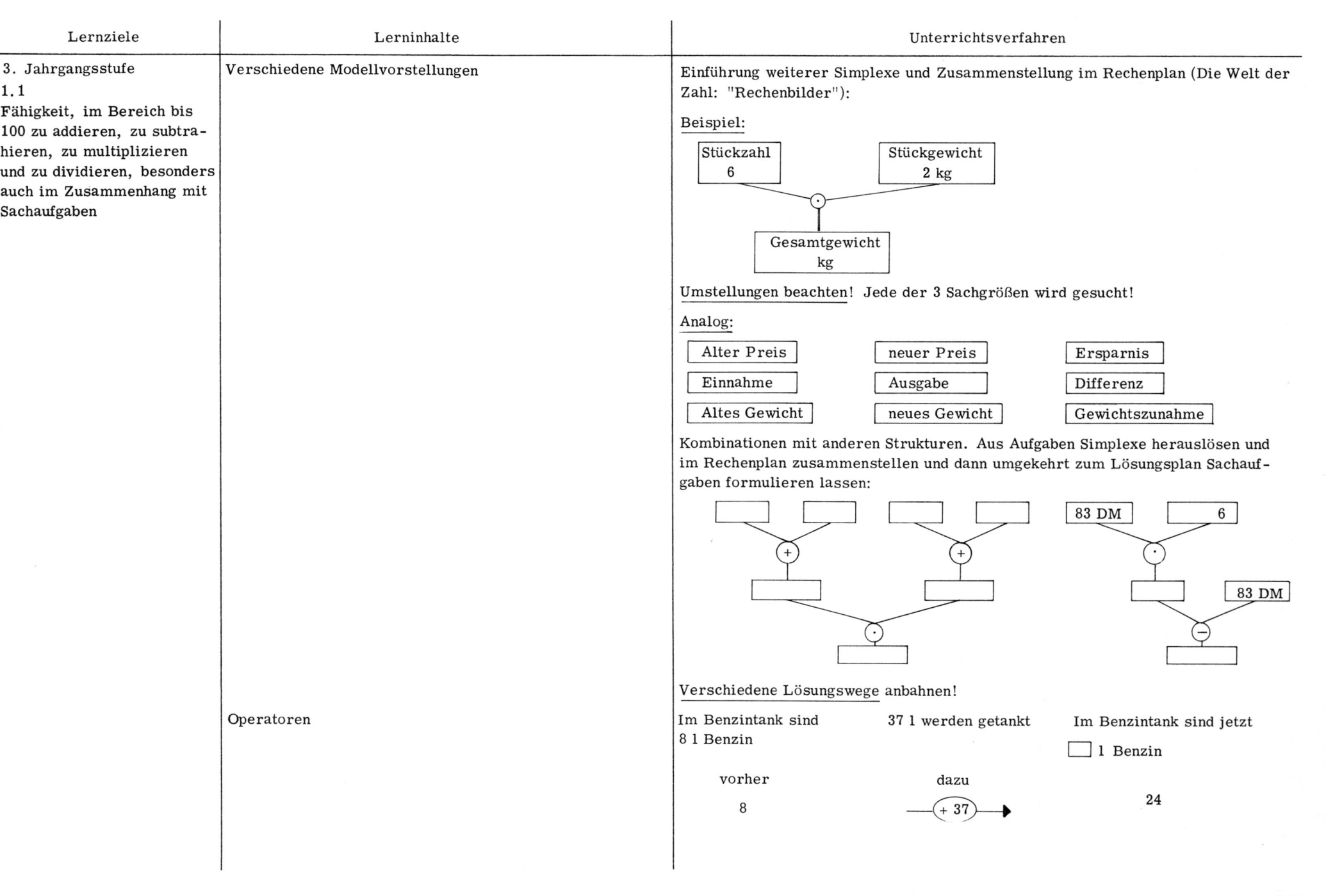

| Lernziele | Lerninhalte | Unterrichtsverfahren |
|---|---|---|
| 3. Jahrgangsstufe<br>1.1<br>Fähigkeit, im Bereich bis 100 zu addieren, zu subtrahieren, zu multiplizieren und zu dividieren, besonders auch im Zusammenhang mit Sachaufgaben | Verschiedene Modellvorstellungen | Einführung weiterer Simplexe und Zusammenstellung im Rechenplan (Die Welt der Zahl: "Rechenbilder"):<br><br>Beispiel:<br><br>Stückzahl 6   Stückgewicht 2 kg<br>$\odot$<br>Gesamtgewicht kg<br><br>Umstellungen beachten! Jede der 3 Sachgrößen wird gesucht!<br><br>Analog:<br>Alter Preis — neuer Preis — Ersparnis<br>Einnahme — Ausgabe — Differenz<br>Altes Gewicht — neues Gewicht — Gewichtszunahme<br><br>Kombinationen mit anderen Strukturen. Aus Aufgaben Simplexe herauslösen und im Rechenplan zusammenstellen und dann umgekehrt zum Lösungsplan Sachaufgaben formulieren lassen:<br><br>(+)  (+)   83 DM    6<br>    $\odot$      $\odot$<br>              (−)<br>                    83 DM |
| Operatoren | | Verschiedene Lösungswege anbahnen!<br><br>Im Benzintank sind    37 l werden getankt    Im Benzintank sind jetzt<br>8 l Benzin                                          1 Benzin<br><br>vorher          dazu<br>  8            (+ 37)            24 |

| Lernziele | Lerninhalte | Unterrichtsverfahren |
|---|---|---|
| | Operatorketten | Variationen beachten:<br>1. jede Größe wird gesucht;<br>2. Operator vorgeben: Sachaufgabe wird gesucht;<br>3. zu Verben Textaufgaben bilden lassen: z.B. tanken; steigen usw.<br><br>"Auf dem Bratrost liegen 26 Bratwürste. Herr Lang verkauft 8 Stück an den kleinen Hans. Frau Lang legt aus der Schüssel wieder 6 Würste auf den Rost. Wieviele Würste liegen jetzt auf dem Rost?" (Bausteine der Mathematik)<br><br>vorher        Operatorkette        nachher<br>26 → −8 → → +6 →  24 |
| 5. Fähigkeit, Schnitt- und Vereinigungsmengen zu bilden, zu notieren und bei der Klärung von Sachzusammenhängen anzuwenden | Mengenverknüpfungen sind hier auf die Klärung von Sachproblemen ... anzuwenden | "Peter war in den Ferien 14 Tage bei seinem Onkel. An 6 Tagen regnete es, die Sonne schien nicht. An 3 Tagen regnete es und es schien die Sonne. An wieviel Tagen schien die Sonne?"<br><br>Tage mit Regen      Tage mit Sonne<br><br>|  | Tage mit Sonne | Tage ohne Sonne |<br>|---|---|---|<br>| Tage mit Regen | 3 | 6 | 9 |<br>| Tage ohne Regen | 5 |   | 5 |<br>|  |   |   | 14 | |
| 7. Fähigkeit, in Sachzusammenhängen additive Aufgaben zu erkennen und zu lösen | Lösungszusammenhang muß überschaubar bleiben. Einfache Ablaufdiagramme erleichtern das Lösen. Formulieren von Sachaufgaben durch die Schüler | "Evi bekommt vom Vater 3 DM 50 Pf Taschengeld. Oma legt noch 1 DM 50 Pf dazu. Von diesem Geld kauft sie Abziehbilder für 1 DM 25 Pf. Wieviel Geld hat sie noch?"<br>Ablaufdiagramme: siehe oben? (2. Schjg.)<br>Hinweis: Text – Frage – Zeichnung mit Zahlenangaben – Simplexe – Rechnen – Antwort |
| 8.3 Fähigkeit, Größen umzurechnen, zu addieren und zu subtrahieren | Einfache und sinnvolle Beispiele<br>Umrechnungsaufgaben im Zusammenhang mit Sachaufgaben. | Prinzip der Veranschaulichung nicht ad absurdum führen !!!<br>Erfinde kurze Sachaufgaben zu folgenden Angaben:<br>1 t − 500 kg      1 t + 250 kg      3 kg − 500 g<br>(Diese Übungen gehören bereits zu den schwierigeren!) |

| Lernziele | Lerninhalte | Unterrichtsverfahren |
|---|---|---|
| 9.4 Fähigkeit, in Sachzusammenhängen multiplikative Aufgaben zu erkennen und zu lösen | | "Schneidermeister Kohn kauft 7 m Anzugstoff zu 58 DM je Meter und 5 Meter Futterstoff zu 8 DM je Meter. Was muß er insgesamt bezahlen?"<br><br>1. Simplexe legen lassen!<br>2. Simplexe zum Rechenplan zusammenbauen! Operationen klären!<br>3. Ausrechnen. |
| 4. Jahrgangsstufe<br><br>3. Fähigkeit, Gleichungen und Ungleichungen mit einem Platzhalter zu lösen | Gleichungen finden auch bei der Lösung von Sachaufgaben Verwendung | "Herr Hansen sägt von einer 2,20 m langen Dachlatte 164 cm ab. Wie lang ist das Reststück?" (Bausteine der Mathematik)<br><br>Streifenmodell:<br><br>\| x \| 164 cm \|<br>\|---\|---\|<br>\| 220 cm \| \|<br><br>Gleichung: x = 220 cm − 164 cm<br>Lösung: x = 56 cm<br><br>(Gleichungsumformungen nur anhand von Modellen: Streifen- oder Operatormodell. Keine Äquivalenzumformungen!)<br><br>Simplexe im Streifenmodell zusammenstellen:<br><br>\| 1. Teilstrecke \| 2. Teilstrecke \|<br>\|---\|---\|<br>\| Gesamtstrecke \| \|<br><br>\| Nettogewicht \| Tara \|<br>\|---\|---\|<br>\| Bruttogewicht \| \|<br><br>"Herr Klein fährt zu einem 700 km entfernten Urlaubsort. Wie viele Kilometer fährt er am ersten Tag, wenn er am zweiten Tag noch 372 km zu fahren hat?" (Zahl und Form)<br><br>\| 1. Teilstrecke \| 2. Teilstrecke \|<br>\|---\|---\|<br>\| Gesamtstrecke \| \|<br><br>1. Rechenweg<br><br>700 km − x km = 372 km<br>700 km − 372 km = 328 km<br><br>2. Rechenweg<br><br>x + 372 km = 700 km<br>x = 700 km − 372 km<br>x = 328 km<br><br>Operatordarstellung<br><br>x →(+ 372 km)→ 700 km →(− 372 km)→ x |

| Lernziele | Lerninhalte | Unterrichtsverfahren |
|---|---|---|
| 5. Fähigkeit, Relationen zu erkennen und verschieden darzustellen | Die Schüler lernen Relationen als geeignetes Mittel kennen, Sachzusammenhänge überschaubar zu machen. Mögliche Darstellungsweisen: Pfeildiagramm, Tabelle, Paarmenge | "Dora wiegt 18 kg, Renate 20 kg, Ella 23 kg, Bärbel 28 kg." (Bausteine der Mathematik)<br><br>|   | Bärbel | Ella | Renate | Dora |<br>\|---\|---\|---\|---\|---\|<br>\| Bärbel \|   \| x \| x \| x \|<br>\| Ella \|   \|   \| x \| x \|<br>\| Renate \|   \|   \|   \| x \|<br>\| Dora \|   \|   \|   \|   \|<br><br>Relationsvorschrift: x ist schwerer als y<br><br>Paarmenge: $P = \{(B,E), (B,R), (B,D), (E,R), (E,D), (R,D)\}$ |
| 6.3 Fertigkeit im Gebrauch der Normalverfahren zu den vier Grundrechnungsarten, auch im Zusammenhang mit Sachaufgaben | Die Schüler überprüfen Multiplikations- und Divisionsaufgaben durch die Gegenoperation | Da die Schüler jetzt in zunehmenden Maße die vier Grundrechnungsarten beherrschen, können die Sachaufgaben im Schwierigkeitsgrad gesteigert werden. Es sei jedoch mit allem Nachdruck davor gewarnt, bereits zu schwierige Aufgaben lösen zu lassen. Wichtiger als das Lösen schwieriger Sachaufgaben ist das immer wieder erneute Herausstellen von gleichen Verknüpfungen aus einer Vielzahl von Aufgaben aus den verschiedensten Sachgebieten.<br><br>Das Wolf-Buch "Mathematik 4" schlüsselt Textaufgaben nach Sachgebieten und nach mathematischen Strukturen (additive und multiplikative) auf und bietet damit dem Lehrer Hilfen, zu den verschiedensten Bereichen Sachaufgaben für Additions- (bzw. Subtraktionsaufgaben) und Multiplikationsaufgaben (bzw. Divisionsaufgaben) zu finden: (siehe hierzu auch: Smola, S. 315/316)<br><br>a) Additive Strukturen<br><br>\| Sachgebiet \| Strukturen \|   \|   \|<br>\|---\|---\|---\|---\|<br>\|   \| z.B. \|   \|   \|<br>\| 1. Kaufen / Verkaufen \| 1. Preis + 2. Preis + 3. Preis ... \| = \| Gesamtpreis \|<br>\|   \| Anzahlung + 1. Rate + 2. Rate ... \| = \| Gesamtpreis \|<br>\| 2. Verdienen \| 1. Verdienst + 2. Verdienst + ... \| = \| Gesamtverdienst \|<br>\| 3. Verbrauch \| Verbrauchte Menge + verbr. Menge \| = \| Gesamtverbrauch \|<br>\| 4. Bewegung \| 1. Strecke + 2. Strecke + ... \| = \| Gesamtstrecke \|<br>\| 5. Sonstiges \| 1. Lieferung + 2. Lieferung ... \| = \| Gesamtlieferung \| |

| Lernziele | Lerninhalte | Unterrichtsverfahren |
|---|---|---|
| 4.2 Fähigkeit, große Zahlen mit einstelligen Faktoren zu multiplizieren, auch im Zusammenhang mit Sachaufgaben | Suchen verschiedener Lösungswege bzw. das Anwenden von Rechengesetzen. Das Einkleiden von Rechenoperationen, der Gebrauch vorteilhafter Operationsketten und das Lösen von Sachaufgaben sind ständig zu pflegen | "Ein Zug fährt in der Stunde 94 km. Wie weit fährt er in fünf Stunden, wenn er dazwischen keinen Aufenthalt hat." (Bausteine der Mathematik) Weg pro Stunde · Anzahl der Stunden = Gesamtstrecke |
| | | <table><tr><td>·</td><td>5</td></tr><tr><td>4</td><td>20</td></tr><tr><td>90</td><td>450</td></tr><tr><td>94</td><td>470</td></tr></table>  oder  <table><tr><td>·</td><td>5</td></tr><tr><td>90</td><td>450</td></tr><tr><td>4</td><td>20</td></tr><tr><td>94</td><td>470</td></tr></table> |
| 4.3 Fähigkeit, große Zahlen durch einstellige Zahlen zu dividieren, auch in Zusammenhang mit Sachaufgaben | | Ein Zug fährt 5 Stunden lang. Er legt dabei 470 km zurück. Welche Strecke fährt er in einer Stunde? Gesamtstrecke : Anzahl der Stunden = Strecke pro Stunde |
| | | <table><tr><td>:</td><td>5</td></tr><tr><td>70</td><td>14</td></tr><tr><td>400</td><td>80</td></tr><tr><td>470</td><td>94</td></tr></table>  <table><tr><td>:</td><td>5</td></tr><tr><td>20</td><td>4</td></tr><tr><td>450</td><td>90</td></tr><tr><td>470</td><td>94</td></tr></table> |
| | | Schlußsätze: Wenn ein Zug in einer Stunde 94 km fährt, dann fährt er in 5 Stunden fünfmal so viel, also 94 km mal fünf. Oder einfacher: In einer Stunde fährt der Zug 94 km. In fünf Stunden fährt der Zug fünfmal so viel. Ich rechne: 94 km · 5 (Zusammengesetzte Größen km/h gründlich besprechen!) |
| | | Auf Überschlag zunehmend Wert legen! 1. Runde die Zahlen auf oder ab! 2. Rechne mit den gerundeten Zahlen mündlich! 3. Vergleiche das Überschlagergebnis mit dem genauen Ergebnis! 4. Stimmen beide Ergebnisse ungefähr überein? 5. Warum weichen sie ab? |
| | Einfache Ablaufdiagramme können als Lösungshilfe dienen | <table><tr><th>Stunden</th><th>km</th></tr><tr><td>1</td><td>94</td></tr><tr><td>2</td><td>188</td></tr><tr><td>3</td><td>282</td></tr><tr><td>4</td><td>376</td></tr><tr><td>5</td><td>470</td></tr></table> (·5) (·5) (:5) (:5) |

| Lernziele | Lerninhalte | Unterrichtsverfahren |
|---|---|---|
| | | b) Multiplikative Strukturen |
| | |                                           z. B. |
| | | 1. Kaufen       Einzelpreis pro Stück · Anzahl = Gesamtpreis |
| | | 2. Verdienen   Verdienst pro Zeiteinheit · Anzahl = Gesamtverdienst |
| | | 3. Verbrauch   Verbrauch pro Person · Anzahl = Gesamtverbrauch |
| | | 4. Bewegung   Geschwindigkeit · Zeit = Weg |
| | | 5. Sonstiges   Wassermenge pro Zeiteinheit · Anzahl = gesamte Wassermenge |
| | | 6. Geometrie  Grundstreifen · Anzahl der Streifen = Fläche |
| | | Werden additive und multiplikative Simplexe miteinander kombiniert, entstehen Aufgaben von der Form eines Komplexes. Damit ist das Ziel für die Grundschule erreicht. |
| | | (Siehe die entsprechenden Aufgaben in "Welt der Zahl 4", S. 83/84 und "Bausteine der Mathematik 4", S. 81 - 90) |
| | | Folgendes Unterrichtsbeispiel soll in etwa den Schwierigkeitsgrad einer Sachaufgabe am Ende des vierten Schülerjahrganges aufzeigen. |

## 2.2 Unterrichtsbeispiel

Beispiel: Lösen einer Sachaufgabe (4. Schülerjahrgang)

Thema: Berechnung eines Summanden und eines Faktors

### Grobziele
- Festigung der Strategie des Lösens von Sachaufgaben
- Schulung der Rechenfähigkeit durch "Aktivierung operativen, logischen und problemlösenden Denkens"
- Schulung der Rechenfertigkeit im "Gebrauch der Normalverfahren zu den vier Grundrechnungsarten, auch im Zusammenhang mit Sachaufgaben" (Lernziel 6.3 des 4. Schülerjahrganges)
- Schulung des Vermögens, den Sachverhalt in den mathematischen Gehalt transformieren zu können

### Feinziele
Wissen
- Begriffe: "Einnahme 1", "Einnahme 2", "Gesamteinnahme"; "Erwachsenenbetrag", "Preis pro Erwachsener", "Anzahl der Erwachsenen"; "Preis pro Kind", "Anzahl der Kinder", "Kinderbetrag"

Können
- den Aufgabentext analysieren können (Verringerung der Redundanz durch Wegstreichen von mathematisch nicht wichtigen Angaben; Unterstreichen mathematisch wichtiger Angaben: z. B. kostet den 32 Schülern der Klasse je 5, 60 DM;)
- eine Situationsskizze erstellen und die gegebenen Größen eintragen können
- die einzelnen Operationsschritte im Sachbereich durch Zusammenstellen der einzelnen Sachgrößen in Modellen (insbesondere im Rechenmodell oder Rechenbild) erkennen und darstellen können
- die mathematischen Operationen aus den verbalen Operationshinweisen entnehmen können (= Finden des Lösungsweges)
- mehrere Lösungswege erkennen und darstellen können
- das Ergebnis überschlagsweise ermitteln und am Schluß vergleichen können
- Rechenvorteile erkennen und anwenden können
- den Lösungsweg sauber und übersichtlich darstellen (Nebenrechnungen gesondert!) können
- Operationen der 1. und 2. Stufe ausführen (mündlich, halbschriftlich, schriftlich) können

Erkennen

- einsehen, daß immer zwei Sachgrößen zusammengehören, um die dritte berechnen zu können
- einsehen, daß die einzelnen Verknüpfungen additive oder multiplikative Operationsschritte sind
- einsehen, daß vorschnelles Rechnen nicht zum Ziele führt, sondern planendes und vorausschauendes Denken notwendig ist
- einsehen, daß die saubere und übersichtliche Darstellung zum Erreichen der Lösung notwendig ist
- einsehen, daß der 2. Lösungsweg und Gegenrechnungen zum sicheren Rechnen notwendig sind

Werten

- Bereitschaft, eigene Lösungswege zu suchen und zu verbalisieren
- Bereitschaft, Lösungswege anderer anzuhören, zu diskutieren und nicht vorschnell abzuqualifizieren

Anmerkung: Dieser Lernzielkatalog umfaßt mögliche, jedoch keinesfalls in einer Stunde von 45 Minuten zu realisierende Ziele

| Methode | Stoff | Zeit |
|---|---|---|
| RECHENTECHNISCHE ÜBUNGEN | | |
| 1. Schulung der Rechenfertigkeit | | |
| 1.1 Mündlich<br>Ein Schüler zeigt die Aufgaben an der Rechenuhr (auch Zahlenrad genannt)<br>Schüler rufen sich gegenseitig auf<br>Schüler sprechen ganze Einmaleinssätze. Bei Nennung falscher Ergebnisse erfolgt Korrektur durch Mitschüler. | (Rechenuhr mit Zahlen 3, 7, 9, 4, 11, 12, 5, 6 um Zentrum ·7 ·3 ·8) | 0 – 8 min |
| 1.2 Schriftlich<br>Aufgaben stehen am OHP<br>Die erste Aufgabe wird mit allen Schülern gemeinsam gerechnet<br>Die übrigen Aufgaben rechnen die Schüler still<br>Fehlerfeststellung und Fehlerbesprechung am OHP | z.B.: $3 \cdot 12 = 36$<br><br>$\begin{array}{r}8052\\-1783\end{array}$  $\begin{array}{r}340 \cdot 43\end{array}$  $1296 : 24 =$ | |

| Methode | Stoff | Zeit |
|---|---|---|
| **2. Schulung der Rechenfähigkeit** | 1. Einnahme   Eintrittspreis   2. Einnahme | |
| | Gesamteinnahme   Besucherzahl   Gesamteinnahme | |
| **2.1 Mündlich** | | |
| Stelle drei Sachgrößen jeweils sinnvoll zusammen! Formuliere hierzu eine Sachaufgabe mit selbst gewählten Zahlen. Rechne das Ergebnis überschlagsweise aus! | 1. Im Zirkus werden 225 Sitzplätze zu je 12 DM verkauft. | |
| | 2. Bei einem Fußballspiel werden 2400 DM eingenommen. Eine Karte kostet 8 DM. | |
| **2.2 Schriftlich** | 3. Die Kassiererin an der Kinokasse rechnet ab: | |
| Welche Sachgrößen gehören hier zusammen? Stelle sie in einem Rechenbild auf und rechne das Ergebnis aus! | 1. Vorstellung   300 DM | |
| Ergebnisfeststellung und Fehlerbesprechung am OHP | 2. Vorstellung   500 DM | |
| Schlußsätze formulieren lassen! | $$\begin{array}{r} 225 \cdot 12 \\ \hline 2250 \\ 450 \\ \hline 22950 \text{ DM} \end{array}$$ | |
| Was wäre wenn ... | | |
| Umstellungen vornehmen und Herausstellen der Erkenntnis: Von drei Größen müssen zwei gegeben sein, damit ich die dritte ausrechnen kann. | 1. Preis pro Platz · Anzahl → Gesamteinnahme | |
| | 2. Gesamteinnahme ÷ Preis pro Karte → Anzahl der Besucher | |
| | usw. | |
| **I.** | | |
| **1. PROBLEMSTELLUNG** | Textaufgabe | 20 - 25 min |
| Weckung einer Fragehaltung vor Textbegegnung | "Die Klasse 4a macht einen Ausflug. Um die restlichen Plätze zu belegen, werden Eltern gebeten, mitzufahren. Die Fahrt kostet den 32 Schülern der Klasse je 5,60 DM, die Erwachsenen müssen je 7,80 DM bezahlen. Auch der Lehrer zahlt 7,80 DM. Das Omnibusunternehmen nimmt insgesamt 280,60 DM ein." | |
| ... Wir haben einen Ausflug geplant | | |
| ... Der Omnibus ist zu groß für uns | | |
| ... Wenn Eltern mitfahren, wird es für uns billiger | | |
| (evtl. Herzeigen eines oder mehrerer Angebote von Reiseunternehmen) | | |

| Methode | Stoff | Zeit |
|---|---|---|
| 2. Erfassen der Sachsituation | | |
| 2.1 Leises Lesen der Aufgabe am OHP | Schüler erhalten die Textaufgabe auf einem Arbeitsblatt. | |
| 2.2 Ein Schüler liest laut vor | Ich weiß: | |
| 2.3 Arbeit am Text in Alleinarbeit<br>– Verringerung der Redundanz durch Wegstreichen von Unwichtigem<br>– Unterstreichen wichtiger Angaben (Größen und insbesondere verbale Operationshinweise: je, insgesamt;)<br>– Lehrer überprüft das Verständnis vor allem bei den schwachen Schülern und gibt individuelle Hilfestellungen | 32 Schüler zahlen je 5,60 DM<br>1 Erwachsener muß 7,80 DM bezahlen.<br><br>Gesamteinnahme: 280,60 DM<br><br>(Anmerkung: Das Herausschreiben der Größen kann, muß jedoch nicht erfolgen. In dieser Phase nicht Zeit verschwenden durch mechanisches Abschreiben!) | |
| 2.4 Wiedergabe des Textes mit oder ohne Zahlen<br>(Die "operativen Handlungen" unter 2.3 hat ein Schüler an der Aufgabe auf der Folie vollzogen) | | |
| II. PROBLEMLÖSUNG | | 25 – 40 min |
| 1. Zeichnen einer Modell- oder Situationsskizze in Alleinarbeit<br>– Einige Schüler zeichnen diese zum späteren Vergleich auf Folie oder an die Rückwand der Tafel<br>– Lehrer überprüft das Verständnis vor allem bei den schwachen Schülern (wichtig für spätere Differenzierungsmaßnahmen!)<br>– Überprüfung und Diskussion der Situationsskizzen (Proportionen, Vollständigkeit gegebener Größen) | 32 Schüler zu je 5,60 DM │ x Erwachsene zu je 7,80 DM<br><br>Gesamteinnahme: 280,60 DM<br><br>Z.B.: Wie viele Erwachsene fahren im Omnibus mit? | |
| 2. Finden der Rechenfrage(n) in Alleinarbeit | Einnahme 1   Einnahme 2   Gesamteinnahme<br>Einzelpreis 1   Anzahl 1   Einnahme 1<br>Gesamteinnahme   Einnahme 1   Einnahme 2<br>Einnahme 2   Einzelpreis 2   Anzahl 2 | |
| 3. Erkennen und Darstellen des Lösungsweges in Alleinarbeit<br>Die mathematischen Verknüpfungen werden aus der Sachstruktur herausgeschält durch Legen der Simplexe (jeder Schüler sucht aus seinem Vorrat an Simplexen die notwendigen heraus) | | |

| Methode | Stoff | Zeit |
|---|---|---|

**Methode:**

Lösungswege werden dargestellt und diskutiert
Schüler kommen heraus und legen die Simplexe unter die Situationsskizze.
Verbalisierung des Lösungsweges:

Differenzierung: Gruppe I (gute Rechner werden abgeschaltet)

Lehrer arbeitet mit den Gruppen II und III (Tafel)!
- gegebene Größen werden nochmals an der Situationsskizze aufgezeigt
- Rechenfrage wird nochmals erarbeitet
- Lösungsschritte werden herausgestellt
  1. Einnahme 1
  2. Einnahme 2
  3. Anzahl 2
- Lösungsweg wird im Lösungs- oder Rechenplan zusammengestellt (siehe rechts!), nachdem vorher die zusammengehörenden Simplexe (siehe oben!) gelegt worden sind (gegebene Größen sind unterstrichen, gesuchte werden entweder durch Punkte gekennzeichnet oder auch umfahren!); auf ausgiebige Verbalisierung achten!
- die jeweils zusammengehörenden drei Sachgrößen werden umfahren (siehe rechts!); damit sollen den Schüler die Zusammengehörigkeit der Sachgrößen und die Anzahl der Operationen aufgezeigt werden

**4. Vollzug der Rechenoperationen**

**4.1** Finden und Begründen der richtigen Rechenoperationen
Rechenoperationen begründen lassen! Schwachen Schülern durch Modellvorstellungen (in vorliegender Aufgabe insbesondere für das Multiplizieren und "Messen" = Dividieren) Hilfestellung leisten (siehe Modelle rechts!)

Anhand der Modelle Schlußsätze sprechen lassen!

Auf das Modell zurückgehen, welches dem Abstraktionsniveau des B-Schülers entspricht!

Diese Modellvorstellungen den Schülern nicht vorgeben (dadurch, daß sie schon fertig gezeichnet sind), sondern mit ihnen entwickeln!

Nicht übertreiben, sondern gezielt nur die Hilfestellungen geben, die notwendig sind.

**Stoff:**

"Aus Einnahme 1 und Einnahme 2 kann ich die Gesamteinnahme berechnen. Einnahme 1 erhalte ich aus Einzelpreis 1 und Anzahl 1. Aus Gesamteinnahme und Einnahme 1 berechne ich Einnahme 2. Anzahl 2 erhalte ich aus Einnahme 2 und Einzelpreis 2."

Zusatzaufgabe für die schnellen Rechner: siehe unten!

An der Tafel ist der Lösungs- oder Rechenplan bereits vorgegeben (ohne Wortkarten und Operationszeichen!!)

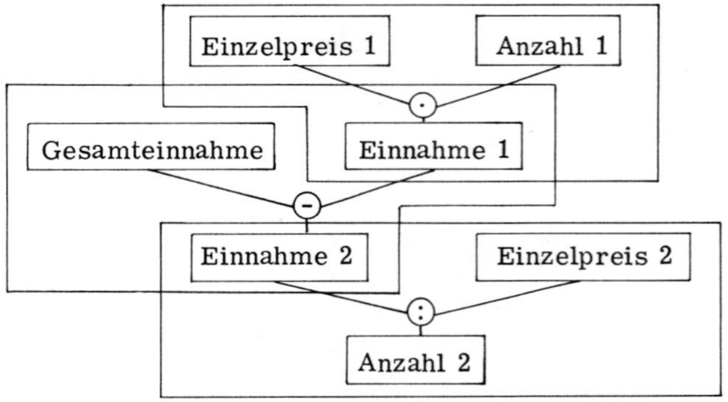

```
   Einzelpreis 1   Anzahl 1
            \     /
             (·)
              |
   Gesamteinnahme — Einnahme 1
              |
             (-)
              |
           Einnahme 2 — Einzelpreis 2
              |
             (:)
              |
           Anzahl 2
```

(Der so erstellte Lösungsplan steht am Ende der Differenzierungsarbeit mit der schwächsten Gruppe, also Gruppe III, an der Tafel!)

Modellvorstellungen:

I. für 5,60 DM · 32

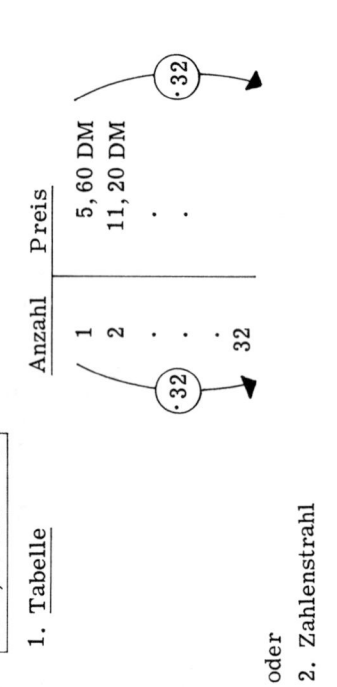

1. Tabelle

| Anzahl | Preis |
|---|---|
| 1 | 5,60 DM |
| 2 | 11,20 DM |
| . | . |
| . | . |
| 32 | |

(·32 ↓ ·32)

oder

2. Zahlenstrahl

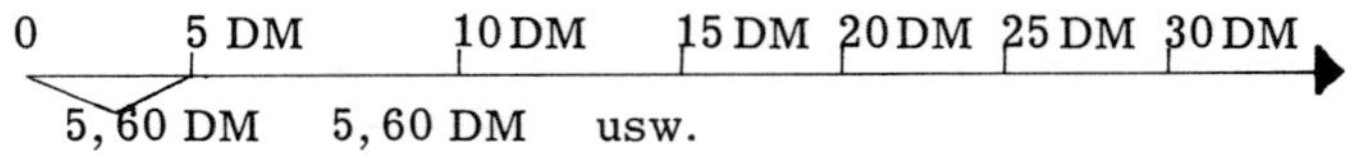

0    5 DM   10 DM   15 DM   20 DM   25 DM   30 DM
     5,60 DM   5,60 DM   usw.

(Multiplizieren als verkürztes Addieren!)

210

| Methode | Stoff | Zeit |
|---|---|---|

**Stoff:**

II. für 280,60 DM − 179,20 DM

0 DM  50 DM  100 DM  150 DM  180 DM  200 DM  250 DM  280 DM  300 DM

(Wegnehmen einer Strecke führt zur Subtraktion)

III. für 101,40 (DM) : 7,80 (DM) = 13 (mal)

1. Zahlenstrahl

0DM  10DM  20DM  30DM  40DM ... 100DM  101DM

(Wie oft ist die gegeb. Strecke in der Gesamtstrecke enthalten? = Messen)

2. Mengenmodell   Aufteilen (Messen)

usw.

Gesamtdarstellung am Operatormodell:

(ZE = Zwischenergebnis)

☐ ·7,8 → ZE +179,20 → 280,60
   ·7,8 →    −179,20

Rechenschritt 1:  6 DM mal 30     = 180 DM
Rechenschritt 2:  280 DM − 180 DM = 100 DM
Rechenschritt 3:  100 DM : 8 DM   = (13 DM)

"Benennungen" beachten!
Das Komma nicht vergessen!
Rechenvorteile beachten!

**Methode:**

4.2 Überschlagen
(Gruppe I macht dies selbständig auf dem Block, mit den Gruppen II und III macht das der Lehrer an der Tafel gemeinsam)

Differenzierung
Gruppe II wird abgeschaltet
(Diese Gruppe rechnet die gesamte Aufgabe – wie Gruppe I – selbständig auf dem Block.)

Mit Gruppe III arbeitet der Lehrer an der Tafel weiter:

4.3 Hinweis auf Fehlerquellen

Der Lehrer bespricht dies alles zusammen mit der schwächsten Gruppe und zwar werden die Simplex-Karten am Lösungsplan umgedreht, auf der Rück-

211

| Methode | Stoff | Zeit |
|---|---|---|

Methode:

seite stehen die Zahlen. Einzelne Nebenrechnungen werden ausgeführt. Wichtig ist vor allem, (in der Hauptschule!!) die Maßeinheiten genau zu besprechen, da sie (vor allem später bei zusammengesetzten Größen in der Hauptschule!) im Rechenplan selbst nicht erscheinen.

Gruppe III setzt sich und rechnet die Aufgabe unter Zuhilfenahme eines Arbeitsblattes (siehe rechts!)

Aufgabe für Gruppe III

Stoff:

1. Die Lösungsschritte nachvollziehen           (1 - 3)
2. Die Größen in die Kästchen des Lösungsplanes eintragen
   (z.B. 5,60 DM; 32)
3. Die Aufgabe ausrechnen (Rechenvorteile beachten)

Arbeitsblatt für schwächere Schüler

MATHEMATIK    Name:            Datum:

Raum für Aufgabentext:

Raum für Skizze:

Rechenfrage: . . . . . . . . . . . . . . . . . . . . . . . ?

Lösungsschritte:

1. Einnahme 1   [5,60]  [32]         Nebenrechnungen:
                                      560 · 32
2. . . . . . . . . . . . . .

3. . . . . . . . . . . . . .

Antwort:

Hilfen für das Finden der Rechenoperationen:
(siehe 1.4.5.1 im didaktischen Teil)

| Methode | Stoff | Zeit |
|---|---|---|
| Lehrer arbeitet mit Gruppe I an der Tafel (oder am Gruppentisch). Ist ein Schüler von Gruppe II bereits fertig, kann er sich hier anschließen.<br><br>Lehrer: Wer 13 herausbekommen hat, kommt an die Tafel! | Gruppe I hatte die Zusatzaufgabe:<br><br>OHP / Tafel:<br>1. Du kannst dich selbst kontrollieren!<br>2. Versuche die Aufgabe in einer Gleichung anzusetzen!<br>3. Rechne: Der Besuch eines Hallenbades kostet für Schüler 2,30 DM, für Erwachsene 3,80 DM. | |
| Kontrolle der Zusatzaufgabe: | Zu 2: Beispiel Gleichung<br>Streifenmodell:<br><br>\| Einnahme 1 \| Einnahme 2 \|<br>\| Gesamteinnahme \|<br><br>$(5,60 \text{ DM} \cdot 32) + (x \cdot 7,80 \text{ DM}) = 280,60 \text{ DM}$<br><br>Einnahme 2 = Gesamteinnahme − Einnahme 1<br><br>(am Streifenmodell aufzeigen!!) | |
| Schulung operativen Denkens:<br>– Was wäre, wenn der Fahrtpreis der Schüler nicht gegeben gewesen wäre?<br>– Was wäre, wenn der Fahrtpreis der Schüler und der Erwachsenen gegeben gewesen wäre?<br>– Gibt es einen zweiten Lösungsweg (Lösungsplan aufzeigen!)?<br>– Läßt sich die Aufgabe auch zeichnerisch lösen? | $x \cdot 7,80 \text{ DM} = 280,60 \text{ DM} - (5,60 \text{ DM} \cdot 32)$<br>$x \cdot 7,80 \text{ DM} = 101,40 \text{ DM}$<br><br>☐ $\xrightarrow{\cdot 7,80}$ 101,40<br>$\xleftarrow{: 7,80}$<br><br>$x = 101,40 : 7,80$<br>$x = 13;$ | |
| Erkenntnis herausstellen:<br>Von drei Sachgrößen müssen immer zwei gegeben sein, damit man die dritte ausrechnen kann. | Zu 1: Kontrollrechnungen, z.B.:<br>$7,80 \text{ DM} \cdot 13 = 101,40 \text{ DM}$ | |

| Methode | Stoff | Zeit |
|---|---|---|
| III. PROBLEMWERTUNG | | 40 - 45 min. |
| 1. Ergebniskontrolle | | |
| 1.1 Fehlerfeststellung<br>Gruppe I + Gruppe II + Gruppe III | Der zusammen mit Gruppe III erarbeitete Lösungsplan wird Schritt für Schritt mit allen Schülern durchgegangen.<br>Wer hat es richtig?<br>Wer hat es nicht richtig?<br>Wo hast du dich verrechnet? | |
| 1.2 Fehlerverbesserung<br>Grundsätzlich muß jeder Schüler am Ende der Stunde wissen, wo er sich verrechnet hat. | – Lösungsweg wird nochmals aufgezeigt<br>– Rechenfehler exemplarisch herausgegriffen und verbessert<br>– Der Überschlag mit dem Ergebnis verglichen und Gründe der Abweichung herausgestellt | |
| 1.3 "Arbeitsrückschau" | – Herausstellen der heute gewonnenen bzw. wiederum geübten mathematischen Strukturen:<br>Einnahme 1 + Einnahme 2 = Gesamteinnahme<br><br>Umkehrungen und mögliche Operationen herausstellen:<br>Einzelpreis · Anzahl = Einnahme<br><br>Umkehrungen und mögliche Operationen herausstellen!<br>Umrechnung von DM in Pfennige<br>"Auch der Lehrer zahlt, 7,80 DM. War das nicht eine Falle? | |
| 1.4 Zurückstellen der Aufgabe in den Sachzusammenhang | – Stimmen die Preise für die Busfahrt?<br>– Stimmen die Preise für das Hallenbad?<br>– Hätte die Klasse nicht billiger zu dem Ausflug kommen können?<br>usw. | |

## 2.3 Das Lösen von Sachaufgaben in der Hauptschule

Die in der Grundschule gewonnenen Erkenntnisse und Einsichten sind übertragbar auf die Hauptschule.

Dort geht es darum, die Bereiche zu erweitern und komplexer zu gestalten. Zunächst werden die Operationen der ersten Stufe (Addition und Subtraktion) und der zweiten Stufe (Multiplikation und Division) wiederholt und vertieft. Dies geschieht einmal deswegen, um für die aus der vierten Klasse zusammengefaßten Schüler eine gemeinsame Ausgangsbasis zu schaffen und zum anderen ein vertieftes Verständnis für die Eigenschaften und Gesetzmäßigkeiten der Operationen und ihrer Umkehrungen anzubahnen. In zunehmendem Maße werden mathematische Fachausdrücke eingeführt. Durch die Arbeit mit Termen, Gleichungen und Ungleichungen schafft man die Voraussetzungen für eine systematische Gleichungslehre. Schriftliche Rechenverfahren werden noch einmal einsichtig gemacht.

Dies alles ist notwendig, um auf das Addieren und Subtrahieren, Multiplizieren und Dividieren von Brüchen, Dezimalbrüchen und später negativer Zahlen vorzubereiten. Weiterhin werden geometrische Grundvorstellungen und Grundbegriffe gewonnen und somit Körpervorstellungen erweitert und vertieft.

In den Jahrgangsstufen 7 - 9 werden mit der Arbeit an Proportionalitäten und Antiproportionalitäten neue Gebiete und neue Darstellungsmöglichkeiten gewonnen.

Auf das Prozentrechnen und seine Anwendungen im Zinsrechnen wird im Rahmen dieses Beitrages nicht mehr eingegangen. Auf die entsprechenden Beiträge in diesem Band wird verwiesen.

| Lernziele | Lerninhalte | Unterrichtsverfahren |
|---|---|---|
| 5. Jahrgangsstufe<br><br>2.3 Fähigkeit im Lösen von Sachaufgaben zur Addition (bzw. zur Subtraktion: 3.4) | Sachaufgaben aus den Themenbereichen: Berufsleben, Technik ...<br>Bei Größen auch Addition von Kommazahlen zur gleichen Einheit (bzw. die Subtraktion von Kommazahlen) | Hinweis: Wie im didaktischen Teil bereits hingewiesen wurde, erstreckt sich das Lösen von Sachaufgaben über den ganzen Abschnitt "Addition" und steht nicht isoliert am Schluß.<br><br>"Ob dabei die Lösung des Problems in Einzelschritten mit Gesamtterm oder mit Aussageform erfolgt, hängt vom Niveau und von der Art des Problems ab. Die Verwendung übersichtlicher und zweckmäßiger Lösungshilfen sollte die Schüler zu selbständigem Problemlösen führen." (LP)<br><br>Verschiedene Modellvorstellungen:<br><br>1. Mengenmodell<br><br>"In der Hauptschule soll durch die Erkenntnis des Zusammenhangs des Modells und der Verknüpfung das Wesen der Operation erhellt werden. ... Das Mengenmodell ermöglicht es, durch Benützung von konkreten Objekten die abstrakteren zahltheoretischen Verknüpfungen zu verdeutlichen. Die aktive Auseinandersetzung mit den Handlungsvollzügen des Vereinigens, Verminderns ... führt zu einer Verinnerlichung der strukturgleichen Abläufe der abstrakteren Operationen des Addierens, des Subtrahierens. Diese konkreten Mengenoperationen sind Rechenhandlungen. Ihre Umsetzung von der Sache in die Zahlensprache steht somit auch im Dienst der Bewältigung von Sachaufgaben." (Kolbinger, K.-H.: Grundrechenarten. In: 1, S. 22) (Unterstreichungen vom Verfasser) |

216

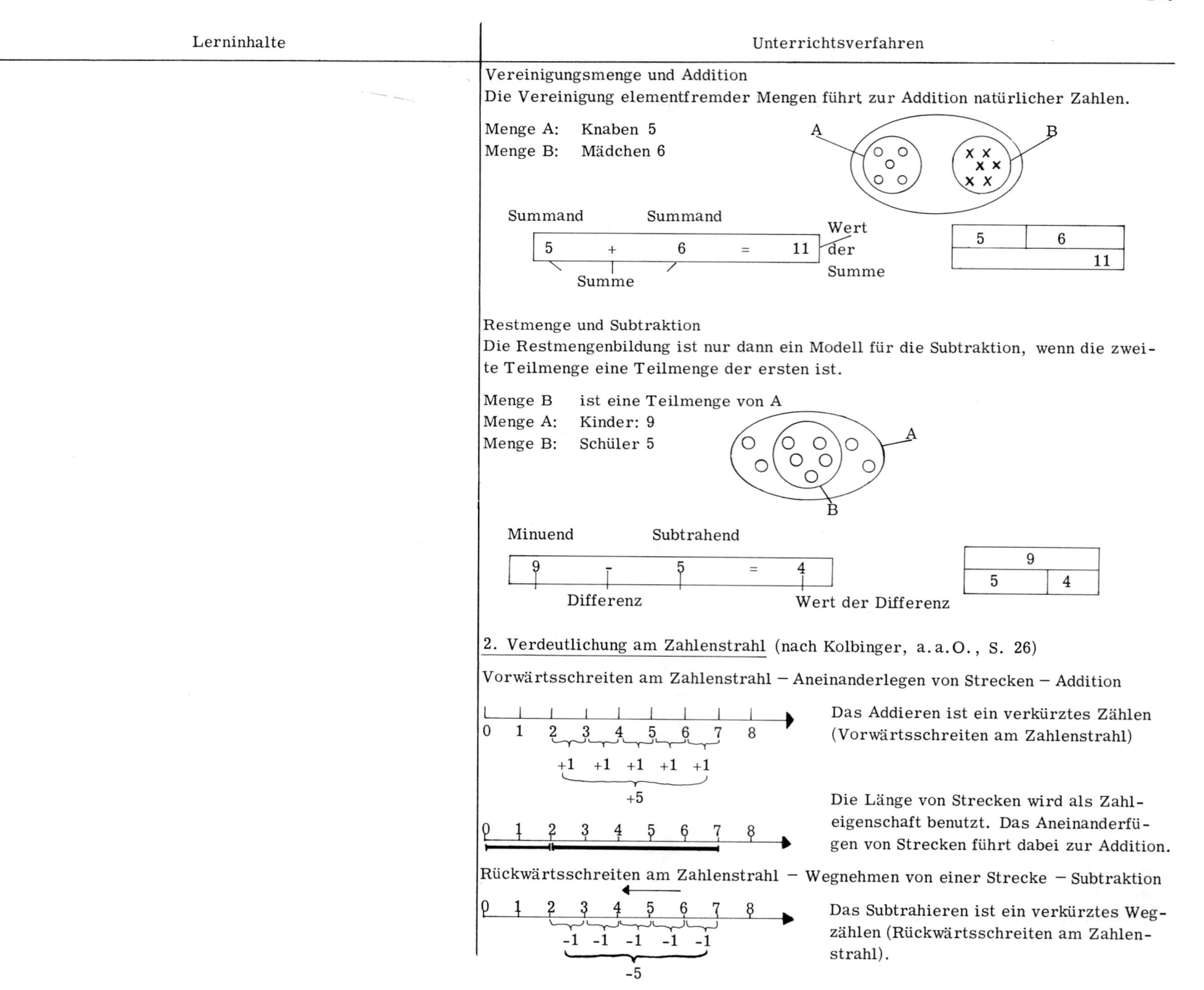

| Lernziele | Lerninhalte | Unterrichtsverfahren |
|---|---|---|

**Vereinigungsmenge und Addition**
Die Vereinigung elementfremder Mengen führt zur Addition natürlicher Zahlen.

Menge A: Knaben 5
Menge B: Mädchen 6

| Summand | | Summand | | Wert |
|---|---|---|---|---|
| 5 | + | 6 | = | 11 der Summe |

Summe

**Restmenge und Subtraktion**
Die Restmengenbildung ist nur dann ein Modell für die Subtraktion, wenn die zweite Teilmenge eine Teilmenge der ersten ist.

Menge B ist eine Teilmenge von A
Menge A: Kinder: 9
Menge B: Schüler: 5

| Minuend | | Subtrahend | | |
|---|---|---|---|---|
| 9 | – | 5 | = | 4 |

Differenz     Wert der Differenz

**2. Verdeutlichung am Zahlenstrahl** (nach Kolbinger, a.a.O., S. 26)

Vorwärtsschreiten am Zahlenstrahl – Aneinanderlegen von Strecken – Addition

Das Addieren ist ein verkürztes Zählen (Vorwärtsschreiten am Zahlenstrahl)

Die Länge von Strecken wird als Zahleigenschaft benutzt. Das Aneinanderfügen von Strecken führt dabei zur Addition.

Rückwärtsschreiten am Zahlenstrahl – Wegnehmen von einer Strecke – Subtraktion

Das Subtrahieren ist ein verkürztes Wegzählen (Rückwärtsschreiten am Zahlenstrahl).

| Lernziele | Lerninhalte | Unterrichtsverfahren |
|---|---|---|
| | | Das Wegnehmen einer Strecke führt zur Subtraktion. |

3. Operatormodell (nach Kolbinger, a.a.O., S. 27/28)

Das Operatormodell ist für die Hauptschule von besonderer Bedeutung, da es sich in der Bruchrechnung, bei Maßstabsaufgaben, beim Prozentrechnen und bei den Zinsaufgaben anwenden läßt.

Eingabe   Operator   Ausgabe

□ —(V/Z)—▷

Ausgangszustand        Endzustand

(V/Z)   V → Verknüpfungszeichen
        Z → Zahl

Gesucht werden kann der Ausgangszustand, der Operator oder der Endzustand. Der Operator ermöglicht bewegliches mathematisches Denken, da sich zu jeder Operation die Gegenoperation leicht darstellen läßt.

Zusammenhang Addition – Subtraktion

| 18 —(+14)→ □ | Ausgabe gesucht; zur Lösung wird von links nach rechts gerechnet. |
|---|---|
| □ ←(+14)— 32<br>—(−14)→ | Eingabe gesucht; zur Lösung wird mit dem Umkehroperator von rechts nach links gerechnet. |

Der Umkehrpfeil macht deutlich, daß Addition und Subtraktion Gegenoperationen sind.

| 25 —(−17)→ □ | |
|---|---|
| □ ←(−17)— 8<br>—(+17)→ | |

Wie im didaktischen Teil der Arbeit bereits mehrfach betont, ist bei der Lösung von Sachaufgaben in der Phase des Findens der entsprechenden Rechenoperationen immer wieder auf diese Modellvorstellungen einzugehen. Dies wird besonders mit schwachen Schülern notwendig sein (siehe Unterrichtsbeispiel!).

Von der Gleichung zur Sachaufgabe – von der Sachaufgabe zur Gleichung:

Der Umgang mit Term, Gleichung und Ungleichung bereitet eine systematische Gleichungslehre vor. Wie in der Grundschule geht man in 5/6 nach dem probierenden Verfahren vor. Erst in 7/8/9 erfolgen Äquivalenzumformungen.

Man unterscheidet Terme, die nur Zahl- oder Rechenausdrücke enthalten und Terme mit Variablen.

| Lernziele | Lerninhalte | Unterrichtsverfahren |
|---|---|---|
| | | In 5/6 geht es um die Umformung bzw. möglichst einfache Notierung und Ausrechnung der ersteren. Dabei ist auf eine mathematisch korrekte Verwendung des Gleichheitszeichens besonders zu achten. Es darf nur gesetzt werden, wenn der nachfolgende Term den vorausgehenden repräsentiert (siehe hierzu: (Wohlfarth P.: Gleichungen und Ungleichungen. In: 1, S. 36 f.) <br><br> Beispiel: $(87 + 31) - (83 - 20) = 118 - 63 = 55$ <br><br> (Sachaufgaben hierzu aus "Zahl und Form" - Mathematik 5: <br> "Wie alt bist du, Tante Ruth?" <br> "Subtrahierst du von der Summe der Zahlen 87 und 31 die Differenz der Zahlen 83 und 20, so entspricht das Ergebnis meinem Alter.") <br><br> Bezeichnung zusammengesetzter Terme (Zahl und Form 5) <br><br> Zusammengesetzte Terme bekommen ihren Namen von der zuletzt durchgeführten Verknüpfung: <br><br> | Term | Berechnung des Terms | Wert | Art des Terms | <br> |---|---|---|---| <br> | $(27 + 44) + (26 - 5)$ | $71 + 21$ | 92 | Summe | <br> | $(24 + 83) - (36 - 25)$ | $107 - 11$ | 96 | Differenz | <br><br> Sätze, die wahr oder falsch sind, heißen Aussagen. <br> Sie ergeben sich durch Vergleich zweier Terme. <br><br> Beispiel: "Wahr oder falsch? Prüfe die Gleichungen und Ungleichungen." <br> $3643 + 128 = 3771$ (wahr) (Welt der Zahl 5) <br><br> "Werden zwei Terme verglichen, von denen mindestens einer eine Variable enthält, so ergibt sich eine ‚Aussageform'. Allgemein versteht man unter einer Aussageform einen Satz, der eine Leerstelle enthält und der nach Einsetzen eines geeigneten Dinges in die Leerstelle in eine Aussage übergeht. Dabei wird die Menge der zur Verfügung stehenden, geeigneten Dinge als Grundmenge bezeichnet (G). Die Elemente der Grundmenge, welche die Aussageform zu einer wahren Aussage machen, bilden die Lösungsmenge (L). In unserem eingeschränkten Fall handelt es sich bei den Aussageformen meist um Gleichungen, gelegentlich um Ungleichungen. Zur Bestimmung ihrer Lösungen bzw. Lösungsmengen ist es jeweils unerläßlich, eine Grundmenge anzugeben (oder zu vereinbaren)." (Wohlfarth, a.a.O., S. 38) <br> (Unterstreichungen vom Verfasser!) <br><br> Beispiel: Gib die Lösungsmenge an. Grundmenge: $1, 2, \ldots, 20$ <br><br> $8 + \square > 20$ <br> $\square - 9 > 4$ |

| Lernziele | Lerninhalte | Unterrichtsverfahren |
|---|---|---|
| | | Anwendung bei Sachaufgaben |

### 1. Streifenmodell und Gleichungsmodell und Rechenplan

Bilde zu den Gleichungen eine Sachaufgabe, dann rechne.

125 DM + ☐ = 346 DM

| Altes Guthaben | Einzahlung |
|---|---|
| neues Guthaben ||

```
      Altes Guthaben    Einzahlung
                  \    /
                   (+)
                    |
              neues Guthaben
```

125 DM + ☐ = 346 DM

☐ = 346 DM − 125 DM = 221 DM

(Schilder umdrehen: Größen stehen auf der Rückseite!)

### 2. Streifenmodell und Gleichungsmodell und Rechenplan

Ein Kaufmann gewährt bei Barzahlung einen Preisnachlaß von 55 DM. Der Barzahlungspreis beträgt 1 241 DM. Ursprünglicher Verkaufspreis? Erkläre am Rechenplan, dann rechne!

| Barzahlungspreis | Preisnachlaß |
|---|---|
| Verkaufspreis ||

```
      Verkaufspreis    Preisnachlaß
                  \    /
                   (−)
                    |
              Barzahlungspreis
```

1 241 DM + 55 DM = ☐

1 296 DM = ☐

### 3. Operatormodell

Peter zahlt auf sein Sparbuch 23 DM ein. Sein Guthaben beträgt nach der Einzahlung 645 DM.

```
       + 23 DM
   ☐ ⇄        645 DM
       − 23 DM
```

x + 23 DM = 645 DM
x = 645 DM − 23 DM = 622 DM;

"Herr Walter kauft sich ein neues Auto für 12 345 DM. Da er sein altes Auto in Zahlung gibt, muß er nur noch 9 875 DM bezahlen. Wieviel DM hat er noch für das alte Auto bekommen?"

| Lernziele | Lerninhalte | Unterrichtsverfahren |
|---|---|---|
| **4.7** Fähigkeit im Lösen von Sachaufgaben zur Addition und Subtraktion | | ☐ ⟶ 12 345 DM<br>+ 9 875 DM<br>– 9 875 DM<br><br>x + 9 875 = 12 345   **Antwort:** Herr Walter hat für sein altes Auto<br>x = 12 345 – 9 875                           2 470 DM bekommen.<br>x = 2 470; |
| | Sachaufgaben komplexerer Art aus den Themenbereichen: Berufsleben, Technik ... | "Im G-Niveau werden diese Sachaufgaben im allgemeinen mit Gesamtterm bzw. mit Gleichung gelöst." (LP)<br><br>Erfahrungsgemäß schaffen es nur wenige Schüler, einen Sachverhalt direkt in die mathematische Sprache in Form der Gleichung zu übersetzen. Die Gleichung "kann erst nach einer ausführlichen, konkret-anschaulichen Erarbeitung des Begriffsgeflechtes gleichsam als Zusammenfassung am Ende zur Lösung von Aufgaben verwendet werden." (Wohlfarth, P.: a.a.O., S. 42). Die vorherige Arbeit an den Modellen, wie sie oben herausgestellt wurden, ist unerläßlich. |
| **5.5** Fähigkeit im Lösen von Sachaufgaben zur Multiplikation (bzw. zur Division: 6.9) | Sachaufgaben aus den Themenbereichen: Berufsleben, Technik, Geometrie | Verschiedene Modellvorstellungen: (nach Kolbinger, a.a.O., S. 24 f.)<br><br>**1. Mengenmodelle**<br>Vereinigen von Mengen — Verbindungsmenge und Multiplikation<br><br>(xxx) (xxx) (xxx)    Menge A: Eier: 6      6 + 6 + 6<br>  A    B    C          Menge B: Eier: 6      dreimal der Summand 6<br>                       Menge C: Eier: 6      3 · 6<br><br>Die Multiplikation zweier natürlicher Zahlen ist eine verkürzte Addition gleicher Summanden.<br><br>K      M                                    K/M | Renate | Sabine | Helga<br>                                             Werner |  x   |   x    |  x<br>Werner   Renate                            Fritz  |  x   |   x    |  x<br>Fritz    Sabine<br>         Helga                               Hier sind die Verbindungen in Tabellenform dargestellt<br><br>Jedes Element der      K × M = (Werner, Renate)<br>Menge K wird mit              (Werner, Sabine)<br>jedem Element der             (Werner, Helga)<br>Menge M verbunden             (Fritz, Renate)<br>                              (Fritz, Sabine)<br>                              (Fritz, Helga)<br><br>Es werden alle möglichen Verbindungen als Paar in einer Menge zusammengefaßt (Paarmenge) |

| Lernziele | Lerninhalte | Unterrichtsverfahren |
|---|---|---|

In diesem Modell wird das Produkt zweier natürlicher Zahlen auf die Anzahl der Elemente der Verbindungsmenge zurückgeführt. Die Multiplikation wird hier nicht abhängig von der Addition, sondern gleichwertig neben der Addition dargestellt.

Die Produktmengenbildung wird später benötigt bei der Behandlung von Relationen, Funktionen und von Aufgaben aus der Wahrscheinlichkeitslehre.

Aufteilen und Verteilen – Division

Aufteilen (Messen) und Verteilen (Teilen) sind zwei verschieden ablaufende Tätigkeiten der Division.

| Aufteilen (Messen) | Verteilen (Teilen) |
|---|---|
| 12 Blumen sind vorhanden. Vier Blumen werden zu einem Strauß gebündelt. | 12 Blumen sind vorhanden. Drei Sträuße sollen entstehen. |
| Wie viele Sträuße lassen sich bündeln? | Wie viele Blumen werden in einen Strauß gelegt? |
| o Ausgangsmenge zeichnen<br>o Teilmengen mit gegebener Anzahl einkreisen<br>o Entstandene Teilmengen abzählen | o Ausgangsmenge zeichnen<br>o Elemente in die vorgegebene Anzahl von Teilmengen verteilen<br>o Elemente in einer der Teilmengen abzählen |

2. Verdeutlichung am Zahlenstrahl

Aneinanderfügen von Strecken, Strecken von Strecken: Multiplikation

Drei gleich lange Strecken werden aneinandergefügt

Die Strecke wird um das Dreifache gestreckt ("Streckung")

221

222

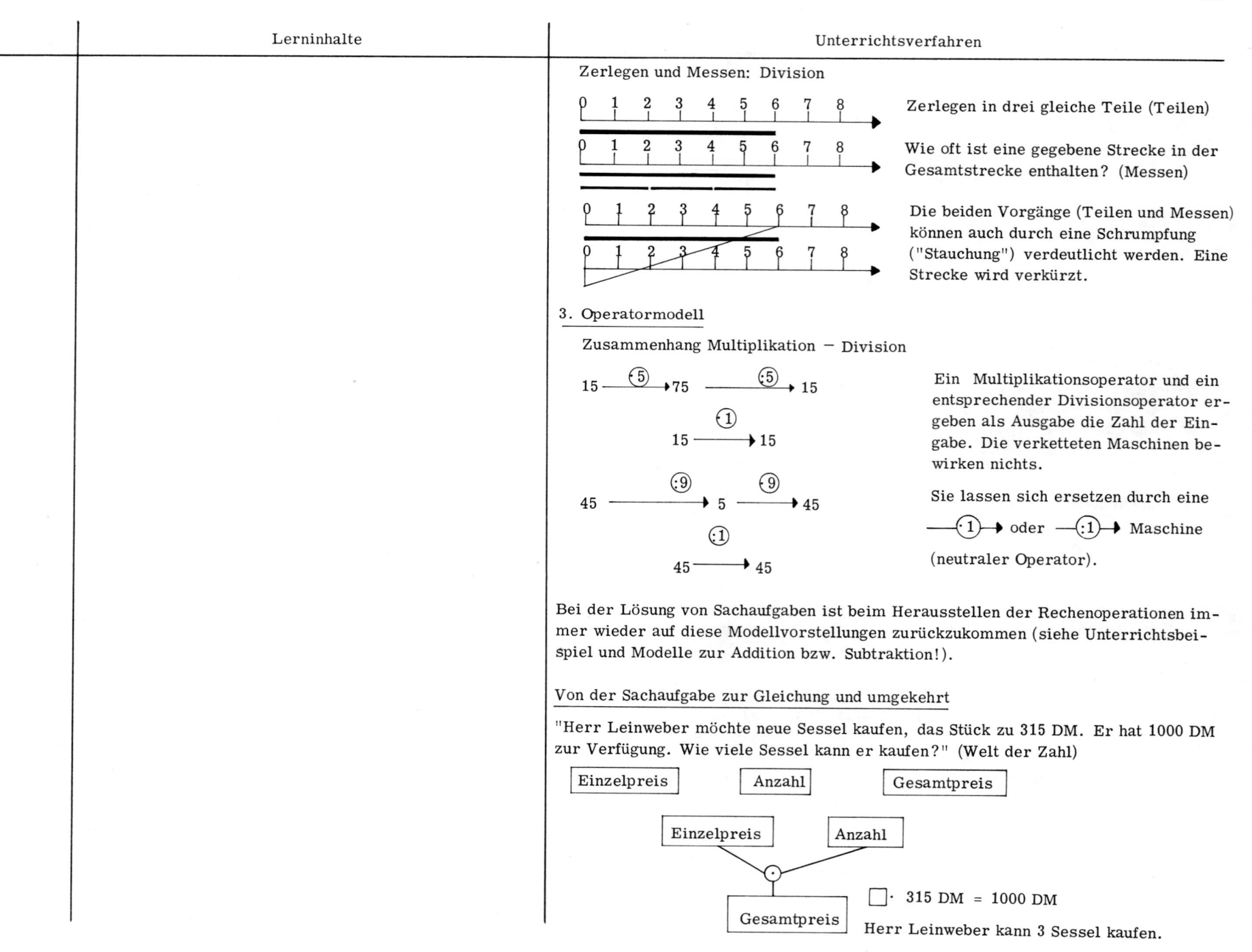

| Lernziele | Lerninhalte | Unterrichtsverfahren |
|---|---|---|
| | Zerlegen und Messen: Division | Zerlegen in drei gleiche Teile (Teilen) |
| | (Zahlenstrahl 0–8, Markierung bei 6) | Wie oft ist eine gegebene Strecke in der Gesamtstrecke enthalten? (Messen) |
| | | Die beiden Vorgänge (Teilen und Messen) können auch durch eine Schrumpfung ("Stauchung") verdeutlicht werden. Eine Strecke wird verkürzt. |
| | 3. Operatormodell | |
| | Zusammenhang Multiplikation – Division | Ein Multiplikationsoperator und ein entsprechender Divisionsoperator ergeben als Ausgabe die Zahl der Eingabe. Die verketteten Maschinen bewirken nichts. |
| | 15 →(·5)→ 75 →(:5)→ 15 | |
| | 15 →(·1)→ 15 | |
| | 45 →(:9)→ 5 →(·9)→ 45 | Sie lassen sich ersetzen durch eine →(·1)→ oder →(:1)→ Maschine (neutraler Operator). |
| | 45 →(:1)→ 45 | |
| | | Bei der Lösung von Sachaufgaben ist beim Herausstellen der Rechenoperationen immer wieder auf diese Modellvorstellungen zurückzukommen (siehe Unterrichtsbeispiel und Modelle zur Addition bzw. Subtraktion!). |
| | | Von der Sachaufgabe zur Gleichung und umgekehrt |
| | | "Herr Leinweber möchte neue Sessel kaufen, das Stück zu 315 DM. Er hat 1000 DM zur Verfügung. Wie viele Sessel kann er kaufen?" (Welt der Zahl) |
| | | Einzelpreis  Anzahl  Gesamtpreis |
| | | Einzelpreis · Anzahl = Gesamtpreis |
| | | ☐ · 315 DM = 1000 DM |
| | | Herr Leinweber kann 3 Sessel kaufen. |

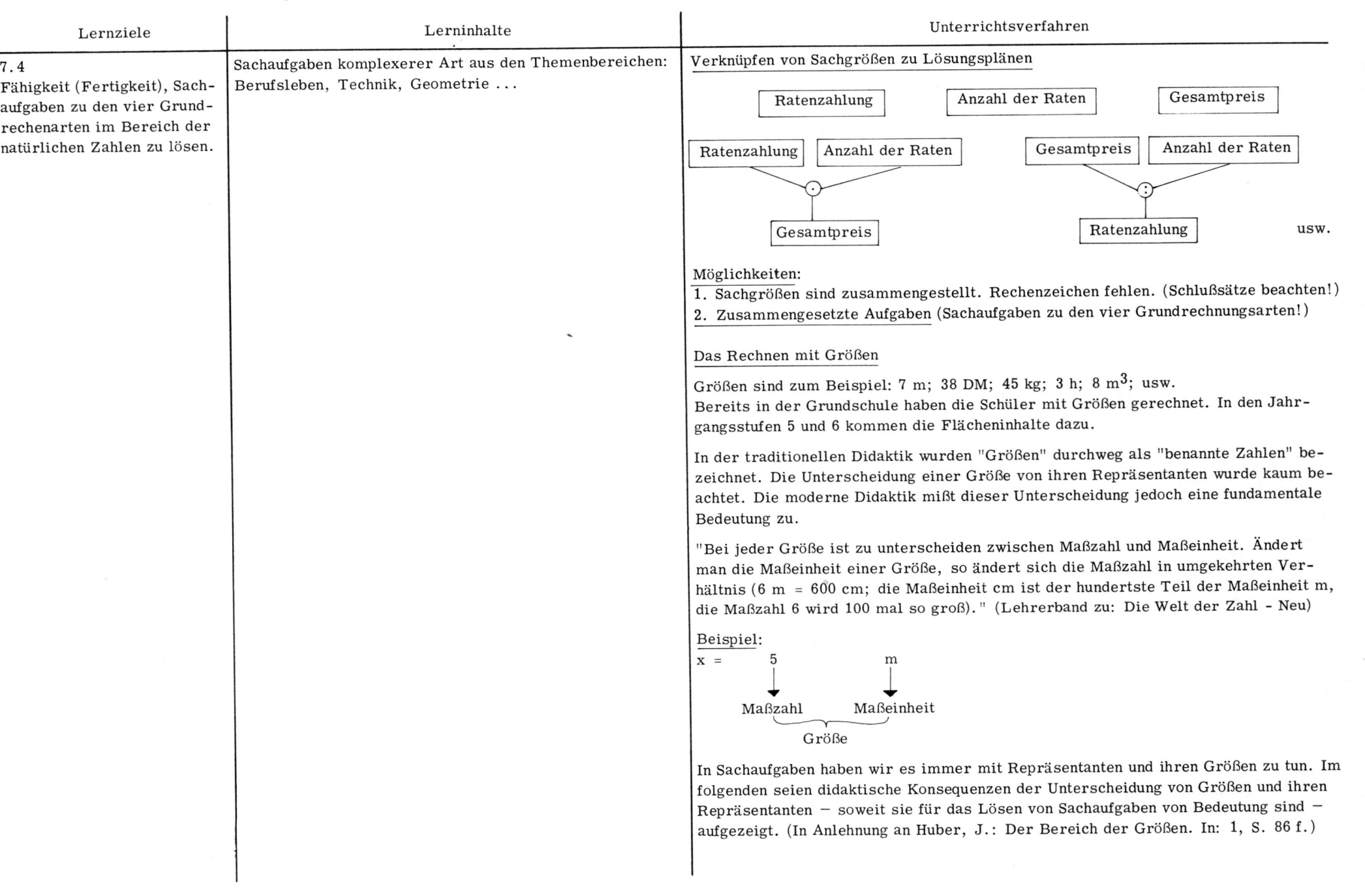

| Lernziele | Lerninhalte | Unterrichtsverfahren |
|---|---|---|
| 7.4 Fähigkeit (Fertigkeit), Sachaufgaben zu den vier Grundrechenarten im Bereich der natürlichen Zahlen zu lösen. | Sachaufgaben komplexerer Art aus den Themenbereichen: Berufsleben, Technik, Geometrie ... | Verknüpfen von Sachgrößen zu Lösungsplänen |

```
  Ratenzahlung  Anzahl der Raten           Anzahl der Raten  Gesamtpreis
           ⊙                                        ⊙
     Gesamtpreis                              Ratenzahlung

                    Anzahl der Raten  Gesamtpreis
                             ⊙
                       Ratenzahlung                     usw.
```

Möglichkeiten:
1. Sachgrößen sind zusammengestellt. Rechenzeichen fehlen. (Schlußsätze beachten!)
2. Zusammengesetzte Aufgaben (Sachaufgaben zu den vier Grundrechnungsarten!)

Das Rechnen mit Größen

Größen sind zum Beispiel: 7 m; 38 DM; 45 kg; 3 h; 8 m$^3$; usw.
Bereits in der Grundschule haben die Schüler mit Größen gerechnet. In den Jahrgangsstufen 5 und 6 kommen die Flächeninhalte dazu.

In der traditionellen Didaktik wurden "Größen" durchweg als "benannte Zahlen" bezeichnet. Die Unterscheidung einer Größe von ihren Repräsentanten wurde kaum beachtet. Die moderne Didaktik mißt dieser Unterscheidung jedoch eine fundamentale Bedeutung zu.

"Bei jeder Größe ist zu unterscheiden zwischen Maßzahl und Maßeinheit. Ändert man die Maßeinheit einer Größe, so ändert sich die Maßzahl in umgekehrten Verhältnis (6 m = 600 cm; die Maßeinheit cm ist der hundertste Teil der Maßeinheit m, die Maßzahl 6 wird 100 mal so groß)." (Lehrerband zu: Die Welt der Zahl - Neu)

Beispiel:

x =  5  →  m
     ↑      ↑
  Maßzahl  Maßeinheit
       Größe

In Sachaufgaben haben wir es immer mit Repräsentanten und ihren Größen zu tun. Im folgenden seien didaktische Konsequenzen der Unterscheidung von Größen und ihren Repräsentanten – soweit sie für das Lösen von Sachaufgaben von Bedeutung sind – aufgezeigt. (In Anlehnung an Huber, J.: Der Bereich der Größen. In: 1, S. 86 f.)

| Lernziele | Lerninhalte | Unterrichtsverfahren |
|---|---|---|
| | | 1. Fähigkeit im Schätzen und Messen von Größen |
| | | Das Schätzen braucht immer eine Vergleichsgröße. Als Einstieg kann man von bildlichen Darstellungen ausgehen (Filmsaal einer Schule, Sportstadion ...) oder man übt an vorhandenen Objekten von Personen (Größe und Gewicht eines Schülers, Geschwindigkeit von Fahrzeugen, Weitsprung von Mitschülern, Länge und Breite von Räumen ...) Beim Schätzen kann man über oder unter der wirklichen "Größe" bleiben. Durch die Angabe einer unteren oder oberen Größe kann man das Schätzen erleichtern. (Siehe: Welt der Zahl 5, S. 14) |
| | | Unterscheide: Runden – Überschlagen |
| | | "Beim Runden kommt es darauf an, die genaue Zahl durch einen leicht zu ermittelnden Näherungswert zu ersetzen. Als Näherungswert bieten sich die Schranken an. Nach Möglichkeit wird man diejenige Schranke als Näherungswert wählen, die dem genauen Wert am nächsten liegt. Je nachdem, ob man die obere oder untere Schranke als Näherungswert (als runde Zahl) wählt, spricht man von aufrunden oder abrunden. |
| | | Während das Schätzen an keine bestimmten Regeln gebunden ist, gelten für das Runden in Anlehnung an DIN 1333 folgende Festsetzungen: Bei den Ziffern 0, 1, 2, 3, 4 wird abgerundet, bei 5, 6, 7, 8, 9 wird aufgerundet. |
| | | Für das Rechnen mit runden Zahlen ist es wichtig, so weit zu runden, daß man leicht im Kopf rechnen kann. Das Rechnen mit runden Zahlen bezeichnet man als überschlagendes Rechnen, kurz als Überschlagen." (Lehrerband zu: Die Welt der Zahl – Neu) |
| | | Beispiel:<br>Zu 2873 · 587 = 1 686 451<br>ist 3000 · 600 = 1 800 000 eine Überschlagsrechnung. |
| | | "Am 1.7.1975 hatte die Stadt Augsburg 256 900 Einwohner. So genau wollen wir die Zahl nicht wissen. Wir sehen uns die benachbarten Hunderttausender an. Welchen nimmst du davon als ,runde' Einwohnerzahl?" (Welt der Zahl 5, S. 14) |
| | | untere Schranke               obere Schranke<br>\|―――\|―――\|―――\|―――\|<br>200 000     250 000     300 000 |
| | | Weil die obere Schranke näher gelegen ist, wird in diesem Fall aufgerundet. |
| | | 2. "Messens" oder "Aufteilen" |
| | | Der Begriff des "Messens" oder "Aufteilens" wird nur auf der Ebene des konkreten Handelns verwendet, ansonsten werden diese Operationen als Divisionen behandelt. (Siehe hierzu: Welt der Zahl, 5, S. 48!) |

| Lernziele | Lerninhalte | Unterrichtsverfahren |
|---|---|---|

Beispiel 1:
Messen als Division von Größen gleicher Einheit
45 l : 9 l = 5 (mal)
24 m : 6 m = 4 (mal)

Beispiel 2:
Messen als Division von Anzahlen gleicher Gegenstände.
Karl-Heinz besitzt 28 Bonbons. Täglich ißt er 4 Stück. Wie lange reicht er?
28 (Bonbons) : 4 (Bonbons) = 7 (Tage)

### 3. Größenbezeichnungen beim Ansetzen der Gleichung

Die Größenbezeichnungen werden beim Ansetzen der Gleichung und bei der Sachausprägung intensiv geklärt, beim Ausrechnen ("Nebenrechnungen") können sie wegbleiben.

Beispiel 1:
Eine Ware kostet im Einkauf 590 DM. An Geschäftsunkosten entstehen 98 DM. Mit welchem Gewinn wurde diese Ware verkauft, wenn der Verkaufspreis 860 DM betrug?

Formal:  (590 + 98) + x = 860    für G = N
         688 + x = 860
         x = 860 - 688
         x = 172

Lösung:  L = {172}
Antwort: Der Gewinn betrug 172 DM.

Beispiel 2:
Mit welcher durchschnittlichen Stundengeschwindigkeit muß jemand fahren, wenn er in 5 Stunden ein 460 km entferntes Ziel erreichen will?

Formal:  x · 5 = 460    für G = N
         x = 460 : 5
         x = 92

Lösung:  L = {92}
Antwort: Er muß durchschnittlich mit 92 km/h fahren.

Beispiel 3:
"Im Zuge der Flurbereinigung wird ein rechteckiges Grundstück, das 84 m lang und 45 m breit ist, eingetauscht gegen ein gleich großes Grundstück, das 63 m lang ist. Wie breit muß dieses Grundstück werden?" (Wohlfarth, a.a.O., S. 42)

Formal:  84 · 45 = 63 · x
         3780 = 63 · x
         x = 3780 : 63
         x = 60

Lösung:  L = {60}
Antwort: Das Grundstück muß 60 m breit werden.

| Lernziele | Lerninhalte | Unterrichtsverfahren |
|---|---|---|

## 4. Größenbezeichnungen im Rechenplan

Beispiel (Huber, a.a.O., S. 91):
"Herr Gruber fährt täglich nach Augsburg (Entfernung: 42 km). Seine Firma ersetzt ihm pro gefahrenen km 32 Pf. Was bekommt er in einer Woche (fünf Arbeitstage) ersetzt?"

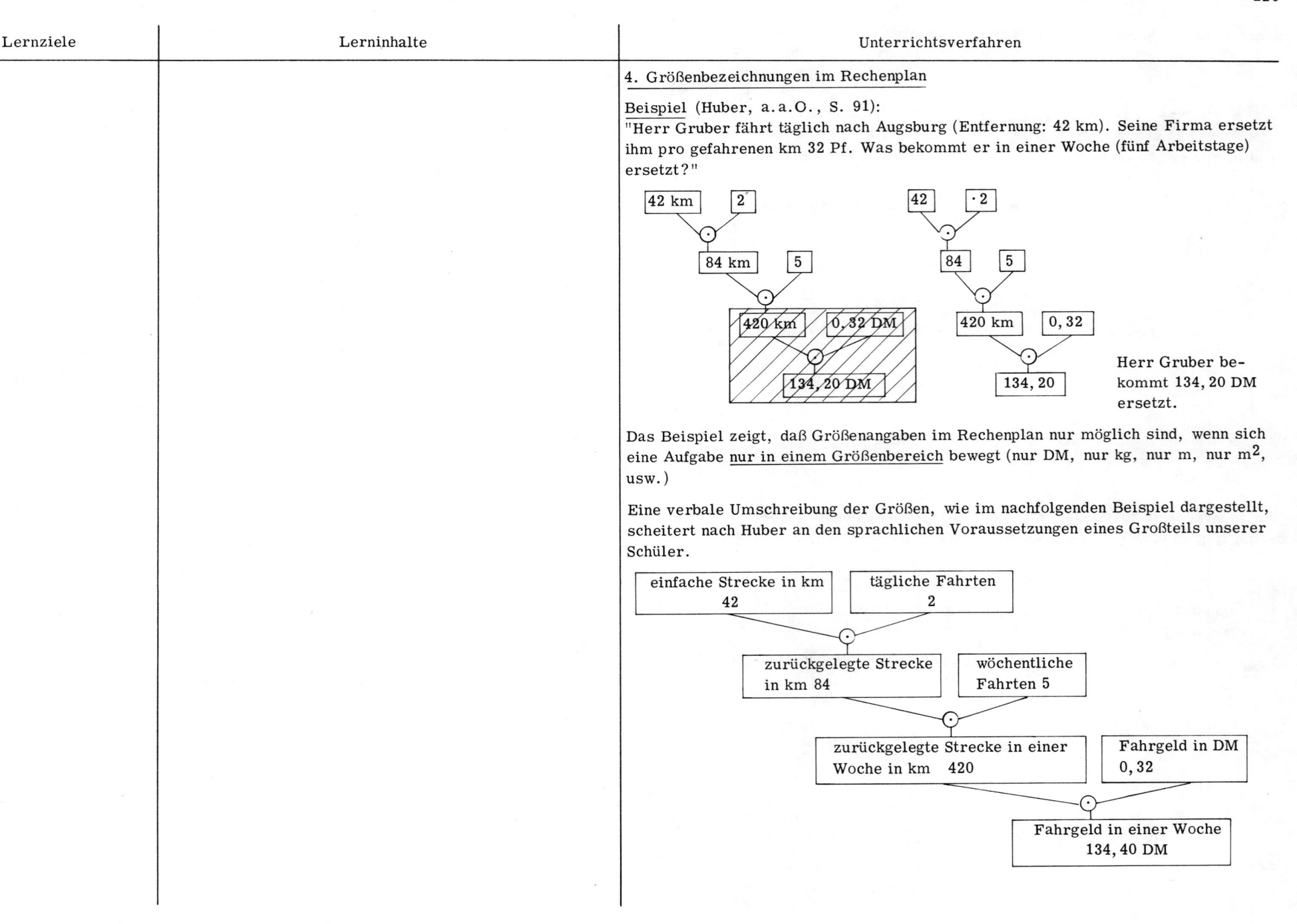

```
  42 km    2
     \    /
      ⊙
      |
     84 km   5
        \   /
         ⊙
         |
       420 km   0,32 DM
           \   /
            ⊙
            |
          134,20 DM
```

```
  42    ·2
    \   /
     ⊙
     |
    84    5
      \  /
       ⊙
       |
      420 km   0,32
          \   /
           ⊙
           |
         134,20
```

Herr Gruber bekommt 134,20 DM ersetzt.

Das Beispiel zeigt, daß Größenangaben im Rechenplan nur möglich sind, wenn sich eine Aufgabe nur in einem Größenbereich bewegt (nur DM, nur m, nur kg, nur m, nur m², usw.)

Eine verbale Umschreibung der Größen, wie im nachfolgenden Beispiel dargestellt, scheitert nach Huber an den sprachlichen Voraussetzungen eines Großteils unserer Schüler.

```
  einfache Strecke in km    tägliche Fahrten
           42                      2
              \                   /
               \                 /
                \       ⊙       /
                        |
              zurückgelegte Strecke
                  in km 84            wöchentliche
                         \             Fahrten 5
                          \           /
                           \    ⊙    /
                                |
                   zurückgelegte Strecke in einer
                          Woche in km  420         Fahrgeld in DM
                                        \              0,32
                                         \            /
                                          \    ⊙     /
                                                |
                              Fahrgeld in einer Woche
                                     134,40 DM
```

227

| Lernziele | Lerninhalte | Unterrichtsverfahren |
|---|---|---|
| 3.5<br>Fertigkeit im Lösen von Sachaufgaben in Verbindung zur Geometrie | Einschlägige Sachaufgaben insbesondere zu Umfang und Flächeninhalt von Rechtecken unter Einbeziehung der Berechnung der Länge einer Rechteckseite aus Flächeninhalt bzw. Umfang und der Länge der anderen Rechteckseite | 5. Größenbezeichnungen im Operatormodell<br><br>$\boxed{42 \text{ km}} \xrightarrow{\cdot 2} \boxed{84 \text{ km}} \xrightarrow{\cdot 5} \boxed{420 \text{ km}}$<br><br>$\boxed{420} \xrightarrow{\cdot 32 \text{ DM}} \boxed{134,40 \text{ DM}}$<br><br>Größenbezeichnungen können nur dann verwendet werden, wenn man neu ansetzt.<br><br>6. Größen bei der Berechnung von rechteckigen Flächen<br><br>Die Formel für die Berechnung rechteckiger Flächen geht auch jetzt noch von der Streifenvorstellung aus, rückt aber bei der Berechnung davon ab.<br><br>$\boxed{\text{Flächeninhalt des Rechtecks = Flächeninhalt eines Streifens mal Anzahl der Streifen}}$<br><br>(Welt der Zahl 5)<br>Größen sind als Produkt aus natürlichen Zahlen und Maßeinheiten zu verstehen. Diese Einsicht kann bei der Berechnung der Fläche hilfreich sein.<br><br>Streifenmodell:<br><br>Auf der Handlungsebene wird erklärt: $5 \text{ cm}^2 \cdot 3 = 15 \text{ cm}^2$<br><br>Berechnung: $A_R = 1 \cdot b \qquad A_R = 5 \text{ cm} \cdot 3 \text{ cm}$<br><br>$5 \text{ cm} \cdot 3 \text{ cm}$<br>$5 \text{ cm} = 5 \cdot 1 \text{ cm} \qquad 3 \text{ cm} = 3 \cdot 1 \text{ cm}$<br>$\underbrace{5 \cdot 1 \text{ cm}}_{(5 \cdot 3)} \cdot \underbrace{3 \cdot 1 \text{ cm}}_{} = \underbrace{(1 \text{ cm} \cdot 1 \text{ cm})}_{\text{cm}^2} = 15 \text{ cm}^2$<br><br>Maßzahl · Maßzahl      Maßeinheit · Maßeinheit<br><br>Umwandeln von Flächenmaßen:<br><br>Erkenntnis: Ändert man die Maßeinheit einer Größe, so ändert sich die Maßzahl in umgekehrten Verhältnis<br><br>$\boxed{\begin{array}{lll} 1 \text{ cm}^2 = 100 \text{ mm}^2 & 1 \text{ Ar} = 1 \text{ a} & = 100 \text{ m}^2 \\ 1 \text{ dm}^2 = 100 \text{ cm}^2 & 1 \text{ Hektar} = 1 \text{ ha} & = 100 \text{ a} \\ 1 \text{ m}^2 = 100 \text{ dm}^2 & 1 \text{ km}^2 = & = 100 \text{ ha} \end{array}}$ |

| Lernziele | Lerninhalte | Unterrichtsverfahren |
|---|---|---|
| | | Berechnung der Länge einer Rechteckseite aus Flächeninhalt bzw. Umfang und der Länge der anderen Rechteckseite. Streifenmodell verwenden! Umkehrung obiges Beispieles: $x \cdot 3 = 15$; $x = \frac{15}{3} = 5$; Die Breite des Rechtecks ist 5 cm. |
| **6. Jahrgangsstufe** | | |
| 4.3 *Fähigkeit (**Fertigkeit) im Lösen von Sachaufgaben | Aufgaben, bei denen die Verbindung der vier Grundrechenarten in $Q^+$ erforderlich wird; *Lösung mit Gesamtterm oder Gleichung | Im 5. Schülerjahrgang wird in den konkreten Bruchbegriff eingeführt: <br>— in gleiche Teile teilen <br>— Teilen als Handlungsvollzug <br>— Bruch als Maßzahl einer Größe <br>— Bruch als Bruchoperator <br>— Bruchoperatoren bei Anzahlen <br><br>Mit der Anwendung von Bruchoperatoren auch auf Anzahlen ist das Ziel der 5. Klasse erreicht. <br><br>Beispiel: (Kuntze, Karlheinz: Bruchrechnung. In: a.a.O., S. 61) "Ein Omnibus mit 40 Plätzen ist zu $\frac{3}{5}$ besetzt. Wie viele Plätze sind besetzt? <br><br>Aufgabe \| alle Plätze \| $\frac{1}{5}$ der Plätze \| $\frac{3}{5}$ der Plätze <br><br>$\frac{3}{5}$ von 40 \| 40 —(:5)→ 8 —(·3)→ 24 <br><br>$\frac{3}{5}$ der 40 Plätze sind 24 Plätze. 24 Plätze sind besetzt. <br><br>Verschiedene Modellvorstellungen: <br>Wie bei den Operationen der ersten und zweiten Stufe wird auch bei der Erarbeitung des Bruchzahlbegriffes der Prozeß der Abstraktion (Dienes) durch das Heranziehen verschiedener Modelle gefördert. Diese Modelle sind für das Lösen von Sachaufgaben wiederum von fundamentaler Bedeutung. |

| Lernziele | Lerninhalte | Unterrichtsverfahren |
|---|---|---|
|  |  | **1. Darstellung am Zahlenstrahl**<br>Mengen gleichwertiger Brüche lassen sich am Zahlenstrahl darstellen<br><br>$0 \quad \frac{1}{4}$ Std. $\quad \frac{2}{4}$ Std. $\quad \frac{3}{4}$ Std. $\quad 1$ Std. $\quad \frac{5}{4}$ Std.<br><br>$0 \quad \frac{1}{4}$ hl $\quad \frac{2}{4}$ hl $\quad \frac{3}{4}$ hl $\quad 1$ hl $\quad \frac{5}{4}$ hl<br><br>$\left\{\frac{1}{3}, \frac{2}{6}, \frac{3}{9}, \frac{4}{12}\ldots\right\} \quad \left\{\frac{4}{6}, \frac{6}{9}, \frac{8}{12}\ldots\right\} \quad \left\{\frac{1}{1}, \frac{2}{2}, \frac{3}{3}\ldots\right\}$<br>$\quad\quad \frac{1}{3} \quad\quad\quad\quad \frac{2}{3} \quad\quad\quad\quad 1$<br><br>Auf der Zahlenhalbgeraden lassen sich alle Brüche darstellen. Jeder Bruchzahl entspricht ein Punkt auf dem "Zahlenstrahl".<br><br>**2. Das Rechteckmodell (Gitterrechteck)**<br>An diesem Modell läßt sich das Erweitern und Kürzen sehr gut veranschaulichen:<br>Beispiele: (Kuntzke, a.a.O., S. 62)<br><br>kürzen<br><br>$\frac{15}{20} = \frac{15:5}{20:5} = \frac{3}{4}$<br>kürzen mit 5<br><br>$\frac{3}{4} = \frac{3 \cdot 5}{4 \cdot 5} = \frac{15}{20}$<br>erweitern mit 5<br><br>**Addieren und Subtrahieren**<br><br>$\frac{3}{4} \quad + \quad \frac{2}{3} \quad$ nachher<br><br>analog: Subtraktion |

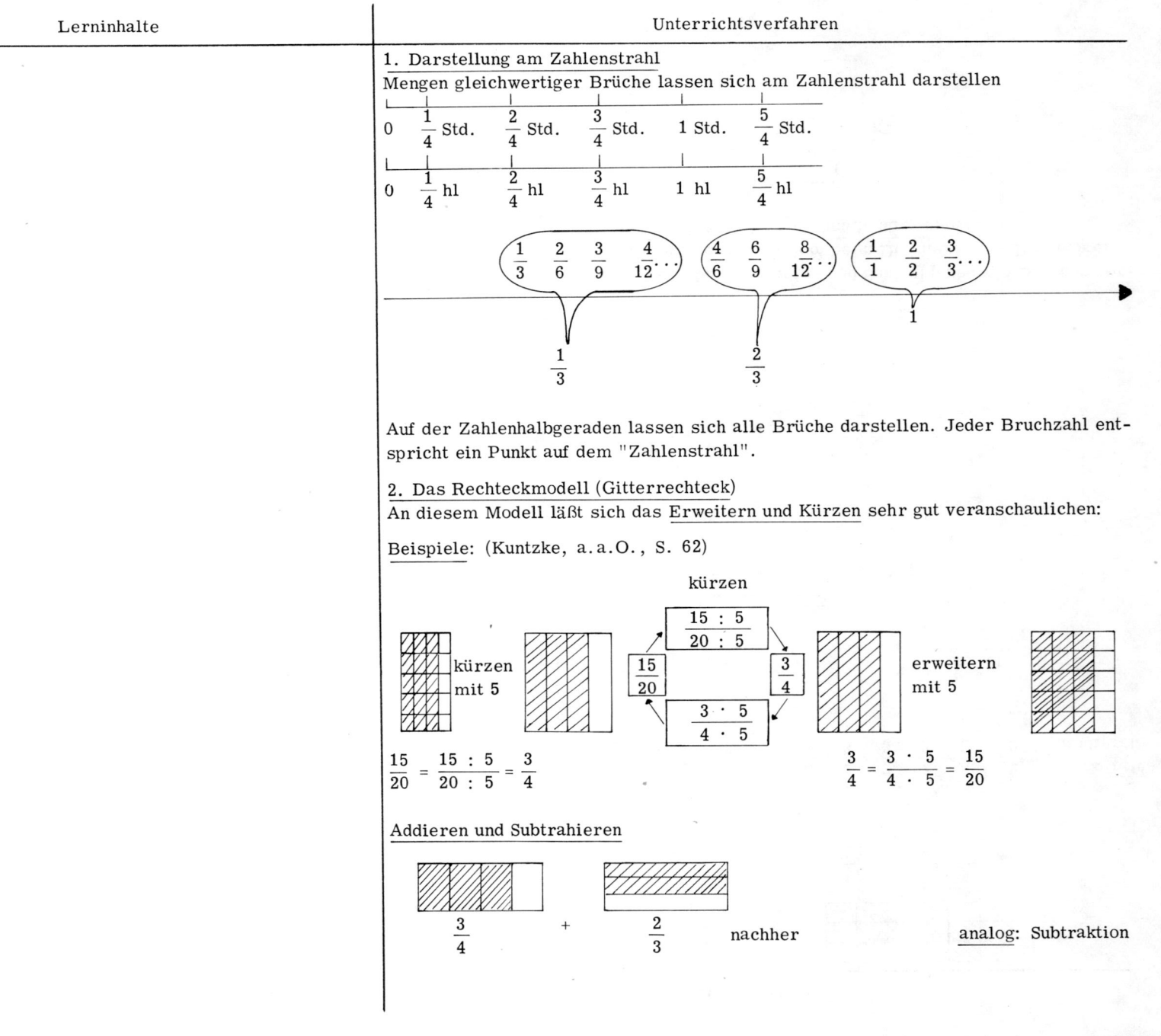

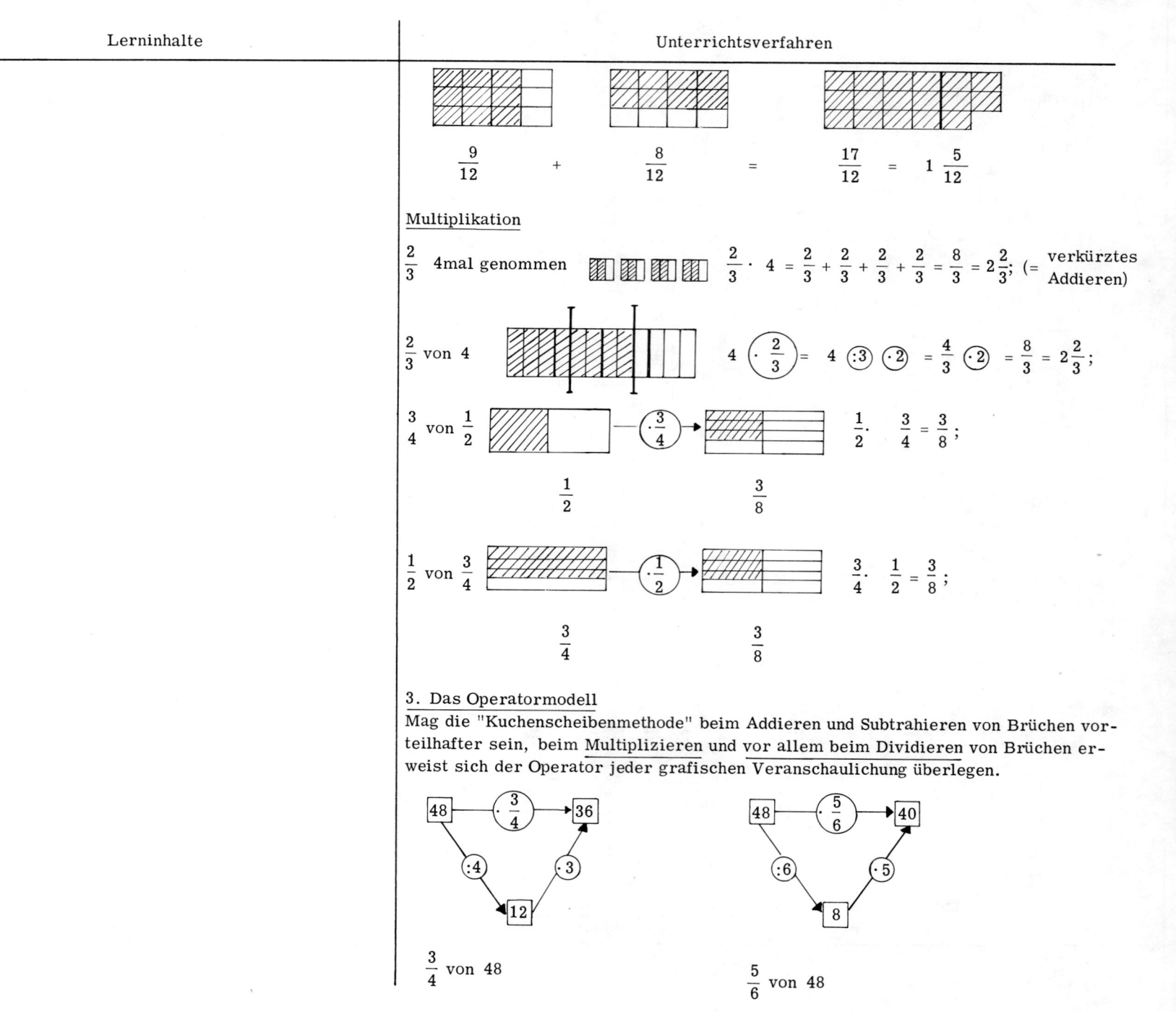

## Lernziele | Lerninhalte | Unterrichtsverfahren

$\frac{9}{12}$ + $\frac{8}{12}$ = $\frac{17}{12}$ = $1\frac{5}{12}$ (= verkürztes Addieren)

### Multiplikation

$\frac{2}{3}$ 4mal genommen

$\frac{2}{3} \cdot 4 = \frac{2}{3} + \frac{2}{3} + \frac{2}{3} + \frac{2}{3} = \frac{8}{3} = 2\frac{2}{3}$;

$\frac{2}{3}$ von 4

$4 \cdot \frac{2}{3} = 4 \overset{(:3)}{\phantom{=}} = \frac{4}{3} \overset{(\cdot 2)}{\phantom{=}} = \frac{8}{3} = 2\frac{2}{3}$;

$\frac{3}{4}$ von $\frac{1}{2}$

$\frac{1}{2} \cdot \frac{3}{4} = \frac{3}{8}$;

$\frac{3}{8}$

$\frac{1}{2}$ von $\frac{3}{4}$

$\frac{3}{4} \cdot \frac{1}{2} = \frac{3}{8}$;

$\frac{3}{8}$

### 3. Das Operatormodell

Mag die "Kuchenscheibenmethode" beim Addieren und Subtrahieren von Brüchen vorteilhafter sein, beim Multiplizieren und vor allem beim Dividieren von Brüchen erweist sich der Operator jeder grafischen Veranschaulichung überlegen.

$\frac{3}{4}$ von 48

$\frac{5}{6}$ von 48

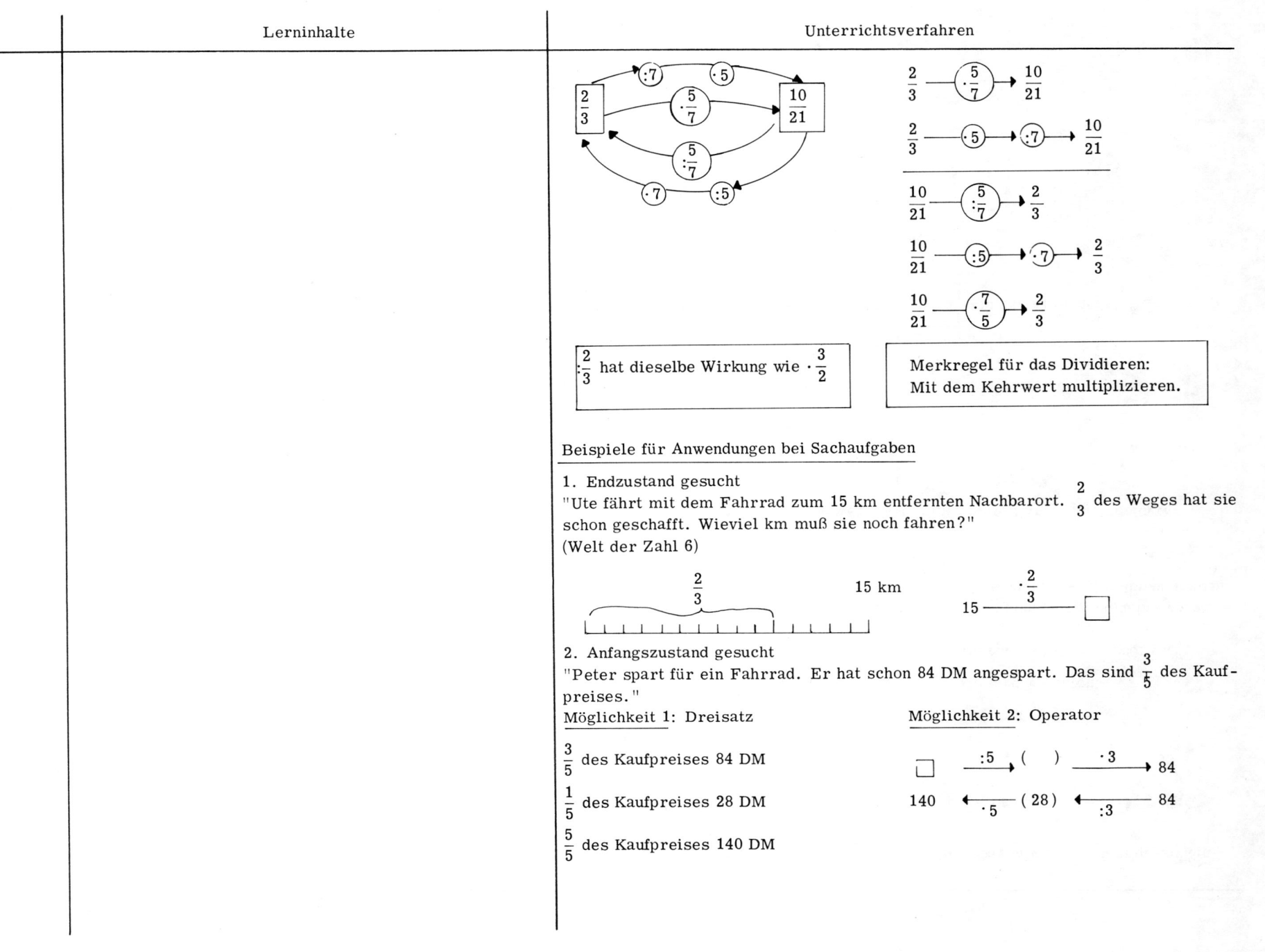

| Lernziele | Lerninhalte | Unterrichtsverfahren |
|---|---|---|

$$\frac{2}{3} \xrightarrow{\cdot \frac{5}{7}} \frac{10}{21}$$

$$\frac{2}{3} \xrightarrow{\cdot 5} \xrightarrow{:7} \frac{10}{21}$$

$$\frac{2}{3} \xrightarrow{:7} \xrightarrow{\cdot 5} \frac{10}{21}$$

$$\frac{10}{21} \xrightarrow{:\frac{5}{7}} \frac{2}{3}$$

$$\frac{10}{21} \xrightarrow{:5} \xrightarrow{\cdot 7} \frac{2}{3}$$

$$\frac{10}{21} \xrightarrow{\cdot \frac{7}{5}} \frac{2}{3}$$

**Merkregel für das Dividieren:**
**Mit dem Kehrwert multiplizieren.**

$:\frac{2}{3}$ hat dieselbe Wirkung wie $\cdot \frac{3}{2}$.

**Beispiele für Anwendungen bei Sachaufgaben**

1. Endzustand gesucht
"Ute fährt mit dem Fahrrad zum 15 km entfernten Nachbarort. $\frac{2}{3}$ des Weges hat sie schon geschafft. Wieviel km muß sie noch fahren?"
(Welt der Zahl 6)

$\underbrace{\qquad}_{\frac{2}{3}}$ $\quad$ 15 km

$15 \xrightarrow{\cdot \frac{2}{3}} \square$

2. Anfangszustand gesucht
"Peter spart für ein Fahrrad. Er hat schon 84 DM angespart. Das sind $\frac{3}{5}$ des Kaufpreises."

Möglichkeit 1: Dreisatz

$\frac{3}{5}$ des Kaufpreises 84 DM
$\frac{1}{5}$ des Kaufpreises 28 DM
$\frac{5}{5}$ des Kaufpreises 140 DM

Möglichkeit 2: Operator

$\square \xrightarrow{:5} (\ ) \xrightarrow{\cdot 3} 84$

$140 \xleftarrow{\cdot 5} (28) \xleftarrow{:3} 84$

231

| Lernziele | Lerninhalte | Unterrichtsverfahren |
|---|---|---|

3. Bruchoperator gesucht

"Eine Konditorei bekommt täglich 60 frische Eier. Davon werden 35 zum Backen verbraucht."

$$60 \xrightarrow{\quad} 35 \qquad 60 \xrightarrow{\quad\Box\quad} 35$$

$$60 \xrightarrow{:12} (5) \xrightarrow{\cdot 7} 35 \qquad 60 \xrightarrow{:12} (\ ) \xrightarrow{\cdot 7} 35$$

Vor allem bei der Antwort auf angemessene Verbalisierung achten:

"Zum Backen werden täglich $\frac{7}{12}$ des Gesamtverbrauches an Eiern benötigt."

Der Meßvorgang wird wiederum nur auf der Ebene des konkreten Handelns verwendet, ansonsten werden diese Art von Aufgaben im Unterricht als Divisionsaufgaben formuliert.

Beispiel: (Kuntzke, a.a.O., S. 66)
"Für einen 8 m langen Gartenweg werden an einer Seite Randsteine verlegt. Ein Stein ist $\frac{4}{5}$ m lang. Berechne die Zahl der benötigten Steine!

$$8 : \frac{4}{5} = 8 \cdot \frac{5}{4} = \frac{8 \cdot 5}{4} = 2 \cdot 5 = 10$$

Antwort: Es werden 10 Steine benötigt.

Vom Text zur Gleichung — von der Gleichung zum Text

1. "Erkläre die Lösung der Gleichung $x + \frac{1}{2} = 3\frac{1}{4}$ am Operatormodell" (Welt der Zahl 6)

$$x + \frac{1}{2} = 3\frac{1}{4}$$

$$x \xrightarrow{+\frac{1}{2}} 3\frac{1}{4}$$
$$\xleftarrow{-\frac{1}{2}}$$

$$x = 3\frac{1}{4} - \frac{1}{2}$$

Lösung: $x = 2\frac{3}{4}$;

233

| Lernziele | Lerninhalte | Unterrichtsverfahren |
|---|---|---|
| | | 2. Feststellung der Lösungsmenge im probierenden Verfahren |

"Eine Firma verlegt Rohre auf 8 m Länge. Ein $4\frac{1}{2}$ m langes Rohr liegt bereit. In zwei Lagern sind verschiedene Rohrlängen vorrätig. Überprüfe in jedem Lager, ob ein Rohr paßt." (Bausteine der Mathematik 6)

Gleichung: $4\frac{1}{2}$ m + x = 8 m

Bei $G_1$ ist die Lösungsmenge leer: L = { }

1. Lager:
$G_1 = \{3\frac{1}{2}m, \ 4\frac{1}{4}m, \ 4\frac{3}{4}m, \ 2\frac{1}{2}m\}$

Antwort: Es gibt kein passendes Rohr.

Bei $G_2$ finden wir eine Lösung.

2. Lager:
$G_2 = \{2\frac{1}{2}m, \ 3\frac{1}{4}m, \ 3\frac{1}{4}m, \ 4\frac{1}{2}m\}$

$4\frac{1}{4}$ m + $3\frac{3}{4}$ m = 8m.

Antwort: Im 2. Lager paßt ein Rohr, es ist $3\frac{3}{4}$ m lang.

Die Lösungsmenge ist abhängig von der Grundmenge.

---

VII. 2.
2.2
Fähigkeit (**Sicherheit) im Lösen von Gleichungen

Rechne mit Hilfe des Umkehroperators!

$4\frac{2}{5}$ ─(−)─ □ ─(·)─ □ = $2\frac{3}{10}$ ; $\frac{3}{5}$

"Wie viele Packungen von je $\frac{2}{5}$ kg ergeben ein Gesamtgewicht von $4\frac{4}{5}$ kg?
Wir bezeichnen die gesuchte Anzahl mit x." (Bausteine der Mathematik 6)

Gleichung: $\frac{2}{5} \cdot x = 4\frac{4}{5}$

Modellgleichung: (= ähnliche Gleichung mit einfachen Zahlen)
z.B.: 3 · y = 12
Lösung: y = 4

| Lernziele | Lerninhalte | Unterrichtsverfahren |
|---|---|---|

Vergleich: $3 \cdot y = 12$  Rechnung: $y = \dfrac{12}{3} = 4$

$\dfrac{2}{5} \cdot x = 4\dfrac{4}{5}$   $x = 4\dfrac{4}{5} : \dfrac{2}{5} = \dfrac{24 \cdot 5}{5 \cdot 2}$

$\phantom{x = 4\dfrac{4}{5} : \dfrac{2}{5}} = 12;$

Antwort: Es sind insgesamt 12 Packungen.

analog: $10\dfrac{5}{8} : x = 2\dfrac{1}{8}$   $x = 10\dfrac{5}{8} : 2\dfrac{1}{8} = \dfrac{85}{8} : \dfrac{17}{8} = \dfrac{85 \cdot 8}{8 \cdot 17} = 5;$

Modellgleichung: $12 : y = 3$   $y = \dfrac{12}{3};$

Das Lösen von Gleichungen nach der Analogiestrategie ist an einfachen Aufgaben zu üben.

Andere Möglichkeit: Lösung bestimmen mit Hilfe des Operators.

$\dfrac{2}{5} \cdot x = 4\dfrac{4}{5}$   $x \xrightarrow{\cdot \dfrac{2}{5}} 4\dfrac{4}{5}$   $4\dfrac{4}{5} : \dfrac{2}{5} = x$

$\phantom{xxxxxxxxxxx} \xleftarrow{: \dfrac{2}{5}}$   $\dfrac{24}{5} : \dfrac{2}{5} = \dfrac{24}{5} \cdot \dfrac{5}{2} = 12$

Bei den Sachaufgaben, bei denen mehrere Rechenoperationen vorkommen, ist anfangs auf angemessene Lösungshilfen zu achten:

"45 t Kies sollen mit LKW von jeweils $2\dfrac{1}{2}$ t Ladefähigkeit abtransportiert werden. Für 26 t Sand stehen LKW mit $3\dfrac{1}{4}$ t Ladefähigkeit bereit. Wie viele Fahrten sind insgesamt für den Transport von Kies und Sand notwendig?" (Bausteine der Mathematik)

| Ladefähigkeit/LKW | Anzahl der LKW | Gesamttransport |

"Ein Wasserbehälter hat zwei Abflußrohre. Durch das Rohr A fließt in einer Minute $\dfrac{1}{20}$ des Behälterinhaltes ab, durch das Rohr B $\dfrac{1}{30}$ des Inhalts. In welcher Zeit ist der Behälter leer, wenn beide Rohre gleichzeitig geöffnet sind?

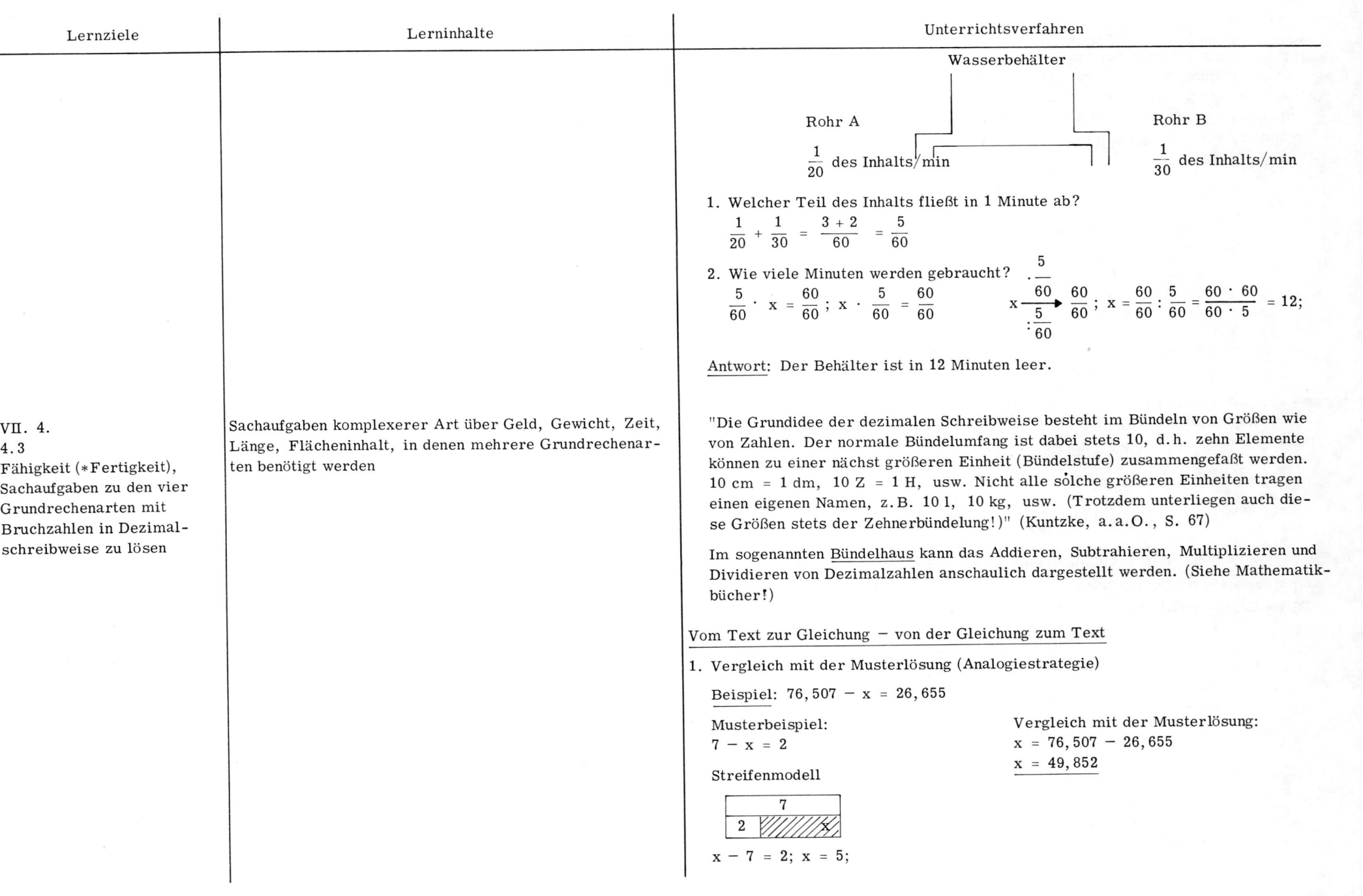

| Lernziele | Lerninhalte | Unterrichtsverfahren |
|---|---|---|

**Wasserbehälter**

Rohr A  $\quad$ Rohr B

$\dfrac{1}{20}$ des Inhalts/min $\quad$ $\dfrac{1}{30}$ des Inhalts/min

1. Welcher Teil des Inhalts fließt in 1 Minute ab?

$$\dfrac{1}{20} + \dfrac{1}{30} = \dfrac{3+2}{60} = \dfrac{5}{60}$$

2. Wie viele Minuten werden gebraucht?

$$\dfrac{5}{60} \cdot x = \dfrac{60}{60} \; ; \; x \cdot \dfrac{5}{60} = \dfrac{60}{60} \; ; \; x = \dfrac{60}{60} : \dfrac{5}{60} = \dfrac{60 \cdot 60}{60 \cdot 5} = 12;$$

<u>Antwort:</u> Der Behälter ist in 12 Minuten leer.

VII. 4.
4.3
Fähigkeit (*Fertigkeit), Sachaufgaben zu den vier Grundrechenarten mit Bruchzahlen in Dezimalschreibweise zu lösen

"Die Grundidee der dezimalen Schreibweise besteht im Bündeln von Größen wie von Zahlen. Der normale Bündelumfang ist dabei stets 10, d.h. zehn Elemente können zu einer nächst größeren Einheit (Bündelstufe) zusammengefaßt werden. 10 cm = 1 dm, 10 Z = 1 H, usw. Nicht alle solche größeren Einheiten tragen einen eigenen Namen, z.B. 10 l, 10 kg, usw. (Trotzdem unterliegen auch diese Größen stets der Zehnerbündelung!)" (Kuntzke, a.a.O., S. 67)

Sachaufgaben komplexerer Art über Geld, Gewicht, Zeit, Länge, Flächeninhalt, in denen mehrere Grundrechenarten benötigt werden

Im sogenannten Bündelhaus kann das Addieren, Subtrahieren, Multiplizieren und Dividieren von Dezimalzahlen anschaulich dargestellt werden. (Siehe Mathematikbücher!)

**Vom Text zur Gleichung — von der Gleichung zum Text**

1. Vergleich mit der Musterlösung (Analogiestrategie)

<u>Beispiel:</u> 76,507 − x = 26,655 $\qquad$ Vergleich mit der Musterlösung:

Musterbeispiel: $\qquad\qquad\qquad\qquad$ x = 76,507 − 26,655
7 − x = 2 $\qquad\qquad\qquad\qquad\qquad$ x = 49,852

Streifenmodell

| 7 |
|---|
| 2 $\;$ x |

x − 7 = 2; x = 5;

236

| Lernziele | Lerninhalte | Unterrichtsverfahren |
|---|---|---|
| | | 2. Lösung mit dem Operator<br><br>Beispiel:<br>$1,2 \cdot x + 3,1 = 7,9$<br><br>$x \xrightarrow{\cdot 1,2} \square \xrightarrow{+3,1} 7,9$<br>$x \xleftarrow{:1,2} \square \xleftarrow{-3,1}$<br><br>$x = (7,9 - 3,1) : 1,2$<br>$x = 4,8 : 1,2$<br>$x = 4;$<br><br>"Familie Kolb zahlte für ihre 85 m² große Wohnung 420,75 DM Miete. Die Miete wurde um 0,55 DM pro Quadratmeter erhöht. Wieviel DM zahlen Kolbs nach der Mieterhöhung pro Quadratmeter?" (Welt der Zahl 6)<br><br>$420,75 : 85 + 0,55 = x$<br>$x = 420,75 : 85 + 0,55 = 4,95 + 0,55 = 5,50$ DM; |
| | Sachaufgaben im Zusammenhang mit der Oberfläche des Quaders | "Die Berechnung der Oberfläche erfolgt über die Berechnung der Grundfläche und damit auch Deckfläche, sowie der vier Seitenflächen. Eine formelmäßige, automatische Berechnung der Oberfläche sollte nicht Gegenstand des Unterrichts sein." (Kuntzke, K.: Geometrie. In: , S. 84)<br><br>"Die Grundseiten einer quadratischen Säule sind 6 cm lang. Die Oberfläche beträgt 312 cm². Wie groß ist der Flächeninhalt einer Seitenfläche? Wie hoch ist die Säule?" (Welt der Zahl 6)<br><br>Zeichne eine Handskizze in Netzform!<br>Flächeninhalt der Grundfläche: $2 \cdot 36$ cm² $= 72$ cm²<br><br>Flächeninhalt der vier Seitenflächen: $312$ cm² $- 72$ cm² $= 240$ cm²<br><br>Flächeninhalt einer Seitenfläche: $60$ cm²<br><br>Höhe der Säule: 10 cm<br><br>Die Oberflächenformel läßt sich nicht anwenden, weil die Situation jeder Aufgabe verschieden ist. "Bei der Vielzahl der Körperformen stellen sie (die Formeln, d. Verf.) ... eine nicht unerhebliche Gedächtnisbelastung dar. Es besteht die Gefahr, daß der Schüler eine Formel bei unkritischer, rein gedächtnismäßiger Handhabung falsch anwendet." (Lehrerhandbuch zu: Die Welt der Zahl 6, S. 131) |
| B IX.<br>1.3<br>Fähigkeit (**Fertigkeit), Sachaufgaben zu lösen | | |

| Lernziele | Lerninhalte | Unterrichtsverfahren |
|---|---|---|
| 2.5 Fähigkeit (*Fertigkeit), Sachaufgaben zu lösen | Sachaufgaben im Zusammenhang mit Rauminhalt und Oberfläche von Quadern | "Vom Meßvorgang wird übergegangen zum Berechnungsvorgang eines Quaders, an dessen Ende die Formel stehen kann $V_Q = l \cdot b \cdot h$ Die Formel sollte keineswegs das Verständnis und die Bestimmung des Rauminhaltes über den Schichtenaufbau des Quaders verdrängen." (Kuntzke, a.a.O., S. 84/85) Beispiel: "Wie hoch muß ein quaderförmiger Blechtank mit den Grundkanten 64 cm und 45 cm werden, damit er 180 l fassen kann?" (Wohlfarth, a.a.O., S. 44)  für $G = Q^+$ Formal: $(6,4 \cdot 4,5) \cdot x = 180$  $28,8 \cdot x = 180$  $x = 180 : 28,8$ Lösung: $L = \{6,25\}$ Antwort: Der Behälter muß 62,5 hoch werden. Voraussetzungen für den formalen Ansatz: 1. Zeichnen einer Skizze 2. Klärung und Umrechnung der Größen Lösung der Gleichung mit Hilfe des Operators: $x \xrightarrow[:28,8]{\cdot 28,8} 180$ $x = 180 : 28,8$ $x = 6,25;$ |
| B X. 1.1 Einsicht in die Abhängigkeit von Größen | Proportionale Abhängigkeiten | Funktionale Abhängigkeiten zwischen zwei Größen 1. Rechnerische Lösung (Dreisatz): Siehe Mathematikbücher! 2. Grafische Darstellungen des direkten Verhältnisses. "Die Anwendung der Doppelleiter als grafisches Instrument der Lösung bei einem direkten Verhältnis hat sich bewährt, denn sie läßt sich leicht darstellen. Es genügt bereits ein Wertepaar, um eine Doppelleiter zeichnen zu können." (Huber, a.a.O., S. 93) |

Lernziele | Lerninhalte | Unterrichtsverfahren
---|---|---

### 1. Tabelle

Beim Ergänzen der Tabelle operativ vorgehen. Zuordnungspaare gewinnen.

| Benzin | DM |
|---|---|
| 1 | 0,90 |
| 1 | 2,70 |
| 2 | |
| 3 | 31 |
| 4 | 30l → 27,00 DM |
| 5 | |

·10 ↓ ·10

4l ? 
28l 25,20 DM

:7 ↑ :7

### 2. Doppelleiter

```
0    5    10    15   DM
|----|----|----|----|
0    5    10    15    1
```

(Diese Darstellungsform ist besonders auch zum Vergleich von Währungen geeignet!)

Die Doppelleiter kann gut zum Achsenkreuz weiterentwickelt werden, indem eine der parallel verlaufenden Strecken senkrecht gestellt wird. Die zueinander gehörenden Werte eines Paares lassen sich jetzt durch einen Schnittpunkt bestimmen.

Beispiele:

1. 10 l Benzin kosten 9,00 DM

2. 6 kg Äpfel kosten 3,00 DM

Vorgegebene Diagramme können die Schüler anregen, die Zuordnungsvorschriften zu finden und Sachaufgaben zu formulieren (Huber, a.a.O., S. 94)

Zeit-Weg-Diagramm      Zeit-Lohn-Diagramm      Ware-Preis-Diagramm

| Lernziele | Lerninhalte | Unterrichtsverfahren |
|---|---|---|
| | Umgekehrt proportionale Abhängigkeiten | 1. Rechnerische Lösung (Dreisatz): Siehe Mathematikbücher! <br> 2. Grafische Darstellung des umgekehrten Verhältnisses <br><br> "Herr Schulz fährt mit dem PkW täglich zur Stadt. Er braucht für die Hinfahr gewöhnlich 20 Minuten bei einer Geschwindigkeit von 60 km/h. Gestern war Nebel, Herr Schulz brauchte 30 Minuten. Wie groß war die durchschnittliche Geschwindigkeit? (Welt der Zahl 6) <br><br> Stelle zu Aufgabe 1 eine Tabelle auf. Zwei Wertpaare sind schon eingetragen. <br><br> \| Fahrzeit in Minuten \| 12 \| 15 \| 16 \| 20 \| 24 \| 25 \| 30 \| 40 \| 80 \| 50 \| <br> \| Geschwindigkeit in km/h \| \| \| \| 60 \| \| \| 40 \| \| \| \| <br><br> Darstellung im Achsenkreuz <br><br> km/h <br> 100 <br> 80 <br> 60 <br> 40 <br> 20 <br>    10 20 30 40 50   min <br><br> "Da das Zeichnen der Kurven eine relativ umfangreiche Wertetabelle voraussetzt und außerdem die Durchführung der Zeichnung und das Ablesen der Werte bei einer gekrümmten Kurve ungenauer sind als bei einer geraden Linie, ist die praktische Bedeutung der zeichnerischen Lösung bei dieser Funktion geringer als beim geraden Verhältnis." (Huber, a.a.O., S. 94) <br><br> Erkenntnisse: <br> 1. Wächst eine Wertreihe (der Wertetabelle), fällt die andere im gleichen Verhältnis <br><br> Arbeiter    Tage <br> 10       13 <br> (·2)    (:2) <br> 20       x <br><br> 2. Das Produkt aus den Werten eines jeden Wertepaares bleibt konstant. <br><br> 10 · 13 = 130    20 · 6,5 = 130 |

239

| Lernziele | Lerninhalte | Unterrichtsverfahren |
|---|---|---|
| **7. Jahrgangsstufe** <br> **2.2** <br> Fertigkeit, Sachaufgaben zu den vier Grundrechenarten mit Bruchzahlen zu lösen | Mehrgliedrige Aufgaben aus verschiedenen Sachbereichen <br><br> Anwendung zweckmäßiger / vorteilhafter Verfahren <br> – Kürzen | Sachthemen in Querverbindung mit Arbeitslehre, Haushalts- und Wirtschaftskunde, Sozialkunde und Physik / Chemie <br><br> "Bei einer Gemeindewahl sind 7 500 Bürger stimmberechtigt. Von 6 300 abgegebenen Stimmen sind 50 ungültig. Welcher Bruchteil der Bürger gibt einen gültigen Stimmzettel ab?" (Welt der Zahl) <br><br> $6\,250 \cdot \dfrac{\phantom{0}\square\phantom{0}}{7\,500} \longrightarrow 7\,500$ <br><br> $6\,250 \cdot \dfrac{7\,500}{6\,250} \longrightarrow 7\,500$ <br><br> $6\,250 \cdot \dfrac{6}{5} \longrightarrow 7\,500$ <br><br> $6\,250 : \dfrac{6}{5} \longleftarrow 7\,500$ <br><br> Antwort: $\dfrac{5}{6}$ der Bürger geben einen gültigen Stimmzettel ab. |
| **3.1** <br> Kenntnis gebräuchlicher Größen | Größenbereiche: <br> – Geldwerte, Längen, Massen, Zeitspannen, Winkel <br> – Flächeninhalte, Volumen | Beispiele: <br> 1. Tabelle <br><br> $\cdot \dfrac{44}{100}$ <br><br> 1 DM $\longrightarrow$ 0,44 <br> 1 DM = 0,44 <br> 10 DM = 4,40   (Welt der Zahl) <br><br> 2. Doppelskala <br> 1 Seemeile = 1852 m <br><br> (Doppelskala Seemeile / km) |
| **4.5** <br> Fähigkeit, Sachaufgaben mit proportionaler / umgekehrt proportionaler Zuordnung zu lösen | Sachaufgaben aus Umweltsituationen | Funktionale Bezüge wurden bereits im 6. Schülerjahrgang angebahnt und werden weiter thematisiert. Wertetabelle, Doppelleiter und Koordinatensystem sind Hilfen, mathematische Eigenschaften herauszuarbeiten. |

| Lernziele | Lerninhalte | Unterrichtsverfahren | |
|---|---|---|---|
| | | | Rechnerische Darstellungen |

Unterrichtsverfahren:

Summeneigenschaft (analog Differenzeigenschaft)

| kg | DM |
|---|---|
| 1 | 2,50 |
| 4 | 10,00 |
| 5 | 12,50 |

Vielfacheigenschaft (analog Teilungseigenschaft)

| kg | DM |
|---|---|
| 1 | 2,50 |
| 4 | 10,00 |
| 10 | 25,00 |
| 20 | 50,00 |

Das "je mehr, desto mehr" kann immer mehr abstrahiert werden:

"Ein Wasserhahn füllt einen Behälter mit 30 l Fassungsvermögen in 6 Sekunden. Wieviel Liter Wasser spendet er in 1 Sekunde?"

1. Zeichnerische Darstellung

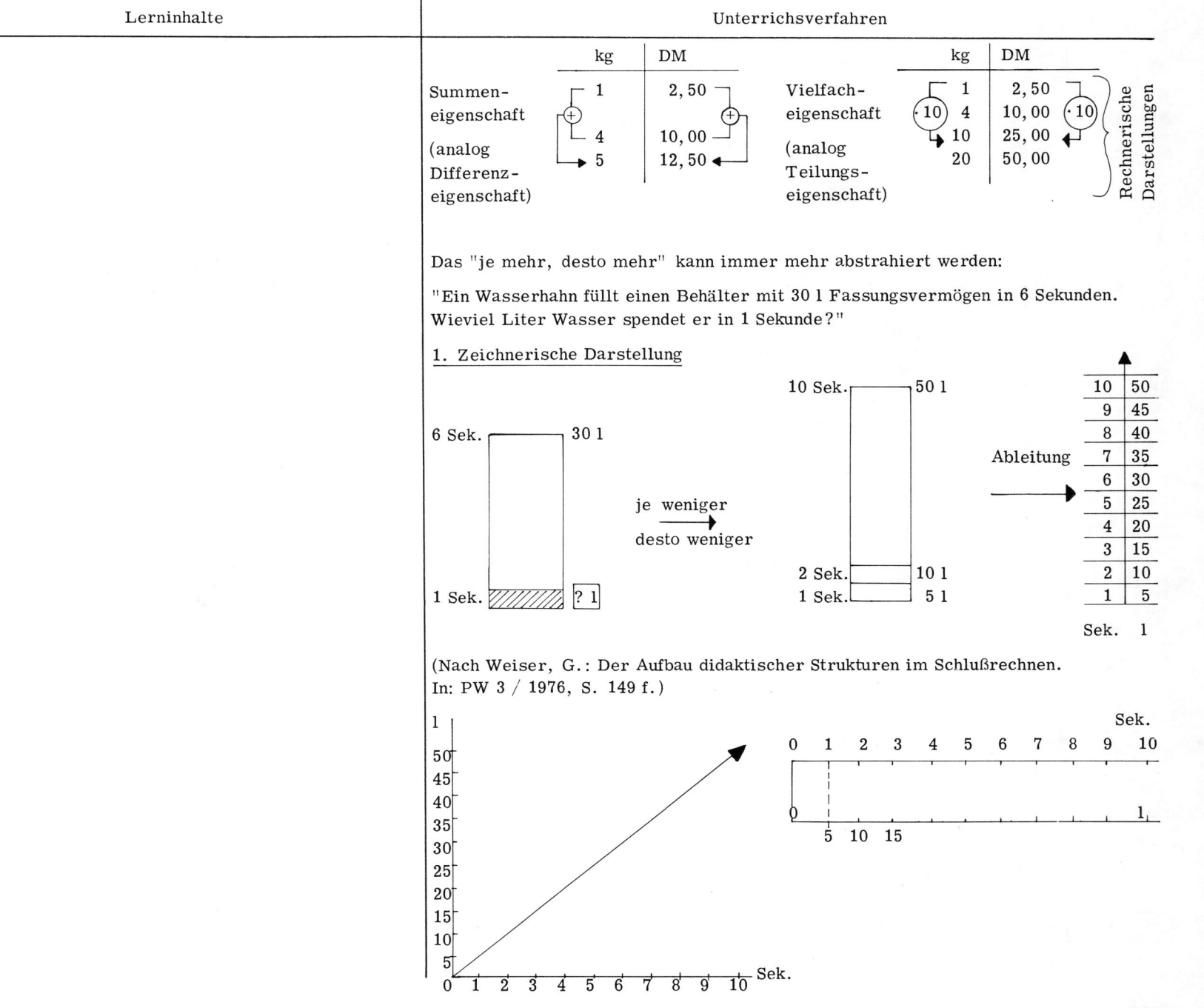

6 Sek. — 30 l
1 Sek. — ? l

je weniger desto weniger

Ableitung:

10 Sek. — 50 l
2 Sek. — 10 l
1 Sek. — 5 l

| | |
|---|---|
| 10 | 50 |
| 9 | 45 |
| 8 | 40 |
| 7 | 35 |
| 6 | 30 |
| 5 | 25 |
| 4 | 20 |
| 3 | 15 |
| 2 | 10 |
| 1 | 5 |
| Sek. | l |

(Nach Weiser, G.: Der Aufbau didaktischer Strukturen im Schlußrechnen. In: PW 3 / 1976, S. 149 f.)

241

| Lernziele | Lerninhalte | Unterrichtsverfahren |
|---|---|---|
| | | Aus Diagrammen Zuordnungsvorschriften aufschreiben lassen und Sachaufgaben formulieren lassen.<br><br>Ein Vorrat reicht für 5 Personen 12 Tage. Wie lange reicht der Vorrat für 6 Personen?<br><br>Zuordnung: Zahl der Verbraucher ⟶ Vorratszeit<br><br>Wertepaare: 5 Personen — 12 Tage<br>6 Personen — ☐ Tage<br><br>Lösung im Dreisatz:<br>für 5 Personen ——— 12 Tage<br>für 6 Personen ——— ☐ Tage<br>für 5 Personen $\frac{12 \cdot 5}{6}$ Tage = 10 Tage<br>für 1 Person<br>für 6 Personen<br>Für 6 Personen reicht der Vorrat 10 Tage<br><br>Lösung mit Operator:<br>Zahl der Verbraucher   5 Pers. $\xrightarrow{:5 \cdot 6}$ 6 Pers.<br>Vorratszeit:   12 Tage $\xrightarrow{\cdot 5 : 6}$ ☐ Tage<br>Lösung: $\frac{12 \cdot 5}{6}$ Tage = 10 Tage<br><br>Lösung mit Produktgleichung:<br>Umfang des Vorrates:   5 · 12 Tagesrationen<br>Produktgleichung:   6 · ☐ = 5 · 12<br>Lösung:   ☐ = $\frac{5 \cdot 12}{6}$ = 10<br>Für 6 Personen reicht der Vorrat 10 Tage |

| Lernziele | Lerninhalte | Unterrichtsverfahren |
|---|---|---|
| 2.3 Fähigkeit im Ansetzen und Lösen einfacher Gleichungen in Sachbezügen | Lösungsverfahren: Inhaltliche Überlegungen | Zu Term, Aussage und Aussageform: siehe 5./6. Jahrgangsstufe! Beispielaufgaben vorteilhafter Lösungsverfahren $x + 5 = 12 \qquad x \cdot 3 = 15 \qquad \frac{x}{5} = 7$ $x + 5 = 7 + 5 \qquad x \cdot 3 = 5 \cdot 3 \qquad \frac{x}{5} = \frac{7 \cdot 5}{5}$ $x = 7; \qquad x = 5 \qquad x = 35;$ "Ein Geselle spart monatlich den zwölften Teil des Lohnes, das sind 148 DM. Monatslohn?" (Welt der Zahl) $\frac{x}{12} = 148$ $\frac{x}{12} = \frac{148 \cdot 12}{12}$ $x = 148 \cdot 12 = 1776;$ |
| 8. Jahrgangsstufe 2.2 Fähigkeit, Sachaufgaben mit proportionalen Zuordnungen grafisch zu lösen (auch 2.3) | Graph im Gitternetz Graphische Lösung als Näherungslösung von Sachaufgaben | wie im 7. Schülerjahrgang. |
| 3.1 Fertigkeit im Lösen von Sachaufgaben zur Prozentrechnung | | |
| II. Lösen von Gleichungen | | |
| 2.2 Fähigkeit, Sachaufgaben mit Hilfe von Gleichungen zu lösen | Ansetzen von Gleichungen auch unter Verwendung von Klammern Anwenden der Umformungsregeln | Äquivalenzumformungen Beispiele: 1. $8x + 4 = 68$ $8x + 4 - 4 = 68 - 4$ $8x = 64$ $\frac{8x}{8} = \frac{64}{8}$ $x = 64;$ |

244

| Lernziele | Lerninhalte | Unterrichtsverfahren |
|---|---|---|
| | | 2. $3x - 5 = 2x + 7$     3. $\frac{x}{3} - 6 = \frac{x}{4}$; <br>     $3x - 2x - 5 = 2x - 2x + 7$ <br>     $x - 5 = 7$ <br>     $x = 12$; <br><br> 3 Möglichkeiten der Lösung: <br><br> a)           b)           c) <br> $\frac{x}{3} - 6 = \frac{x}{4} \;/\; \cdot 4$    $\frac{x}{3} - \frac{x}{4} = 6$    $\frac{x}{3} - 6 = \frac{x}{4} \;/\; \cdot 12$ <br> $\frac{4x}{3} - 24 = x \;/\; \cdot 3$    $\frac{4x}{12} - \frac{3x}{12} = 6$    $4x - 72 = 3x$ <br> $4x - 72 = 3x$        $\frac{x}{12} = 6$          $\underline{x = 72};$ <br> $\underline{x = 72};$           $\underline{x = 72};$ <br><br> <u>Lehrplanhinweise in der Spalte "Unterrichtsverfahren" beachten:</u> <br> – Veranschaulichungsmöglichkeiten von Gleichungen (Diagramme, Situationsskizzen) <br> – Überprüfen der Lösungen (anhand des Textes, durch Einsetzen in die Ausgangsgleichung) <br><br> Parallelität von Aussagen aus dem Text und zugeordneten Termen immer wieder herausstellen! |
| III. 3.3 <br> Fähigkeit (Fertigkeit) im Lösen von sachbezogenen geometrischen Aufgaben | Sachaufgaben im Zusammenhang mit Rauminhalt und Oberfläche von Prisma und Zylinder | Übungen im Vorstellen, Schätzen und Messen von geometrischen Größen <br><br> Anfertigen von Skizzen <br><br> Auch selbständiges Erstellen von Sachaufgaben |
| 9. Schülerjahrgang <br><br> II. <br> Lösen von Gleichungen <br><br> 01 <br> Fertigkeit im Lösen von Gleichungen durch wertgleiche (äquivalente) Umformungen | Gleichungen mit gemischten Operationen, Klammern und Bruchtermen | – Beachtung der Umformungsregeln <br> – Erläuterung der Wertgleichheit von Termen <br> – Herausarbeitung des sinnvollen Gebrauchs von Klammern aus Sachzusammenhängen <br> – Technik des Einklammerns |

| Lernziele | Lerninhalte | Unterrichtsverfahren |
|---|---|---|
| | | Überprüfen der Lösungen durch Einsetzen |
| | | Hinführung zum verkürzten Lösungsverfahren durch Gegenüberstellung von Äquivalenzumformung und Umkehroperation |
| | | Beispiele: |
| | | 1. $12 \cdot (2x + 1) = 15(x + 3) + 30$     2. $3 \cdot (2 - \frac{1}{2x}) = 5 \cdot (\frac{1}{2x} - 2)$ |
| | | $24x + 12 = 15x + 45 + 30$                $6 - \frac{3}{2x} = \frac{5}{2x} - 10$ |
| | | $24x - 15x + 12 = 15x - 15x + 75$         $6 - \frac{3}{2x} + \frac{3}{2x} = \frac{5}{2x} + \frac{3}{2x} - 10$ |
| | | $9x + 12 = 75 - 12$                    $6 + 10 = 4x - 10 + 10$ |
| | | $9x = 63$                                $16 = 4x$ |
| | | $\underline{x = 7};$                               $\underline{x = 4};$ |
| | | Probe: |
| | | $12 \cdot (14 + 1) = 15(7 + 3) + 30$       $3(2 - \frac{1}{2} \cdot 4) = 5 \cdot (\frac{1}{2} \cdot 4 - 2)$ |
| | | $180 = 180$                                  $0 = 0$ |
| | | Gleichungen aus Sachaufgaben gewinnen und umgekehrt zu Gleichungen Sachaufgaben bilden lassen! |

## 3. Literatur

1. Kriegelstein, A. (Hrsg.): Der Mathematikunterricht in der 5./6. Jahrgangsstufe der Hauptschule. Handreichungen zum bayerischen Lehrplan. Ehrenwirth 1976
2. Schlaak, Gustav: Fehler im Rechenunterricht. Schroedel 1969
3. Oehl, W.: Der Rechenunterricht in der Grundschule. Schroedel 1962
4. Oerter, R.: Psychologie des Denkens. Auer 1972
5. Weiser, G.: Der Mathematikunterricht in der Hauptschule. Auer 1975
6. Ellrott, D. / Schindler, M.: Reform des Mathematikunterrichts s. Klinkhardt 1975
7. Griesel, H.: Die Neue Mathematik. Schroedel 1973
8. Weiser, G.: Sachrechnen in der Orientierungsstufe in Beispielen. Auer 1975
9. Kriegelstein, A.: (Hrsg.): Der Mathematikunterricht in der Grundschule. Ehrenwirth 1975
10. Breidenbach, W.: Methodik des Mathematikunterrichts. Schroedel 1971
11. Maier, H.: Didaktik der Mathematik 1 - 9. Donauwörth 1970

Pädagogische Zeitschriften

I. Blätter für Lehrerfortbildung
   1. November 1972
   2. August/September 1975
   3. Oktober 1975
   4. Juli 1976

II. Pädagogische Welt
   1. Mai 1974
   2. Oktober 1975
   3. November 1975
   4. Januar 1976
   5. Februar 1976
   6. März 1976

# Werner Altmann

# Geometrie in der Grundschule

| 1.   | Didaktische Grundlegung | 248 |
|---|---|---|
| 1.1  | Warum Geometrie in der Grundschule? | 248 |
| 1.2  | Schwerpunkte des Geometrieunterrichts der Grundschule | 248 |
| 1.3  | Welche Methode entspricht den Forderungen effektiver Unterrichtsgestaltung im Fachbereich "Geometrie der Grundschule"? | 249 |
| 2.   | Lehrgang "Geometrie in der GS" | 250 |
|      | – 2. Jahrgang | 250 |
|      | – 3. Jahrgang | 251 |
|      | – 4. Jahrgang | 252 |
| 3.   | Unterrichtspraktisches Beispiel | 255 |
| 3.1  | Thema: Wir suchen ein Maß, um Flächen messen zu können | 255 |
| 3.2  | Thema: Wir fertigen die zweite Hälfte eines vorgegebenen Gegenstandes | 259 |

# 1. Didaktische Grundlegung

## 1.1 Warum Geometrie in der Grundschule?

In der sehr umfangreichen Literatur zur "Neuen Mathematik" finden sich kaum Beiträge zum Fachbereich Geometrie. Dies ist sicherlich aus der Tradition des Rechenunterrichts der Grundschule her zu verstehen; denn bislang galt es im Rechenunterricht der ersten vier Jahrgänge, den Zahlenraum zu erarbeiten, und die vier Grundrechenoperationen zu festigen und sie auf das Lösen von Sachaufgaben zu übertragen. Aus der Erweiterung des Lehrstoffes einerseits und aus der neuen Sicht der Grundschule als Basis für alle weiterführenden Schulen ist es verständlich, daß nun auch Lehrgegenstände aus der Geometrie in den Stoffkanon eines amtlichen Lehrplans aufgenommen werden. Wenn man die These der neueren Entwicklungspsychologie aufgreift und anerkennt, daß die Entwicklung intellektueller Fähigkeiten von einem frühen Lernangebot abhängt, so erhält die Hereinnahme geometrischer Lerninhalte eine weitere Rechtfertigung.

Vergleicht man mit früheren Lehrplänen, so beschränkt sich heute der Mathematikunterricht der Grundschule nicht mehr auf die Einführung von Längen- und Flächenmaßen und auf Erfassen und Darstellen von Raumformen, wie das noch die Richtlinien 66 tun. Schon im Lehrplan 71 wurden neue Lerninhalte aufgenommen, nämlich Körper und Körperformen und vor allem Lehrstoffe aus dem Bereich der Topologie.

Das bislang ausgewogenste Angebot im Fachbereich Geometrie der Grundschule bietet der Mathematiklehrplan 74. Hier wird die Notwendigkeit neuer Ordnungskriterien den Schülern klargemacht. Daraus werden dann geometrische Ordnungsbegriffe angebahnt. Außerdem werden geometrische Grundbegriffe (wie Fläche, Kante, Ecke, parallel, symmetrisch usw.), grundlegende Arbeitstechniken (wie Messen, Falten, Drehen, Spiegeln, Verschieben, Darstellen im Gitternetz) sowie neuzeitliche Lerninhalte der Schulgeometrie angeboten. (Man vergleiche die Lernziele im amtlichen Lehrplan!)

## 1.2 Schwerpunkte des Geometrieunterrichts der Grundschule

"Der Geometrieunterricht der Grundschule hat propädeutischen Charakter und verbleibt im Bereich des vorwissenschaftlich Realen" (H. Gröschel u.a., Grundschule heute, Ehrenwirth S. 107).

Schwerpunkte sind:

### 1.2.1 Aufbau des Raumverständnisses (Einsicht in die Notwendigkeit neuer Ordnungskriterien, um Raumformen erfassen zu können.)

### 1.2.2 Grundlegung geometrischer Begriffe:
(Begriffe wie symmetrisch, parallel, gerade, offen, geschlossen werden im Sinne operativer Methode gewonnen.)

### 1.2.3 Herstellen geometrischer Beziehungen (Symmetrieeigenschaften, Topologische Beziehungen.)

### 1.2.4 Durchführen geometrischer Operationen (Falten, Schneiden, Messen, Verschieben, Drehen, Spiegeln.)

Um aber den Geometrieunterricht hinsichtlich seiner Zielsetzung - auch im Hinblick auf weiterführende Schulen - richtig zu charakterisieren, muß auch der Wandel erwähnt werden, der sich gegenwärtig in der Schulgeometrie vollzieht - ja teilweise schon vollzogen hat. Die sogenannte Euklidische Geometrie wird abgelöst von der Abbildungsgeometrie.

### 1.2.5 Euklidische Geometrie - Abbildungsgeometrie

Im Mittelpunkt der Euklidschen Geometrie steht die Betrachtung der Einzelgestalt. Geht es in der Geometrieunterricht beispielsweise um die Frage der Kongruenz bzw. Ähnlichkeit von Figuren, so zerlegt die Euklidsche Geometrie die zwei fraglichen Figuren in Dreiecke. Dann werden die entsprechenden Teildreiecke mit Hilfe von Übereinstimmung in Seiten bzw. Winkeln auf ihre Kongruenz bzw. Ähnlichkeit hinterfragt.

"Mit der Abbildungsgeometrie wurde die Bewegung, die Veränderung der geometrischen Objekte in den Unterricht aufgenommen.... Die geometrischen Figuren und Formen werden nunmehr in den sie umgebenden Raum einbezogen. Sie werden selbst möglichen Verformungen aufgrund einer Vorschrift unterworfen. Es interessiert hierbei, inwieweit nach Vollzug der Operation die Bildfigur noch gewisse Gemeinsamkeiten mit der Ausgangsfigur aufweist." (Gröschel, 2, S. 106) So untersucht die Abbildungsgeometrie die Kongruenz (bzw. Ähnlichkeit) zweier Figuren auf andere Weise: Hier soll durch Spiegelung, Verschiebung, Drehung (bzw. zentrischer Streckung) die eine Figur in die andere übergeführt werden.

Dieser knapp gefaßte Exkurs kann die Unterscheidung zwischen Euklidscher und Abbildungsgeometrie nur in verkürzter Form darstellen, weil er nur einen Aspekt berücksichtigt. Er wurde aber ausgewählt, um zu zeigen, weshalb es in der GS bedeutsam ist, geometrische Operationen (wie Spiegeln, Drehen, Verschieben) einzuführen. Man vergleiche dazu Palzkill/Schwirtz (1) und Gröschel u.a. (2)!

## 1.3 Welche Methode entspricht den Forderungen effektiver Unterrichtsgestaltung im Fachbereich Geometrie der Grundschule?

Der Begriff der Operationen wie er von Piaget und Aebli geprägt wurde, ist heute sowohl im Mathematikunterricht als auch in der Lernpsychologie dominierend. (Man vergleiche Kapitel I !) Deshalb ist auch im Geometrieunterricht der Grundschule die operative Methode die fachgemäße Arbeitsweise.

Im Vollzug des Geometrieunterrichts stellen sich Operationen dar:

1.3.1 Als konkrete Tätigkeiten, die das Kind ausführt (Falten, Ordnen, Schneiden, Messen, Zeichnen, Drehen, Spiegeln, Verschieben.)

1.3.2 Als Handlungsketten, bei denen das Kind die Handlung nicht nach Anweisung des Lehrers Schritt für Schritt nachvollzieht, sondern Spielraum hat für experimentelles und planendes Tun, kurz für entdeckendes Lernen.
Dies wird ja auch in den Vorbemerkungen des amtlichen Lehrplans betont, indem dem entdeckenden, kooperativen Lernen besondere Bedeutung zuerkannt wird. Daraus geht schon die Forderung hervor, daß das Unterrichtsverfahren eindeutig schülerzentriert sein muß; der Selbsttätigkeit, dem hantierenden Umgang muß breiter Raum gewährt werden. Beim Erarbeiten geometrischer Begriffe bzw. beim Definieren geometrischer Operationen muß der propädeutische Charakter des Geometrieunterrichts der Grundschule gewahrt bleiben. (So dürfen z.B. die geometrischen Systembegriffe wie Dreieck, Kugel, Würfel usw. nicht zu früh eingeführt sondern durch die Ordnungsbegriffe "würfelförmig, dreieckig, kugelförmig usw. ersetzt werden. Aber auch diese Erarbeitung darf nicht den Charakter einer "Kreidegeometrie" haben, sondern muß von real vorgegebenen Gegenständen ausgehen).
Alle Grundbegriffe werden stets aus dem operativ gewonnenen Unterrichtsergebnis abgeleitet. So wird die Parallelität z.B. definiert als "zwei Linien, die sich auch dann nicht schneiden, wenn man sie über ihre beiden Enden hinaus verlängert."

Beim Spiegeln, Drehen, Verschieben erleichtern konkret gegebene Hilfen (wie Gitternetz, Spiegel usw.) das Ausführen geometrischer Operationen.

1.3.3 Als Denkvollzüge, wenn das Kind fähig ist, Vorstellungen zu entwickeln, verschiedene Bezugsrichtungen zu durchdenken, Ergebnisse vorwegnehmend zu finden, Lösungsstrategien vorzuschlagen und durchzuführen und Ergebnisse zu überprüfen.

In der Grundschule haben wir es vorwiegend mit den ersten beiden Formen zu tun. Wie sich das operative Vorgehen bei den einzelnen Lernzielen des Geometrieunterrichts der Grundschule darstellt, das soll in dem nachfolgenden Lehrgang aufgezeigt werden.

## 2. Lehrgang "Geometrie in der GS"

### 2. Jahrgang

| Lernziele | Lerninhalte | Erläuterungen für den Unterrichtsvollzug |
|---|---|---|
| 1.1 Fähigkeit, Längen mit selbstgewählten Maßeinheiten zu messen. (5.1) | Beim Boccia-Spiel oder 3 Buben trainieren Speerwurf | Die Notwendigkeit des Messens wird erkannt. Ein Maß muß gefunden werden. Die selbstgewählten Maße haben den Nachteil, daß nur die Eingeweihten wissen, welche Ausmaße sie haben d.f. Wir müssen ein Maß festlegen, das jeder kennt und mit dem jeder umgehen kann. Wir vereinbaren den Meter als Einheitsmaß. |
| 1.2 Fähigkeit, Längen mit den Maßeinheiten m, dm und cm zu messen (5.2). | Ausmessen von Klaßzimmer und Hausgang | Unsere Meßstrecken sind nicht genau mit dem Meterstab meßbar; wir müssen Unterteilungen festlegen.<br>Man übe von Anfang an die richtige Technik des Messens ein! (Genaues Anlegen, richtiges Ablesen).<br>Festgelegte Strecken werden gemessen, die Ergebnisse verglichen, Fehlerquellen diskutiert. |
| 2.1 Fähigkeit, geometrische Eigenschaften von Körpern zu erkennen, zu beschreiben und Körper danach zu klassifizieren | Die Schüler sollen die Bausteine eines Spielzeugkastens einordnen | -- Im Sinne entdeckenden Lernens ordnen die Schüler die Bausteine und erkennen, daß die Ordnungsprinzipien "Rand, Größe, Farbe" des strukturierten Materials als Kriterien entfallen. Es bleiben geometrische Begriffe wie "eckig, würfelförmig, rechteckig usw."|
| | Genauere Betrachtung des Würfels um geometrische Grundbegriffe wie Fläche, Ecke, Kante zu erarbeiten | -- Die geometrischen Ordnungsbegriffe "Würfel, Kegel, Zylinder, usw." werden an dieser Stelle nicht eingeführt.<br>-- Die gewonnenen Ordnungsbegriffe werden in der Natur aufgesucht.<br>-- Anhand von kindernahen Ausgangssituationen (Warum kann man mit dem Würfel nur höchstens 6 würfeln, warum rollt der Spielzeugwürfel besser als der des Lehrers (= geometrischer Würfel)? Was haben Kantenmodell und anderes Würfelmodell gemeinsam, worin unterscheiden sie sich?) werden die Begriffe operativ gewonnen.<br>-- Die Begriffe werden im hantierenden Umgang mit den entsprechenden Objekten als Antwort auf die Ausgangsfrage gewonnen.<br>-- Zur Sicherung des Begriffsinhalts werden an anderen Körpern Flächen, Ecken und Kanten aufgesucht und abgezählt.<br>-- Die in manchen Gegenden häufig anzutreffende Verwechslung zwischen Kanten und Ecken muß aufgegriffen und durch Einsicht in den Begriffsinhalt abgebaut werden.<br>-- Als Lernzielkontrolle eignen sich Aufgaben, bei denen der Körper - wenigstens als Demonstrationsobjekt - vorgegeben, so daß damit die Möglichkeit des Abzählens gegeben ist. (Es ist nicht beabsichtigt, die Anzahl der Flächen, Ecken, Kanten aus dem Gedächtnis abzurufen!) |

| | |
|---|---|
| 2.2 Fähigkeit, ebene und gekrümmte Flächen voneinander zu unterscheiden, ebene Figuren zu benennen, zu beschreiben und zu klassifizieren. (8.2) | -- An real vorgegebenen Körpern lernen die Kinder ebene bzw. gekrümmte Begrenzungsflächen kennen. Die vorgestellten Flächen werden klassifiziert, dabei ist eine exakte Beschreibung der geometrischen Form notwendig.<br>-- Bei diesem Lerninhalt bietet sich eine besondere Gelegenheit zu entdeckendem Lernen bzw. zu kooperativem Arbeiten an.<br>-- Auch hier werden noch keine Systembegriffe erarbeitet, sondern Begriffe wie "dreieckig, kreisförmig, rechteckig, gekrümmt, eben". |
| 2.3 Fähigkeit, offene, geschlossene, sich kreuzende und sich nicht kreuzende Linien auf einer ebenen Fläche zu unterscheiden und zu zeichnen.<br><br>Die Schüler lernen an Turnspielen die topologischen Begriffe "offen, geschlossen, gerade, nicht gerade, krumm, gebogen" kennen.<br><br>An einfachen Aufgaben wie Ketten, Straßen, Linien usw. werden topologische Probleme gelöst.<br><br>An einem Linienbündel werden sich kreuzende, sich nicht kreuzende bzw. gerade und nicht gerade Linien herausgesucht (z.B. Sellier, Stufen der Mathematik, 4. Jhg. S. 98) | Vor der Arbeit mit Problemen aus der Topologie sollen die Schüler die Bedeutung der genannten Begriffe aus der Umgangssituation her kennenlernen.<br><br>Die Aufgaben dürfen nicht so weit ausgedehnt werden, wie dies in manchen Büchern betrieben wird. Aufgaben wie Brückenprobleme, Farbenprobleme, Nachbargebiete usw. spielen eine untergeordnete Rolle, sie sollten nur im Sinne einer Höhenkonzentration behandelt werden.<br>-- Hilfsmittel dazu ist das Geodreieck bzw. das Verlängern der Linien, bzw. das Lineal.<br>-- Auch hier sollte die Gelegenheit zu entdeckendem Lernen genutzt werden. |

3. Jahrgang

| | |
|---|---|
| 3.1 Fähigkeit, ein Würfelmodell herzustellen.<br><br>Ein Würfelmodell wird in seine Abwicklung zerlegt<br><br>Ein Würfelmodell soll in Gruppenarbeit hergestellt werden.<br><br>Aus vorgegebenen Abwicklungen werden die möglichen Lösungen zur Herstellung eines Würfels ausgesucht und die Auswahl begründet. | -- Bevor die Schüler den Würfel aus einer Abwicklung herstellen, sollen sie zuerst einen Würfel zerlegen. Dieses Modell sollte so beschaffen sein, daß daran die normale Abwicklung eines Würfels erkennbar wird.<br>-- Vor der Herstellung mit Hilfe des Netzes sollen auch andere Lösungen diskutiert werden.<br>-- Anhand dieser Aufgabenstellung läßt sich die Raumvorstellung schulen. Deshalb sollte sie innerhalb dieses Lernzieles durchgeführt werden. |
| 3.2 Fähigkeit, eine ebene Fläche mit gleich großen Quadraten oder Rechtecken zu belegen (parkettieren).<br><br>Aus einer Aufgabenstellung des Werkunterrichts wird die Notwendigkeit des Flächenmessens erkannt. (vgl. Lehrbeispiel) | -- Nähere Angaben entnehme man dem Lehrbeispiel im Anhang! |

3.3 Fähigkeit, sich mittels eines Gitternetzes in der Ebene zu orientieren.

-- Wir zeichnen Rechtecke, Quadrate, Dreiecke usw. unter Ausnützung der Lineatur (Karos) unseres Rechenheftes.

-- Ausgangslage könnte das bekannte Kinderspiel sein "Schiffchen versenken". (Ein Quadrat auf einem Karo-Papier gezeichnet, wird einem Schachbrett ähnlich, in der Vertikalen und Horizontalen mit Buchstaben bzw. Nummern gekennzeichnet. Jeder Spielpartner bestimmt in seinem Großquadrat 5 kleine Quadrate = Kästchen (= Schiffchen). Jedes dieser Schiffchen ist durch die Vertikale bzw. Horizontale genau zu lokalisieren. Die Spielpartner bestimmen nun im Wechsel ein Quadrat und versuchen, möglichst viele dieser "Schiffchen" zu treffen.

|   | a | b | c | d | e | f |
|---|---|---|---|---|---|---|
| 1 |   |   |   |   | ■ |   |
| 2 |   |   |   |   |   |   |
| 3 |   |   | ■ |   |   |   |
| 4 |   |   |   |   |   |   |
| 5 | ■ |   |   |   |   |   |
| 6 |   |   |   |   | ■ |   |

|   | a | b | c | d | e | f |
|---|---|---|---|---|---|---|
| 1 | ■ |   |   |   |   |   |
| 2 |   |   |   |   |   |   |
| 3 |   |   |   | ■ | ■ |   |
| 4 |   |   |   |   |   |   |
| 5 |   |   | ■ |   |   |   |
| 6 |   |   |   |   |   | ■ |

-- Daraus erkennen die Schüler, daß man in einem Karo-Gitter die Kreuzungspunkte der Vertikalen und Horizontalen bzw. die einzelnen Karos bezeichnen kann.

-- Aus dieser Erkenntnis lassen sich "Konstruktionsvorschriften" entwickeln: z.B.: 3 Kästchen nach rechts, 4 nach oben!

-- Diese Aufgabe wird als Anwendung des vorher behandelten Lerninhalts verstanden.

Als Aufgabenstellung eignet sich:

"suche die ...-Kirche (oder Hauptbahnhof); in deinem Stadtplan ist er zu finden unter: B 4".

-- Wir lesen im Stadtplan von ... Wer findet es am schnellsten?

-- Dieses Lernziel ist unbedingt durchzunehmen, da es fachspezifische Arbeitsweisen grundlegt, die im 4. Jhg. benötigt werden (beim Spiegeln, Verschieben).

## 4. Jahrgang

4.1 Fähigkeit, aus einer vorgegebenen Anzahl von gleichgroßen Würfeln einen Quader zusammenzusetzen (7.1).

-- Wir suchen Maße und Möglichkeiten, Rauminhalte zu messen.

-- Aus der Ausgangssituation (z.B. das Fassungsvermögen zweier Kühltruhen soll festgestellt werden) wird die Notwendigkeit eines neuen Maßes erkannt. (Auch hier sollen im Sinne entdeckenden Lernens (vgl. Vorbemerkung zum amtlichen Lehrplan) durch tätiges Umgehen mit dem Problem unkonventionelle Meßmöglichkeiten gefunden werden. Dazu gehört auch, daß man den Einheitswürfel (dm-Würfel) nicht zu früh vorgibt. Auch die Möglichkeit, den Rauminhalt mit Wasser zu messen, abzuwiegen usw. muß diskutiert werden.)

-- Dieses Lernziel verlangt nicht die Erarbeitung der verschiedenen Unterteilungen des Einheitsmaßes.

| | |
|---|---|
| 4.2 Fähigkeit, geometrische Eigenschaften von Figuren zu erkennen und zu beschreiben. | Ausgangslage ist die Abbildung eines Geradenwirrwarrs (etwa 6 - 8 Geraden). Hier soll die Lage der Geraden zueinander nach der Vorschrift "g schneidet bzw. schneidet nicht die Gerade g " geordnet werden. |
| | -- Als Hilfsmittel für die Verifizierung der Lage verwenden die Schüler das Verlängern über beide Enden hinaus. |
| | - Die Parallelität zweier Geraden zueinander wird dann definiert als zwei Geraden, die sich auch durch Verlängerung über sich hinaus nicht schneiden. |
| | - Ebenso verfahren wir mit dem Begriff "senkrecht". Hilfsmittel dazu ist das Zeichendreieck; bei der Überprüfung realer Gegenstände benützen wir auch Senkblei und Wasserwaage. Zeichnen von Rechteck, Quadrat, Parallelogramm. |
| Ein Geraden-Wirrwarr wird geordnet. (Einführung der Begriffe "parallel" und "senkrecht"). | Als Aufgaben eignen sich: Vorderansichten von Häusern (Fenstersimse sollen in einer Flucht verlaufen!) Daraus erkennen die Schüler, daß man mit Hilfe des Geo-Dreiecks die Parallelität bzw. aufeinander senkrechte Geraden besonders leicht zeichnen kann. (vgl. Sellier, 4. Jhg. Stufen der Mathematik, S. 99). |
| Wir zeichnen Körper und Figuren mit Hilfe von Geodreieck und Zirkel. | Aus dem Umgang mit dem Zirkel sollen die Schüler Einsatzmöglichkeiten und vor allem handwerkliches Umgehen erlernen. Auf genaues Arbeiten ist von Anfang an zu achten! |
| Wir zeichnen Muster mit Hilfe des Zirkels. | (Bei diesen Aufgaben werden noch einmal die Handhabung des Lineals und die Handhabung des Zirkels und die Einsatzmöglichkeiten des gleichschenkeligen und rechtwinkeligen Dreiecks behandelt.) |
| Wir ergänzen die zweite Hälfte eines Schmetterlings (= Einführung des Begriffes "symmetrisch"). | Als Ausgangslage eignen sich: a) Herstellen eines Spiegelbildes durch Umklappen (Arbeit mit Farbklecksen) b) Halbieren von geometrischen Figuren c) Ergänzen der Hälfte einer nicht-geometrischen Figur (z.B. Schmetterling) |
| | -- Besonders geeignet ist die Problemstellung (c), da hier aus der Aufgabe zwingend das Umklappen um die Spiegelachse hervorgeht. |
| | -- Hilfsmittel der Lösungsfindung sind das Falten (Umklappen, Ausschneiden, eventuell auch Spiegeln). |
| | -- Aus dem Falten erkennen die Schüler, daß die 2 Hälften einer Figur, die an der Spiegelachse gefaltet wurden, symmetrisch sind. Vorsicht vor abstrakten Formulierungen der Symmetrie; man vergleiche dazu in Kapitel I die Aussagen zum Verbalisieren! |
| | -- Im weiteren Verlauf suchen die Schüler durch Falten bzw. Spiegeln Symmetrieachsen in Körpern, ergänzen Körperhälften zu einem Ganzen und ordnen Körper nach der Relationsvorschrift "ist symmetrisch zu". |

Wir transformieren Figuren durch Spiegeln.

-- Ausgangsproblem ist ein Sachverhalt, der die Seitenverkehrtheit beim Spiegeln augenfällig macht. Z.B. Kind vor dem Spiegel erhält die Aufforderung, den rechten Arm zu heben. Die übrigen Schüler sehen nur das Spiegelbild des Mitschülers; dort erscheint der linke Arm.
Die Problemlösung wird auf einen einfachen Sachverhalt reduziert und daran erklärt:
(Kopf von oben gesehen, wo ist der Scheitel im Spiegelbild?)

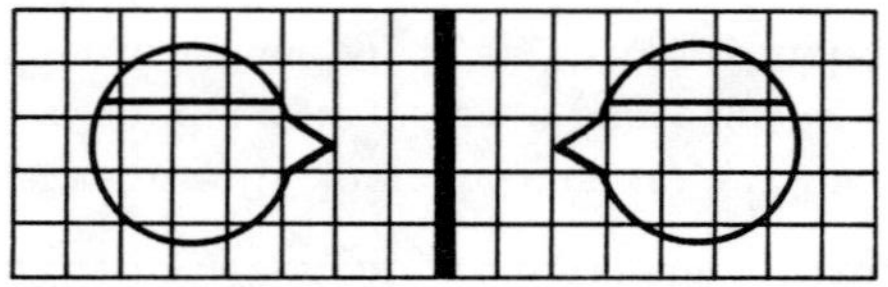

-- Aus der Arbeit erkennen die Schüler, daß beim Zeichnen des Spiegelbildes das Gitternetz wertvolle Hilfsdienste leistet.
-- Das Ansetzen des Spiegels an der Spiegelachse ist ein Hilfsmittel zur Selbstkontrolle.
-- Als Anwendungsaufgabe des Spiegelns bietet sich an: Spiegeln von Geraden und Flächen mit Hilfe des Gitternetzes.
-- Ausgangslage: Ein Bandornament mit einem Schiff als Muster soll hergestellt werden. Wie könnte man vorgehen, um gleichmäßige Bilder zu erzeugen?
Lösung: Schiff auf Pappdeckel zeichnen, ausschneiden, die Schablone an einer Kante (z.B. dem Lineal) entlang verschieben. Dadurch erhält man ein Bandornament. (Diese Lösung zum Ausgangsproblem enthält gleichzeitig das Prinzip des Verschiebens.)

Wir transformieren Figuren durch Verschieben.

Weiterführende Frage:
Wie könnte man den Seitenabstand der einzelnen Bilder festlegen?
Lösung:
Zwischen den Mastspitzen des Schiffes soll immer der Abstand von 5 Kästchen sein.
Wir prüfen nach, ob dadurch auch die Abstände anderer, vergleichbarer Punkte gleich geblieben sind (z.B. Abstand von Bugspitze zu Bugspitze).

-- Bei einer ähnlichen Aufgabenstellung werden die zwei Abbildungen eines Schiffes vorgegeben. Die Abbildung wird geringfügig verändert. Die Schüler sollen die Deckungsgleichheit bestimmen. Hilfsmittel sind: Ausschneiden und Drauflegen, Einzeichnen der Verschiebungspfeile.
-- Wir stellen fest, daß zwei Figuren dann deckungsgleich sind, wenn die Verschiebungspfeile entsprechender Punkte gleich lang sind.
Außerdem erkennen wir, daß die Verschiebungspfeile zueinander parallel sind.
-- Richtung und Länge des Verschiebungspfeiles werden Hilfsmittel zur "Konstruktion" von Abbildungen durch Verschiebung.

## 3. Unterrichtspraktisches Beispiel

Vorbemerkungen:

Die abgedruckten Stundenbeispiele geben die Grob-Struktur wieder. Methodische Details müssen der jeweiligen Lerngruppe angepaßt werden.

### 3.1 Thema: Wir suchen ein Maß, um Flächen messen zu können.

Lernvoraussetzungen:

1. Die Schüler kennen den Begriff Fläche und können verschiedene Flächenformen angeben.
2. Sie wissen, was messen heißt.
3. Sie können mit dem Meterstab umgehen.
4. Die Schüler sind an die "problemorientierte" Unterrichtsgestaltung gewöhnt. (Hinhören auf Gegenargumente, Hypothesen bilden, selbsttätiges Problemsuchen usw.)
5. Sie sind an Gruppenarbeit gewöhnt, die Rahmen- und Arbeitsdisziplin fällt dadurch nicht erheblich ab.
6. Die Schüler sind im sinnerfassenden Lesen so weit geschult, daß sie den Sinn einfacher Sätze erlesen können.
7. Fragen nach dem Auswahlantwortenprinzip zu beantworten ist bekannt.

Lernziele: (Hier werden nur die tragenden Lernziele angegeben!)

1. Die Schüler erkennen, daß man Flächen nicht mit dem Lineal messen kann.
2. Die Schüler erkennen, daß man Flächen mit Hilfe einer kleineren Fläche messen kann.
3. Sie beweisen diese Erkenntnis, indem sie selbst Maße festlegen.
4. Die Schüler können die Vor- und Nachteile der unkonventionellen Maße angeben.
5. Sie erkennen die Notwendigkeit eines zweckmäßigen, einheitlichen Maßes.
6. Sie erkennen, daß dieses Einheitsmaß einer Übereinkunft entsprungen ist.

Tafelbild:

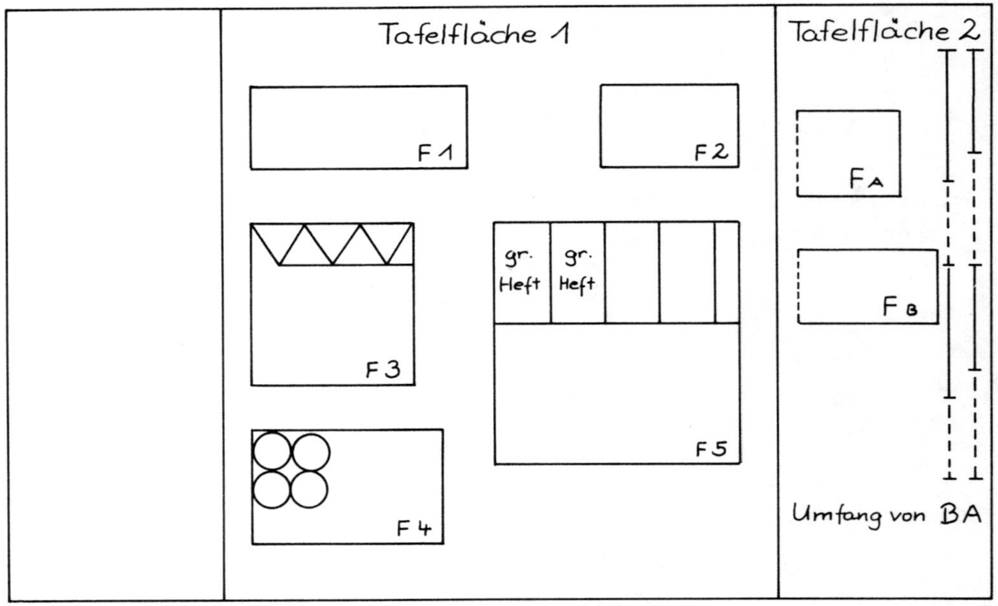

Tafelfläche 1: F1, F2, F3 (mit Zickzack-Muster), F4 (mit Kreisen), F5 (mit "gr. Heft | gr. Heft")

Tafelfläche 2: FA, FB, Umfang von BA

| Didaktischer Kommentar | Unterrichtsverlauf | Didaktischer Kommentar | Unterrichtsverlauf |
|---|---|---|---|
| **Problemstellung:** | L. Im Werken haben wir Blumentischchen gebastelt. Die Tischfläche haben wir mit Kunststoff überzogen. Ich habe eine ganze Platte gekauft, damit wir billiger wegkommen. Jetzt müssen wir ausrechnen, wieviel jeder bezahlen muß. | $\quad\quad\quad R_A \quad\quad R_B$<br>a) $\quad$ 5 cm $\quad$ 6 cm<br>b) $\quad$ 4 cm $\quad$ 3 cm<br>U) $\quad$ 18 cm $\quad$ 18 cm<br>$\quad\quad\quad F_A \neq F_B$<br><br>Die Schüler messen mit dem Lineal außen um die Fläche herum. Sie stellen fest, daß beide Flächen "gleich groß" sind. Nun legt der Lehrer die kleinere Fläche auf die größere - eventuell wird eine Fläche zerschnitten. Daraus ergibt sich, daß die beiden Flächen eben nicht gleich groß sind. Also ist das Lineal als Maß ungeeignet. | |
| **Problementfaltung:**<br>Gelenktes Unterrichtsgespräch, aus dem die Problemfrage klar herausgestellt wird. Die ganze Platte kostet n-Mark, was muß jeder einzelne bezahlen. Es soll nicht jeder gleich viel bezahlen, sondern entsprechend der Größe seines Blumentischchens. | | | |
| **Vermutensphase:**<br>Damit keine blinden Vorschläge kommen, werden Lernhilfen angeboten. | L. Wir können schon sagen, wer am meisten, wer am wenigsten bezahlen muß.<br>S. Schüler ordnen die größte und kleinste Fläche (sie sind mit bloßem Auge feststellbar!)<br>L. Einige Flächen können wir nicht in unsere Rangliste einordnen, durch bloßes Hinsehen läßt sich ihre Größe nicht feststellen. | Teilzusammenfassung:<br>An der Tafelfläche 2 ist das Ergebnis der soeben durchgeführten Arbeit zu sehen. Die Schüler sollen den Sachverhalt verbalisieren. | |
| Zielangabe (möglichst an der Tafel fixieren!) | S. Wir müssen die Flächen messen<br>L. Ihr habt bisher schon gemessen<br>Hilfe:<br>L. zeigt das Lineal!<br>S. Wir haben Strecken gemessen, ...<br>L. Erinnere dich, was messen heißt!<br>S. Messen heißt, schauen, wie oft mein Maß hineinpaßt. | 2. Teilziel: Wir messen mit selbstgewählten Maßen<br><br>Zusatzhilfen:<br>1. Unser Meßgerät müßte so beschaffen sein, daß wir die Fläche damit auslegen könnten.<br>2. Wie wäre es mit dem Heft?<br>3. Vorzeigen einiger "Meßinstrumente". | L. Mit dem Lineal geht es also nicht, könnt ihr mir andere Maße nennen? |
| 1. Teilziel: Mit dem Lineal kann man keine Flächen messen | | | |
| An der Tafel sind zwei Rechtecke aus Styropor angeheftet. Ihre Maße sind: | L. Probieren wir es halt einmal mit dem Lineal! | | S. Schlagen Meßgeräte vor.<br>L. Jetzt müssen wir aber auch überlegen, wie wir messen. Ich behaupte, daß beim Messen mit unserem Meßgerät Probleme entstehen. |
| | | **Erkenntnis:**<br>S. Mit dem Lineal kann man keine Flächen messen! | |

| Didaktischer Kommentar | Unterrichtsverlauf |
|---|---|
| Hilfen:<br>L. weist auf Flächen bzw. Meßgeräte hin. | S. -- Wir haben zu wenig Maße oder: unser Heft ist zu groß, es ragt über den Rand der Fläche hinaus. |
| Als zu messende Flächen wählen wir natürlich die, die wir vorher mit bloßem Auge nicht einordnen konnten. | L. Wir helfen uns:<br>-- Wir legen das Maß an, fahren außen mit dem Bleistift herum und legen es ein weiteres Mal an, bis wir fertig sind.<br>-- Ist das Maß größer als der Rest unserer Fläche, dann sagen wir "2 Hefte und noch etwas". |
| Arbeitsauftrag:<br>1. Wir messen durch Auflegen aus.<br>2. Umfahre mit Filzstift.<br>3. Ein S. der Gruppe kommt zu mir und gibt das Ergebnis an.<br>4. Euer Ergebnis schreibt ihr in das Arbeitsblatt 1 ein! | L. An der Seitentafel könnt ihr den genauen Arbeitsauftrag lesen! |
| Gruppenarbeit!<br>(Je zwei Gruppen bearbeiten dieselbe Fläche) | |
| Die Ergebnisse werden an der Tafel so angeordnet, daß sich der nächste Schritt ergibt.<br>Wertung der Ergebnisse | L. Schaut an die Tafel. Jetzt wollen wir eure Ergebnisse überprüfen.<br>L. Wer hat denn da falsch gemessen? Für die Fläche F$_5$ hat die Gruppe 3 8 große Hefte und die Gruppe 6 17 kleine Hefte ausgemessen.<br>S. Gruppe 3 hatte ein großes Heft als Meßgerät, Gruppe 6 ein kleines Heft. |
| Die Schüler geben auch die anderen Ergebnisse an. | |
| Die Schüler berichten über Probleme beim Messen. | S. ...<br>L. Welche Schwierigkeiten hattet ihr? |

| Didaktischer Kommentar | Unterrichtsverlauf |
|---|---|
| | L. Du kannst sicher sagen, welches Maß sich als günstiges erwiesen hat.<br>S. Das Quadrat war am günstigsten, weil man es an allen vier Seiten anlegen kann. Gegenüber dem Dreieck, dem Sechseck oder dem Kreis, bleibt kein Rest übrig. |
| Hilfen:<br>1. Denke an die Gruppe, die mit den Quadraten gemessen hat.<br>2. Gruppe 5 und Gruppe 4 haben mit Heften bzw. Federmäppchen gemessen. | Erkenntnis:<br>Das Quadrat ist das zweckmäßigste Meßinstrument, weil man es an allen vier Seiten anlegen kann. |
| | L. Jetzt können wir auch die restlichen Flächen der Größe nach ordnen.<br>S. Wir messen die Flächen mit einem Quadrat. |
| An der Tafel wird die Reihung nach den gewonnenen Ergebnissen vorgenommen. | L. Wenn du an die Tafel blickst, kannst du den Weg noch einmal zurückverfolgen, der zur richtigen Lösung führte.<br>S. ... |
| Gesamtzusammenfassung: | |
| Mehrere Schüler interpretieren das Tafelbild. | |
| Lernzielkontrolle: | L. Wenn du gut mitgearbeitet hast, kannst du das Arbeitsblatt 2 lösen. Dort findest du 3 Behauptungen. Zu jeder Behauptung 3 Begründungen - aber nur eine ist richtig. |
| Die Schüler bearbeiten Arbeitsblatt Nr. 2, (Fragen mit multiple choice - Antworten). | |
| Zurück zur Ausgangssituation: | L. Du kannst natürlich jetzt noch nicht ausrechnen, wieviel Mark jeder genau bezahlen muß. Das werde ich für |

257

258

Didaktischer Kommentar | Unterrichtsverlauf
---|---
 | Trage das Meßergebnis von der Tafel in unsere Tabelle ein!
 | euch ausrechnen. Aber ihr könnt jedenfalls feststellen, ob die Reihenfolge der Geldbeträge auch mit der Reihenfolge der Flächengrößen übereinstimmt.

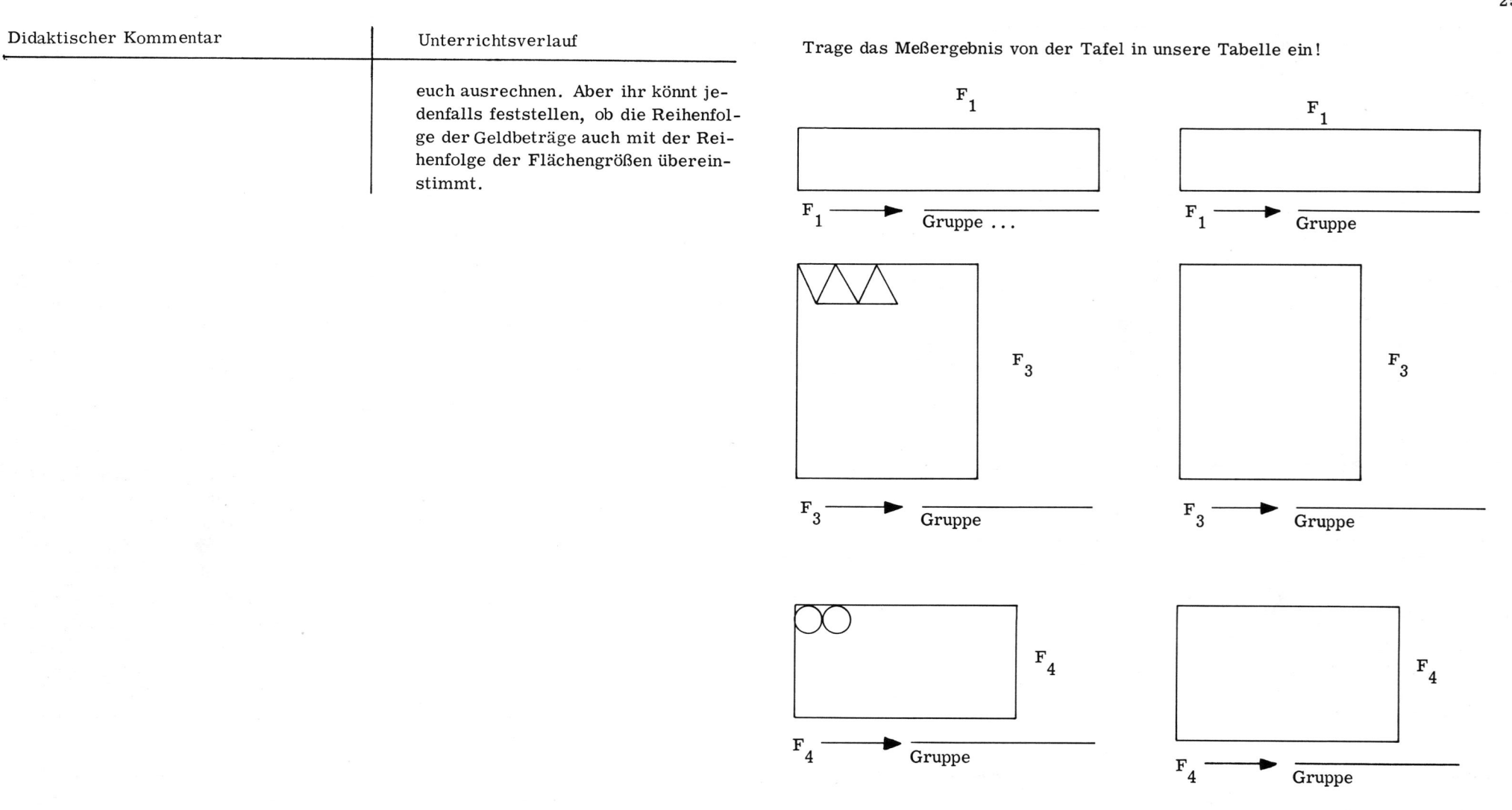

Arbeitsblatt 2   MATHEMATIK - GEOMETRIE

Wir messen Flächen

1. Mit dem Lineal können wir keine Flächen messen.
   a) weil wir den Meterstab nicht um die Fläche herumlegen können
   b) weil wir mit dem Meterstab nur außen, den Rand der Fläche abmessen können, nicht aber die Fläche selbst.
   c) weil es auch große Flächen gibt, aber keine so langen Meterstäbe.

2. Unsere selbstgewählten Maße haben gegenüber dem Meterstab Vorteile - sie haben aber auch einige Nachteile.

Der wichtigste Vorteil ist:
   a) Sie decken die Flächen ab - und wenn man alle Flächen mit demselben Maß (z.B. mit demselben Heft) messen würde, dann könnte man sagen, wie groß eine Fläche ist.
   b) Wir haben diese Maße in der Schultasche und da sie nicht sehr groß sind, können wir sie überallhin mitnehmen.
   c) Unsere Maße sind nicht sehr schwer, so daß auch kleine Kinder damit messen können.

Der entscheidende Nachteil ist:
   a) Die Hefte oder die sonstigen Maße verrutschen sehr leicht; deshalb können wir nicht genau messen.
   b) Die Maße sind so groß, daß man sie schlecht in die Hose stecken kann - so wie wir das mit dem Meterstab machen können.
   c) Wenn wir zwei gleichgroße Flächen einmal mit einem kleinen Heft und dann mit einem großen Heft messen, so erhalten wir zwei verschiedene Ergebnisse.

BEACHTE:
1. Lies jeweils alle drei Antworten durch! Also zuerst Antwort (a), Antwort (b) und Antwort (c)
2. Kreuze die Antwort an, die du für richtig hältst.

---

3.2  Thema: Wir fertigen die zweite Hälfte eines vorgegebenen Gegenstandes

Lernvoraussetzungen:
1. Den Schülern sind Arbeitsformen und Arbeitsmittel des "problemorientierten" Unterrichts bekannt.
2. Insbesondere können sie die Arbeitsformen und Arbeitsmittel eines operativen Geometrieunterrichts sachgerecht gebrauchen.
3. Die Schüler sind an genaues Arbeiten gewöhnt (z.B. beim Messen, Falten,)
4. Die Schüler sind soziale Arbeitsformen gewöhnt.

Lernziele:
(Hier werden nur die wesentlichen Lernziele aufgeführt, die das Stundenthema bzw. das Grobziel des Lehrplans tangieren).

1. Die Schüler kennen den Begriffsinhalt von "deckungsgleich", "symmetrisch" und "Symmetrieachse".
2. Sie bestätigen diese Kenntnis, indem sie einen Lückentext richtig ausfüllen.
3. Sie können die zweite Bildhälfte vorgegebener Bilder durch Ausnützen ihrer Symmetrieeigenschaften ergänzen (Umklappen um die Symmetrieachse).
4. Sie können in vorgegebene Bilder Symmetrieachsen einzeichnen.

Tafelbild

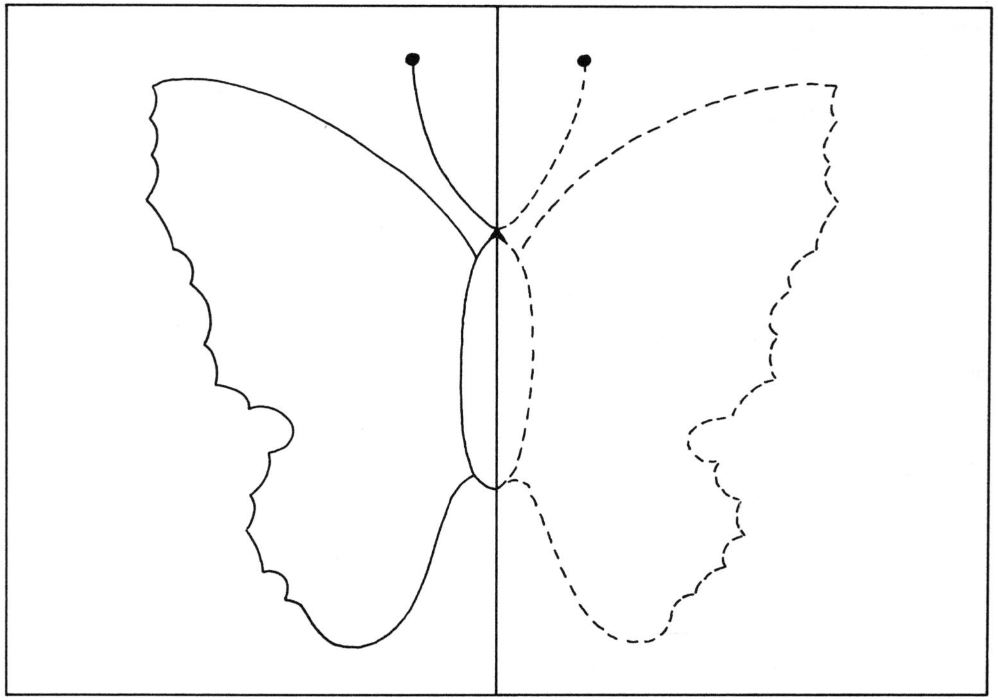

**Problemstellung:**

L. Ein Bastler möchte einen großen Schmetterling, den Admiral aus Styropor herstellen. Er weiß nicht wie er es anstellen soll, daß die Flügelränder des Admirals auf beiden Seiten "schön gleichmäßig" ausfallen.

**Problementfaltung:**

Hierbei soll den Schülern bewußt werden, daß es relativ leicht ist, die eine Hälfte nach Vorlage herzustellen. Schwierig wird es aber, wenn wir bei der zweiten Hälfte die einzelnen Einkerbungen des Flügels genau an der gleichen Stelle anbringen wollen.

L. zeigt übergroße Hälfte des Schmetterlings an der Tafel vor.

**Hypothesenbildung:**

Um die Schüler auf die richtige Lösung zu bringen, werden Zusatzhilfen gegeben.

SS. Millimeterpapier hernehmen, Hilfslinien einziehen.

L. Eine Schmetterlingshälfte abzubilden war nicht allzu schwer, ich habe sie euch mitgebracht.

**Zusatzhilfen:**
1. Der Schmetterling ist genau in der Mitte durchgeschnitten.
2. Ich habe die Schmetterlingshälfte so festgeklebt, daß die Schmetterlingshälfte um die Körperachse drehbar ist.
3. Erinnert euch an unsere letzte Zeichenstunde, als wir mit Farbklecksen gearbeitet haben.

**Erkenntnis:**

SS. Wir klappen die eine Hälfte des Schmetterlings um und erhalten die zweite Hälfte.

**Ausführung:**

2 Schüler führen die Aufgabe aus; Sie klappen die eine Schmetterlingshälfte um und fahren die Ränder nach. Dann klappen sie die Hälfte zurück, und die Klasse überprüft die Gleichmäßigkeit.

**Stufe des konkreten Tuns:**

L. Du sollst nun auch solche Figuren herstellen, bei denen es auf besondere Gleichmäßigkeit ankommt.
Auf deinem Arbeitsblatt 1 findest du vorgegebene Figurenhälften. Beachte meinen Arbeitsauftrag!

1. Schneide die Bilder an der grünen Umrandung aus.
2. Mit roter Farbe siehst du die eine Hälfte des Bildes eingezeichnet. Die gestrichelte Linie stellt die Achse dar, die den Körper halbiert.
3. Du sollst nun mit Hilfe deiner Schere auch die zweite Hälfte herstellen!

S. Ein schwacher Schüler wiederholt den Auftrag.

**Ausführung:**

Es ist darauf zu achten, daß alle Schüler den Arbeitsauftrag erfaßt haben.

L. Legt Papier und Schere zur Seite und schaut an die Tafel?
Peter, Hans und Karin berichten, wie sie die erste Aufgabe gelöst haben.

S. ...

L. Was meint ihr zu den Vorschlägen!

S. ...

L. Wir haben festgestellt, daß Peter die Aufgabe am geschicktesten gelöst hat. Wer kann es nun noch einmal sagen?

Der Lehrer geht durch die Reihen und unterbricht, wenn er falsche oder ungeschickt ausgeführte Lösungen entdeckt. Auf alle Fälle unterbricht er, wenn die ersten drei Schüler eine Aufgabe gelöst haben.

Bei den drei Schülern sollte auch einer sein, der noch nicht den richtigen Weg gefunden hat.

Schüler diskutieren die Lösungsmöglichkeiten. An dieser Stelle sollte nicht vergessen werden, gute Leistungen zu verstärken.

S. Ein schwacher Schüler wiederholt.

L. Nun lösen wir alle restlichen Aufgaben!

**Ausführung:**

L. ruft die Ergebnisse ab, einzelne Schüler zeigen ihr Ergebnis. Eventuell Fehlerbesprechung!

**Begriffsstufe:**

1. Der Begriff =deckungsgleich"

L. Nehmt das Arbeitsblatt Nr. 2 herauf. Dort seht ihr ein Rechteck, das in der Mitte durch einen roten Strich gekenn-

Der Begriff "deckungsgleich" soll erarbeitet werden.

zeichnet ist. Klebt den Kelch dort so an, daß die Mittelachse des Kelches und die des Rechtecks genau zusammenfallen. Achtung, wir kleben nur eine Hälfte an!

Ausführung:

L. Ich bezeichne die eine Hälfte des Kelches mit $F_1$, die andere mit $F_2$. Was kannst du nun sagen?

Zusatzhilfen:

1. Erinnere dich, was wir im 3. Jahrgang mit F bezeichnet haben?
2. Was kannst du über die Größe von $F_1$ und $F_2$ sagen?
3. Auch diese beiden Flächen sind gleich groß. Deshalb können wir über die Flächen $F_1$ und $F_2$ noch etwas weiteres sagen: Denke daran, was wir mit der Fläche $F_2$ tun können!

Ergebnis:

S. 1. Die beiden Hälften haben die gleiche Fläche.
2. Man kann eine Fläche mit der anderen abdecken.
3. Man sagt, beide Flächen sind deckungsgleich.

L. Die beiden Flächen sind aber nur dann deckungsgleich, wenn wir sie an einer ganz bestimmten Stelle umklappen.

Zusatzhilfen:

1. An dieser Stelle, an dieser Achse haben wir die beiden Hälften umgeklappt.

2. Diese Achse trennt 2 Flächen, die gleich groß und deckungsgleich sind.

S. Diese Achse bezeichnen wir als Faltachse.

eventuell Lehrer:
Die Faltachse nennen wir auch Symmetrieachse.

Die Symmetrieachse trennt zwei deckungsgleiche Flächen. Sind zwei Flächen nach dem Umklappen um die Symmetrieachse deckungsgleich, so sagt man auch: sie sind symmetrisch.

L. Auf dem Arbeitsblatt Nr. 2 findest du bei Aufgabe 2 einige Figuren. Stelle fest, ob sie Symmetrieachsen haben. Paßt auf, manche haben zwei oder mehrere Symmetrieachsen.

Wenn ihr euch bei einer Figur nicht sicher seid, überlegt, wie ihr eure Meinung überprüfen könnt. Auf der Seitentafel findet ihr 2 Blätter, die euch Hinweise geben!

Ergebniskontrolle:

L. Die Symmetrie ist in der Natur ein häufig vorkommendes Bauprinzip. Vom Schmetterling haben wir schon gehört. Fallen dir noch andere Beispiele ein?

S. ...

L. Du kannst sagen, wie unser Auge auf dieses Bild reagiert?

S. Das Auge sagt uns, es ist falsch, wir finden es nicht schön.

S. Symmetrische Figuren empfindet unser Auge als formschön, wohltuend etc.

---

2. Der Begriff Symmetrieachse wird erarbeitet.

Lernzielkontrolle:

(vgl. Arbeitsblatt Nr. 2!)
eventuell Fehlerbesprechung

Anwendungsstufe:

Diese Arbeit kann arbeitsteilig durchgeführt werden.

Hilfsmittel zur Verifizierung müssen herangezogen werden.

Diese nicht gleich geben, an der Seitentafel hat der L. Hilfen vorgegeben. Ist das in einer Klasse eingeübt, ist vorschnelles Hinauslaufen ausgeschlossen.

Vertiefung:

Bei diesem Lerninhalt bietet sich ein vertiefender Gedanke an.

Zusatzhilfen durch Bilder.

Ein Schmetterling (Zeichnung) wird gezeigt, der nicht symmetrisch ist.

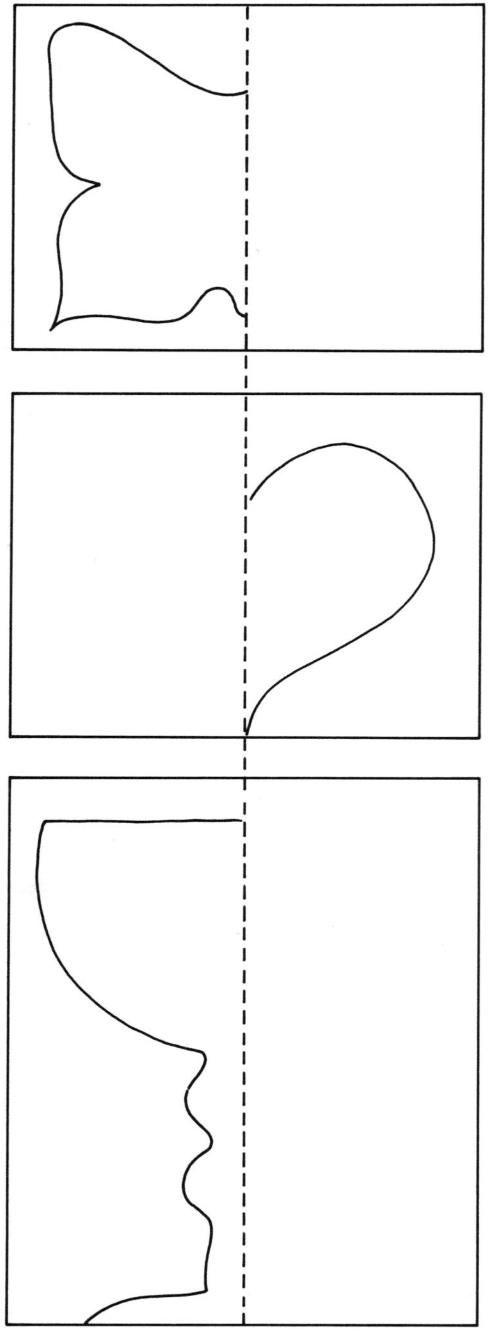

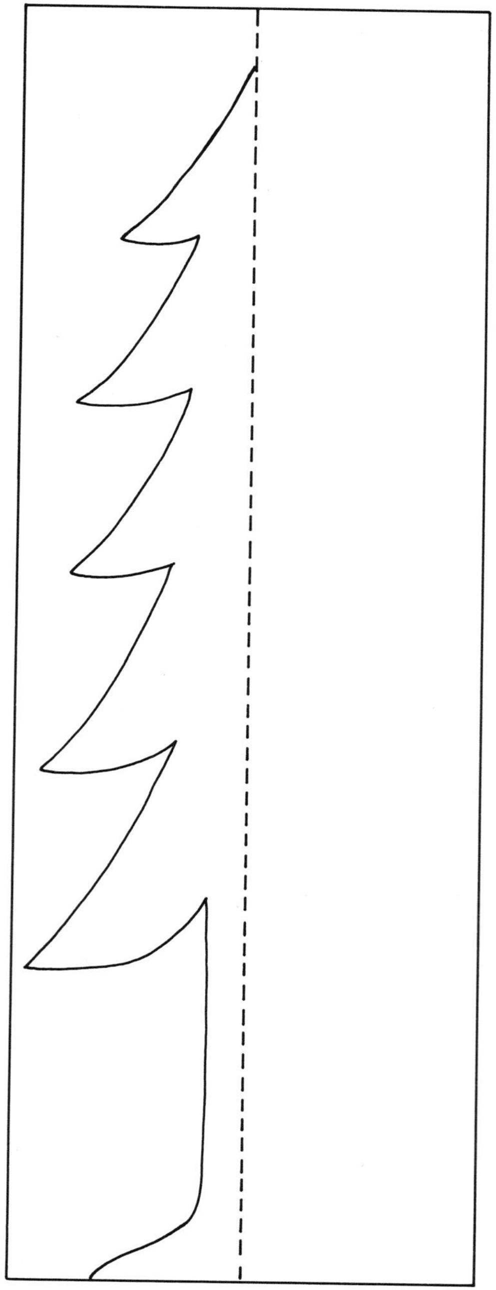

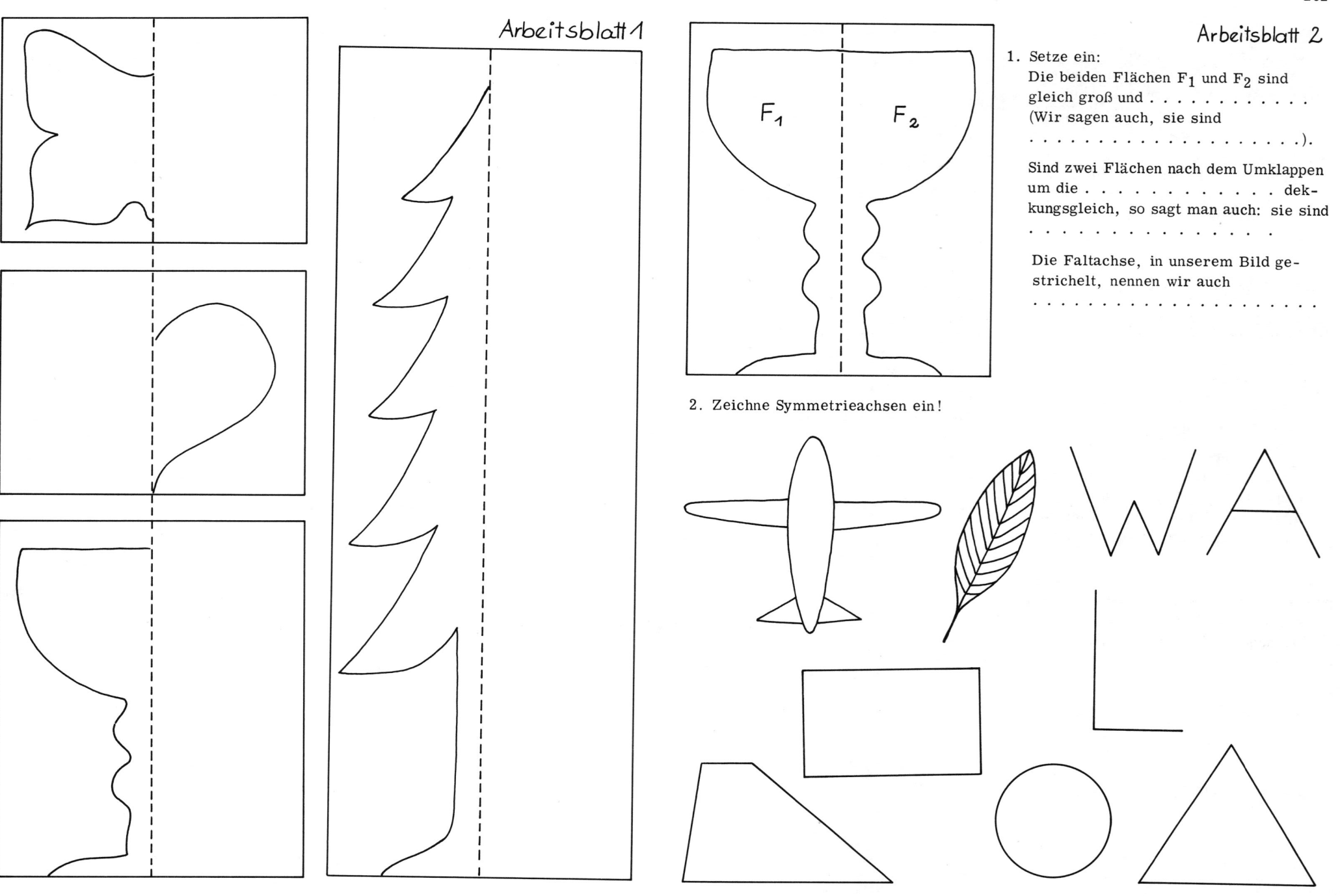

## Arbeitsblatt 2

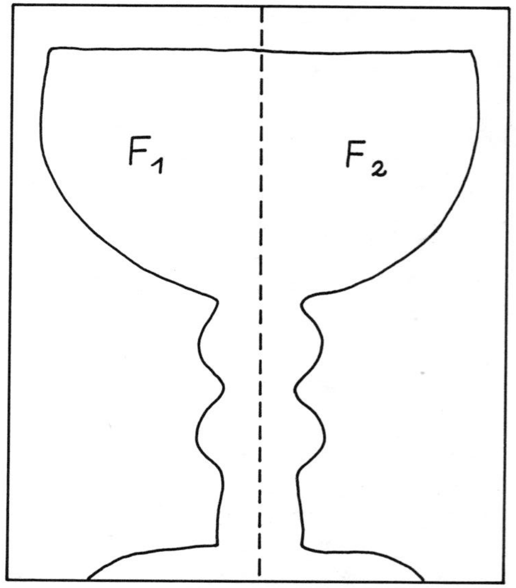

1. Setze ein:

   Die beiden Flächen $F_1$ und $F_2$ sind gleich groß und . . . . . . . . . . . . (Wir sagen auch, sie sind . . . . . . . . . . . . . .).

   Sind zwei Flächen nach dem Umklappen um die . . . . . . . . . . . . deckungsgleich, so sagt man auch: sie sind . . . . . . . . . . . . . . . .

   Die Faltachse, in unserem Bild gestrichelt, nennen wir auch . . . . . . . . . . . . . . . .

2. Zeichne Symmetrieachsen ein!

## Arbeitsblatt 1

Hedwig Volk

# Die Einführung in das Rechnen mit Bruchzahlen in der Bruchstrich- und Dezimalschreibweise

| | | |
|---|---|---|
| 1. | Didaktische Grundlegung | 264 |
| 1.1 | Schwierigkeiten im Bereich der Lehraufgabe | 264 |
| 1.2 | Erklärungsmodelle für den Bruch-Begriff | 264 |
| 1.3 | Der "konkrete" Bruchbegriff | 266 |
| 1.4 | Lehrgangsübersicht | 266 |
| 1.5 | Differenzierung | 267 |
| 1.6 | Lernzielbeschreibungen | 267 |
| 2. | Unterrichtspraktische Verwirklichung | 268 |
| 2.1 | Einführung in den konkreten Bruchbegriff – 5. Schülerjahrgang | 268 |
| 2.2 | Einführung in den Bruchzahl-Begriff | 273 |
| 2.3 | Die Grundrechenarten mit Bruchzahlen in der Bruchstrichschreibweise | 278 |
| 2.4 | Einführung in das Rechnen mit Dezimalbrüchen | 283 |

# 1. Didaktische Grundlegung

## 1.1 Schwierigkeiten im Bereich der Lehraufgabe

Gegen Ende des 5. Schülerjahrgangs wird der Hauptschüler in das Rechnen mit Brüchen eingeführt. Der Schwerpunkt des Lehrgangs liegt im 6. Schülerjahrgang. Danach soll der Schüler mindestens "fähig" sein, die Grundrechnungsarten mit gemeinen und dezimalen Brüchen auszuführen, d.h. er kennt die Vorschriften und kann sie entsprechend richtig anwenden. Der Weg zur "Fertigkeit" im Umgang mit Bruchzahlen ist jedoch mühsam, für Lehrer und Schüler, und die Klagen über Mißerfolge trotz methodischer Überlegungen und intensiver Übung sind ziemlich allgemein. Woran mag es liegen?

- Zunächst wohl daran, daß der Schüler nur unzureichende Vorerfahrungen aus seiner Umwelt mitbringt. Er kennt einige Begriffe, Redewendungen und deren Bedeutungen aus dem umgangssprachlichen Bereich (Uhrzeit, Dinge, Maße, ... in Ausdrücken wie "ein Viertel", "halb", "ein halbes N.", ...). Bekannt sind einige dinglich fixierte "Operationen", etwa die Addition von Halben und Vierteln.

- Bislang bewegte sich der Schüler im Bereich der natürlichen Zahlen. Bruchzahlen (rationale Zahlen) verlangen notwendig eine neuartige Erweiterung der bisherigen Zahlvorstellung, also ein neues Denk- und Handlungskonzept, dessen Erwerb den Gesetzen der Lernpsychologie dieser Entwicklungsstufe unterworfen ist.

- Nach Erkenntnissen der Lernpsychologie intervenieren einmal gelernte Konzepte immer wieder in neu zu erlernende, namentlich dann, wenn Ähnlichkeiten vorhanden sind. Da Bruchzahlen mit natürlichen Zahlen zifferngleich sind und sich lediglich in der Anordnung unterscheiden, treten häufig Verwechslungen auf und die endgültige Sicherheit im Umgang mit Bruchzahlen wird oft gestört.

- Dem Bruchrechnen fehlt weithin der unmittelbare lebenspraktische Bezug. Sachaufgaben zu diesem Bereich müssen oft eigens konstruiert werden. Die direkte Bedeutung für die gegenwärtige oder künftige Lebensbewältigung ist dem Hauptschüler, der den Unterrichtsgegenstand nach seinem Grad an Nützlichkeit akzeptiert oder ablehnt, oft nicht einsichtig. Damit stellt sich das Problem der Motivierbarkeit.

- Diese letzte Schwierigkeit gilt nicht für das Rechnen mit Dezimalbrüchen, das für den lebenspraktischen Gebrauch unentbehrlich ist. Sicheres Umgehen mit dezimalen Bruchzahlen erfordert jedoch große Genauigkeit in der Kommasetzung, die der Schüler häufig gerade mit zunehmender Mechanisierung vernachlässigt.

## 1.2 Erklärungsmodelle für den Bruch-Begriff

Die Curricularen Lehrpläne 1976 für die 5. und 6. Jahrgangsstufe lassen verschiedene Unterrichtsverfahren für die Einführung des Bruchbegriffs zu. Drei methodische Zugänge sind genannt:

- Der Bruch bezeichnet quantitativ das Ergebnis konkreter Teilungen.
- Der Bruch versteht sich als Verkettung von Operatoren.
- Der Bruch wird als Quotient erklärt.

Nachdrücklich wird in diesen Lehrplänen gefordert, daß
a) der Bruchbegriff "konkret" sein muß (5. Jahrgangsstufe),
b) das Verständnis für den Bruch als (neue) Zahl zu entwickeln ist.

Gegenüber tradierten Methoden der Brucherklärung, die den Bruch statisch und beschreibend als Vorstellungsgrundlage vermitteln, legen die neuen Lehrpläne Wert auf die Erfahrung bestimmter Handlungsvorschriften, als deren Ergebnis die Bruchzahl zustande kommt.

Die genannten Erklärungsmodelle seien hier kurz vorgestellt:

### 1.2.1 Das Teil-Modell:
Der Bruch als Bezeichnung von Teilen

Der Bruchbegriff wird gewonnen aus der Beschreibung eines bestimmten Zustands, eines bestimmten Teils des Ganzen:

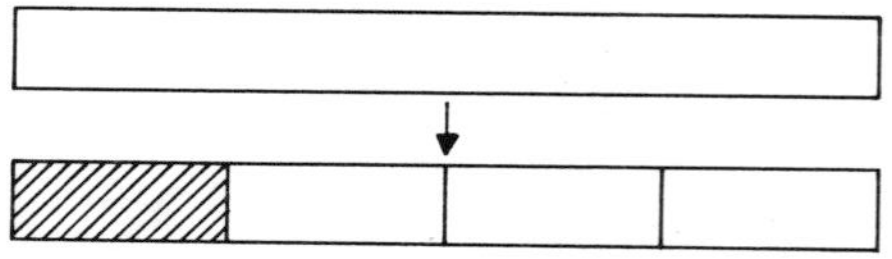

Das Ganze, oder die Einheit
(gleichmäßig verteilt an 4)
ein Viertel des Ganzen, der Einheit.

Die Aussage "ein Viertel von" bezeichnet ein bestimmtes Größenverhältnis zum Ganzen, einen Zustand.

Der Phase der konkreten Operation (tatsächliches Aufteilen von Gegenständen wie Kuchen, Schokolade, und Größen wie Längen, Flächen) folgt die Phase der zeichnerischen Darstellung. Die Brüche werden benannt und notiert.

Durch möglichst variative zeichnerische Darstellungen wird verhindert, daß sich bestimmte Formvorstellungen fixieren und damit die später notwendige Abstraktion erschweren.

Beispiele: (Die Bruchteile sind zu bestimmen!)

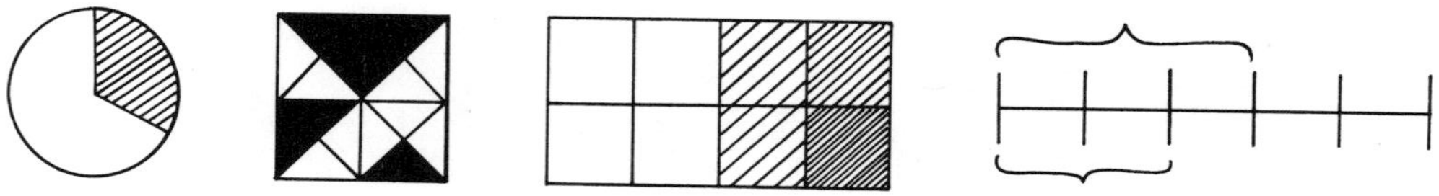

Ebenso sollen zu vorgegebenen Gegenständen, Größen und Anzahlen Bruchteile nach Auftrag gebildet und damit die Bruchschreibweise als Handlungsanweisung erfahren werden.

### 1.2.2 Das Operator-Modell: Der Bruch als Handlungsanweisung

Die Bruchschreibweise wird gewonnen aus der Verkettung von Divisions- und Multiplikationsoperatoren. Die Einführung des Bruchbegriffs erfolgt in der Regel in mehreren Phasen:

— Nebeneinanderschaltung der Operatoren: Als Vorübung werden, auch im Maschinenmodell, Paare von gleichen und ungleichen Operationen nacheinander durchgeführt. Das Ergebnis ist zunächst eine natürliche Zahl. Die Operatoren sind vertauschbar.

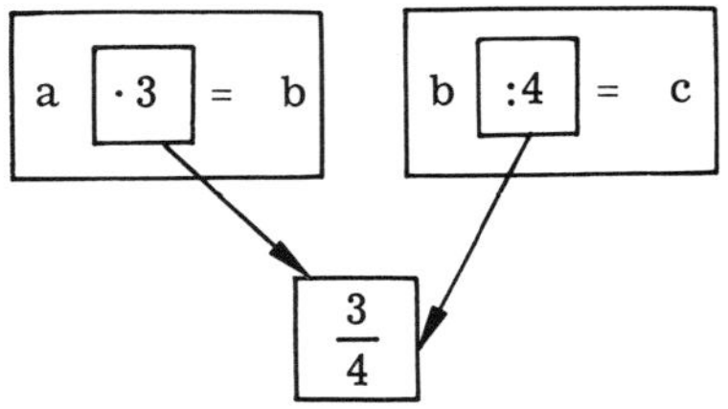

— Koppelung der Operatoren und neue Schreibung:
Die Bruchstrichschreibweise ist zu verstehen als Vereinfachung und zu lesen als zweiteiliger Befehl: Multipliziere mit 3! Dividiere die erhaltene Zahl durch 4!

$a \cdot 3 = b$    $b : 4 = c$    $\rightarrow \frac{3}{4}$

— Bruch als Zahl:
Das Ergebnis aus Multiplikation und Division ist keine natürliche Zahl. Die Bruchzahl gilt als Notationsform für den erhaltenen Teil und beschreibt einen Zustand.

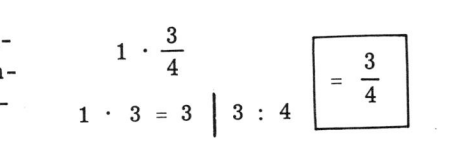

$1 \cdot \frac{3}{4}$

$1 \cdot 3 = 3 \mid 3 : 4 = \frac{3}{4}$

### 1.2.3 Das Quotienten-Modell: Der Bruch als Ergebnis einer Division

Während der Operationen: Addition, Subtraktion, Multiplikation, mit natürlichen Zahlen uneingeschränkt ausführbar sind, stellt die Division vor die Notwendigkeit, neue Zahlen, Bruchzahlen, gebrauchen zu müssen.

Der Bruchbegriff kann aus gegenüberstellenden Gleichungen gewonnen werden:

$x \cdot 4 = 8$         $x \cdot 4 = 3$
$x = 8 : 4$             $x = 3 : 4$
$x = 2$                 $x = \frac{3}{4}$

Der Quotient zweier natürlicher Zahlen ist eine natürliche Zahl

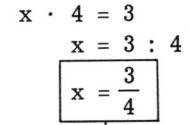

Der Quotient zweier natürlicher Zahlen, ein Bruch ist eine rationale Zahl

Zähler (a) und Nenner (b) gelten als ein geordnetes Paar ganzer Zahlen. Aus der Anreihung aussagengleicher, formverschiedener Brüche ($\frac{3}{4}, \frac{6}{8}, \frac{9}{12}, \frac{12}{16}, \ldots$) wird der Begriff Äquivalenzklasse gewonnen, nämlich dann, wenn $a \cdot d = c \cdot b$ gilt.

$\frac{a}{b} \longrightarrow \frac{6}{8} \longrightarrow \frac{c}{d}$

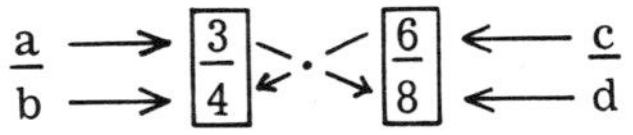

Daraus ergeben sich sofort die Regeln für das Erweitern und Kürzen.

Die Darstellung erfolgt vornehmlich auf dem Zahlenstrahl.

Beispiel: $x \cdot 4 = 3$

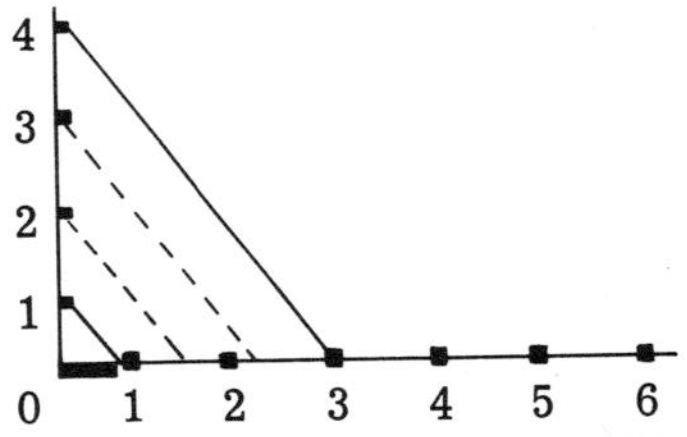

Gesucht ist eine Strecke, die von 0 aus viermal abgetragen die Strecke 3 ergibt.

Ergebnis:   $x = 3 : 4$
            $x = \frac{3}{4}$

(s. dazu Unterrichtswerk: Schröder, Uchtmann, Hrsg., Einführung in die Mathematik 2, Diesterweg Vlg.)

### 1.2.4 Vergleich der Erklärungsmodelle

Es fällt auf, daß die Einführung in den Bruchbegriff in allen drei vorgestellten Modellen zügig erfolgt. Das erste "anschauliche Rechnen" mit einfachen Bruchfamilien in der Reihenfolge $\frac{2}{2}, \frac{2}{4}, \frac{2}{8}, \frac{2}{5}, \frac{2}{10}, \frac{2}{3}, \frac{2}{6}, \ldots$ gibt es nicht mehr in der Form,

daß zuerst die Bedeutung jedes Nenners einzeln erarbeitet und gesichert werden muß, bevor es zu Handlungen mit Brüchen der gleichen Gruppe kommen kann. In den neuen Modellen wird ein umfassendes, transparentes Grundverständnis für die Bruchzahl und die Bruchoperation angestrebt. Sowohl das Teil- als auch das Operator- wie das Quotienten-Modell vermeiden die Einengung in "einfache" Bruchgruppen und eröffnen rechtzeitig die Handlungsebenen.

Die Modelle unterscheiden sich untereinander in ihrem Abstraktionsniveau und in ihrer Anwendbarkeit für das weitere Rechnen mit Brüchen.

Das Teil-Modell erlaubt wohl den größten Grad der Anschaulichkeit und führt zu einer sicheren Vorstellung vom Bruch als Zustand. Die Schwierigkeit liegt in der Ablösung von der Gegenständlichkeit, in der Überführung in den Formalismus, der für die rechnerische Anwendung des Bruches nun einmal erforderlich ist. Dieser Schwierigkeit kann begegnet werden durch die Akzentuierung der Handlungsvorschriften (zerlegen - zusammenfassen).

Das Operator-Modell, das in fast sämtliche neuere Unterrichtsbücher Eingang gefunden hat, will von vornherein das Hängenbleiben im nur statisch-anschaulichen Bereich vermeiden und bereitet die Rechenhandlung von der ersten Begegnung an vor. Die Einseitigkeit, die diesem Modell bei unvollständiger Ausschöpfung leicht angelastet werden kann, muß geschickt ausgewogen werden. Dieses Bruchverständnis kann unmittelbar übertragen werden auf das Multiplizieren und Dividieren mit Brüchen, für die übrigen Grundoperationen mit Brüchen bedarf es jedoch auch des Bruch-Teil-Konzepts.

Das Quotienten-Modell schließlich stellt hohe Anforderungen an das Abstraktionsvermögen der Schüler und ist in dieser mathematischen Ableitung für die Eingangsklassen der Hauptschule nicht geeignet.

### 1.3 Der "konkrete" Bruchbegriff

Was heißt "konkret"?

Der Curriculare Lehrplan 76 fordert strikt, daß der konkrete Bruch die Ausgangsbasis für das Rechnen mit Brüchen sein müsse.

Der Begriff "konkret" begegnet uns auch in der Entwicklungspsychologie. Nach Piaget befindet sich das Kind im Alter zwischen 8 und 12 Jahren in der Phase des Übergangs von konkreten zu formalen Denkoperationen (wobei man bei Hauptschülern generell ein etwas längeres Verbleiben auf der Stufe konkreter Denkoperationen annehmen darf).

"Konkret" heißt: Die Operationen sind immer mit der Handlung verbunden und haben von dieser eine logische Struktur. Die Handlung vollzieht sich wirklich oder vorgestellt, mit wirklichen oder vorgestellten Gegenständen. Erst nach vielfacher Anwendung derselben Handlung löst sich das formale Operationsgesetz ab. Im Unterschied zum "anschaulichen Denken", das an bildhafte Vorstellungen gebunden ist und

geradlinig verläuft, d.h. Umkehrungen oder Mehrschichtigkeit des Denkens nicht zuläßt, wird "konkretes Denken" flexibler und variationsreicher beschrieben.

Kennzeichen sind:

- Fähigkeit, zwei aufeinanderfolgende Handlungen zu koordinieren (Transitivität)
- Fähigkeit, eine Denkhandlung auf den Ausgangspunkt zurückzuführen (Reversibilität)
- Fähigkeit, zwei verschiedene Lösungsmöglichkeiten zu finden (Assoziativität)
- Fähigkeit, den gleichen Ausgangspunkt wiederzuerkennen (Identität)
- Fähigkeit, durch mehrfache Wiederholung der Handlung die Allgemeingültigkeit derselben zu erkennen (Formalität)

(Schiefele/Krapp: Entwicklung und Erziehung, Bd. 3, Studienhefte zur Erziehungswissenschaft, Oldenbourg Verlag München, 1974, S. 85)

"Formales Denken" würde demnach die Fähigkeit bedeuten, Lösungs- und Erklärungsprozesse ohne Rückgriff auf wirkliche oder vorgestellte Handlungen durchführen zu können. Bereits gewonnene Begriffs- oder Operationskonzepte werden logisch in Beziehung gebracht und lenken die Lösungsaktivitäten in die gefolgerte Richtung. Das oben angeführte Quotienten-Modell zeigt bereits eine Reduzierung der Handlungsebene und nähert sich dadurch der "formalen Denkoperation".

### 1.4 Lehrgangsübersicht

Nach dem Curricularen Lehrplan 1976 ist die Lehraufgabe in folgende Kapitel eingeteilt:

| Jahrgangsstufe | Lehraufgabe | Unterrichtsstunden Niveau A | Niveau B |
|---|---|---|---|
| 5 | (1) Einführung in den konkreten Bruchbegriff | 15 | 15 |
|   | (2) Die Bruchzahl (BZ) | 8 | 11 |
|   | (3) Addieren und Subtrahieren von BZ | 11 | 11 |
| 6 | (4) Multiplikation und Division von BZ | 15 | 8 |
|   | (5) Verbindung der 4 Grundrechnungsarten mit BZ | 6 | -- |
|   | (6) Einführung der dezimalen Schreibweise von BZ (BZD) | 10 | 10 |
|   | (7) Addition und Subtraktion von BZD | 8 | 8 |
|   | (8) Multiplikation und Division von BZD | 15 | 15 |
|   | (9) Verbindung der 4 Grundrechenarten mit BZD | 14 | 14 |

Die folgenden Ausführungen sollen entsprechend der gestellten Thematik jeweils die Phasen der Einführung darstellen. Wege der Sicherung, Möglichkeiten der Anwendung werden daher nicht mehr ausdrücklich aufgezeigt.

1.5 Differenzierung

Wie die Lehrgangsübersicht zeigt, sind nicht alle Kapitel für die gesamte Klasse verbindlich. So soll Lehraufgabe (2) das Bruchverständnis vor allem bei leistungsschwächeren Hauptschülern (B-Niveau) vertiefen, während Lehraufgabe (5) den leistungsstärkeren Schülern (A-Niveau) vorbehalten werden soll.

Eine weitere Differenzierung zeigt sich innerhalb der Lernzielformulierungen. Hier sind häufig graduelle Unterschiede zwischen erwarteten Lernergebnissen für die beiden Niveaugruppen gekennzeichnet.

Diese Differenzierungsvorgaben sind dem unterrichtenden Lehrer auferlegt, d.h. es geht nicht an, daß alle Schüler der Klasse einheitlich geführt werden und einheitlichen Lernzielkontrollen unterworfen werden.

1.6 Lernzielbeschreibungen

Die in diesem Lehrgang erwarteten Lernergebnisse sind nach dem Curricularen Lehrplan den taxonomischen Kategorien Wissen, Können und Erkennen zugeordnet. Folgende Beschreibungen werden gebraucht (in Klammer die Kategorie):

(Wissen)  – Kenntnis  "setzt Einblick und systematischen Überblick voraus, fordert darüber hinaus detailliertes Einzelwissen und einen Grad gedächtnismäßiger Verankerung, der zu einer zutreffenden Beschreibung befähigt."

(Können)  – Fähigkeit  "bezeichnet allgemein dasjenige Können, das zum Vollzug einer Tätigkeit notwendig ist".

– Fertigkeit  "bezeichnet ein durch reichliche Übung eingeschliffenes, sicheres, fast müheloses Können".

– Sicherheit  "ist fest verankertes, geläufiges Können, das jederzeit verfügbar auch in verschiedenen Aufgabenkombinationen angewandt werden kann."

(Erkennen) – Bewußtsein  "bezeichnet eine Vorstufe des Erkennens, die zum Weiterdenken anregt".

(Westphalen, Das Modell CuLP, in "Curriculare Lehrpläne", TR-Verlagsunion 1974, S. 36 ff.

---

267

Diese Lernzielbeschreibungen sind für das Unterrichten von großer Bedeutung. Sie geben einesteils Auskunft über den Grad des Aufwands an Zeit und Intensität für den jeweiligen Lernschritt, andernteils sind dadurch zusätzliche Differenzierungsmöglichkeiten ausgewiesen. Man beachte die unterschiedlichen Lernzielbezeichnungen für A- und B-Niveau.

Der folgende Lehrgangsentwurf ist im ersten Teil (Einführung in den konkreten Bruchbegriff) parallel ausgearbeitet. Das Schema zeigt die Anlage:

2.1   Einführung in den konkreten Bruchbegriff

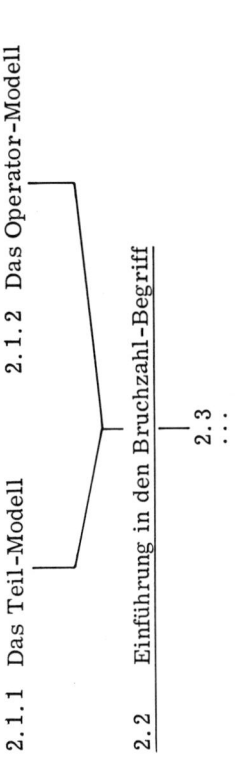

2.1.1 Das Teil-Modell     2.1.2 Das Operator-Modell

2.2   Einführung in den Bruchzahl-Begriff

2.3
...

Die 1. schmale Spalte zeigt jeweils die Kennziffer des zugrundeliegenden Grobziels (GZ) im CuLP an.

Beispiel: B VI, 2, 2.1 = Teil B, Kapitel VI, Lehraufgabe 2, Lernziel 2.1

# 2. Unterrichtspraktische Verwirklichung

## 2.1 Einführung in den konkreten Bruchbegriff – 5. Schülerjahrgang

### 2.1.1 Das Teil-Modell

| GZ | Feinziele | Lerninhalte | Unterrichtsverfahren |
|---|---|---|---|
| B V 1 | Erfassen des Lernziels | Sammeln von Vor-Erfahrungen Lernzielformulierung | – Zielangabe und Problemstellung durch Anschreiben einiger Brüche und Bruchoperationen<br>– Festlegen des Lernziels<br><br>RECHNEN MIT BRÜCHEN<br><br>– Fragestellung: Was sind Bruchteile? |
| B V 1 | Einsicht in die Beziehung: Ganzes ⟶ Bruchteile<br><br>Erkennen der Handlungsweise: Teilen als direkter Vollzug<br><br>Verstehen, daß Bruchteile gleich groß sein müssen<br><br>Erkennen, daß kein "Rest" bleibt | Begriffe: Ganzes, (Einheit) Bruchteil Vergleich der Bruchteile untereinander:<br>Für die Schüler genügt die Erkenntnis, daß jedes Teil dem anderen völlig gleich ist.<br>Bruchteile entstehen durch die Handlung des Teilens<br>Es bleibt kein Rest<br><br>Darstellen von Bruchteilen im Ganzen | – Konkreter Lösungsversuch: S. schneiden mitgebrachte Gegenstände (Äpfel, Brot, Schokolade ...) – versuchen, die erhaltenen Teile zu beschreiben und zu bestimmen.<br>– Bewußtmachen der Gleichheit der Bruchzahlen durch Provokation:<br><br>S: halbe Äpfel   L: halbe Äpfel   halbe Kartoffeln?<br><br>Nachprüfen der Gleichheit der Teile (Briefwaage)<br>– Teilen von dinglichen Symbolen (Falten – Schneiden) (bessere Methode, um gleiche Bruchteile zu erhalten) |
| B V 1 | Fähigkeit, Bruchteile nach der Anzahl der gleichen Teile des Ganzen zu benennen<br><br>Erkennen, daß es unendlich viele Bruchteile eines Ganzen geben kann | Benennen der Teile in Worten (Festlegen auf "leichtere" Beispiele nicht unbedingt erforderlich)<br><br>Benennen eines Bruchteils (in Worten) Anbahnen des Begriffs: Nenner | Bruchteile sind gleichmäßige Teile eines Ganzen.<br>Wenn ich ein Ganzes in 4 gleiche Teile zerlege, erhalte ich Viertel.<br>Wenn ich ein Ganzes in 5 gleiche Teile zerlege, erhalte ich Fünftel usw.<br>– Kontrolle: Welche von folgenden Dingen kannst du leicht in gleiche Teile zerlegen: Papierstreifen, Postkarte, Schuh, Zahnbürste, Schere, Hammer, Torte, Schokolade.<br>– Übung: Zeichnerische Darstellungen (vielfältig) – Feststellen der Anzahlen der Teile, Benennen eines Teils. |

| GZ | Feinziele | Lerninhalte | Unterrichtsverfahren |
|---|---|---|---|
| B V 1 | Sicherheit, Bruchteile in verschiedenen Darstellungen bezeichnen zu können | Reflexion über das Verfahren führt zur Bezeichnung der Operation und des Ergebnisses<br><br>☐ :8   Ergebnis: Achtel<br>☐ :15  Ergebnis: Fünfzehntel<br><br>Einführung der Bruchschreibweise<br><br>☐ :8 = $\frac{\boxed{\phantom{0}}}{8}$<br><br>Begriff: Nenner | An Flächen, Strecken, Anzahlen:<br><br>Konkrete Demonstration der Operation des Teilens – Übertragung auf graphischen Vollzug – Notieren auf der Bruchstrichschreibweise (ohne Zähler)<br>– Ausweiten des Bruchteilbegriffes auf vorstellbare und gedachte Anzahlen von Bruchteilen mit Notieren der Schreibweise |
| 2 | Einsicht in den "Nenner"-Begriff<br><br>Fähigkeit, Bruchteile innerhalb vorgegebener Ganzer darzustellen<br><br>Fähigkeit, aus vorgegebenen Bruchteilen Ganze zu rekonstruieren | Aus vorgefertigten grafischen Darstellungen Bruchteile benennen und in neuer Schreibweise notieren<br><br>Aus gegebenen Bruchteilen Ganze zeichnerisch darstellen | |
| B V 2 | Fähigkeit, den Bruchteilbegriff auf andere Größen (Längenmaße und Gewichte) zu übertragen | Der Meterstab ist eingeteilt in Zehntel, Hundertstel, Tausendstel<br><br>$\boxed{10}$ → dm<br>$\boxed{100}$ → cm<br>$\boxed{1000}$ → mm<br><br>Übertrag auf Gewichte  kg – g | – Demonstration am Meterstab<br>– Einüben der Sprechweisen: 10 Zehntel, 100 Hundertstel ...<br><br>– Vergleich mit dem Gewichtsatz – Wägen: Tausendstel<br>– Zeigen, Benennen und Darstellen eines Bruchteils im Verhältnis zur Vollzahl der Bruchteile (auch am konkreten Objekt) |
| B V 1 2 | Einsicht in den "Zähler"-Begriff | Begriff: Zähler<br><br>Der Zähler 1 gibt an, daß 1 Bruchteil gemeint ist<br><br>Vergleich<br><br>Bruchschreibweise:<br>$\frac{\text{Zähler}}{\text{Nenner}} \quad \frac{1}{2}, \frac{1}{3}, \frac{1}{4}$ | – Notieren des Bruchteils mit dem Zähler 1 $\left(\frac{1}{2}, \frac{1}{3}, \frac{1}{4}, \ldots\right)$<br>– Darstellen auf dem Zahlenstrahl<br><br>$\frac{1}{8} \ \frac{1}{7} \ \frac{1}{6} \ \frac{1}{5} \ \frac{1}{4} \quad \frac{1}{3} \quad\quad \frac{1}{2} \quad\quad\quad\quad \frac{1}{1}$ |

| GZ | Feinziele | Lerninhalte | Unterrichtsverfahren |
|---|---|---|---|
| B V 2 | | Der Zähler größer als 1: Der Zähler gibt die Zahl der Bruchteile eines Ganzen an | − Klaus ißt 3 Stück Torte  $1$ aufgeteilt in $\frac{}{10} \longrightarrow \frac{10}{10}$ (Addition) $\frac{1}{10} + \frac{1}{10} + \frac{1}{10} = \frac{3}{10}$ oder $\frac{1}{10} \cdot 3 = \frac{3}{10}$ (Multiplikation) |
| | | Der Zähler ergibt sich aus der Addition oder Multiplikation gleicher Bruchteile | − Darstellen, benennen und notieren an Dingen (Äpfeln u. a.), Dingsymbolen (Scheiben, Flächen ✂), an graphischen Darstellungen − Darstellen am Zahlenstrahl (Meterstab), z.B. Viertel und Fünftel |
| B V 2 | Fähigkeit und Fertigkeit, die Bruchschreibweise (Bruchzahl <1) unbeschränkt im Bereich der Dinge, Größen und Mengen anzuwenden, Bruchteile und zugehörige Ganze zu bestimmen | Anwendung des Bruchbegriffs auf andere Bereiche: Größen, Mengen, Zahlen Darstellen, Notieren, Berechnen der Bruchwerte und der Einheitswerte | a  Bruchteile bei Maßgrößen  Jahr  $\frac{1}{12}$ Jahr  1 Monat  5 Monate …  ebenso: Uhrzeit Längen- und Flächenmaße Gewichte Hohlmaße  b  Bruchteile von Mengen  Klaus hat 15 Nüsse schenkt Peter $\frac{1}{3}$  Sprechweise: $\frac{1}{3}$ von 15 oder der dritte Teil von 15  Berechnen d. Elemente $\frac{1}{3}$ von 15 = 5  c  Aus gegebenen Bruchteilen das Ganze berechnen:  | | das Ganze |
|---|---|---|
| $\frac{1}{6}$ der Nüsse | 8 Nüsse | … |
| $\frac{1}{3}$ d. Strecke | 10 cm | … |
| $\frac{1}{5}$ d. Weges | 3 km | … |
| $\frac{1}{8}$ Fläche | 12 cm$^2$ | … |
| $\frac{1}{10}$ d. Summe | 95 DM | … |  Darstellen an geeigneten Strecken, Flächen, Graphen |

## 2.1.2 Das Operator-Modell

| GZ | Feinziele | Lerninhalte | Unterrichtsverfahren |
|---|---|---|---|
| B V 1 | Sicherung des Begriffs "Operator" | Operatoren ("Punkt"-Operatoren $\cdot$ , $:$ ) werden herausgehoben und als Handlungsvorschriften oder Rechenbefehle identifiziert | In bekannten einfachen Multiplikations- und Divisionsaufgaben wird jene Stelle herausgehoben (Farbe, Rahmen), die vorschreibt, wie an der vorgegebenen Zahl gehandelt werden soll<br><br>Beispiel: $12 \; \boxed{\cdot 3} = 36$<br><br>$\boxed{\cdot 3}$ = eine Handlungsvorschrift oder ein Rechenbefehl<br>$\boxed{\cdot 3}$ = ein Operator |
| B V 1 | Sicherheit im Verketten von Operatoren der gleichen Art | Mehrere Operatoren der gleichen Art können zusammengeschaltet werden<br><br>Die hintereinandergeschalteten Operatoren können zusammengefaßt werden<br><br>Die Anordnung der Einzeloperatoren ist tauschbar<br><br>Darstellung am Pfeildiagramm | Beispiel:<br><br>(Teilung ohne Rest!) |
| B V 1 | Fähigkeit, "Punkt"-Operatoren verschiedener Art miteinander zu verketten und als Rechenbefehle durchzuführen | Die Operatoren $\cdot$ und $:$ werden verknüpft<br><br>Die Einzeloperatoren werden in einen Gesamtoperator zusammengefaßt<br><br>Die Anordnung der Einzeloperatoren ist austauschbar<br><br>(Der Gesamtoperator ist eine ganze Zahl. Das Ergebnis ist eine ganze Zahl) | Beispiel:<br>Toni hat 2 Säckchen mit je 12 Schussern. Er will sie mit seinen 3 Freunden gleichmäßig teilen<br><br>Toni macht 4 Teile aus den Schussern des 1. Säckchens und verdoppelt dann jeden Teil aus dem 2. Säckchen<br><br>Toni legt die Schusser aus beiden Säckchen zusammen und macht daraus 4 Teile |

271

272

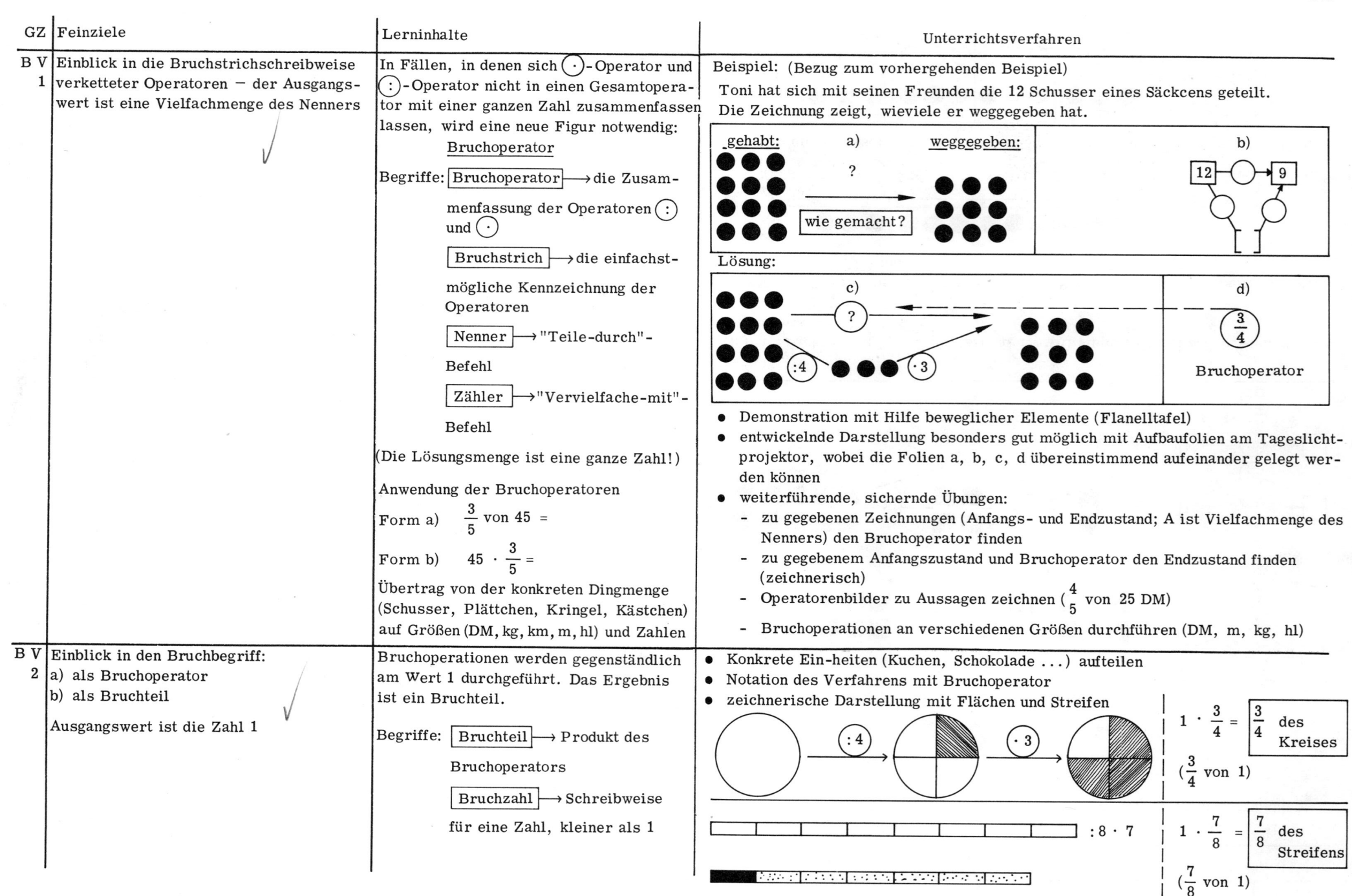

| GZ | Feinziele | Lerninhalte | Unterrichtsverfahren |
|---|---|---|---|
| B V 1 | Einblick in die Bruchstrichschreibweise verketteter Operatoren – der Ausgangswert ist eine Vielfachmenge des Nenners | In Fällen, in denen sich $(\cdot)$-Operator und $(:)$-Operator nicht in einen Gesamtoperator mit einer ganzen Zahl zusammenfassen lassen, wird eine neue Figur notwendig: Bruchoperator<br><br>Begriffe: Bruchoperator → die Zusammenfassung der Operatoren $(:)$ und $(\cdot)$<br>Bruchstrich → die einfachste mögliche Kennzeichnung der Operatoren<br>Nenner → "Teile-durch"-Befehl<br>Zähler → "Vervielfache-mit"-Befehl<br>(Die Lösungsmenge ist eine ganze Zahl!)<br><br>Anwendung der Bruchoperatoren<br>Form a) $\frac{3}{5}$ von 45 =<br>Form b) $45 \cdot \frac{3}{5}$ =<br><br>Übertrag von der konkreten Dingmenge (Schusser, Plättchen, Kringel, Kästchen) auf Größen (DM, kg, km, m, hl) und Zahlen | Beispiel: (Bezug zum vorhergehenden Beispiel)<br>Toni hat sich mit seinen Freunden die 12 Schusser eines Säckccens geteilt. Die Zeichnung zeigt, wieviele er weggegeben hat.<br><br>a) gehabt: ? weggegeben: wie gemacht?<br>b) 12 → ○ → 9<br><br>Lösung:<br>c) ? :4 ·3<br>d) $\frac{3}{4}$ Bruchoperator<br><br>• Demonstration mit Hilfe beweglicher Elemente (Flanelltafel)<br>• entwickelnde Darstellung besonders gut möglich mit Aufbaufolien am Tageslichtprojektor, wobei die Folien a, b, c, d übereinstimmend aufeinander gelegt werden können<br>• weiterführende, sichernde Übungen:<br>– zu gegebenen Zeichnungen (Anfangs- und Endzustand; A ist Vielfachmenge des Nenners) den Bruchoperator finden<br>– zu gegebenem Anfangszustand und Bruchoperator den Endzustand finden (zeichnerisch)<br>– Operatorenbilder zu Aussagen zeichnen ($\frac{4}{5}$ von 25 DM)<br>– Bruchoperationen an verschiedenen Größen durchführen (DM, m, kg, hl) |
| B V 2 | Einblick in den Bruchbegriff:<br>a) als Bruchoperator<br>b) als Bruchteil<br>Ausgangswert ist die Zahl 1 | Bruchoperationen werden gegenständlich am Wert 1 durchgeführt. Das Ergebnis ist ein Bruchteil.<br><br>Begriffe: Bruchteil → Produkt des Bruchoperators<br>Bruchzahl → Schreibweise für eine Zahl, kleiner als 1 | • Konkrete Ein-heiten (Kuchen, Schokolade ...) aufteilen<br>• Notation des Verfahrens mit Bruchoperator<br>• zeichnerische Darstellung mit Flächen und Streifen<br><br>○ :4 → ◐ ·3 → ◕    $1 \cdot \frac{3}{4} = \frac{3}{4}$ des Kreises<br>                                          $(\frac{3}{4}$ von 1)<br><br>☐☐☐☐☐☐☐☐ :8 ·7   $1 \cdot \frac{7}{8} = \frac{7}{8}$ des Streifens<br>▓░░░░░░░               $(\frac{7}{8}$ von 1) |

| GZ | Feinziele | Lerninhalte | Unterrichtsverfahren ||||
|---|---|---|---|---|---|---|
| | | | gesucht | Einheit | Bruch-operator | Bruchteil | Notation |
| B V 2 | Überblick über Anwendungsbereiche des Bruchbegriffs | Der Bruchoperator- und der Bruchteilbegriff werden erweitert. Dazu dienen<br>a) weitere zeichensymbolische Darstellungen<br>b) Zahlen (Symbole für konkrete Dinge)<br>c) Größen (Längen-, Gewichts-, Hohl- und Zeitmaße, DM)<br><br>Der Ausgangswert kann größer sein als die Zahl 1 | Bruch-operator | ▢<br><br>⬡<br><br>○○<br>○○○<br>○○○ | | ◩<br><br>⬢ (teils)<br><br>○○ | $1 \cdot \frac{1}{4} = \frac{1}{4}$<br>$1 \cdot \frac{5}{6} = \frac{5}{6}$<br>$1 \cdot \frac{3}{10} = \frac{3}{10}$ |
| | | | Bruch-teil | ◯<br>◯<br>◯<br><br>▦▦▦<br><br>24 | $\frac{1}{4}$<br>$\frac{1}{2}$<br>$\frac{3}{8}$ | | $2 \cdot \frac{1}{4} = \frac{1}{2}$<br>$3 \cdot \frac{1}{2} = \frac{3}{2}$<br>$24 \cdot \frac{3}{8} = 9$ |

## 2.2 Einführung in den Bruchzahl-Begriff

| GZ | Feinziele | Lerninhalte | Unterrichtsverfahren |
|---|---|---|---|
| B V 3 | Einblick, daß Brüche verschiedener Form dieselbe Größe bezeichnen können | Bruchteile weiterzerlegen (manuell) und vergleichen. Feststellen:<br>Verschiedene Formen;<br>Der Wert bleibt gleich,<br>Zähler und Nenner lassen sich gleichmäßig verändern<br><br>Der Begriff $\boxed{\text{Bruchklasse}}$ muß nicht gebraucht werden, kann jedoch das Gemeinte verdeutlichen<br><br>Bruchklassen:<br>$\left(\frac{1}{2}\right), \frac{2}{4}, \frac{3}{6}, \frac{4}{8}, \frac{5}{10}, \frac{6}{12}, \ldots$<br>$\left(\frac{1}{3}\right), \frac{2}{6}, \frac{3}{9}, \frac{4}{12}, \frac{5}{15}, \ldots$ | $\frac{1}{2} =$ ◐ $\frac{2}{4} =$ ◔◔ $\frac{4}{8} =$ ... $\frac{8}{16}$<br>$\frac{2}{8} = \frac{3}{12}$    $\frac{2}{16} = \frac{3}{24}$<br><br>$\frac{1}{3} =$ ◐ $\frac{2}{6} =$ ... $\frac{4}{12} =$ ... $\frac{8}{24}$<br><br>- Formänderung durchführen an einem Bruch (Halbes)<br>- Vergleich mit dem gleichen Vorgang am Vergleichsbruch (✂), in Deckung bringen)<br>- Notation mit "=" (für "ist gleich groß wie") |

| GZ | Feinziele | Lerninhalte | Unterrichtsverfahren |
|---|---|---|---|
| B V 3 | Erkennen, daß formverschiedene Brüche $\frac{1}{2}, \frac{2}{4}, \frac{3}{6}, \ldots$) gleich(wertig) sind, wenn sie dieselben Teile der Einheit bezeichnen<br><br>Fähigkeit, auf anschaulicher Grundlage (Erkennen am Modell, Rückführung auf das Modell) Klassen von gleichen Brüchen zu bilden | Mehrere Brüche, die dieselbe Relation des Teils zur selben Einheit bezeichnen, nennt man gleich.<br><br>Begriff: Gleiche Brüche<br><br>(Gleiche Brüche werden durch Erweitern und Kürzen mit derselben Zahl hergestellt)<br><br>An dieser Stelle wird noch nicht von "Erweitern" und "Kürzen" gesprochen. Der Schüler soll vielmehr eine Erfahrungsgrundlage im konkreten Umgang mit Brüchen gewinnen, die ihm späteres Erkennen erleichtern<br><br>Formverschiedene Brüche werden dargestellt; gleich(wertige) Brüche werden in Klassen gruppiert | Wir vergleichen Bruchteile zeichnerisch<br><br>a) am Streifen lassen sich Übereinstimmungen erkennen<br><br>$\left\{\frac{1}{3}, \frac{2}{6}\right\}$  $\left\{\frac{1}{2}, \frac{2}{4}, \frac{3}{6}\right\}$  $\left\{\frac{2}{3}, \frac{4}{6}\right\}$<br><br>b) Wir prüfen an geeigneten Flächen (Kreis, Rechteck) nach und stellen fest durch Falten, Zeichnen, Vergleichen<br><br>$\frac{1}{2}$  $\frac{2}{4}$  $\frac{4}{8}$<br><br>$\frac{1}{2} = \frac{2}{4} = \frac{3}{6} = \frac{4}{8} = \frac{5}{10} = \frac{6}{12} = \frac{?}{?}$<br><br>Brüche sind gleich, wenn sie denselben Bruchteil einer Einheit bezeichnen<br><br>c) Darstellen und Notieren anderer gleicher Brüche<br>($\frac{3}{4} = \frac{6}{8} = \frac{9}{12} = \frac{12}{16} = \ldots ;\quad \frac{1}{3} = \frac{2}{6} = \ldots ;$)<br><br>d) Darstellen am Zahlenstrahl, s. GZ 4, folgende Seite |

| GZ | Feinziele | Lerninhalte | Unterrichtsverfahren |
|---|---|---|---|
| B V 4 | Fähigkeit, Brüche an einem Zahlenstrahl (Strecke gegeben ≙ 1 Einheit) durch Abzählen, Messen und Abtragen mit dem Zirkel darzustellen<br><br>Fähigkeit, Brüche am Zahlenstrahl zu lesen und Nachbarbrüche zu unterscheiden<br><br>(Erkennen, daß der Bruchteil umso kleiner wird, je größer der Nenner) | Die Darstellung verschiedener Brüche in derselben Einheit ermöglicht den konkreten Vergleich der Bruchwerte und bereitet das Bruchzahlverständnis (B VI) vor.<br><br>Der Vergleich erfolgt in erster Linie auf der Basis der konkreten Anschauung, d. h. Gleichnamigmachen und den Unterschied berechnen hat erst später (B VI) zu erfolgen.<br><br>Der Vergleich wird mit den Zeichen $<, =, >$ notiert | **Arbeitsmittel:**<br>Millimeterpapier - Arbeitsblatt mit vorgegebener Strecke (24 cm ≙ 1 Einheit), mehrfach gezeichnet - Folien für Projektor, vorbereitet für das Überdecken - Lineal, Zirkel<br><br>**Aufgabe:**<br>Die gegebene Einheit 1 (≙ 24 cm) in Bruchteile zerlegen und diese bezeichnen<br><br>**Hier:**<br>a) Halbe, Viertel, Achtel<br>b) Sechzehntel, Vierundzwanzigstel<br>c) Drittel, Sechstel, Neuntel*<br>d) Zwölftel, Fünfzehntel*<br>e) Fünftel*, Zehntel*, Zwanzigstel*<br>f) Siebtel*, Vierzehntel*<br><br>\* Hilfe für den Schüler: erste Bruchteilstrecke vorgeben, diese wird mit Zirkel auf die Gesamtstrecke übertragen.<br>(In der Grafik mit — gekennzeichnet) |

275

| GZ | Feinziele | Lerninhalte | Unterrichtsverfahren |
|---|---|---|---|
| B V 3 4 | Verständnis für "gleiche" Brüche. Sicherheit im Erkennen gleicher Brüche | Gleiche Brüche bezeichnen denselben Punkt am Zahlenstrahl (Wiederholung) | Am Zahlenstrahl (s. Grafik oben) gleiche Brüche durch senkrechte Linien sichtbar machen (Wiederholung, s. GZ 3) Aus Mengen ungeordneter Brüche gleiche Brüche zusammenfassen (Wiederholung, s. GZ 3) Aus einer gegebenen Einheit (G = 72) möglichst viele Bruchteile herstellen lassen; gleiche Brüche zusammenfassen — Darstellen am Zahlenstrahl |
| B VI 1.1 | Einsicht, daß natürliche Zahlen ($\mathbb{N}_0$) einem bestimmten Punkt am Zahlenstrahl zugeordnet sind | Vorbereitung des Bruchzahl-Begriffs: Natürliche Zahlen einschließlich 0 werden am Zahlenstrahl dargestellt Begriff: Natürliche Zahl  Zeichen: $\mathbb{N}_0$ | Aufgabe: Auf einem Zahlenstrahl Punkte für $\mathbb{N}_0 = \{0, 1, 2, 3, 4, \ldots\}$ eintragen und bezeichnen |
| B VI 1.1 | Bewußtsein, daß zwischen benachbarten natürlichen Zahlen viele Punkte liegen, die nicht mit natürlichen Zahlen bezeichnet werden können | Eine Strecke, Linie, ist eine Verdichtung von Punkten. Die natürlichen Zahlen werden nur je einem bestimmten Punkt zugeordnet. Die zwischenliegenden Punkte sind (noch nicht) benannt | Modell: Die Strecke zwischen zwei natürlichen Zahlen besteht aus vielen Punkten. Wie könnte man sie bezeichnen? Schüler bemühen sich um Lösungen Daraus ergibt sich: Wir brauchen neue Zahlen |
| B VI 1.1 | Erkennen, daß Brüche die natürlichen Zahlen füllen (erweitern) | Jeder Punkt zwischen 2 natürlichen Zahlen kann mit einem Bruch belegt werden. Zu jedem Bruch gibt es gleiche Brüche, die denselben Punkt bezeichnen. Dieser Punkt wird mit einer Bruchzahl benannt. Eine Bruchzahl schließt alle gleichen Brüche zu diesem Punkt ein. Begriff: Bruchzahl  Grundform = der Bruch mit dem kleinsten Zähler und Nenner | Aufgabe: Bezeichne die mit ▶ gekennzeichneten Punkte mit (mehreren gleichen) Brüchen — Bruchzahl (Grundform $\frac{1}{6}$) = $\frac{1}{6}, \frac{2}{12}, \frac{3}{18}, \frac{4}{24} \ldots$ Vergleich mit Grafik (S. 275) |

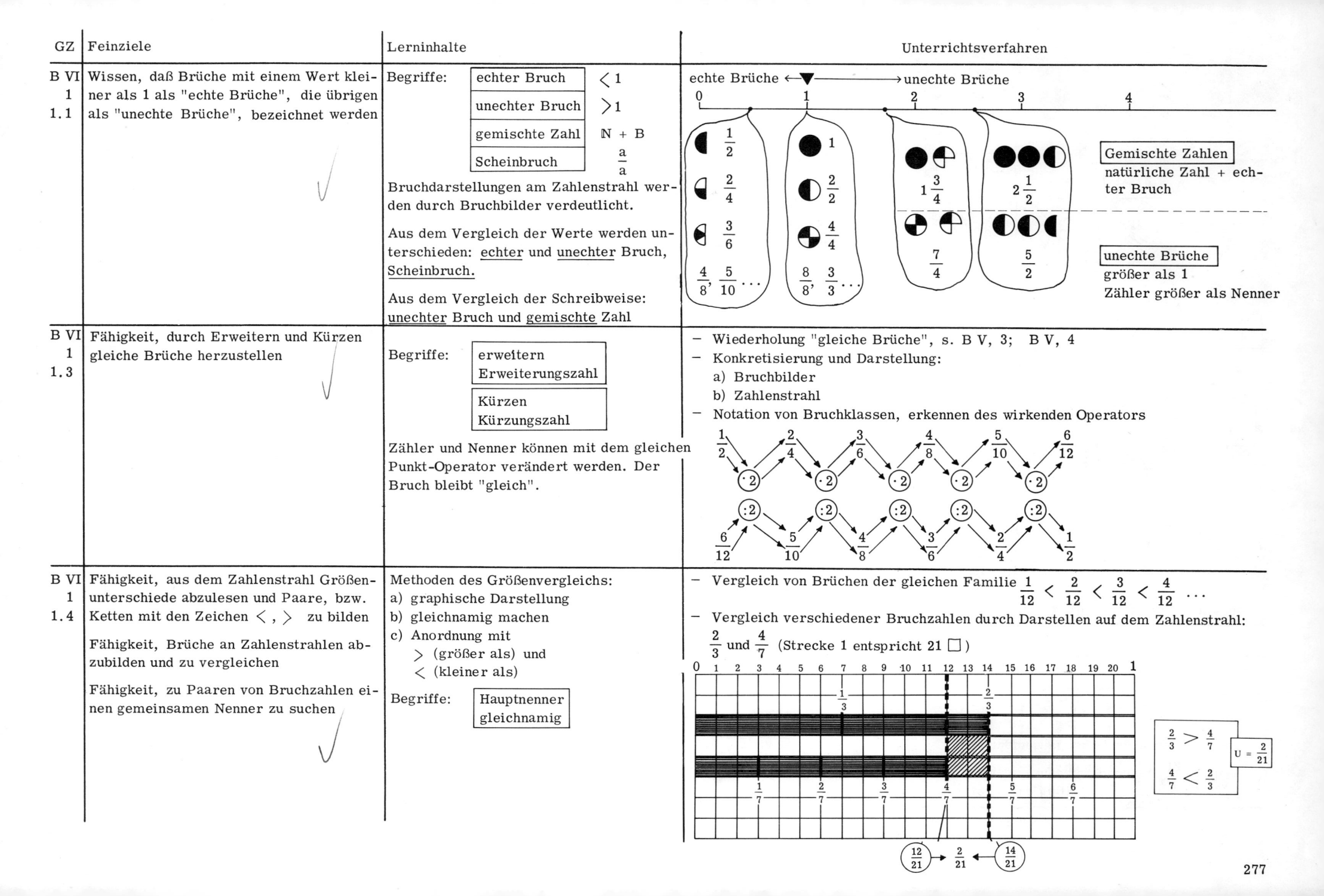

| GZ | Feinziele | Lerninhalte | Unterrichtsverfahren |
|---|---|---|---|
| B VI 1 1.1 | Wissen, daß Brüche mit einem Wert kleiner als 1 als "echte Brüche", die übrigen als "unechte Brüche" bezeichnet werden | Begriffe: echter Bruch $<1$<br>unechter Bruch $>1$<br>gemischte Zahl $\mathbb{N}+B$<br>Scheinbruch $\frac{a}{a}$<br><br>Bruchdarstellungen am Zahlenstrahl werden durch Bruchbilder verdeutlicht.<br><br>Aus dem Vergleich der Werte werden unterschieden: echter und unechter Bruch, Scheinbruch.<br><br>Aus dem Vergleich der Schreibweise: unechter Bruch und gemischte Zahl | echte Brüche ⟷ ⟶ unechte Brüche<br>0    1    2    3    4<br><br>$\frac{1}{2}$, $\frac{2}{4}$, $\frac{3}{6}$, $\frac{4}{8}$, $\frac{5}{10}$ ...   1, $\frac{2}{2}$, $\frac{4}{4}$, $\frac{8}{8}$, $\frac{3}{3}$ ...   $1\frac{3}{4}$, $\frac{7}{4}$   $2\frac{1}{2}$, $\frac{5}{2}$<br><br>Gemischte Zahlen natürliche Zahl + echter Bruch<br><br>unechte Brüche größer als 1 Zähler größer als Nenner |
| B VI 1 1.3 | Fähigkeit, durch Erweitern und Kürzen gleiche Brüche herzustellen | Begriffe: erweitern, Erweiterungszahl<br>Kürzen, Kürzungszahl<br><br>Zähler und Nenner können mit dem gleichen Punkt-Operator verändert werden. Der Bruch bleibt "gleich". | – Wiederholung "gleiche Brüche", s. B V, 3; B V, 4<br>– Konkretisierung und Darstellung:<br>  a) Bruchbilder<br>  b) Zahlenstrahl<br>– Notation von Bruchklassen, erkennen des wirkenden Operators<br><br>$\frac{1}{2} \xrightarrow{\cdot 2} \frac{2}{4} \xrightarrow{\cdot 2} \frac{3}{6} \xrightarrow{\cdot 2} \frac{4}{8} \xrightarrow{\cdot 2} \frac{5}{10} \xrightarrow{\cdot 2} \frac{6}{12}$<br>$\frac{6}{12} \xrightarrow{:2} \frac{5}{10} \xrightarrow{:2} \frac{4}{8} \xrightarrow{:2} \frac{3}{6} \xrightarrow{:2} \frac{2}{4} \xrightarrow{:2} \frac{1}{2}$ |
| B VI 1 1.4 | Fähigkeit, aus dem Zahlenstrahl Größenunterschiede abzulesen und Paare, bzw. Ketten mit den Zeichen $<$, $>$ zu bilden<br><br>Fähigkeit, Brüche an Zahlenstrahlen abzubilden und zu vergleichen<br><br>Fähigkeit, zu Paaren von Bruchzahlen einen gemeinsamen Nenner zu suchen | Methoden des Größenvergleichs:<br>a) graphische Darstellung<br>b) gleichnamig machen<br>c) Anordnung mit<br>  $>$ (größer als) und<br>  $<$ (kleiner als)<br><br>Begriffe: Hauptnenner, gleichnamig | – Vergleich von Brüchen der gleichen Familie $\frac{1}{12} < \frac{2}{12} < \frac{3}{12} < \frac{4}{12}$ ...<br>– Vergleich verschiedener Bruchzahlen durch Darstellen auf dem Zahlenstrahl:<br>$\frac{2}{3}$ und $\frac{4}{7}$ (Strecke 1 entspricht 21 □)<br><br>$\frac{2}{3} > \frac{4}{7}$<br>$\frac{4}{7} < \frac{2}{3}$<br>$U = \frac{2}{21}$ |

277

278

| GZ | Feinziele | Lerninhalte | Unterrichtsverfahren |
|---|---|---|---|
| | | | - Übungen im Finden des Hauptnenners (leichtere Fälle)<br>a) Darstellen Zahlenstrahl<br>a) Hauptnenner gegeben: $\frac{1}{4}$, $\frac{1}{12}$ (HN = 12)<br>b) Berechnen<br>b) Hauptnenner ist zu suchen:<br>$\frac{2}{3}$, $\frac{1}{4}$; $\frac{2}{5}$, $\frac{1}{8}$, (HN = N · N) |

## 2.3 Die Grundrechenarten mit Bruchzahlen in der Bruchstrichschreibweise

| GZ | Feinziele | Lerninhalte | Unterrichtsverfahren |
|---|---|---|---|
| B VI 2 2.1 | Erkennen, daß Bruchzahlen ähnlich wie natürliche Zahlen durch Addition und Subtraktion verknüpft werden können | Gleichnamige Brüche und gemischte Zahlen (mit gleichnamigen Brüchen) addieren und subtrahieren | - Konkretes und anschauliches Operieren mit Dingen, Dingsymbolen, grafischen Darstellungen (Kreissektoren, Flächen, Zahlenstrahl)<br>- Zeichnerische und rechnerische Lösungen von Termen wie<br>$\frac{3}{7} + \frac{8}{7} =$    $1\frac{1}{5} - \frac{4}{5} =$    $1\frac{7}{20} - \frac{3}{20} =$<br>$\frac{3}{7} + \frac{8}{7} = \frac{11}{7}$    $\frac{5}{5} = 1$<br>$= 1\frac{4}{7}$    $\frac{2}{5}$    $\frac{4}{5}$<br>    $\frac{6}{5}$ |
| | | Umwandeln gemischter Zahlen in unechte Brüche und umgekehrt | |
| | | Verfrühtes Ablösen von veranschaulichenden Modellen und vorzeitiges Mechanisieren ist zu vermeiden, da später leicht durch Verwechslung mit natürlichen Zahlen Verwirrungen und Falschvorstellungen entstehen | |
| | Fähigkeit, die Grundregel (gleicher Nenner bei "Strich"-Operationen!) zu beachten | | |
| | Fähigkeit, gleichnamige Brüche zu addieren und subtrahieren | | |
| B VI 2 2.2 | Fähigkeit, zu Bruchpaaren oder Reihen der gemeinsamen Nenner zu finden, der in einem Bruch bereits vorgegeben ist, und im Bruchbild darzustellen | Ungleichnamige Brüche gleichnamig machen (Beschränkung auf einfache Hauptnenner | - Problem:<br>$\frac{1}{2} + \frac{1}{3}$ (nach der Party bleiben $\frac{1}{2}$ und $\frac{1}{3}$ Erdbeerkuchen übrig)<br>- Konkretes Lösen: ✂<br>(Finden des gemeinsamen Nenners durch Einteilen in "Schnitten" = Sechstel)<br>$\frac{1}{2} + \frac{1}{3}$<br>$\boxed{\frac{3}{6} + \frac{2}{6}}$ |
| | | Addieren der Zähler bei gleichen Nennern (Hauptnenner) | |
| | | Die Operationen bewegen sich in einfachen Zahlbereichen und lassen sich bildlich (gegenständlich) oder grafisch (am Zahlenstrahl) darstellen | |

| GZ | Feinziele | Lerninhalte | Unterrichtsverfahren |
|---|---|---|---|
| | Fähigkeit, einen neuen gemeinsamen Nenner für verschiedene Brüche zu finden<br><br>Fähigkeit, ungleichnamige Brüche zu addieren | | − Konkretes und zeichnerisches Lösen<br>  a) an kontinuierlichen Einheiten (Flächen, Streifen, Strecken)<br>  b) an gegliederten Einheiten (Längen-, Zeit-, Gewichts-, Zählmaßen)<br>  c) an Mengen (ungeordnete Mengen, Feld, Zahlmengen)<br>− Rechnerisches Lösen ohne zeichnerisches Darstellen mit besonderer Beachtung des Findens des Hauptnenners |
| B VI<br>2.2 | Fähigkeit, die Subtraktion von Brüchen an geeigneten Veranschaulichungsmodellen darzustellen<br><br>Fähigkeit, ungleichnamige Brüche leichteren Grades gleichnamig zu machen und zu subtrahieren | Hauptnenner suchen − Subtrahieren mit den Zählern bei gleichen Nennern (Hauptnenner)<br><br>Subtraktion als Umkehrung der Addition mit gleicher Bedingung: gleicher Nenner<br><br>Subtraktionen werden (wie oben, Additionen) auf konkrete Darstellungen zurückgeführt | − Konkretes und zeichnerisches Darstellen an kontinuierlichen Einheiten (w.o., Addition), an gegliederten Einheiten und an Mengen<br>  a) Hauptnenner ist gegeben<br>    $\frac{5}{6} - \frac{1}{3} =$<br>  b) Hauptnenner wird gesucht<br>    $\frac{1}{2} - \frac{1}{3} =$<br>− Rechnerisches Lösen ohne zeichnerische Darstellung mit besonderer Beachtung des Findens des Hauptnenners |
| B VI<br>3.1 | Erkennen, daß ein Bruch mit einer ganzen Zahl multipliziert werden kann, indem der Zähler multipliziert wird<br><br>Erkennen, daß das Vertauschungsgesetz auch bei der Multiplikation gilt | − Bruchzahlen mit ganzen Zahlen multiplizieren (additives Prinzip erkennen)<br>− Einfache Multiplikationen zeichnerisch darstellen und rechnerisch vollziehen<br>− Ganze Zahlen mit Bruchzahlen multiplizieren (Vertauschungsgesetz bei der Multiplikation) | − Konkretes Darstellen (Gläser werden eingefüllt, Sahne verkauft)<br>$\frac{1}{7} + \frac{1}{7} + \frac{1}{7} + \frac{1}{7} + \frac{1}{7} = \frac{5}{7}$<br>$\frac{1}{8} \cdot 3 = \frac{3}{8}$<br>$\frac{1}{8} \cdot 3 = \frac{1 \cdot 3}{8} = \frac{3}{8}$<br>$3 \cdot \frac{1}{8} = \frac{3}{8}$<br>$\frac{1}{7} \cdot 5 = \frac{5}{7}$<br>$5 \cdot \frac{1}{7} = \frac{5}{7}$<br>− Erkennen und Formulieren des Multiplikationsverfahrens<br>Multiplikation des Zählers, Nenner bleibt unverändert<br>$5 \cdot \frac{1}{7} = \frac{5 \cdot 1}{7} = \frac{5}{7}$ |
| B VI<br>1.3 | Bewußtsein, daß Möglichkeiten des Kürzens vor der Multiplikation das Rechnen erleichtert | − Kürzen vor dem Multiplizieren als vereinfachende Maßnahme | − Nachweis der Möglichkeit des Kürzens an geeigneter Darstellungsform<br>$\frac{1}{4} \cdot 4 = \frac{1 \cdot 4}{4} = 1$ |

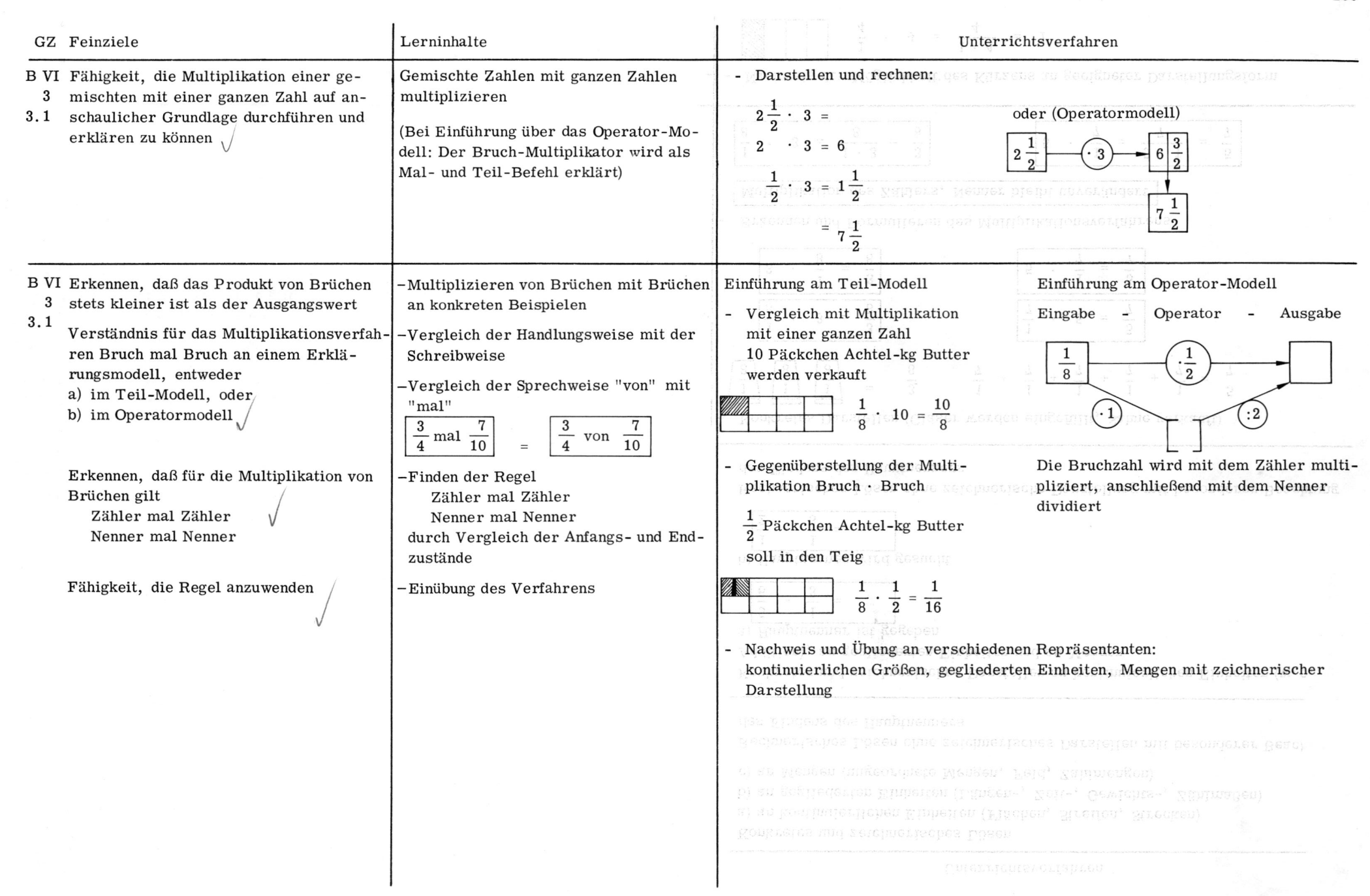

| GZ Feinziele | Lerninhalte | Unterrichtsverfahren |
|---|---|---|
| B VI 3 3.1 Fähigkeit, die Multiplikation einer gemischten mit einer ganzen Zahl auf anschaulicher Grundlage durchführen und erklären zu können | Gemischte Zahlen mit ganzen Zahlen multiplizieren (Bei Einführung über das Operator-Modell: Der Bruch-Multiplikator wird als Mal- und Teil-Befehl erklärt) | − Darstellen und rechnen: $2\frac{1}{2} \cdot 3 =$ $2 \cdot 3 = 6$ $\frac{1}{2} \cdot 3 = 1\frac{1}{2}$ $= 7\frac{1}{2}$ oder (Operatormodell) $\boxed{2\frac{1}{2}} \to \cdot 3 \to \boxed{\frac{6}{\frac{3}{2}}} \to \boxed{7\frac{1}{2}}$ |
| B VI 3 3.1 Erkennen, daß das Produkt von Brüchen stets kleiner ist als der Ausgangswert<br><br>Verständnis für das Multiplikationsverfahren Bruch mal Bruch an einem Erklärungsmodell, entweder<br>a) im Teil-Modell, oder<br>b) im Operatormodell<br><br>Erkennen, daß für die Multiplikation von Brüchen gilt<br>Zähler mal Zähler<br>Nenner mal Nenner<br><br>Fähigkeit, die Regel anzuwenden | − Multiplizieren von Brüchen mit Brüchen an konkreten Beispielen<br>− Vergleich der Handlungsweise mit der Schreibweise<br>− Vergleich der Sprechweise "von" mit "mal"<br>$\frac{3}{4}$ mal $\frac{7}{10}$ = $\frac{3}{4}$ von $\frac{7}{10}$<br>− Finden der Regel<br>Zähler mal Zähler<br>Nenner mal Nenner<br>durch Vergleich der Anfangs- und Endzustände<br>− Einübung des Verfahrens | Einführung am Teil-Modell<br>− Vergleich mit Multiplikation mit einer ganzen Zahl<br>10 Päckchen Achtel-kg Butter werden verkauft<br>$\frac{1}{8} \cdot 10 = \frac{10}{8}$<br><br>− Gegenüberstellung der Multiplikation Bruch · Bruch<br>$\frac{1}{2}$ Päckchen Achtel-kg Butter soll in den Teig<br>$\frac{1}{8} \cdot \frac{1}{2} = \frac{1}{16}$<br><br>Einführung am Operator-Modell<br>Eingabe − Operator − Ausgabe<br>$\boxed{\frac{1}{8}} \to \cdot\frac{1}{2} \to (\cdot 1)(\,:2\,) \to \boxed{\ }$<br>Die Bruchzahl wird mit dem Zähler multipliziert, anschließend mit dem Nenner dividiert<br><br>− Nachweis und Übung an verschiedenen Repräsentanten: kontinuierlichen Größen, gegliederten Einheiten, Mengen mit zeichnerischer Darstellung |

| GZ | Feinziele | Lerninhalte | Unterrichtsverfahren |
|---|---|---|---|
| B VI 3 3.2 | Erkennen, daß sich Bruchzahlen wie natürliche Zahlen dividieren lassen. Verständnis, daß für die Division (Bruch durch natürliche Zahl) gilt: Zähler durch Divisor Nenner bleibt | Division mit einer ganzen Zahl am konkreten Bruch aufzeigen: Grundverständnis: Zähler (= Anzahl der Teile) ist teilbar. Der Zähler wird durch die ganze Zahl dividiert | a) Der Zähler ist teilbar Aufgabe: $\frac{3}{4}$ m Band durch 3 teilen Lösung: $\frac{3}{4}$ m : 3 = $\frac{1}{4}$ m |
| B VI 3 3.2 | Erkennen, daß bei der Division (Bruch durch natürliche Zahl) der Vorgang der Erweiterung des Bruches mit dieser Zahl zwischengeschaltet wird | Darstellen an gegenständlicher Abbildung und vorsichtige Ablösung der Handlungsvorschriften. Die Bruchzahl wird mit dem Divisor erweitert bzw. Der Nenner wird mit dem Divisor multipliziert | b) Der Zähler ist nicht teilbar Aufgabe: $\frac{1}{2}$ Tafel Schokolade unter 3 Kinder verteilen: Ausgangsbruch — erweitern mit Divisor — dividieren Ergebnisbruch $\frac{1}{2}$ →(·3/·3)→ $\frac{3}{6}$ →(:3)→ $\frac{1}{6}$ |
| B VI 3 3.2 | Erkennen, daß sich Bruchzahlen durch Bruchzahlen teilen (messen) lassen, wenn ihre Nenner übereinstimmen | Brüche mit gleichen Nennern können dividiert werden wie natürliche Zahlen. Zähler : Zähler | 24 Becher Joghurt (je $\frac{1}{8}$ l) sollen in Dreier-Packungen ($\frac{3}{8}$ l) eingeteilt werden. $\frac{24}{8} : \frac{3}{8} = 8$ dasselbe wie 24 : 3 = 8 |

282

| GZ | Feinziele | Lerninhalte | Unterrichtsverfahren |
|---|---|---|---|
| B VI 3 3.2 | Erkennen, daß Dividend und Bruch-Divisor vor der Operation des Dividierens gleichnamig sein müssen | An einem ausführlichen Demonstrationsmodell wird das Divisionsverfahren mit einem Bruch dargestellt. Der Dividend wird mit dem Divisor gleichnamig gemacht. Gleichnamige Brüche können dividiert werden wie natürliche Zahlen (Zähler : Zähler) | Aufgabe: 6 l Himbeersaft sollen in $\frac{3}{4}$ l Flaschen abgefüllt werden $\frac{3}{4}$ l in 6 l = ☐ mal   6 : $\frac{3}{4}$ = ☐  Ausgangszahl → Operator → Ergebniszahl   6 — ($\cdot\frac{4}{4}$) → umformen in Viertel! $\frac{24}{4}$ — 3 Viertel zusammenfassen! — ($:\frac{3}{4}$) → 8 Fl. |
| B IV 3 3.2 | Verständnis für die Kehrwert-Formel beim Dividieren durch Bruchzahlen | Das Verfahren des Gleichnamigmachens und Dividierens kann verkürzt werden: Die Multiplikation mit dem Kehrwert des Bruch-Divisors führt zum gleichen Ergebnis   Begriff: $\boxed{:\frac{\text{Zähler}}{\text{Nenner}}} \Longleftrightarrow \boxed{\cdot\frac{\text{Nenner}}{\text{Zähler}}}$  Kehrwert | Gewinnung des Begriffs "Kehrwert" aus einer Übersicht   ($:\frac{3}{4}$) $\Longleftrightarrow$ ($\cdot\frac{4}{3}$) ← Kehrwert   6 — ($:\frac{3}{4}$) → 8   6 — ($\cdot\frac{4}{4}$)($:\frac{3}{4}$) → 8   6 — ($\cdot 4$)($:3$) → 8   6 — ($\cdot\frac{4}{3}$) → 8 |

2.4 Einführung in das Rechnen mit Dezimalbrüchen

| GZ | Feinziele | Lerninhalte | Unterrichtsverfahren |
|---|---|---|---|
| B VII 1 1.1 1.2 | Kenntnis der Dezimalschreibweise als eine Spezialform bestimmter Bruchzahlen / Wissen der neuen Sprechweise / Sicherheit in der Unterscheidung der Dezimalstufen mit und ohne Raster | Kennenlernen der Kommaschreibweise als Spezialform der Darstellung von Zehnerbrüchen / Das Komma trennt Ganze (links) von den Dezimalen (rechts) | - Gemeine Brüche mit den Nennern 10, 100, 1000 … in der Dezimalform anschreiben: $\frac{3}{10} = 0,3;\quad \frac{3}{100} = 0,03$ <br> - Sprechweise einführen: 3 Komma 4 - 1 - 8 - 9 (3,4189) <br> - Schreibweise und Stellenwert sichern <br><br> $\frac{3}{100} = 0,03\qquad \frac{3}{10} = 0,3$ <br><br> $3,4189 = 3\text{ Ganze} + 4z + 1h + 8t + 9zt$ <br> $\qquad\quad = 3 + \frac{4}{10} + \frac{1}{100} + \frac{8}{1000} + \frac{9}{10000}$ <br><br> \| M \| Ht \| Zt \| T \| H \| Z \| E \|\| $\frac{z}{10}$ \| $\frac{h}{100}$ \| $\frac{t}{1000}$ \| $\frac{zt}{10\,000}$ \| $\frac{ht}{100\,000}$ \| |
| B VII 1 1.2 | Fertigkeit, gemeine Brüche in Dezimalbrüche mit Kommaschreibweise zu übertragen | Übertragung gemeiner Brüche in Dezimalbrüche durch Erweitern (beschränkt möglich, daher weniger bedeutsam) / Übertragung durch Dividieren: Zähler : Nenner | - Konkretes Arbeiten mit dem Meterstab und anderen Maßen und Gewichten: $\frac{1}{4} = \frac{25}{100} = 0,25\qquad 0,04 = \frac{4}{100} = \frac{1}{25}$ <br> - Übung der Fertigkeit, Bruchzahlen ($\frac{1}{2}, \frac{1}{4}, \ldots \frac{1}{5}, \frac{1}{10}, \ldots$) in Dezimalzahlen zu übersetzen <br> - Durchführung der Division $\frac{1}{4} = 1 : 4 = 0,25$ <br> - Übung im Auf- und Abrunden bei unendlichen Dezimalbrüchen (im Zusammenhang mit vorgegebenen Größen) |
|  | Vorbereitung der Kenntnis, daß Hundertstel als Vergleichsbrüche gebraucht werden | Vergleich beliebiger Zahlen durch Bruchzahlen / Vergleich in Hundertsteln bei einfachen Zahlverhältnissen | - Beispiel: Gerd hatte 12 DM Taschengeld; ausgegeben 9 DM <br><br> ●●●●●●●●●○○○  $1\text{ DM} = \frac{1}{12}$ von 12 DM $\qquad 9\text{ DM} = \frac{9}{12}$ von 12 DM <br><br> - Übertragung der Beispiele in Dezimalzahlen durch Dividieren: <br> $9 : 12 = 0,75 = \frac{75}{100}$ des gesamten Geldes |

| GZ | Feinziele | Lerninhalte | Unterrichtsverfahren |
|---|---|---|---|
| B VII 1.3 | Erkennen, daß Dezimalwerte darstellen, Quotienten, die nicht restlos gelöst sind<br>Sicherheit im Anwenden der Rundungsvorschriften | Auf- und Abrunden auf sinnvolle Genauigkeit je nach vorgegebener Größe | - Durchführen der Division um 1 Dezimalstelle weiter als es die Maßeinheit erfordert<br>Beispiel: $7\,DM : 12 = 0{,}583\,DM \approx 0{,}58\,DM$<br>- Durchführen des Rundens entsprechend der Endzahl<br>- Beachten des Faktors für Ungenauigkeit |
| B VII 2.1 | Erkennen, daß sich Dezimalbrüche wie natürliche Zahlen addieren und subtrahieren lassen<br>Sicherheit in der Anwendung der Komma-Regel | Additionen und Subtraktionen neben- und untereinander stehender Dezimalbrüche<br>Komma unter Komma | - Bewußtmachen und Überwinden grundschulgemäßer Rechenmethoden (Umwandeln von DM in Pf, u. ä.) vor dem Ausrechnen<br>- Rekapitulieren, daß sich gleichnamige Brüche ohne weiteres addieren und subtrahieren lassen<br>- Anwenden und Üben unter Verwendung der Stellentafel und ohne Stellentafel |
| B VII 3.1 | Fähigkeit, Bruchzahlen in Dezimalschreibweise mit ganzen Zahlen zu multiplizieren | Multiplikation eines Dezimalbruchs mit einer ganzen Zahl<br>Stellen rechts des Kommas bleiben gleich | - Aufgabe: 1 kg Ware kostet 0,45 DM. Wieviel kosten 5 kg?<br>$0{,}45\,DM \cdot 5 = \frac{45 \cdot 5}{100} = \frac{225}{100} = 2\frac{25}{100} = 2{,}25\,DM$<br>- Vereinfachung: Multiplizieren unter Nichtbeachtung des Kommas, nachträgliches Einsetzen des Kommas |
| B VII 3.1 | Fähigkeit, bei Multiplikationen mit Zahlen des Zehnersystems das Komma richtig zu setzen | Multiplikation mit 10, 100, 1000 usw.<br>Das Komma rückt um die Anzahl der Nullen des Multiplikators nach rechts | - Erarbeiten der Regel über das Bruchrechnen<br>$1{,}36 \cdot 10 = \frac{136 \cdot 10}{100} = \frac{1360}{100} = 13\frac{60}{100} = (13\frac{6}{10}) = 13{,}6$<br>$1{,}36 \cdot 100 = \frac{136 \cdot 100}{100} = \frac{13600}{100} = 136$<br>$1{,}36 \cdot 1000 = \frac{136 \cdot 1000}{100} = \frac{136000}{100} = 1360$ |
| B VII 3.1 | Fähigkeit, Produkte von Dezimalbrüchen mit bei richtiger Anwendung der Komma-Regel herzustellen | Multiplikation von Dezimalbrüchen mit Dezimalbrüchen<br>Vom Produkt so viele Dezimalstellen von rechts abstreichen, als die Faktoren zusammen haben | - Erarbeiten der Regel über das Bruchrechnen<br>Aufgabe: Rasenanlage 6,25 m lang, 4,5 m breit. Größe?<br>$6{,}25\,m \cdot 4{,}5\,m = \frac{625}{100} \cdot \frac{45}{10} = \frac{28125}{1000} = 28{,}125\,m^2$<br>- Vergleich mit normaler Multiplikation und Erfassen der Regel |

| GZ Feinziele | Lerninhalte | Unterrichtsverfahren |
|---|---|---|
| B VII Fähigkeit, das Dividieren natürlicher Zahlen in den Bereich der Dezimalbrüche fortzusetzen 3.2 | Beim Dividieren natürlicher Zahlen entstandene "Reste" ganzer Zahlen werden im Dezimalsystem weiterbearbeitet — Umwandlung von Brüchen in Dezimalbrüche | — Wiederholung und Sicherung<br>— Übung (bis zur Geläufigkeit) der Umwandlung von Halben, Vierteln, Achteln und Fünfteln in Dezimalbrüche und zurück<br>— Sicherung der Fähigkeit, Brüche durch Division in Dezimalbrüche zu übertragen<br>— Einsichtgewinnung über das Bruchrechnen<br>Aufgabe: 16,45 m Band in 7 gleiche Stücke schneiden |
| B VII Fähigkeit, Dezimalbrüche durch natürliche Zahlen zu dividieren 3.2 | Dividieren eines Dezimalbruchs durch eine natürliche Zahl<br><br>Beim Überschreiten das Komma in das Ergebnis setzen<br><br>Division von Dezimalbrüchen durch 10, 100, 1000 usw.<br><br>Das Komma rückt um die Zahl der Nullen nach links | $\boxed{16,45 \text{ m} : 7} = \frac{1645}{100 \cdot 7} = \frac{265}{100} = 2\frac{65}{100} = \boxed{2,65}$<br>— Einsichtgewinnung über das Bruchrechnen<br>$13,6 : 10 = \frac{136}{10 \cdot 10} = \frac{136}{100} = 1,36$<br>$13,6 : 100 = \frac{136}{10 \cdot 100} = \frac{136}{1000} = 0,136$<br>$13,6 : 1000 = \frac{136}{10 \cdot 1000} = \frac{136}{10000} = 0,0136$ |
| B VII Fähigkeit, mit dem Dezimalbruch - Divisor einsichtig umzugehen 3.5 Fähigkeit (und Fertigkeit), die Kommavorschrift regelhaft anzuwenden | Division von Dezimalbrüchen durch Dezimalbrüche<br><br>Komma aus dem Divisor!<br>Erweitern beider Dezimalbrüche! | — Wiederholung der Divisionsregel aus dem Bruchrechnen: Nenner des Divisors bestimmt die Erweiterung des Dividenden<br>— Aufgabe: Das Rechteck ist 7,68 dm² groß. Breite 2,4 dm. Welche Länge?<br>$7,68 : 2,4 = \frac{768}{100} : \frac{24}{10} = \frac{768}{100} : \frac{240}{100}$<br>$76,8 : 24 = 3,2$      Lösung mit Regelanwendung      $= 3,2$ dm |

# Karl-Heinz Kolbinger
# Prozent- und Zinsrechnen

| | | |
|---|---|---|
| 1. | Didaktische Grundlegung | 288 |
| 1.1 | Ursprung der Prozent- und der Zinsrechnung | 288 |
| 1.2 | Mathematische Grundlegung | 288 |
| 1.3 | Zeichnerische Darstellungsmöglichkeiten | 288 |
| 1.4 | Größen und Grundaufgaben | 289 |
| 1.5 | Lösungsmethoden der Grundaufgaben | 289 |
| 1.6 | Hinweise zur Verwendung der Lösungsmethoden | 292 |
| 2. | Übersicht über den nachfolgenden Lehrgang unter Berücksichtigung der neuen Lehrpläne für Mathematik | 293 |
| 2.1 | Lernziele in der 6. Jahrgangsstufe | 293 |
| 2.2 | Lernziele in der 7. Jahrgangsstufe | 293 |
| 2.3 | Lernziele in der 8. Jahrgangsstufe | 293 |
| 2.4 | Lernziele in der 9. Jahrgangsstufe | 294 |
| 3. | Lehrgang | 294 |
| 3.1 | Einführung in den Prozentbegriff | 294 |
| 3.2 | Lösen der drei Grundaufgaben | 296 |
| 3.3 | Veranschaulichung von Prozentaufgaben in Schaubildern | 297 |
| 3.4 | Vorteilhaftes und überschlagendes Rechnen mit Prozentsätzen | 298 |
| 3.5 | Promillerechnungen | 299 |
| 3.6 | Lösung der drei Grundaufgaben mit der Verhältnisgleichung | 300 |
| 3.7 | Vermehrter oder verminderter Grundwert | 301 |
| 3.8 | Prozentrechnung unter dem Aspekt der proportionalen Zuordnung | 302 |
| 3.9 | Einführung in das Zinsrechnen und Berechnen der Zinsen | 303 |
| 3.10 | Lösen der vier Grundaufgaben der Zinsrechnung | 303 |
| 3.11 | Herleitung und Anwendung der Zinsformel | 305 |
| 3.12 | Zinseszinsberechnungen | 305 |
| 4. | Literatur | 306 |

# 1. Didaktische Grundlegung

## 1.1 Ursprung der Prozent- und der Zinsrechnung

In sehr vielen Gebieten des täglichen Lebens trifft man den Begriff Prozent an. Vorwiegend findet man ihn im kaufmännischen Bereich. Hier ist auch der Ursprung des Prozentrechnens zu suchen. Es wurde in dem Land geprägt, das lange Zeit als Schule für den Kaufmann galt. Im 15. Jahrhundert entstanden in Italien auch die heute noch im Bankwesen gebräuchlichen Begriffe: Z.B. Agio: Aufgeld; der Mehrbetrag eines Wertpapieres gegenüber seinem Nennwert; Konto (-korrent): die (laufende) Rechnung; Diskonto und verkürzt Skonto: Abzug an der Rechnung; Giro: Kreislauf für den unbaren Zahlungsverkehr.

Das Prozentzeichen "%" entstand aus der Abkürzung "p c $^{\text{o}}$" von per cento (von Hundert) durch Zusammenziehung von $^{\text{c}}$to zu %. Älter als der Prozentbegriff ist der Zinsbegriff. Er ist zurückzuführen auf das lateinische Wort "census", das mit Schätzung, Steuerabgabe übersetzt werden kann. In der Zeit, in der Darlehen überwiegend dem unmittelbaren Verbrauch dienten, bestanden Zinsverbote, da Zinsen in dieser Notlage für unmoralisch galten. Das Zinsnehmen selbst ist jedoch noch älter als das lateinische Wort "census", siehe dazu 3. Buch Mose, 25, V 36, 37. Mit der Entwicklung der Geldwirtschaft wurden jedoch die Darlehen mehr und mehr als ertragbringendes Kapital verwandt. Daher ist es jetzt auch gerechtfertigt, daß der Darlehensgeber in Form von Zinsen Vorteile erhält.

## 1.2 Mathematische Grundlegung

Beim Prozentrechnen wird keine Zahlbereichserweiterung vorgenommen. Eine Zahlbereichserweiterung vergrößert einerseits die Rechenmöglichkeiten in einem bestimmten Zahlbereich, andererseits wird der vorhandene Zahlbereich zu einem umfassenderen erweitert, so wird z.B. bei der Einführung der ganzen Zahlen jede Subtraktion mit natürlichen Zahlen, bei der Einführung der rationalen Zahlen jede Division mit natürlichen Zahlen ausführbar. Das Prozentrechnen hingegen ist eine besondere Art des Vergleichens. Während die bisher gelösten Aufgaben der proportionalen wie der umgekehrten proportionalen Abhängigkeiten eine wirklichkeitsbezogene Zuordnung von Zahlen und Dingen zuließen, wird beim Prozentrechnen eine Einheit, von der Teile berechnet werden, gleich Hundert gesetzt und diese Teile auf diese Einheit bezogen. Ebenso wie bei proportionalen und umgekehrt proportionalen Aufgaben ist nur der relative Vergleich durch Quotientenbildung von Bedeutung. Der absolute Vergleich durch Differenzbildung ist bedeutungslos. Beim Prozentrechnen ist es bei diesem relativen Vergleich üblich, den Nenner des Vergleichsbruches mit 100 anzugeben (bei Promilleaufgaben: Nenner 1 000; Karate bei Goldwaren: Nenner 24; Lot bei Silberwaren: Nenner 16).

Das Zinsrechnen ist eine erweiterte Prozentrechnung, da als weitere Größe die Zeitdauer des Zinslaufes berücksichtigt wird. In Deutschland, in der Schweiz und den nordischen Staaten wird der Monat zu 30, das Jahr zu 360 Tagen gerechnet. Dagegen werden in England und in den Vereinigten Staaten meist die Tage kalendermäßig ausgezählt, während in den übrigen Staaten meist das Jahr zu 360 Tagen, die Monate aber kalendermäßig berechnet werden.

## 1.3 Zeichnerische Darstellungsmöglichkeiten

Die Prozentaufgaben können wie die Bruchzahlen durch Rechtecke, Streifen, Kreissektoren dargestellt werden, da sie im Nenner des Vergleichsbruches immer die Zahl 100 haben.

Die einzelnen Darstellungsmöglichkeiten besitzen bestimmte Vor- und Nachteile: Kreisdarstellung: Vorteilhaft wirkt sich die Zentrierung um den Mittelpunkt aus, dadurch ist lagemäßig keine Auszeichnung der einzelnen Teile möglich. Nachteilig wirkt sich die meist komplizierte Berechnung der Winkelgröße und das Zeichnen des Winkels nach der berechneten Winkelgröße aus. 100 % $\widehat{=}$ 360°; 1 % $\widehat{=}$ 3,6°; 17,3 % $\widehat{=}$ 62,28°).

Streifendarstellung: Mit ihr lassen sich auch Prozentsätze über 100 % darstellen. Bei der Darstellung empfehlen sich Streifen, bei denen 100 % einer Streifenlänge von 100 mm entsprechen. Wird diese Angabe nicht berücksichtigt, so sind auch hier komplizierte Berechnungen notwendig, z.B. 100 % $\widehat{=}$ 72 mm; 1 % $\widehat{=}$ 0,72 mm; 17,3 % $\widehat{=}$ 12,456 mm.

Rechteckdarstellung: Sie ist besonders dann empfehlenswert, wenn der Vergleichsbruch gekürzt werden kann, z.B. 15 % = $\frac{15}{100}$ = $\frac{3}{20}$ (5 Kästchen lang, 4 Kästchen breit).

Sehr häufig wird die Quadratdarstellung (Hunderterblatt bzw. Prozentblatt) mit 10 mal 10 Kästchen verwendet. (100 % entsprechen dem Flächeninhalt des Quadrates; 1 % entspricht dem Flächeninhalt eines Kästchens; 17 % entsprechen 17 Kästchen). Nachteilig wirkt sich bei dieser Darstellung aus, daß der unmittelbare Vergleich nicht um den Mittelpunkt zentriert ist.

```
          17,3%
          ≙ 62,28°
82,7%
≙ 297,72°
```

```
100 mm
17,3 %        82,7 %
≙ 17,3 mm    ≙ 82,7 mm
```

```
72 mm
17,3 %        82,7 %
≙ 12,456 mm  ≙ 59,544 mm
```

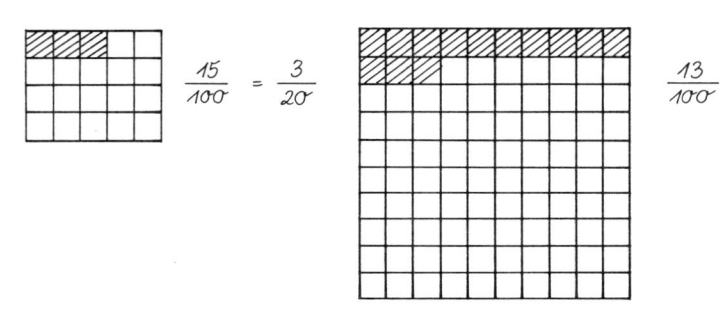

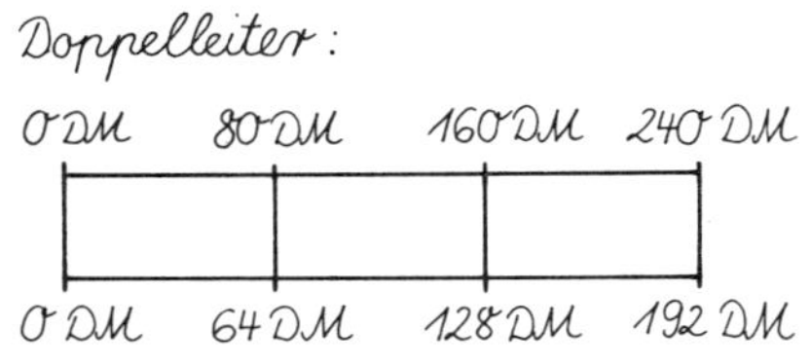

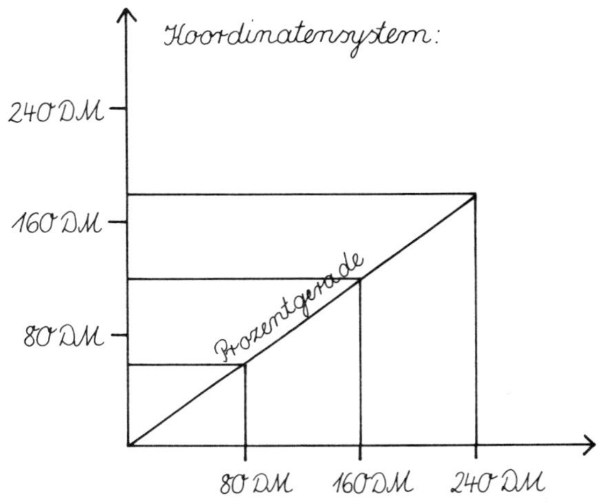

## 1.4 Größen und Grundaufgaben

Die Vergleichsbrüche mit dem Nenner 100 erhielten die Bezeichnung Prozent und das Zeichen "%". Der Zähler des Hundertstelbruches heißt Prozentsatz (auch Prozentfuß bzw. Prozentzahl genannt). Immer ist ein Bezugsganzes gegeben: der Grundwert. Von diesem Ganzen wird ein Teil berechnet: der Prozentwert. Die Größen der Prozentrechnungen sind also: Prozentsatz p, Grundwert G, Prozentwert P. Wenn zwei dieser Größen gegeben sind, läßt sich die dritte berechnen. Es ergeben sich damit beim Prozentrechnen drei Grundaufgaben:

|  | 1. Grundaufgabe | 2. Grundaufgabe | 3. Grundaufgabe |
|---|---|---|---|
| gegeben | Grundwert | Grundwert | Prozentsatz |
|  | Prozentsatz | Prozentwert | Prozentwert |
| gesucht | Prozentwert | Prozentsatz | Grundwert |

Beim Zinsrechnen gibt es vier Grundbegriffe: Kapital (Grundwert), Zinsen (Prozentwert), Zinssatz (Prozentsatz) und Zeit. Deshalb gibt es auch vier Grundaufgaben.

|  | 1. Grundaufgabe | 2. Grundaufgabe | 3. Grundaufgabe | 4. Grundaufgabe |
|---|---|---|---|---|
| gegeben | Kapital | Kapital | Zinssatz | Kapital |
|  | Zinssatz | Zinsen | Zinsen | Zinssatz |
|  | Zeit | Zeit | Zeit | Zinsen |
| gesucht | Zinsen | Zinssatz | Kapital | Zeit |

## 1.5 Lösungsmethoden der Grundaufgaben

In der traditionellen Didaktik werden die Grundaufgaben mit dem Dreisatzverfahren oder mit Hilfe der Verhältnisgleichung gelöst. In der modernen Didaktik gewinnt die Anwendung des Operatormodells immer mehr Raum. Außerdem werden in der herkömmlichen Didaktik je nach Auffassung des Prozentbegriffes Unterschiede gemacht, die in der modernen Didaktik nicht mehr anzutreffen sind (vgl. 1.5.1).

Die folgenden Größenangaben werden in 1.5 immer wieder verwendet:

Prozentaufgabe:
Grundwert: 400 DM; Prozentsatz: 15 %; Prozentwert: 60 DM

Zinsaufgabe:
Kapital: 180 DM; Zinssatz: 4 %; Zeit: 8 Monate; Zinsen: 4,80 DM

---

$\frac{15}{100} = \frac{3}{20}$

$\frac{13}{100}$

Weitere graphische Darstellungen sind: Doppelleiter und das Koordinatensystem. Beide Darstellungen werden zum Aufzeigen von funktionalen Zusammenhängen angewandt. Die Doppelleiter ist das graphische Gegenstück zur Wertetafel. Sie entsteht durch Aneinanderlegen zweier Skalen. Es genügt zu ihrer Herstellung bereits die Kenntnis eines Wertepaares. Auf den beiden parallel laufenden Leitern werden die beiden Punkte des Wertepaares so festgelegt, daß sie genau gegenüberliegen. Aus der Doppelleiterdarstellung läßt sich durch Senkrechtstellen einer Leiter leicht das Koordinatensystem (Achsenkreuz) herstellen.

Beispiel:
Alter Preis: 240 DM, Preisermäßigung 20 %, neuer Preis 192 DM.

Doppelleiter:

0 DM   80 DM   160 DM   240 DM

0 DM   64 DM   128 DM   192 DM

Koordinatensystem:

## 1.5.1 Zwei verschiedene Prozentauffassungen

Je nach Deutung des Prozentbegriffes wurde die "Hundertstelauffassung" und die "Vom-Hunderter-Auffassung" zuerst angenommen, daß nur 100 DM vorhanden sind. Von 100 DM erhält man 15 DM. Wieviel erhält man bei einem Betrag von 400 DM? Es wird bei dieser Auffassung von einem hypothetischen Sachverhalt auf einen vorgegebenen Sachverhalt geschlossen.

Bei der "Hunderstelauffassung" vergleicht man (mit einem Vergleichsbruch) den Gesamtwert mit einem Teil:
$$\frac{60}{400} = \frac{15}{100} = 15\,\%$$

Da durch fehlendes hypothetisches Denkvermögen für den Schüler die "Vom-Hunderter-Auffassung" immer wieder Schwierigkeiten ergab, wurde in den letzten Jahren diese Behandlung immer mehr zugunsten der "Hundertstel-Auffassung" zurückgedrängt. Die "Vom-Hunderter-Auffassung" wird daher im folgenden nicht weiter berücksichtigt.

## 1.5.2 Lösung der Grundaufgaben mit Hilfe der Dreisatzrechnung

In einer Dreisatzaufgabe sind von zwei Größen drei Werte gegeben, der vierte ist zu berechnen. Es ist dabei notwendig, von einer Mehrheit über die Einheit auf eine andere Mehrheit zu schließen. Im Unterricht werden am Anfang drei Rechensätze festgehalten. Später wird der mittlere Satz nicht mehr aufgeschrieben. Es wird nur noch der Bedingungssatz und dann der Fragesatz notiert.

**Prozentwert gesucht:**
15 % von 400 DM ≙ ☐ DM

100 % ≙ 400 DM
15 % ≙ x DM

$$x = \frac{400\,DM \cdot 15}{100} = 60\,DM$$

**Prozentsatz gesucht:**
☐ % von 400 DM = 60 DM

400 DM ≙ 100 %
60 DM ≙ x %

$$x = \frac{100 \cdot 60\,DM}{400\,DM} = 15$$

**Grundwert gesucht:**
15 % von ☐ DM = 60 DM

15 % ≙ 60 DM
100 % ≙ x DM

$$x = \frac{60\,DM \cdot 100}{15} = 400\,DM$$

Bei allen Aufgaben der Zinsrechnung werden zuerst die Zinsen für 1 Jahr berechnet. In einem zweiten Schritt erfolgt die Bestimmung der gesuchten Größe.

**Zinsen gesucht:**

*Berechnung der Jahreszinsen:*
100 % ≙ 180 DM
4 % ≙ x DM

$$x = \frac{180\,DM \cdot 4}{100} = 7{,}20\,DM$$

*Berechnung der Zinsen:*
12 Monate ≙ 7,20 DM
8 Monate ≙ x DM

$$x = \frac{7{,}20\,DM \cdot 8}{12} = 4{,}80\,DM$$

**Zinssatz gesucht:**

*Berechnung der Jahreszinsen:*
8 Monate ≙ 4,80 DM
12 Monate ≙ x DM

$$x = \frac{4{,}80\,DM \cdot 12}{8} = 7{,}20\,DM$$

*Berechnung des Zinssatzes:*
180 DM ≙ 100 %
7,20 DM ≙ x %

$$x = \frac{100 \cdot 7{,}20\,DM}{180\,DM} = 4$$

**Kapital gesucht:**

*Berechnung der Jahreszinsen:*
8 Monate ≙ 4,80 DM
12 Monate ≙ x DM

$$x = \frac{4{,}80\,DM \cdot 12}{8} = 7{,}20\,DM$$

*Berechnung des Kapitals:*
4 % ≙ 7,20 DM
100 % ≙ x DM

$$x = \frac{7{,}20\,DM \cdot 100}{4} = 180\,DM$$

**Zeit gesucht:**

*Berechnung der Jahreszinsen:*
100 % ≙ 180 DM
4 % ≙ x DM

$$x = \frac{180\,DM \cdot 4}{100} = 7{,}20\,DM$$

*Berechnung der Zeit:*
7,20 DM ≙ 12 Monate
4,80 DM ≙ x Monate

$$x = \frac{12 \cdot 4{,}80\,DM}{7{,}20\,DM} = 8$$

## 1.5.3 Lösung der Grundaufgaben über die Verhältnisgleichung

Bei der Verhältnisgleichung wird der Wert des Quotienten aus Prozent- und Grundwert dem Wert des Quotienten aus der Prozentzahl und dem Nenner 100 gleichgesetzt.

**Grundgleichung:**
$$\frac{Prozentwert}{Grundwert} = \frac{Prozentzahl}{100} \qquad \frac{p}{g} = \frac{n}{100}$$

| Prozentwert gesucht | Prozentsatz gesucht | Grundwert gesucht |
|---|---|---|
| $\dfrac{x}{400} = \dfrac{15}{100}$ | $\dfrac{60}{400} = \dfrac{x}{100}$ | $\dfrac{60}{x} = \dfrac{15}{100}$ |
| $x \cdot 100 = 400 \cdot 15$ | $60 \cdot 100 = x \cdot 400$ | $60 \cdot 100 = 15 \cdot x$ |
| $x = \dfrac{400 \cdot 15}{100}$ | $x = \dfrac{60 \cdot 100}{400}$ | $x = \dfrac{60 \cdot 100}{15}$ |
| $x = 60$ | $x = 15$ | $x = 40$ |

Beim Zinsrechnen müssen zwei Verhältnisgleichungen aufgestellt werden. Auch hier müssen zuerst die Jahreszinsen berechnet werden.

Grundgleichungen: $\dfrac{\text{Jahreszinsen}}{\text{Kapital}} = \dfrac{\text{Zinssatz}}{100}$   $\dfrac{\text{Zinsen}}{\text{Jahreszinsen}} = \dfrac{\text{Anzahl der Zinsmonate}}{\text{Anzahl der Monate im Jahr}}$

Zinsen gesucht:

$\dfrac{x}{180} = \dfrac{4}{100}$       $\dfrac{y}{7,20} = \dfrac{8}{12}$

$x = 7,20$        $y = 4,80$

Zinssatz gesucht:

$\dfrac{4,80}{180} = \dfrac{8}{12}$      $\dfrac{7,20}{180} = \dfrac{y}{100}$

$x = 7,20$        $y = 4$

Zeit gesucht:

$\dfrac{4,80}{x} = \dfrac{8}{12}$      $\dfrac{7,20}{y} = \dfrac{4}{100}$

$x = 7,20$        $y = 180$

Kapital gesucht:

$\dfrac{x}{180} = \dfrac{4}{100}$      $\dfrac{4,80}{7,20} = \dfrac{y}{12}$

$x = 7,20$        $y = 8$

## 1.5.4 Lösung mit Hilfe des Operatormodells

Operator, Funktion und Abbildung werden synonym verwendet. Bei diesen drei Begriffen ist ein Definitionsbereich und ein Bildbereich vorhanden. Durch die Operatorvorschrift, Funktionsvorschrift bzw. Abbildungsvorschrift werden Elemente aus dem Definitionsbereich Elementen des Bildbereiches zugeordnet und zwar wird jedem Element des Definitionsbereichs ein und nur ein Element des Bildbereiches zugeordnet. Auch beim Prozentrechnen ordnet der Prozentoperator (der Bruchoperator mit dem Nenner 100) dem Grundwert (Definitionsbereich) den Prozentwert (Bildbereich) zu. Der Prozentoperator bildet den Grundwert auf den Prozentwert ab. Grundwert und Prozentwert müssen deshalb den gleichen Größenbereich besitzen. Beim Zinsrechnen wirken zwei Operatoren auf die Eingabe-Größe ein: der Zinsoperator und der Zeitoperator.

Operatorschema für Prozentaufgaben:   $G \xrightarrow{\cdot\frac{p}{100}} P$

| Prozentwert gesucht | Prozentsatz gesucht | Grundwert gesucht |
|---|---|---|
| $400\ DM \xrightarrow{\cdot\frac{15}{100}} \Box$ | $400\ DM \xrightarrow{\cdot\frac{x}{100}} 60\ DM$ | $\Box \xrightarrow{\cdot\frac{15}{100}} 60\ DM$ |
| Lösung: | Lösung: | Lösung: |
| $400\ DM \cdot 15 = 60\ DM$ | $400\ DM : 100 \cdot 4\ DM$ $60\ DM : 4\ DM = 15$ | $60\ DM \cdot 100 : 15 = 400\ DM$ |

Operatorschema für Zinsaufgaben: $K \xrightarrow{\cdot\frac{p}{100}} \text{Jahreszinsen} \xrightarrow{\cdot\frac{\text{Zeit}}{\text{Jahreszinsen}}} \text{Zinsen}$

Zinsen gesucht:

$180\ DM \xrightarrow{\cdot\frac{4}{100}} \xrightarrow{\cdot\frac{8}{12}} DM$    Lösung: $180\ DM \cdot 4 : 100 \cdot 8 : 12 = 4,80\ DM$

Zinssatz gesucht:

$180\ DM \xrightarrow{\cdot\frac{x}{100}} \xrightarrow{\cdot\frac{8}{12}} 4,80\ DM$   Lösung: $180\ DM \cdot 100 \cdot 8 : 12 = 1,20\ DM$
$4,80\ DM : 1,20\ DM = 4$

Kapital gesucht:

$\Box\ DM \xrightarrow{\cdot\frac{4}{100}} \xrightarrow{\cdot\frac{8}{12}} 4,80\ DM$   Lösung: $4,80\ DM \cdot 12 \cdot 100 : 8 : 4 = 180\ DM$

Zeit gesucht:

$180\ DM \xrightarrow{\cdot\frac{4}{100}} \xrightarrow{\cdot\frac{x}{12}} 4,80\ DM$   Lösung: $180\ DM \cdot 4 : 100 : 12 = 0,60\ DM$
$4,80\ DM : 0,60\ DM = 8$

## 5.5.5 Lösungsmethoden für die zweite Grundaufgabe des Prozentrechnens

Prozentsatz durch Messen mit 1%:
Es wird zuerst der Prozentwert von 1% bestimmt, dann wird der Prozentwert mit dem Prozentwert von 1% gemessen.

$\left.\begin{array}{l}\Box\%\ \text{von}\ 400\ DM = 60\ DM \\ 1\%\ \text{von}\ 400\ DM = 4\ DM \\ 60\ DM : 4\ DM = 15\end{array}\right\}$ 15 % von 400 DM = 60 DM

Prozentsatz über den Vergleichsbruch:
Der Vergleichsbruch hat als Zähler die Zahl des Prozentwertes und als Nenner die Zahl des Grundwertes. Dieser Vergleichsbruch wird auf Hundertstel gebraucht. Dies ist bei Brüchen, deren Nenner nur die Primfaktoren 2 und 5 haben, durch Erweiterung möglich. Bei den anderen Brüchen ist dies möglich, wenn man durch Division von Zähler und Nenner einen Dezimalbruch erhält.

Erweitern:   $\dfrac{60}{400} = \dfrac{3}{20} = \dfrac{15}{100} = 15\ \%$

Dividieren:  $\dfrac{60}{400} = 60 : 400 = 0,15 = 15\ \%$

291

## 1.6 Hinweise zur Verwendung der Lösungsmethoden

Bei der Einführung des Prozentrechnens sind zunächst das Dreisatzverfahren und das Lösen mit Hilfe des Operatormodells möglich. Das Dreisatzverfahren ist den Schülern durch die Behandlung der proportionalen und umgekehrt proportionalen Zuordnungen bekannt.

### 1.6.1 Dreisatzverfahren

Das Dreisatzverfahren ist bei vielen Schülern nicht beliebt, da sie jeweils beim Anschreiben des Ansatzes bestimmte formale Anforderungen einhalten müssen: Sie müssen den Bedingungssatz (wenn 15 Eier 3, 90 DM kosten) zuerst aufschreiben, dann erst wird der Fragesatz (dann kosten 11 Eier ...) aufnotiert. Beim Fragesatz muß beachtet werden, daß die gesuchte Größe am Ende steht. Da jetzt gleiche Größenbezeichnungen untereinander sein sollten, passiert es häufig, daß der Ansatz noch einmal neu erstellt werden muß. Empfehlenswert ist die von Griesel aufgestellte Kurztabelle. Sie ist übersichtlicher und erfordert vor allem geringere formale Anforderungen. Es ist bei der Kurztabelle unbedeutend, an welcher Stelle die gesuchte Größe angeschrieben wird. Ebenso ist die Reihenfolge des Bedingungs- bzw. Fragesatzes nicht bindend. Mit Hilfe des Operatormodells kann das Anwenden von Multiplikation bzw. Division mühelos erkannt werden. (Griesel, Die Neue Mathematik für Lehrer und Studenten, Band 2, Schroedel Verlag, S. 221 ff.).

*Herkömmliche Dreisatzlösung*

Bedingungssatz: 15 Eier ≙ 3,90 DM
Mittelsatz: 1 Ei ≙ 3,90 DM : 15
Fragesatz: 11 Eier ≙ 3,90 DM : 15 · 11

11 Eier kosten 2,68 DM

*Kurztabelle*

| × | 11 Eier | 11 |
|---|---------|-----|
|   | 1 Ei    |     |
| 15 | 3,90 DM | 15 Eier |

3,90 DM : 15 · 11
= 2,86 DM

### 1.6.2 Operatormodell

Mit dem Operatormodell läßt sich aufzeigen, daß das Prozentrechnen eine besondere Bruchrechnung darstellt. Beim Dreisatzverfahren ist dieser Zusammenhang nicht leicht erkennbar. Der Prozentoperator ist ein Bruchoperator mit dem Nenner 100, der in einen Multiplikations- und einen Divisionsoperator zerlegt werden kann.

Das Operatormodell hat gerade für den Hauptschüler eine Reihe von Vorteilen:
1. Wurde im Bruchrechnen dieses Modell bereits angewandt, dann werden die Schüler beim Prozent- und Zinsrechnen mühelos dieses Instrument anwenden können. Der Umgang mit dem Operatormodell bringt für den Hauptschüler keine Schwierigkeiten. Fehler entstehen nicht vorwiegend durch rechentechnische Probleme, sondern durch falsches Zuordnen der dem Sachtext entnommenen Größen zu Eingabe, Prozentoperator, Ausgabe des Operatormodells.

2. Das Operatormodell trägt durch die Variationsmöglichkeit des Gegebenen und Gesuchten besonders dem Prinzip der Reversibilität Rechnung. Auch ist der Zusammenhang der Begriffe wird für die Schüler leicht überschaubar. Auch ist der Zusammenhang der drei Grundaufgaben durchsichtiger als beim Dreisatzverfahren.

3. Die aufzuwendende Unterrichtszeit zum Erarbeiten der Prozent- und Zinsaufgaben wird durch die gleiche Behandlung, die beim Bruchrechnen angewendet worden ist, wesentlich kürzer. Prozent- und Zinsrechnen werden dadurch zu einem Anhängsel der Bruchrechnung.

### 1.6.3 Verhältnisgleichung

Diese Lösungsmethode ist erst angebracht, wenn die Schüler das Verständnis dafür besitzen, daß zwei Verhältnisse, die den gleichen Wert haben, in Form einer Verhältnisgleichung ausgedrückt werden können. Der mathematische Vorteil dieser Lösungsmethode besteht darin, daß man die Grundaufgaben mit einer einzigen Verfahrensweise lösen kann. Zum Auflösen der Verhältnisgleichung nach der gesuchten Größe ist es notwendig, die Verhältnisgleichung zur Produktgleichung überzuleiten. Die Produktgleichung entsteht durch Überkreuzmultiplikation bzw. durch Multiplizieren mit dem Hauptnenner.

$$\frac{a}{b} = \frac{c}{d} \qquad a : b = c : d \qquad a \cdot d = b \cdot c$$

Innenglieder
Außenglieder

In jeder Proportion ist das Produkt der Außenglieder gleich dem Produkt der Innenglieder.

### 1.6.4 Auswahl der Lösungsmethoden

Im Unterricht sollte man sich nicht sofort für ein bestimmtes Lösungsverfahren entscheiden. Beim Einführen in die Prozentrechnung sollte nach Möglichkeit das Lösen nach dem Dreisatzverfahren und das Lösen mit dem Operatormodell angeboten werden. Es empfiehlt sich auch die zwei zusätzlichen Verfahren für das Lösen der zwei ten Grundaufgabe des Prozentrechnens zu behandeln: das Messen mit 1 %, sowie das Berechnen über den Vergleichsbruch. Später sollten die Grundaufgaben der Prozentrechnung auch noch mit der Verhältnisgleichung gelöst werden. Durch das Lösen der Prozent- und Zinsaufgaben nach verschiedenen Verfahrensweisen soll erreicht werden, daß die Beweglichkeit und die Selbständigkeit des rechnerischen Denkens erhalten und geschult werden. Außerdem wird durch den Vergleich der Lösungsmethoden ermöglicht, daß der Zusammenhang der Begriffe und der Zusammenhang der Grundaufgaben einsichtig werden.

Da die Hauptschule keine kaufmännische Berufsschule ist, sollten sich die Prozent- und Zinsrechnungen nicht nur im Anwenden von kaufmännischen Aufgabenstellungen erschöpfen, sondern es sollte wie bei den übrigen mathematischen Lerninhalten eine kognitive Förderung ermöglicht werden. Deshalb sollten auch diese Lerninhalte so angeboten werden, daß Lernen durch entdecken und einsichtiges Lernen möglich sind. U.a. sollten folgende kognitive Fähigkeiten angeregt werden: Begründen, beweisen, folgern, einordnen, finden, variieren, Daten anordnen, verschiedene Verfahren anwenden können ...

## 2. Übersicht über den nachfolgenden Lehrgang unter Berücksichtigung der neuen Lehrpläne für Mathematik

(CuLP Mathematik: 6. Jahrgangsstufe: KMBl 1976, Sondernummer 19
CuLP Mathematik: 7.-9. Jahrgangsstufe, KMBl 1977, Sondernummer 34)

### 2.1 Lernziele in der 6. Jahrgangsstufe (B x 2)

Einführung in den Prozentbegriff (B X 2.1)
Der Prozentbegriff wird als eine besondere Art des relativen Vergleichs eingeführt ("Hundertstelauffassung"). Zunächst wird ein beliebiger Bruch als Vergleichsbruch aufgestellt, dann wird der Vergleichsbruch mit Nenner 100 gebildet und schließlich erfolgt die Einführung der Prozentbezeichnungen: "Grundwert", "Prozentwert", "Prozentsatz". Übungen am Prozentblatt erweitern und vertiefen das Verständnis für die Begriffe und deren Zusammenhänge.

Lösen der Grundaufgaben mit Hilfe von Dreisatzverfahren und Operatordarstellung (LZ B X 2.2)

Jetzt wird die rechentechnische Bewältigung der Grundaufgaben entwickelt. Die Grundaufgaben werden nicht mehr wie früher isoliert voneinander betrachtet, sondern es soll möglichst auf eine operative Durcharbeitung geachtet werden. Erst dann wird auf ein systematisches Training der Grundaufgaben Wert gelegt.

### 2.2 Lernziele in der 7. Jahrgangsstufe (I 5)

Wiederholung der Prozentrechnung (I 5.1, 5.2)

Zunächst werden die Grundaufgaben wiederholt und systematisch trainiert. Für die mündliche Rechenfertigkeit und das überschlagende Rechnen ist das mühelose Beherrschen des Umformens von geläufigen Prozentsätzen (sowie Dezimalbrüchen) in Bruchzahlen notwendig.

Dann erfolgt die Übertragung der Prozentbegriffe auf Sachaufgaben. Durch die gewählten Sachbereiche stellen die Schüler fest, daß das Prozentrechnen nicht nur auf das Bankwesen beschränkt ist, sondern daß der Anwendungsbereich der Prozentaufgaben viel umfassender ist (Querverbindungen zur Arbeitslehre und anderen Sachunterrichtsfächern sollten dabei beachtet werden). Wichtig für das Bewältigen der Sachaufgaben ist die Erstellung graphischer Darstellungen (Kreis-, Streifen-, Säulendiagramme ...). Die beiden Begriffe des Preisnachlasses: Rabatt und Skonto werden in diesen Sachaufgaben verdeutlicht. Rabatt ist ein Abzug unabhängig von der Zeit, Skonto hingegen ist ein Abzug bei Bezahlung innerhalb einer festgesetzten Zeitspanne.

Einführung in die Promillerechnung (I 5.3)

Bei Prozentsätzen, die kleiner als 1% sind, wird der Bruchteil nicht in Prozenten sondern in Promillen angegeben. Die Einführung in die Promilleberechnung ergibt keine Schwierigkeiten, da die Tausendstelrechnung analog der Hunderstelrechnung erfolgt.

### 2.3 Lernziele in der 8. Jahrgangsstufe (I 3.)

Vertiefung der Prozentrechnung (I 3.1)

Für die Lerngruppe A der Schüler ist das Lösen der drei Grundaufgaben mit Hilfe der Verhältnisgleichung möglich, da diese Schüler bereits im Lernziel I 2.4 der 8. Jahrgangsstufe eine Fertigkeit im Verhältnisrechnen erwerben und daher auch im Aufstellen von Verhältnisgleichungen geübt sind.

Bei den Lerninhalten: "Vermehrter und verminderter Grundwert" ist für die Schüler die Erkenntnis wichtig, daß auch Prozentsätze größer als 100 % möglich sind. Die bisher gelösten Aufgaben, bei denen zuerst der Prozentwert berechnet und dann zum (vom) Grundwert addiert (subtrahiert) werden mußte, können jetzt in einem Rechenschritt berechnet werden.

Beispiele für vermehrten bzw. verminderten Grundwert:

| Grundwert | 100 % | Grundwert | 100 % |
|---|---|---|---|
| + Mehrung | 25 % | – Minderung | 25 % |
| vermehrter Grundwert | 125 % | verminderter Grundwert | 75 % |

Dafür ergeben sich folgende Anwendungen:

| vermehrter Grundwert | verminderter Grundwert |
|---|---|
| Bezugspreis + Geschäftskosten = = Selbstkostenpreis | Einkaufspreis – Verlust = = Verkaufspreis |
| Selbstkostenpreis + Gewinn = = Verkaufspreis | Rechnungsbetrag – Rabatt (Skonto) = = Zahlung |
| Verkaufspreis + Mehrwertsteuer = = Endpreis | Brutto – Tara = Netto |

293

Als neue Anwendung des Prozentrechnens ist die Zinsrechnung zu sehen. Bei der Berechnung der Zinsen für 1 Jahr lassen sich die Begriffe für das Zinsrechnen aus den Begriffen des Prozentrechnens entwickeln. Es werden zunächst immer die Jahreszinsen berechnet, dann die Zinsen für die Bruchteile eines Jahres ermittelt. Das Lösen der vier Grundaufgaben erfolgt auch hier mit den verschiedensten Lösungsmethoden.

## 2.4 Lernziele in der 9. Jahrgangsstufe (I)

Wiederholung und Sicherung des Zinsrechnens (I 0.1)

Aus dem Operatormodell, Dreisatzverfahren, Lösen mit Verhältnisgleichung wird eine einfache Zinsformel entwickelt. In diese Kip-Regel ($Z = \frac{K \cdot i \cdot p}{100}$) werden dann die Zahlenwerte eingesetzt und nach der gesuchten Größe aufgelöst. Die zu bewältigenden Sachaufgaben werden komplexer. Die Aufgaben sollen das wirtschaftliche Denken weiter fördern.

Einsicht in den rechnerischen Zusammenhang zwischen den verschiedenen Aufgabentypen (O. 2)

An Aufgabenbeispielen werden die wesentlichen Eigenschaften der proportionalen Zuordnung sichtbar gemacht. Die Gleichartigkeit dieser Eigenschaften wird durch Gegenüberstellung und Betrachtung der verschiedenen Darstellungsweisen: Operatormodell, Dreisatzverfahren, Verhältnisgleichung aufgezeigt.

# 3. Lehrgang

## 3.1 Einführung in den Prozentbegriff

Das Verständnis der Prozentrechnung als eine besondere Art des relativen Vergleiches soll erweckt werden.

### 3.1.1 Absoluter und relativer Vergleich

Es ist dabei nicht notwendig, daß die Schüler die Begriffe "absoluter" und "relativer" Vergleich kennen. Sie sollen die zwei Vergleichstypen lediglich kennenlernen. Der absolute Vergleich ist als Kontrastbegriff zu sehen, durch den der beim Prozentrechnen verwendete relative Vergleich verständlicher wird.

Als neue Anwendung des Prozentrechnens ist der Vergleich von Paaren aus Größen des gleichen Bereichs sowohl durch Differenzbildung (absolut) als auch durch Quotientenbildung (relativ) vergleichen kann

Lernziele:
1. Die Notwendigkeit des Vergleichs von Paaren aus Größen des gleichen Bereichs erkennen
2. Wissen, daß man Größenpaare sowohl durch Differenzbildung (absolut) als auch durch Quotientenbildung (relativ) vergleichen kann
3. Wissen, daß in vielen Fällen nur ein relativer Vergleich die gewünschte Information liefert
4. Feststellen, welcher Vergleichstyp bei einer Sachaufgabe vorliegt

Herr Wolf verdient monatlich 1 800 DM. Er zahlt monatlich 360 DM Miete. Es sind zwei Vergleiche möglich:

Herr Wolf verdient um 1 440 DM mehr als er für Miete ausgibt.

Herr Wolf gibt den 5. Teil seines Verdienstes für Miete aus.

Herr Wolf verdient monatlich 1 800 DM. Er zahlt monatlich 360 DM Miete.
Herr Huber verdient monatlich 2 100 DM. Er zahlt monatlich 420 DM Miete.

Herr Wolf verdient um 1 440 DM mehr als er für Miete ausgibt.
Herr Huber verdient um 1 680 DM mehr als er für Miete ausgibt.

Herr Wolf gibt den 5. Teil seines Verdienstes für Miete aus.
Herr Huber gibt den 5. Teil seines Verdienstes für Miete aus.

Dieser Vergleich ist bei Doppelaufgaben unbrauchbar.

Dieser Vergleich ist bei Doppelaufgaben brauchbar.

Vergleich durch Differenzbildung (absoluter Vergleich):
Herr Wolf:
1 800 DM − 360 DM = 1 440 DM
Herr Huber:
2 100 DM − 420 DM = 1 680 DM

Vergleich durch Quotientenbildung (relativer Vergleich):

Herr Wolf: $\frac{360}{1800} = \frac{1}{5}$

Herr Huber: $\frac{420}{2100} = \frac{1}{5}$

### 3.1.2 Vergleichsbruch ist ein beliebiger Bruch

Dieser Schritt hat Wiederholungscharakter. Er beabsichtigt einerseits den Umgang mit dem Bruchoperator (Ersatzoperator eines Multiplikations- und Divisionsoperators) zu wiederholen, andererseits werden durch die Betrachtung der Anzahl der Grundmenge, des Bruchoperators und der Anzahl der Teilmenge die Struktur für die drei Grundaufgaben vorbereitet.

Lernziele:
1. Zu vorgegebener Eingabe (Anzahl der Grundmenge) und vorgegebenem Bruchoperator die Ausgabe (Anzahl der Teilmenge) bestimmen können
2. Zu vorgegebener Ausgabe (Anzahl der Teilmenge) und vorgegebener Eingabe (Anzahl der Grundmenge) den Bruchoperator bestimmen können
3. Zu vorgegebener Ausgabe (Anzahl der Teilmenge) und vorgegebenem Bruchoperator die Eingabe (Anzahl der Grundmenge) bestimmen können

### 3.1.3 Vergleichsbruch mit dem Nenner 100

Jetzt wird ähnlich wie bei 3.1.1 der relative Vergleich durch zwei Aufgaben vollzogen. Jeder Einzelvergleich liefert eine Bruchzahl. Beim Vergleich der Bruchzahlen ist es angebracht, die Bruchzahlen auf den Nenner 100 zu bringen. Die Wahl des Nenners 100 ist in Anlehnung an das Dezimalsystem getroffen worden.

Lernziele:
1. Die Teile zum Ganzen mit dem relativen Vergleich vergleichen können
2. Erkennen, daß es bei diesem relativen Vergleich günstiger ist, die Nenner auf Hundertstel zu bringen

Mieterhöhung:
Familie Kunze zahlt 375 DM Miete; Mieterhöhung: 15 DM
Familie Müller zahlt 300 DM Miete; Mieterhöhung: 24 DM
Familie Ziegler zahlt 400 DM Miete; Mieterhöhung: 28 DM

Wer wurde anteilmäßig am härtesten von der Mieterhöhung erfaßt?

| | Miete | Mieterhöhung | Vergleichsbrüche |
|---|---|---|---|
| Familie Kunze | 375 DM | 15 DM | $\frac{15}{375} = \frac{1}{25} = \frac{4}{100}$ |
| Familie Müller | 300 DM | 24 DM | $\frac{24}{300} = \frac{2}{25} = \frac{8}{100}$ |
| Familie Ziegler | 400 DM | 28 DM | $\frac{28}{400} = \frac{7}{100}$ |

Familie Kunze hat anteilmäßig am wenigsten Mieterhöhung zu tragen.
Familie Müller muß anteilmäßig am meisten Mieterhöhung tragen.
Der Vergleich ist einfach, wenn der Vergleichsbruch den Nenner 100 hat.

### 3.1.4 Begriffe der Prozentrechnung

Die aus der Bruchoperatordarstellung bekannten Ausdrücke: Grundmenge, Bruchoperator und Teilmenge werden in die Bezeichnungen der Prozentrechnung umgesetzt. Durch das behutsame Übertragen werden die Begriffe für die Schüler verständlich.

Lernziele:
1. Die Begriffe Prozentsatz, Grundwert, Prozentwert verstehen können
2. Die Begriffe in das Operatormodell eintragen können
3. Die Begriffe den Angaben in Sachaufgaben zuordnen können

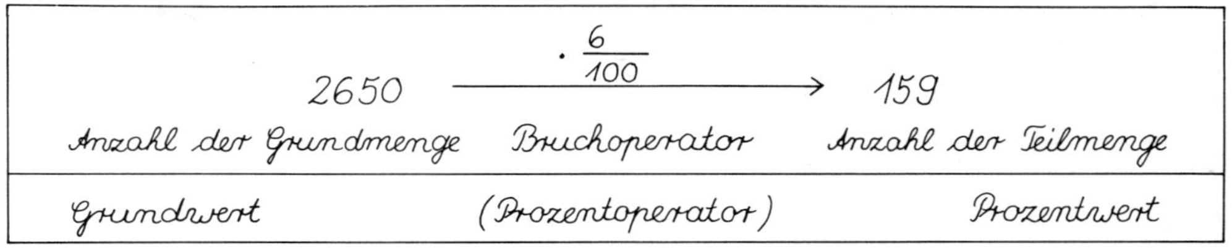

$$2650 \xrightarrow{\cdot \frac{6}{100}} 159$$

*Anzahl der Grundmenge* — *Bruchoperator* — *Anzahl der Teilmenge*

*Grundwert* — *(Prozentoperator)* — *Prozentwert*

---

In einer Klasse sind 25 Schüler. $\frac{2}{5}$ sind Fahrtenschwimmer, das sind 10 Schüler.
Anzahl der Teilmenge gesucht:

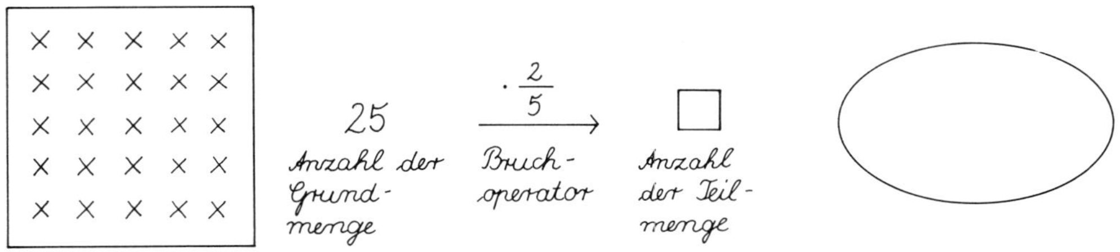

× × × × ×
× × × × ×
× × × × ×
× × × × ×
× × × × ×

(Kreis)

$$25 \xrightarrow{\cdot \frac{2}{5}} \square$$

*Anzahl der Grundmenge* — *Bruchoperator* — *Anzahl der Teilmenge*

Lösung durch Zerlegen des Bruchoperators in einen Multiplikations- und in einen Divisionsoperator.

Operator gesucht:

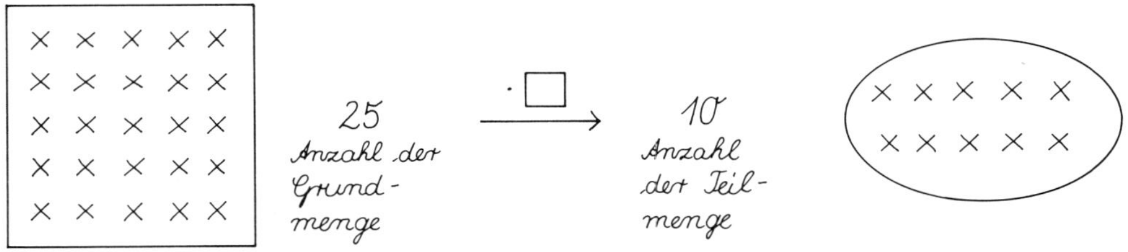

× × × × ×
× × × × ×
× × × × ×
× × × × ×
× × × × ×

× × × ×
× × ×
× × ×

$$25 \xrightarrow{\cdot \square} 10$$

*Anzahl der Grundmenge* — — *Anzahl der Teilmenge*

Lösen durch Aufstellen der Zwischenausgabe: 1 oder einer Zwischenausgabe, die Teiler der Eingabezahl und zugleich Teiler der Ausgabezahl ist (möglichst größter gemeinsamer Teiler) hier:

Bruchoperator bei Zwischenausgabe: 1    $\xrightarrow{\cdot \frac{10}{25}}$
Bruchoperator bei Zwischenausgabe: 5    $\xrightarrow{\cdot \frac{2}{5}}$

Anzahl der Grundmenge gesucht:

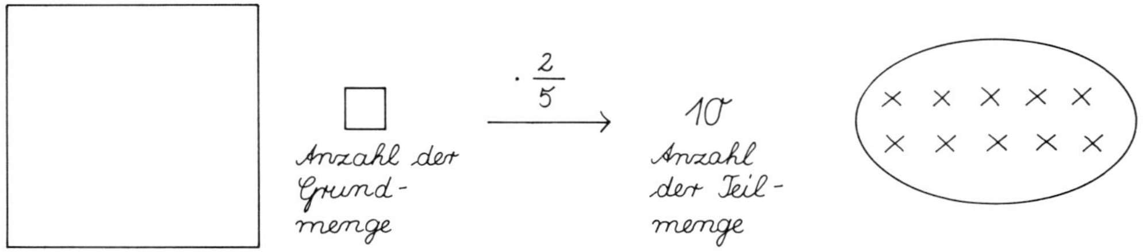

× × × × ×
× × × × ×
× × × × ×
× × × ×
× × ×

$$\square \xrightarrow{\cdot \frac{2}{5}} 10$$

*Anzahl der Grundmenge* — — *Anzahl der Teilmenge*

Lösen durch Zerlegen des Bruchoperators in einen Multiplikations- und in einen Divisionsoperator.

Aufstellen der Umkehroperatoren: $\xleftarrow{:2}$    $\xleftarrow{\cdot 5}$

295

296

### 3.1.5 Zusammenhang umgangssprachlicher Operator und Operatormodell

Dieser Zusammenhang der beiden Operatorschreibweisen wurde bereits beim Bruchrechnen aufgezeigt. Es erscheint jedoch angebracht, ihn hier zu wiederholen.

Lernziele:
1. Einen umgangssprachlichen Operator in das Operatormodell umwandeln können und umgekehrt.
2. Wissen, daß beim umgangssprachlichen Operator der Operator am Anfang und beim Operatormodell an zweiter Stelle steht
3. Erkennen, daß die umgangssprachliche Form ($\frac{a}{b}$ von ...) mit der Form $\cdot \frac{a}{b} \rightarrow$ gleichbedeutend ist

```
Umgangssprachlicher Operator        Operatormodell
   6/100 von 2650 = □                2650  ·6/100 →  □
Operator an der Spitze           Operator an der zweiten Stelle
Eingabe - Zahl an zweiter Stelle   Eingabe - Zahl an erster Stelle
```

### 3.1.6 Zusammenhang der Begriffe am Prozentblatt

Das Prozentblatt ist ein Quadrat, das aus 100 gleich großen Kästchen besteht. Mit ihm können auf anschauliche Weise die drei Grundaufgaben aufgezeigt werden. An dieser Stelle ist eine operative Zusammenschau der drei Grundaufgaben möglich.

Lernziele:
1. Mit Hilfe des Prozentblattes den Prozentwert bestimmen können
2. Mit Hilfe des Prozentblattes den Prozentsatz bestimmen können
3. Mit Hilfe des Prozentblattes den Grundwert bestimmen können

Grundwert: 400 DM;   Prozentsatz: 5 %;   Prozentwert: 20 DM.

Prozentwert gesucht:  
Es werden 400 DM gleichmäßig auf 100 Kästchen verteilt.  
Es werden dann 5 Kästchen genommen.  
Wieviel DM sind in den 5 Kästchen?

Prozentsatz gesucht:  
Es werden 400 DM gleichmäßig verteilt.  
Wie viele Kästchen müssen genommen werden, daß man 20 DM erhält.

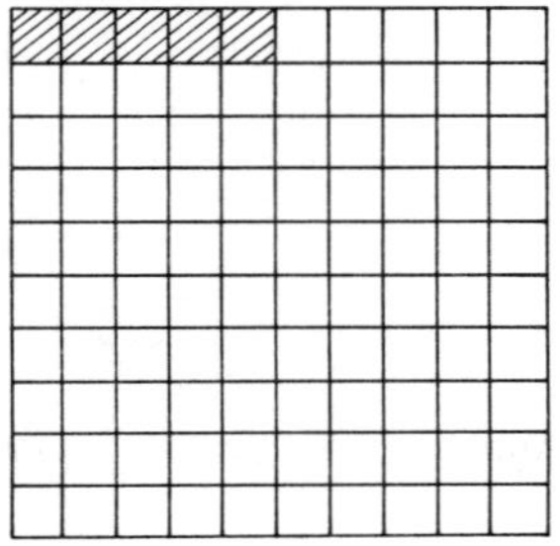

Grundwert gesucht:  
Es werden 20 DM auf 5 Kästchen verteilt.  
Wieviel DM sind in den 100 Kästchen?

## 3.2 Lösen der drei Grundaufgaben

Nachdem die drei Grundaufgaben anschaulich am Prozentblatt gelöst worden sind, werden sie jetzt rechnerisch bewältigt. Es ist jetzt notwendig, die drei Grundaufgaben systematisch zu behandeln.

### 3.2.1 Erste Grundaufgabe: Prozentwert gesucht

Die Berechnung des Prozentwertes ist am einfachsten, deshalb beginnt man damit.

Lernziel:  
Zu vorgegebenem Grundwert und vorgegebenem Prozentsatz den Prozentwert berechnen können:  
a) durch Anwendung des Dreisatzes  
b) durch Anwendung des Bruchoperators auf den Grundwert

Aufgabe:  
Eine Straße hat auf einer Länge von 4 km eine Steigung von 5 %. Um wie viele Meter liegt ihr Ende höher als der Anfang?

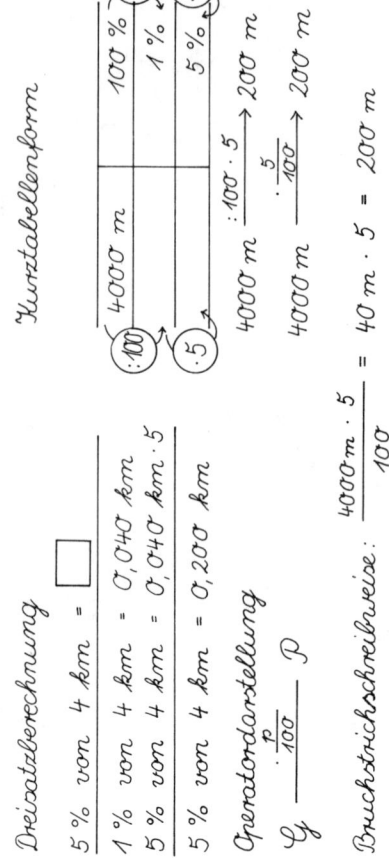

*Dreisatzberechnung*                     *Kurztabellenform*

5 % von 4 km = □  

1 % von 4 km = 0,040 km  
5 % von 4 km = 0,040 km · 5  
5 % von 4 km = 0,200 km  

```
100 %  ——  4000 m
  1 %  ——     :100
  5 %  ——     ·5
```

*Operatordarstellung*  
$G \xrightarrow{\cdot \frac{p}{100}} P$

$4000\,m : 100 \xrightarrow{\cdot 5} 200\,m$  
$4000\,m \xrightarrow{\cdot \frac{5}{100}} 200\,m$

*Bruchstrichschreibweise:* $\frac{4000\,m \cdot 5}{100} = 40\,m \cdot 5 = 200\,m$

### 3.2.2 Zweite Grundaufgabe: Prozentsatz gesucht

Beim Einführen empfiehlt es sich, die Prozentsätze im Bereich der natürlichen Zahlen zu belassen. Dies ist besonders beim Lösen über den Vergleichsbruch angebracht. Da die zweite Grundaufgabe für die Schüler auch noch heute Schwierigkeiten bringt, ist es notwendig, möglichst viele Lösungsmethoden anzubieten.

Lernziel:  
Zu vorgegebenem Grundwert und vorgegebenem Prozentwert den Prozentsatz berechnen können:  
a) durch Anwendung des Dreisatzes

b) durch Anwendung der Operatordarstellung (entweder durch Erweitern oder Kürzen des Bruchoperators, so daß der Nenner 100 entsteht oder durch Anwenden des Divisionsoperators 100 auf den Grundwert, anschließend wird der Multiplikationsoperator ermittelt)
c) durch Messen mit 1 %
d) durch Aufstellen des Vergleichsbruches: $\frac{Prozentwert}{Grundwert}$
(Erweitern und Kürzen des Vergleichsbruches, so daß der Nenner 100 entsteht)

Aufgabe:
Ein Pfahl ist 80 cm lang, 52 cm dieses Pfahles stecken in der Erde.

*Dreisatzberechnung*

☐ % von 80 cm = 52 cm

| | | |
|---|---|---|
| 80 cm | ≙ | 100 % |
| 1 cm | ≙ | 100 % : 80 |
| 52 cm | ≙ | 100 % : 80 · 52 |

65 % von 80 cm = 52 cm

*Kurztabelle*

|  | 100 % | 80 cm |
|---|---|---|
|  |  | 1 cm |
|  | 52 cm |

(:80, :80, ·52, ·52)

*Operatordarstellung*

$G \xrightarrow{\frac{n}{100}} P$

*Bruchschreibweise:*

$\frac{100 \% \cdot 52}{80} = 65$

*Berechnung mit Operatordarstellung auf zwei Arten:*

80 cm $\xrightarrow{\frac{52}{80}}$ 52 cm
$\xrightarrow{\frac{13}{20}}$
$\xrightarrow{\frac{65}{100}}$

80 cm $\xrightarrow{:80}$ 1 cm $\xrightarrow{·52}$ 52 cm
$\xrightarrow{\frac{65}{100}}$
$\xrightarrow{·0,80 cm}$

*Prozentsatz mit Messen mit 1 %*

☐ % von 80 cm = 52 cm

1 % von 80 cm = 0,80 cm
52 cm : 0,80 cm = 65

65 % von 80 cm = 52 cm

*Prozentsatz über Vergleichsbruch*

☐ % von 80 cm = 52 cm

$\frac{52}{80} = \frac{\square}{\square}$ von 80

$\frac{52}{80} = \frac{13}{20} = \frac{65}{100} = 65 \%$

65 % von 80 cm = 52 cm

---

### 3.2.3 Dritte Grundaufgabe: Grundwert gesucht

Die Berechnung des Grundwertes war in der traditionellen Didaktik die schwierigste der drei Grundaufgaben.

Lernziel:
Zu vorgegebenem Prozentwert und vorgegebenem Prozentsatz den Grundwert berechnen können:
a) durch Anwendung des Dreisatzes
b) durch Anwendung der Operatordarstellung (mit Hilfe der Umkehroperatoren)

Aufgabe:
Welche Länge hat eine Straße, die bei einer durchschnittlichen Steigung von 8 % auf eine Höhe von 73,6 m über den Straßenanfang führt?

*Dreisatzberechnung:*

8 % von ☐ m ≙ 73,6 m
8 % ≙ 73,6 m
1 % ≙ 73,6 m : 8 = 9,2 m
100 % ≙ 9,2 m · 100 = 920 m

8 % von 920 m = 73,6 m

*Kurztabelle:*

|  | 100 % |  |
|---|---|---|
|  | 1 % |  |
|  | 8 % | 73,6 m |

(100, 8, :8, ·100)

*Operatordarstellung*

$G \xrightarrow{\frac{n}{100}} P$

☐ $\xrightarrow{\frac{8}{100}}$ 73,6 m

☐ $\xrightarrow{·8:100}$ 73,6 m

920 m $\xrightarrow{:8·100}$ 73,6 m

*Bruchschreibweise:* $\frac{73,6 m \cdot 100}{8} = 920 m$

---

### 3.3 Veranschaulichung von Prozentaufgaben in Schaubildern

Nachdem die drei Grundaufgaben systematisch eingeführt worden sind, werden jetzt Sachaufgaben gestellt, bei denen die Schüler erst feststellen müssen, welcher Grundaufgabentyp vorliegt. Eine große Hilfe ist dabei die graphische Darstellung.

Lernziele:
1. Begriffe aus verschiedenen Sachbereichen den Begriffen der Prozentrechnung zuordnen können
2. Prozentaufgaben in Diagrammen darstellen können

297

**Aufgabe:**

In der Bundesrepublik Deutschland leben rund 60 Millionen Menschen. 31 % davon leben in Klein- und Mittelstädten, 27 Millionen in Großstädten. Der Rest lebt auf dem Lande.

*Klein- und Mittelstädte:*

$$60\,000\,000 \xrightarrow{\cdot \frac{31}{100}} \Box$$

| 60 000 000 | 100 % |
|---|---|
| | 1 |

18 600 000

*Großstädte:*

$$\frac{100 \cdot 27\,000\,000}{60\,000\,000} = 45$$

45 %

*Land:*

24 % von 60 Mill. =

1 % von 60 Mill. = 600 000

24 % von 60 Mill. = 600 000 · 24

24 % von 60 Mill. = 14 400 000

**Streifendiagramm:**

Der ganze Streifen bedeutet 100 % (für die Länge des Streifens ist es zweckmäßig 10 cm zu wählen).

*Menschen in der Bundesrepublik Deutschland*

| 31 % ≙ 3,1 cm | 45 % ≙ 4,5 cm | 24 % ≙ 2,4 cm |
|---|---|---|
| Menschen in Klein- und Mittelstädten | Menschen in Großstädten | Menschen auf dem Lande |

**Kreisdiagramm:**

Die ganze Kreisfläche bedeutet 100 %.

100 % ≙ 360°
1 % ≙ 3,60°
31 % ≙ 3,60° · 31 = 111,6°
45 % ≙ 3,60° · 45 = 162°
24 % ≙ 3,60° · 24 = 86,4°

**Brutto, Netto, Tara:**

Das Bruttogewicht einer Ware beträgt 50 kg, die Tara beträgt 10 %. (brutto ital.: roh; netto ital.: rein; tara arab.-ital.: der Abzug; brutto und netto sind Größen vor und nach einem Abzug. Bruttogewicht: Gewicht der Ware mit Verpackung; Tara: Verpackungsgewicht; Nettogewicht: Gewicht der Ware ohne Verpackung; ebenso Bruttolohn: Lohn mit Steuer und Sozialabgaben; Nettolohn: Lohn ohne Steuern und Sozialabgaben)

Brutto : 100 % ≙ 50 kg
Tara   : 10 %  ≙ 5 kg
Netto  : 50 kg − 5 kg = 45 kg

```
┌─────────┐
│  Netto  │  Tara
└─────────┘
└──── Brutto (100 %) ────┘
```

**Rabatt, Skonto:**

Rabatt und Skonto sind Preisnachlässe. Rabatt wird bei Barzahlung oder aus besonderem Anlaß wie: Mengenrabatt oder Schlußverkauf gewährt. Skonto erhält man bei Bezahlung der Rechnung innerhalb einer bestimmten Frist. Rabatt und Skonto werden vom Grundwert berechnet.

**Aufgabe:**

Vater erhielt für seine Kfz-Versicherung 30 % Schadenfreiheitsrabatt. Er bezahlt jährlich nur noch 280 DM.

70 % ≙ 280 DM
1 %  ≙ 4 DM
30 % ≙ 120 DM
100 % ≙ 400 DM

| Rabatt | zu zahlender Rechnungsbetrag |
|---|---|
| 30 % | 70 % |
| └──── Rechnungsbetrag (100 %) ────┘ ||

**Aufgabe:**

Ein Fahrrad kostet 192 DM. Fritz erhielt 3,84 DM Skonto, da er die Rechnung innerhalb 14 Tage bezahlte.

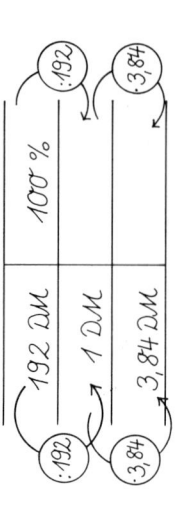

192 DM ≙ 100 %
1 DM ≙
3,84 DM ≙

$$\frac{100 \cdot 3{,}84}{192} = 2$$

Er erhielt 2 % Skonto

### 3.4 Vorteilhaftes und überschlagendes Rechnen mit Prozentsätzen

Es erweist sich als Rechenvorteil, wenn die Schüler besondere Prozentsätze (z. B. 25 %; 12,5 %; $33\frac{1}{3}$ %; 50 %; ...) auch als Bruchteile ($\frac{1}{4}$, $\frac{1}{8}$, $\frac{1}{3}$, $\frac{1}{2}$, ...) erkennen und anwenden. Darüber hinaus sollen die Schüler aber auch gegebene Prozentsätze durch Runden für das überschlagende Rechnen zurechtmachen. Zudem erfahren die Schüler, daß die Prozentsätze nicht nur eine natürliche Zahl, sondern auch eine Bruchzahl bzw. eine gemischte Zahl sein können.

**Lernziele:**

1. Bruchteile in Prozentsätze umwandeln können
2. Zu Aufgaben aus der Prozentrechnung Überschlagsrechnungen durchführen können

$\frac{1}{4} = \frac{25}{100} = 25\%$    $\frac{1}{2} = \frac{50}{100} = 50\%$    $\frac{1}{20} = \frac{5}{100} = 5\%$

Bruchteile:
| $\frac{1}{2}$ | $\frac{1}{4}$ | $\frac{1}{5}$ | $\frac{1}{8}$ | $\frac{1}{10}$ | $\frac{1}{20}$ | $\frac{1}{50}$ | $\frac{1}{100}$ |
|---|---|---|---|---|---|---|---|
| Prozentsätze: 50% | 25% | 20% | 12,5% | 10% | 5% | 2% | 1% |

Bruchteile:
| $\frac{3}{4}$ | $\frac{3}{8}$ | $\frac{2}{5}$ | $\frac{3}{5}$ | $\frac{3}{20}$ | $\frac{7}{50}$ | $\frac{11}{50}$ |
|---|---|---|---|---|---|---|
| Prozentsätze: 75% | 37,5% | 40% | 60% | 15% | 14% | 22% |

| $\frac{1}{3}$ | $\frac{2}{3}$ | $\frac{1}{6}$ | $\frac{5}{6}$ |
|---|---|---|---|
| $33\frac{1}{3}\%$ | $66\frac{2}{3}\%$ | $16\frac{2}{3}\%$ | $83\frac{1}{3}\%$ |

Rechne vorteilhaft:

| Grundwert | 175 DM | | 232 kg | 561 t | | 126 cm |
|---|---|---|---|---|---|---|
| Prozentsatz | 20% | 2% | 75% | $33\frac{1}{3}\%$ | 37,5% | $16\frac{2}{3}\%$ |
| Prozentwert | | 45 m | | | 21 m | |

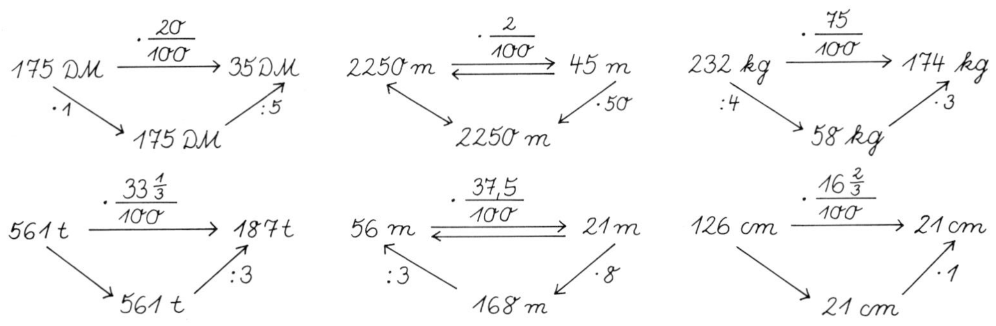

175 DM $\xrightarrow{\cdot\frac{20}{100}}$ 35 DM    $\xrightarrow{:5}$ 175 DM

2250 m $\xrightarrow{\cdot\frac{2}{100}}$ 45 m    $\xrightarrow{:50}$ 2250 m

232 kg $\xrightarrow{\cdot\frac{75}{100}}$ 174 kg    $\xrightarrow{:4}$ 58 kg

561 t $\xrightarrow{\cdot\frac{33\frac{1}{3}}{100}}$ 187 t    $\xrightarrow{:3}$ 561 t

56 m $\xrightarrow{\cdot\frac{37,5}{100}}$ 21 m    $\xrightarrow{\cdot 8}$ 168 m

126 cm $\xrightarrow{\cdot\frac{16\frac{2}{3}}{100}}$ 21 cm    $\xrightarrow{:1}$ 21 cm

Näherungsweises Ermitteln der Prozentsätze durch Bruchteile:

$13\% = \frac{13}{100} \approx \frac{1}{9}$    $21\% = \frac{21}{100} \approx \frac{1}{5}$    $51\% = \frac{51}{100} \approx \frac{1}{2}$

| Prozentsätze | 13% | 14% | 26% | 39% | 61% | 74% | 76% | 59% | 21% |
|---|---|---|---|---|---|---|---|---|---|
| näherungsweise ermittelte Bruchteile | $\frac{1}{8}$ | $\frac{1}{7}$ | $\frac{1}{4}$ | $\frac{2}{5}$ | $\frac{3}{50}$ | $\frac{3}{4}$ | $\frac{3}{4}$ | $\frac{3}{5}$ | $\frac{1}{5}$ |

Näherungsweises Ermitteln des Prozentwertes:

61% von 252 DM = ☐ DM                        32% von 314 ha = ☐ ha

gerundet (Überschlagsberechnung)              gerundet (Überschlagsberechnung)
60% von 250 DM = 150 DM                       $33\frac{1}{3}\%$ von 314 ha = ☐ ha
$\frac{3}{5}$ von 250 DM = 150 DM              $\frac{1}{3}$ von 300 ha = 100 ha

genaue Berechnung:                             genaue Berechnung:
61% von 252 DM = 153,72 DM                     32% von 314 ha = 100,48 ha

Näherungsweises Ermitteln des Prozentsatzes:

☐% von 1525 DM = 505 DM                       ☐% von 7245 kg = 832 kg

gerundet (Überschlagsberechnung)              gerundet (Überschlagsberechnung)
$\frac{505}{1525} \approx \frac{1}{3} = 33\frac{1}{3}\%$    $\frac{832}{7245} \approx \frac{800}{7200} = \frac{1}{9} \approx 11\%$

genaue Berechnung:                             genaue Berechnung:
$\frac{505}{1525} = 0,33114... \approx 33,11\%$    $\frac{832}{7245} = 0,11483... \approx 11\%$

Näherungsweises Ermitteln des Grundwertes:

21% von ☐ m² = 17,43 m²                       13% von ☐ t = 165,23 DM

gerundet (Überschlagsberechnung)              gerundet (Überschlagsberechnung)
$\frac{1}{5} \triangleq 17$ m²                 $\frac{1}{8} \triangleq 160$ DM
$\frac{5}{5} \triangleq 85$ m²                 $\frac{8}{8} \triangleq 1280$ DM

genaue Berechnung:                             genaue Berechnung:
21% von 83 m² = 17,43 m²                       13% von 1271 DM = 165,23 DM

### 3.5  Promillerechnungen

Bei Prozentsätzen, die kleiner als 1 sind, ist es günstiger, Promillesätze (Tausendstel) zu verwenden.

Lernziele:
1. Wissen, daß beim relativen Vergleich in bestimmten Fällen die Angabe der Brüche mit dem Nenner 1 000 vorteilhaft ist
2. Die drei Grundaufgaben der Prozentrechnung auf die Promillerechnung übertragen können

299

300

**Promillewert gesucht:**
Ein Reihenhaus im Wert von 152 000 DM wird für 0,4 ‰ gegen Brandschaden versichert.

*Dreisatzberechnung:*

0,4 ‰ von 152 000 DM = ☐

| Kurztabelle | |
|---|---|
| 1000 ‰ | 152 000 DM |
| 1 ‰ | 152 DM |
| 0,4 ‰ | 60,80 DM |

1 ‰ ≙ 1000 ‰ : 1000 = 152 000 DM : 1000 = 152 DM
0,4 ‰ ≙ 152 DM · 0,4 = 60,80 DM

0,4 ‰ von 152 000 DM = 60,80 DM

*Operatordarstellung:*

G $\xrightarrow{\frac{p}{1000}}$ P

152 000 $\xrightarrow{\frac{0,4}{1000}}$ 60,80 DM

*Bruchstrichschreibweise:*

$\frac{152\,000\,DM \cdot 0,4}{1000} = 60,80\,DM$

**Promillesatz gesucht:**
Für 40 000 DM Hausrat wird eine Versicherung abgeschlossen. Es wird eine Versicherungsprämie von 100 DM bezahlt.

*Dreisatzberechnung:*

☐ ‰ von 40 000 DM = 100 DM

| Kurztabelle | |
|---|---|
| 40 000 ‰ | 40 000 DM |
| 100 ‰ | 1 DM |
| 1000 ‰ | 100 DM |

1 DM ≙ 1000 ‰ : 40 000
100 DM ≙ 1000 ‰ : 40 000 · 100

2,5 ‰ von 40 000 DM = 100 DM

*Operatordarstellung:*

G $\xrightarrow{\frac{100}{40\,000}}$ P

40 000 DM $\xrightarrow{:40\,000}$ 1 DM $\xrightarrow{\cdot 100}$ 100 DM

*Promillesatz über Vergleichsbruch*

☐ ‰ von 40 000 DM = 100 DM

$\frac{100}{40\,000} = \frac{1}{400} = \frac{2,5}{1000} = 2,5\,‰$

2,5 ‰ von 40 000 DM = 100 DM

**Grundwert gesucht:**
Ein Wohnungsinhaber bezahlt 144 DM Versicherungsprämie. Der Promillesatz der Hausratversicherung beträge 1,8 ‰.

*Dreisatzberechnung:*

1,8 ‰ von ☐ DM = 144 DM

| Kurztabelle | |
|---|---|
| 1,8 ‰ | 144 DM |
| 1 ‰ | 144 DM : 1,8 |
| 1000 ‰ | 144 DM : 1,8 · 1000 |

1 ‰ ≙ 144 DM : 1,8
1000 ‰ ≙ 144 DM : 1,8 · 1000 = 80 000 DM

1,8 ‰ von 80 000 DM = 144 DM

*Operatordarstellung:*

G $\xrightarrow{\frac{1,8}{1000}}$ P

☐ DM $\xrightarrow{\cdot 1,8 : 1000}$ 144 DM

80 000 DM $\xleftarrow{: 1,8 \cdot 1000}$ 144 DM

*Bruchstrichschreibweise:*

$\frac{144\,DM \cdot 1000}{1,8} = 80\,000\,DM$

### 3.6 Lösung der drei Grundaufgaben mit der Verhältnisgleichung

Die drei Grundaufgaben lassen sich leicht mit der Verhältnisgleichung lösen. Voraussetzung ist allerdings, daß die Schüler die Verhältnisgleichung in eine Produktgleichung umformen können und daraus die gesuchte Größe berechnen können.

**Lernziele:**
1. Den Beziehungszusammenhang der Größen der Prozentrechnung in einer Verhältnisgleichung angeben können
2. Die drei Grundaufgaben mit der Verhältnisgleichung lösen können

Das Zahlenverhältnis von Prozentwert zu Grundwert ist gleich dem Zahlenverhältnis von Prozentsatz zu 100.

$\frac{Prozentwert}{Grundwert} = \frac{Prozentsatz}{100}$ $\qquad \frac{P}{G} = \frac{p}{100}$

**Prozentwert gesucht:**
Eine Seilschwebebahn ist 4,850 km lang und hat eine durchschnittliche Steigung von 46 %. Welchen Höhenunterschied überwindet sie?

$\frac{P}{G} = \frac{p}{100} \qquad P \cdot 100 = G \cdot p \qquad P = \frac{G \cdot p}{100} \qquad P = \frac{4\,850\,km \cdot 46}{100} = 2,231\,km$

Prozentsatz gesucht:
Das Gehalt eines Angestellten in Höhe von 1 974 DM wird um 98,70 DM erhöht.

$$\frac{p}{q} = \frac{P}{100} \quad P \cdot 100 = q \cdot p \quad \frac{P \cdot 100}{q} = p \quad p = \frac{98{,}70 \cdot 100}{1974} = 5$$

Grundwert gesucht:
Eine Krankenversicherung erstattet 65 % der Gesamtkosten. Sie erstattet 2 030,60 DM. 

$$\frac{p}{q} = \frac{P}{100} \quad q \cdot p = P \cdot 100 \quad q = \frac{P \cdot 100}{p} \quad q = \frac{2030{,}60 \, DM \cdot 100}{65} = 3124 \, DM$$

## 3.7 Vermehrter oder verminderter Grundwert

Der neue Lösungsweg bringt rechnerisch keine Neuerung. Es sollen lediglich an Stelle von zwei Rechenschritten nur einer verwendet werden.

Lernziele:
1. Erkennen, daß Aufgaben, die vom Grundwert über die Berechnung des Prozentwertes zum vermehrten oder verminderten Grundwert führen, in einem Rechenschritt berechnet werden können
2. Vom verminderten oder vermehrten Grundwert in einem Rechenschritt den Grundwert bestimmen können

**Vom Grundwert zum vermehrten Grundwert:**
Das Gehalt eines Beamten in Höhe von 1950 DM wird um 4,5 % erhöht.

Bisheriger Lösungsweg:

| Grundwert 100 % ≙ 1950 DM | Erhöh. 4,5 % |

4,5 % von 1950 DM = ☐ DM
1 % von 1950 DM = 19,50 DM
4,5 % von 1950 DM = 19,50 DM · 4,5
4,5 % von 1950 DM = 87,75 DM
1950 DM + 87,75 DM = 2037,75 DM

Neuer Lösungsweg:

| Grundwert 100 % ≙ 1950 DM | Erhöh. 4,5 % |

100 % + 4,5 %

Vermehrter Grundwert
4,5 % von 1950 DM = ☐ DM
1 % von 1950 DM = 19,50 DM
4,5 % von 1950 DM = 19,50 DM · 104,5
104,5 % von 1950 DM = 2037,75 DM

**Vom Grundwert zum verminderten Grundwert:**
Beim Schlußverkauf wird der Preis eines Kleides, das bisher 184 DM gekostet hat, um 22 % gesenkt.

Bisheriger Lösungsweg:

| Grundwert: 100 % ≙ 184 DM | Verminderter Grundwert: 100 % – 22 % | Verminderung: 22 % |

$$\frac{P}{q} = \frac{p}{100} \quad P = \frac{q \cdot p}{100}$$

$$P = \frac{22 \cdot 184 \, DM}{100}$$

$P = 40{,}48 \, DM$
184 DM – 40,48 DM = 143,52 DM

Neuer Lösungsweg:

| Grundwert: 100 % ≙ 184 DM | Verminderter Grundwert: 8 % | Verminderung 22 % |

$$\frac{P}{q} = \frac{p}{100} \quad P = \frac{P \cdot q}{100}$$

$$P = \frac{78 \cdot 184 \, DM}{100}$$

$P = 143{,}52 \, DM$

**Vom verminderten Grundwert zum Grundwert:**
Ein tragbares Fernsehgerät kostet mit 12 % Mehrwertsteuer 420 DM.

| Grundwert: 100 % ≙ ☐ DM | Mehrwertsteuer 12 % |

$$q \xrightarrow{\cdot \frac{112}{100}} P \cdot$$

$$\xrightarrow{\cdot \frac{112}{100}} 420 \, DM$$

112 % ≙ 420 DM vermehrter Grundwert

375 DM $\xleftarrow{:112 \cdot 100}$ 420 DM : 112 · 100

**Vom verminderten Grundwert zum Grundwert:**
Auf den Preis einer Ware wird ein Rabatt von 18 % gewährt. Die Ware kostet jetzt 59,04 DM.

| Grundwert 100 % ≙ ☐ DM | Rabatt 18 % |
| Verm. Grundwert 82 % | |

| | 82 % | (:82) |
| 59,04 DM | 1 % | |
| | 100 % | (·100) |

$$\frac{59{,}04 \, DM \cdot 100}{82} = 72 \, DM$$

301

302

## 3.8 Prozentrechnung unter dem Aspekt der proportionalen Zuordnung

Zwischen Grundwert und Prozentwert besteht eine proportionale Zuordnung. Die bereits benutzten Darstellungsformen der funktionalen Abhängigkeit (Wertetabelle, Koordinatensystem) sollen auch hier Verwendung finden.

Lernziele:
1. Erkennen, daß bei konstantem Prozentsatz gilt: Zum 2-fachen, 3-fachen Grundwert gehört der 2-fache, 3-fache Prozentwert
2. Erkennen, daß zwischen Grundwert und Prozentwert eine proportionale Zuordnung besteht

Bei Proportionalen Zuordnungen gilt: Jede proportionale Zuordnung ist auf eine "Je-mehr-desto-mehr" Zuordnung. Eine "Je-mehr-desto-mehr" Zuordnung muß nicht proportional sein.

| Anzahl | 1 | 2 | 5 | 10 | 20 |
|---|---|---|---|---|---|
| Preis | 0,25 DM | 0,40 DM | 0,90 DM | 1,50 DM | 2,50 DM |

Keine proportionale Zuordnung

Feststellungen an der Wertetabelle:
Prozentsatz 40 %

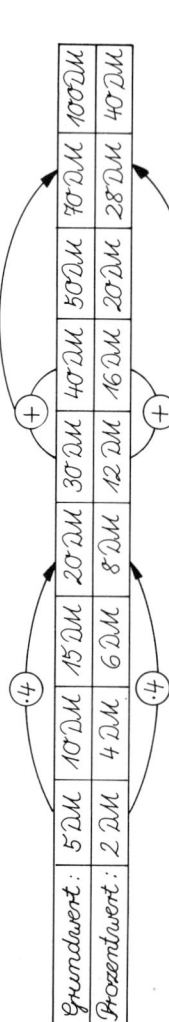

| Grundwert: | 5 DM | 10 DM | 15 DM | 20 DM | 30 DM | 40 DM | 50 DM | 70 DM | 100 DM |
|---|---|---|---|---|---|---|---|---|---|
| Prozentwert: | 2 DM | 4 DM | 6 DM | 8 DM | 12 DM | 16 DM | 20 DM | 28 DM | 40 DM |

| Anzahl | 1 | 2 | 5 | 10 | 20 |
|---|---|---|---|---|---|
| Preis | 0,25 DM | 0,50 DM | 1,25 DM | 2,50 DM | 5,00 DM |

Proportionale Zuordnung

An der Wertetabelle kann nachgewiesen werden, daß die Summen- wie Vielfacheneigenschaft der proportionalen Zuordnung gilt:

Summeneigenschaft
G     P
30 DM ⟶ 12 DM
40 DM ⟶ 16 DM
─────────────
70 DM ⟶ 28 DM

Vielfacheneigenschaft
G     P
10 DM ⟶ 4 DM
10 DM · 4 ⟶ 4 DM · 4
─────────────
40 DM ⟶ 16 DM

Die Maßzahlen der zugeordneten Größen (Grundwert zu Prozentwert) sind immer 2,5. Die zugeordneten Größen sind quotientengleich.

Graphische Darstellungen:

Doppelleiter:
Prozentwert

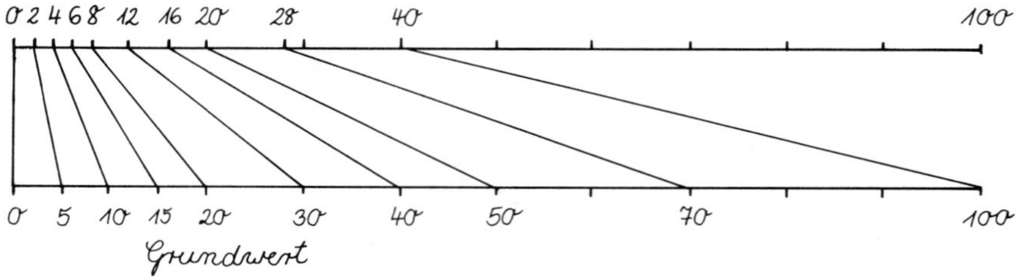

Koordinatensystem:

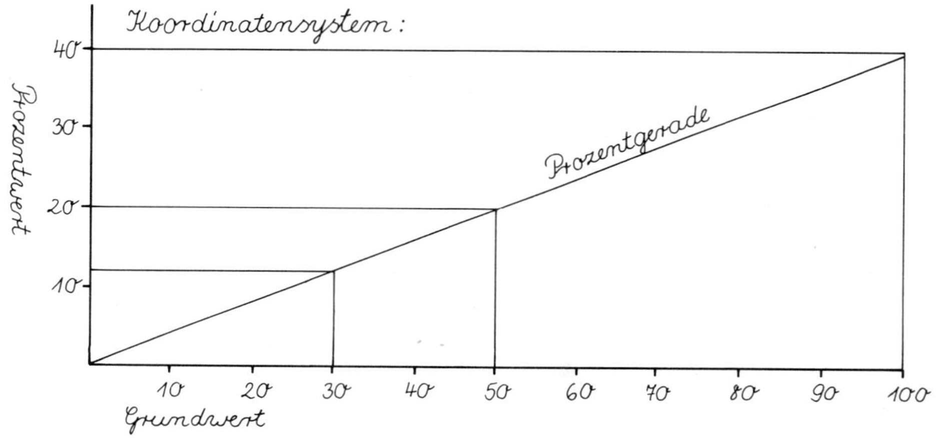

Das Prozentrechnen kann in die Tabelle der proportionalen Zuordnungen mit eingereiht werden.
Zuordnungsvorschrift der proportionalen Zuordnungen:
x ⟶ k · x    Der konstante Faktor k heißt Proportionalitätsfaktor.

| Zugeordnete Größen |  | Proportionalitätsfaktor |
|---|---|---|
| Ware | Preis | Preis pro Stückzahl |
| Arbeitszeit | Lohn | Lohn pro Arbeitsstunde |
| Volumen | Gewicht | spezifisches Gewicht |
| Gewicht | Preis | Preis pro Kilogramm |
| Flächengröße | Preis | Preis pro Quadratmeter |
| Fahrstrecke in 100 km | Benzinverbrauch | Verbrauch auf 100 km |
| Grundwert | Prozentwert | Prozentsatz |

x ⟶ k · x    Grund- Prozent- Prozent
             wert    satz    wert

## 3.9 Einführung in das Zinsrechnen und Berechnen der Zinsen

Das Zinsrechnen ist eine Anwendung der Prozentrechnung im Größenbereich Geldwert. Für eine leihweise Überlassung eines Geldbetrages erhält man eine Vergütung, die von der Höhe des Betrages, dem Zinssatz sowie der Zeit abhängig ist.

Lernziele:
1. Wissen, daß in der Zinsrechnung das Kapital dem Grundwert, der Zinssatz dem Prozentsatz und die Zinsen dem Prozentwert entsprechen
2. Zu vorgegebenem Kapital und vorgegebenem Zinssatz die Zinsen für 1 Jahr berechnen können
3. Zu vorgegebenem Kapital und vorgegebenem Zinssatz die Zinsen für Monate bzw. Tage berechnen können

Wer einer Bank Geld (Kapital) leiht, erhält Zinsen. Zur Berechnung wird ein Zinssatz festgelegt, der angibt, wieviel Prozent des Kapitals der Zins in 1 Jahr ausmacht.

| Prozentrechnung | Zinsrechnung |
|---|---|
| Grundwert | Kapital |
| Prozentsatz | Zinssatz |
| Prozentwert | Zinsen |
|  | Zeit |

Die Zinsrechnung ist eine Anwendung der Prozentrechnung.
Das Kapital entspricht dem Grundwert, der Zinssatz dem Prozentsatz, der Jahreszins dem Prozentwert.

Wieviel Zinsen bringt ein Kapital von 7 000 DM zu 4 % in 1 Jahr?

$$7000\,DM \xrightarrow{\frac{4}{100}} 280\,DM$$

Grundwert / Prozentsatz → Prozentwert
Kapital / Zinssatz → Zinsen

Wieviel Zinsen bringt ein Kapital von 7 000 DM zu 4 % in 3 Monaten?

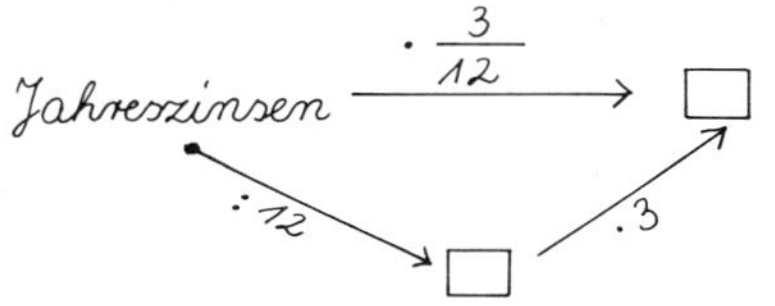

$$7000\,DM \xrightarrow{\frac{3}{12}} 280\,DM \xrightarrow{\cdot 3} \boxed{\phantom{xx}}$$

Jahreszinsen $\xrightarrow{:12}$ ☐ → 70 DM

Wieviel Zinsen bringt ein Kapital von 7 000 DM zu 4 % in 45 Tagen?

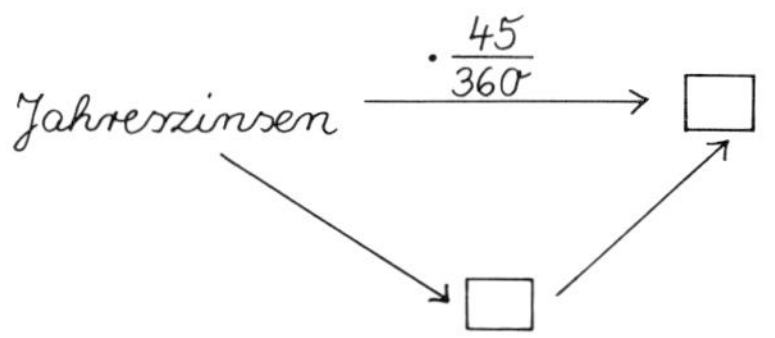

$$7000\,DM \xrightarrow{\frac{45}{360}} 280\,DM \xrightarrow{\frac{45}{360}} 35\,DM$$

Jahreszinsen → ☐

## 3.10 Lösen der vier Grundaufgaben der Zinsrechnung

Es kommt beim Zinsrechnen noch eine vierte Größe: die Zeit hinzu. Deshalb gibt es beim Zinsrechnen vier Grundaufgaben. Die vierte Größe wirkt sich bei den ersten drei Grundaufgaben aus. Bei allen vier Grundaufgaben ist es notwendig, zuerst die Jahreszinsen zu berechnen; erst dann wird die gesuchte Größe berechnet.

### 3.10.1 Erste Grundaufgabe: Zinsen gesucht

Lernziele:
1. Zu vorgegebenem Kapital, vorgegebenem Zinssatz und vorgegebener Zeit die Zinsen berechnen können
2. Wissen, daß die Zinstage für Einlagen und Darlehen verschieden berechnet werden

Ein Kapital von 12 200 DM wird zu 8,5 % für 7 Monate verzinst.

Berechnung der Jahreszinsen:

$$K \xrightarrow{\frac{p}{100}} Z_J$$

Berechnung der Monatszinsen:

$$Z_J \xrightarrow{\frac{m}{12}} Z$$

$$K \xrightarrow{\frac{p}{100}} Z_J \xrightarrow{\frac{m}{12}} Z \text{ oder auch: } K \xrightarrow{\frac{p}{100} \cdot \frac{m}{12}} Z$$

$$12\,200\,DM \xrightarrow{\frac{8,5}{100} \cdot \frac{7}{12}} 604{,}92\,DM$$

Ein Bankkunde überzieht sein Konto 17 Tage um 1 500 DM. Seine Bank berechnet 13,5 % Zinsen.

$$1500\,DM \xrightarrow{\frac{13,5}{100} \cdot \frac{17}{360}} 9{,}56\,DM$$

Bei Sparguthaben wird für den Tag der Einzahlung und den Tag der Rückzahlung kein Zins gezahlt. Bei Darlehen hingegen werden beide Tage mitgerechnet.

| | Einzahlung | Rückzahlung | Zinstage |
|---|---|---|---|
| Beispiel für Einlage (Sparkonto): | 3. 4. | 11. 5. | (4.4.–10.5.) : 37 |
| Beispiel für Darlehen: | 3. 4. | 11. 5. | (3.4.–11.5.) : 39 |

304

Wolfgang hat am 17. August 295 DM auf sein Sparkonto eingezahlt. Am 25. November hebt er diesen Betrag wieder ab. Der Zinssatz beträgt 3 %.
Berechnung der Zeit:
Vom 18. August bis 17. November:  3 Monate ≙ 90 Tage
Vom 17. November bis 24. November:                6 Tage
zusammen:                                         96 Tage

$$295\,DM \xrightarrow{\cdot\frac{3}{100}\cdot\frac{96}{360}} 2{,}36\,DM$$

Gesamtoperatordarstellung:

$$Kapital \xrightarrow{Zinssatz} Jahreszinsen \xrightarrow{\cdot Zeit} Zinsen$$

$$295\,DM \xrightarrow{\cdot 0{,}03} 8{,}85\,DM \xrightarrow{\cdot\frac{96}{100}} \square$$

### 3.10.2 Zweite Grundaufgabe: Zinssatz gesucht

Lernziele:
1. Zu vorgegebenem Kapital, vorgegebenem Zins und vorgegebener Zeit den Zinssatz berechnen können
2. Erkennen, daß zuerst der Jahreszins berechnet werden muß

Für ein Kapital von 778 DM erhielt ein Bankkunde für 1 Jahr 23,34 DM Zins. Aufgabe wird analog der zweiten Grundaufgabe beim Prozentrechnen durch Dreisatz, Operatordarstellung, Messen mit 1 %, mit Vergleichsbruch gelöst.

Kurztabelle:

| 778 DM | 100 % |
|---|---|
| 1 DM |  |
| 23,34 DM |  |

(mit Pfeilen: :778 und ·23,34)

$$\frac{100 \cdot 23{,}34}{778} = 3$$

Zinssatz: 3 %

1740 DM erbringen in 8 Monaten 43,50 DM Zins.
Es wird zuerst der Jahreszins berechnet, dann erfolgt die Lösung der Aufgabe wie vorher.

Jahreszins:
8 Monate ≙ 43,50 DM
1 Monat ≙ 43,50 DM : 8
12 Monate ≙ 65,25 DM

$$Kapital \xrightarrow{Zinssatz} Z$$

$$1740\,DM \xrightarrow[\cdot 3{,}75]{\cdot p : 100 \atop : p \cdot 100} 65{,}25\,DM$$

$$65{,}25\,DM \cdot \frac{100}{1740} = 6525\,DM$$

Zinssatz: 3,75 %

Gesamtoperatordarstellung:

$$Kapital \xrightarrow{Zinssatz} Jahreszinsen \xrightarrow{\cdot Zeit} Zinsen$$

$$1740\,DM \longrightarrow 65{,}25\,DM \xrightarrow{\cdot\frac{8}{12} \atop :\frac{12}{8}} 43{,}50\,DM$$

### 3.10.3 Dritte Grundaufgabe: Kapital gesucht

Lernziele:
1. Zu vorgegebenem Zinssatz, vorgegebenem Zins und vorgegebener Zeit das Kapital berechnen können
2. Erkennen, daß zuerst der Jahreszins berechnet werden muß

Welches Kapital hat Alfred Nobel gestiftet, wenn es zu einem Zinssatz von 3 % angelegt ist und aus den Zinsen jährlich die Nobelpreise zu rund 900 000 schwedischen Kronen bezahlt werden.
Aufgabe wird analog der dritten Grundaufgabe des Prozentrechnens gelöst.

Dreisatz:
3 % ≙ 900 000 Kronen
1 % ≙ 300 000 Kronen
100 % ≙ 30 000 000 Kronen

Operatordarstellung:

$$K \xrightarrow[\cdot\frac{100}{3}]{\cdot\frac{p}{100}} Z$$

$$30\,000\,000\,Kronen \xleftarrow{} 900\,000\,Kronen$$

Welches Kapital muß man besitzen, um aus den Zinsen mit einem Zinssatz von 4 % eine monatliche Einnahme von 250 DM zu haben.
Es wird zuerst der Jahreszins berechnet. Dann erfolgt die Lösung wie bei der Aufgabe vorher.

Jahreszins:
Monatszins: 250 DM
Jahreszins: 3000 DM

Operatordarstellung:

$$75\,000\,DM \xleftarrow{: 4 \cdot 100} 3000\,DM$$

Kapital: 75 000 DM

Gesamtoperatordarstellung:

$$Kapital \xrightarrow{Zinssatz} Jahreszinsen \xrightarrow{\cdot Zeit} Zinsen$$

$$\square \xleftarrow[: 0{,}04]{\cdot 0{,}04} 3000\,DM \xleftarrow[\cdot 12]{\cdot\frac{1}{12}} 250\,DM$$

$$Z = \frac{K \cdot i \cdot p}{100 \cdot 360} \quad p = \frac{Z \cdot 100 \cdot 360}{K \cdot i} \quad K = \frac{Z \cdot 100 \cdot 360}{p \cdot i} \quad i = \frac{Z \cdot 100 \cdot 360}{K \cdot p}$$

| Kapital | 235 DM | 900 DM | 500 DM | 3000 DM | 1600 DM |
|---|---|---|---|---|---|
| Zinssatz | 4 % | 3 % | 4 % | | 6 % |
| Zinsen | | 27 DM | 10 DM | 64,50 DM | 19,20 DM |
| Zinszeit | 54 Tage | 8 Monate | $\frac{1}{4}$ Jahr | $7\frac{1}{2}$ Monate | |

$$Z = \frac{235\,DM \cdot 54 \cdot 4}{100 \cdot 360} = 1,41\,DM \quad p = \frac{27\,DM \cdot 100 \cdot 12}{900\,DM \cdot 8} = 4,5$$

$$i = \frac{10\,DM \cdot 100 \cdot 360}{500\,DM \cdot 4} = 180 \quad p = \frac{64,50\,DM \cdot 100 \cdot 12}{3000\,DM \cdot 7,5} = 3,44 \quad K = \frac{15\,DM \cdot 100 \cdot 4}{3 \cdot 1} = 2000\,DM \quad i = \frac{19,20\,DM \cdot 100 \cdot 360}{1600\,DM \cdot 6} = 72$$

### 3.12 Zinseszinsberechnungen

Die Banken schlagen die bis zum Ende eines Jahres angefallenen Zinsen zum Sparbetrag hinzu. Sie berechnen im folgenden Jahr von diesen Zinsen wiederum Zinsen (Zinseszinsen).

Lernziele:
1. Den Begriff Zinseszins kennenlernen
2. Die Aufgaben der Zinseszinsrechnungen mit Hilfe einer Tabelle rechnen können
3. Einen Einblick in das Aufstellen der Zinseszinsformel erhalten

Anfangskapital 100 DM; Zinssatz 4 %;

| Zeit | Guthaben am Anfang des Jahres | Zinsen | Guthaben am Ende des Jahres |
|---|---|---|---|
| 1. Jahr | 100 DM | 4 DM | 104 DM |
| 2. Jahr | 104 DM | 4,16 DM | 108,16 DM |
| 3. Jahr | 108,16 DM | 4,33 DM | 112,49 DM |
| 4. Jahr | 112,49 DM | 4,49 DM | 116,98 DM |
| 5. Jahr | 116,98 DM | 4,68 DM | 121,66 DM |

Wird bei einem Sparkonto der Zins am Jahresende nicht abgehoben, so erhöht sich das Guthaben um diesen Zinsbetrag. Die Zinsen tragen selbst wieder Zinsen. (Zinseszinsen)

305

---

### 3.10.4 Vierte Grundaufgabe: Zeit gesucht

Lernziele:
1. Zu gegebenem Kapital, vorgegebenem Zinssatz, vorgegebenem Zins die Zeit berechnen können
2. Wissen, daß das Verhältnis von Tageszinsen und Jahreszinsen die Zinstage ergeben

Für eine Schuld von 600 DM wurden bei 8 % 36 DM berechnet.

Zinszeit:

$$600\,DM \xrightarrow{\frac{8}{100}} 48\,DM \xrightarrow{\frac{\cdot 36}{48}} 36\,DM \xrightarrow{\frac{\cdot 9}{12}}$$

Zeit: 9 Monate

$$48\,DM \xrightarrow{:48} 1\,DM \xrightarrow{\cdot 36} 36\,DM$$

$$\xrightarrow{:360} 13\frac{1}{3}\,DM \xrightarrow{\cdot 360}$$

Gesamtoperatordarstellung:

Kapital $\xrightarrow{\text{Zinssatz}}$ Jahreszinsen $\xrightarrow{:360}$ Tageszinsen $\xrightarrow{\text{Zinstage}}$ Zinsen

$600\,DM \xrightarrow{\cdot 0,8} 48\,DM \xrightarrow{:360} \square\,DM \xrightarrow{\cdot \square} 36\,DM$

### 3.11 Herleitung und Anwendung der Zinsformel

Aus der Bruchstrichschreibweise und der Operatordarstellung wird die Zinsformel entwickelt.

Lernziele:
1. Die Zinsformel ableiten können
2. Die Vier Grundaufgaben mit der Zinsformel lösen können

Kapital: 5 600 DM; Zinssatz: 3 %; Zinstage: 84 Tage;

Dreisatz:
Jahreszinsen:
1 % von 5600 DM ⎫  $\dfrac{5600\,DM}{100}$
3 % von 5600 DM ⎭  $\dfrac{5600\,DM \cdot 3}{100}$

Zinsen für 84 Tage:
Zinsen für 360 Tage: $\dfrac{5600\,DM \cdot 3}{100}$
Zinsen für 1 Tag: $\dfrac{5600\,DM \cdot 3}{100 \cdot 360}$
Zinsen für 84 Tage: $\dfrac{5600\,DM \cdot 3 \cdot 84}{100 \cdot 360}$

Operatordarstellung:

Kapital $\xrightarrow{\text{Zinssatz}}$ Jahreszins $\xrightarrow{\frac{84}{360}}$ Zeit $\rightarrow$ Zinsen

$5600\,DM \xrightarrow{\frac{3}{100}} \square\,DM \xrightarrow{\frac{84}{360}} \square\,DM$

Zinsen $= \dfrac{5600\,DM \cdot 3 \cdot 84}{100 \cdot 360}$

$$Z = \frac{K \cdot i \cdot p}{100 \cdot 360}$$

$$\text{Zinsen} = \frac{\text{Kapital} \cdot \text{Zinstage} \cdot \text{Zinssatz}}{100 \cdot 360}$$

Zinstabelle:

| Jahre | 3 % | 3,5 % | 4 % | 4,5 % | 5 % | 5,5 % | 6 % |
|---|---|---|---|---|---|---|---|
| 1 | 1,03 | 1,035 | 1,04 | 1,045 | 1,05 | 1,055 | 1,06 |
| 2 | 1,0609 | 1,0712 | 1,0816 | 1,0920 | 1,1025 | 1,1130 | 1,1236 |
| 3 | 1,0927 | 1,1082 | 1,1249 | 1,1412 | 1,1576 | 1,1742 | 1,1910 |
| 4 | 1,1255 | 1,1475 | 1,1699 | 1,1925 | 1,2155 | 1,2388 | 1,2625 |
| 5 | 1,1593 | 1,1877 | 1,2167 | 1,2462 | 1,2763 | 1,3070 | 1,3382 |
| 6 | 1,1941 | 1,2293 | 1,2653 | 1,3023 | 1,3401 | 1,3788 | 1,4185 |
| 7 | 1,2299 | 1,2723 | 1,3159 | 1,3609 | 1,4071 | 1,4547 | 1,5036 |
| 8 | 1,2668 | 1,3181 | 1,3686 | 1,4221 | 1,4775 | 1,5347 | 1,5938 |

Die Zinseszinstabelle gibt an, auf welchen Betrag ein Kapital von 1 DM bei einem bestimmten Zinssatz nach n Jahren anwächst.

K = 600 DM   p = 4,5 %   n = 6
600 DM · 1,3023 = 781,38 DM

Ein Kapital von 12 790 DM wird mit 6,5 % verzinst. Wie groß ist das Kapital am Ende des ersten Jahres?

| 100 % des Kapitals | 6,5 % des |
| 127,90 DM | Kapitals |

106,5 % des Kapitals

$$12790 \text{ DM} \xrightarrow{\cdot 0{,}065} 831{,}35 \text{ DM}$$
$$12790 \text{ DM} + 831{,}35 \text{ DM} = 13621{,}35 \text{ DM}$$
$$12790 \text{ DM} \xrightarrow{\cdot \frac{106{,}5}{100}} 13621{,}35 \text{ DM}$$
$$12790 \text{ DM} \xrightarrow{\cdot 1{,}065} 13621{,}35 \text{ DM}$$

Ein Kapital von 65 DM wird mit 8,5 % verzinst. Wie groß ist das Kapital am Ende des vierten Jahres?

$$\mathcal{K} \xrightarrow{\cdot 1{,}085} \mathcal{K}_1 \xrightarrow{\cdot 1{,}085} \mathcal{K}_2 \xrightarrow{\cdot 1{,}085} \mathcal{K}_3 \xrightarrow{\cdot 1{,}085} \mathcal{K}_4$$

$$\mathcal{K} \xrightarrow{\cdot 1{,}085 \cdot 1{,}085 \cdot 1{,}085 \cdot 1{,}085} \mathcal{K}_4$$

$$65 \text{ DM} \xrightarrow{\cdot 1{,}085^4} 90{,}08 \text{ DM}$$

306

Wieviel Kapital muß jemand zu 4 % bei Zinseszinsen anlegen, um nach 3 Jahren 1 800 DM zu besitzen?

$$\mathcal{K} \xrightarrow{\cdot 1{,}04} \mathcal{K}_1 \xrightarrow{\cdot 1{,}04} \mathcal{K}_2 \xrightarrow{\cdot 1{,}04} \mathcal{K}_3$$

$$\square \xleftarrow{: 1{,}04} \xleftarrow{: 1{,}04} \xleftarrow{: 1{,}04} \mathcal{K}_3$$

$$\xleftarrow{: 1{,}04^3}$$

$$1600{,}19 \text{ DM} \xleftarrow{\qquad} 1800 \text{ DM}$$

## 4. Literatur

1. Athen / Griesel: Mathematik heute, 7./8. Schuljahr, Schroedel/Schöningh Verlag
2. Bigalke: Einführung in die Mathematik für allgemeinbildende Schulen, Ausgabe H, 7. Schuljahr, Diesterweg Verlag
3. Breitenbach, W.: Methodik des Mathematikunterrichts in Grund- und Hauptschulen, Schroedel Verlag
4. Curricularer Lehrplan für Mathematik, 6. Jahrgangsstufe, KMBl I 1976, Sondernummer 19
5. Curriculare Lehrpläne für Mathematik, 7., 8., 9. Jahrgangsstufe, KMBl I 1977, Sondernummer 34
6. Gellert, W. / Küstner, H. / Hellwich, M. / Kästner: Kleine Enzyklopädie der Mathematik, Verlag Harri Deutsch
7. Griesel, H.: Die Neue Mathematik für Lehrer und Studenten, Band I und Band II, Schroedel Verlag
8. Hollmann, E.: Bruchoperatoren in der Prozent- und Zinsrechnung, Der Mathematikunterricht, Jahrgang 21, Heft 1, Klett Verlag
9. Lambacher / Schweizer: Rechnen und Raumlehre, Ausgabe B, Klett Verlag
10. Oehl, W.: Der Rechenunterricht in der Hauptschule
11. Oehl / Palzkill: Die Welt der Zahl, Rechenwerk für die Grund- und Hauptschule, Allgemeine Ausgabe für Nordrhein-Westfalen, 7., 8., 9. Schuljahr, Schroedel Verlag
12. Oehl / Palzkill: Die Welt der Zahl - Neu, 5., 6., 7. Schuljahr, Oldenbourg / Schroedel Verlag
13. Winter / Ziegler: Neue Mathematik, 7. Schuljahr, Schroedel Verlag

# Sebastian Gruber · Jakob Greifenstein
# Metrische Geometrie im Rahmen des Mathematikunterrichts der Hauptschule

| | | |
|---|---|---|
| 1. | Zielsetzung nach den Curricularen Lehrplänen | 308 |
| 1.1 | Richtziele | 308 |
| 1.2 | Grobziele | 308 |
| 1.3 | Feinziele | 308 |
| 2. | Aufgaben zur Verwirklichung des operativen Prinzips | 311 |
| 3. | Unterrichtsorganisation unter Beachtung des operativen Prinzips | 312 |
| 3.1 | Zum Begriff der Operation | 312 |
| 3.2 | Aktivitäten auf den Ebenen des effektiven, zeichnerischen und vorstellenden Operierens | 312 |
| 3.3 | Merkmale operativer Handlungen, aufgezeigt an Beispielen | 312 |
| 3.4 | Fachspezifische Artikulation des Unterrichts in metrischer Geometrie bei operativem Lernprozeß | 315 |
| 3.5 | Mit möglichen Bezeichnungen bei herkömmlichen problemlösenden Verfahrensweisen | 315 |
| 4. | Unterrichtspraktische Beispiele | 316 |
| 4.1 | Unterrichtssequenz zur Einführung in die Flächenmessung (Flächenmaße) und Berechnung von Rechteckflächen (5. Jahrgangsstufe) | 316 |
| 4.2 | Einführung in die Oberflächenberechnung des Zylinders (8. Jahrgangsstufe) | 319 |
| 4.3 | Einführung in die Raummaße (Körpermaße) – 6. Jahrgangsstufe | 321 |
| 4.4 | Die Berechnung des Volumens des Quaders – 6. Jahrgangsstufe | 323 |
| 4.5 | Die Berechnung des Volumens der Pyramide – 9. Jahrgangsstufe | 325 |
| 4.6 | Übungen zur Pflege der Raumanschauung und Schulung des geometrischen Denkens | 328 |
| 5. | Literatur | 331 |

# 1. Zielsetzung nach den Curricularen Lehrplänen

## 1.1 Richtziele

Für die Zielsetzung des Unterrichts in metrischer Geometrie werden insbesondere folgende Richtziele aus den Lehrplänen Mathematik als bedeutsam und wichtig erachtet:

### 5./6. Jahrgangsstufe

- Einblick in die Bedeutung und Anwendbarkeit der Mathematik (Geometrie) in den Bereichen des täglichen Lebens
- Freude am spielerischen und entdeckenden Umgang mit mathematischen (geometrischen) Gegenständen
- Fähigkeit, Sachzusammenhänge zu mathematisieren
- Fähigkeit, sich geometrische Zusammenhänge anschaulich vorzustellen

### 7. bis 9. Jahrgangsstufe

- ein geordnetes, sicher verfügbares und anwendungsbereites mathematisches (geometrisches) Grundwissen und Können
- die Fähigkeit zum selbständigen Lösen einfacher mathematischer (geometrischer) Probleme

## 1.2 Grobziele

Die in den Lehrplänen der 5. und 6. Jahrgangsstufe im Teil A ausgewiesenen übergeordneten Lernziele zu I. Größen, II. Sachaufgaben und III. Aussageformen und Mengen sind im Zusammenhang mit den im Teil B ausgewiesenen Lernzielen stetig zu verfolgen.

Für die Durchführung unterrichtlicher Vorhaben im Zusammenhang mit den Lernzielen aus dem Teil B der Lehrpläne werden folgende Grobziele exemplarisch herausgegriffen:

**5. Jahrgangsstufe: B III – Geometrische Größen – 3. Flächeninhalt**

3.1 Fähigkeit, Flächeninhalte durch Auslegen bzw. Auszählen von gleichen Einheitsflächen zu messen
3.3 Fertigkeit im Berechnen von Rechtecksflächen
3.4 Überblick über die gebräuchlichen Einheiten
3.5 Fertigkeit im Lösen von Sachaufgaben in Verbindung zur Geometrie

**6. Jahrgangsstufe: B IX – Geometrische Größen – 2. Rauminhalt des Quaders**

2.1 Einsicht, daß Quader ausgemessen werden können
2.2 Fertigkeit im Berechnen des Rauminhalts von Quader und Würfel
2.3 Überblick über die gebräuchlichen Volumeneinheiten und ihre Umwandlung
2.4 Fähigkeit, aus der Grundfläche und dem Rauminhalt eines Quaders seine Höhe zu berechnen

**7. Jahrgangsstufe: III. Geometrische Grundbegriffe, Darstellungen und Größen**

2.3 Fertigkeit in der Flächeninhaltsberechnung – Fähigkeit, aus gegebenem Flächeninhalt und einer Bestimmungsgröße die zweite zu berechnen
3.1 Fertigkeit, Prismen darzustellen und zu berechnen

**8. Jahrgangsstufe: III. Geometrische Grundbegriffe, Darstellungen und Größen**

2.2 Fähigkeit (Fertigkeit) in der Berechnung von Flächeninhalten am Kreis
3.1 Fähigkeit (Fertigkeit), Prismen und Zylinder darzustellen und zu berechnen
3.3 Fähigkeit (Fertigkeit) im Lösen von sachbezogenen geometrischen Aufgaben

**9. Jahrgangsstufe: III. Geometrische Grundbegriffe, Darstellungen und Größen**

2.1 Fähigkeit (Fertigkeit), Pyramiden (und Kegel) darzustellen und zu berechnen
2.2 Fähigkeit (Fertigkeit), Teilkörper zusammengesetzter Körper in verschiedenen Darstellungen aufzufinden und zu berechnen

## 1.3 Feinziele (exemplarisch an einer Auswahl von Grobzielen aufgezeigt)

**zu 5. Jahrgangsstufe: B III / 3.1:**

Fähigkeit, Flächeninhalte (hier Flächeninhalte von Rechtecken) durch Auslegen bzw. Auszählen von gleichen Einheitsflächen zu messen

- Die Schüler sollen Rechtecksflächen durch Zerschneiden und Aneinander- bzw. Aufeinanderlegen nach dem Flächeninhalt vergleichen können (Sachproblem: Wer hat das größere Grundstück? Welche Kuh hat die größere Weidefläche? Welche Klasse hat das größere Beet im Schulgarten?)
- Die Schüler sollen Rechtecksflächen durch Auslegen mit Hilfsflächen (Heftblatt, Postkarte, Dominokarten, Spielkarten usw.) vergleichen können
- Die Schüler sollen Rechtecksflächen durch Aufeinanderzeichnen (Kästchenpapier, Millimeterpapier) und Abzählen vergleichen können (Sachproblem "Fliesenleger")
- Die Schüler sollen zu der Erkenntnis gelangen, daß sich Rechtecksflächen durch Auslegen mit Einheitsquadraten am besten vergleichen lassen (bzw. daß sich Einheitsquadrate zum Ausmessen am besten eignen – bzw., daß eine Quadrat-

fläche als Meßfläche wegen der besonderen Symmetrieeigenschaften am besten geeignet ist)
- Die Schüler sollen zu der Erkenntnis gelangen, daß sich das Auszählen der Einheitsquadrate durch Zählen der Streifen (z.B. 1 Streifen zu 6 Einheitsquadraten) vereinfachen läßt (= verkürztes Auslegeverfahren)
- Die Schüler sollen zu der Erkenntnis gelangen, daß man mit großen Einheitsquadraten zweckmäßig große Rechtecksflächen und mit kleinen Einheitsquadraten zweckmäßig kleine Rechtecksflächen ausmißt

zu 5. Jahrgangsstufe: B III / 3.3:

Fertigkeit im Berechnen von Rechtecksflächen

- Die Schüler sollen über das verkürzte Auslege- und Auszählverfahren den Übergang von der Flächenmessung zur Flächenberechnung (Formel) nachvollziehen (Anzahl der Maßquadrate in einem Streifen, Anzahl der Streifen)
- Sie sollen über das effektive und zeichnerische Operieren zur anschaulichen Flächenformel finden (Flächeninhalt des Rechtecks = Flächeninhalt eines Streifens mal Anzahl der Streifen)
- Sie sollen die verwendeten Einheitsquadrate richtig benennen können (z. B. Zentimeterquadrat ist Quadrat mit der Seitenlänge 1 cm, später auch Zentimeter hoch 2, cm 2)
- Sie sollen die Berechnung einer Quadratfläche als Sonderfall der Rechtecksberechnung kennen und verstehen lernen
- Sie sollen die Bezeichnungen $A_R$ für Flächeninhalt von Rechteck, $A_Q$ für Flächeninhalt von Quadrat, l für Länge, b für Breite und s für Seite kennenlernen und verwenden
- Sie sollen von der anschaulichen Flächenformel zur üblichen Flächenformel finden: $A_R = l \cdot b$, $A_Q = s \cdot s$
- Sie sollen den Übergang von der ‚Meßformel' ($A_R = 6 cm^2 \cdot 3$) zur Berechnungsformel ($A_R = 6 cm \cdot 3 cm = 18 cm^2$) als mathematisch sinnvoll verstehen lernen (Begründung: Produkt, Potenzschreibweise, zweidimensionale Ausdehnung, Angleichung an schon bekannte mathematische Operationen, Wirtschaft)
- Sie sollen Sicherheit im Berechnen von Rechtecksflächen (Quadraten) gewinnen

zu 6. Jahrgangsstufe: B IX / 2.1:

Einsicht, daß Quader ausgemessen werden können

- Die Schüler sollen aus dem Ausfüllen von quaderförmigen (würfelförmigen) Räumen mit Einheitswürfeln das Verfahren der Raumbestimmung begründen und anwenden können

- Die Schüler sollen zu der Erkenntnis gelangen, daß sich ein Würfel als Maßeinheit wegen der besonderen Symmetrieeigenschaften am besten eignet
- Sie sollen über das Legen von Würfeln zu Stangen (längs einer Quaderkante), das Legen von Stangen zu einer Schicht (Bedecken der Bodenfläche eines Kartons) und das Legen von Schichten übereinander zu einem Verfahren des Ausmessens eines Quaders (Würfels) finden
- Sie sollen zu der Erkenntnis gelangen, daß sich das Ausmessen (Auszählen) mit Einheitswürfeln durch Zählen der Stangen (Schicht) und Zählen der Schichten vereinfachen läßt (verkürztes Auslegeverfahren)
- Die Schüler sollen zu der Erkenntnis gelangen, daß man zweckmäßig große Räume mit großen Einheitswürfeln und kleine Räume mit kleinen Einheitswürfeln ausmißt

zu 6. Jahrgangsstufe: B IX / 2.2:

Fertigkeit im Berechnen des Rauminhalts von Quader und Würfel

- Die Schüler sollen über das verkürzte Auslege- und Auszählverfahren den Übergang von der Raummessung zur Raumberechnung (Formel) nachvollziehen (Anzahl der Würfel in einer Stange, Anzahl der Stangen in einer Schicht, Anzahl der Schichten im voll ausgefüllten Raum – Rauminhalt bestimmt durch Anzahl der Würfel)
- Sie sollen über effektives und zeichnerisches (Schrägbilddarstellung) Operieren zur anschaulichen Rauminhaltsformel finden (Rauminhalt des Quaders (Würfels) = Anzahl der Einheitswürfel in einer Stange mal Anzahl der Stangen mal Anzahl der Schichten)
- Sie sollen die verwendeten Einheitswürfel richtig benennen können (z.B. m - Würfel, Kubikmeter für $m^3$, später auch Meter hoch drei)
- Sie sollen die Berechnung eines Würfels als Sonderfall der Berechnung eines Quaders verstehen lernen
- Sie sollen die Bezeichnungen $V_Q$ für Rauminhalt von Quader, $V_W$ für Rauminhalt von Würfel, l für Länge, b für Breite und h für Höhe, s für Seite kennenlernen und verwenden
- Sie sollen von der anschaulichen Rauminhaltsformel zur üblichen Rauminhaltsformel finden: $V_Q = l \cdot b \cdot h$ bzw. $V_W = s \cdot s \cdot s = s^3$
- Sie sollen den Übergang von der "Meßformel." ($V_Q = 7 cm^3 \cdot 3 \cdot 5$) zur Berechnungsformel ($V_Q = 7 cm \cdot 3 cm \cdot 5 cm = 105 cm^3$) als mathematisch sinnvoll verstehen lernen (Begründung: Produkt, Potenzschreibweise, dreidimensionale Ausdehnung)

Dabei ist auch zu klären, daß das Volumen eines Quaders (Würfels) als das Produkt von einem Flächeninhalt (Grundfläche) und einer Länge (hier Höhe) aufgefaßt werden kann.

Anschaulichere Zwischenform: Grundschicht mal Höhe; Formel: V = A · h (als vorbereitende Form für die Berechnung gerader Prismen und Zylinder in der 7. und 8. Jahrgangsstufe)

- Sie sollen Sicherheit im Berechnen des Rauminhalts von Quader und Würfel gewinnen (Hier ist besonders darauf zu achten, daß die abstrakte Form der Berechnung gelegentlich wieder in die anschauliche Form zurückgeführt wird, u.U. auch effektives Operieren für schwächere Schüler, daß z.B. bei Sachaufgaben Situationsskizzen gefertigt werden)

zu 7. Jahrgangsstufe: III:

Geometrische Grundbegriffe, Darstellungen und Größen

2.3 Fertigkeit in der Flächeninhaltsberechnung – Fähigkeit, aus gegebener Flächeninhalt und einer Bestimmungsgröße die zweite zu berechnen hier: Flächeninhalt des Dreiecks

Vorbemerkung: Das Lernziel 1.1 "Fähigkeit, einfache geometrische Figuren in flächeninhaltsgleiche Rechtecke überzuführen" muß hier für den Inhalt "Flächenumwandlung des Dreiecks in flächengleiche Rechtecke durch Drehen von Teilflächen" grundlegend behandelt sein.
Merkmal der operativen Handlung ist hier die Variationsfähigkeit, d.h., es wird über verschiedene Lösungswege eine spätere Formelumstellung vorbereitet.

- Die Schüler sollen eine Dreiecksfläche zerlegen (zerschneiden) und durch Verdoppeln der Teilflächen zu einer Rechtecksfläche bei gleichbleibender Grundlinie und Höhe ergänzen können

- Die Schüler sollen durch Ausmessen (Auslegen) der Rechtecksfläche mit Einheitsquadraten den Flächeninhalt des Rechtecks und durch Halbieren den Flächeninhalt des Dreiecks bestimmen können

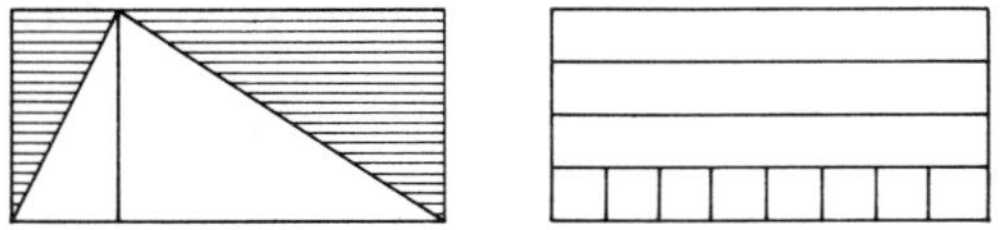

spätere Formel: $A = \dfrac{g \cdot h}{2}$

Halbieren des Produkts aus g und h

- Die Schüler sollen eine Dreiecksfläche so zerlegen (zerschneiden), daß durch Halbieren der Grundlinie g ein flächengleiches Rechteck entsteht (Drehen der Teilflächen)

- Die Schüler sollen durch Ausmessen mit Einheitsquadraten die Rechtecksfläche und somit die Dreiecksfläche bestimmen können

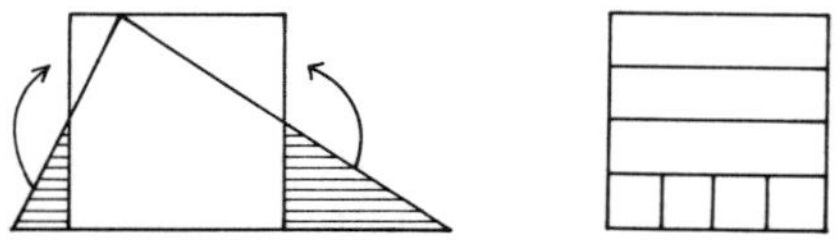

spätere Formel: $A = \dfrac{g}{2} \cdot h$

Halbieren des Faktors g

- Die Schüler sollen eine Dreiecksfläche so zerlegen (zerschneiden), daß durch Halbieren der Höhe h ein flächengleiches Rechteck entsteht (Drehen der Teilflächen)

- Die Schüler sollen durch Ausmessen mit Einheitsquadraten die Rechtecksfläche und somit die Dreiecksfläche bestimmen können

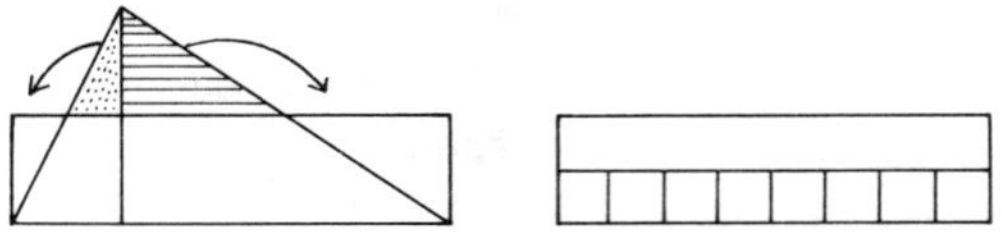

spätere Formel: $A = g \cdot \dfrac{h}{2}$

Halbieren des Faktors h

- Die Schüler sollen über das effektive oder zeichnerische Operieren zur anschaulichen Flächenformel finden, z.B.:
  - Flächeninhalt des Dreiecks = Grundlinienstreifen mal Anzahl der Streifen durch 2
  - Flächeninhalt des Dreiecks = halber Grundlinienstreifen mal Anzahl der Streifen
  - Flächeninhalt des Dreiecks = Grundlinienstreifen mal halbe Anzahl der Streifen

(wobei die Anzahl der Streifen jeweils durch die Höhe gegeben ist)

- Sie sollen die Bezeichnungen A für Flächeninhalt, g für Grundlinie und h für Höhe kennenlernen und verwenden
- Sie sollen von den anschaulichen zu den üblichen Flächenformeln finden

1. $A = \dfrac{g \cdot h}{2}$   2. $A = \dfrac{g}{2} \cdot h$   3. $A = g \cdot \dfrac{h}{2}$

- Sie sollen Sicherheit im Berechnen von Dreiecksflächen gewinnen
- Sie sollen bei gegebener Fläche und Grundlinie die Höhe berechnen können
- Sie sollen bei gegebener Fläche und Höhe die Grundlinie berechnen können

(Ausgang von einer Sachsituation; später Formelumstellung nach mathematischen Gesetzmäßigkeiten – $h = 2A : g$ oder $h = \dfrac{2A}{g}$   $g = 2A : h$ oder $g = \dfrac{2A}{h}$)

Hier ist auch die Überlegung wichtig, daß jeweils die entsprechende Rechtecksfläche mit der gegebenen Grundlinie (oder der gebenen Höhe) den doppelten Flächeninhalt hätte.

zu 8. Jahrgangsstufe: III:

Geoemtrische Grundbegriffe, Darstellungen und Größen

2.2 Fähigkeit (Fertigkeit) in der Berechnung von Flächeninhalten am Kreis

Vorbemerkung: Voraussetzung für die Behandlung von Lernziel 2.2 ist die Behandlung von Lernziel 2.1 "Fähigkeit (Fertigkeit) in der Berechnung des Umfangs von Kreisen". Damit sind auch die Bezeichnungen $U_K$ für Umfang des Kreises, r für Radius, d für Durchmesser und $\pi$ für die Ludolfsche Zahl (3,14) bekannt. Der Lehrer sollte im Unterricht gerade hier, wo es sich um ein näherungsweises Bestimmen des Flächeninhalts handelt, das operative Prinzip (bes. das Merkmal der Variationsfähigkeit, zeichnerisches, effektives Operieren) beachten. Die nachstehenden Ziele werden in die Lösung eines Sachproblems eingebunden.

- Die Schüler sollen aus einem Sachproblem das mathematische Problem der Berechnung des Flächeninhalts am Kreis herausfinden
- Sie sollen über schon bekannte Flächen eine Kreisfläche näherungsweise messen können (einbeschriebenes und umgeschriebenes Quadrat, Auszählen der Einheitsquadrate auf dem Millimeterpapier) 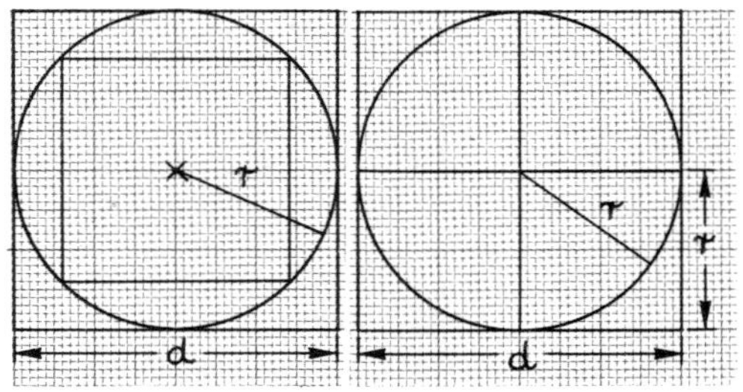
- Sie sollen den Flächeninhalt des Kreises mit dem entsprechenden Durchmesserquadrat ( = umgeschriebenes Quadrat) und dem entsprechenden Radiusquadrat vergleichen können
- Sie sollen durch Auszählen der Einheitsquadrate herausfinden, daß der Flächeninhalt des Kreises näherungsweise $3\frac{1}{7}$ mal so groß ist wie das entsprechende Radiusquadrat 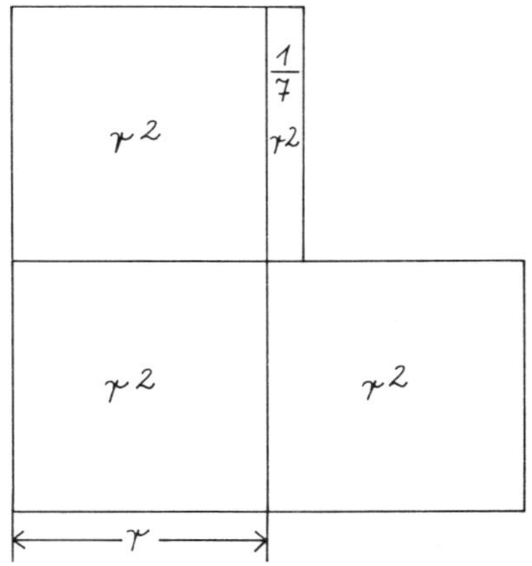
- Sie sollen durch zeichnerisches und effektives Operieren die Kreisfläche in gleiche Sektoren aufteilen können (zweckmäßig in 16, ausschneiden) 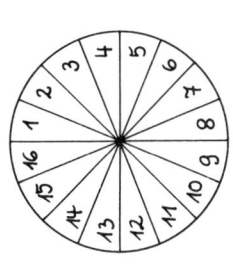 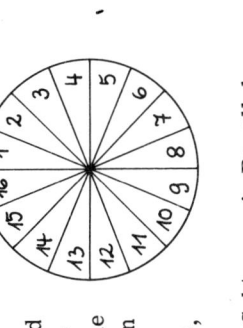
- Sie sollen aus den Sektoren ein Parallelogramm formen können
- Sie sollen den Flächeninhalt des Parallelogramms mit den Bezeichnungen am Kreis berechnen können 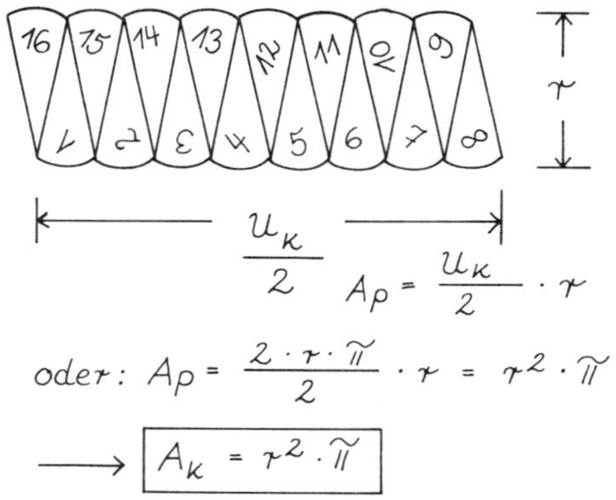
- Sie sollen aus dieser Berechnungsformel die Flächeninhaltsformel für Kreise ableiten können
- Sie sollen die angestrebte Formel

$$A_K = \frac{d^2 \cdot \widetilde{\pi}}{4}$$

erläutern können

## 2. Aufgaben zur Verwirklichung des operativen Prinzips

Aus der Zielsetzung der Curricularen Lehrpläne, metrische Geometrie unter Beachtung des operativen Prinzips zu unterrichten, resultieren folgende wesentliche Aufgaben:

- Das geometrische Vorstellungsvermögen soll sich stufenweise über die dinghaft handelnde Betrachtung und zeichnerische Darstellung entfalten.
Vergleiche dazu CULP 5. Jahrgangsstufe: B III / 3: Flächeninhalt $3.1 \to 3.3 \to 3.4 \to 3.5$; CULP 6. Jahrgangsstufe: B IX – Geometrische Größen; 2. Rauminhalt des Quaders $2.1 \to 2.2 \to 2.3$; (siehe auch jeweils Unterrichtsverfahren)
- Die weitgehend festgelegte Folge von Lernzielen und Lerninhalten, bedingt durch die Systematik im Aufbau der Mathematik, macht es erforderlich, daß sich der Unterricht an den bisherigen Lernerfahrungen der Schüler orientiert und anschließt.
- Das bewegliche Denken ist durch Variation der Betrachtungs-, Darstellungs- und Berechnungsweise zu fördern (vgl. CULP 6. Jahrgangsstufe: B IX, 2. Rauminhalt des Quaders, Lernziel 2.4: Berechnung der Höhe eines Quaders, wenn Grundfläche und Volumen gegeben sind – oder CULP 7. Jahrgangsstufe: I. Rechnen mit Größen, Lernziel 3.2: Umrechnung von geometrischen Größen in verschiedene Einheiten – oder III. Geometrische Darstellungen und Größen, Lernziel 2.3: Aus gegebenem Flächeninhalt und einer Bestimmungsgröße die zweite zu berechnen – oder 2.4: Abhängigkeit des Flächeninhalts von der Grundlinie und der Höhe, Abhängigkeit des Volumens von der Grundfläche und der Höhe – oder CULP 8. Jahrgangsstufe: III. Geometrische Darstellungen und Größen, Lernziel 1: Vielecke, 1.1 Überführen von Vielecken in berechenbare inhaltsgleiche Flächen – oder CULP 9. Jahrgangsstufe: III. Geometrische Darstellungen und Größen, Lernziel 2.2: Auffinden und Berechnen von Teilkörpern zusammengesetzter Körper in verschiedenen Darstellungen).
- Durch wirklichkeitsbezogene mathematische Fragestellungen und lebenspraktische Aufgaben in engem Bezug zur Erfahrungswelt können Schüler entsprechend zur Mitarbeit motiviert und an einer gemeinsamen Auseinandersetzung beteiligt werden. Dadurch ist auch die Lernbereitschaft zu erhalten und zu steigern (Die in den CULP's immer wiederkehrenden Hinweise unter "Unterrichtsverfahren" – "Ausgehend von Sachzusammenhängen" – "Sachaufgaben im Zusammenhang mit ..." weisen besonders auf diese Aufgabe hin.).
- Durch operative Übungen, Fertigkeitsübungen und Wiederholungen sind die erworbenen Fähigkeiten zu erweitern und die Fertigkeiten zu sichern (vgl. besonders CULP - 7. Jahrgangsstufe: "tägl. Kurzübungen", "operative Übung z.B. durch Variation im Handlungsfeld der Ausgangsaufgabe – Was wäre, wenn ... –"
- 8. Jahrgangsstufe: "Übungen im Verstellen, Schätzen und Messen von geometrischen Größen" –
- 8. und 9. Jahrgangsstufe jeweils IV.: Anwendung der erworbenen Kenntnisse und Fähigkeiten).

$$\text{oder: } A_P = \frac{2 \cdot r \cdot \widetilde{\pi}}{2} \cdot r = r^2 \cdot \widetilde{\pi}$$

$$\boxed{A_K = r^2 \cdot \widetilde{\pi}}$$

- Auf eine genaue Verwendung mathematisch unanfechtbarer Redeweisen bei geometrischen Beschreibungen, auf eine sachgerechte Sprechweise und auf eine zweckmäßige, mathematisch unanfechtbare Darstellung auch mit Hilfe von Symbolen ist zu achten. (In den CULP's wird besonders in den Spalten "Lerninhalte" und "Unterrichtsverfahren" auf mögliche und verbindliche geometrische Darstellungen und Sprechweisen hingewiesen.)

| zeichnerisches Operieren | Zeichnen des Quadernetzes durch Abwicklung - Unterteilung nach Bauteilen - Zeichnen des Schrägbildes - Unterteilung nach "Bausteinen" |
| --- | --- |
| vorstellendes Operieren | Zerlegen des Quaders in der Vorstellung - Aufstellen und Umlegen des Quaders in der Vorstellung und anschauliche Begründung möglicher Berechnungsformeln. |

### 3.2 Aktivitäten auf den Ebenen des effektiven, zeichnerischen und vorstellenden Operierens

**3.2.1 Betrachten:** Gliedernde und fixierende Raumbetrachtung, Erkennen von Flächen an Gegenständen, Erleben und Versprachlichen von Lagebeziehungen, Erfassen von Flächen- und Körpercharakteren, Erkennen von Flächen- und Körperstrukturen, Formbetrachtungen unter dem Gesichtspunkt der Zweckmäßigkeit, der Ähnlichkeit (Vergleich) und der Häufigkeit

**3.2.2 Darstellen:** Zeichnen, Formen, Falten, Falzen, Bauen (Auf- und Abbauen), Übertragen, Abbilden, Ausschneiden, Zerschneiden, Zerlegen, Auslegen, Zusammenfügen, Zusammenlegen, Aufeinanderlegen, Abstecken, Abschreiten, Aufteilen, Verschieben, Umformen, Konstruieren, Drehen

**3.2.3 Berechnen:** Schätzen, Überschlagen, Auslegen, Zählen, Zusammenzählen, Messen, Anwendung der Flächenmaße, Berechnen (Formel), Umwandeln.

### 3.3 Merkmale operativer Handlungen, aufgezeigt an Beispielen (z. T. nach Palzkill/Schwirtz)

Operativen Handlungen ist das Merkmal der Reversibilität (Umkehrbarkeit; Handlungen die umkehrbar - reversibel - sind), der Kompositionsfähigkeit (Operationen lassen sich miteinander verknüpfen) und der Variationsfähigkeit (Aufbau einer Gesamtoperation aus Teiloperationen auf verschiedene Art und Weise) zu eigen.

**3.3.1** Reversibilität (Umkehrbarkeit)

**3.3.1.1** Berechnen von Rechtecksflächen

Gegeben: Länge und Breite des Rechtecks

Gesucht: Flächeninhalt des Rechtecks

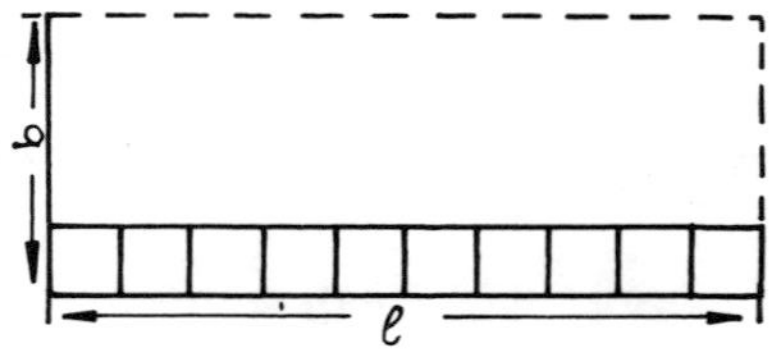

$$A_R = l \cdot b$$

## 3. Unterrichtsorganisation unter Beachtung des operativen Prinzips

### 3.1 Zum Begriff der Operation (im Sinne Piagets),

verdeutlicht durch operative Handlungen im Geometrieunterricht (Beispiele z. T. nach Palzkill / Schwirtz)

Operation der Intelligenz Handlung

Beispiel: Bestimmung des Flächeninhalts von Rechtecken

Vorgang der Verinnerlichung → neue Einsicht

vorstellendes Operieren — Ebene des Vorstellens
Beispiel: Zerlegen des Rechtecks in der Vorstellung u. anschauliche Begründung der Berechnungsformel

zeichnerisches Operieren durch Skizze oder Zeichnung
Beispiel: Zeichnerische Zerlegung des Rechtecks in Streifen und Einheitsquadrate

effektives Operieren wirkliches Tun
Beispiel: Ausmessen durch Bedecken des Rechtecks mit ausgeschnittenen Einheitsquadraten

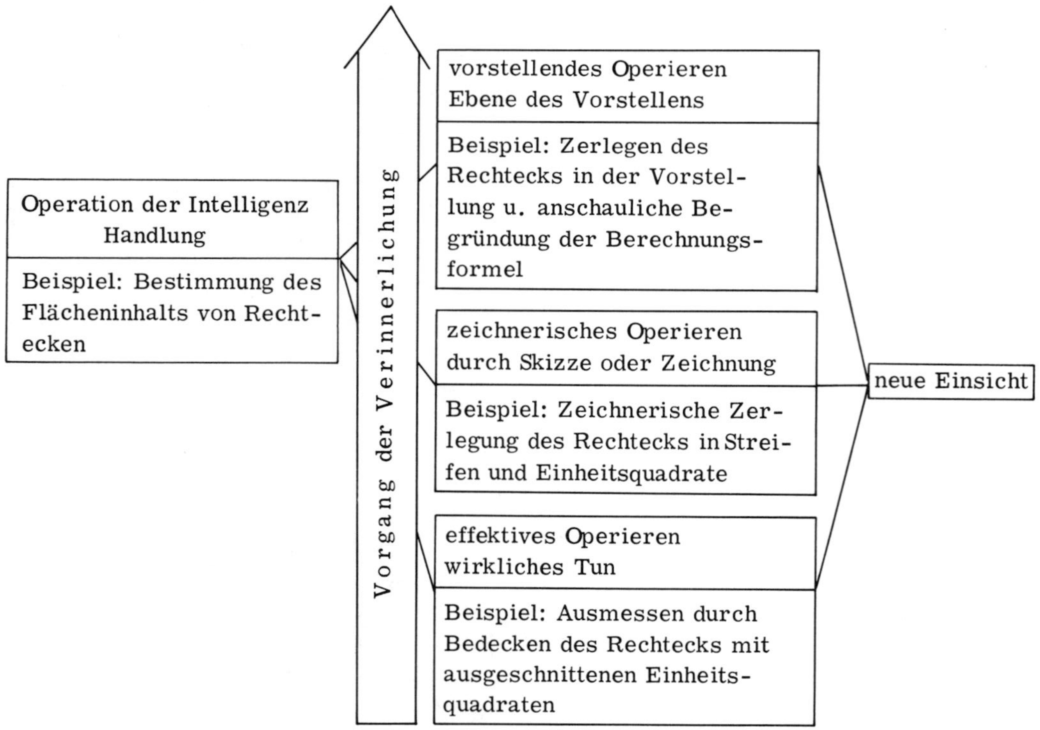

Beispiel aus der Körperberechnung:

effektives Operieren — "Bauen" eines Quaders mit Zentimeter- oder Dezimeter-Würfel

Gegeben: Flächeninhalt und Länge des Rechtecks
Gesucht: Breite des Rechtecks

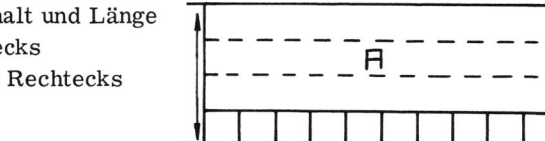

$$b = \frac{A_R}{l}$$

Gegeben: Flächeninhalt und Breite des Rechtecks
Gesucht: Länge des Rechtecks

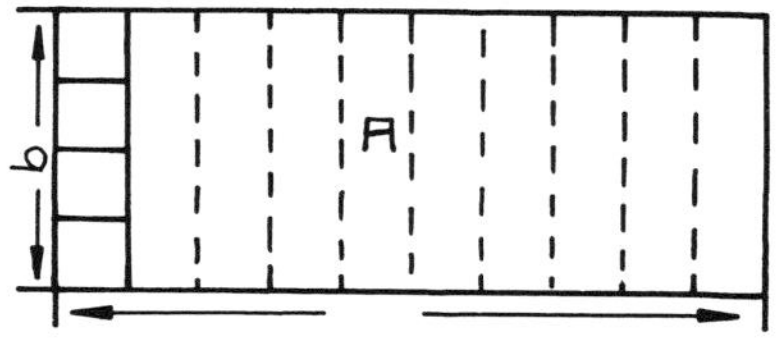

$$l = \frac{A_R}{b}$$

### 3.3.1.2 Flächenberechnung des Dreiecks

Gegeben: Grundlinie (a) und Höhe (h) des Dreiecks

Gesucht: Flächeninhalt (F) des Dreiecks

$$A = \frac{g \cdot h}{2}$$

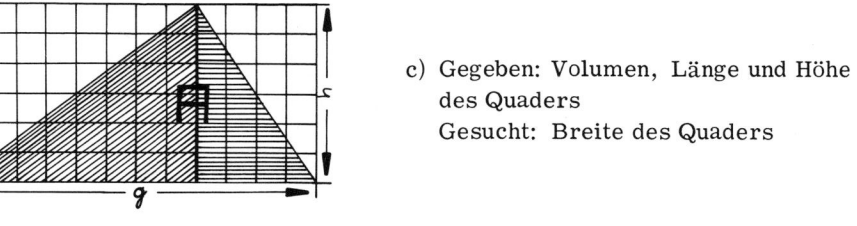

Gegeben: Flächeninhalt und Grundlinie des Dreiecks
Gesucht: Höhe des Dreiecks

$$h = \frac{2A}{g}$$

Gegeben: Flächeninhalt und Höhe des Dreiecks
Gesucht: Grundlinie des Dreiecks

$$g = \frac{2A}{h}$$

### 3.3.1.3 Volumenberechnung des Quaders

a) Gegeben: Länge (l), Breite (b) und Höhe (h) des Quaders
Gesucht: Volumen (V) des Quaders

$$V_Q = \underbrace{l \cdot b}_{\text{Schicht}} \cdot h$$

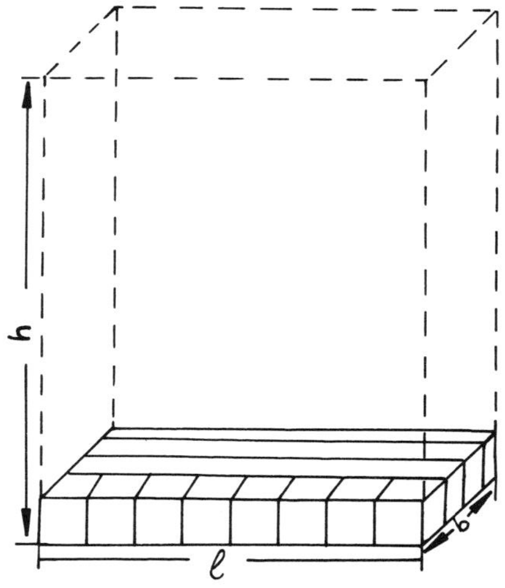

b) Gegeben: Volumen, Breite und Höhe des Quaders
Gesucht: Länge des Quaders

$$l = \frac{V}{\underbrace{b \cdot h}_{\text{Schicht}}}$$

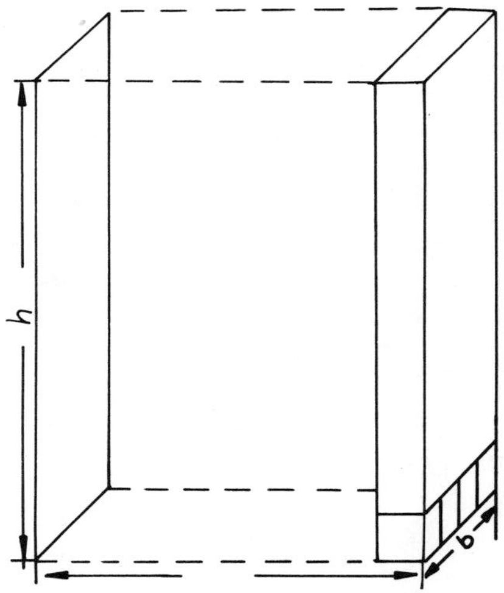

c) Gegeben: Volumen, Länge und Höhe des Quaders
Gesucht: Breite des Quaders

d) Gegeben: Volumen, Länge und Breite des Quaders
Gesucht: Höhe des Quaders

### 3.3.2 Kompositionsfähigkeit (Verknüpfung)

Verknüpfen von Operationen (Ebene des effektiven und auch zeichnerischen Operierens - Darstellen) am Beispiel Dreieck:

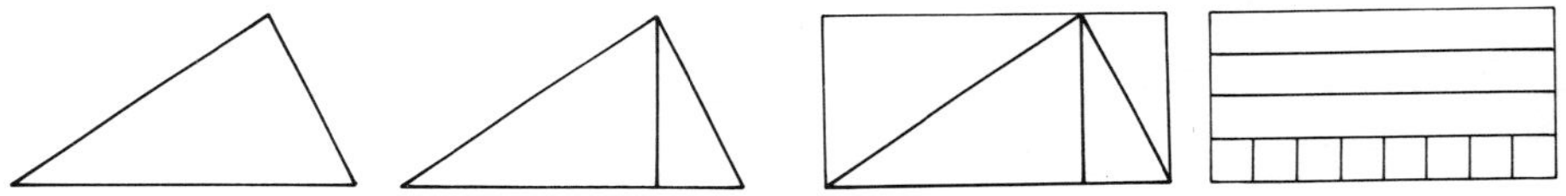

zerlegen oder zerschneiden

ergänzen dazulegen

auslegen ausmessen

(Siehe auch Volumenberechnung der Pyramide durch experimentell-induktive Verfahrensweise nach der Ergänzungsmethode - Ergänzung zum zugehörigen Prisma

Komposition von Operation und zugehöriger Gegenoperation durch Hintereinanderschaltung am Beispiel der Verwandlung eines Parallelogramms in ein flächengleiches Rechteck und umgekehrt.

313

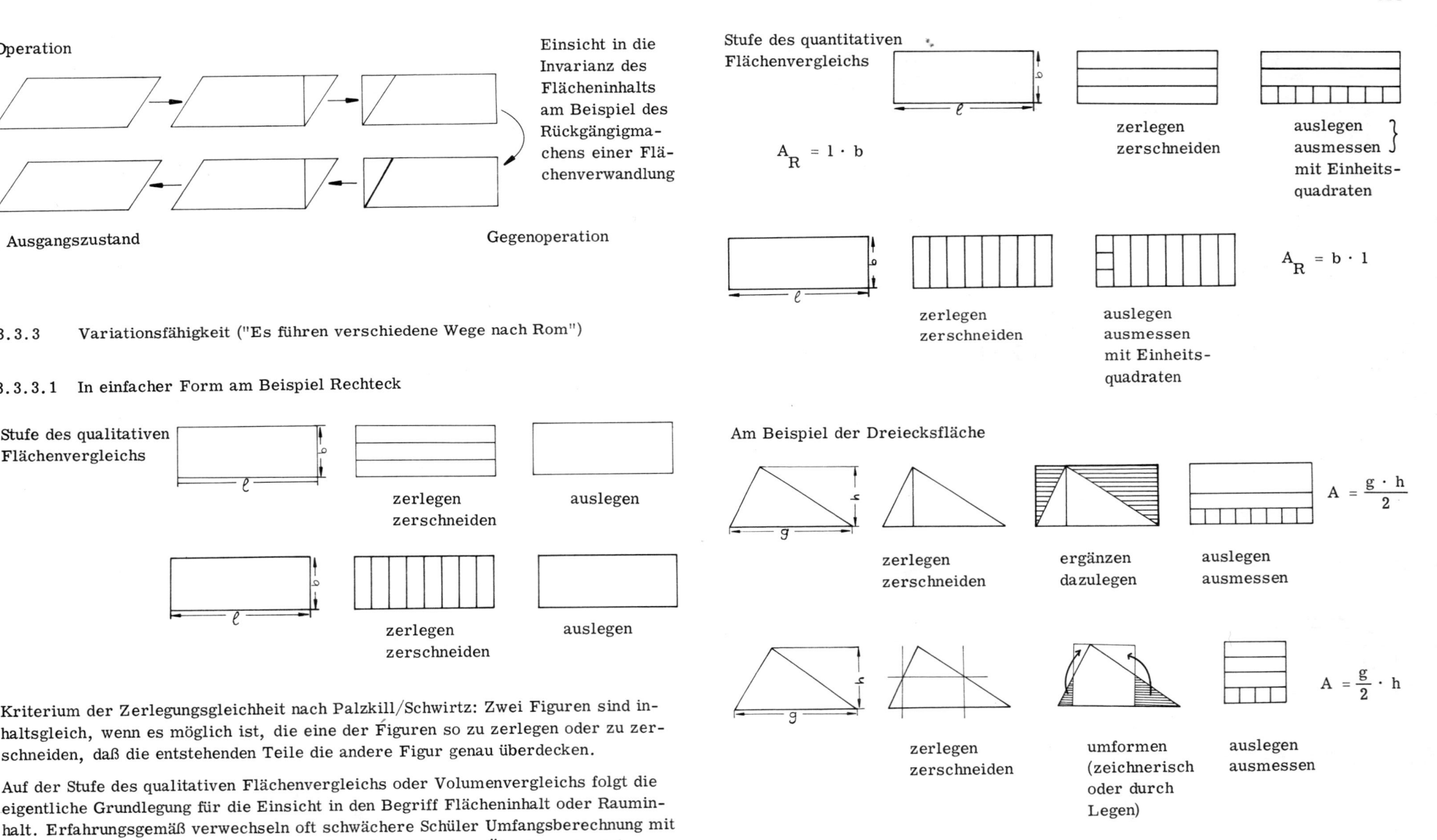

314

Operation

Einsicht in die Invarianz des Flächeninhalts am Beispiel des Rückgängigmachens einer Flächenverwandlung

Gegenoperation

Ausgangszustand

Stufe des quantitativen Flächenvergleichs

auslegen
ausmessen  } mit Einheitsquadraten

$A_R = b \cdot l$

zerlegen
zerschneiden

auslegen
ausmessen
mit Einheitsquadraten

$A_R = l \cdot b$

zerlegen
zerschneiden

Am Beispiel der Dreiecksfläche

zerlegen
zerschneiden

ergänzen
dazulegen

auslegen
ausmessen

$A = \dfrac{g \cdot h}{2}$

zerlegen
zerschneiden

umformen
(zeichnerisch
oder durch
Legen)

auslegen
ausmessen

$A = \dfrac{g}{2} \cdot h$

3.3.3  Variationsfähigkeit ("Es führen verschiedene Wege nach Rom")

3.3.3.1  In einfacher Form am Beispiel Rechteck

Stufe des qualitativen Flächenvergleichs

zerlegen
zerschneiden

auslegen

zerlegen
zerschneiden

auslegen

Kriterium der Zerlegungsgleichheit nach Palzkill/Schwirtz: Zwei Figuren sind inhaltsgleich, wenn es möglich ist, die eine der Figuren so zu zerlegen oder zu zerschneiden, daß die entstehenden Teile die andere Figur genau überdecken.

Auf der Stufe des qualitativen Flächenvergleichs oder Volumenvergleichs folgt die eigentliche Grundlegung für die Einsicht in den Begriff Flächeninhalt oder Rauminhalt. Erfahrungsgemäß verwechseln oft schwächere Schüler Umfangsberechnung und Flächenberechnung und umgekehrt. Die Ursache ist in einer Überbewertung des quantitativen Flächenvergleichs mit einem allzu raschen Zusteuern auf eine Formel und einer Unterbewertung der Stufe des qualitativen Flächenvergleichs zu suchen.

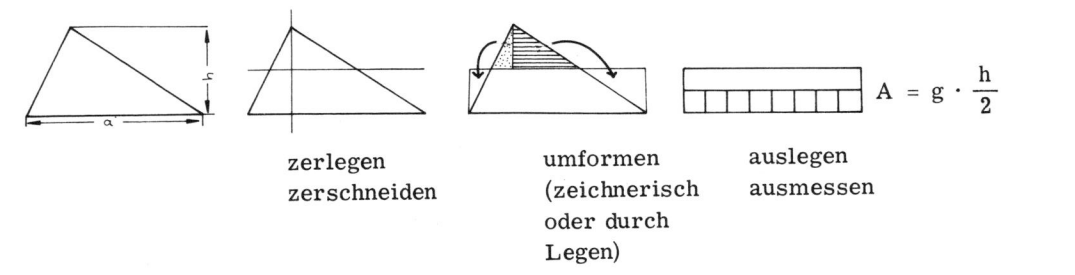

zerlegen      umformen      auslegen
zerschneiden  (zeichnerisch ausmessen
              oder durch
              Legen)

$$A = g \cdot \frac{h}{2}$$

Häufig vorkommende Operationen werden zur Gewohnheitshandlung und damit automatisiert. Dies ist zur Entlastung des Denkens beim Vollzug komplexerer und schwierigerer Operationen unumgänglich. Allerdings soll der Schüler fähig sein, auf Grund der auf den Ebenen des effektiven, zeichnerischen und vorstellenden Operierens gewonnenen Einsichten automatisierte Verfahrensweisen zu begründen. Blinder Automatismus ist auf alle Fälle abzulehnen.

### 3.4 Fachspezifische Artikulation des Unterrichts in metrischer Geometrie bei operativem Lernprozeß
(nach Palzkill/Schwirtz)

I. **Einstieg**
(mit Formulierung der mathematischen Fragestellung)

II. **Erarbeitung**
(mit vorläufiger Formulierung des Ergebnisses)

III. **Operatorische Übung**
(Variation, Einsicht und Verständnis, Einordnung, Formulierung von Formel, Lehrsatz)

IV. **Fertigkeitsübung**
(Automatisieren einer einsichtig gewordenen Operation)

V. **Anwendung** (sachbezogen oder mathematisch,
Erkennen der mathematischen Struktur, Einsatz der erforderlichen Operationen)

### 3.5 Mit möglichen Bezeichnungen bei herkömmlichen problemlösenden Verfahrensweisen (z.B. durch Stellen eines Sachproblems)

I. **Fertigkeitsübung** (z.B. Übung und Schulung des Raumverständnisses)
Möglich als
1. permanente Wiederholung
2. Wiederholung des Gelernten   } kann, z.B. bei Einführungsstunden
3. als vorbereitende Übung         auch entfallen

II. **Problemstellung und Zielangabe**
1. Begegnung mit dem Problem   durch formulierte Vorgabe
   oder entwickelnd, erarbeitend
   oder Herzeigen mit Kommentar
   oder als stummer Impuls usw.

2. Herausstellen des Sachproblems, des mathematischen Problems
3. Formulierungen der Zielsetzung sachlich, mathematisch

III. **Problemerhellung**
1. Sachliche Strukturierung
2. Mathematische Strukturierung

IV. **Problemlösung**
1. Qualitativer Vergleich (von Flächen- oder Raumformen)
2. Lösungsanbahnung
3. Erarbeitung der Formel
4. Lösen des Sachproblems

V. **Übung** (Einübung, Automatisieren des mathematischen Lösungsverfahrens)

VI. **Anwendung** (ähnlich gelagertes oder neues Sachproblem)

Die angeführten Artikulationsstufen stellen für den Lernprozeß eine didaktisch-methodische Sequenz dar und können nicht immer in einer Unterrichtszeiteinheit durchgeführt werden.

# 4. Unterrichtspraktische Beispiele

4.1   Unterrichtssequenz zur Einführung in die Flächenmessung (Flächenmaße) und Berechnung von Rechtecksflächen (5. Jahrgangsstufe B III / 3.1, 3.2, 3.5)

### 4.1.1 Vorbemerkungen didaktisch-methodischer Art

Die Einführung in die Flächenmessung wird in der 1. Phase durch einen qualitativen Flächenvergleich durchgeführt. Das Kriterium der Zerlegungsgleichheit ist in dieser vorzahligen Behandlung zentrales Anliegen. Auf der Ebene des effektiven Operierens (zerschneiden, übereinanderlegen usw.) wird herausgefunden, ob zwei Flächen gleich oder unterschiedlich groß sind. Eine wichtige Erkenntnis dabei ist, daß auch nicht kongruente Flächenformen denselben Flächeninhalt haben können. Weiterhin geht es hier auch darum, Flächeninhalt und Umfang genau zu unterscheiden.

Auf der Stufe des quantitativen Vergleichs, also der Flächenmessung, muß eine Vergleichsfläche gefunden werden, mit der beide Flächen ausgemessen werden. Über verschiedene Hilfsflächen (Heftblatt, Postkarte usw.) kommt man zur Erkenntnis, daß eine Quadratfläche als Meßfläche wegen der besonderen Symmetrieeigenschaften sich am besten eignet. Auf anschaulicher Basis werden schließlich auch die Flächenmaße und ihre Zusammenhänge eingeführt ("große Flächen mit großen Flächenmaßen, kleine Flächen mit kleinen Flächenmaßen" - vgl. auch die spätere Unterscheidung in Werk- und Feldflächenmaße).

Die Benennungen cm$^2$, dm$^2$ usw. werden vorgegeben. Gesprochen wird "Zentimeterquadrat" (nach DIN vorgeschrieben und eine weit anschaulichere Sprechweise als "Quadratzentimeter") oder auch "Zentimeter hoch 2". Die Erklärung der Verwendung von m$^2$ kann im Hinblick auf die Vorteile (formales Rechnen, Wirtschaft, mathem. Erklärung, Produkt, Potenzschreibweise) später gegeben werden.

Über die Ebene des zeichnerischen Operierens am Rechteck mit ganzzahligen Seiten wird schließlich die anschauliche Flächenformel erarbeitet: Flächeninhalt des Rechtecks = Flächeninhalt eines Streifens mal Anzahl der Streifen, also ein Produkt aus einer benannten Zahl und einer unbenannten Zahl.

### 4.1.2 Sequenz

1. Unterrichtsstunde: Erarbeitung des Flächenbegriffs durch qualitativen Flächenvergleich
   Sachproblem: Wer hat das größere Grundstück?
2. Unterrichtsstunde: Der Flächenvergleich durch Einheitsquadrate
3. Unterrichtsstunde: Die Flächenberechnung durch Ausmessen (mit Schwerpunkt auf der operatorischen Übung)
4. Unterrichtsstunde: Erarbeitung der Gesetzmäßigkeit durch Formulieren der anschaulichen Flächenformel
5. Unterrichtsstunde und folgende: Operatorische Übung (Durcharbeitung und Anwendung der Flächenformel bes. unter dem Aspekt der Reversibilität

### 4.1.3 Feinziele (siehe 1.3, 5. Jahrgangsstufe B III / 3.1, 3.3)

4.1.4 Unterrichtsbeispiel (5. Jahrgangsstufe) zur Erarbeitung des Flächenbegriffs durch qualitativen Flächenvergleich
Sachproblem: Wer hat das größere Grundstück?

S: Schüler
L: Lehrer
TA: Tafelanschrift

I. Problemstellung

1. Begegnung — mündl. Vortrag durch den Lehrer

L: Zwei Buben sind in Streit darüber geraten, wessen Eltern das größere Grundstück hätten.
Karl: Unser Grundstück ist 50 m lang und 20 m breit.
Hans: Unser Grundstück mißt "40 auf 30", hat mein Papi gesagt.

TA: 50 m; 20 m    40 m; 30 m — Festhalten der Maßangaben

2. Herausstellen des Problems

S: etwa: Die sind beide gleich groß. Das von Karl ist größer ... usw. — Ungeläuterte Aussprache

TA: Wer hat das größere Grundstück?

3. Zielformulierung (kann auch später erfolgen)

L: Holt zwei Buben zum Größenvergleich heraus ... — sachlich (Impuls) mathematisch (Impulsarbeit)

TA: Wir vergleichen Flächen

II. Problemerhellung

1. Sachlich-mathematische Strukturierung

L: Da es zu umständlich wäre ..., habe ich die Grundstücke verkleinert dargestellt.

TA: Grundstücke ausgeschnitten und angeheftet (1 dm = 10 m) — Betrachten, Zeigen, Schätzen

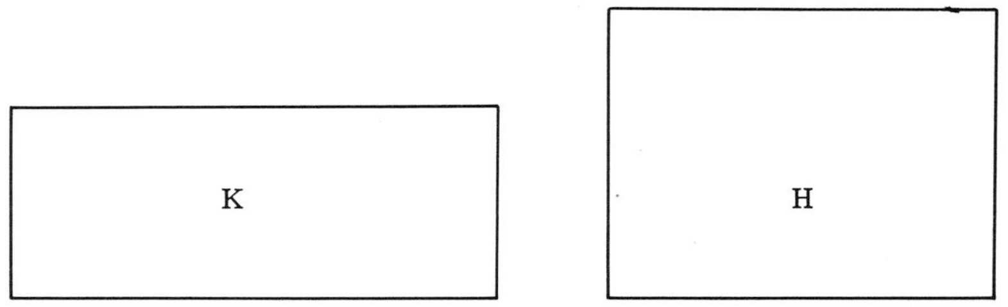

K          H

S: Zeigen an der Tafel, wie lang, wie breit
Unterscheiden der Grundstücke K, H
Betrachten: Das eine Rechteck (Grundstück) ist länger aber nicht so breit, als das andere. Das andere ...
Schüler schätzen durch optischen Vergleich

L: Da hat doch jemand gesagt, die sind beide gleich groß ...?

S: etwa: Die haben ja einen gleichgroßen Umfang!
50 + 20 + 50 + 20 = 140 (cm; m)
40 + 30 + 40 + 30 = 140 (cm; m)   ... ?

L. knotet eine Schnur so zusammen, daß sich ein Umfang von 140 cm ergibt. Lehrer nimmt Schüler zu Hilfe. Ausspannen der verschiedenen Rechtecke (Zeigefinger an der Schnur) - Vergrößern und Verkleinern von Rechtecksflächen bei gleichem Umfang.

III. Problemlösung

1. Qualitativer Vergleich
Umfang - Fläche
effektives Operieren

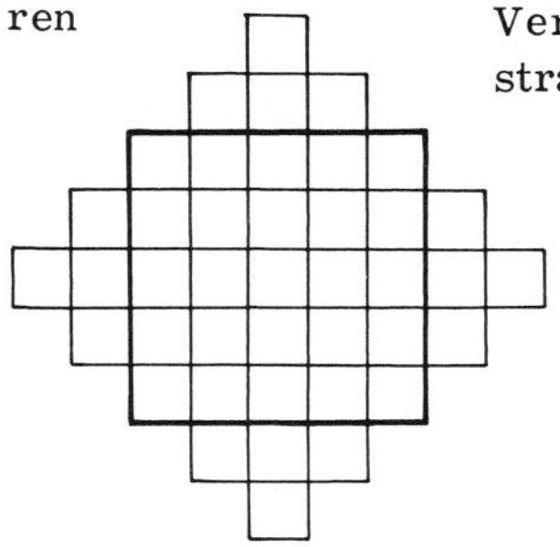

Schüler umfahren Papprechtecke
Verunsicherung durch Demonstration

(mögl. zeichn. Veranschaulichung und Einsicht, daß unter allen möglichen rechtwinkligen Flächen mit gleichem Umfang das Quadrat den größten Flächeninhalt aufweist)

318

Erkenntnis

S: Auf den Umfang kommt es nicht an.
Wir können die Größe der Flächen am Umfang nicht vergleichen.

Wenn weitere Vorschläge durch Schüler nicht kommen, dann stummer Impuls durch

L: Nimmt Papprechtecke von der Tafel und legt sie übereinander ... ?

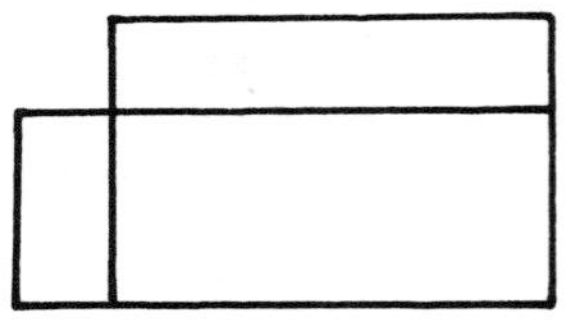

S: Das Grundstück von ... ist größer.

L: Wir könnten es noch genauer untersuchen ... ?

S: etwa: abschneiden, anstückeln

S: Aktivitäten - ausschneiden, übereinanderlegen, abschneiden, ansetzen

Schüler bekommen Arbeitsblätter mit aufgezeichneten Rechtecken. Durch Gruppierung und Bezeichnung sind die zusammengehörigen Rechtecke (Vergleichspaare) erkenntlich.
Weitere Aufgaben für Übung und Anwendung

S: Das Grundstück der Eltern von Hans ist größer als das Grundstück ...

2. Lösung

Einübung des vergleichenden Lösungsverfahrens durch Ausschneiden usw.

Arbeitsblatt

Lösen weiterer Arbeitsaufgaben aus dem Arbeitsblatt

IV. Übung

V. Anwendung

Vergleiche die Größe folgender rechtwinkliger Flächen:
Rechteck A (8 cm; 2 cm)
Rechteck B (6 cm; 4 cm)
Rechteck C (7 cm; 3 cm)
Quadrat  D (5 cm; 5 cm)

L: Zeichne in das Heft (Karopapier) und ein zweites mal auf ein loses Blatt (Karopapier) und schneide die Flächen auf dem losen Blatt aus!
Schreibe das Ergebnis der Untersuchung folgendermaßen auf:

                                      Umfang von

Fläche A ist ....... als ........  A ........
Fläche B ist ....... als ........  B ........
Fläche C ist ....... als ........  C ........
Fläche D ist ....... als ........  D ........
Fläche   ist ....... als ........
Fläche   ist ....... als ........

4.2 Einführung in die Oberflächenberechnung des Zylinders (8. Jahrgangsstufe III, 3.3: Fähigkeit (Fertigkeit) im Lösen von sachbezogenen geometrischen Aufgaben)

4.2.1 Feinzielformulierung nach kognitiven, psychomotorischen und affektiven Zielsetzungen

- Kennenlernen der Begriffe (bzw. Wiederholen) Falz, Verschnitt, Weißblech, Fertigungsplaner, Walzwerk ...
- Wiederholen der Begriffe Grundfläche, Deckfläche, Mantelfläche
- ein Sachproblem nach sachlichen und mathematischen Teilzielen strukturieren können – am Vergleich bekannter Netze mit einem neuen Netz gemeinsame mathematische Strukturen ableiten können – Erkenntnisse begrifflich formulieren können – begriffliche Regelformulierungen in eine mathematische Formelschrift übertragen können – eine Formel reduzieren, strukturieren und definieren können – Maßangaben
- die Oberfläche des Zylinders nach Maßangabe berechnen können – Maßangaben richtig in eine Formel einsetzen können
- bereit sein, Rechenergebnisse nachzuprüfen, mit dem Partner zusammenzuarbeiten – konzentriert allein zu arbeiten – ein Problem lösen zu wollen – Wissen und Erkenntnisse dem Partner oder der Gruppe zum richtigen Zeitpunkt mitzuteilen

4.2.2 Stundenmodell

I. Einstieg

1. Begegnung mit dem Problem (stummer Impuls)
   Sachgespräch
   Textdarbietung

   L: Zeigt eine Blechdose
   S: Firmenaufschrift, Konserve, Dosenfabrik ...
   TA: Ein Walzwerk wird von einer Konservenfabrik mit der Lieferung von Weißblech beauftragt. Der Fertigungsplaner der Konservenfabrik stellte mit dem Verkaufsleiter schon vorher die notwendigen Berechnungen zur Herstellung von 10 000 Dosen an.

2. Herausstellen des Sachproblems
   Arbeitsauftrag – Partnerarbeit
   Erkunden, Sammeln und Fixieren der Ergebnisse oder auch schon sachliche Strukturierung
   Sachliche Zielsetzung und Formulierung

   L: Besprich mit Deinem Partner, wie sie dabei vorgegangen sind!
   TA: a) Oberfläche einer Dose
       b) Oberfläche von 10 000 Dosen
       c) Falz und Verschnitt
   TA: Gesamtfläche des erforderlichen Blechs

3. Herausstellen des mathematischen Problems
   (stummer Impuls)
   Schüleräußerungen

   L: Schneidet die Blechdose mit einer Blechschere auf (Grund- und Deckfläche mit Dosenöffner schon vorher zum Ausklappen geöffnet)
   S: ... Zylinder
   TA: Oberfläche des Zylinders

4. Formulieren der mathematischen Fragestellung zugleich Stundenziel

II. Erarbeitung

1. Mathematische Strukturierung (effektives Operieren)
   Sicherung der Begriffe (Schüler übertragen schon Bekanntes auf das neue Netz)
   Pappmodell an der Tafel

   S: Schüler verfahren in Einzel- oder Partnerarbeit – "Aufschneiden" (Abwickeln) von Pappdosen (von einer anderen Klasse vorgefertigt)
   L: Zeigt noch einmal Teilflächen der aufgeschnittenen Dose
   S: Schüler vergleichen mit Modell an der Tafel und am Tisch

   D   Deckfläche      – Kreisfläche
   M   Mantel          – Rechtecksfläche
   G   Grundfläche     – Kreisfläche

319

320

| | |
|---|---|
| | 2. Vorläufige Formulierung der mathematischen Lösung (Begriffliche Regelformulierung) - zugleich Ergänzung der Stundenzielformulierung |
| | TA: $\boxed{\text{Oberfläche des Zylinders = Grundfläche + Deckfläche + Mantelfläche}}$ |
| III. Operatorische Übung | 1. Qualitativer Vergleich |
| | L: Lehrer zeigt schon bekannte Prismen nebeneinander Prismen mit rechteckiger, quadratischer, dreieckiger Grundfläche, Zylinder Erkennen der Einordnungsvorschrift (gleichlaufend) (im Schrägbild) |
| | S: Zuordnung schon bekannter Netze (Arbeitsblatt) zu entsprechenden Prismen Schüler verbinden zugehörige Abwicklung (Netz) mit Prisma auf dem Arbeitsblatt |
| | S: ... Rechtecksflächen c) Vergleich der Mantelflächen |
| | d) Prismen aus dem Erfahrungsbereich der Schüler – Vergleich in der Vorstellung liegende Prismen (Walzen), Röhren (Mantelflächen), Scheiben, sehr dünne lange Röhren (Säulen) ... |
| (Wiederholung zur Betrachtung des Zylinders) | 2. Lösungsanbahnung Rückgriff auf Bekanntes und Ergänzung des Tafelbildes (Eintrag der Maßbezeichnungen) 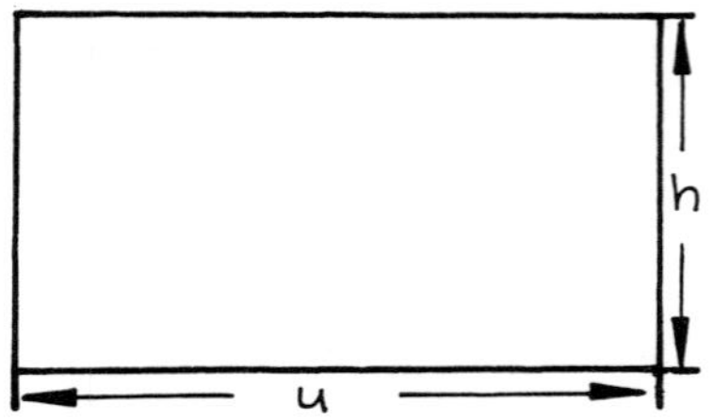 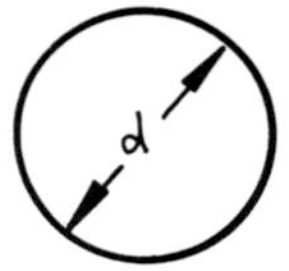 |
| | TA: Flächeninhalt von Grund- und Deckfläche $A_G = r^2 \cdot \widetilde{\pi} \quad A_D = r^2 \cdot \widetilde{\pi}$ |
| | Berechnung der Teilflächen |
| | TA: Flächeninhalt des Mantels $M = U_K \cdot h \; (U_K = d \cdot \widetilde{\pi}) \quad M = \boxed{d \cdot \widetilde{\pi}} \cdot h$ |
| | Nochmalige Demonstration durch Aufbiegen |
| | 3. Sicherung und Zusammenstellung der Formel (Beachtung der strukturierten Darstellung) |

| Oberfläche Zylinder | = | Deckfläche | + | Grundfläche | + | Mantelfläche |
|---|---|---|---|---|---|---|
| $O_R$ | = | $A_D$ | + | $A_G$ | + | M |
| $O_R$ | = | $r^2 \cdot \widetilde{\pi}$ | + | $r^2 \cdot \widetilde{\pi}$ | + | $U_K \cdot h$ |
| $O_R$ | = | $2(r^2 \cdot \widetilde{\pi})$ | | | + | $\boxed{d \cdot \widetilde{\pi}} \cdot h$ |

| | |
|---|---|
| IV. Anwendung | Rückkehr zum Ausgangsproblem |
| | Lösen der Teilprobleme a, b, c aus der sachlichen Strukturierung |
| | Einsetzen der Maße i. d. Formel (Einzel-, Partner- oder Gruppenarbeit) |
| | Beachtung möglicher Differenzierung |
| | Kontrolle |

## 4.3 Einführung in die Raummaße (Körpermaße) 6. Jahrgangsstufe

**Stand der Klasse:** Formenkunde des Quaders ist abgeschlossen; Dezimeter-Würfel wurde gebastelt

**Lernziele:**
- Die Schüler sollen erkennen, daß der Würfel wegen seiner besonderen Symmetrieeigenschaften das geeignete Maß zum Ausmessen eines Raumes ist
- Die Schüler sollen erkennen, daß nur ein einheitliches Raummaß den Vergleich der Körper untereinander ermöglicht
- Die Schüler sollen den Weg zur Inhaltsbestimmung des Würfels - Stange mal Anzahl der Stangen - = Grundschicht (Platte), Schicht mal Anzahl der Schichten (Platten) = Inhalt - darlegen können
- Die Schüler sollen wissen, daß sich ein Kubikdezimeter (dm³) aus 1000 Kubikzentimetern (cm³) zusammensetzt

**Hilfsmittel:** 2 Kartons von unterschiedlicher Abmessung, z.B.: 5 x 3 x 2 dm / 4 x 4 x 2 dm; Füllmaterial: Würfel, Lesebücher, Anzahl gleicher Schachteln; Modell des Kubikdezimeters (mit Kubikzentimeter-Würfeln, Stangen, Platten) Stoff

## Methode

### I. Ausbreitung des Problems

Wiederholende Betrachtung hinsichtlich Form und Größe

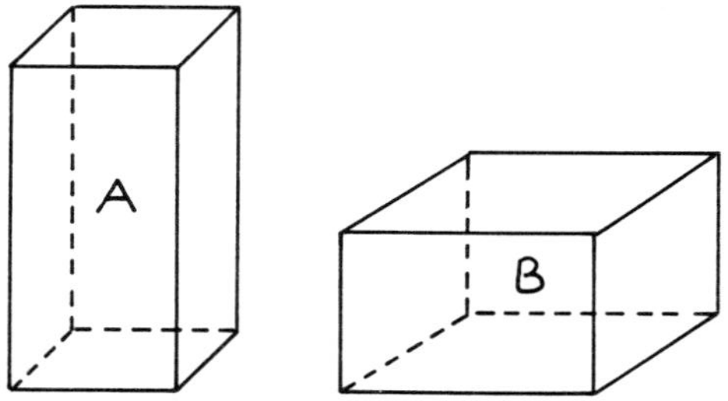

SS:
6 Flächen
8 Ecken
12 Kanten

**Zielfrage:** Welcher der beiden Kartons ist größer?

Versuch mit dem verschiedenen Füllmaterial die Kartons auszufüllen

### II. Lösung des Problems

**1. a) Konkrete Operation** Demonstration vor der Klasse

SS stellen fest

- Der Würfel füllt beide Körper restlos und durchdringungslos aus.
- Der Würfel ist das passende (geeignete, entsprechende) Maß.
- Beim Vergleichen benötigen wir für beide Körper dasselbe Maß.
- Der Körper B ist um 2 Würfel größer als der Körper A.

Siehe Tafelbild und Arbeitsblatt (Welches Maß eignet sich zum Ausmessen beider Körper?)

**b)** Bekräftigung der Feststellung, daß der Würfel das passende Raummaß ist anhand eines <u>Arbeitsblattes</u>

Ergebniskontrolle

Erkenntnis
SS:

Der Würfel ist das Maß für die Räume = Raummaß

SS füllen Lückensatz auf dem Arbeitsblatt

Zum Ausmessen des Rauminhalts benützen wir den passenden Würfel als Maßeinheit

**2.** Wir sehen uns diese Maßeinheit genau an

SS:

Tagbildwerfer

Der Dezimeter-Würfel

Messen die Ausdehnungen

321

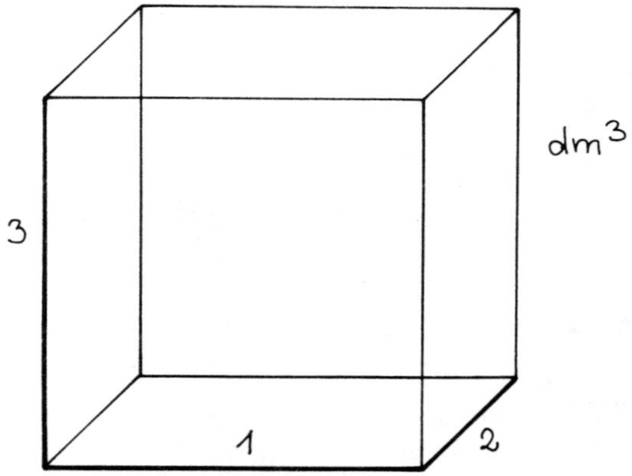

322

| | |
|---|---|
| L. bietet: | cubus (lat.) = Würfel<br>Kubikdezimeter |
| L.: | Auch der Kubikdezimeter-Würfel ist mit passenden Würfeln ausgefüllt |
| Demonstration durch das Modell | |
| L.: | Wie viele kleine Zentimeter-Würfel benötigen wir zum restlosen Ausfüllen des Kubikdezimeter-Würfels? |

SS bestimmen die Anzahl der Kubikzentimeter anhand der 1 : 1 Darstellung auf dem Arbeitsblatt

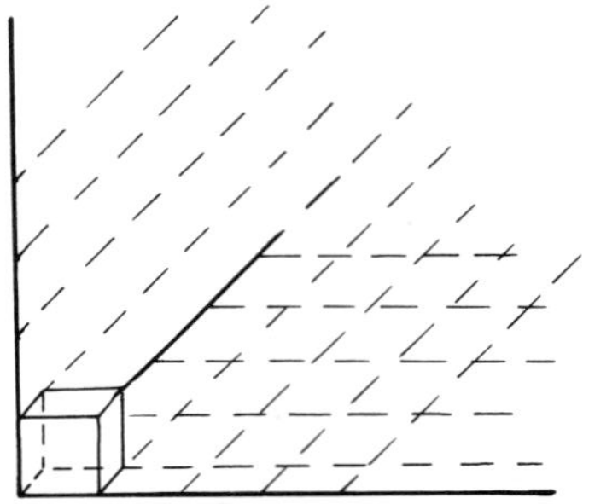

Arbeitsergebnis

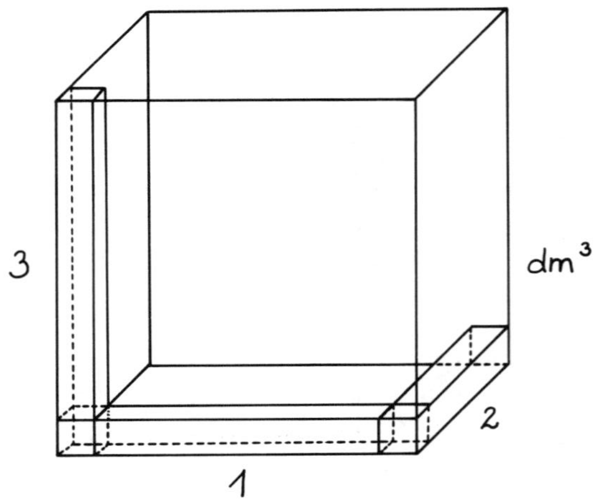

Überprüfen durch den Tagbildwerfer

(Stange 1 = grün
Stange 2 = gelb
Stange 3 = blau)

Darlegung des beschrittenen Wegs

1 Kubikdezimeter = 1000 cm$^3$

Stange
Schicht (Platte)
Anzahl der Schichten (Platten)
Rauminhalt des Würfels

| | |
|---|---|
| Erkenntnis | Der Dezimeter-Würfel (Kubikdezimeter) besteht aus 1000 Zentimeter-Würfeln (Kubikzentimeter) |
| Füllen des Lückensatzes auf dem Arbeitsblatt | Wir können nun unsere Zielfrage ganz genau beantworten |
| L.: | Raummaß (TA/Arbeitsblatt) |
| | z.B.: 1/2 dm-Würfel = 5 Schichten = 500 cm-Würfel = 500 cm$^3$ |
| III. Arbeitsrückschau | |
| IV. Anwendungsbeispiele<br>(Hausaufgabe) | Tafelbild und Arbeitsblatt |

Raummaß

Welches Maß eignet sich zum Ausmessen beider Körper?

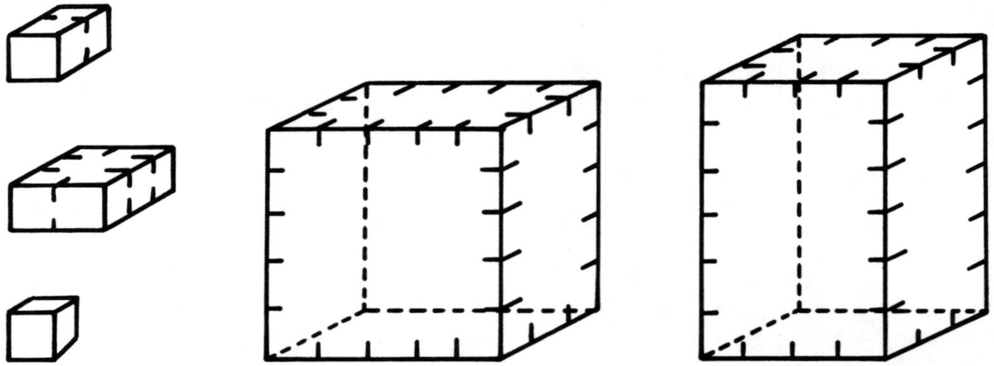

Das Auffüllen geschieht - soweit möglich - zuerst an der Wirklichkeit, dann andeutungsweise an einem Modell, nun in Gedanken an der zeichnerischen Darstellung und schließlich nur noch in Gedanken. Die Formel steht am Ende der Betrachtungen.

**Stand der Klasse:** Die Formenkundlichen Betrachtungen zum Quader sind abgeschlossen.

**Lernziele:**
- Die Schüler sollen erkennen, daß der Inhalt des Quaders analog der Inhaltsbestimmung des Kubikdezimeter-Würfels aus Volumen der Grundschicht (A) mal Anzahl der Schichten (h) gefunden wird
- Die Schüler sollen diese Erkenntnis zuerst in die anschauliche Formel $V_Q = A \cdot h$ kleiden können und dann die übliche Rauminhaltsformel $V_Q = l \cdot b \cdot h$ finden
- Die Schüler sollen die Ausgangsaufgabe lösen können

**Hilfsmittel:** Verschiedene Körper, z. B. Ziegelstein, Zigarrenkiste, Platte, Dose, Milchtüte, ... Modell des Swimmingpools für jede Arbeitsgruppe, Kubikzentimeter-Würfel zum Auffüllen
1 Demonstrationsmodell des Swimmingpools, Kubikdezimeter-Würfel zum Auffüllen
Flächen der aufgeklappten Tafel

**I. Wiederholung:** Raumkundliche Betrachtung

Arbeitsblatt Betrachte die Körper und vervollständige die Tabelle!

|  | Ziegelstein |
|---|---|
| Anzahl der Flächen |  |
| Anzahl der Kanten |  |
| Anzahl der Ecken |  |
| nur rechte Winkel |  |

Welche Körper haben gleiche Eigenschaften? Umrahme die betreffenden mit Farbe!

Aussprache   Siehe Tafelbild!

**II. Problemstellung**

1. Sprachliche Durchdringung der eingekleideten Aufgabe

Zum Ausmessen des Rauminhalts benützen wir den passenden Würfel als Maßeinheit.
Dezimeter-Würfel

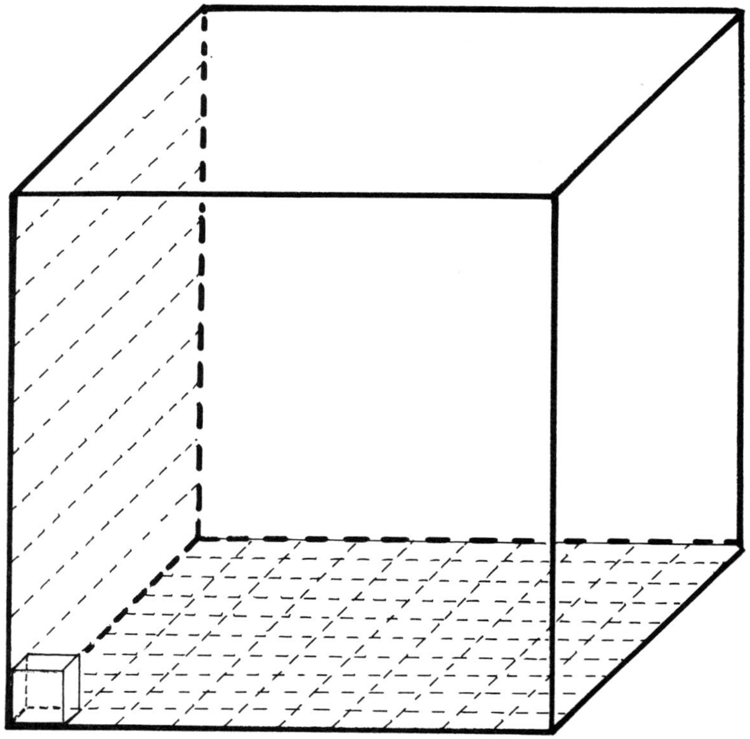

Der Dezimeter-Würfel (Kubikdezimeter) besteht aus 1000 Zentimeter-Würfeln (Kubikzentimeter).

### 4.4 Die Berechnung des Volumens des Quaders (6. Jahrgangsstufe)

**Vorüberlegungen:**
Beim Quader handelt es sich wie beim quadratischen Prisma und dem Würfel um einen Grundkörper. Das Volumen wird durch Ausmessen mit den Maßeinheiten
$1 \text{ mm}^3$, $1 \text{ cm}^3$, $1 \text{ dm}^3$ und $1 \text{ m}^3$ ermittelt.

Dabei benötigen wir den bei der Einführung der Körpermaße vorbereiteten Lösungsgedanken: Die Länge (l) des Quaders bestimmt die Anzahl der Maßeinheiten je Reihe, die Breite (b) die Anzahl der Reihen (Stangen) der 1. Schicht (Grundschicht A) und die Höhe (h) die Anzahl der Schichten, die den Quader ausfüllen.

323

324

| | |
|---|---|
| Herausstellen der Rechenstruktur<br>TA: | Wieviel Würfel ergeben eine Reihe?<br>Wie viele Reihen hat die erste Schicht (Grundschicht)?<br>Wie viele Schichten werden zum Auffüllen benötigt? (Anzahl der Schichten) |
| Geg.: l = 8 m<br>b = 4 m<br>t (h) = 2 m<br>Ges.: Aushub in m³ und Kosten für Abtransport<br>Lös.:<br>Siehe Tafelbild! | a) Lösung durch konkrete Operation am Demonstrationsmodell |
| 2. Anschauliche Durchdringung der Aufgabe anhand des Gruppenmodells | |
| L.: Was ist gegeben? Zeigt es an eurem Modell und sprecht dazu! | b) Unterstützung des Lösungswegs auf zeichnerischer Ebene |
| L trägt Maße in die Zeichnung auf der Folie (TGW) ein<br>8 m<br>4 m<br>2 m | c) Finden der Formel<br><br>Volumen des Quaders = Volumen einer Schicht · Anzahl der Schichten<br>$V_Q = A \cdot h$<br><br>Übertrag an Tafel |
| L.: Was ist Voraussetzung zur Lösung der Aufgabe? | d) Neben der versuchsmäßigen gibt es auch eine rechnerische Lösung. – Folie mit Abmessungen – drei Dimensionen einzeichnen – multiplizieren. |
| Ziel (fixieren)<br>Die Berechnung des Volumens des Quaders<br>Siehe Tafelbild! | $V_Q = l \cdot b \cdot h$<br>Siehe Tafelbild! |

III. Stufe der Problemlösung

| | |
|---|---|
| 1. Selbständige Lösungsversuche der Schüler<br>Gruppenarbeit<br>Modell und Kubikzentimeter-Würfel stehen zur Verfügung<br>L erinnert an die Bestimmung des Körperinhalts beim Würfel anläßlich der Einführung der Raummaße | 3. Selbständige Lösung der Aufgabe<br>Überprüfen der Ergebnisse |
| 2. Überprüfung des Vorgehens der Schüler und gemeinsame Arbeit mit dem Lehrer | IV. Vertiefende Problemanwendung und Sicherung des Arbeitsergebnisses<br><br>1. Wiederholung der Lösungsstrategie zur Berechnung des Volumens des Quaders<br><br>2. Transfer des Lösungswegs auf die Hausaufgabe |

Tafelbild

4.5 Die Berechnung des Volumens der Pyramide (9. Jahrgangsstufe)

Vorüberlegungen:

Abgesehen von einigen Sonderfällen, wo die Volumensberechnung der Pyramide exakt vorgenommen werden kann, fehlen in der Hauptschule die Voraussetzungen für eine mathematische Ableitung des Rauminhalts der Pyramide.

Auf experimentell-induktivem Weg - durch die Füllprobe, die Gewichtsprobe oder durch den Versuch mit Wasserverdrängung - kann das Volumen der geraden Pyramide bestimmt werden. Dabei zeigt es sich, daß der Inhalt eines Würfels, Quaders, geraden Prismas genau dreimal so groß ist wie der Inhalt der Pyramide, wenn beide Körper die gleiche Grundfläche und die gleiche Höhe haben.

Zwingende Beispiele "aus der Wirklichkeit" lassen sich für die Volumensberechnung kaum finden.

Stand der Klasse:

- Das Volumen des Prismas kann berechnet werden
- Die formenkundlichen Betrachtungen zur Pyramide sind abgeschlossen
- Eine quadratische Pyramide aus Kartonpapier wurde hergestellt (gk = 10 cm; sh = 11,2 cm).

Lernziele:

- Die Schüler sollen erkennen, daß es sich bei der Gedenksäule der Ausgangsaufgabe um einen zusammengesetzten Körper - bestehend aus Prisma und Pyramide - handelt
- Die Schüler sollen erkennen, daß beim Volumenvergleich von Pyramide und Würfel (Quader, Prisma) Grundfläche und Körperhöhe übereinstimmen müssen
- Die Schüler sollen erkennen, daß sich auf experimentellem Weg, z. B. Füllmethode, das Volumen der Pyramide bestimmen läßt
- Die Schüler sollen das Ergebnis des Experiments formulieren und in die Formel $V_P = \dfrac{A \cdot h}{3}$ übersetzen können
- Die Schüler sollen die Ausgangsaufgabe lösen können

---

Die Berechnung des Volumens des Quaders

Herr S. läßt sich im Garten einen Swimmingpool errichten. Ein Bagger hebt eine Grube von 8 m Länge, 4 m Breite und 2 m Tiefe aus.

Was kostet der Abtransport des Erdreichs, wenn ein LKW im Schnitt 2 m³ laden kann und je Fuhre 18,50 DM verrechnet werden?

Geg.: $l = 8$ m
$b = 4$ m
$t(h) = 2$ m

Ges.: Aushub in m³ und Kosten für Abtransport

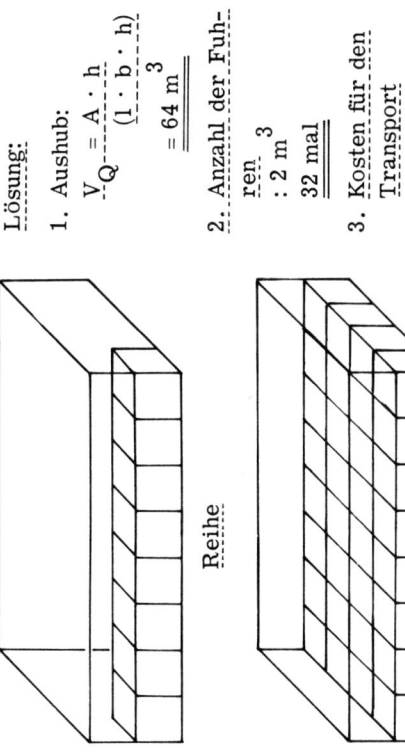

Lösung:

1. Aushub:
$V_Q = A \cdot h$
$(l \cdot b \cdot h)$
$= 64 \text{ m}^3$

2. Anzahl der Fuhren : 2 m³
32 mal

3. Kosten für den Transport
· 18,50 DM
592,-- DM

Reihe

Schicht (Grundschicht)

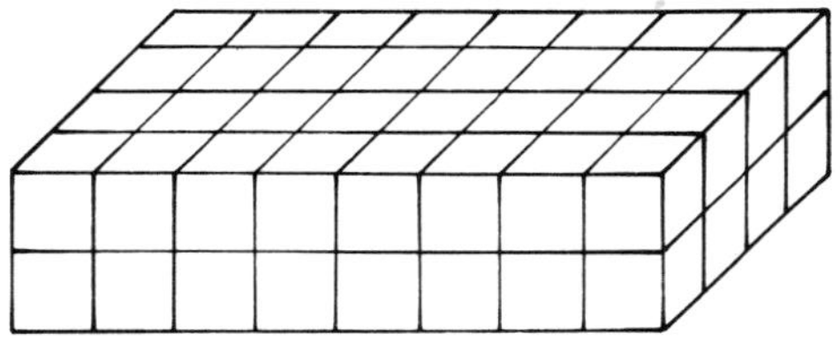

Anzahl der Schichten

Volumen des Quaders = Volumen einer Schicht · Anzahl der Schichten (Platte)

$V_Q = A \cdot h$

325

Hilfsmittel: Würfel (s = 10 cm), Pyramiden der Schüler; trockener Sand
n-Eck-Säulen mit dazu passenden n-Eck-Pyramiden
Flächen der aufgeklappten Tafel

I. <u>Vorbereitende Übung</u> (Folie)

a) Berechne $V_{Prisma}$

s = 5 cm; h = 8 cm
s = 0,6 m; h = 1,4 m!

b) Berechne $V_{Würfel}$

s = 3 dm
s = 70 cm!

Partnerkontrolle
gemeinsame Überprüfung (Folie)

II. <u>Erarbeitung der Berechnungsformel</u>

1. Ausbreitung der Rechensituation
Folie (Text, zeichnerische Darstellung)

L.: Denke daran, wie die Fläche des Dreiecks berechnet wurde (erweitert zum Rechteck und dann halbiert = Ergänzungsmethode)

Eine prismenförmige Gedenksäule aus Granit hat einen pyramidenförmigen Abschluß

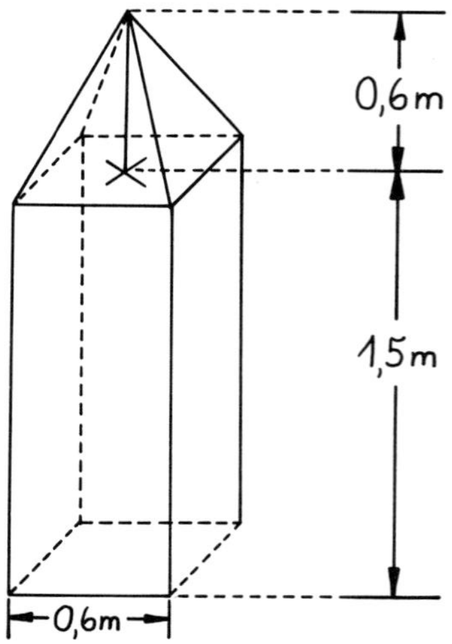

L weist nun auf beide Modelle: Pyramide – dazupassender Würfel

SS: Wir ergänzen die Pyramide zu einem dazugehörigen Würfel
Siehe Tafelbild!

SS stellen fest: Pyramide und Würfel haben die gleiche Grundfläche (A) und die gleiche Höhe (h)

L.: $V_{Würfel}$ kannst du berechnen

SS rechnen im Kopf aus

L. (TA): $V_{Pyramide}$ = ?

SS schätzen: Hälfte des Würfels, Drittel ...

L.: Diese Vermutungen können wir nachprüfen
Wir können prüfen, wie viele Pyramiden wir mit dem Inhalt des Würfels füllen können

SS.:

Lesen
Aussprache

Wie schwer ist die gesamte Säule, wenn Granit das spez. Gewicht 2,6 hat?

(Abmessungen: 0,6 m; 1,5 m; 0,6 m)

2. Problemstellung                      Füllprobe
   Entwicklung des Vorgehens             Gruppenarbeit
   (Strategie)
   SS:                                   Würfel – Pyramide
                                         Pyramide – Würfel
                                         Dreieckspyramide – dreiseitiges Prisma
                                         Sechseckpyramide – sechsseitiges Prisma
                                         ...
   L.:                                   Siehe Tafelbild! (Lösungsweg)
                                         Wir kennen aber nicht das Volumen des
                                         pyramidenförmigen Abschlusses
                                         Du weißt also, was unser besonderes Ziel
                                         für heute ist
   Ziel:                                 Wir berechnen das Volumen der Pyramide
   (an der TA festhalten)

III. Stufe der Problemlösung

   L (zeichnerische Darstellung auf der   Können wir die Pyramide ausmessen wie
   Folie):                                die Säule?

                                         Verbalisierung und Fixierung des
                                         Ergebnisses
                                         Lückentext                           Siehe Tafelbild!
                                                                              ... ein Drittel ...
                                         L.:                                  Die Formel zur Berechnung der Pyramide
                                                                              müssen wir in den Lösungsweg eintragen
                                                                              Siehe Tafelbild!
                                         L.:                                  Besprich dich mit deiner Gruppe und ver-
                                                                              suche nun, die Aufgabe möglichst selbstän-
                                                                              dig zu lösen
                                         Lösung der Aufgabe

IV. Stufe der Ergebnisüberprüfung
    anhand der Lösungsstrategie
    (Schlußsatz)

V. Arbeitsrückschau und Erteilung
   von Hausaufgaben

Tafelbild
Wir berechnen das Volumen der Pyramide

Lösungsweg:

$$V_{\text{Pyramide}} = \frac{G \cdot h}{3} \quad V_{\text{Pr.}} = G \cdot h$$

→ Volumen der gesamten
   Gedenksäule

Gewicht = V · spez. Gew.

Antwort:
Die Gedenksäule hat ein
Gewicht von 1,59 t.

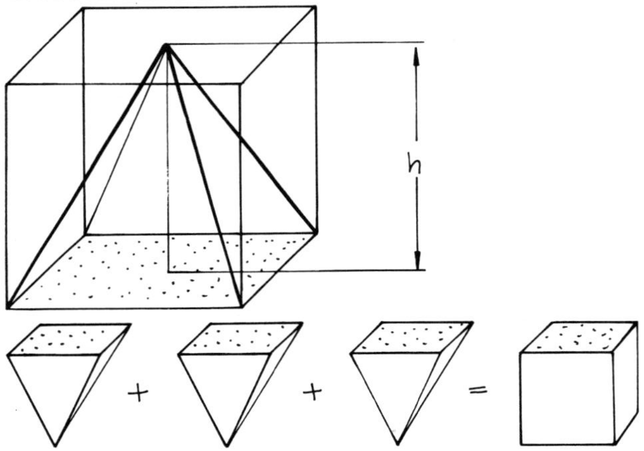

Der Rauminhalt der Pyramide ist ein Drittel eines
Körpers mit gleicher Grundfläche (A) und gleicher
Höhe (h).

## 4.6 Übungen zur Pflege der Raumanschauung und Schulung des geometrischen Denkens

"Will der Lehrer die geometrischen Vorstellungskräfte des Kindes entwickeln, so muß er sich entschließen, an geeigneten Stellen "Kopfgeometrie" zu betreiben." (W. Breidenbach, a.a.O., S. 56). Bei der Kopfgeometrie geht es nicht so sehr um Zahlen- oder Formelaufgaben, sondern um kurze, vornehmlich mündliche Übungsformen mit raumkundlichen Problemen. Die Verwandtschaft zum Kopfrechnen ist offensichtlich. Kopfgeometrie will Gelerntes aus der Geometrie warmhalten und festigen und die für das Gach Geometrie notwendigen geistigen Kräfte anregen und entsprechend fordern.

Auswahl von Übungen, in denen vorstellend mit und an geometrischen Gebilden operiert werden kann:

### 4.6.1 Abwicklung eines Körpers

Der Lehrer zeigt das Modell eines Zylinders. Die Schüler wickeln in der Vorstellung den Mantel ab, klappen Deck- und Grundfläche heraus und zeichnen nun das Netz. Zeichne diese Quadernetze vergrößert ab. Überlege dir nun, an welchen Stellen der Netzränder du Laschen stehenlassen mußt, damit du jeden Quader bequem zusammenkleben kannst.

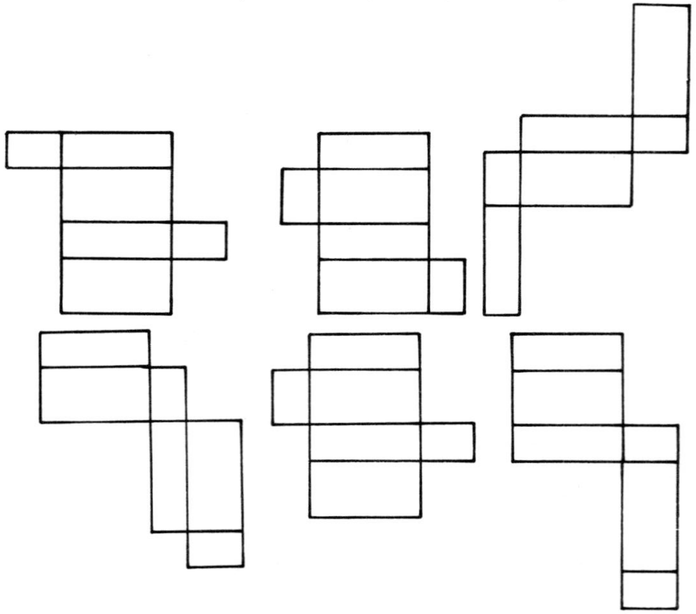

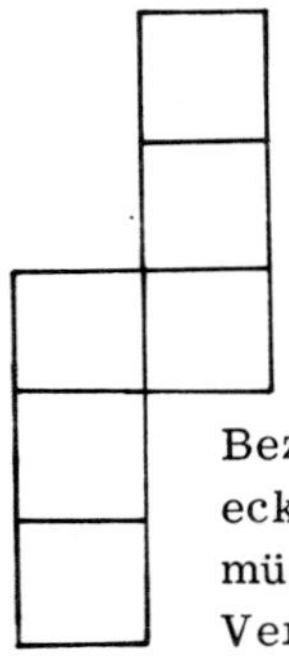

Welche Körper haben in der Draufsicht einen quadratischen Umriß?

Welche Körper erscheinen in der Seitenansicht als Kreis?

Welchen Körper erhält man bei der Rotation eines Pyramiden (Kegel)-stumpfes?

Klappt die Seitenflächen einer n-Eck-Pyramide um und zeichnet das Netz!

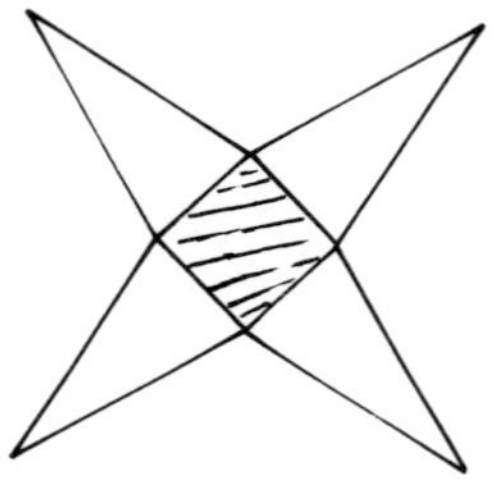

### 4.6.2 Aufbau eines Körpers

Versuche aus folgenden Würfelnetzen Würfel zusammenzubauen.

Bezeichne mit gleichen Buchstaben an diesem Würfelnetz, welche Quadratecken beim Falten zu einem Würfel in jeder Ecke zusammenstoßen. Wo müssen die zum Kleben notwendigen Laschen stehengelassen werden? Verfahre ebenso mit fünf weiteren Würfelnetzen, die du dir ausdenkst!

Wie kannst du aus 8 (27; 64; 125) gleich großen Würfeln einen neuen Würfel zusammenbauen?

Wieviel Draht mußt du dir zurechtlegen, wenn du das Kantenmodell eines Würfels bauen willst?
Eine Kante soll a) 5 cm, b) 30 cm, c) 1 m lang sein.
Wieviel gleich große Würfel muß man zusammensetzen, damit ein neuer Würfel entsteht, dessen Kantenlänge a) doppelt, b) dreimal, c) fünfmal, d) zehnmal so lang ist.

### 4.6.3 Zerlegung geometrischer Gebilde

Ein Stück Butter soll mit einem Schnitt in zwei gleich große Stücke geteilt werden. Möglichkeiten? Fertige zu jeder Möglichkeit eine kleine Skizze an!

Ein Kegelstumpf wird senkrecht zum Durchmesser einer Grundfläche durchgeschnitten. Welche Schnittfigur entsteht?

Der Quader wird entlang der gestrichelten Linie so zersägt, daß zwei gleich große Quader entstehen. Um wieviel ist die Oberfläche eines solchen Quaders kleiner als die des ganzen Quaders?
Wie ist es, wenn entlang des durchgehenden Striches gesägt wird?

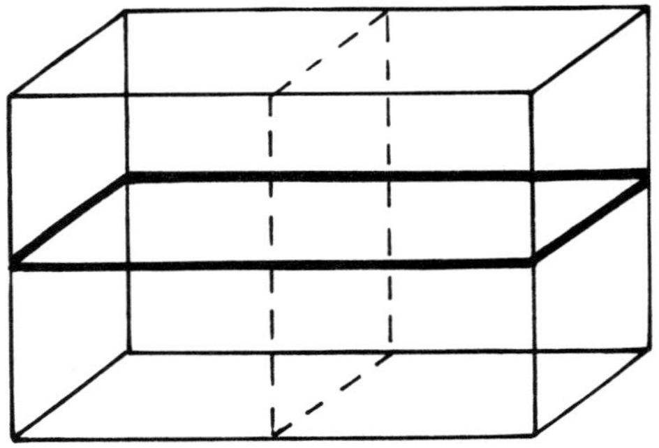

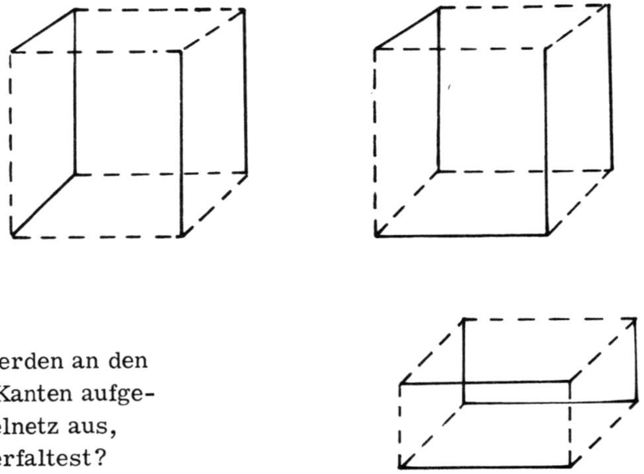

Zerschneide einen Würfel so, daß kleinere Würfel entstehen! Möglichkeiten?

### 4.6.4 Aufzeigen von Symmetrieeigenschaften

Zerlege einen Quader durch ebene Schnitte!

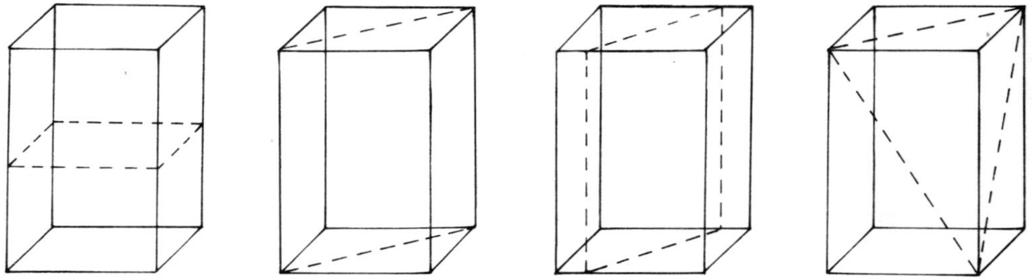

Der abgebildete Würfel geht aus der Lage 12345678 durch eine Drehung durch einen rechten Winkel um $d_1$ über in die Lage 56218734.

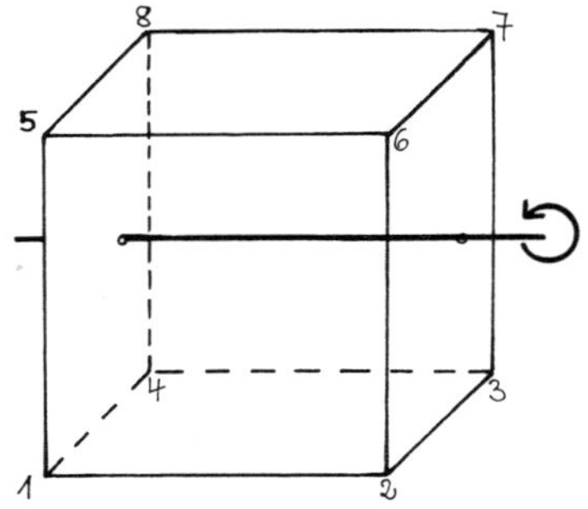

Fülle aus:

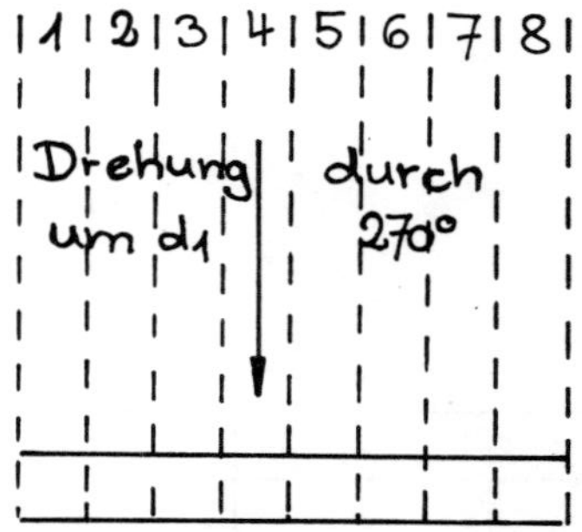

### 4.6.5 Geometrische Deutung von Berechnungsformeln

$$V_{\text{Pyramide}} = \frac{A \cdot h}{3}$$

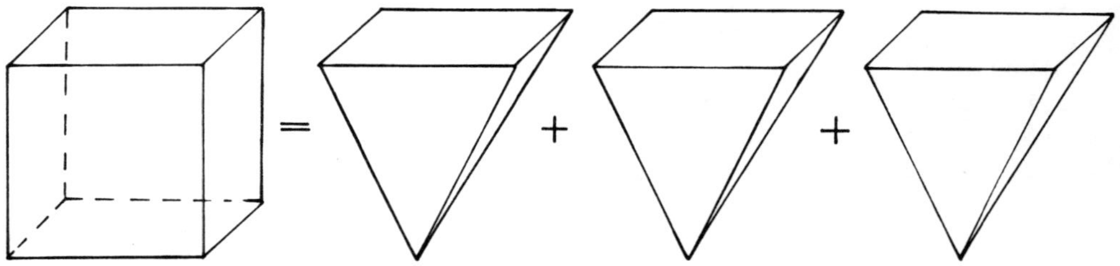

Die abgebildeten Pappwürfel werden an den rot (gestrichelt) gezeichneten Kanten aufgeschnitten. Wie sieht das Würfelnetz aus, wenn du den Würfel auseinanderfaltest?

$$V_{Pyramidenstumpf} = \frac{a+c}{2} \cdot h$$

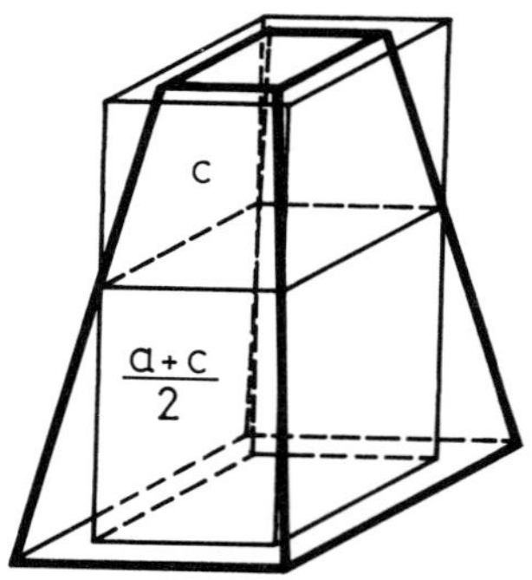

### 4.6.6 Knacknüsse

Jemand behauptet, ein Würfel habe acht Ecken und an jeder Ecke stoßen drei Kanten aneinander. Denke dir zum Würfel ähnliche Behauptungen aus und frage deine Mitschüler!

Ein quaderförmiges Paket soll so verschnürt werden, wie es die Bilder I, II und III zeigen.
Es hat Kantenlängen von a) 5 dm, 3 dm und 2 dm; b) 20 cm, 50 cm, 40 cm

Wie lang muß die Schnur sein, wenn für jeden Knoten 1 cm und für die Schleife am Schluß 10 cm benötigt werden?

### 4.6.7 Schätzen von Strecken: Bezugsgröße – Meterstab auf der Tafel aufliegend mit cm-Einteilung zur Klasse

Einzelarbeit:
Schätze die aufgezeichneten Strecken in cm und trage nach folgendem Muster ein!
Aktivitäten: Betrachten, vergleichen, eintragen, nachmessen, zusammenzählen
Schätzen von Flächen: Wandflächen, Deckenflächen, Bodenflächen, Aussparungen (Fenster, Türen usw.). Bezugsgröße Meterquadrat mit Dezimeterquadratunterteilung im Klaßzimmer. Verfahren nach folgendem Muster.

TA:

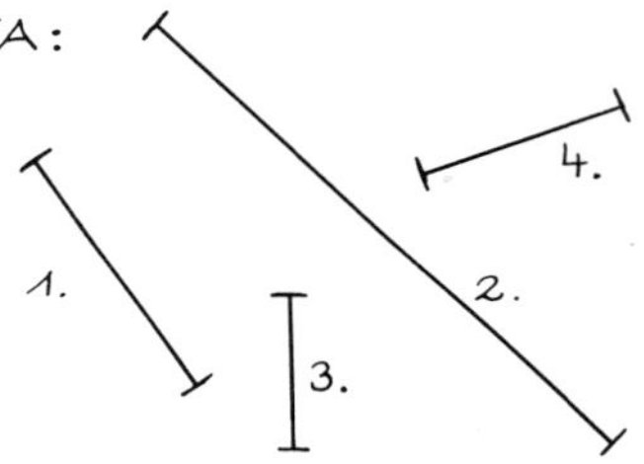

| Strecke | Schätzung | tats. Länge | Fehlschätzung |
|---------|-----------|-------------|---------------|
| 1.      |           |             |               |
| 2.      |           |             |               |
| 3.      |           |             |               |
| 4.      |           |             |               |
| Summe   |           |             |               |

### 4.6.8 Übungsaufgaben mit Spielraum

Ein Rechteck hat eine Fläche von ... $cm^2$ ($dm^2$, $m^2$).
Wie kann es aussehen? Nenne die Anzahl der Streifen, den Inhalt eines Streifens, Länge, Breite, Umfang!

Ein Rechteck hat einen Umfang von ... cm (dm, m).
Wie kann es aussehen? Gib die mögliche Länge, Breite, die Anzahl der Streifen, den Streifeninhalt und den Flächeninhalt an!

### 4.6.9 Zerlegen und Ergänzen von Flächen (Beispiele durchführbar im 7., 8. und 9. Jgst.)

"Auf den ersten Blick scheinen die dargestellten Flächen sehr kompliziert zu sein. Wenn Du die richtigen Hilfslinien einzeichnest, erleichterst Du Dir die Arbeit sehr. Zähle die verschiedenen Teilflächen auf!"

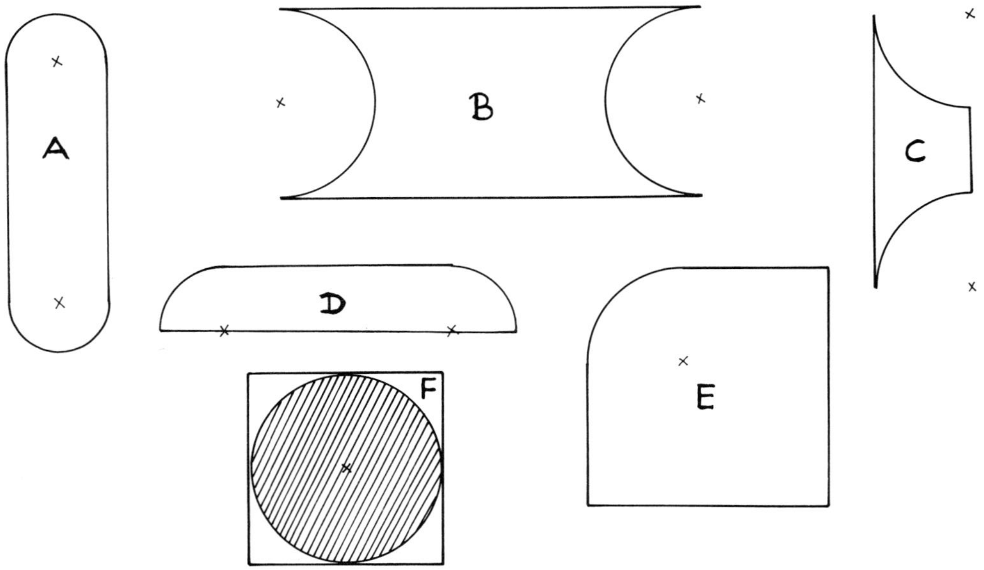

## 5. Literatur

1. Breidenbach, Walter: Raumlehre in der Volksschule. Eine Methodik, 1970, Schroedel-Verlag
2. Palzkill, Leonhard / Schwirtz, Wilfried: Die Raumlehrestunde, 1971, Henn Verlag
3. Bayerisches Staatsministerium für Unterricht und Kultus (Hrsg.): Curricularer Lehrplan für den Mathematikunterricht in der 5. Jahrgangsstufe der Hauptschule ..., München, KMBl I, So.-Nr. 4/1976
4. Bayerisches Staatsministerium für Unterricht und Kultus (Hrsg.): Curricularer Lehrplan für den Mathematikunterricht in der 6. Jahrgangsstufe der Hauptschule ..., München, KMBl I, So.-Nr. 19/1976
5. Bayerisches Staatsministerium für Unterricht und Kultus (Hrsg.): Curricularer Lehrplan Mathematik für die 7. bis 9. Jahrgangsstufe der Hauptschule, München, KMBl I, So.-Nr. 34/1977

Fläche A = 1 Rechteck + 2 Halbkreise = 1 Rechteck + 1 Kreis
Fläche B = . . . . . . . . . . . . . . . . . . . . . . . . . . . . .
Fläche C = . . . . . . . . . . . . . . . . . . . . . . . . . . . . .
Fläche D = . . . . . . . . . . . . . . . . . . . . . . . . . . . . .
Fläche E = . . . . . . . . . . . . . . . . . . . . . . . . . . . . .
Fläche F = . . . . . . . . . . . . . . . . . . . . . . . . . . . . .

# Karl-Heinz Kolbinger

# Abbildungsgeometrie in Grund- und Hauptschule

| 1.   | Didaktische Grundlegung | 334 |
|------|---|---|
| 1.1  | Geschichtliche Entwicklung des Abbildungsgedankens | 334 |
| 1.2  | Wandel im Geometrieunterricht | 334 |
| 1.3  | Vorteile der abbildungsgeometrischen Methode | 335 |
| 1.4  | Operative Geometrie | 335 |
| 2.   | Mathematische Grundlegungen | 337 |
| 2.1  | Punktgeometrie | 337 |
| 2.2  | Urebene und Bildebene | 337 |
| 2.3  | Abbildungsarten | 338 |
| 3.   | Unterrichtspraktische Ausführungen | 341 |
| 3.1  | Vorbemerkungen | 341 |
| 3.2  | Achsenspiegelung (Geradenspiegelung, Spiegelung) | 342 |
| 3.3  | Dehnung | 345 |
| 3.4  | Parallelverschiebung (Verschiebung, Schiebung) | 348 |
| 3.5  | Anwendung der kongruenten Abbildungen Zu Kongruenz und Flächeninhalt von Vielecken | 349 |
| 3.6  | Flächenverwandlung durch Scherung (7. Jahrgangsstufe) | 351 |
| 3.7  | Herleitung des Satzes des Pythagoras (9. Jahrgangsstufe) | 352 |
| 4.   | Literatur | 353 |

334

# 1. Didaktische Grundlegung

## 1.1 Geschichtliche Entwicklung des Abbildungsgedankens

Der Abbildungsgedanke reicht in die Steinzeit etwa um 30 000 v. Chr. zurück, als die Höhlenbewohner Tiere und Geräte in ihre Höhlenwände einritzten. Zunächst gestalangen nur Aufrißzeichnungen, später um etwa 15 000 v. Chr. erfolgten im Schrägrißverfahren auch räumlich-körperliche Darstellungen. Es wurden Tiere je nach ihrer Entfernung kleiner bzw. größer gezeichnet.

Um 5 000 v. Chr. entwickelte sich eine in sich geschlossene Verzierungsform als Schmuck oder als Gliederung von Gegenständen, die Ornamentik. In ihr wird das menschliche Bestreben sichtbar, geometrische Grundformen (Vierecke, Quadrate, Dreiecke ...) achsen- und punktsymmetrisch darzustellen, sowie durch Verschiebung und Drehung auf die verschiedenartigste Weise zu kombinieren.

Den Griechen gelang es, die Lehre von Proportionen und Ähnlichkeiten wissenschaftlich zu ergründen. Die Pythagoreer machten mit ihrer Lehre von den rationalen Quotienten den Anfang. Euklid gab eine zusammenfassende Darstellung der Ähnlichkeitssätze, die heute noch Inhalt jedes Geometrieunterrichtes sind. Durch die Suche nach perspektivischen Möglichkeiten in der Malkunst im Mittelalter erhielt der Abbildungsgedanke neue Anregungen. Leonardo da Vinci forderte von jedem Maler eine gründliche Kenntnis der Perspektive. Albrecht Dürer wendete die Konstruktion des Fluchtpunktes bei seinen Gemälden an.

In seiner Veröffentlichung "Vergleichende Betrachtung über neuere geometrische Forschung" wies Felix Klein als erster auf die Möglichkeit einer Abbildungsgeometrischen Behandlung hin. Erstmals wurde die Abbildungsgeometrie charakterisiert und strukturiert. Diese Schrift erreichte – bekannt als das Erlanger Programm – weltweite Beachtung. Felix Klein's Interessen galten besonders der Förderung der Schulmathematik. Auf seine Anregungen ist es auch zurückzuführen, daß sich der Geometrieunterricht in allen Schularten in einem Wandel befindet.

## 1.2 Wandel im Geometrieunterricht

Bisher folgte der Geometrieunterricht dem euklidischen Aufbau. Euklid verfaßte sein Werk "Elemente der Mathematik" im 3. Jahrhundert v. Chr. Dieses aus 12 Bänden bestehende Werk wurde in alle Kultursprachen übersetzt und galt über 2 000 Jahre als das Geometrielehrbuch schlechthin. Die geometrischen Figuren wurden betrachtet und Teile der Figuren zueinander in Beziehung gesetzt. Beim Konstruieren wurden die Figuren in Teildreiecke zerlegt. Auch bei der Beweisführung wurde auf Teildreiecke zurückgegriffen, deren Kongruenz oder Ähnlichkeit nachgewiesen wurde. Heute wird dieser geometrische Stoff von einem dynamischen Verfahren abgelöst. So erfolgen statische Betrachtungen der Figuren, der Konstruktionen und der Beweisführungen durch Abbildungen der Figuren oder deren Teile.

Beispiele:
euklidische Methode      abbildungsgeometrische Methode

Betrachten eines Rechtecks

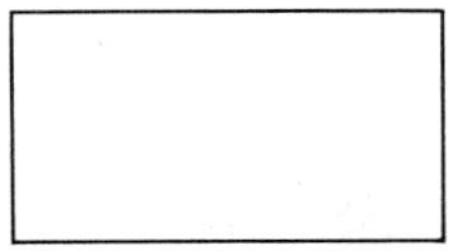

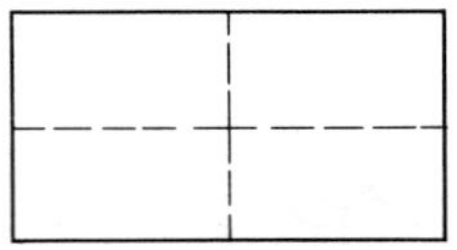

Statisch:
Zwei gegenüberliegende Seiten sind parallel und gleichlang. Zwei benachbarte Seiten stehen senkrecht zueinander.

Dynamisch:
Ermitteln der Spiegelachsen (Faltachsen) Diagonalen sind keine Faltachsen, Mittellinien hingegen sind Faltachsen. Dadurch gleiche Erkenntnisse wie bei euklidischer Methode.

Konstruktion eines Dreiecks
gegeben: $c$, $h_c$, $b$

Zuerst wird Dreieck ADC konstruiert. Durch Verlängerung von AD erhält man Punkt B.

Es wird mit c begonnen. Schnittpunkte von Kreis und Gerade sind Lösungen.

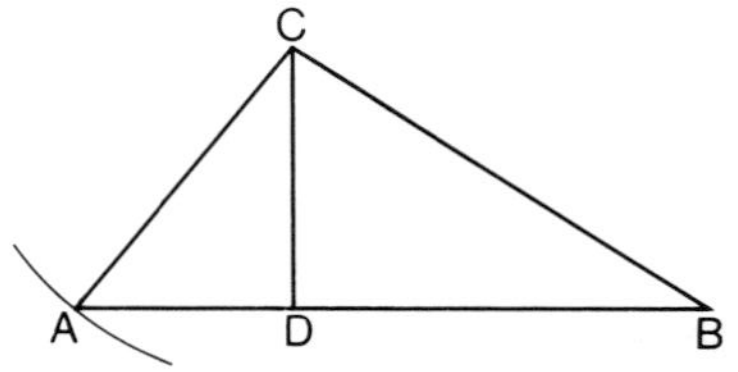

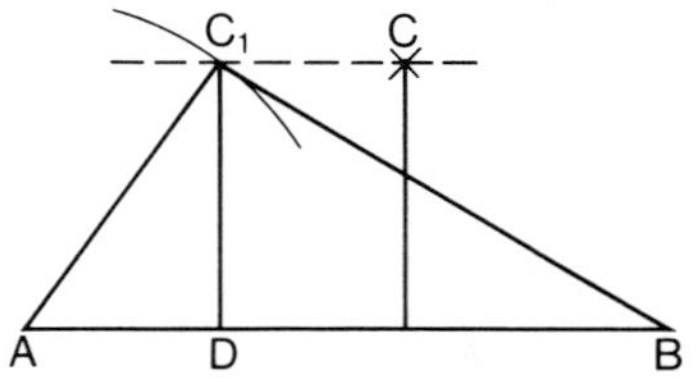

Ausführung durch:
Konstruktion mit Hilfe von Teildreiecken

Ausführung durch:
Drehung um A, Verschiebung

## 1.3 Vorteile der abbildungsgeometrischen Methode

Der Schüler wird von Anfang an bereits nach dem Stand der jetzigen mathematischen Erkenntnis unterrichtet. Ein späteres Umlernen, um die heute gültigen Begriffs- und Denkformen der Geometrie zu erlernen, ist dann nicht erforderlich. Besonders günstig wird sich das Unterrichten nach der abbildungsgeometrischen Methode für den Schüler auswirken, der in ein Gymnasium bzw. in eine Realschule übertritt, da sich diese Schulen seit einiger Zeit dieser Methode bedienen.

### 1.3.1

Die Abkehr vom statischen Betrachten in eine dynamische Handlung (Drehen, Falten, Klappen, Spiegeln, Schieben ...) trägt besonders der ausgeprägten Motorik unserer Schüler Rechnung.

### 1.3.2

Der Lernprozeß von der anschaulich, konkreten zur logisch, abstrakten Denkweise muß nicht durch weitklaffende Klüften überwunden werden, da ein behutsames Überführen jederzeit möglich ist (siehe Beispiel unter 1.4.2).

## 1.4 Operative Geometrie

Besonders erwähnt werden müssen hier im Zusammenhang mit den dynamischen Vollzügen die Ergebnisse des Schweizer Psychologen J. Piaget. Seine "operative Methode" brachte eine Fülle von Erkenntnissen für den Mathematikunterricht.

### 1.4.1

Der zentrale Begriff seiner lernpsychologischen Untersuchungen ist die Operation. "Die geistigen Instrumente des Kindes sind Handlungen, diejenigen des Forschers logische und mathematische Operationen. Beide sind eng verwandt." (Einführung in Piaget, von Aebli, Das mathematische Denken, Stuttgart, 1972). Operation ist als eine Handlung zu verstehen, die ausgeführt wird, um neue Einsichten zu gewinnen, im Gegensatz zur passiven Aufnahme der Sinne durch Bilder oder Veranschauli- chungsmittel.

### 1.4.2

Mit zunehmender Reife werden die konkreten Operationen durch gedankliche Opera- tionen nachvollzogen. Aus dem effektiven Operieren (wirklichen Tun) wird das vor- stellende Operieren. Dieser Verinnerlichungsprozeß kann durch die abbildungsgeo- metrische Methode bewirkt werden. Verinnerlichen kann man nur das, was vorher außen war, deshalb wird mit konkretem Handeln begonnen.

Beispiel anhand der Spiegelung:

a) Phase des effektiven Operierens:
Zeichnen eines Schmetterlings, eines Drachens, eines Flugzeuges ... unter An- wendung der Faltachse. Das Falten wird von jedem Schüler vollzogen.

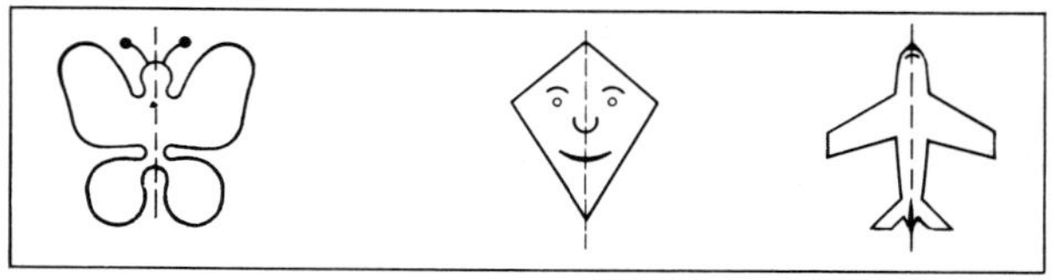

b) Phase der ikonischen Repräsentation:
- behutsamer Übergang notwendig: Figur um Symmetrieachse klappen, Steck- nadeln einstecken, Figur nachzeichnen
- Gewinnen der Erkenntnisse: [AA'], [BB'], [CC'] stehen senkrecht auf der Faltachse; [AA'], [BB'], [CC'] werden von der Faltachse halbiert.

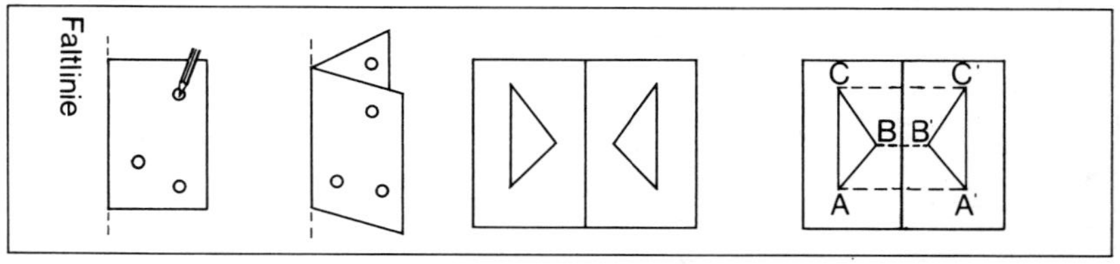

c) Phase der konstruktiven Operation:
- Mit den gewonnenen Erkenntnissen kann die Konstruktion der Spiegelung an- gegeben werden: Senkrechte zeichnen, Abstände eintragen, Bildpunkte benen- nen, Bildfigur einzeichnen.
- Konstruktionen werden ausgeführt, z. B. Zeichne das Rechteck mit A (2/1), B (5/1), C (5/7) und D (2/7), die Symmetrieachse läuft durch P (6/0) und Q (6/6). Konstruiere die Bildfigur!

Die Einführung neuer Verfahren beginnt mit dem konkreten Umgang. Die Verinner- lichung erfolgt über zeichnerische zu rein geistigen Aktivitäten.

### 1.4.3

Die wichtigsten Gesetze der Operation sind nach Piaget: die Kompositionsfähigkeit, die Reversibilität und die Assoziativität.

Kompositionsfähigkeit: An eine erste Handlung kann eine zweite Handlung angeschlos- sen werden. Der Endzustand der ersten Handlung ist dann er Anfangszustand der zweiten. Die beiden Handlungen können durch eine ersetzt werden.

336

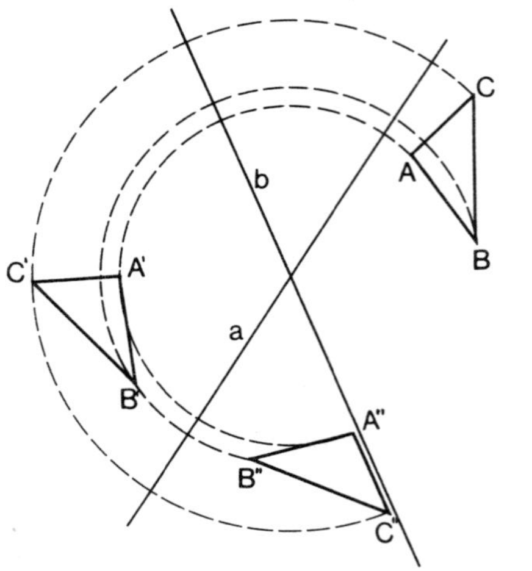

Die Verkettung zweier Spiegelungen an zwei sich schneidenden Achsen kann durch eine Drehung ersetzt werden (Drehpunkt: Schnittpunkt von a und b).
Die Reihenfolge der Spiegelungen darf nicht vertauscht werden.

Reversibilität: Eine Handlung wird durch anschließende Gegenhandlung wieder rückgängig gemacht. Die Reversibilität ist beim konkreten Operieren oft nicht möglich, da in der Realität Handlungen nur sehr selten rückgängig gemacht werden können.

Beispiele:

| 1. Aufgabenstellung: | 2. Aufgabenstellung: | 3. Aufgabenstellung: |
|---|---|---|
| Geg.: Figur und Spiegelachse<br>Ges.: Bildfigur | Geg.: Figur und Bildfigur<br>Ges.: Spiegelachse | Geg.: Spiegelachse und Bildfigur<br>Ges.: Figur |

| 1. Aufgabenstellung: | 2. Aufgabenstellung: | 3. Aufgabenstellung: |
|---|---|---|
| Geg.: Figur und Drehpunkt<br>Ges.: Bildfigur | Geg.: Figur und Bildfigur<br>Ges.: Drehpunkt, Drehwinkel | Geg.: Drehpunkt, Drehwinkel und Bildfigur<br>Ges.: Figur |

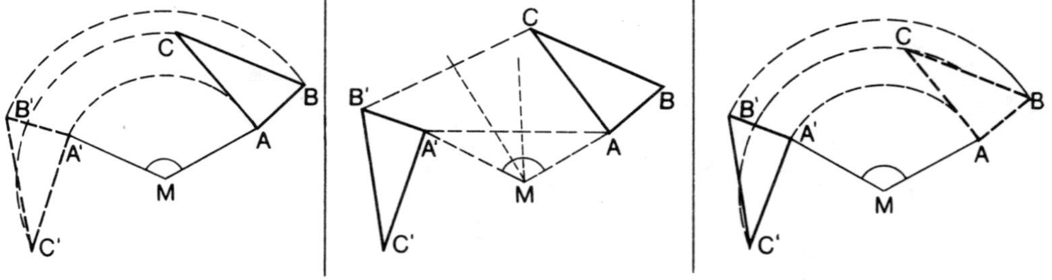

Assoziativität: Handlungsketten, die sich aus drei oder mehr hintereinandergeschalteten Handlungen zusammensetzen, können durch andere Aneinandersetzungen, die dasselbe bewirken, ersetzt werden. Dabei kann auch eine einzige Handlung in eine

Beispiele:
Verkettungen von Verschiebungen:
Urbild: A (1/1), B(3/2), C (2/3)

Verschiebungsvorschrift (1):
(3 rechts/1 hoch)

Verschiebungsvorschrift (2):
(1 links/1 tief)

1. Ausführung:
zuerst Verschiebungsvorschrift 1,
dann Verschiebungsvorschrift 2

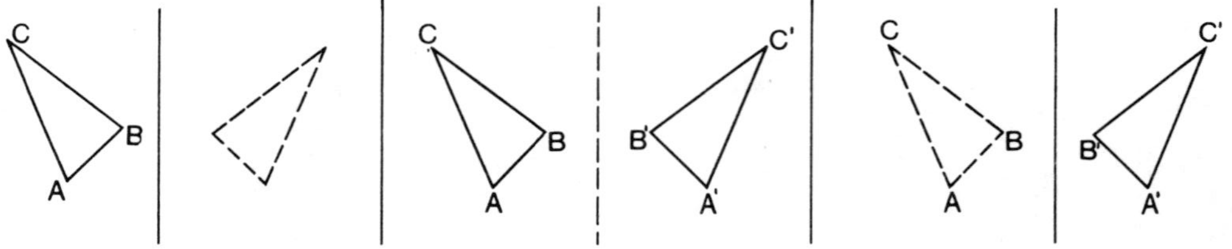

2. Ausführung:
zuerst Verschiebungsvorschrift 2,
dann Verschiebungsvorschrift 1

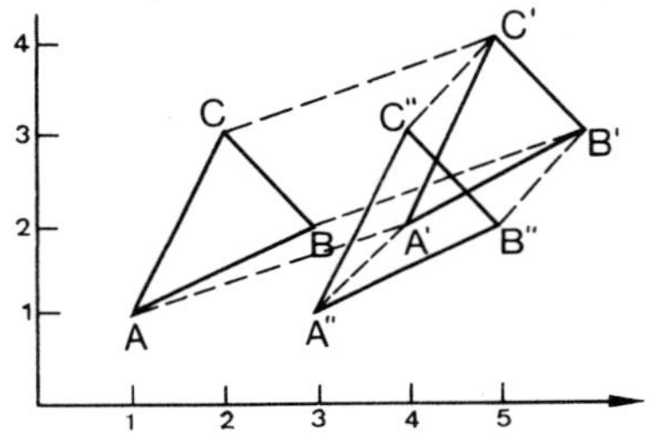

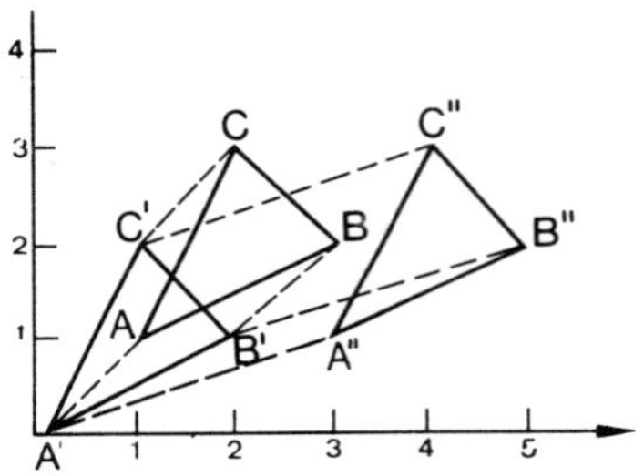

Abbild: A'' (3/1), B'' (5/2), C'' (4/0)

Die Verschiebungsvorschriften dürfen vertauscht werden. Die beiden Verschiebungsvorschriften können durch eine ersetzt werden: (2 rechts/0 hoch.)

Doppelspiegelung an den Achsen a und b

1. Ausführung:
zuerst spiegeln an a: Bildfigur A'B'C'
dann spiegeln an b: Bildfigur A''B''C''

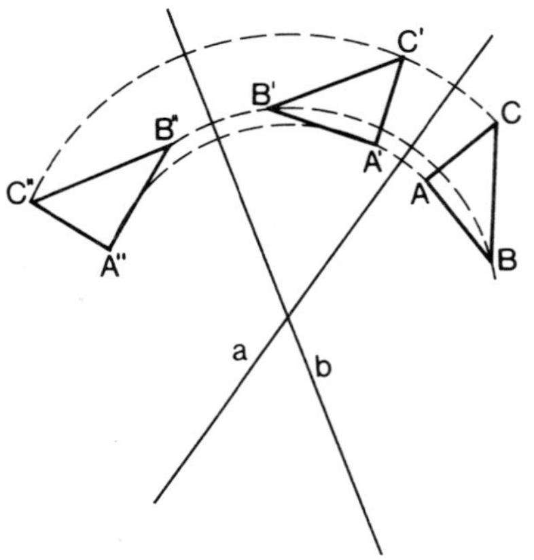

2. Ausführung:
zuerst spiegeln an b: Bildfigur A'B'C'
dann spiegeln an a: Bildfigur A''B''C''

Aneinanderreihung von mehreren Handlungen aufgelöst werden. Der Schüler wird dadurch erkennen, daß mehrere Wege möglich sind, um aus einem bestimmten Anfangszustand einen bestimmten Endzustand herzustellen.

Beispiel:
Um von der Ausgangsfigur ABCD auf $A^* B^* C^* D^*$ zu gelangen, gibt es viele Möglichkeiten. Hier werden einige davon aufgezeigt. Im folgenden Beispiel werden nur Spiegelung und Parallelverschiebung angewandt.

1. Möglichkeit:
Reihenfolge: Spiegelung, Parallelverschiebung, Spiegelung

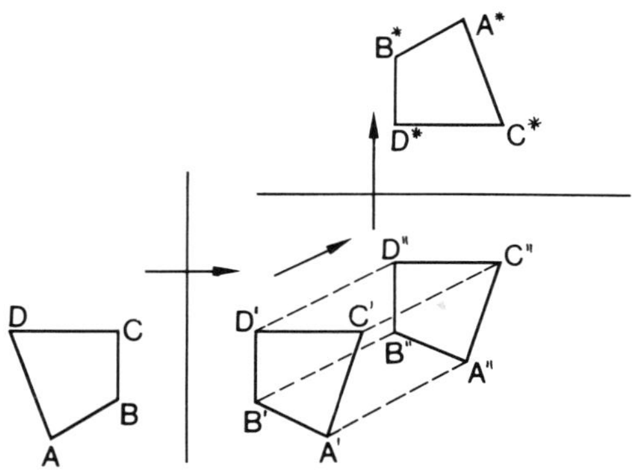

2. Möglichkeit:
Reihenfolge: Parallelverschiebung, Spiegelung, Spiegelung

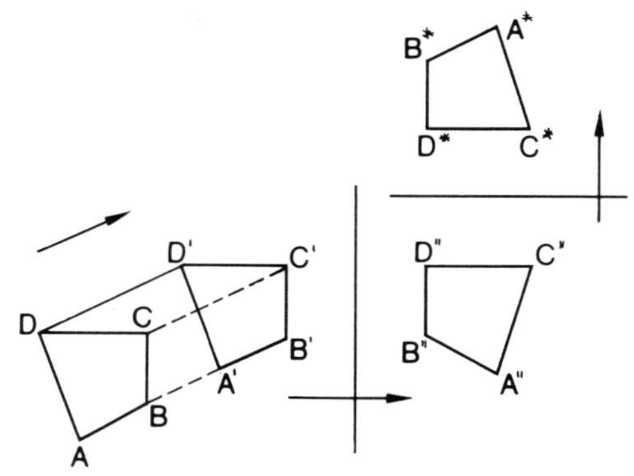

3. Möglichkeit:
Reihenfolge: Spiegelung, Spiegelung, Parallelverschiebung

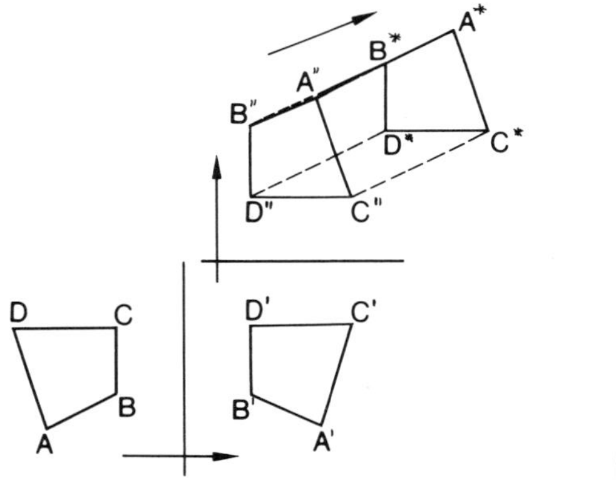

4. Möglichkeit:
Reihenfolge: Spiegelung, Parallelverschiebung, Spiegelung

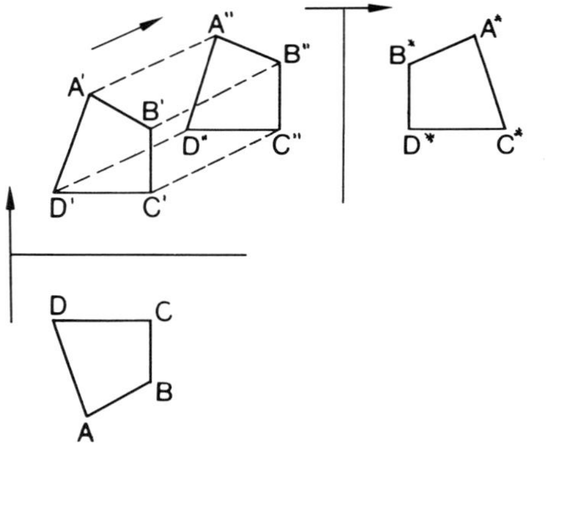

## 2. Mathematische Grundlegungen

Durch die abbildungsgeometrische Methode werden die bereits von Euklid aufgedeckten geometrischen Axiome (Grundsätze) durch Folgerungen aus den Eigenschaften der Abbildungen erkannt. Die geometrischen Inhalte blieben unverändert. Die Abbildungen sind demnach Instrumentarien, um Begriffe der Kongruenz bzw. der Ähnlichkeit aufzudecken. Um diese Instrumentarien fruchtbar anwenden zu können, müssen sie selbst erst Lerngegenstand sein. Die mathematischen Hintergründe, die Entstehung des Abbildes aus dem Urbild nach einer bestimmten Vorschrift zu kennen, ist deshalb unbedingt erforderlich.

### 2.1 Punktgeometrie

In der heutigen Geometrieauffassung ist der Punkt der Ausgang für Linien, Flächen und Körper. Der Punkt selbst besitzt keine Ausdehnung. Eigentlich könnte ein Punkt nicht dargestellt werden. Um ihn aber zu kennzeichnen, zeichnet man ein kleines Kreuz. Eine Linie, eine Figur und ebenso ein Körper werden aus einer Menge von Punkten gebildet.

Bei der geometrischen Abbildung erfolgt eine Zuordnung zweier Punktmengen. Durch eine bestimmte Abbildungsvorschrift wird einem beliebig vorgegebenen Urpunkt P genau ein Bildpunkt P' zugeordnet. Der Urpunkt liegt in der Definitionsmenge, der Bildpunkt in der Bildmenge. Durch die punktweise Abbildung entsteht aus einer Figur eine Bildfigur.

### 2.2 Urebene und Bildebene

Bei der Anwendung eines Diaprojektors wird deutlich, daß das Diapositiv selbst auf einer anderen Ebene liegt wie das vergrößerte Abbild. Die Ebene, in der das Diapositiv liegt, wird als Urebene und die Ebene der Projektionswand als Bildebene bezeichnet.

Neben der Abbildung einer Ebene auf eine andere erfolgen Abbildungen, bei denen Ur- und Bildebene in derselben Ebene liegen. Man spricht dann von Abbildungen der Ebene auf sich.

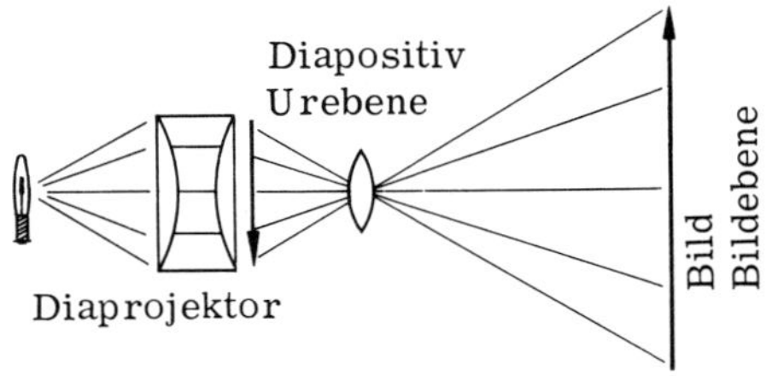

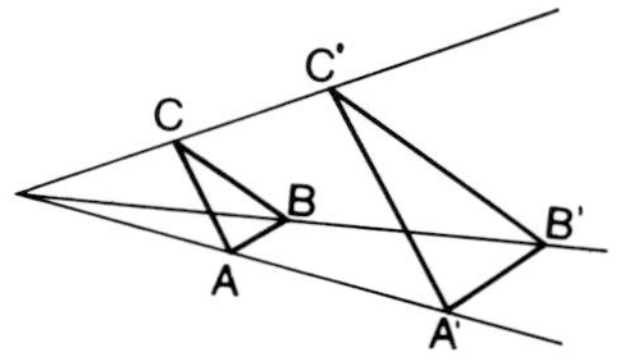

Abbildung der Ebene auf sich

337

## 2.3 Abbildungsarten

In der Abbildungsgeometrie kennt man mehrere Abbildungsarten. Sie werden geprägt von der Absicht des geometrischen Ziels. Will man die Kongruenz von Figuren nachweisen, so benützt man Kongruenzabbildungen. Richtet man sein Augenmerk mehr auf das Entdecken von ähnlichen Figuren, so bedient man sich der Ähnlichkeitsabbildungen. Im folgenden soll eine Übersicht über die einzelnen Abbildungsarten gegeben werden.

### 2.3.1 Kongruenzabbildungen

Durch die Kongruenzabbildung werden Urfiguren in kongruente (deckungsgleiche) Bildfiguren übergeführt. Zu diesen Abbildungen gehören: Spiegelung, Drehung und Verschiebung.

Die Eigenschaften der Kongruenzabbildung sind:
1. Kongruenzabbildungen sind längentreu.
2. Kongruenzabbildungen sind flächentreu.
3. Kongruenzabbildungen sind winkeltreu.
4. Kongruenzabbildungen sind formtreu.

|  | Spiegelung | Drehung | Schiebung |
|---|---|---|---|
| Bestimmungsstücke | Spiegelachse (Symmetrieachse) | Drehpunkt, Drehrichtung, Drehwinkel | Verschiebungsrichtung, Betrag der Verschiebung |
| Fixpunkte | alle Punkte der Spiegelachse | Drehpunkt | keine |
| Bildfigur | gegensinnig kongruente Bildfigur | gleichsinnig kongruente Bildfigur | gleichsinnig kongruente Bildfigur |
| Ausführungsmöglichkeiten | Spiegelachse innerhalb der Urfigur, Spiegelachse läuft entlang einer Seite der Urfigur, | Drehpunkt innerhalb der Urfigur, Drehpunkt an der Ecke der Urfigur, | |

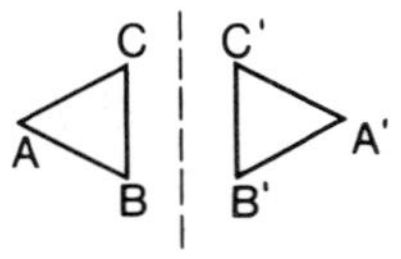

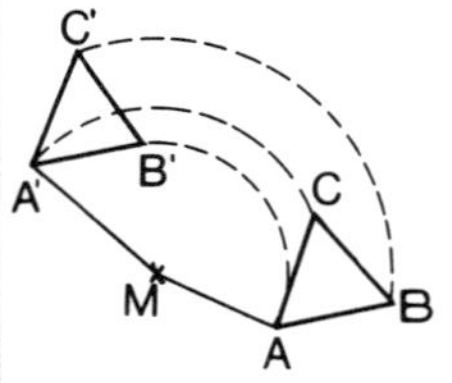

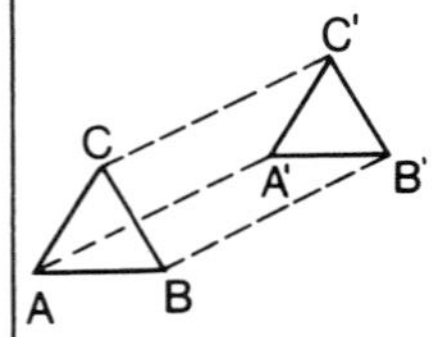

|  | Spiegelung | Drehung | Schiebung |
|---|---|---|---|
| | Spiegelachse läuft durch die Ecke der Urfigur; Spiegelachse außerhalb der Urfigur; | Drehpunkt außerhalb der Urfigur; | |
| Sonderfälle | achsensymmetrische Figur (Figur wird durch Spiegeln an einer Achse mit sich selbst zur Deckung gebracht) | Punktspiegelung (Drehung um 180°) punktsymmetrische Figur (Figur wird durch Drehung um 180° auf sich selbst abgebildet) | |

Schubspiegelung: Eine Spiegelung an einer Achse und anschließender Verschiebung in Richtung der Achse ergeben eine Schubspiegelung (auch Gleichspiegelung genannt). Die Verschiebung und die Spiegelung dürfen miteinander vertauscht werden. Es entstehen gegensinnig kongruente Bildfiguren.

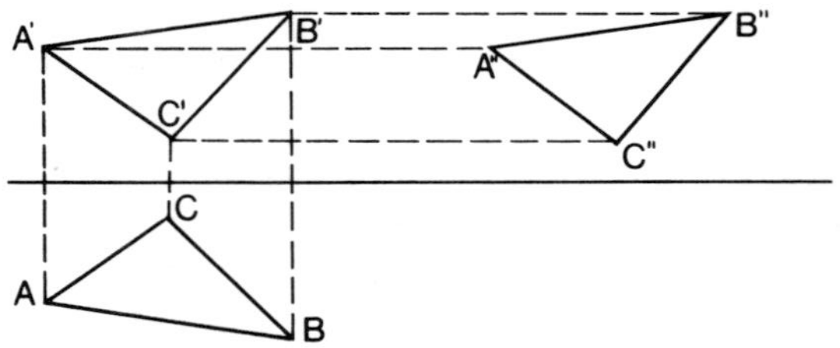

### 2.3.2 Ähnlichkeitsabbildungen

In Ähnlichkeitsabbildungen sind entsprechende Winkel gleich groß, die Längen entsprechender Strecken haben das gleiche Verhältnis, die Inhalte entsprechender Flächen verhalten sich wie die Quadrate entsprechender Strecken. Als Ähnlichkeit wird die Übereinstimmung der Gestalt, aber nicht unbedingt die Flächeninhaltsgröße dieser Figuren gefordert.

Es gelten deshalb folgende Eigenschaften:
1. Ähnlichkeitsabbildungen sind parallelentreu.
2. Ähnlichkeitsabbildungen sind winkeltreu.
3. Ähnlichkeitsabbildungen sind verhältnistreu.
4. Ähnlichkeitsabbildungen sind längentreu.

Diese Eigenschaften treffen auch für die Kongruenzabbildungen zu, deshalb sind auch Kongruenzabbildungen Ähnlichkeitsabbildungen. Die Umkehrung dieses Satzes trifft jedoch nicht zu. Der Begriff der Ähnlichkeit von Figuren wird analog zum Begriff der Kongruenz mit Hilfe der Ähnlichkeitsabbildungen erklärt.

**2.3.2.1 Die Ähnlichkeitsabbildungen** werden mit der zentrischen Streckung eingeführt.

Eine Abbildung der Ebene auf sich heißt zentrische Streckung mit Zentrum Z und Streckfaktor k, wenn gilt, daß der Urpunkt durch die Vorschrift k-fache Entfernung von Z hat und auf der Geraden ZP liegt.

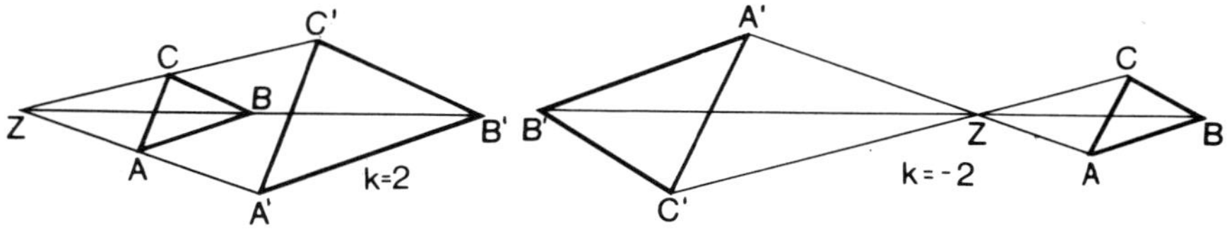

| Bestimmungs-stücke | Zentrum (Z), Streckfaktor (k) |
|---|---|
| Fixpunkte | Zentrum Z (Fixpunkt)<br>Gerade durch Zentrum (Fixgerade) |
| Bildfigur | gleichsinnige Bildfigur |
| Ausführungsmöglichkeiten | Zentrum innerhalb der Urfigur<br>Zentrum an einer Ecke der Urfigur<br>Zentrum außerhalb der Urfigur |
| Sonderfälle | k = 1           k = −1<br>identische Abbildung   Punktspiegelung |

**2.3.2.2 Drehstreckung und Drehspiegelung:** Die zentrische Streckung kann mit Kongruenzabbildungen verkettet werden:

Die Verkettung einer Drehung und einer Streckung, wobei Drehpunkt und das Zentrum der Streckung zusammenfallen, heißen Drehstreckungen.

Die Verkettung einer Achsenspiegelung und einer Streckung, bei der das Zentrum der Streckung auf der Spiegelachse liegt, heißt Streckspiegelung (oder Klappstreckung).

## Drehstreckung   Streckspiegelung

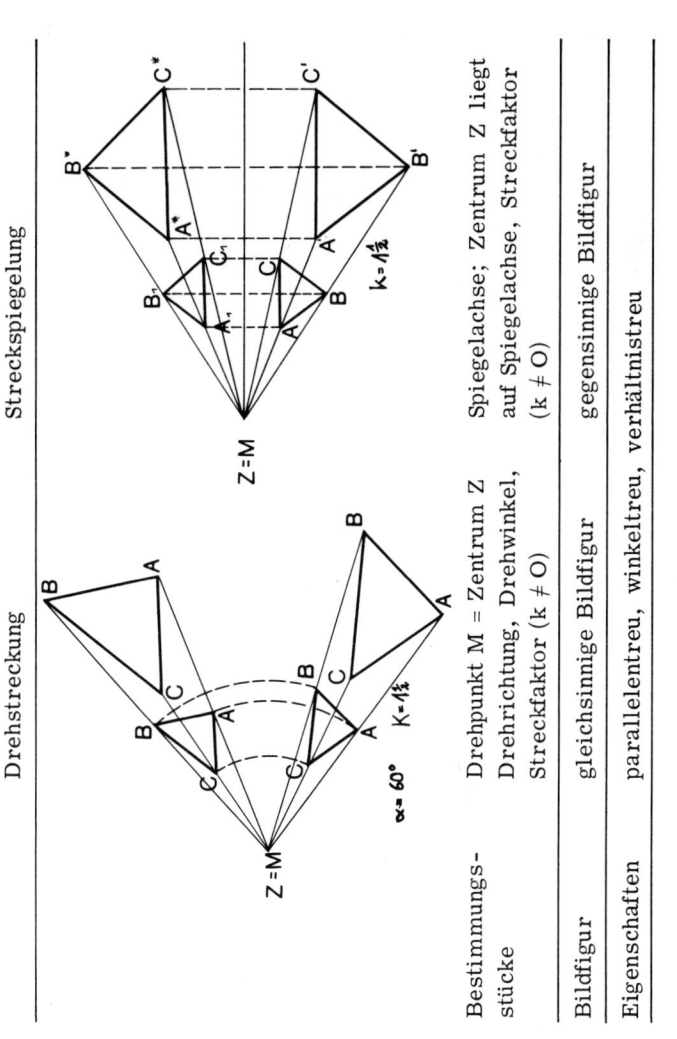

| Bestimmungs-stücke | Drehpunkt M = Zentrum Z<br>Drehrichtung, Drehwinkel,<br>Streckfaktor (k ≠ 0) | Spiegelachse; Zentrum Z liegt<br>auf Spiegelachse, Streckfaktor<br>(k ≠ 0) |
|---|---|---|
| Bildfigur | gleichsinnige Bildfigur | gegensinnige Bildfigur |
| Eigenschaften | parallelentreu, winkeltreu, verhältnistreu |

**2.3.3**

Um die affine Abbildung besser zu verstehen, wird kurz auf die Projektionen eines Körpers auf eine Ebene eingegangen.

Eine Abbildung der Punkte des Raumes auf die Punkte einer Ebene mit Hilfe von Geraden wird als Projektion bezeichnet. Dabei unterscheidet man zwischen Zentral- und Parallelprojektion.

Zentralprojektion               Parallelprojektion

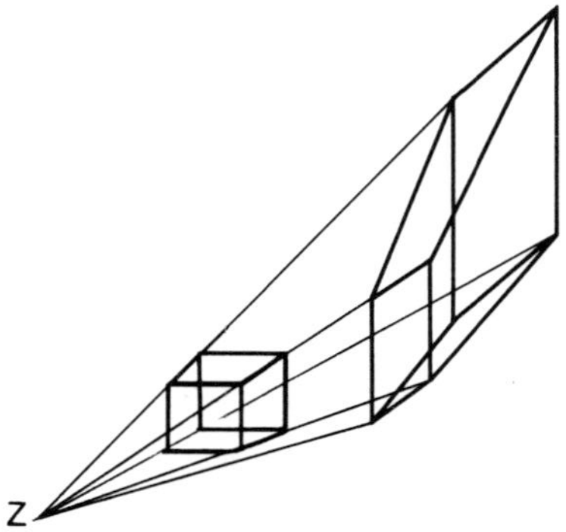

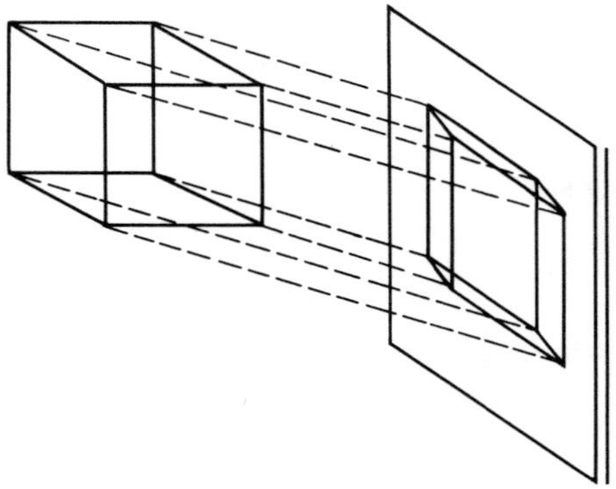

339

Gehen die Projektionsgeraden durch einen festen Punkt, so liegt eine Zentralprojektion vor.

Lichtbilder, Entstehung eines Fotos, Fluchtpunkt, Fluchtgerade

Sind die Projektionsgeraden zueinander parallel, so spricht man von einer Parallelprojektion.

Schattenbilder im Sonnenlicht

Die Parallelprojektion erklärt ihre Anwendung in der Schrägbilddarstellung. Besonders einfach wird diese Darstellung, wenn nach rückwärts laufende Kanten unter einem Verschrägungswinkel von 45° gezeichnet und sie um die Hälfte verkürzt werden. Alle Kanten, die am Körper parallel laufen, werden auch im Schrägbild parallel gezeichnet.

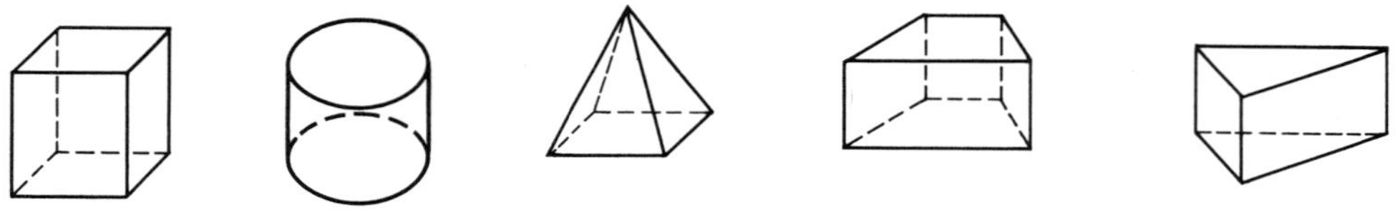

Verzerrungswinkel $\alpha = 45°$        Verzerrungsmaßstab $k = \frac{1}{2}$

## 2.3.4 Affine Abbildungen

Die vorher aufgezeigte Parallelprojektion eines Körpers auf eine Ebene ist bereits ein Sonderfall der affinen Abbildungen. Jetzt sollen Figuren auf einer Urebene eine nicht parallel liegende Bildebene abgebildet werden. Schließlich erfolgen diese Abbildungen nur noch auf einer Ebene. Die Parallelgeraden werden durch Affinitätsgeraden ersetzt.

Es bleiben bei der affinen Abbildung die Parallelität erhalten, außerdem ist das Verhältnis von beliebigen Originalstrecken auf parallelen Geraden gleich dem Verhältnis ihrer Abbildstrecken. Urbild und Bild sind nicht mehr ähnlich.

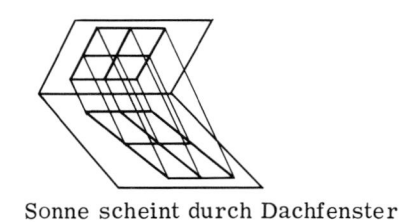

Sonne scheint durch Dachfenster

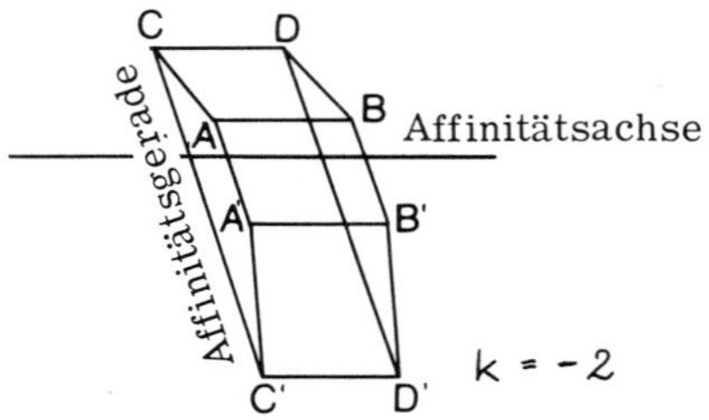

Es gelten folgende Eigenschaften:
1. Affine Abbildungen sind parallelentreu.
2. Affine Abbildungen sind geradentreu.
3. Affine Abbildungen sind verhältnistreu.

4. Bei affinen Abbildungen bleiben bei Strecken, die parallel zur Achse laufen, ihre Länge und Richtung erhalten.

Eine Affinitätsabbildung liegt vor, wenn eine Affinitätsachse vorhanden ist und jedem Urpunkt P außerhalb von s ein Bildpunkt P' nach folgenden Vorschriften zugeordnet wird:
a) PP' und die Affinitätsachse einen Richtungswinkel $\alpha$ einschließen ($\alpha$ wird von der Achse aus im Gegenuhrzeigersinn gemessen)
b) $P'P_s : PP_s$ einen konstanten Wert: $k \neq 0$ hat (wenn $k < 0$, dann $P_s$ zwischen P und P')

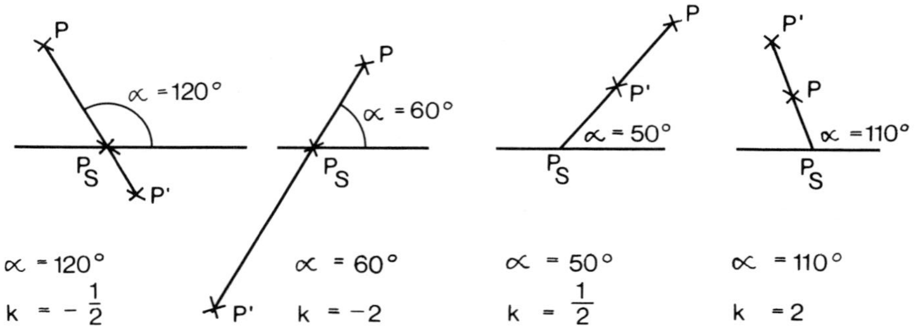

$\alpha = 120°$        $\alpha = 60°$        $\alpha = 110°$
$k = -\frac{1}{2}$     $k = -2$            $k = 2$

$\alpha = 50°$
$k = \frac{1}{2}$

| Bestimmungs-stücke | Affinitätsachse (s), Affinitätsfaktor (k), Affinitätswinkel (Richtungswinkel) | |
|---|---|---|
| Affinitätsfaktor | $k < 0$ | $k > 0$ |

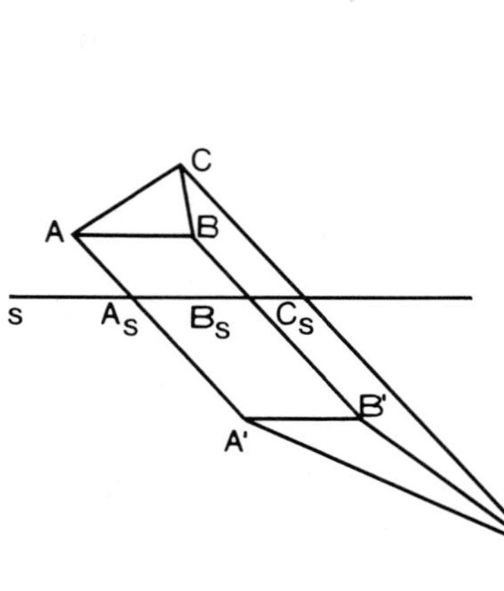

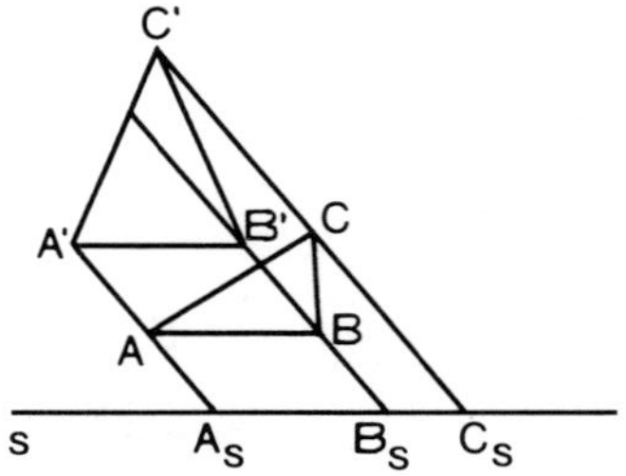

| Bildfigur | gegensinnige Figur | gleichsinnige Figur |
|---|---|---|
| Fixpunkte | Punkte der Affinitätsachse | |
| Sonderfall | k = −1 <br> Schrägspiegelung: <br> Der Flächeninhalt bleibt bei einer Schrägspiegelung erhalten: Die Schrägspiegelung ist flächentreu. <br> Schrägsymmetrische Figuren: Figuren, die durch eine Schrägspiegelung auf sich selbst abgebildet werden, heißen schrägsymmetrisch. | k = 1 <br> identische Abbildung |

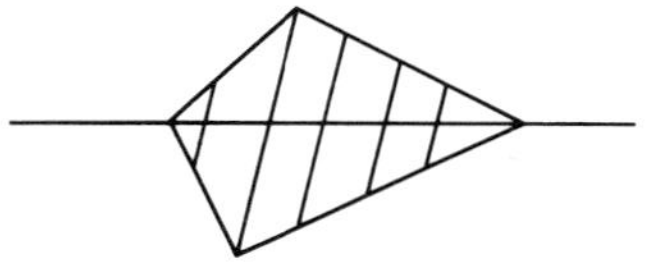

### 2.3.5 Scherung

Eine Scherung ist eine Verkettung zweier Schrägspiegelungen mit gemeinsamer Achse s; die Achse wird als Scherungsachse bezeichnet.

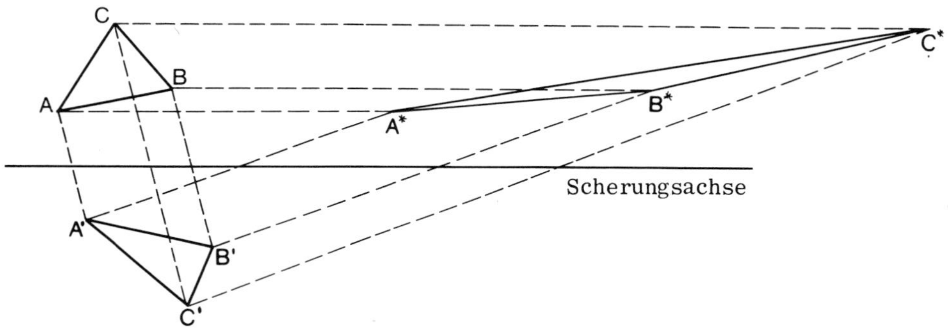

Eine Scherung verändert den Flächeninhalt eines Vieleckes nicht.

### 2.3.6 Übersicht

Eine Abbildung der Ebene auf sich, die geradentreu, parallelentreu und verhältnistreu ist, nennt man Affinität. Damit gehören alle Kongruenzabbildungen, die zentrische Streckung und die anderen Ähnlichkeitsabbildungen zu den affinen Abbildungen. Eine Übersicht soll die Eigenschaften der Abbildungen noch einmal aufzeigen.

| | | | | |
|---|---|---|---|---|
| Kongruenzabbildungen | geradentreu | parallelentreu | verhältnistreu | winkeltreu | längentreu |
| Ähnlichkeitsabbildungen | geradentreu | parallelentreu | verhältnistreu | winkeltreu | – |
| affine Abbildungen | geradentreu | parallelentreu | verhältnistreu | – | – |

## 3. Unterrichtspraktische Ausführungen

### 3.1 Vorbemerkungen

Die bayerischen Mathematiklehrpläne für Grund- bzw. Hauptschule weisen folgende geometrische Lerninhalte auf:

– räumliche Grundformen: Prismen, Zylinder, Kegel, Pyramide und deren Schrägbilder
– ebene Grundformen: Quadrat, Rechteck, Parallelogramm, Trapez, Dreieck und Kreis
– geometrische Größen: Längenmaß, Flächenmaß, Raummaß, Winkelmaß
– Elemente der Bewegungsgeometrie: Drehen, Verschieben, Spiegeln
– geometrische Grundkonstruktionen: Mittelsenkrechte, Senkrechte bzw. Parallelen zeichnen, Konstruktionen mit dem Zirkel, Winkelhalbierende, Dreieckkonstruktionen ...
– Satz des Pythagoras

Da geometrische Inhalte der Ähnlichkeitslehre (Strahlensätze, Ähnlichkeitssätze) sowie der Topologie (Problem der Nachbargebiete, Vierfarbenprobleme, Brückenprobleme, Moebiusband ...) nicht erforderlich sind, werden von den vorher aufgezeigten Abbildungsarten im wesentlichen nur die Kongruenzabbildungen verwendet.

Selbstverständlich gelten auch im Geometrieunterricht die didaktischen Forderungen, die für den restlichen Mathematikunterricht Gültigkeit haben:

341

342

## 3.2 Achsenspiegelung (Geradenspiegelung, Spiegelung)

Um mit konkreten Handlungen beginnen zu können, wird mit einem Sonderfall des Spiegelns, den achsensymmetrischen Figuren, begonnen.

### 3.2.1 Achsensymmetrische Figuren kennenlernen (4. Jahrgangsstufe, LZ 7.2)

Achsensymmetrische Figuren sind Figuren, die beim Falten, Klappen, Spiegeln an einer Spiegelachse mit sich selbst zur Deckung kommen.

Lernziele:
1. Durch Falten, Klappen, Spiegeln achsensymmetrische Figuren herstellen können
2. Die Spiegelachse in eine achsensymmetrische Figur einzeichnen können
3. Teilfiguren zu achsensymmetrischen Figuren ergänzen können
4. Prüfen können, ob eine Figur achsensymmetrisch ist

Welche Figuren sind achsensymmetrisch?

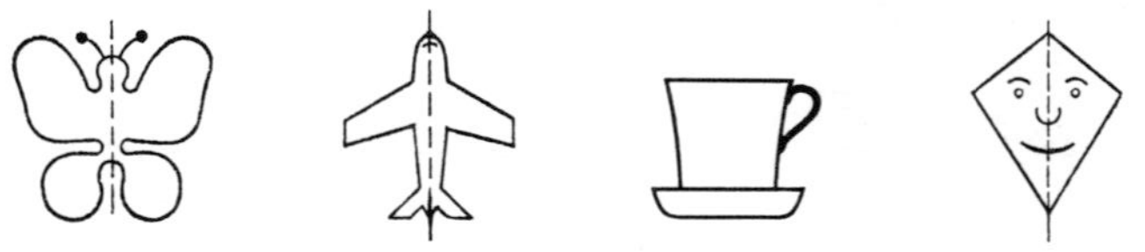

Zeichne die Spiegelachse ein!

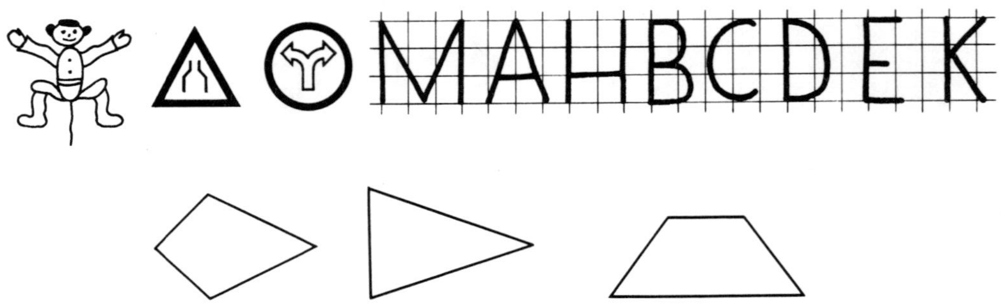

Ergänze jede Teilfigur!

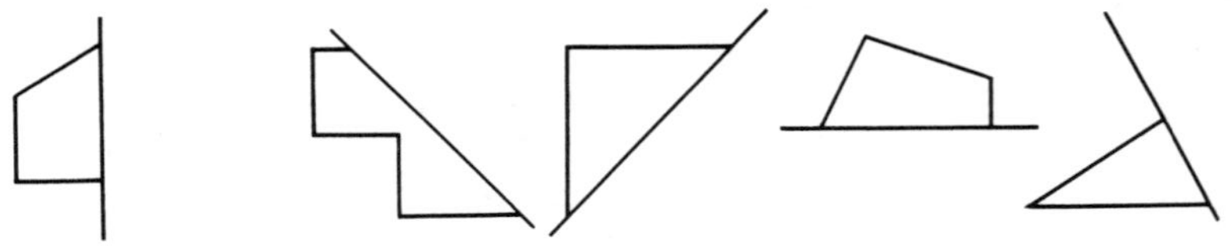

---

- **begründender Unterricht:** Der Lehrer muß dafür sorgen, daß dem Schüler immer wieder Möglichkeiten geboten werden, den Sinn von Vorgängen und Verfahrensweisen zu durchschauen, sie überprüfen und begründen zu können. Dabei muß besonders auf die Begriffsbildung und auf die Abstraktionsprozesse geachtet werden. Begriffe werden nicht einfach mitgeteilt, sondern durch Schüleraktivitäten aufgebaut.

- **problemorientierter Unterricht:** Der Lehrer muß danach trachten, den Lerninhalt in den Fragehorizont des Schülers zu rücken. Motivationsphasen sollen zur Problemüberwindung anregen. Durch Lösungsvermutungen, durch selbständiges Entdecken soll das Problemlösen erfolgen.

- **praxisorientierter Unterricht:** Dem Schüler sollen Möglichkeiten geboten werden, den praktischen Nutzen geometrischer Betätigung selbst erfahren zu können.

Um diesen lernpsychologischen und lerntheoretischen Forderungen gerecht zu werden, braucht auch der Geometrieunterricht ein neues Instrumentarium. So sind auch die Kongruenzabbildungen als ein Handwerkszeug zu verstehen, das bei den traditionellen geometrischen Inhalten nutzbringend angewandt werden soll.

- Es sollen damit die Eigenschaften ebener Figuren (Dreiecke, Vierecke) experimentell erschlossen werden
- Es sollen damit behutsam und einsichtig in grundlegende Begriffe (Winkel, senkrechte und parallele Geraden) wie in grundlegende Konstruktionen (Mittelsenkrechte, Winkelhalbierende) eingeführt werden.
- Es soll durch das Verständnis, das durch Spiegeln, Drehen, Verschieben kongruente Figuren abgebildet werden, die Flächengleichheit von Figuren aufgezeigt werden. So kann unter anderem der Flächeninhalt von Vielecken mit Hilfe inhaltsgleicher Rechtecke bestimmt werden.

Ähnlichkeitsabbildungen sowie affine und topologische Abbildungen kommen in der Grund- und Hauptschule nicht zur Anwendung. Eine Ausnahme davon bietet lediglich die Scherung. Die Anwendung der Scherung erfolgt jedoch ohne die Kenntnisse der mathematischen Hintergründe (Verkettung zweier Schrägspiegelungen mit gemeinsamer Achse, siehe Ausführungen in 2.3.5). Die Erkenntnisse, daß durch die Scherung die Form der Figuren, nicht aber der Flächeninhalt verändert wird, wird dabei ausgenützt.

In den folgenden unterrichtspraktischen Ausführungen sollen die einzelnen Phasen von der konkreten Operation in das vorstellende Operieren sichtbar werden. Bei der Entwicklung für das Konstruktionsverständnis der Kongruenzabbildungen wurde darauf geachtet, daß zunächst ein Punkt, dann eine Strecke und dann eine Figur bewegt wird. Die Konstruktionen sollen nicht von vornherein durch eine Vielzahl von eingezeichneten Bewegungen unübersichtlich und verwirrend sein.

Die angegebenen Lernziele und die Hinweise auf die dazugehörigen Grobziele der amtlichen Lehrpläne sind als Orientierungshilfe für die Unterrichtsarbeit, sowie für die Erstellung eines Lehr-, Wochen- oder Tagesplanes gedacht.

## 3.2.2 Figuren mit mehreren Spiegelachsen (4. Jahrgangsstufe, LZ 7.2)

Lernziele:
1. Durch zwei- (bzw. mehr-)maliges Falten Figuren mit zwei- (bzw. mehr-)facher Achsensymmetrie herstellen können
2. Alle Spiegelachsen in mehrfach achsensymmetrische Figuren einzeichnen können

Finde durch mehrfaches Falten die größere Figur!

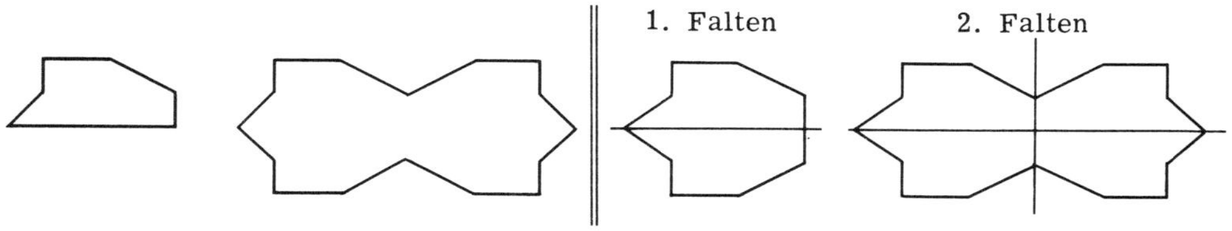

Zeichne mehrere Spiegelachsen ein!

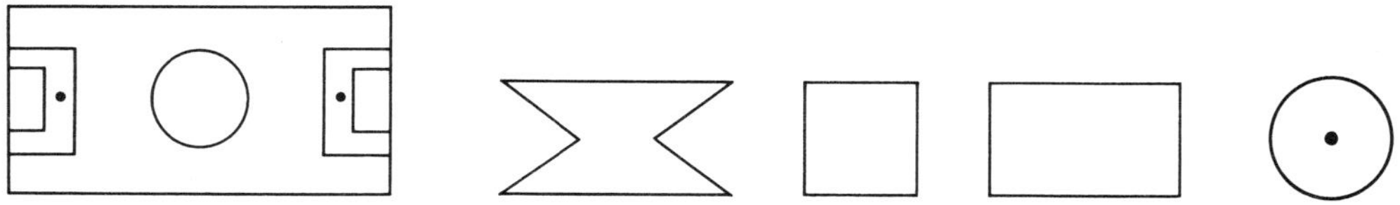

## 3.2.3 Übergang vom Falten zur zeichnerischen Darstellung der Geradenspiegelung

Die zeichnerischen Aktivitäten konnten bisher stets durch konkrete Tätigkeiten nachgewiesen werden. Allmählich wird behutsam in das vorstellende Operieren übergegangen. Durch die sichtbaren Vorgänge, die durch das Klappen mit Hilfe von Transparentpapier vollzogen werden, kann der Schüler die Konstruktionsvorgänge und die Eigenschaften der Geradenspiegelung selbst entdecken.

Lernziel:
Mit Hilfe von Transparentpapier erkennen, daß einer Figur durch Spiegelung an einer Spiegelachse eine Bildfigur zugeordnet werden kann.

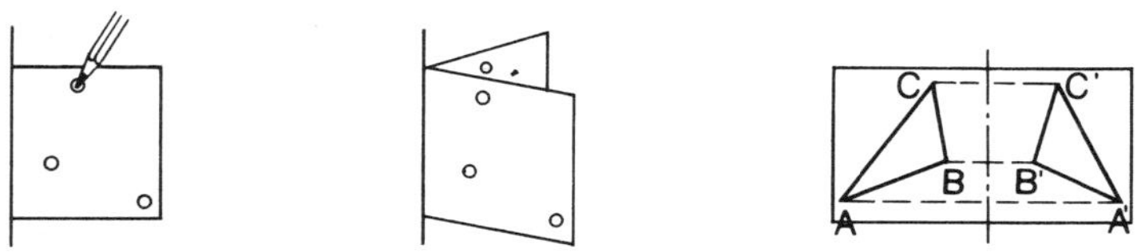

## 3.2.4 Konstruktion der Geradenspiegelung

Lernziele:
1. An Beispielen die Konstruktion einer Spiegelung kennenlernen und durchführen können
2. Wissen, daß Punkt P und der Bildpunkt P' gleichen Abstand von der Spiegelachse haben
3. Wissen, daß die Gerade PP' und die Spiegelachse senkrecht zueinander sind
4. Wissen, daß jeder Punkt der Spiegelachse Fixpunkt ist
5. Wissen, daß bei einer Spiegelung der Umlaufsinn eines Dreiecks nicht erhalten bleibt
6. Zu einer vorgegebenen Figur und einer vorgegebenen Spiegelachse die Bildfigur zeichnen können
7. Zu einer vorgegebenen Figur und ihrer Bildfigur die Spiegelachse einzeichnen können

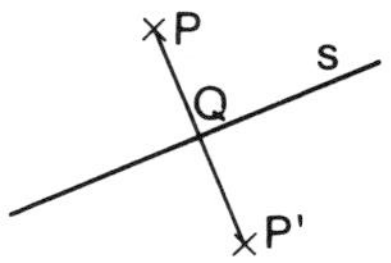

Punkt und Bildpunkt

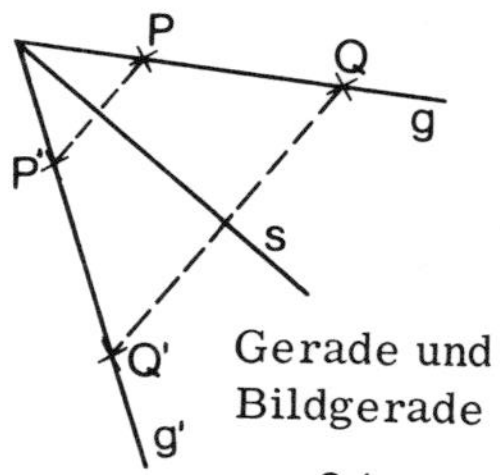

Gerade und Bildgerade

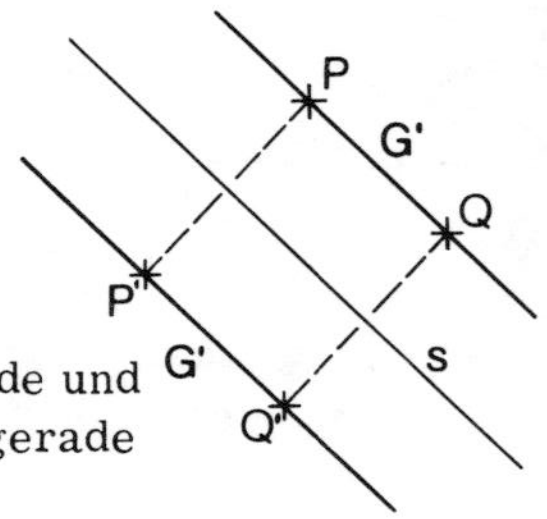

Gerade und Bildgerade

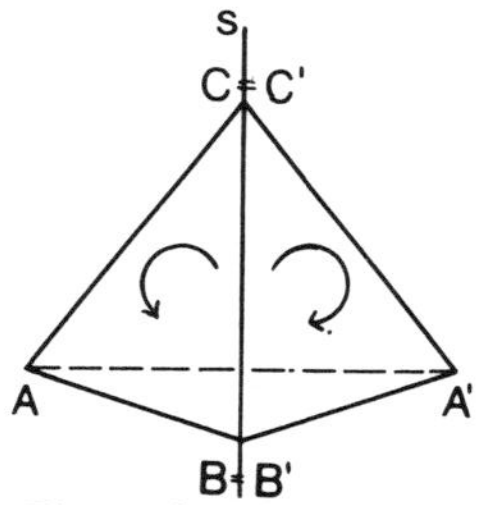

Gerade und Bildgerade

Fixpunkte liegen auf der Spiegelachse

Spiegelachse läuft durch Seite der Figur

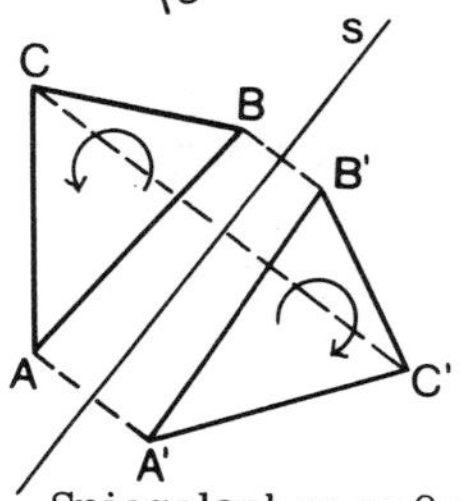

Spiegelachse außerhalb der Figur

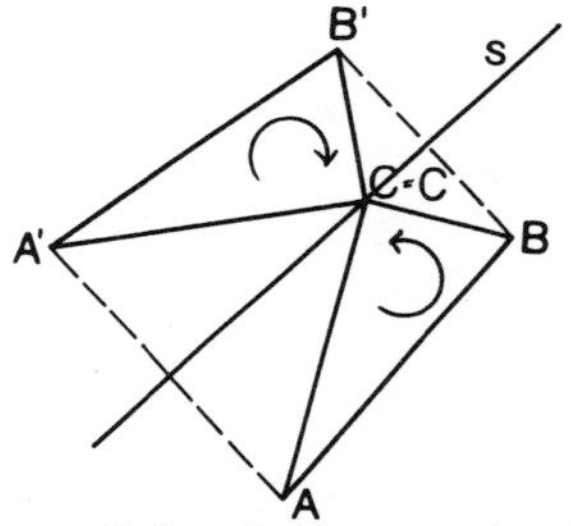

Spiegelachse an der Ecke der Figur

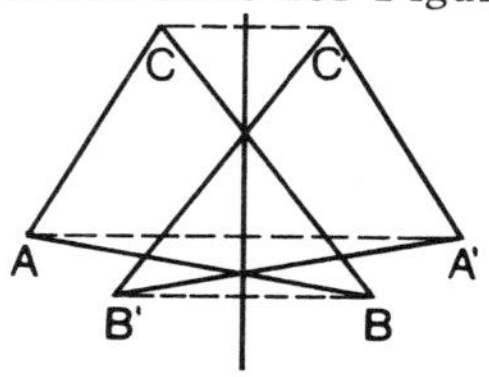

Spiegelachse läuft durch die Figur

343

3.2.5  Unterscheidung von Geradenspiegelung und achsensymmetrischen Figuren

Lernziele:
1. Wissen, daß eine Figur achsensymmetrisch ist, wenn sie durch die Spiegelachse auf sich selbst abgebildet wird
2. Zwischen Spiegelung als Abbildung und achsensymmetrisch als Eigenschaft unterscheiden können
3. Entscheiden können, ob eine Figur achsensymmetrisch ist

Zeichne die Spiegelachse ein!

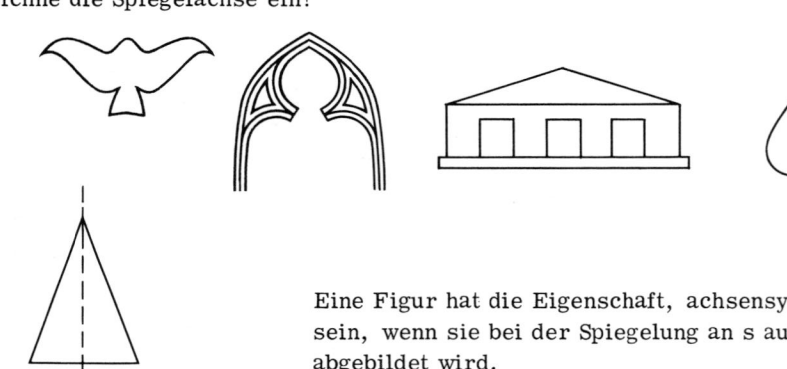

Eine Figur hat die Eigenschaft, achsensymmetrisch zu sein, wenn sie bei der Spiegelung an s auf sich selbst abgebildet wird.

3.2.6  Anwendungsmöglichkeit der Spiegelung

3.2.6.1  Senkrechte zu einer Geraden (5. Jahrgangsstufe, B II, 2.)

Lernziel:
Durch Spiegeln feststellen können, ob zwei sich schneidende Geraden senkrecht zueinander sind.

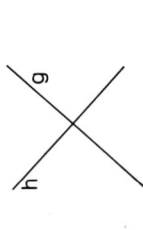

Wenn die Gerade g Spiegelachse von h und die Gerade h Spiegelachse von g ist, so ist: g senkrecht zu h (und h senkrecht zu g)

3.2.6.2  Parallele zu einer Geraden (5. Jahrgangsstufe, B II, 2.)

Lernziel: 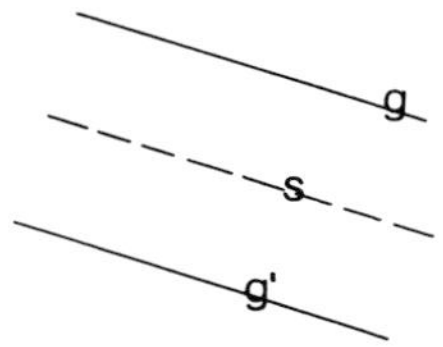
Durch Spiegeln feststellen können, ob zwei Geraden parallel zueinander sind.

Haben die Gerade g und ihre Bildgerade g' keinen gemeinsamen Schnittpunkt auf der Spiegelachse s, dann sind sie zueinander parallel.

3.2.6.3  Mittelsenkrechte (7. Jahrgangsstufe, B III, 1.2)

Lernziele:
1. Die Symmetrieeigenschaft einer Zweikreisfigur kennenlernen
2. Zu einer vorgegebenen Strecke die Mittelsenkrechte zeichnen können
3. Eine vorgegebene Strecke halbieren können

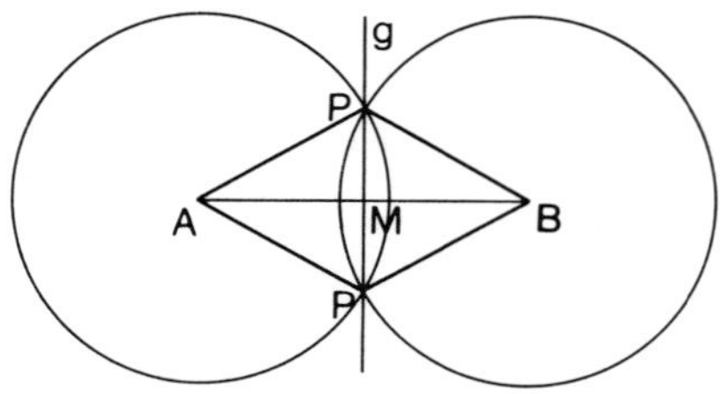

Zweikreisfigur: zwei einander sich schneidende Kreise

Die Gerade g schneidet die Strecke [AB] senkrecht in ihrem Mittelpunkt. g heißt Mittelpunktsenkrechte von [AB]. Die Strecke [AB] ist zur Mittelsenkrechten achsensymmetrisch.

3.2.6.4  Winkelhalbierende (7. Jahrgangsstufe, B III, 1.2)

Lernziel:
Einen vorgegebenen Winkel halbieren können

Die zwei vorgegebenen Schenkel werden zu gleich langen Strecken gemacht. Anschließend wird zu einer Raute ergänzt. Die nun leicht einzuzeichnende Spiegelachse ist die Winkelhalbierende.

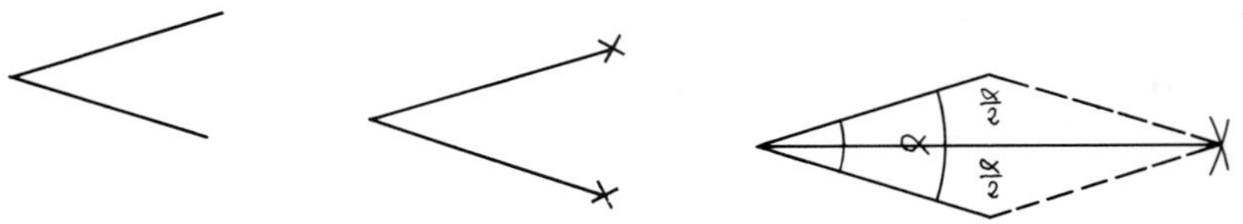

Die Spiegelachse unterteilt den Winkel in zwei gleich große Winkel.

3.2.6.5  Achsensymmetrische Vierecke und Dreiecke (7. Jahrgangsstufe, B III, 2.5)

Lernziele:
1. Wissen, daß ein Viereck mit vier Spiegelachsen ein Quadrat oder eine Raute (Rhombus) ist
2. Wissen, daß ein Viereck mit zwei Spiegelachsen ein Rechteck ist
3. Erkennen, daß ein Viereck mit genau einer Spiegelachse entweder ein Drachen oder ein symmetrisches Trapez ist
4. Wissen, daß ein gleichschenkeliges Dreieck achsensymmetrisch ist

5. Wissen, daß ein gleichseitiges Dreieck genau drei Spiegelachsen hat, die mit den Mittelsenkrechten, den Winkelhalbierenden, den Höhen- und den Seitenhalbierenden zusammenfallen

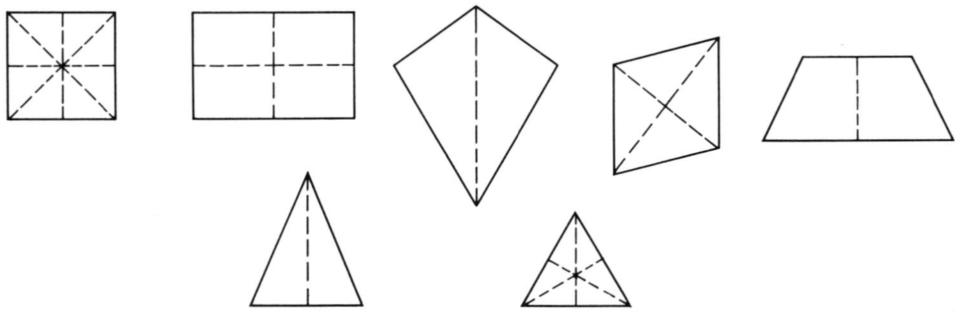

## 3.3 Drehung

### 3.3.1 Drehungen in der Umwelt des Schülers (4. Jahrgangsstufe, LZ 7.2 und 5. Jahrgangsstufe, B III, 2.)

Lernziele:
1. Drehbewegungen in der Umwelt des Schülers feststellen können
2. Den Drehpunkt bei diesen Drehbewegungen feststellen können

Wo kommen Drehungen vor? Wo liegt der Drehpunkt?

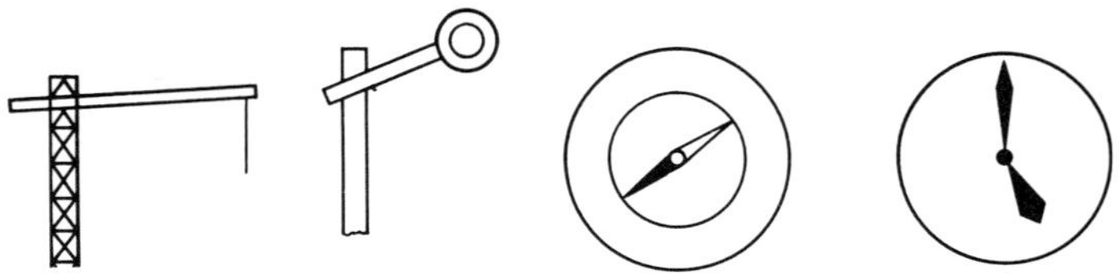

### 3.3.2 Drehoperation (5. Jahrgangsstufe, B III, 2.)

Lernziele:
1. Bei der Drehung einen Anfangszustand und einen Endzustand feststellen können
2. Links- und Rechtsdrehungen unterscheiden können
3. Drehung durch Drehsinn (Rechts- bzw. Linksdrehung) und Drehbetrag angeben können
4. Kursänderungen als Drehungen auffassen können und Kursrichtungen bestimmen können

Der große Zeiger einer Uhr zeigt auf 4 Uhr. Auf welche Stunde zeigt der große Zeiger nach 5 Stunden. Um wieviel Grad hat sich der Zeiger gedreht?

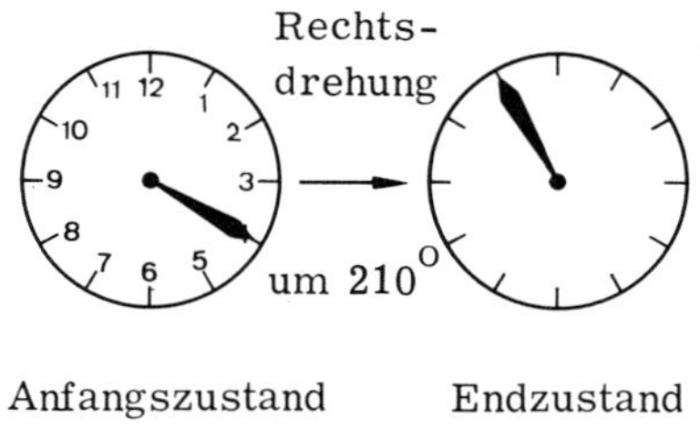

Rechtsdrehung
um 210°

Anfangszustand   Endzustand

Der Wind, der aus Norden kommt, wechselt seine Richtung im Gegenuhrzeigersinn. Er kommt jetzt aus Südwest. Um wieviel Grad hat sich der Wind gedreht?

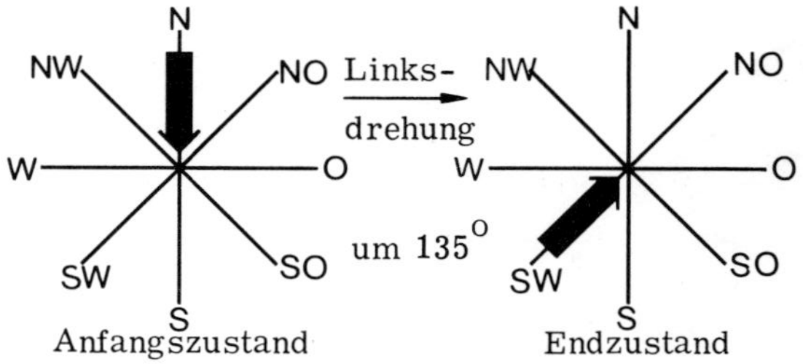

Linksdrehung
um 135°

Anfangszustand   Endzustand

Ein Flugzeug fliegt von Regensburg nach München. Der Kurs beträgt 337°. Ein Flugzeug fliegt von München weg. Welchen Kurs schlägt das Flugzeug ein, wenn es in Augsburg landen will?

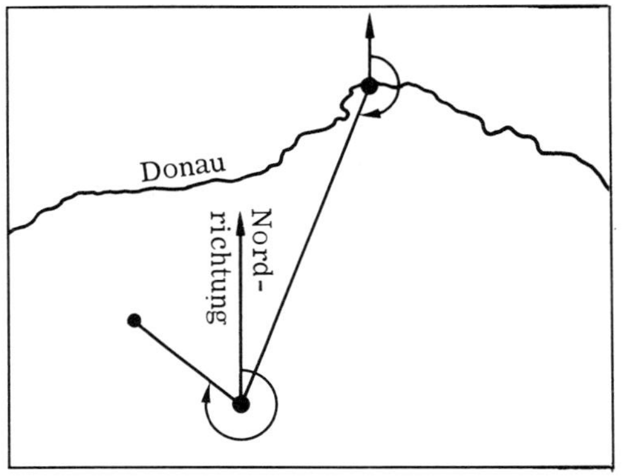

Der Kurs wird zwischen Nordrichtung und Flugrichtung gemessen. Man verwendet die Gradeinteilung des Kreises und setzt für Norden: 0°, für NO: 45°, für O: 90°, für SO: 135°.

Der Kurs wird von der Nordrichtung immer im Uhrzeigersinn (nach rechts) gemessen.

### 3.3.3 Übergang von Drehtätigkeiten in die Drehung als Abbildung (6. Jahrgangsstufe, B VIII, 2.)

Lernziele:
1. Mit Hilfe von Transparentpapier Drehungen durchführen können
2. Wissen, daß eine Drehung einen Drehpunkt, einen Drehbetrag und einen Drehsinn benötigt

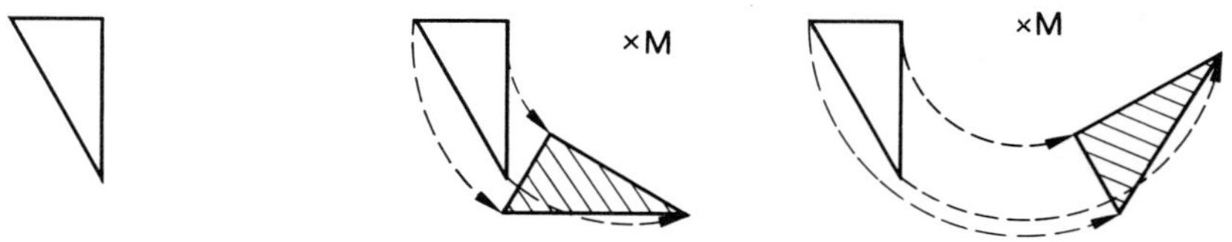

345

### 3.3.4 Konstruktion der Drehung (6. Jahrgangsstufe, B VIII, 2.)

**Lernziele:**
1. Wissen, daß durch eine Drehung jedem Punkt P ein Bildpunkt P' zugeordnet wird
2. Erkennen, daß der Punkt P und sein Bildpunkt P' vom Drehpunkt gleich weit entfernt sind
3. Erkennen, daß der Drehpunkt auf sich selbst abgebildet wird
4. Zu einer vorgegebenen Figur und einer vorgegebenen Drehung die Bildfigur zeichnen können
5. In einfachen Fällen zu einer vorgegebenen Figur, einer vorgegebenen Bildfigur und einem vorgegebenen Drehpunkt einen Drehbetrag angeben können
6. Wissen, daß bei der Drehung der Umlaufsinn eines Dreiecks erhalten bleibt

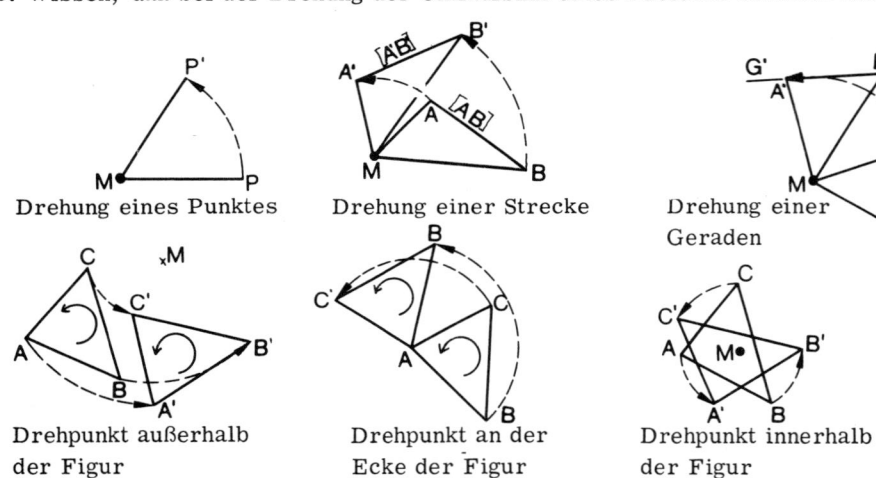

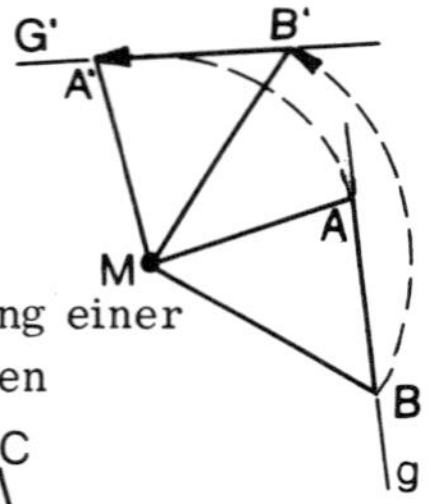

Drehung eines Punktes

Drehung einer Strecke

Drehpunkt an der Ecke der Figur

Drehpunkt außerhalb der Figur

Drehpunkt innerhalb der Figur

Drehung einer Geraden

### 3.3.5 Halbdrehung (Punktspiegelung) (6. Jahrgangsstufe, B VIII, 2.)

**Lernziele:**
1. Eine Halbdrehung als Sonderfall einer Drehung erkennen
2. Wissen, daß bei einer Halbdrehung Punkt und Bildpunkt auf einer Geraden durch den Drehpunkt liegen
3. Erkennen, daß der Drehpunkt die Verbindungsstrecken zwischen Punkt und Bildpunkt halbiert
4. Erkennen, daß bei einer Punktspiegelung sich der Umlaufsinn nicht ändert
5. Erkennen, daß bei einer Punktspiegelung Strecke und Bildstrecke gleich lang sind
6. Erkennen, daß bei einer Punktspiegelung Gerade und Bildgerade zueinander parallel sind

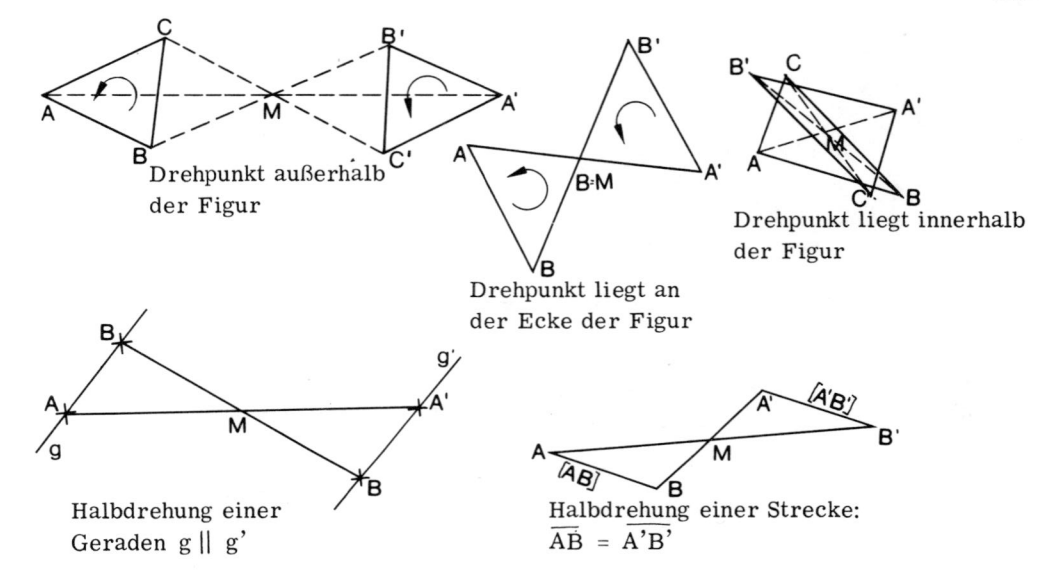

Drehpunkt außerhalb der Figur

Drehpunkt an der Ecke der Figur

Drehpunkt liegt innerhalb der Figur

Halbdrehung einer Strecke:
$\overline{AB} = \overline{A'B'}$

Halbdrehung einer Geraden g || g'

### 3.3.6 Punktsymmetrische Figuren (6. Jahrgangsstufe, B VIII, 2.)

**Lernziele:**
1. Wissen, daß durch eine Punktspiegelung an einem Drehpunkt, der innerhalb der Figur liegen muß, eine punktsymmetrische Figur entsteht
2. Zwischen Punktspiegelung als Abbildung und punktsymmetrisch als Eigenschaft unterscheiden können
3. Entscheiden können, ob eine Figur punktsymmetrisch ist
4. Eine Figur zu einer punktsymmetrischen Figur ergänzen können

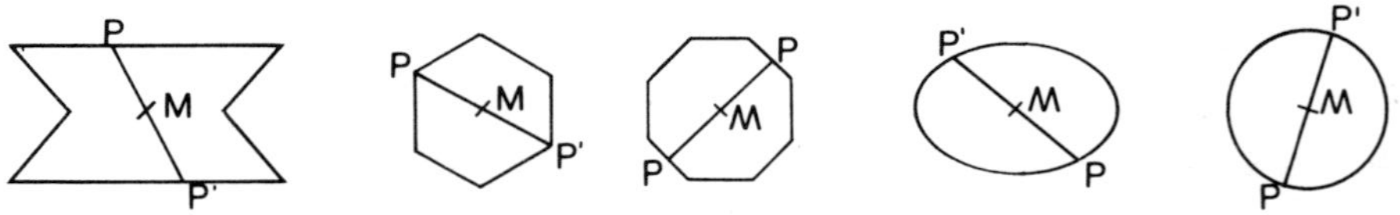

Die Figuren gehen durch eine Halbdrehung an M in sich selbst über, sie sind punktsymmetrisch.

### 3.3.7 Anwendung der Drehung

### 3.3.7.1 Einführung in den Winkelbegriff (5. Jahrgangsstufe, B III, 2.)

**Lernziele:**
1. Mit Hilfe von Drehbewegungen den Winkel als Maß einer Richtungsänderung kennenlernen

2. Den Zusammenhang zwischen einem Winkel und einer entsprechenden Drehung einer Halbgeraden um den Anfangspunkt kennenlernen
3. Erkennen, daß die Winkelgröße von der Drehung abhängt, nicht jedoch von der Länge der Schenkel

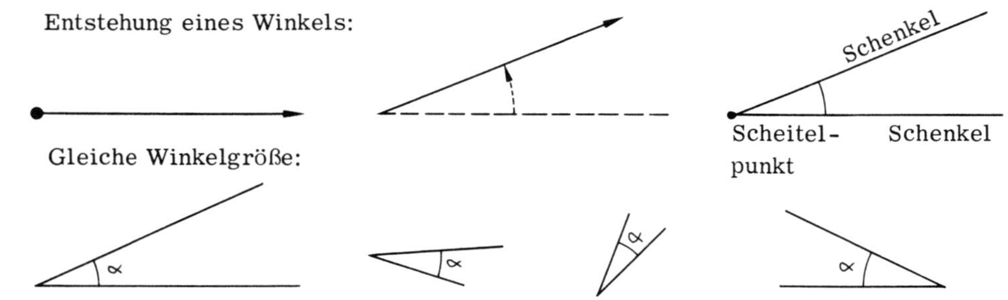

Entstehung eines Winkels:

Scheitel-   Schenkel
punkt

Gleiche Winkelgröße:

### 3.3.7.2 Begriff des Scheitelwinkels (7. Jahrgangsstufe, B III, 2.1)

Lernziele:
1. Wissen, daß je zwei gegenüberliegende Winkel Scheitelwinkel heißen
2. Wissen, daß zwei Scheitelwinkel gleich groß sind
3. Wissen, daß eine Spiegelung winkeltreu ist

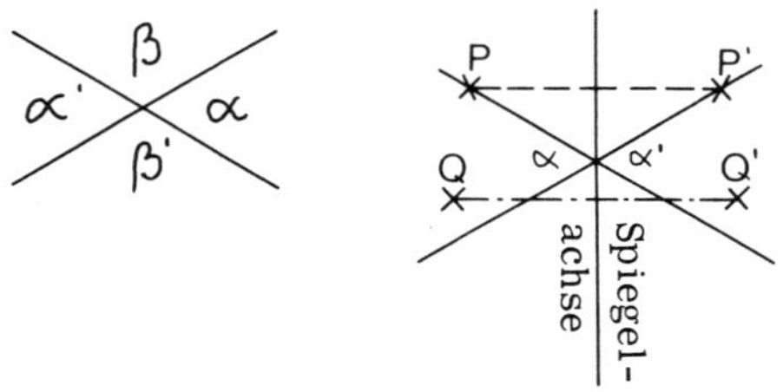

Zwei Gerade, die sich schneiden, ergeben 4 Winkel. Je zwei benachbarte Winkel heißen Nebenwinkel. ($\alpha$ und $\beta$)
Je zwei gegenüberliegende Winkel heißen Scheitelwinkel. ($\alpha$ und $\alpha'$)
Je zwei Scheitelwinkel sind symmetrisch bezüglich ihrer Geraden.

Spiegelachse

### 3.3.7.3 Symmetrieeigenschaft von Drei- und Viereck (7. Jahrgangsstufe, B III, 2.5)

Lernziele:
1. Zwischen achsen- und punktsymmetrischen Figuren unterscheiden können
2. Wissen, daß ein Viereck mit zwei oder vier Spiegelachsen auch punktsymmetrisch ist
3. Erkennen, daß durch Punktspiegelung eines Dreiecks an einer Seitenmitte ein Parallelogramm entsteht
4. Aus den Symmetrieeigenschaften des Rechtecks (der Raute, des Quadrats ...) weitere Eigenschaften ableiten können
5. Durch punkt- und achsensymmetrische Eigenschaften der Vierecke eine Übersicht über diese gewinnen können

Welche Figuren sind punktsymmetrisch? Welche sind achsensymmetrisch? Welche sind punkt- und zugleich achsensymmetrisch?

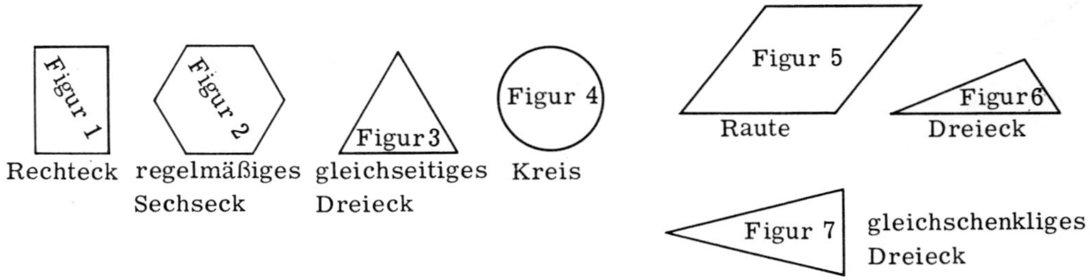

Figur 1 Rechteck
Figur 2 regelmäßiges Sechseck
Figur 3 gleichseitiges Dreieck
Figur 4 Kreis
Figur 5 Raute
Figur 6 Dreieck
Figur 7 gleichschenkliges Dreieck

|  | achsensymmetrisch | punktsymmetrisch |
|---|---|---|
| Figur 1 | x (2) | x |
| Figur 2 | x (6) | x |
| Figur 3 | x (3) |  |
| Figur 4 | x (unendlich) | x |
| Figur 5 | x (2) | x |
| Figur 6 | (0) |  |
| Figur 7 | x (1) |  |

Hat ein Viereck zwei oder vier Spiegelachsen, so ist es auf jeden Fall auch punktsymmetrisch. Es gibt aber auch punktsymmetrische Vierecke, die keine achsensymmetrische Figuren sind (z. B. Parallelogramm).

Möglichkeit der Entstehung eines Parallelogramms.

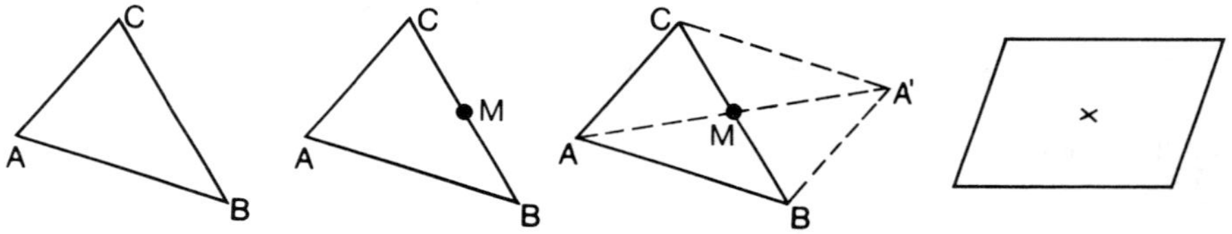

347

Übersicht über die Vierecke:

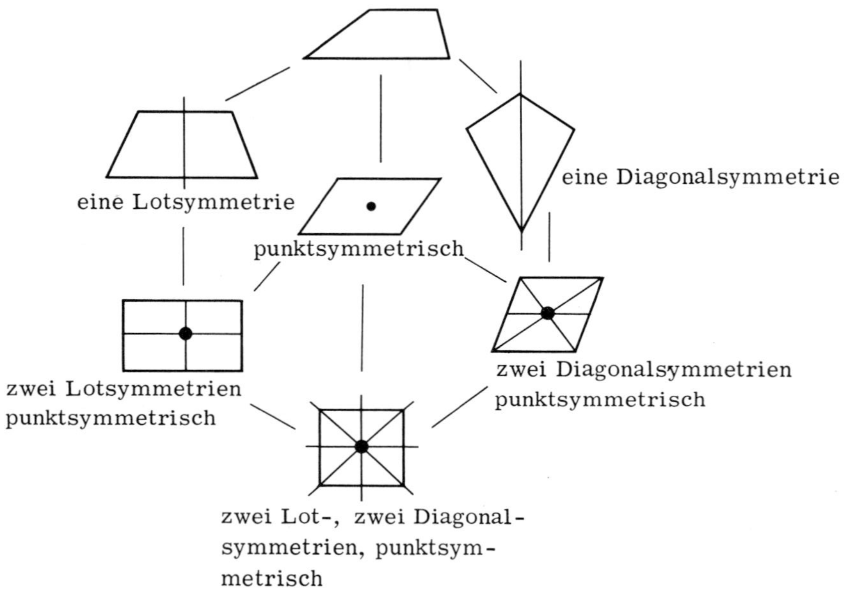

eine Diagonalsymmetrie

zwei Diagonalsymmetrien punktsymmetrisch

eine Lotsymmetrie

zwei Lotsymmetrien punktsymmetrisch

zwei Lot-, zwei Diagonalsymmetrien, punktsymmetrisch

Lotsymmetrie: Viereck, das eine Mittelsenkrechte als Symmetrieachse hat. Diagonalsymmetrie: Viereck, das eine Diagonale als Symmetrieachse hat. Die Menge der Rauten und die Menge der Rauten sind Teilmengen der Menge der Parallelogramme. Die Menge der Quadrate ist Schnittmenge der Menge der Rauten und der Menge der Rechtecke.

### 3.4 Parallelverschiebung (Verschiebung, Schiebung)

#### 3.4.1 Verschiebungen in der Umwelt des Schülers (4. Jahrgangsstufe, LZ 7.2)

Lernziele:
1. Verschiebungen in der Umwelt des Schülers feststellen können
2. Bewegungsrichtung und Bahnkurven erkennen können

348

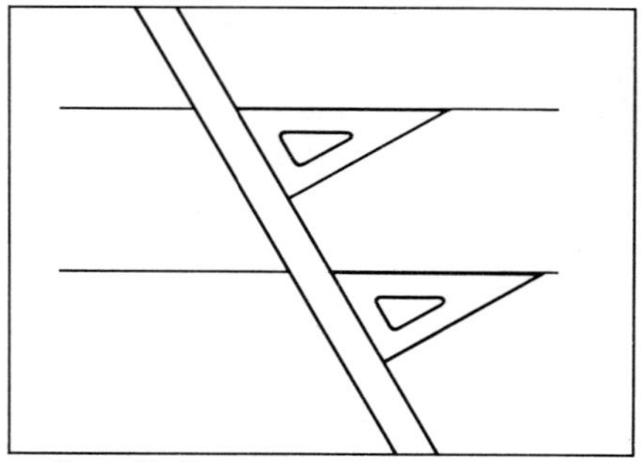

Parallelbewegung eines Zeichendreiecks

Bergbahn

Weitere Beispiele:
Aufziehen von Schubläden, Menschen auf einer Rolltreppe, Eisenbahn auf Schienen ...

3.4.2 Übergang von Verschiebungstätigkeiten zu Verschiebungen als Abbildung (6. Jahrgangsstufe, B VIII, 3.)

Lernziele:
1. Mit Hilfe von Transparentpapier erkennen, daß einem Punkt P durch Verschiebung ein Bildpunkt P' zugeordnet werden kann
2. Erkennen, daß bei einer Verschiebung [PP'], [QQ'] ... gleich lang sind und gleiche Richtung haben
3. Erkennen, daß bei einer Verschiebung eine Gerade als eine parallele Gerade abgebildet wird
4. Zu gegebener Figur und gegebener Verschiebungsvorschrift die Bildfigur zeichnen können
5. Wissen, daß eine Verschiebung keinen Fixpunkt hat
6. Wissen, daß bei einer Verschiebung der Umlaufsinn eines Dreiecks erhalten bleibt

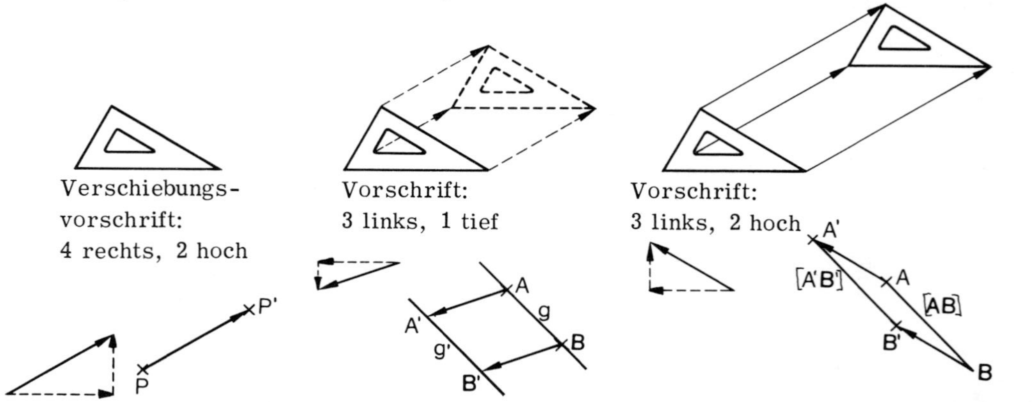

Verschiebungsvorschrift: 4 rechts, 2 hoch

Verschiebung eines Punktes 4 rechts, 2 hoch

Vorschrift: 3 links, 1 tief

Verschiebung einer Geraden g ∥ g'

Vorschrift: 3 links, 2 hoch

Verschiebung einer Strecke [AB] gleich lang wie [A'B']

Durch Ausschneiden und Aufeinanderlegen kann festgelegt werden, ob Figuren zueinander deckungsgleich sind.

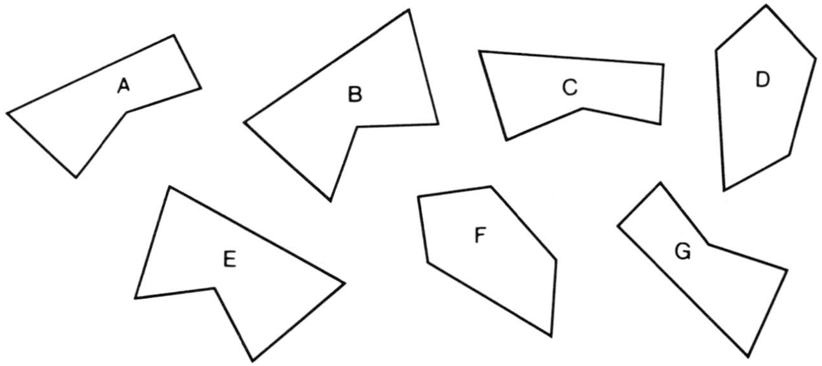

|   | A | B | C | D | E | F | G |
|---|---|---|---|---|---|---|---|
| A | x |   |   |   |   |   |   |
| B |   | x |   |   | x |   |   |
| C | x |   | x |   |   |   |   |
| D |   |   |   | x |   | x |   |
| E |   | x |   |   | x |   |   |
| F |   |   |   | x |   | x |   |
| G | x |   |   |   |   |   | x |

Relationsbild:

Vorschrift:
5 rechts, 2 hoch

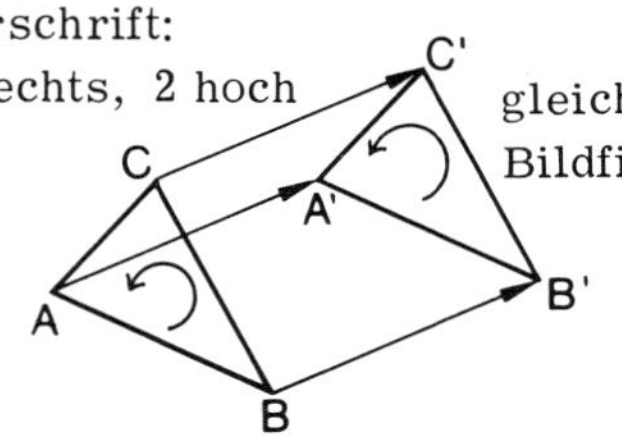

gleichsinnige Bildfiguren

Eigenschaften der Verschiebung:
Strecke und Bildstrecke sind gleich lang. Gerade und Bildgerade sind zueinander parallel. Die Figur und die Bildfigur sind deckungsgleich.

### 3.4.3 Anwendung der Verschiebung

#### 3.4.3.1 Kenntnis des Begriffs Stufenwinkel (7. Jahrgangsstufe, B III, 2.1)

Lernziele:
1. Wissen, daß durch eine Verschiebung Winkel abgebildet werden können, die Stufenwinkel heißen
2. Erkennen, daß Stufenwinkel gleich groß sind
3. Erkennen, daß eine Verschiebung winkeltreu ist

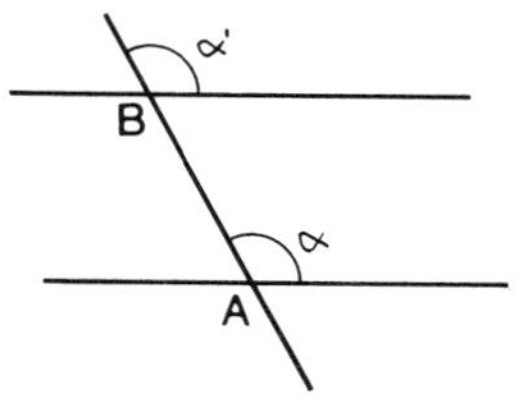

Der Winkel $\alpha$ wird bei der Verschiebung von A nach B auf $\alpha'$ abgebildet.
Winkel, die durch eine Verschiebung abgebildet werden, heißen Stufenwinkel.
Stufenwinkel sind gleich groß.

### 3.5 Anwendung der kongruenten Abbildungen zu Kongruenz und Flächeninhalt von Vielecken

#### 3.5.1 Deckungsgleichheit (7. Jahrgangsstufe, B III, 1.1 und 8. Jahrgangsstufe, B III 1.)

Lernziele:
1. Wissen, daß zwei Vielecke kongruent (deckungsgleich) sind, wenn sie durch Aufeinanderlegung zur Deckung gebracht werden können
2. Durch Ausschneiden und Aufeinanderlegen entscheiden können, ob zwei Vielecke deckungsgleich sind
3. Wissen, daß kongruente Figuren sich höchstens durch die Lage, nicht aber durch Größe und Gestalt unterscheiden

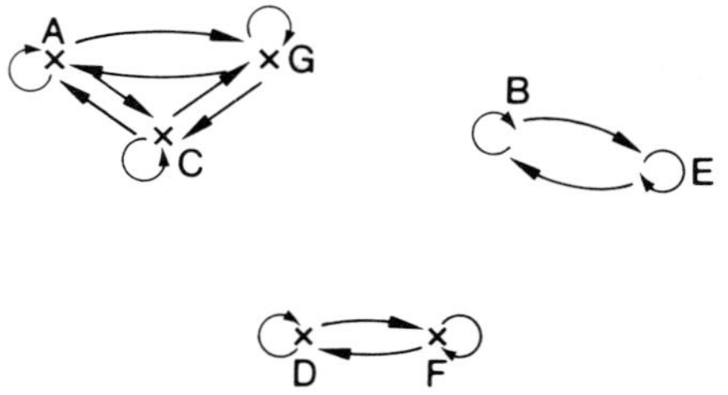

#### 3.5.2 Erzeugung kongruenter Figuren durch kongruente Abbildungen (7. Jahrgangsstufe, B III, 1 und 8. Jahrgangsstufe, B III, 1)

Lernziele:
1. Wissen, daß bei Geradenspiegelung, Drehung oder Verschiebung Figur und Bildfigur kongruent sind
2. Durch kongruente Abbildungen deckungsgleiche Figuren herstellen können

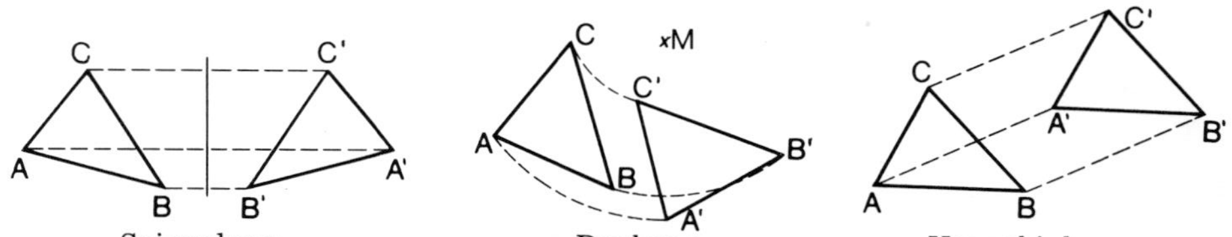

Spiegelung — Drehung — Verschiebung

349

Um von der Figur ABCD die kongruente Figur A'B'C'D' zu erhalten, gibt es viele Möglichkeiten:

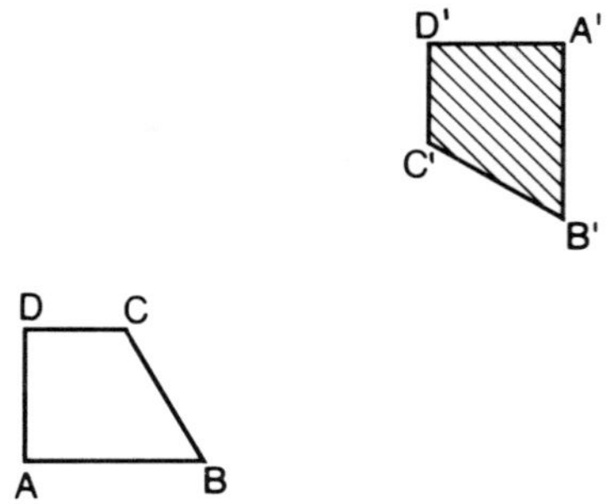

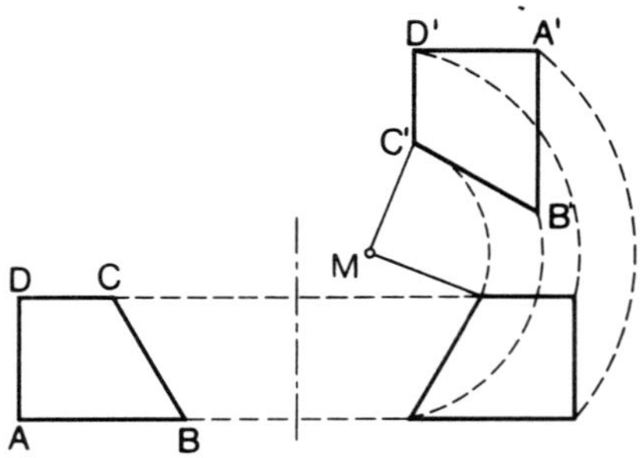

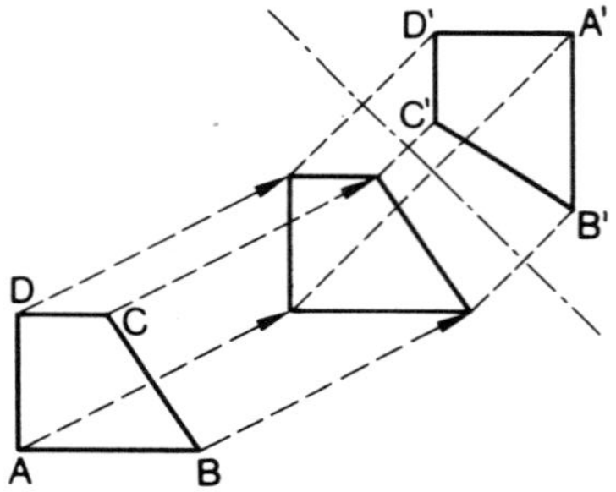

Verschiebung, Spiegelung

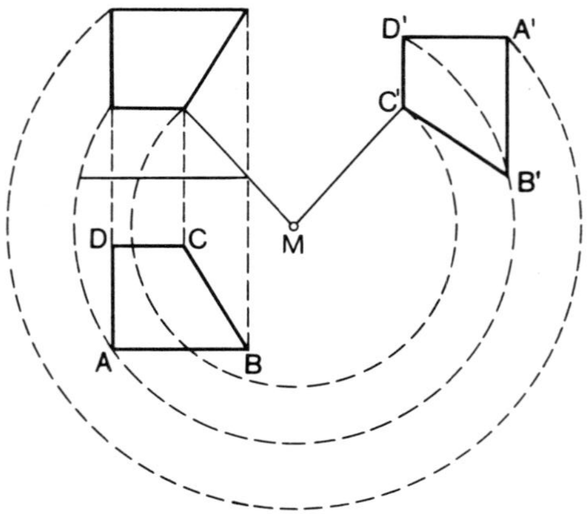

Spiegelung, Drehung

Spiegelung, Drehung

Bei einer Spiegelung, Drehung sowie einer Verschiebung (und ihrer Verkettungen) wird eine Figur in eine zu ihr kongruente Figur abgebildet.

### 3.5.3 Unterscheidung von flächeninhaltsgleichen und kongruenten Figuren
(7. Jahrgangsstufe, B III, 1 und 8. Jahrgangsstufe, B III, 1)

Lernziele:
1. Wissen, daß kongruente Figuren immer denselben Flächeninhalt haben
2. Wissen, daß flächeninhaltsgleiche Figuren nicht kongruente Figuren sein müssen
3. Wissen, daß zerlegungsgleiche Vielecke denselben Flächeninhalt besitzen

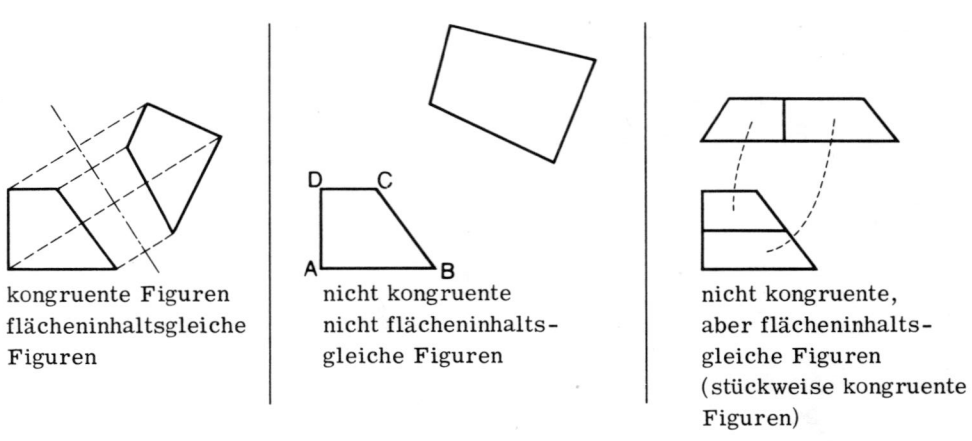

kongruente Figuren flächeninhaltsgleiche Figuren

nicht kongruente nicht flächeninhaltsgleiche Figuren

nicht kongruente, aber flächeninhaltsgleiche Figuren (stückweise kongruente Figuren)

Inhaltsgleiche Figuren:

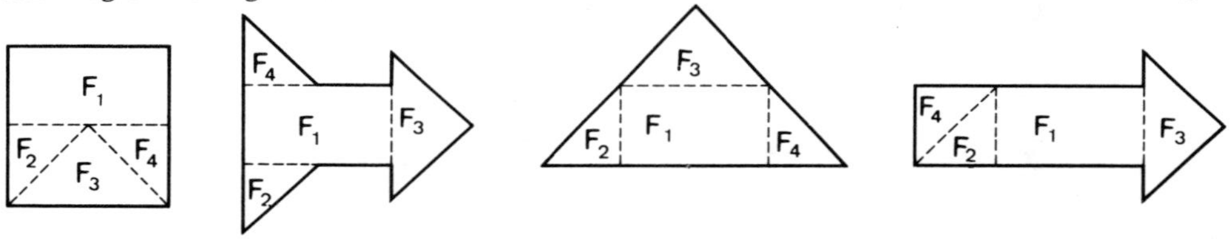

Figuren heißen zerlegungsgleich, wenn man sie in Teilfiguren so zerlegen kann, daß entsprechende Teilfiguren kongruent zueinander sind. Diese Figuren sind stückweise kongruent.

### 3.5.4 Flächenverwandlung durch Abtrennen und Anfügen von Teilflächen (7. Jahrgangsstufe, B III, 1 und 8. Jahrgangsstufe, B III, 1)

Lernziele:
1. Wissen, daß sich ein Parallelogramm in ein flächengleiches Rechteck verwandeln läßt, wenn man ein rechtwinkeliges Dreieck an der einen Seite abtrennt und an der anderen zufügt
2. Wissen, daß der Flächeninhalt jedes Dreiecks die Hälfte eines Parallelogramms ist
3. Wissen, daß der Flächeninhalt eines Trapezes durch Anfügen bzw. Wegnehmen paarweiser kongruenter Flächen eines Rechtecks bestimmt werden kann
4. Wissen, daß eine Zerlegung eines unregelmäßigen Vielecks auf bereits bekannte Figuren (Dreiecke, Vierecke) zurückgeführt werden kann.

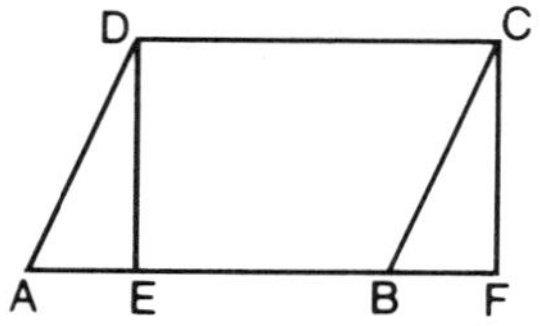

Schneidet man vom Viereck AFCD das Dreieck BFC ab, so erhält man das Parallelogramm ABCD. Schneidet man aber das zu Dreieck BFC kongruente Dreieck AED ab, so entsteht das Rechteck EFCD.

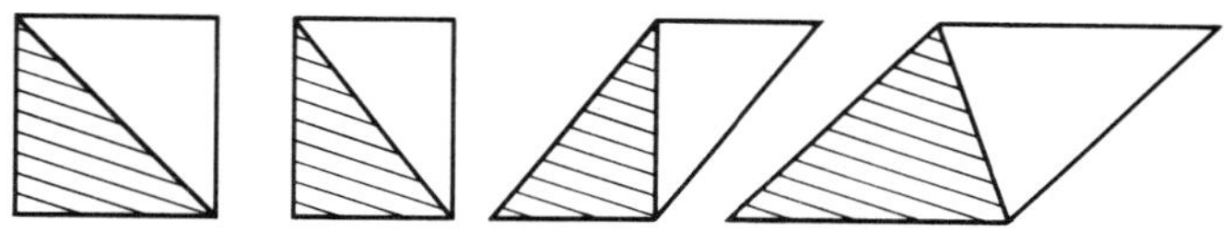

Jedes Dreieck kann als die Hälfte eines Parallelogramms aufgefaßt werden

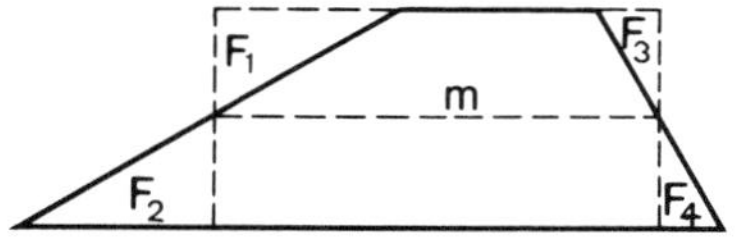

Aus dem Rechteck entsteht durch Hinzufügen bzw. Wegnehmen der paarweise kongruenten Flächen $F_1$ und $F_2$ sowie $F_3$ und $F_4$ ein flächeninhaltsgleiches Rechteck.

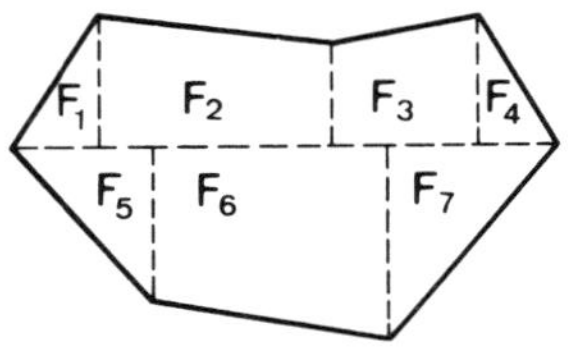

Für die Flächeninhaltsberechnung von Vielecken müssen nicht neue Formeln aufgestellt werden, da die Figur in Teilfiguren (hier Dreiecke und Trapeze) zerlegt werden kann.

### 3.5.5 Flächenverwandlung durch Kongruenzabbildungen (7. Jahrgangsstufe, B III 1 und 8. Jahrgangsstufe B III, 1)

Lernziel:
Durch Abbildung kongruenter Teilfiguren die Gestalt einer Figur so verändern, daß ihr Flächeninhalt erhalten bleibt

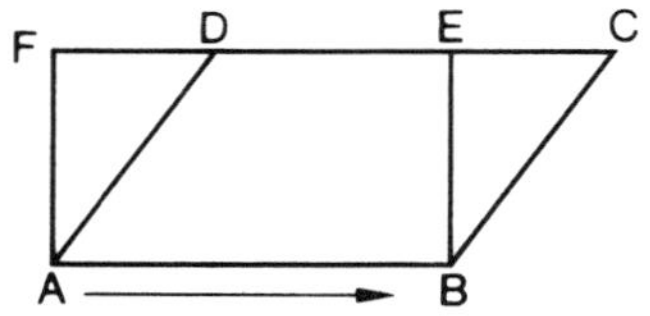

Dreieck ADF wird in Richtung von [AB] mit der Länge AB verschoben.
ADF → BCE

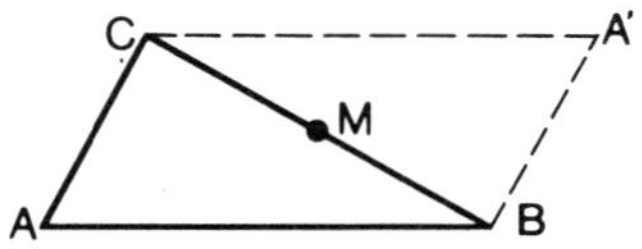

Punktspiegelung des Dreiecks ABC an M (Mittelpunkt von BC)
ABC → A'CB
Gesamtfigur: Parallelogramm ABA'C

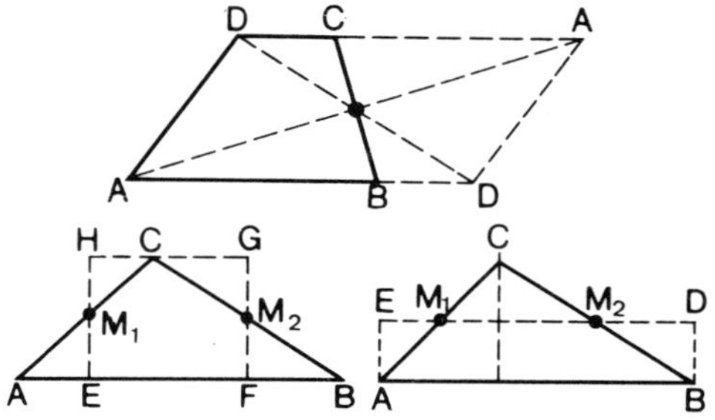

Punktspiegelung des Trapezes ABCD an M (Mittelpunkt des Schenkels BC)
ABCD → A'CBD
Gesamtfigur: Parallelogramm AD'A'D

Punktspiegelung der Dreiecke an $M_1$ und $M_2$: aus Dreieck wird flächeninhaltsgleiches Rechteck.

### 3.6 Flächenverwandlung durch Scherung (7. Jahrgangsstufe, B III, 1. und 8. Jahrgangsstufe, B III, 1)

Lernziele:
1. Den Vorgang der Scherung durch Streifen kennenlernen
2. Wissen, daß bei einer Scherung die Grundseite der Figur fest bleibt und der Punkt bzw. die Gegenseite der Figur parallel zur Grundseite verschoben wird
3. Wissen, daß bei der Scherung flächeninhaltsgleiche (aber nicht kongruente) Figuren erzeugt werden
4. Figuren durch Scherung in flächeninhaltsgleiche Figuren umwandeln können

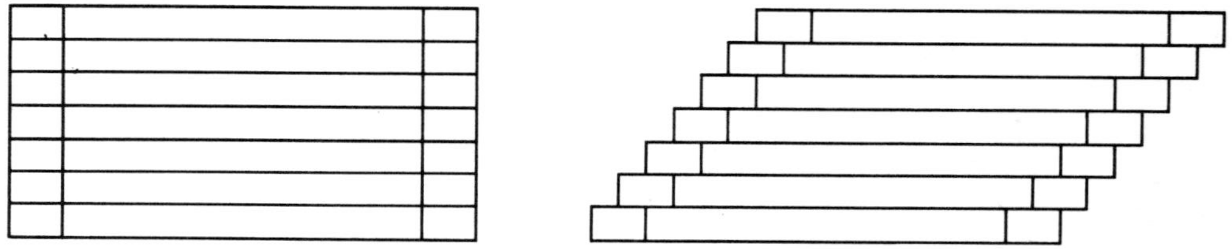

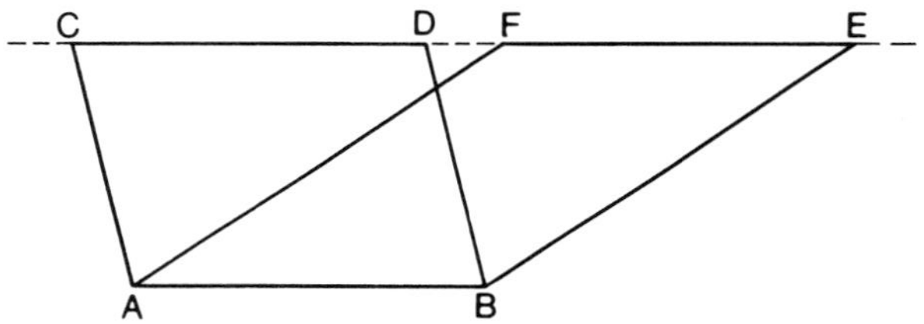

Stimmen Parallelogramme in einer Seite und in der dazugehörigen Höhe überein, so sind sie flächeninhaltsgleich.
Die Grundseite [AB] wird festgehalten und die Gegenseite [CD] wird parallel zu [AB] verschoben.

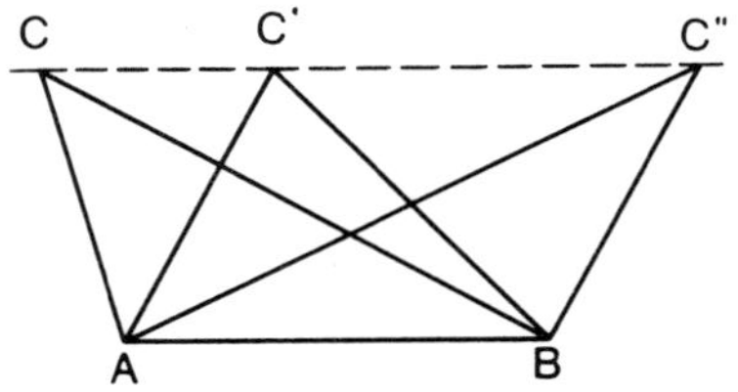

Stimmen Dreiecke in einer Seite und der zugehörigen Höhe überein, dann sind sie flächeninhaltsgleich.

351

352

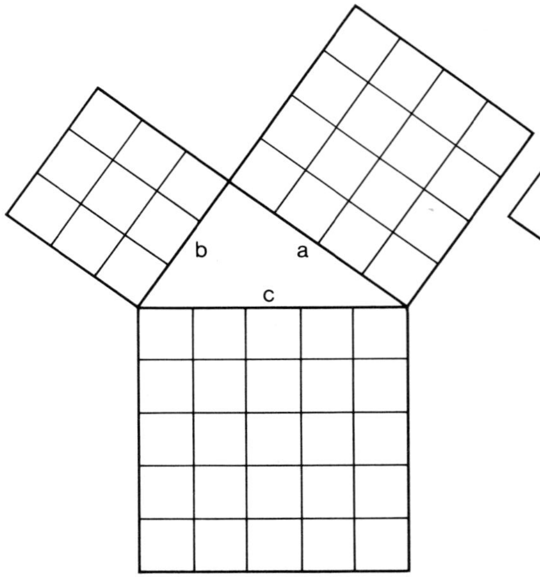

Bestimmen durch Zerlegen:

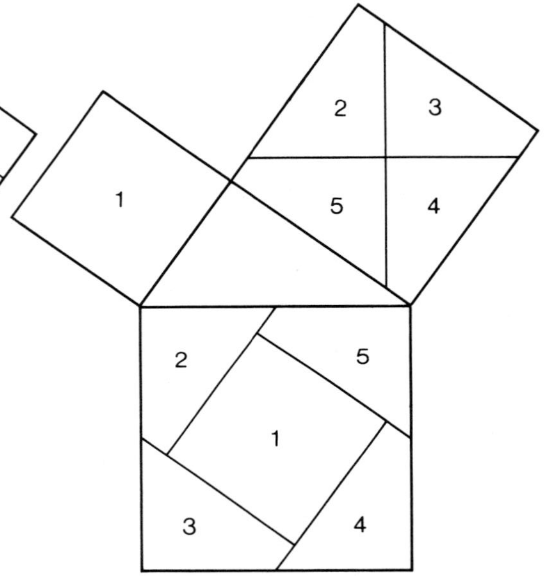

Bestimmen durch Auszählen:

Bestimmen durch Ausschneiden:

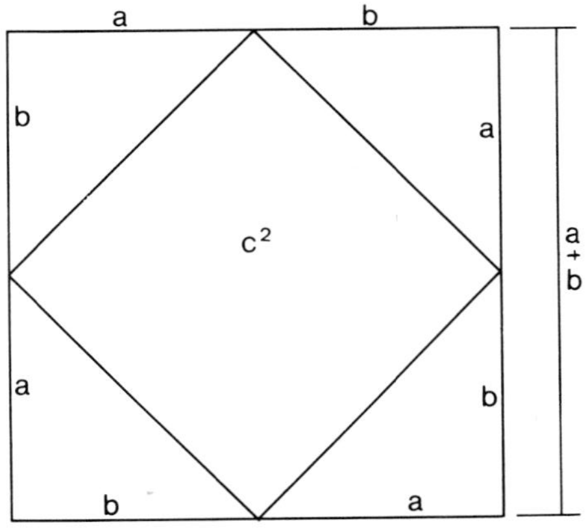

Die gesamte Quadratfläche $(a + b)^2$ setzt sich zusammen aus:

$$c^2 + 4 \cdot \frac{a \cdot b}{2}$$

$$(a + b)^2 = c^2 + 4 \cdot \frac{a \cdot b}{2}$$

$$a^2 + 2ab + b^2 = c^2 + 2ab$$

$$a^2 + b^2 = c^2$$

Beliebiges Dreieck in flächeninhaltsgleiches gleichschenkeliges (bzw. rechtwinkeliges) Dreieck verwandeln.

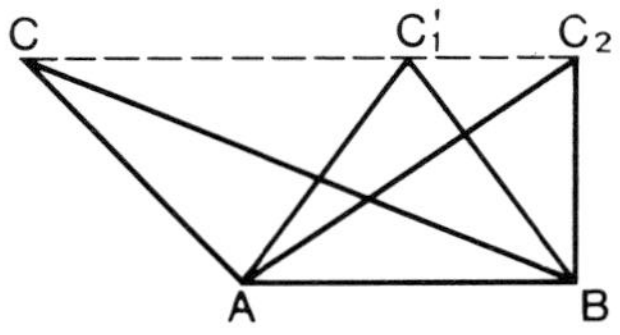

Parallelogramm in flächeninhaltsgleiche Raute verwandeln.

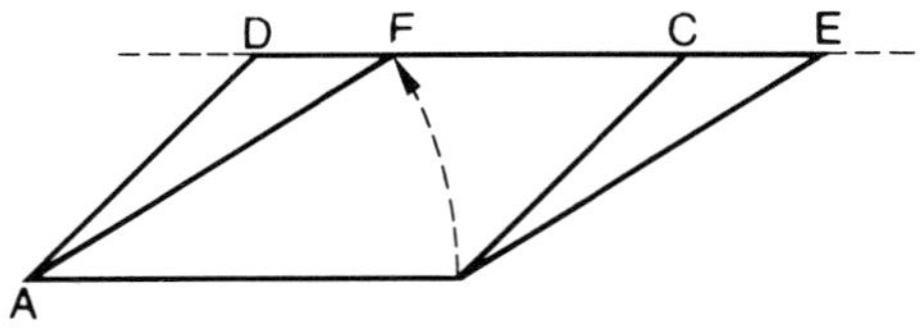

Rechteck in flächeninhaltsgleiches Rechteck, aber anderer Länge und Breite verwandeln. Ausgangsrechteck $l = 4$ cm; $b = 2$ cm; Endrechteck $b = 2,5$ cm;

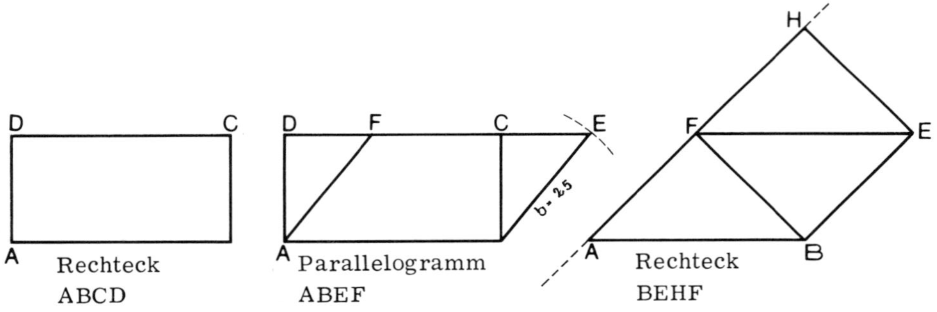

Rechteck ABCD

Parallelogramm ABEF

Rechteck BEHF

Beliebiges Viereck in flächeninhaltsgleiches Dreieck verwandeln:

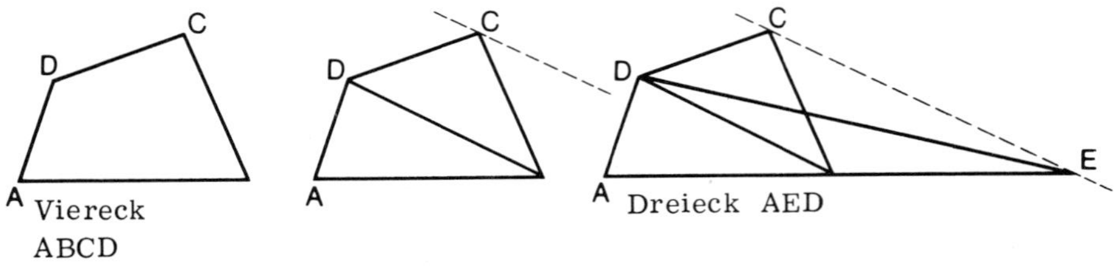

Viereck ABCD

Dreieck AED

3.7 Herleitung des Satzes des Pythagoras (9. Jahrgangsstufe, B III, 1.)

Lernziele:
1. Den pythagoräischen Satz auf mehrfache Weise herleiten können
2. Wissen, daß beim rechtwinkeligen Dreieck die Summe der Flächeninhalte der Kathetenquadrate gleich dem Flächeninhalt des Hypotenusenquadrates ist

## 4. Literatur

1. Curricularer Lehrplan für den Mathematikunterricht in der 5. Jahrgangsstufe der Hauptschule, Amtsblatt des Bayerischen Staatsministeriums für Unterricht und Kultus, Sondernummer 19, Jahrgang 1976, Jehle Verlag
2. Curricularer Lehrplan für den Mathematikunterricht in der 6. Jahrgangsstufe der Hauptschule, Amtsblatt des Bayerischen Staatsministeriums für Unterricht und Kultus, Sondernummer 19, Jahrgang 1976, Jehle Verlag
3. Curricularer Lehrplan für den Mathematikunterricht in der 7. - 9. Jahrgangsstufe der Hauptschule, Amtsblatt des Bayerischen Staatsministeriums für Unterricht und Kultus, Sondernummer 34, Jahrgang 1977, Jehle Verlag
4. Neufassung des Lehrplans für die Grundschule, Amtsblatt des Bayerischen Staatsministeriums für Unterricht und Kultus, Sondernummer 12, Jahrgang 1976, Jehle Verlag
5. Faber: Mathematisches Unterrichtswerk, Geometrie 1 und 2, Klett Verlag
6. Holland: Geometrie für Lehrer und Studenten, Band I und Band II, Schroedel Verlag
7. Oehl / Palzkill: Die Welt der Zahl - Neu, Ausgabe Bayern, 5., 6. und 7. Schuljahr, Schülerbuch sowie Lehrerheft, Oldenbourg Verlag / Schroedel Verlag
8. Palzkill / Schwirtz: Die Raumlehrestunde, Henn Verlag
9. Schupp: Abbildungsgeometrie, Verlag Julius Beltz

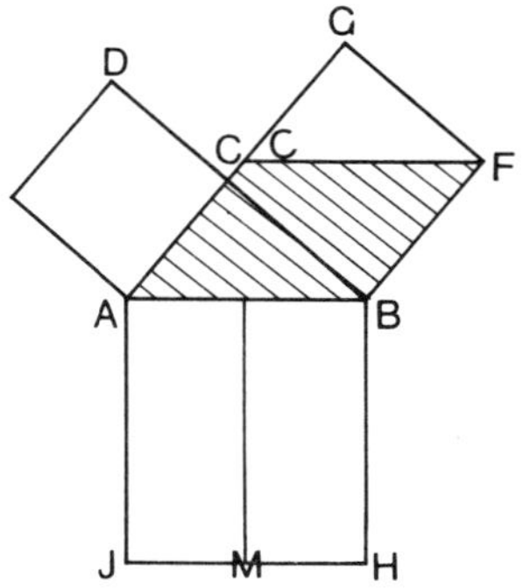

Bestimmen durch abbildungsgeometrische Vorgänge

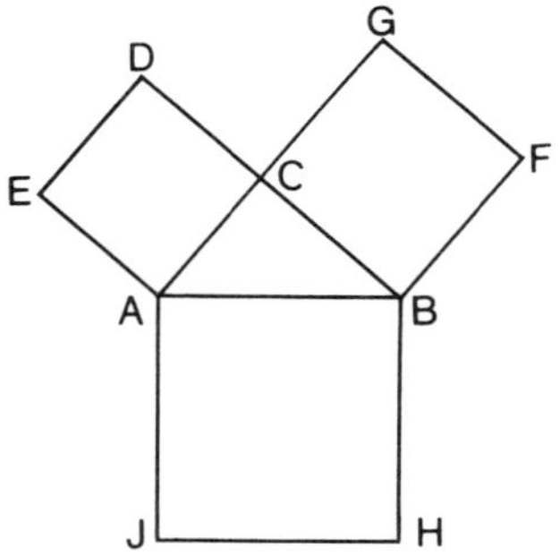

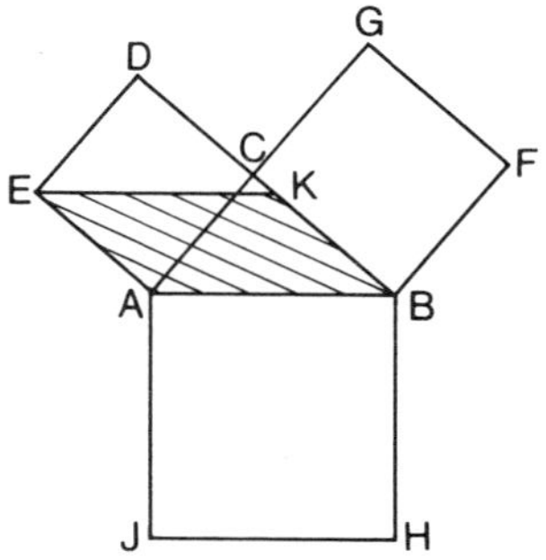

Scherung: Parallelogramm: AJLK in Rechteck: AJMN

Scherung Quadrat: ACDE in Parallelogramm: ABKE

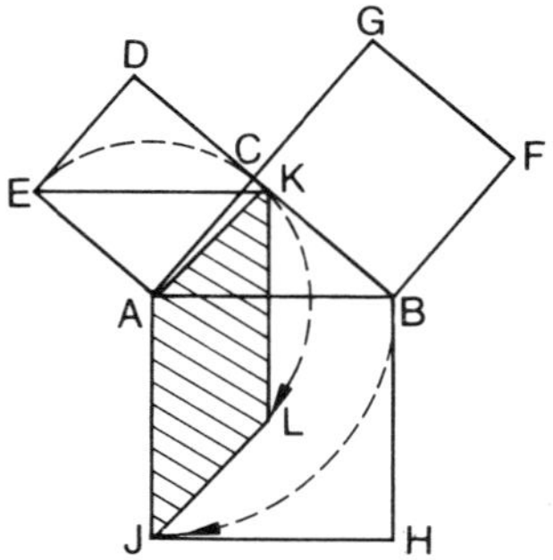

Drehung: Parallelogramm: ABKE um A in Parallelogramm: AJLK
Drehwinkel: 90°

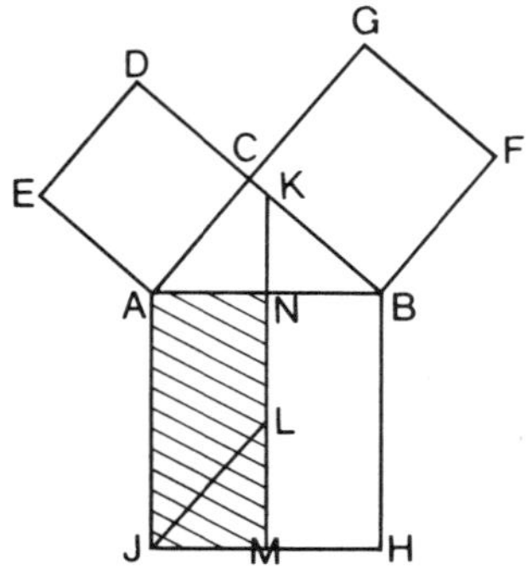

Scherung: Parallelogramm: AJLK in Rechteck: AJMN

Drehung: Parallelogramm: BFGC in Parallelogramm: BOPA

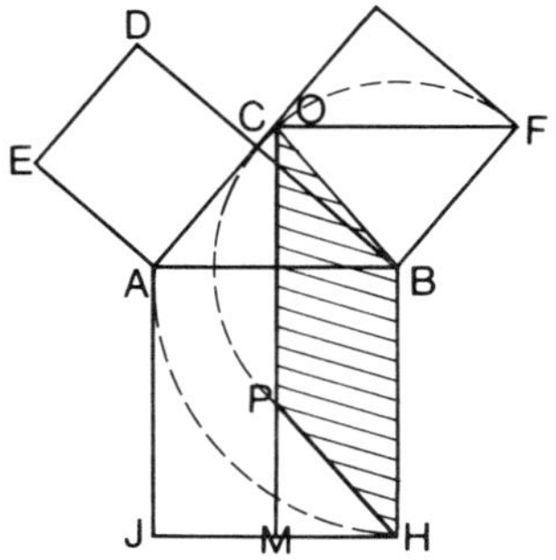

Scherung: Quadrat: BFGC in Parallelogramm: BFOH

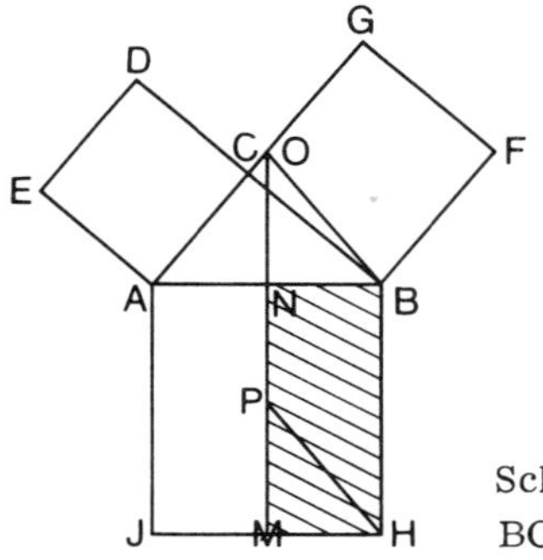

Scherung: BOPH in Rechteck: BNMH

Scherung: Parallelogramm: BNMH

# Christian Schmieder
# Mathematik im 9. Schuljahr

| | | |
|---|---|---|
| 1. | Mathematik in der Abschlußklasse der Hauptschule | 356 |
| 1.1 | Zum Lehrplan der 9. Jahrgangsstufe | 356 |
| 1.2 | Zum Leistungsbild der Schüler im 9. Schülerjahrgang | 356 |
| 1.3 | Die äußere Differenzierung des Unterrichts | 357 |
| 1.4 | Mathematik unter dem Aspekt der Abschlußprüfung | 357 |
| 1.5 | Unterrichtspraktische Erfahrungen | 357 |
| 2. | Die Einführung in das Rechenstabrechnen | 358 |
| 2.1 | Didaktische Aspekte | 358 |
| 2.2 | Methodische Aspekte | 358 |
| 2.3 | Abriß eines lernzielorientierten Grundlehrgangs | 359 |
| 2.4 | Unterrichtspraktische Erfahrungen | 363 |
| 2.5 | Literatur für das Rechenstabrechnen | 363 |
| 3. | Die Einführung in die negativen rationalen Zahlen | 363 |
| 3.1 | Zum amtlichen Lehrplan | 363 |
| 3.2 | Didaktische Aspekte | 363 |
| 3.3 | Methodische Aspekte | 364 |
| 3.4 | Abriß eines lernzielorientierten Grundlehrgangs | 365 |
| 3.5 | Unterrichtspraktische Erfahrungen | 367 |
| 4. | Die Einführung in die Gleichungslehre | 368 |
| 4.1 | Didaktische Aspekte | 368 |
| 4.2 | Methodische Aspekte | 369 |
| 4.3 | Das Lösen von Gleichungen im Unterricht | 370 |
| 4.4 | Unterrichtspraktische Erfahrungen | 370 |
| 5. | Der Lehrsatz des Pythagoras | 371 |
| 5.1 | Didaktische Aspekte | 371 |
| 5.2 | Methodische Aspekte | 372 |
| 5.3 | Die unterrichtlichen Arbeitsschritte | 372 |
| 5.4 | Unterrichtspraktische Erfahrungen | 376 |
| 6. | Literatur | 376 |

# 1. Mathematik in der Abschlußklasse der Hauptschule

## 1.1 Zum Lehrplan der 9. Jahrgangsstufe

Mit der Einführung des 9. Schuljahres an Volksschulen trat am 1. August 1969 ein für den 9. Schülerjahrgang gesonderter Lehrplan in Kraft, in dem insbesondere für Mathematik die Empfehlungen und Richtlinien der KMK vom 3.10.68 berücksichtigt wurden.

In den amtlichen Vorbemerkungen wird die Stellung dieses Schuljahres hervorgehoben als ein "Bindeglied" zwischen der "Hauptschule als weiterführende Schule" einerseits, und die "anschließenden schulischen und beruflichen Bildungswege" andererseits. Um dieser Aufgabe allgemein und den verschiedenen Begabungen der Hauptschüler speziell gerecht zu werden, erfolgt der Unterricht in Englisch und Mathematik in Leistungskursen (A und B) mit unterschiedlichen Anforderungen.

Es ergeben sich hinsichtlich des Leistungsniveaus zwei Arten des Volksschulabschlusses:

1. Normaler Hauptschulabschluß (Jahresnoten; Entlassungszeugnis; 60 bis 80 % der Schüler)
2. Qualifizierender Hauptschulabschluß (nach erfolgreich abgelegter Abschlußprüfung; siehe hierzu EBASchOVo vom 18.9.74, Abschnitt VI; aber auch Prüfungsordnung - POAH).

## 1.2 Zum Leistungsbild der Schüler im 9. Schülerjahrgang

Zahlreiche Faktoren, wie z.B. verschiedene Lehrkräfte und andere Lehrstoffschwerpunkte in den vorangegangenen Schuljahren, aber auch unterschiedliche häusliche Lernbedingungen und nicht zuletzt spezielle Begabungen und stark divergierende geistige Reifegrade, können als Ursachen für die erfahrungsgemäß große Leistungsstreuung im 9. Schuljahr gesehen werden.

Es sind im Extrembereich anzutreffen ...

| ... leistungsschwache Schüler, | ... leistungsstarke Schüler, |
|---|---|
| die schriftliche Multiplikationen und Divisionen mit Komma nur unsicher (!) beherrschen und ein allgemeines mathematisches Leistungsvermögen besitzen, das etwa dem 6./7. Schülerjahrgang entspricht. | deren Rechenfähigkeit den Anforderungen des Stoffplans weitgehend entspricht und die zum systematischen Denken, zur Abstraktion und zu Transferleistungen fähig sind. |
| Sie gehören in der Denkentwicklung (nach J. Piaget) der 3. Stufe des logisch-konkreten Denkens an und bleiben auch meist auf dieser Lösungsebene des Formal-Arithmetischen stehen. | Sie haben größtenteils die 4. Stufe, das logisch-formale Denken, bereits erreicht und können die Lösungsebene des Formal-Algebraischen verstehen. |
| Vorschnelle Resignation, oberflächliche Arbeitsweisen, stetige Konzentrationsmängel und ein nur geringes, meist fragmentarisches und beziehungsloses Vorwissen beschränken die Unterrichtsarbeit weitgehend auf mechanische Rechenprobleme. | Interesse, Konzentrationsvermögen und die Fähigkeit, sich mit mathematischen Problemen längere Zeit intensiv zu beschäftigen, liefern die Voraussetzung für das Anbahnen eines seichten, doch echt mathematisch-logischen Denkens. |

Die Leistungsdiskrepanz verstärkt sich im Lauf des Schuljahres, weil:

1. A-Kurs-Schüler vom Stoffplan anders gefordert und gefördert werden.
2. A-Kurs-Zugehörigkeit fast immer ein Leistungsstimulans in sich trägt.
3. A-Kurs-Schüler meist intensiver (z.B. Aufmerksamkeit, Hausaufgaben) mitarbeiten, um den Qualifizierenden Abschluß gut zu absolvieren.

## 1.3 Die äußere Differenzierung des Unterrichts

Je nach der Zeugnisnote des 8. Schülerjahrgangs wird der Schüler zu Beginn des 9. Schuljahres in den Leistungskurs B (Note 4 bis 6) oder in den Leistungskurs A (Note 1 bis 3) eingestuft. Ein Kurswechsel ist je nach der Leistung des Schülers zum Halbjahr bei einer Aufstufung möglich oder im Fall einer Abstufung nötig.

Von den drei im Lehrplan angebotenen A Kursen (A1, A2, und A3) hat sich Kurs A3 als bisher optimal realisierbar erwiesen. Zwei der drei gegenwärtig lernmittelfreien Schülerlehrbücher beschränken sich auch in ihrem Lehr- und Aufgabenangebot auf den B- und A3-Kurs.

Die unterschiedlichen Schwerpunkte beider Leistungskurse zeigt eine Gegenüberstellung (Auswahl):

| B-Kurs | A3-Kurs |
|---|---|
| "Vertiefung des Rechenverständnisses und Sicherung der Rechenfertigkeit durch gründliche Übungen ..." (in Rechnen und Raumlehre) | "Sichere Beherrschung der im Leistungskurs B aufgeführten Rechenarten" |
| Die "Anwendung der Rechenarten soll in engem Bezug zur Wirtschafts- und Arbeitswelt stehen ..." | Neu: "Rechenstab" (soll während des ganzen Schuljahres mitverwendet werden.) |
| Neu: "Rechenstab" (kann während des ganzen Schuljahres mitverwendet werden.) | "Einführung in die elementare Algebra"; die "negativen rationalen Zahlen"; |
| | "Gleichungen ersten Grades ..."; die "Funktion ersten Grades und ihre graphische Darstellung"; "Potenzen"; "Quadratwurzeln"; "Satz des Pythagoras - Kathetensatz und Höhensatz". |

Während es im B-Kurs primär darum geht, die in den vorausgegangenen Schuljahren erworbenen Kenntnisse zu festigen (Ausnahme: Rechenstab) und damit im Rahmen einer Berufsvorbereitung zu einer gewissen Arbeits- und Lebenstüchtigkeit beizutragen, weitet der A-Kurs die Lerninhalte um ein Vielfaches aus und reißt mathematische Aufgabenbereiche und Lösungsverfahren auf, die für die typischen Hauptschulberufe kaum mehr von Bedeutung sind.

Diese Stofferweiterung im A-Kurs ist durch den "weiterführenden" Charakter der Hauptschule gerechtfertigt, deren qualifizierende Absolventen der nachträgliche Übertritt auf eine Realschule, der Besuch einer Berufsaufbauschule oder allgemein das Erreichen der Mittleren Reife (bzw. Fachschulreife) über den Zweiten Bildungsweg (Abendschule, Telekolleg) erleichtert werden soll.

## 1.4 Mathematik unter dem Aspekt der Abschlußprüfung

Die Aufgaben der Abschlußprüfung entsprechen einem gehobenen Anspruchsniveau, das dem Niveaudurchschnitt der bisherigen Schülerlehrbücher teilweise weit übersteigt. Dies gilt weniger für die Rechenfertigkeit als für das Erkennen von Lösungsstrukturen, also für die gedankliche Durchdringung der Problemlösung.

Die knapp bemessene Arbeitszeit, der anspruchsvolle Schwierigkeitsgrad der Aufgaben und die verständliche Aufregung beim Prüfen sind die Hauptursachen dafür, daß sich die Prüfungsteilnehmer fast ausnahmslos um ein bis zwei Grade gegenüber der Jahresfortgangsnote verschlechtern.

Im Wissen um diese Tatsache sieht sich der A-Kurs-Lehrer mit folgendem methodischen Problem konfrontiert:

Um ein gutes Prüfungsergebnis seiner Schüler zu erreichen (Rückwirkung auf den Lehrer!), möchte er durch Besprechung und Übung möglichst vieler verschiedener Aufgabentypen alle Lerninhalte des Lehrplans in ihrer vollen Breite erfassen und ausschöpfen (sog. "Prüfungspaukjahr").

Andererseits böte sich ihm aufgrund des Begabungsniveaus und des psychischen Reifegrads seiner Schüler die Möglichkeit, im exemplarischen Sinn eine methodisch "ausgefeilte" mathematische Bildungsarbeit zu leisten. 1)

## 1.5 Unterrichtspraktische Erfahrungen

Die gegenwärtige Möglichkeit einer Aufstufung in den A-Kurs zum Halbjahr erfordert eine genaue Absprache zwischen dem A-Kurs- und B-Kurs-Lehrer hinsichtlich der zeitlich-stofflichen Gliederung des Unterrichts im ersten Halbjahr. Ein weitgehendes Parallelkurs mit lediglich verschieden hohen stofflichen Anforderungen, beginnend mit dem Rechenstabrechnen, hat sich diesbezüglich als recht günstig erwiesen. Aufstufende B-Kurs-Schüler sollten sich nicht zuviel neue Lerninhalte versäumt haben, da sonst ein Anschluß kaum mehr erreicht wird.

Neben der äußeren Differenzierung muß deshalb im B-Kurs zumindest in der ersten Jahreshälfte zusätzlich eine starke innere Differenzierung treten, um noch leistungsfähige B-Kurs-Schüler (schicksalhafte Grenzfälle mit der Vorjahresnote 4) zu fördern und ihnen damit eine Aufstufung sowie einen Anschluß zu ermöglichen.

357

## 2. Die Einführung in das Rechenstabrechnen

### 2.1 Didaktische Aspekte

Lange Zeit wurde dem Rechenstab keine Bedeutung für die Hauptschularbeit beigemessen. Inzwischen hat man jedoch seinen berufs- und lebensbedeutsamen Wert erkannt, nicht zuletzt auch deshalb, weil der Rechenstab dem Schüler eine erste Vorstellung von der Automatisierbarkeit des numerischen Rechnens gibt, wie sie heute bei Elektronenrechnern üblich ist.

Gemäß den Stoffplanentwürfen der "Schulreform in Bayern" vom November 1970 darf bei den zu erwartenden curricularen Lehrplänen die Einführung des Rechenstabes bereits im 8. oder gar 7. Schuljahr zu erwarten sein.

Warum eigentlich Rechenstabrechnen?

Der Rechenstab soll – nach hinreichender Beherrschung – die manuelle zeitraubende Rechenarbeit verkürzen und mehr Zeit schaffen, um

"das primäre Ziel des Sachrechnens anzusteuern,
das Durchdringen des Sachverhalts und
das Finden der richtigen Operationen, also
das Erkennen der mathematischen Struktur" 2).

Dieser Zeitgewinn beträgt nach den Untersuchungen von H. Amann 3) bis zu 79 % (!) der verfügbaren Unterrichtszeit. - In diesem Zusammenhang seien die gegenwärtigen Bestrebungen und vielversprechenden Versuche, elektronische Taschenrechner im Unterricht zu verwenden, nur am Rande erwähnt.

Die mathematische Grundlage des Rechenstabes - der Logarithmus - den Schülern der Hauptschule verständlich zu machen, ist - wie K.Kuntze 4) zeigt - zwar möglich, doch im Rahmen der Lernziele für die Hauptschule nicht unbedingt erforderlich.

Das Hauptargument der Rechenstabgegner besagt, daß die Rechenfertigkeit der Schüler beeinträchtigt werde. Dies kann jedoch nicht überzeugen, denn jede Rechenstaboperation setzt einen kopfrechnerischen Überschlag voraus, in der die Kommastelle für die ablesbare Ziffernfolge zu ermitteln ist. "Das Überschlagsrechnen erfordert das Erfassen der Aufgabenstellung und einen Blick für Zahlenverhältnisse und erzieht gleichzeitig zur Kritik an der eigenen Rechenarbeit und führt als Endziel zum selbständigen, kritischen und richtigen Arbeiten." 5)

### 2.2 Methodische Aspekte

Für das Rechnen an Hauptschulen sowie für den Einführungsunterricht an weiterführenden Schulen haben die beiden großen Firmen ARISTO und FABER-CASTELL die Stabmodelle ARISTO-Junior und CASTELL-Mentor entwickelt, die dem Schüler wegen ihrer Übersichtlichkeit (Farbunterlegung) und Skalenauswahl sehr entgegenkommen. Dennoch empfiehlt sich eine einheitliche Anschaffung, damit zwischen dem Lehrer-Demonstrationsmodell und den Schüler-Rechenstäben bei Rechenaufträgen und bei der Darstellung von Rechenwegen unnötige Schwierigkeiten vermieden werden. Außerdem sollte für eine begrifflich klare und eindeutige Unterrichtsarbeit das sichere Beherrschen der mathematischen Grundbegriffe, wie Multiplikation, 1. und 2. Faktor, Division, Dividend usw., Voraussetzung sein.

Folgende Lehrmittel müßten für den Unterricht zur Verfügung stehen:

1. Demonstrationsmodell (etwa 1,50 m Länge) für den Lehrer zur Veranschaulichung der Rechenwege, insbesondere der Rechenvorteile

2. Overheadprojector für einen Projektionsrechenstab oder wenigstens für Folien mit selbstgezeichneten Skalen (vergrößerte Darstellung), auf denen Ableseübungen von Ziffernfolgen durchgeführt werden können.

Das Lösen von Aufgaben mit mehreren Zahlenfaktoren, also mit wechselnden Divisionen und Multiplikationen, erfolgt zweckmäßigerweise mit Hilfe der Bruchstrichrechnung. Das in dem nachfolgenden Beispiel angegebene Lösungsschema hat sich recht gut bewährt:

Ein Lkw braucht für eine Fahrt von München nach Nürnberg (185 km) 2 Std. 18 Min. Stundendurchschnitt?

| | |
|---|---|
| 1. Ermitteln der Lösungsstruktur: | $\dfrac{185 \cdot 60}{138}$ [km/h] |
| 2. Überschlagsrechnung: | $200 : 150 \cdot 50 \approx 70$ |
| 3. Abgelesene Ziffernfolge: | 8 - 0 - 4 |
| 4. Rechenstablösung: | 80,4 km/h |

2.3 Abriß eines lernzielorientierten Grundlehrgangs

| Lernziele | Lerninhalte | Unterrichtsverfahren |
|---|---|---|
| Addieren und Subtrahieren | 1. Der Additionsstab (Vorstufe) | 1. "Wir rechnen mit dem Additionsstab!" (Für den A-Kurs nicht unbedingt erforderlich!) |
| 1.1 Kenntnis der Begriffe: Additionsstab; Skala; Stellenwert; Ziffernfolge | 1.1 Der Additionsstab besteht aus Skalen mit gleichmäßiger Einteilung (z.B. Lineal) | 1.1 Betrachtung von Skalen aus dem täglichen Leben, z.B. Lineal, Thermometer, Meßzylinder, Tachometer. Warum überhaupt Skalen? |
| 1.2 Fähigkeit, einfache Additionen und Subtraktionen auf dem Additionsstab durchzuführen | 1.2 Addition bedeutet Addieren von Strecken  1.3 Subtraktion bedeutet Subtrahieren von Strecken | 1.2 Wir basteln einen Additionsstab (Beilage oder Muster befindet sich meist im Schülerlehrbuch; ggf. Millimeterpapierstreifen). |
| 1.3 Fähigkeit, einfache Überschlagsrechnungen durchzuführen | 1.4 Ziffern haben keinen Stellenwert, d.h. 0, 31 - 3, 1 - 31 - 310 usw. befinden sich auf der Skala an der gleichen Stelle | 1.3 Wir addieren: z.B. 3 + 8 = ⑪   Analog: 2,5 + 9,2 = ? ; 12 + 40 = ? ; 300 + 550 = ? usw.   1.4 Wir subtrahieren: z.B. 13 - 5 = ⑧   Analog: 9,6 - 3,8 = ? ; 16 - 7,9 = ? ; 120 - 35 = ? usw. |
| 2. Multiplizieren und Dividieren | 2. Der Multiplikationsstab (Vorstufe) | 2. "Wir rechnen mit dem Multiplikationsstab" (Für den A-Kurs empfehlenswert!) |
| 2.1 Kenntnis des Skalenaufbaus (Verkürzung) | 2.1 Der Multiplikationsstab besteht aus Skalen, die mit 1 beginnen und eine ungleichmäßige Einteilung haben | 2.1 Wir basteln einen Multiplikationsstab (Beilage in den Schülerlehrbüchern); besser: Wir entwickeln die Skaleneinteilung selbst, denn durch Festlegung von 1 und 2 ergeben sich alle anderen Markierungen! |
| 2.2 Fähigkeit, einfache Multiplikationen und Divisionen durchzuführen | 2.2 Multiplikation bedeutet Addieren von Strecken | 2.2 Wir multiplizieren ganze Zahlen: z.B.: 3 · 2 = 6   Analog: 4 · 8 = ? ; 5 · 30 = ? ; 30 · 90 = ? usw. |

| Lernziele | Lerninhalte | Unterrichtsverfahren |
|---|---|---|
| 2.3 Fähigkeit, Überschlagsrechnungen durchzuführen | 2.3 Dividieren bedeutet Subtrahieren von Strecken<br><br>2.4 analog 1.4 | 2.3 Wir dividieren ganze Zahlen:<br>z.B.: 36 : 4 = 9<br><br>Analog: 12 : 3 = ?<br>48 : 12 = ?<br>240 : 4 = ? usw. |
| 3. Stab- und Skalenkenntnis | 3. Der Rechenstab | 3. "Unser Rechenstab" |
| 3.1 Kenntnis der Begriffe: Stabkörper; Zunge; Läufer | 3.1 Die Teile des Rechenstabs | 3.1 Betrachten; Zerlegen; Bezeichnung der Teile; sachgemäße Behandlung des Rechenstabs; leichtes Gleiten der Zunge usw. |
| 3.2 Kenntnis der Skalenbezeichnungen und ihre Bedeutung | 3.2 Die Skalen unseres Rechenstabs<br>$DF = CF \ (\pi x)$<br>$CI = (\frac{1}{x}) \quad (x)$<br>$C = D \quad (x)$<br>$A \ (x^2) \ \text{und} \ K \ (x^3)$ | 3.2 Überblick über die Skalen von oben nach unten: internationale Bezeichnung und ihre mathematische Bedeutung (noch kein Rechnen mit ihnen!); Vergleich mit dem Demonstrationsmodell. |
| 4. Ablesen und Einstellen | 4. Skaleneinteilung auf C / D | 4. "Wir lesen Skalenwerte und stellen Ziffernfolgen ein" |
| 4.1 Kenntnis des Begriffs "Intervall" und der unterschiedlichen Skaleneinteilung | 4.1 Skaleneinteilung in den Intervallen 1 bis 2, 2 bis 4 und 4 bis 10 | 4.1 Betrachtung und Analyse der Skaleneinteilung am Demonstrationsmodell und am eigenen Rechenstab |
| 4.2 Fähigkeit, eindeutige und geschätzte Ziffernfolgen abzulesen und einzustellen | 4.2 Ablesen und Einstellen von Ziffernfolgen<br>4.2.1 mit eindeutigem Ziffernwert<br>4.2.2 im Schätzbereich | 4.2 Ablesen von eindeutigen Ziffernfolgen (Overheadprojector)<br>Beispiele: |

| Lernziele | Lerninhalte | Unterrichtsverfahren |
|---|---|---|
| | | 4.3 Ablesen von geschätzten Ziffernfolgen (Overheadprojector) Beispiele (vergrößert): <br><br> 1.2     1.3         2.5 <br> 1-2-1-5   1-2-6-7-5   2-4-5   2-6-9-5   5-9-2   6-3-7 <br>                                                    6-0-4 <br><br> Ständige Ablese- und Einstellübungen in den weiteren Stunden als kurze Vorübungen empfehlenswert bis erforderlich! |
| 5. Multiplizieren | 5. Multiplikation mit C / D | 5. "Wir multiplizieren mit den Skalen C und D" |
| 5.2 Fähigkeit, mit den Skalen C und D zu multiplizieren <br><br> 5.1 Fähigkeit, durch Überschlag Kommastelle zu ermitteln | 5.1 Eindeutig ablesbare Multiplikationen <br> 5.1.1 ohne Zungenrückschlag <br> 5.1.2 mit Zungenrückschlag <br><br> 5.2 Multiplikationen im Schätzbereich <br><br> 5.3 Lösung von Textaufgaben | Einleitende Kurzübung: Ablesen und Einstellen von Ziffernfolgen <br> 5.1.1 Beispiele: $3,2 \cdot 2 = ? \longrightarrow 0,32 \cdot 20 = ? \longrightarrow 320 \cdot 0,02 = ?$ <br> $19 \cdot 2,5 = ? \longrightarrow 1,9 \cdot 25 = ? \longrightarrow 190 \cdot 0,25 = ?$ <br> $14,5 \cdot 50 = ? \longrightarrow 145 \cdot 5 = ? \longrightarrow 0,145 \cdot 5000 = ?$ <br> Rechenweg: D→C→D <br><br> 5.1.2 Problemstellung: <br> Wie kann man ausrechnen: $3 \cdot 5 = \square$ ? <br> Lösung: <br> Zungenrückschlag: <br> Rechenweg: D→C→D <br><br> [Skalendiagramm mit Werten 1, 1.5, 2, 3, 5, 10 auf Skalen C und D] <br><br> Erkenntnis: Statt "1" wird "10" über den ersten Faktor eingestellt! Weitere Rechenbeispiele analog 5.1.1 <br> 5.3 Flächenberechnungen, Zweisatzaufgaben, Prozentrechnungen |
| 6. Dividieren | 6. Divisionen mit C / D | 6. "Wir dividieren" |
| 6.1 Fähigkeit, durch Überschlag Kommastelle zu ermitteln <br><br> 6.2 Fähigkeit, mit den Skalen C und D zu dividieren | 6.1 Eindeutig ablesbare Divisionen <br><br> 6.2 Divisionen im Schätzbereich <br><br> 6.3 Lösung von Textaufgaben | Einleitende Kurzübung: Ablesen und Einstellen von Ziffernfolgen <br> 6.1 Beispiele: $8 : 2,5 = ? \longrightarrow 80 : 25 = ? \longrightarrow 0,8 : 0,25 = ?$ <br> $6,2 : 40 = ? \longrightarrow 0,62 : 4 = ? \longrightarrow 62 : 400 = ?$ <br> Problemstellung: Wie kann man ausrechnen: $4 : 6,2 = \square$ ? <br> Lösung: Auch beim "10" er kann der Quotient abgelesen werden. <br> Erkenntnis: Statt bei "1" wird der Quotient bei "10" abgelesen! <br> 6.3 Zweisatzaufgaben, Prozentrechnungen |

361

| Lernziele | Lerninhalte | Unterrichtsverfahren |
|---|---|---|
| 7. Multiplizieren und dividieren | 7. Kombinierte Rechenoperationen mit C und D | 7. "Wir dividieren und multiplizieren gleichzeitig!" |
| 7.1 Fähigkeit, kombiniert Aufgaben rechentechnisch optimal zu lösen | 7.1 Lösung von Aufgaben nach dem Schema $\frac{a \cdot b}{c}$, $\frac{a \cdot b}{c \cdot d}$ oder $\frac{a \cdot b \cdot c}{d \cdot e}$ mit einer oder möglichst wenigen Zungenbewegungen | Einleitende Kurzübung im Ablesen von Ziffernfolgen 7.1 "Versuche" mit der Stoppuhr ergeben, man rechnet schneller so $\frac{a \cdot b}{c}$ oder $\frac{b \cdot a}{c}$, weil man meistens eine Zungenbewegung spart! |
| 7.2 Erkennen von Rechenvorteilen | | Allgemeine Erkenntnis: In der Regel ist es vorteilhaft, im Wechsel zu dividieren und zu multiplizieren. Könner wissen: Man vermeidet unrationelle Zungenbewegungen, wenn man zuerst Ziffernfolgen dividiert, die auf der Skala dicht beieinander liegen. |
| 7.3 Zunehmende Fähigkeit im Überschlagsrechnen | 7.2 Lösung von Textaufgaben, die diese Schemata als Lösungsstruktur enthalten | 7.2 Textaufgaben aller Art (außer Kreisberechnungen; erst bei 8.) |
| 8. Multiplizieren und dividieren | 8. Rechenoperationen mit D / DF | 8. "Wir rechnen mit den Skalen D und DF" (Umfang und ⌀ des Kreises) |

Für den B-Kurs sind die amtlich vorgegebenen Lerninhalte erfüllt. Für den A-Kurs folgt:

| Lernziele | Lerninhalte | Unterrichtsverfahren |
|---|---|---|
| 9. Quadrieren Kubieren | 9. Rechenoperationen mit D und A sowie K | Quadratfläche; Würfelvolumen; D $\longrightarrow$ A    D $\longrightarrow$ K |
| 10. Radizieren | 10. Rechenoperationen mit A sowie K und D | Seitenberechnung des Quadrats: A $\longrightarrow$ D; Wurzelziehen: A $\longrightarrow$ D Kantenberechnung des Würfels: K $\longrightarrow$ D. |
| 11. Bruchrechnen, multiplizieren und dividieren | 11. Rechenoperationen mit C, D und CI (Kehrwert) | Bruchumwandlungen; Multiplikationen und Divisionen (fakultativ!) |
| 12. Erkennen von Rechenvorteilen | 12. Optimale Skalen- und Markierungsverwendung | Zum Beispiel: Lösungen mit der versetzten Skala: DF $\longrightarrow$ C $\longrightarrow$ D oder D $\longrightarrow$ CF $\longrightarrow$ DF; Rechnen mit den Läufermarkierungen für kW und PS ($\rightarrow$Physik). |

blieb in den ersten Jahren nach der Lehrplaneinführung unklar. Erst Aufgabenbeispiele der qualifizierenden Abschlußprüfung 6) zeigten, daß die vom KM erwartete Rechenfertigkeit die zweite Rechenstufe als Lernziel einschließt. Als verbindliche Lerninhalte sind somit anzusetzen:

1. Veranschaulichung des rationalen Zahlenraums mit den Begriffen "positiv" und "negativ"
2. Rechenoperationen erster Stufe (Strichrechnen)
3. Rechenoperationen zweiter Stufe (Punktrechnen)

### 3.2 Didaktische Aspekte

Im Gegensatz zu den positiven Zahlen sind die negativen nicht aus der Erfahrung abgeleitet. "Es gibt nichts wirklich Negatives, das wir beobachten könnten: Der Nullpunkt auf der Thermometerskala ist nur ein scheinbarer, er ist willkürlich gesetzt; der (absolute) Nullpunkt (bei -273°C) ist nicht mehr zu unterschreiten. - Wenn jemand Schulden hat, so gehört ein Teil seiner Habe bereits einem andern, aber dieser Teil ist positiv greifbar und unterscheidet sich in nichts von dem, was ihm gehört." 7) Negative Zahlen sind also eine "Erfindung des Mathematik treibenden menschlichen Geistes. - Ist so etwas zulässig? Ja, wenn damit bestimmte Vorteile im Denken erreicht werden, und wenn Denkfolgen dem bisher Gültigen nicht widersprechen! Es ist wie bei einem Verein: Neue Mitglieder können aufgenommen werden, aber sie müssen sich den Satzungen des Vereins fügen." 8)

Die Erweiterung des Zahlenraums findet ihre Rechtfertigung in der weitgehend durch die Technik beeinflußte Arbeitswelt, in der naturgesetzliche Erklärungen und Anwendungen, physikalisch-technische Vereinbarungen und viele Meßinstrumente die Festlegung eines Nullpunktes mit einer beiderseitig ablesbaren Skala, wie z.B. bei der Temperatur, bei der Lage zur Meereshöhe (Depressionen), der Zeitrechnung (vor Christi Geburt) und der elektrischen Ladung (Elektronenmangel oder -überschuß), erforderlich machen.

Mit der Einführung der negativen rationalen Zahlen sind gleichzeitig die vier Grundrechenoperationen der Arithmetik als System abgeschlossen. 9) Alle hierzu möglichen Verknüpfungen können nun vom Hauptschüler bewältigt werden, das gilt insbesondere für die bisher nicht lösbaren Fälle:

a - b = ? (mit b > a) führt zu den negativen ganzen Zahlen
-a : b = ? (mit b > a) führt zu den negativen gebrochenen Zahlen.

Darüber hinaus bilden die negativen Zahlen die Voraussetzung für das elegante Lösen der noch einzuführenden Gleichungen mit der Struktur a - x = c und

a - $\frac{x}{b}$ = c.

### 2.4 Unterrichtspraktische Erfahrungen

Der Rechenstab erweist sich aufgrund seines Novumcharakters als ein Motivationsstimulans. Gerade diejenigen Schüler, die jahrelang durch Mißerfolge frustriert wurden, schöpfen in der Regel neue Hoffnung und zeigen Interesse und Lernwille.

Das richtige Ablesen und Einstellen von Ziffernfolgen ist eine unabdingbare Voraussetzung für einen fließenden und vor allem korrekten Rechenablauf. Eine intensive Einführung in die verschiedenen Skalenintervalle und ständige Ablese- und Einstellübungen verhindern später größere Enttäuschungen bei Lehrer und Schüler.

Schwierigkeiten sind erfahrungsgemäß beim Überschlagsrechnen (Kommasetzen) zu erwarten, denn dazu gehört reichliche Übung und Erfahrung im Umgang mit Zahlen. Das in den vorausgegangenen Schuljahren so viel geübte schriftliche Rechnen hat den Blick für Zahlenverhältnisse leider vernachlässigt.

Geübte Rechner demonstrieren gern im Anfangsstadium der Einführung, daß sie schriftlich mindestens genauso schnell rechnen können wie mit dem Rechenstab. Die Einsicht in den Vorteil des Rechenstabes wird erst bei Aufgaben mit mehreren Rechenoperationen (Ersparnis von "Zungenbewegungen") erreicht.

### 2.5 Literatur für das Rechenstabrechnen

1. Baldermann, H.: Wir rechnen mit dem Rechenstab, Braunschweig, 1957
2. Böhme, G.: Der Rechenstab in der Mathematik (Schwerpunktprogramm), Stuttgart, 1969
3. Breidenbach, W.: Rechenstab, Hannover, 1968, 2
4. Maier, H.: Der Rechenstab - ein Lehrgang für die Hauptschule in Bayern, Stuttgart, 1968
5. Meise, G.: Einführung in das Stabrechnen, München, 1971
6. Schröter, G. und Ch.: Rechnen mit dem Rechenstab, (Programmierte Unterweisung), Braunschweig, 1970/3
7. Stender/Schuchardt: Der moderne Rechenstab, Hamburg, Vertrieb: Aristo-Werke

## 3. Die Einführung in die negativen rationalen Zahlen

### 3.1 Zum amtlichen Lehrplan

Der Lehrplan von 1969 gibt über diesen Lerninhalt lediglich an: "Die negativen rationalen Zahlen".

Welche Kenntnistiefe und welche Rechenstufen im Unterricht erreicht werden sollen,

3.3 Methodische Aspekte

In der mathematisch-didaktischen Literatur finden sich zahlreiche Vorschläge zur Einführung der negativen Zahlen. Sie reichen von den rein sachbezogenen Möglichkeiten der Thermometerskala, des Guthabens und der Schulden sowie der erdkundlichen Höhenangaben bis zu den bereits mehr abstrakten Beispielen der geschichtlichen Zeitrechnung, aber auch den moralischen oder charakterlichen Einstufungen (gut und böse) und schließlich den Streckenveranschaulichungen an der Zahlengeraden.

Zur Gewinnung einer umfassenden Anschauung ist es durchaus legitim, das Begriffspaar "negativ" und "positiv" an möglichst vielen konkreten Fällen darzustellen, auch wenn der Boden der Mathematik dabei kurz verlassen wird.

Die bereits recht weit abstrahierte Veranschaulichung von Additions- und Subtraktionsvorgängen durch richtungsorientierte Strecken (Vektoren) an der Zahlengerade führt in der Hauptschule in der Regel nicht zum gewünschten Erfolg. Die fehlende Sachbezogenheit und die dabei neu zu erbringenden Denkleistungen, wie z.B. die Bedeutung der Pfeilrichtung, das richtige Ansetzen der Pfeile, lassen nur bei wenigen Schülern eine anschauungsbegründete Einsicht erwachsen. Als wesentlich verständlicher erweist sich für die Einführung der ersten Rechenstufe das Rechnen mit Schulden und Guthaben. Aus den konkreten Fällen wird induktiv auf die Rechenregel geschlossen:

... + (+a)  ergibt als Operator  +a
... + (-a)  ergibt als Operator  -a
... - (+a)  ergibt als Operator  -a
... - (-a)  ergibt als Operator  +a

In diesem Zusammenhang muß deutlich unterschieden werden zwischen

dem Vorzeichen, das einen Zustand angibt, z.B. Guthaben oder Schulden, Temperaturangabe über oder unter Null, und

dem Rechenzeichen, das eine Zustandsänderung anzeigt, z.B. Gutschrift oder Lastschrift, Erwärmung oder Abkühlung.

## 3.4 Abriß eines lernzielorientierten Grundlehrgangs

| Lernziele | Lerninhalte | Unterrichtsverfahren |
|---|---|---|
| 1. Kenntnis des Zahlenraums | 1. Die Zahlengerade | 1. "Wir lernen neue Zahlen kennen". |
| 1.1 Überblick über den Zahlenraum der rationalen Zahlen | 1.1 Die natürlichen Zahlen und Bruchzahlen | 1.1 Es gibt positive und negative Zahlen: Aus der Problemstellung 7 + 9 = 16, aber 7 - 9 = ? erwächst die Forderung nach einem neuen Zahlenbereich. Problem: Von 7 Längeneinheiten sollen 9 Längeneinheiten weggenommen werden (Tafelbild; Pappstreifen o.ä.) Erkenntnis: Es fehlen zwei Längeneinheiten. Wir bezeichnen sie mit $\boxed{-2}$ ; -2 ist eine negative Zahl! |
| 1.2 Festigung der Begriffe: "natürliche Zahl" "Bruchzahl" | 1.2 Erweiterung der Zahlengerade um den negativen Bereich: negative Zahlen | |
| 1.3 Einsicht in die Bedeutung des Begriffspaares "positiv" und "negativ" | 1.3 Alle rationalen Zahlen | 1.2 "Positiv" und "negativ" hat mehrere Bedeutungen: Tabellarische Zusammenstellung der Schülerkenntnisse: |

|  | Negativ - minus | Positiv - plus |
|---|---|---|
| Kaufmänn. Bereich: | Schulden, Auszahlung | Guthaben, Einzahlung |
| Temperatur: | unter Null (Frost) | über Null (Wärme) |
| Höhenlage auf der Erde: | Lage unter Meereshöhe | Lage über Meereshöhe |
| geschichtliche Zeitrechnung: | vor Christi Geburt | nach Christi Geburt |
| Charakter: | schlechte Eigenschaften | gute Eigenschaften |
| allgemeine Bedeutung: | Verneinung | Bejahung |

1.3 Die Zahlengerade:

1.3.1 Unser bisheriger Zahlenraum:

natürliche Zahlen: 0, 1, 2, 3, 4, 5, 6, 7

Bruchzahlen: 0,5; $1\frac{1}{2}$; 2,3; $3\frac{7}{10}$; 4,1; 5,75; $6\frac{2}{3}$ usw.

1.3.2 Unser neuer Zahlenraum:

usw. -7, -6, -5, -4, -3, -2, -1, 0, +1, +2, +3, +4, +5, +6, +7 usw.

Positive und negative ganze Zahlen sowie Bruchzahlen nennen wir $\boxed{\text{rationale Zahlen}}$

Merke: Unser neuer Zahlenraum hat keinen genauen Anfang und kein genaues Ende!
Bei den positiven Zahlen kann man das Vorzeichen + setzen oder auch einfach weglassen!

| Lernziele | Lerninhalte | Unterrichtsverfahren |
|---|---|---|
| 1.4 Einsicht in die Größenordnung auf der Zahlengeraden | 1.4 Die Ordnungsrelationen auf der Zahlengeraden | 1.3.3 Wir lesen Zahlenwerte ab: Tafelbild, Overheadprojektor, fiktive Skala, z.B. 1,5; -3; 0,4; -0,8; 2,75<br>1.3.4 Wir ordnen die Zahlen nach ihrer Größe:<br>Möglichkeiten:<br>1. Vorgegebene Zahlen in die richtige Reihenfolge bringen.<br>2. Wir setzen die Zeichen > und < richtig ein.<br>Merke: Die Zahl, die rechts von einer Zahl steht, ist immer größer! |
| 2. Addieren und Subtrahieren | 2. Rechenoperationen erster Stufe (Strichrechnen) | 2. "Wir addieren und subtrahieren mit negativen Zahlen" |
| 2.1 Fähigkeit, positive und negative Zahlen zu addieren und zu subtrahieren<br><br>2.2 Kenntnis der Bedeutung von "Rechenzeichen" und "Vorzeichen"<br><br>2.3 Fähigkeit, aus konkreten sachbezogenen Fällen auf eine allgemeine Regel zu schließen (induktiver Schluß) | 2.1 Addition und Subtraktion von rationalen Zahlen<br><br>2.2 Unterschiedliche Bedeutung von Rechenzeichen und Vorzeichen | 2.1 Rechnen mit Schulden und Guthaben:<br>Vereinbarung: + 12,- DM bedeutet Guthaben ($\hat{=}$ 12 Gutscheine)<br>z.B. - 12,- DM bedeutet Schulden ($\hat{=}$ 12 Schuldscheine)<br>2.1.1 Paul besitzt 14,- DM und erhält noch 5,- DM dazu: 14 + (+5) = 19<br>2.1.2 Hans besitzt 14,- DM und bei Vater hat er 5,- DM Schulden: 14 + (-5) = 9<br>2.1.3 Claudia besitzt 14,- DM und gibt 5,- DM aus: 14 - (+5) = 9<br>2.1.4 Erika hat bei Mutter 5,- DM Schulden, doch diese verzichtet auf die Rückzahlung, d.h. Erika werden die Schulden "weggenommen": -5 - (-5) = 0<br>2.2 "Plus" und "minus" haben zwei Bedeutungen:<br>Aus den angegebenen Rechenbeispielen wird erkannt:<br>Die Zeichen + und - können einen Zustand und einen Vorgang bezeichnen!<br><br>+ (-5) DM<br><br>Rechenzeichen       Vorzeichen<br>Vorgang, z.B. noch mehr   Zustand, z.B. "negatives<br>Schulden machen!        Geld" = Schulden!<br><br>2.3 Wir stellen Rechenregeln auf:<br>Aus mehreren ähnlichen Rechenbeispielen wie in 2.1 wird auf die allgemeinen Rechenregeln geschlossen:<br>Aus 2.1.1 folgt: + (+a) ergibt + a<br>Aus 2.1.2 folgt: + (-a) ergibt - a<br>Aus 2.1.3 folgt: - (+a) ergibt - a<br>Aus 2.1.4 folgt: - (-a) ergibt + a |

| Lernziele | Lerninhalte | Unterrichtsverfahren |
|---|---|---|
| | | 2.4 <u>Wir rechnen allgemein:</u> Beispiel: |
| | | Schrittweise Steigerung der Aufgaben   $3 - (-14) - (+7) + (-5) - (-95)$ |
| | | durch mehrere Terme und durch Ver-   $= 3 + 14 - 7 - 5 + 95$ |
| | | wendung von Brüchen und Dezimalzah-   $= 112 - 12$ |
| | | len.   $= \underline{\underline{100}}$ |
| 3. Multiplizieren und Divi- | 3. Rechenoperationen zweiter Stufe (Punktrechnen) | 3. "Wir multiplizieren und dividieren mit negativen Zahlen" |
| dieren | | |
| 3.1 Fähigkeit, mit positiven | 3.1 Multiplikation und Division mit rationalen Zahlen | 3.1 <u>Lassen sich die oben gefundenen Regeln übertragen?</u> |
| und negativen Zahlen zu mul- | | |
| tiplizieren und zu dividieren | | Wenn ja, müßte gelten:  $\begin{array}{ccc}+ \cdot + = +\\ + \cdot - = -\\ - \cdot + = -\\ - \cdot - = +\end{array}$  oder  $\begin{array}{ccc}+ : + = +\\ + : - = -\\ - : + = -\\ - : - = +\end{array}$ |
| | | |
| | | 3.2 <u>Wir überlegen:</u> |
| 3.2 Fähigkeit, mit rationa- | 3.2 Gemischte Rechenoperationen mit rationalen Zahlen | $(+3) \cdot (+5) \longrightarrow + (+5) + (+5) + (+5) = +5 +5 +5 = +15$ |
| len Zahlen gemischte Re- | | $(+3) \cdot (-5) \longrightarrow + (-5) + (-5) + (-5) = -5 -5 -5 = -15$ |
| chenoperationen durchzu- | 3.3 Anwendung der Rechengesetze über negative und | $(-3) \cdot (+5) \longrightarrow - (+5) - (+5) - (+5) = -5 -5 -5 = -15$ |
| führen | positive Zahlen | $(-3) \cdot (-5) \longrightarrow - (-5) - (-5) - (-5) = +5 +5 +5 = +15$ |
| | | Ergebnis: Die übernommenen Regeln sind richtig: |
| | 3.4 Anwendung der allgemeinen Rechengesetze, z.B. | 3.3 <u>Wir rechnen allgemein:</u> Beispiel: |
| | "Klammerausdrücke zuerst berechnen" oder "Punkt- | Schrittweise Steigerung   $3 \cdot \underbrace{(-3) \cdot (-5)}$ |
| | rechnen geht vor Strichrechnen" | durch zusammengesetzte   $= -9 \cdot (-5)$ |
| | | Aufgaben und Verwendung   $= \underline{\underline{+45}}$ |
| | | von Klammern |
| | | Beispiel: |
| | | $15 + 3 \cdot (4-8) + 27 : (-9)$ |
| | | $= 15 + 3 \cdot (-4) + 27 : (-9)$ |
| | | $= 15 - 12 - 3$ |
| | | $= 15 - 15$ |
| | | $= \underline{\underline{0}}$ |

3.5 <u>Unterrichtspraktische Erfahrungen</u>

Die Einführung mit Schulden und Guthaben kann in der Regel auf der verbalen Denkebene vollzogen werden. Nur selten braucht man - wie U. Viet und H. Ragnitz 10) in ihrem Lehrprogramm vorführen - als symbolische Veranschaulichung verschiedenfarbige Zettelchen für Gut- und Schuldscheine.

Die Einsicht in die negativen Zahlen und die Rechenfertigkeit mit ihnen wird von Hauptschülern (A-Kurs!) recht schnell erbracht. Die Phase der sachbezogenen Einführungsbeispiele muß zwar sehr intensiv, kann aber zeitlich kurz gehalten werden. Es zeigt sich: Je differenzierter und variabler die anschließenden Übungsbeispiele mit abstrakten Zahlen durchgeführt werden, um so leichter gelingt später das Umformen und Ausrechnen von Gleichungen mit Klammerausdrücken.

## 4. Die Einführung in die Gleichungslehre

### 4.1 Didaktische Aspekte

Die gegenwärtige Lage des Mathematikunterrichts ist dadurch gekennzeichnet, daß er sich durch die Einführung der Mengenlehre in der Grundschule auch bald in der Hauptschule in einem Umbruch befinden wird. Mit dem jährlichen Fortschreiten in den einzelnen Schülerjahrgängen werden die neu erarbeiteten Lerninhalte auch die noch herkömmlich aufgebauten Unterricht in den Oberklassen sehr weit beeinflussen. Dies gilt ganz besonders für die Gleichungslehre. Hier ist zu unterscheiden zwischen der traditionellen Gleichungslehre und der modernisierten Gleichungslehre basierend auf der Aussagenlogik und der Mengentheorie.

Eine Gegenüberstellung beider Auffassungen verdeutlicht ihre wesentlichen Unterschiede:

| Traditionelle Gleichungslehre | Beispiele | Modernisierte Gleichungslehre |
|---|---|---|
| Gleichung (auch Probegleichung) | $3 \cdot 4 + 9 = 35 - 14$ <br> $2 \cdot (4 + 7) = 88 : 4$ | Gleichheitsaussage ⎫ Aussage <br> Aussage ⎭ (Richtigkeit nachprüfbar) |
| Ungleichung | $3 \cdot 9 > 29 - 3$ | |
| Bestimmungsgleichung | $3x + 8 = 35 - 14 \quad x \in \mathbb{Q}$ <br> $10 - z = 8 - z \quad x \in \mathbb{Q}$ <br> $y^2 = 4$ | Gleichheitsaussageform (Richtigkeit nicht nachprüfbar!) |
| Bestimmungsungleichung | $3x + 5 < 18 \quad x \in \mathbb{Q}$ | Aussageform |
| Zahlenraum, aus dem die Lösung(en) für die angegebene Bestimmungsgleichung stammen sollen | Grundmenge: $\mathbb{Q}$ (bei abstrakten Aufgaben) <br> Grundmenge: $\mathbb{Q}_0^+$ (bei Sachaufgaben) | Grundmenge G, in der die Lösungsmenge L enthalten ist; in der Hauptschule allgemein der Körper $\mathbb{Q}$ (alle rationalen Zahlen) |
| Unbekannte (Zahl) | x, y oder z; auch Symbole möglich: <br> ? ; □ ; △ ; ○ | Leerstelle; Variable oder auch Platzhalter für die Elemente der Lösungsmenge L |
| Lösung(en) der Bestimmungsgleichung | $x = 4 \quad L_\mathbb{Q} = \{4\}$ <br> $z = ? \quad L_\mathbb{Q} = \{\}$ oder $\emptyset$ <br> $y_1 = 2$ <br> $y_2 = -2$ $\}$ $L_\mathbb{Q} = \{-2, 2\}$ | Elemente (Zahlen) der Lösungsmenge L; sie ist abhängig von der Grundmenge G |
| Seiten der Gleichung (linke Seite ist gleich rechte Seite) | $T_1 = 3x + 8; \; T_2 = 35 - 14$ <br> $T_1 = 10 - z; \; T_2 = 8 - z$ <br> $T_1 = y^2; \quad T_2 = 4$ | Terme; $T_1 = T_2$ |

#### 4.1.1 Die traditionelle Gleichungslehre:

In ihr bedeutet x eine ganz bestimmte, (noch) unbekannte Zahl, deren Existenz und Eindeutigkeit vorausgesetzt wird. X ist nicht in variabler Bedeutung zu sehen, sondern als eine individuelle Größe. Bei dieser Auffassung lassen sich jedoch Gleichungen oder Ungleichungen mit keiner oder mehreren Lösungen nur schwer logisch erklären. Für den Hauptschulunterricht kommen nur Probleme mit einer Lösung in Frage, also Gleichungen mit einer Struktur, die diese Lösungsbedingung erfüllt. Man setzt bei jeder Aufgabenstellung stillschweigend voraus und läßt den Schüler fälschlicherweise auch in dem Glauben, daß es nur solche Gleichungen gibt. 11)

#### 4.1.2 Die modernisierte Gleichungslehre:

In ihr wird eine Gleichung als Aussageform über eine Grundmenge G betrachtet, bei der man die Lösungsmenge L der Zahlen aus G ermitteln will, durch deren Einsetzung in die Variable(n) die Aussageform zu einer wahren (richtigen) Aussage wird. Das heißt: Man geht davon aus, daß es grundsätzlich keine, eine oder mehrere Lösungen für x geben kann und daß x keine individuelle unbekannte Zahl ist, sondern lediglich ein Platzhalter oder eine Leerstelle für jedes Element (Zahl) der anzugebenden Lösungsmenge.

Gleichungen ohne Unbekannte, z.B. Probegleichungen, sind Aussagen. Sie können richtig (wahr) oder falsch sein. Aussageformen, d.h. Gleichungen mit Unbekannten, können dagegen nie richtig oder falsch sein, denn es ist prinzipiell sinnlos, einen unvollständigen, lückenhaften Satz nach seiner Richtigkeit oder seinem Wahrheitsgehalt hin zu befragen. 12)

Für alle Umformungen empfiehlt sich in der Unterrichtsarbeit das mündliche und schriftliche Kommentieren der einzelnen Lösungsschritte, zum Beispiel:

Mündlich:

"Die Gleichung bleibt richtig, wenn man zu beiden Seiten 3 addiert."

Oder:

"Die Gleichheitsaussageform geht in eine äquivalente Gleichheitsaussageform über, wenn man zu beiden Termen 3 addiert."

Schriftlich am Zeilenrand:

$/+3$  oder $/+3$

Die historische pädagogische Grundregel "Vom Einfachen zum Komplexen" zeigt sich deutlich bei der Erarbeitung der einzelnen Lösungsschritte für die möglichen Gleichungsstrukturen:

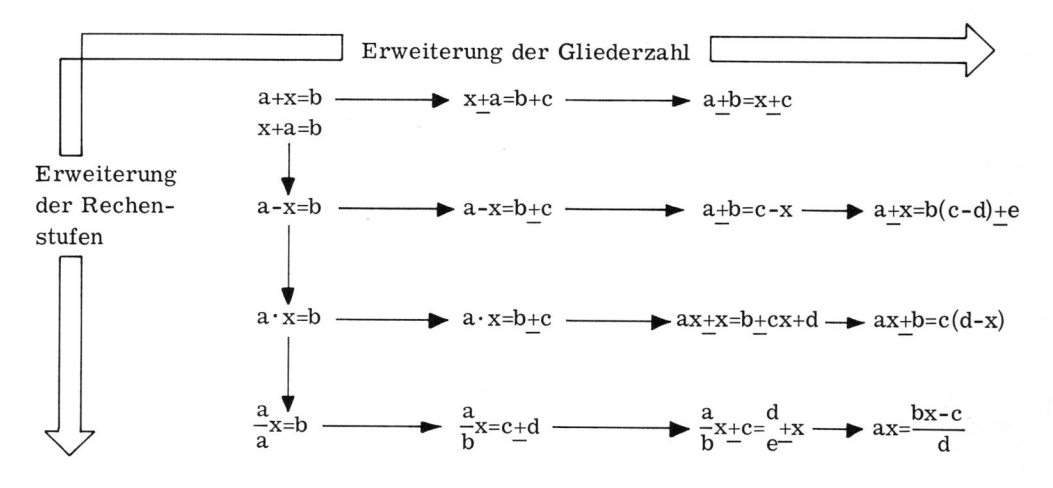

Erweiterung der Gliederzahl →

$a+x=b \longrightarrow a+x+b=c \longrightarrow a-x=b+c \longrightarrow a\cdot x=b+c \longrightarrow \frac{a}{b}x=c+d$
$x+a=b \longrightarrow x+a=b+c \longrightarrow a+b=c-x \longrightarrow ax+x=b+cx+d \longrightarrow \frac{a}{b}x+c=\frac{d}{e}+x$
$\longrightarrow a+b=x+c \longrightarrow a+x=b(c-d)+e$
$\longrightarrow ax+b=c(d-x) \longrightarrow ax=\frac{bx-c}{d}$

↑ Erweiterung der Rechenstufen

Problembegegnung und -anwendung können dreifach variieren. Sie treten auf als:

1. abstrakte Aufgabe, zum Beispiel:

$\frac{4,5x + 12}{3} = \frac{9x - 8}{4}$  (Qualifizierende Abschlußprüfung, 1973)

2. abstrakte Textaufgabe, zum Beispiel:

"Multipliziert man eine Zahl mit 2 5/6 und vermindert dieses Produkt um 2, so erhält man das gleiche Ergebnis, wie wenn man den dritten Teil dieser Zahl um 7 vermehrt." (Qualifizierende Abschlußprüfung, 1972).

3. sachbezogene Textaufgabe, zum Beispiel:

"In einem Schulzimmer waren viermal soviel Knaben wie Mädchen. Nachdem aber 4 Knaben gegangen und 2 Mädchen hinzugekommen waren, betrug die Zahl der Knaben nur noch das Doppelte von der Zahl der Mädchen." (Qualifizierende Abschlußprüfung, 1974)

---

Die Anwendung von Gleichungen zur Lösung von Sachaufgaben erstreckt sich in der Regel mehr im geometrischen und physikalischen Bereich. Sämtliche Formeln für Flächen und Körper sowie für Berechnungen aus der Elektrizitätslehre sind ein ideales Anwendungsfeld, wenn die zu suchende Größe in der Formel versteckt ist, zum Beispiel:

1. Berechnung der Grundlinie$_1$ beim Trapez:

$F_\square = \frac{G_1 + G_2}{2} \cdot h \longrightarrow G_1 = \frac{2F}{h} - G_2$

2. Ermittlung des Durchmessers beim Zylinder, wenn Mantelfläche und Höhe bekannt:

$M = d \cdot \pi \cdot H \longrightarrow d = \frac{M}{\pi \cdot H}$

3. Bestimmung der Windungszahl der Sekundärspule beim Transformator:

$\frac{W_1}{U_1} = \frac{W_2}{U_2} \longrightarrow W_2 = \frac{W_1 \cdot U_2}{U_1}$

## 4.2 Methodische Aspekte

Bei einer Einführung der Gleichungslehre sollte das Beherrschen der allgemeinen Rechengesetze, wie z.B.:

"Punktrechnen" geht vor "Strichrechnen",
Gesetz der Vertauschung: $a + b = b + a$  und $ab = ba$ und
Klammerausdrücke haben Vorrang

Voraussetzung sein, d.h. sie sollten vor Beginn ausführlich besprochen und geübt werden. Ihre Behandlung während der Erarbeitung und Anwendung der Manipulationsgesetze (Termumformungen) unterbricht und stört unnötig die Lernsequenz.

Verschiedene grundsätzliche Auffassungen über die Gleichungslehre bedingen verschiedene methodische Einführungskonzepte und unterschiedliche Einführungszeitpunkte. Obwohl beide Konzepte in der Anfangsphase der Einführung sehr differieren, gleichen sich beide in der fortgeschrittenen Lehrphase an, denn das Erlernen der Gleichungsmanipulationen, wie z.B. Seitentausch, Zusammenfassen von Gliedern und Umformen, kann nach einem sehr ähnlichen methodischen Schema verlaufen.

Ein naheliegendes und bewährtes Anschauungsmittel für die Regeln bei Termumformungen ist die Balkenwaage. Sie eignet sich zwar nur für bestimmte einführende Gleichungsstrukturen - bei der Struktur x - a = b versagt sie schon - aber sie vermittelt im Schüler das Verständnis, daß alle Manipulationen an der Gleichung auf beiden Seiten gleichermaßen durchgeführt werden müssen, um das "Gleichgewicht" und damit die Richtigkeit der Gleichung zu erhalten. 13

369

Bei sachbezogenen Textaufgaben ist darauf zu achten, daß bei der Erstellung des Ansatzes nur Zahlen ohne Maßbezeichnungen verwendet werden. Erst die gefundene Lösung im Antwortsatz erhält die Benennung.

## 4.3 Das Lösen von Gleichungen im Unterricht

Da Textaufgaben den Schülern erfahrungsgemäß besondere Schwierigkeiten bereiten, sei hier die Lösung einer sachbezogenen Textaufgabe ausführlich dargestellt.

Problemstellung:
"Vater hat im Großmarkt eine günstige Gelegenheit wahrgenommen. Er kaufte 24 kg Äpfel und Birnen und bezahlte dafür nur 26,10 DM. Die Äpfel kosteten -,90 DM je kg, die Birnen 1,20 DM je kg."

Problemlösung:
1. Wir lesen den Text genau durch und bestimmen das Problem:

Überlegung:
Wir kennen den Gesamtpreis und die Kilopreise;
Wir wissen auch die eingekaufte Gesamtmenge.
Wir wissen nicht: ? kg Äpfel, ? kg Birnen.

Problemerkenntnis:
Wieviel kg Äpfel und wieviel kg Birnen kaufte Vater ein?

2. Wir suchen den Ansatz:

Zeichnung:                                   oder            Tabelle

| | kg | Kilopreis | Preis |
|---|---|---|---|
| Äpfel | x | 90 Pf. | 90x Pf. |
| Birnen | 24-x | 120 Pf. | 120(24-x)Pf. |
| zus. | 24 | ./. | 2610 Pf. |

Äpfel    x kg        Birnen  24 kg − x kg
90 Pf./kg · x kg + 120 Pf./kg · (24−x) kg = 2610 Pf.

Wie ergibt sich der Gesamtpreis?
Äpfel kosten:        Birnen kosten:           Gesamtpreis:
90 Pf. · x +         120 Pf. · (24−x) =       2610 Pf.

Ansatz: $\boxed{90 \cdot x + 120 \cdot (24-x) = 2610}$

3. Wir kontrollieren den Ansatz durch Formulieren der Handlung:
"Vater kauft x kg Äpfel zu je 90 Pf. und (24−x) kg Birnen für je 120 Pf. Er bezahlt dafür 2610 Pf."

4. Wir lösen die Gleichung:

Sprechtext:                                   Schreibtext:
Wir rechnen die Klammer aus                   $90x + 120(24-x) = 2610$
und beachten dabei die Vor-
zeichen:                                      $90x + 2.880 - 120x = 2.610$

Wir isolieren die x-Glieder                   $90x + 2.880 - 120x \boxed{-2.880} = 2.610 \boxed{-2.880}$
auf der linken Seite und sub-
trahieren 2.880:                              $90x - 120x = 2.610 - 2.880$

Wir fassen zusammen:                          $-30x = -270$   (·−1)
                                              $30x = 270$     (:30)
Wir multiplizieren beide                      $\frac{30}{30}x = \frac{270}{30}$
Seiten mit −1:                                $\underline{\underline{x = 9}}$

5. Wir prüfen die gefundene Lösung:
Für x wird 9 in den Ansatz eingesetzt. Es ergibt sich:
$90 \cdot 9 + 120 \cdot (24 - 9) = 2610$
$810 + 2880 - 1080 = 2610$       Beide Seiten sind gleich.
$2610 = 2610$                     Unsere Lösung ist richtig.

x = 9 bedeutet 9 kg Äpfel; Birnen: 24 kg − 9 kg = 15 kg

6. Wir stellen als Ergebnis fest:
"Vater kaufte 9 kg Äpfel und 15 kg Birnen im Großmarkt."

Als allgemeiner Lösungsweg für Textgleichungen läßt sich zusammenfassen:

| 1. Genaues Lesen des Textes und ggfl. Problemerkenntnis |
| 2. Erstellen des Ansatzes (Hilfen: Zeichnung, Tabelle) |
| 3. Kontrolle des Ansatzes durch Verbalisierung |
| 4. Lösen der Bestimmungsgleichung |
| 5. Kontrolle der Lösung durch Probegleichung |
| 6. Schriftliche Beantwortung (Benennung!) |

## 4.4 Unterrichtspraktische Erfahrungen

Ein grober Verstoß gegen die Bedeutung des Gleichheitszeichens ist die fortlaufende Schreibweise:

$2(4x + 3) - x = 4x + 12$
$8x + 6 - x = 4x + 12 = 3x - 6 = \underline{\underline{2}}$

Dieses sog. "Folgerechnen" läßt sich nur schwer austreiben, da leider die Reihenfolge der Schritte und das Ergebnis meistens stimmen.

Von Anfang an bewährt sich deshalb die Faustregel: "Es gibt nur ein Gleichheitszeichen in jeder Gleichungszeile! Wir schreiben die Gleichheitszeichen möglichst untereinander!"

Beispiel:

```
4x + 17 - 6x - 12 = 12-6x-x+13
       5 - 2x      = 25-7x           +7x
       5 - 2x +7x  = 25-7x +7x
       5 + 5x      = 25               -5
       -----       = -----
```

Durch diese Anordnung bleibt die Mitte gewahrt. Sie ist ein wichtiger psychologischer Faktor, der immer wieder die Gleichgewichtigkeit der beiden Seiten betont. Jeder Manipulationsakt an der Gleichung sollte am rechten Zeilenrand angezeigt werden. Gerade in der Anfangsphase kann hier die Verwendung von Farbkreide mehr Übersichtlichkeit bewirken.

Das Auslassen von Zwischenzeilen dürfte erst im fortgeschrittenen Rechenstadium zu empfehlen sein. Geübte Rechner, die voreilig ihre Rechenfertigkeit demonstrieren wollen, überraschen häufig mit unnötigen Leichtsinnsfehlern.

## 5. Der Lehrsatz des Pythagoras

### 5.1 Didaktische Aspekte

Die Hauptschule als "weiterführende Schule" muß auch Bildungsinhalte vermitteln, die bisher der Realschule und dem Gymnasium vorbehalten blieben. So ist auch zu verstehen, daß der "Lehrsatz des Pythagoras" zum Lerninhalt der Hauptschule wurde. Er gilt als die "stoffliche Krönung" des Geometrieunterrichts. Aufgrund seines Anforderungsniveaus (mehrfache Rechenoperationen mit Quadrieren und Wurzelziehen in einem Lösungsgang) kann er nur mathematisch leistungsstarken Hauptschülern (A-Kurs) zugemutet werden.

Nach dem curricularen Lehrplan von 1977 ist laut Themenkreis III (9. Jahrgangsstufe) letztlich Lernziel 1.4 anzustreben: "Fertigkeit, den Satz des Pythagoras beim Lösen von Sachaufgaben anzuwenden." Der dabei intendierte Schwierigkeitsgrad dürfte sicher dem der Prüfungsaufgaben vergangener Jahre entsprechen.

Beispiele:

"Ein Körper besteht aus einem zylindrischen Mittelteil, dem oben und unten jeweils gleichgroße Kreiskegel aufgesetzt sind. Der Abstand der Kegelspitzen beträgt 33 cm, der Durchmesser des zylindrischen Mittelteils und der Kegelgrundflächen mißt 18 cm. Die Höhe des Zylinders beträgt 9 cm.
a) Fertige eine Skizze an und trage die Maße ein!
b) Berechne die Oberfläche des Körpers!"

"Die Gesamthöhe eines Kirchturms beträgt 27 m. Er hat die Form einer Quadratsäule mit aufgesetzter Pyramide. Die Säulenhöhe verhält sich zur Pyramidenhöhe wie 7 : 2. Die Grundfläche mißt 25 m². Für Renovierungsarbeiten am Mauerwerk und Dach sind folgende Größen zu berechnen:
a) Umfang des Turmes am Boden,
b) Mantelfläche der Quadratsäule,
c) Dachfläche (benütze ein geeignetes Hilfsdreieck!) (Ergebnis: 65 m²),
d) Gesamtlänge der Dachseitenkanten einschließlich Grundkanten (Dachrinne).
(Runde das Ergebnis auf ganze Meter!)
(Qualifizierende Abschlußprüfung 1976)

Aus solchen Aufgaben wird deutlich, daß es bei der unterrichtlichen Behandlung nicht nur um allgemeine Einsichten geht ($a^2 + b^2 = c^2$ oder $c = \sqrt{a^2 + b^2}$) und um eine abstraktive Kenntnis (sind im rechtwinkligen Dreieck 2 Seiten bekannt, so kann man die dritte Seite berechnen), sondern auch um die Anwendung dieses Wissens in komplexen mathematischen Zusammenhängen, wo das rechtwinklige Dreieck als integrierter Lösungsbaustein erst erkannt werden muß.

Nach dieser Zielstellung ergeben sich mehrere Lerninhalte, die im Unterricht abzudecken sind. Im rechnerischen Bereich sind dies:

- Quadrieren (z. B. bei der Flächenberechnung des Quadrats),
- Wurzelziehen (Quadratwurzel) als umgekehrte Rechenart zum Quadrieren (z. B. für die Seitenberechnung bei gegebener Quadratfläche).

Im geometrischen Bereich fallen an:

- Beschriftung und Bezeichnungen an geometrischen Figuren,
- Eigenschaften und Konstruktion eines Quadrats,
- Eigenschaften und Konstruktion eines rechtwinkligen Dreiecks,
- Zerlegen, Ergänzen sowie Scheren und Drehen als operative Verfahren,
- Beziehungen zwischen Hypotenusenquadrat und Kathetenquadrate im rechtwinkligen Dreieck.

Erst nach Erfüllung dieser Lerninhalte sind die Voraussetzungen für das Lösen von Sachaufgaben im Niveau der Qualifizierenden Abschlußprüfung gegeben.

## 5.2 Methodische Aspekte

Der Lehrplan von 1969 für den 9. Schülerjahrgang der Hauptschule (Leistungskurs A 3) gibt an:

Rechnen: ... Quadratwurzeln (Rechenstab).
Geometrie: ... Satz des Pythagoras - ...

Wesentlich genauer in der Aussage ist der curriculare Lehrplan (KMBl I So. - Nr. 34/1977), der für die 9. Jahrgangsstufe im Schuljahr 1980/81 in Kraft tritt. Er gliedert das Thema "Satz des Pythagoras" in vier Schritte:

1.1 Herleitung des pythagoreischen Lehrsatzes über Umformungsaufgaben
1.2 Aufzeigen seiner rechnerischen Bedeutung
1.3 Einführung in das Lösen von Quadratwurzeln
1.4 Anwendung des pythagoreischen Lehrsatzes in Sachaufgaben.

In methodischer Hinsicht ist vor allem festzustellen, daß das Thema lehrgangsmäßig behandelt werden muß. Die unterrichtlichen Arbeitsphasen sind genau abzustimmen, damit ein aufbauendes und kontinuierliches Fortschreiten gewährleistet ist. Ein hauptschulgemäßer Lehrgang könnte sich folgendermaßen gliedern:

1. Herleitung des Lehrsatzes
   - Vorbereitende Übungen
   - Herleitung durch konkrete Umformungsaufgaben
   - Allgemeiner Beweis des Lehrsatzes

2. Aufzeigen der rechnerischen Bedeutung
   - Möglichkeit der Seitenberechnung (sind zwei Seiten gegeben, kann die dritte berechnet werden)
   - Rechnerische Bestätigung an günstigen Zahlenverhältnissen ("pythagoreische Dreiecke")

3. Einführung in das Lösen von Quadratwurzeln

4. Anwendung des pythagoreischen Lehrsatzes
   - Direkte Anwendung bei einfachen Sachaufgaben im flächenhaften und räumlichen Bereich
   - Anwendung in komplexen Sachverhalten (siehe Aufgabenbeispiele der Qualifizierenden Abschlußprüfung)

Das Einschieben des Punktes 3 (Lösen von Quadratwurzeln) ist aus dem überspannenden didaktischen Bogen zu verstehen, innerhalb dessen das Lösen der Quadratwurzel logisch zwingend erwächst. Dennoch braucht seine Plazierung nicht als verbindlich angesehen werden, denn in den Vorbemerkungen wird erwähnt: "Die vorgegebene Abfolge der ... Lernziele stellt eine methodische Möglichkeit dar." So darf als durchaus vertretbar auch diejenige methodische Variante gelten, die das (Quadrat-)Wurzelziehen der gesamten Arbeit zum und am Lehrsatz voranstellt und das Lösen von Quadratwurzeln später als gegebene Fertigkeit beim rechnerischen Teil des Lehrsatzes miteinbringt.

## 5.3 Die unterrichtlichen Arbeitsschritte

Im Folgenden sind für die Unterrichtspraxis Vorschläge angeboten.

### 5.3.1 Vorbereitende Übungen

Etwa eine Unterrichtsstunde kann durchaus für das Schaffen einheitlicher "stofflicher" Voraussetzungen geplant werden. Ziel der Übungen ist das Bereitstellen elementarer rechnerischer und geometrischer Kenntnisse und Fertigkeiten, auf die das Kommende (Arbeit zum Lehrsatz) aufgebaut werden kann. Die unterschiedlichen Arbeitsanforderungen (Rechnen, Zeichnen, Beschriften) der einfachen Übungen sollen ein Eintönigkeit vermeiden. Nicht alle Aufgaben sind in der Schule zu lösen. Einige sind als Hausaufgabe gedacht. Die in eckigen Klammern gesetzten Aufgaben gelten für den Fall, daß das Lösen von Quadratwurzeln vorweggenommen wurde.

Beispiele:

1. Du erinnerst dich sicher noch, wie man quadriert. Überschlage das Ergebnis zuerst und berechne dann genau:
   $12^2 = $ ____ ; $28^2 = $ ____ ; $182^2 = $ ____ ; $3,6^2 = $ ____ ; $12,4^2 = $ ____ ; $42,8^2 = $ ____ ;

2. Zwei Spanplättchen haben eine quadratische Form. Das eine ist 5 cm lang, das andere 6,2 cm.
   a) Zeichne beide Plättchen im Maßstab 1 : 1!
   b) Um wieviel cm² ist das erste Plättchen kleiner?

3. Die umgekehrte Rechenart zum Quadrieren ist das Quadratwurzelziehen. Auch hier läßt sich das Ergebnis mit einem Trick leicht überschlagen. Überschlage zuerst und ermittle dann den Wurzelwert:
   $\sqrt{81} = $ ____ ; $\sqrt{196} = $ ____ ; $\sqrt{6724} = $ ____ ; $\sqrt{3,24} = $ ____ ; $\sqrt{72}'' = $ ____ ; $\sqrt{160} = $ ____ ;

4. Zeichne das Quadrat mit der Fläche von 38,44 cm² auf dein Blatt. Wie lang ist sein Umfang?

5. Peter hat für ein Quadrat von 72,25 cm² einen Umfang von 32 cm ermittelt. Überprüfe dieses Ergebnis! Gehe einmal von seinem Ergebnis (Umfang) aus und dann von der Angabe (Fläche).

6. Eckpunkte, Strecken und Winkel von geometrischen Flächen und Körpern werden beschriftet, damit man sie eindeutig beschreiben und Lösungswege an ihnen exakt erklären kann.

a) Beschrifte die folgenden Dreiecke (Eckpunkte, Seiten, Winkel):

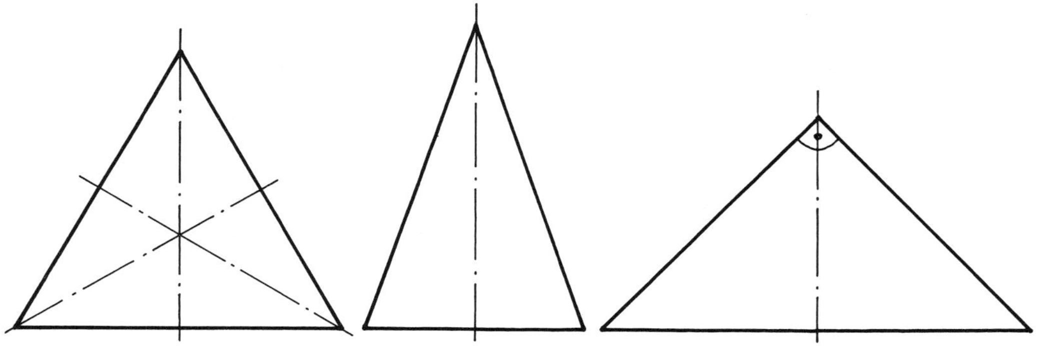

b) Jedes der abgebildeten Dreiecke ist ein "besonderes" Dreieck. Erkläre!

7. Bei rechtwinkligen Dreiecken verwendet der Mathematiker für die Seiten besondere Bezeichnungen.

Die Seiten, die den rechten Winkel (90°) bilden, nennt er Katheten. Die dem rechten Winkel gegenüberliegende Seite bezeichnet er als Hypotenuse.

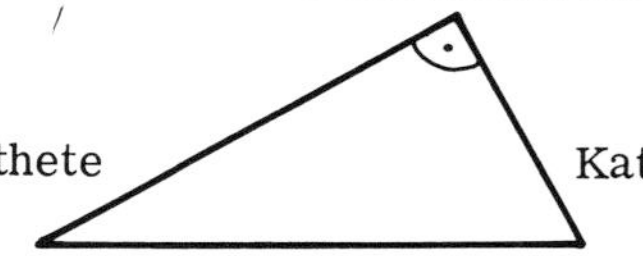

Kathete

Kathete

Hypotenuse

Suche bei den folgenden Dreiecken jeweils den rechten Winkel, markiere ihn und beschrifte die Seiten:

8. Wer hat ein gutes Auge?
a) Wie heißen die einzelnen Flächen und Körper?
b) Wieviele rechtwinklige Dreiecke sind in den Figuren versteckt?

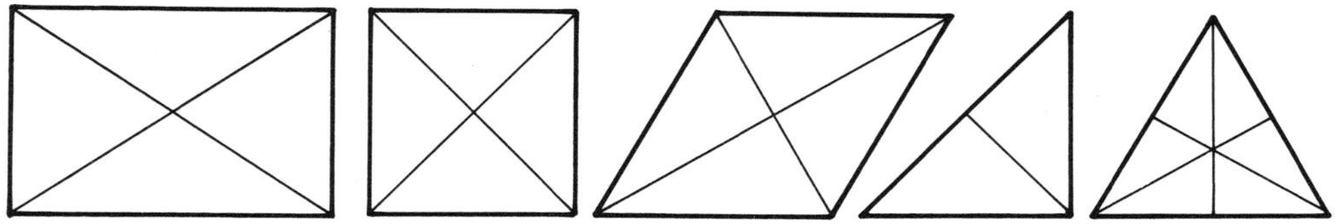

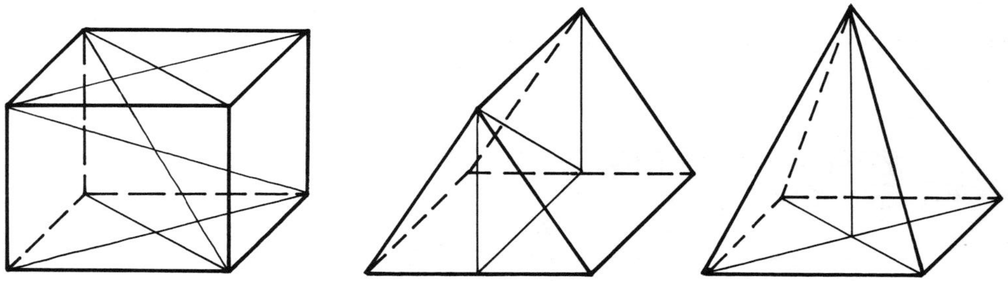

### 5.3.2 Herleitung des Lehrsatzes

Der Satz des Pythagoras soll laut Lehrplan von 1977 über "Bewegungen in der Ebene" hergeleitet werden. Man will so gewährleisten, daß die Schüler über gedankliche und zeichnerische Eigentätigkeit geometrische Einsichten gewinnen.

Unterrichtsbeispiel:

Lernziele der Unterrichtsstunde:

- Einsicht, daß beim gleichschenklig rechtwinkligen Dreieck die beiden Kathetenquadrate zusammen so groß sind wie das Hypotenusenquadrat
- Fähigkeit, geometrische Einsichten zeichnerisch-konstruktiv anzuwenden
- Erkennen einer einfachen Beweisführung (Addition und Ergänzen von Teildreiecken)
- Bereitschaft, sich mit geometrischen Problemen vertiefend zu beschäftigen

Unterrichtsverlauf:

I. <u>Problemstellung:</u>

Schüler lesen Aufgabe; TA

II. <u>Problemerfassung:</u>

Durch ein gelenktes Unterrichtsgespräch wird Problem erfaßt und an der Tafel fixiert

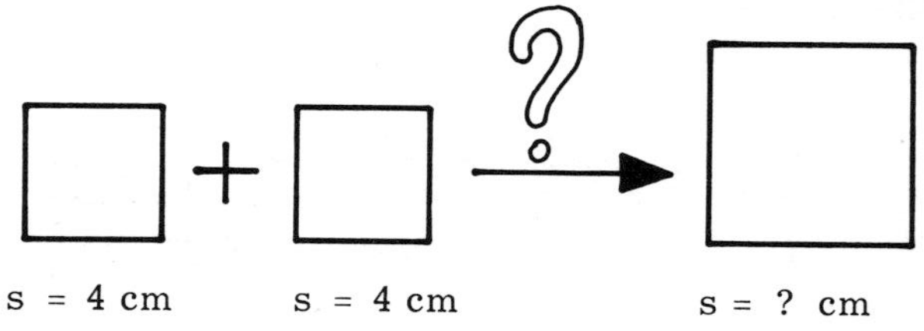

Wandle zwei gleich große Quadrate (s = 4 cm) in ein flächengleiches Quadrat um.

s = 4 cm    s = 4 cm    s = ? cm

373

III. Problemlösung:

III/1. Überlegungen:
Schüler bringen Vorschläge:
- Vielleicht gibt es eine Möglichkeit, das Quadrat zu konstruieren!
- Man könnte die Aufgabe rechnerisch lösen!
- $16 \text{ cm}^2 + 16 \text{ cm}^2 = 32 \text{ cm}^2$; die gesuchte Seitenlänge liegt zwischen 5 und 6 cm.
- Sie ist etwa 5,7 cm!

L: Das ist schon ganz gut!
Wir sollen jedoch die Aufgabe zeichnerisch lösen. Ein eleganter Lösungsweg ist in diesem geometrisch aufgebauten Fliesenmuster versteckt!

Folienzeichnung als stummer Impuls (Arbeitsprojektor);
Schüler betrachten Zeichnung und suchen Lösungsweg (falls Schüler Lösung nicht erkennen, schrittweises Ausmalen des konstruktiven Zusammenhangs)

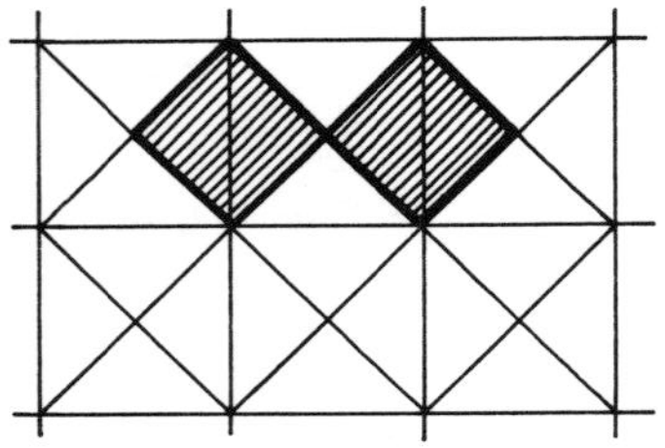

Lehrer malt auf Folie Erkenntnis farbig aus und numeriert:

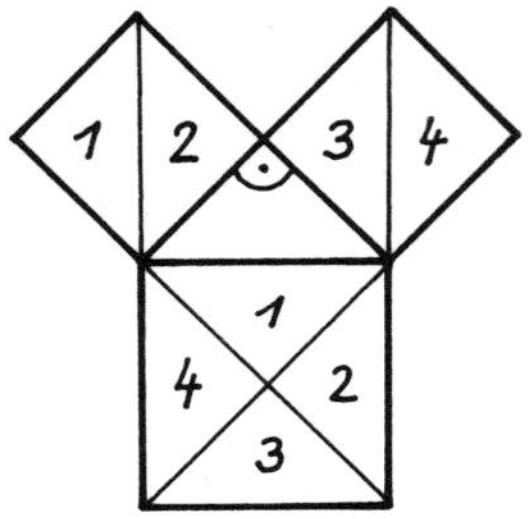

III/2. Planung:

Durch gelenktes Unterrichtsgespräch wird schrittweise ermittelt und festgehalten;

TA:

1. Strecke mit 4 cm (1. Kathete)
2. Strecke mit 4 cm im rechten Winkel dazu (2. Kathete)
3. Verbindung der beiden Endpunkte (A und B)
4. Quadrat mit gefundener Hypotenusenlänge

S: Das gesuchte Quadrat hat eine Seitenlänge von etwa 5,7 cm.

III/3. Durchführung:

Schüler zeichnen gleichschenklig rechtwinkliges Dreieck und das gesuchte Quadrat
(Kariertes Papier, Zeichendreieck; Bleistift)

Gegenseitiger Ergebnisvergleich bezüglich Genauigkeit der Zeichnung.

L: Der von uns erkannte Lösungsweg über rechtwinklige Dreiecke enthält eine sehr wichtige Erkenntnis!

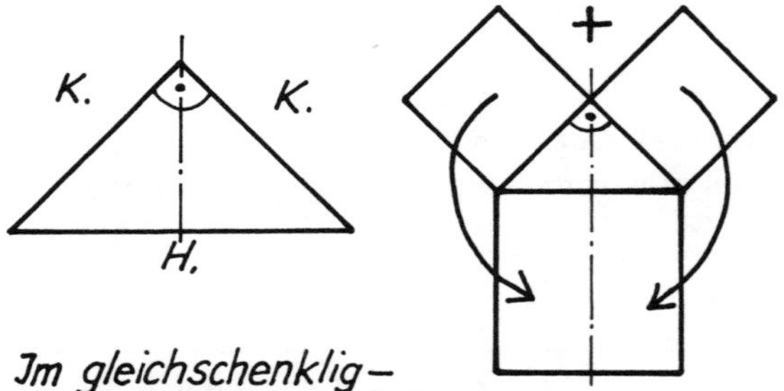

S: Das Quadrat unter dem rechtwinkligen Dreieck ist das gesuchte Quadrat!
L: Kannst du das begründen?
S: Die beiden gegebenen Quadrate haben zusammen vier Teildreiecke, das gesuchte Quadrat auch.

IV. Problembesinnung:

Folienzeichnung als stummer Impuls (Arbeitsprojektor);
Schüler setzen in Partnerarbeit Begriffe ein bzw. schreiben Erkenntnissatz zu Ende.

L: Hat diese Erkenntnis einen Nutzen für unser Problem?

*Im gleichschenklig-rechtwinkligen Dreieck sind die beiden Kathetenquadrate zusammen so groß wie das Hypotenusenquadrat.*

V. Problemanwendung:

Rückläufiger Transfer als Hausaufgabe; kurze Besprechung des Lösungsweges in der Schule.

Wandle das Quadrat (s = 7 cm) in zwei flächengleiche Quadrate um!

In der nächsten Unterrichtsstunde folgt die Überlegung, ob die neue Erkenntnis auch dann gilt, wenn die beiden Quadrate verschiedene Seitenlängen bzw. die beiden Katheten verschiedene Längen aufweisen, d.h.: Gilt die Flächengleichheit auch beim ungleichschenklig-rechtwinkligen Dreieck?

Als Ausgangslage dient die Aufgabe:
"Wandle die Quadrate ($s_1$ = 4 cm; $s_2$ = 3 cm) in ein flächengleiches Quadrat um."

Auf induktive Weise versuchen wir vom konkreten Sonderfall auf eine allgemeine Gesetzmäßigkeit zu schließen. Die Richtigkeit "unserer" Vermutung bestätigt sich durch Zeichnen, Auszählen der Einheitsquadrate (cm²) sowie durch Rechnung:

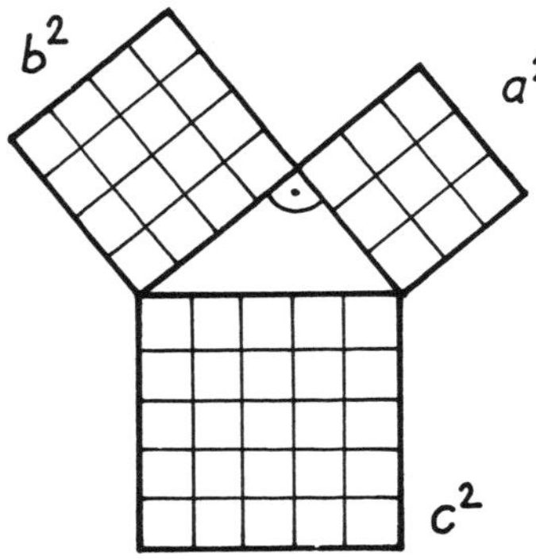

$$a^2 + b^2 = c^2$$
$$3\,cm^2 \cdot 3 + 4\,cm^2 \cdot 4 = 5\,cm^2 \cdot 5$$
$$9\,cm^2 + 16\,cm^2 = 25\,cm^2$$
$$25\,cm^2 = 25\,cm^2;$$

5.3.3 Beweis des Lehrsatzes

Über hundert Beweise soll es für den Pythagoreischen Lehrsatz geben. Die "schulgemäßen" Beweise beruhen in der Regel auf Zerlegen, Ergänzen sowie auf Scheren und Drehen. K. ODENBACH und G. WEISER (Siehe Lit.) zeigen mehrere Beweisführungen, die für die Hauptschule geeignet sind. Da auch die Schülerlehrbücher gewöhnlich mehrere Beweise anbieten, sei an dieser Stelle nur auf einen (sehr einfachen) Beweis eingegangen, der sich bisher in der Hauptschule bewährt hat.

Die Notwendigkeit einer allgemeinen Beweisführung erwächst im Unterricht aus der Überlegung:
Die neue Erkenntnis ($a^2 + b^2 = c^2$) ist gültig für die zwei von uns bearbeiteten Aufgabenbeispiele. Die Richtigkeit "unserer" Erkenntnis für diese beiden Zahlenbeispiele könnte jedoch auf Zufall beruhen! Gilt die Erkenntnis für jede Zahlenkombination von a und b?

Zur Unterrichtspraxis:

Jeder Schüler darf eine willkürliche Zahlenkombination für die beiden Katheten wählen. Die Seite c sollte möglichst waagrecht zu liegen kommen (günstig: Konstruktion des Dreiecks mit Hilfe des Thaleskreises). Auf eine exakte Zeichnung (Maßgenauigkeit und Rechtwinkligkeit!) ist besonderer Wert zu legen.

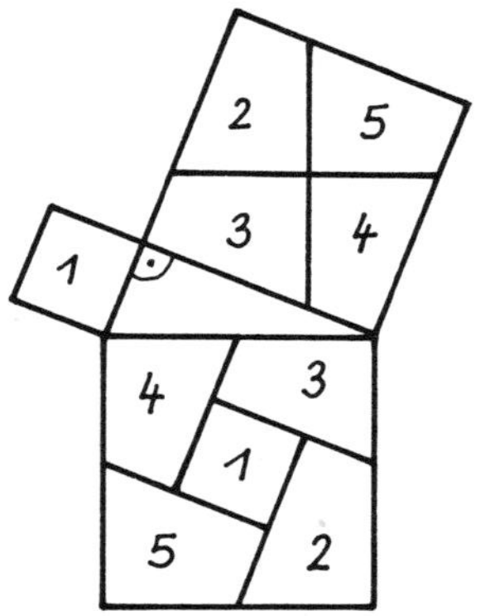

Im größeren Kathetenquadrat tragen wir als Mittelpunkt (=Schnittpunkt der Diagonalen) ein und ziehen durch ihn eine Parallele sowie eine Senkrechte zur Hypotenuse (siehe Abbildung).

Durch Auslegen des ersten Kathetenquadrats und der Teilflächen 2 bis 5 des zweiten Kathetenquadrats im Hypotenusenquadrat zeigt sich die Flächengleichheit.

Wir erkennen:
Bei jedem rechtwinkligen Dreieck ist die Summe der Kathetenquadrate gleich dem Hypotenusenquadrat ($a^2 + b^2 = c^2$).

Nach der Beweisführung dürfte der günstigste Zeitpunkt sein für eine Vermittlung des historischen Hintergrundes in Form einer kurzen Erzählung, die hier lediglich als Abriß angedeutet sei:

Pythagoras (etwa 580 v. Chr. in Samos geboren); Lehrsatz wird ihm zugeschrieben, deshalb "Lehrsatz des Pythagoras"; bereits 4 000 v. Chr. wurde in Ägypten ein Papyrus gefunden, das die Beziehung $3^2 + 4^2 = 5^2$ für das rechtwinklige Dreieck nennt; Pythagoras erhielt wohl bei seinem Aufenthalt in Ägypten von dieser Beziehung Kenntnis; die "Pythagoreische Schule" suchte nach weiteren ganzen Zahlen, die den Lehrsatz erfüllen (sog. "pythagoreische Zahlen").

5.3.4 Hinweise zur ersten rechnerischen Anwendung

Der Schwerpunkt der Betrachtung lag bisher bei den Quadraten und ihren Umformungen, weniger bei den Beziehungen der Seitenlängen im rechtwinkligen Dreieck. Der weitere Unterricht wird dies zu ändern haben, denn die Schüler sollen erkennen:
"Sind in einem rechtwinkligen Dreieck zwei Seiten bekannt, kann die dritte Seite berechnet werden."

Die ersten rechnerischen Übungen berücksichtigen pythagoreische Zahlen, damit nicht zu viel rechnerische Konzentration auf das Ermitteln von Wurzelwerten gerichtet werden muß. Solche Zahlenkombinationen sind z. B. 5; 12; 13 – 7; 24;

375

lern der gleichen 8. Klassen zusammen. Allein daraus ergibt sich die Notwendigkeit kurzer vorbereitender Übungen, die unterschiedliche lerninhaltliche Schwerpunkte aus den Vorjahren kompensieren, vor allem aber latentes Vorwissen wachrufen und für einen gesicherten Aufbau bereitstellen.

25 – 8; 15; 17 – 9; 40; 41 – 11; 60; 61 – 12; 35; 37 – 15; 36; 39 usw. Anfangs wird c die gesuchte Seitenlänge sein, damit sich die Schüler den Lösungsweg sicher aneignen. Erst nach einigen Aufgaben variieren a und b als gesuchte Größen.

Lösungsschema für die ersten Aufgaben:

Kathete → Kathete

Katheten-
quadrat

Summe =
Hypotenusenquadrat

Hypotenuse

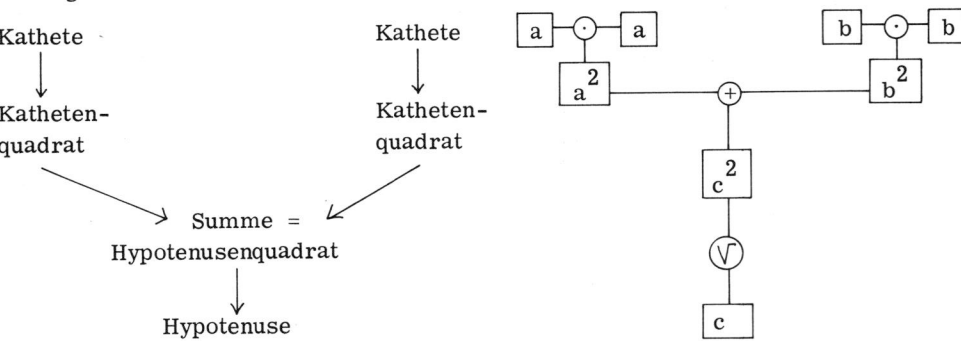

[Flussdiagramm: a → a·a → a² ; b → b·b → b² ; a² + b² = c² → √ → c]

Als Ergebniskontrolle hat sich das maßstabgetreue Konstruieren des entsprechenden rechtwinkligen Dreiecks bewährt. Die berechnete Seitenlänge läßt sich durch Abmessen der sich ergebenden Länge in der Zeichnung nachprüfen. Grobe Rechenfehler können die Schüler auf diese Weise schnell erkennen.

In den ersten Rechenstunden nach der Einführung sind kurze halbschriftliche Rechenfertigkeitsübungen zu empfehlen, damit sich auch die leistungsschwächeren Schüler des A-Kurses das Lösungsschema für die jeweils zu berechnende Seitenlänge schnell einprägen. Ohne die gesicherte Kenntnis des Lösungsschemas bleibt das Lösen von Aufgaben mit komplexen Sachverhalten stets unbefriedigend.

| $a^2$ | $49\ m^2$ | $225\ m^2$ | ? | a | $11\ m$ | $12\ m$ | ? |
| $b^2$ | $576\ m^2$ | ? | $36\ m^2$ | b | $60\ m$ | ? | $40\ m$ |
| $c^2$ | ? | $1521\ m^2$ | $61\ m^2$ | c | ? | $37\ m$ | $41\ m$ |

Die Schüler sollten darüber hinaus von Anfang an auch bei einfachsten Textaufgaben angehalten werden, den rechnerischen Sachverhalt immer in einer beschrifteten Skizze zu veranschaulichen.

Beispiel:
"An einer Hauswand soll in 12 m Höhe eine Leuchtschrift angebracht werden. Vor der Hauswand befindet sich ein 5 m breiter Gartenstreifen, der nicht betreten werden darf. Wie lang muß die Leiter mindestens sein, damit der Monteur die Leuchtbuchstaben in der entsprechenden Höhe anbringen kann?"

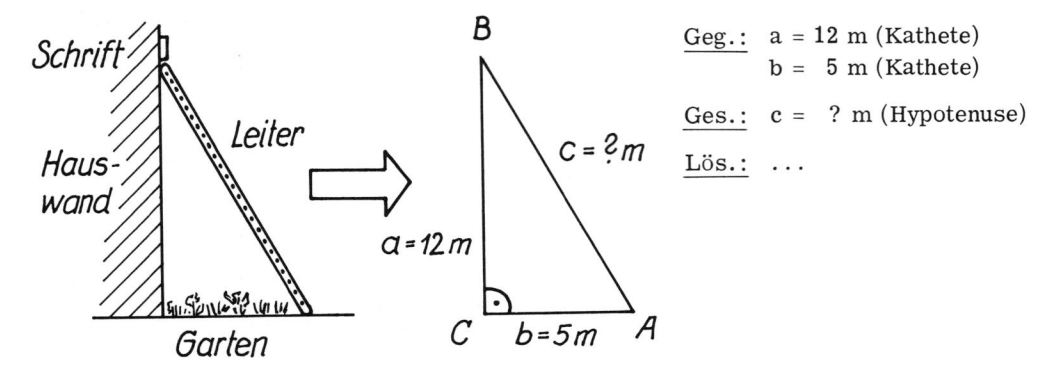

[Skizze: Hauswand mit Schrift, Leiter, Garten; Dreieck mit a = 12 m, b = 5 m, c = ? m, rechter Winkel bei C]

Geg.: a = 12 m (Kathete)
       b = 5 m (Kathete)

Ges.: c = ? m (Hypotenuse)

Lös.: ...

Der in Fachkreisen gelegentlich vorgebrachte Einwand, daß die Behandlung des pythagoreischen Lehrsatzes für Hauptschüler eine Überforderung darstelle, darf zurückgewiesen werden. Solange von amtlicher Seite eine Differenzierung des Mathematikunterrichts befürwortet wird, spricht die erfolgreiche Unterrichtsarbeit im A-Kurs der 9. Klassen (eine fachdidaktisch einwandfreie Einführung voraussetzt!) eindeutig gegen den Vorwurf der Überforderung.

## 5.4 Unterrichtspraktische Erfahrungen

Aus schulorganisatorischen Gründen (Wahlpflichtfächerwahl; stundenplantechnische Überlegungen und Zwänge) setzen sich 9. Klassen nur selten einheitlich aus Schü-

## 6. Literatur

1. Vgl. hierzu z.B.:
   Fries, E. / Rosenberger, R.: Forschender Unterricht, Frankfurt, 1967
   Weber, E.: Bildungsmöglichkeiten im Mathematikunterricht des 9. Schuljahres der Hauptschule, Frankfurt, 1969
2. Wenger, O.: Mengenlehre, Rechenstab, Elektronen-Rechner - und was noch alles? In: Bayerische Schule, 1973, Heft 10, S. 13f
3. Amann, H.: Elektronischer Taschenrechner im Unterricht, In: Bayerische Schule, 1975, Heft 5, S. 12

4. Kuntze, K.: Didaktische und methodische Gesichtspunkte bei der Einführung des Rechenstabes in den Rechenunterricht, In: Blätter für Lehrerfortbildung, 1970, Heft 2, S. 66 - 72
5. Wenger, O.: Sachrechnen in der Hauptschule, In: Pädagogische Welt, 1973, Heft 1, S. 46
6. Vgl. Oberwallner, W.: Abschlußprüfung an den bayerischen Hauptschulen, Pfaffenhofen, 1975[8]
7. Barth, C.: Algebra - vom Beruf her, Hannover, 1966, S. 45
8. ebenda, S. 45
9. Vgl. Waismann, F.: Einführung in das mathematische Denken, München, 1970[3], S. 12 f.
10. Vgl. Viet, U. / Ragnitz, H.: Negative Zahlen (Eingreifprogramm), Stuttgart 1968
11. Vgl. Hofsäss, G.: Gleichungslehre, In: Didaktische Studien - Mathematik in der Hauptschule I, Stuttgart, 1969
12. Vergleiche hierzu einschlägige Handbücher für die neue Mathematik
13. Vgl. Viet, U./Ragnitz, H.: Rechne x aus! (Lehrprogramm), Stuttgart, 1968
14. Odenbach, K.: Raumlehre im Unterricht, Braunschweig, 1968
15. Weiser, G.: Der Mathematikunterricht in der Hauptschule, Donauwörth, 1975

Notizen

Notizen

Notizen

Notizen

# Grundschule

## Lernziele — Lehrinhalte — Methodische Planung

herausgegeben von Heinrich Geiling

**Band 1:**
Sachunterricht — Physik/Chemie
bearbeitet von D. Bauernschmitt, R. Eichmüller, J. Mathes, P. Simon
171 S., DIN A 4 quer, Spiralband, Best.-Nr. **486-0876**

**Band 2:**
Sachunterricht — Geschichte/Erdkunde/Verkehrserziehung (Neufassung)
bearbeitet von L. Böhm, H. Nüßlein, G. Schmidt, M. Bittruf, A. Leithner, P. Mehnert, P. Strehler
260 S., DIN A 4 quer, Spiralband, Best.-Nr. **486-0893**

**Band 3:**
Sachunterricht — Sozial- und Wirtschaftslehre/Biologie und Sexualerziehung
bearbeitet von M. Meyer, A. Wächter, G. Freisinger, S. Schörner, J. Zahner/Freisinger, R. Strehler, J. Zahner
181 S., DIN A 4 quer, Spiralband, Best.-Nr. **486-0917**

**Band 4:**
Kunsterziehung/Musik/Werken
bearbeitet von H. Kießling, H. Müller, F. Möckl, M. Steigner, A. Arneth, E. Vogt
167 S., DIN A 4 quer, Spiralband, Best.-Nr. **486-0918**

**Band 5:**
Deutsch — Mündliche und schriftliche Sprachgestaltung/Weiterführendes Lesen
bearbeitet von M. Meyer, M. Thiem, D. Schmidt, H. Volk, G. Klaus, G. Poiger
127 S., DIN A 4 quer, Spiralband, Best.-Nr. **486-0481**

**Band 6:**
Deutsch — Rechtschreiben
bearbeitet von G. Schmidt
132 S., DIN A 4 quer, Spiralband, Best.-Nr. **486-0482**

**Band 7:**
Deutsch — Sprachlehre
bearbeitet von G. Klaus, G. Poiger
84 S., DIN A 4 quer, Spiralband, Best.-Nr. **486-0483**

**Band 8:**
Handarbeit und Hauswirtschaft
bearbeitet von H. Buchner, E. Emtmann, U. Lipowsky, E. Müller
108 S., DIN A 4 quer, Spiralband, Best.-Nr. **486-0486**

## R. Oldenbourg Verlag München

Für den Lehrer

# Lehrerfortbildung und Seminar

Handreichung zur Planung und Gestaltung des Unterrichts in Grund- und Hauptschule

von Heinrich Geiling

Diese neue Reihe bietet den Studierenden der Pädagogik, den Lehrkräften im Vorbereitungsdienst und den praktizierenden Lehrern Handreichungen zur Orientierung. Sie wollen Diskussionsgrundlage sein, Sicherheit vermitteln, zur Fortentwicklung pädagogischer und didaktischer Erkenntnisse anregen und auf das Gemeinsame ausrichten.

| | | | |
|---|---|---|---|
| **Heft 1: Erdkunde** <br> 80 Seiten, DIN A 4 | Best.-Nr. 486-14631 | **Heft 7: Rechtschreiben** <br> 84 Seiten, DIN A 4 | Best.-Nr. 486-15981 |
| **Heft 2: Biologie** <br> 48 Seiten, DIN A 4 | Best.-Nr. 486-14641 | **Heft 8: Mündliche und schriftliche Sprachgestaltung** <br> 56 Seiten, DIN A 4 | Best.-Nr. 486-15991 |
| **Heft 3: Sozialkunde/Sozial- und Wirtschaftslehre** <br> 64 Seiten, DIN A 4 | Best.-Nr. 486-14651 | **Heft 9: Weiterführendes Lesen** <br> 56 Seiten, DIN A 4 | Best.-Nr. 486-16001 |
| **Heft 4: Geschichte** <br> 96 Seiten, DIN A 4 | Best.-Nr. 486-14661 | **Heft 10: Kunsterziehung** <br> 48 Seiten, DIN A 4 | Best.-Nr. 486-16011 |
| **Heft 5: Physik/Chemie** <br> 48 Seiten, DIN A 4 | Best.-Nr. 486-14671 | **Heft 11: Sprachlehre/ Sprachkunde** <br> 64 Seiten, DIN A 4 | Best.-Nr. 486-16081 |
| **Heft 6: Arbeitslehre** <br> 32 Seiten, DIN A 4 | Best.-Nr. 486-14681 | | |

R. Oldenbourg Verlag München